令和５年版

環境白書

循環型社会白書／生物多様性白書

ネットゼロ、循環経済、ネイチャーポジティブ経済の統合的な実現に向けて
～環境・経済・社会の統合的向上～

環境省 編

刊行に当たって

環境大臣

西村明宏

令和５年版の環境白書をここに刊行します。

気候変動、生物多様性の損失、汚染の３つの世界的危機と、エネルギー危機に直面する中、本年４月に我が国が議長国としてG7札幌 気候・エネルギー・環境大臣会合を開催しました。昨年の国連気候変動枠組条約第27回締約国会議（COP27）及び生物多様性条約第15回締約国会議（COP15）の結果を踏まえながら取りまとめた成果文書により、G7が結束して、気候変動と環境に関して主導的役割を果たす決意を世界に示すことができました。このG7大臣会合の成果を基に、国内外で新たな取組を展開してまいります。

気候変動に関しては、本年２月に閣議決定された脱炭素と産業競争力強化の同時実現を図る「GX実現に向けた基本方針」やその関連法により、今後、成長志向型カーボンプライシング構想を実施していくとともに、地域・くらしの脱炭素化のため、「脱炭素につながる新しい豊かな暮らしを創る国民運動」の展開や、脱炭素先行地域の選定、株式会社脱炭素化支援機構による資金供給等により地域の脱炭素を強力に推進してまいります。また、気候変動適応策の観点からも熱中症対策の強化は急務であり、熱中症特別警戒情報や、暑さをしのぐ場所を確保する仕組みを創設いたします。

生物多様性に関しては、本年３月に閣議決定された「生物多様性国家戦略2023-2030」が目指すネイチャーポジティブの実現に向け、陸と海の30％以上を保全する30by30目標達成に向けた取組や、ネイチャーポジティブ経済への移行に向けた取組を進めます。

ライフサイクル全体で徹底的に資源循環を進めることは、脱炭素、生物多様性の保全、経済安全保障の確保にも繋がります。動静脈一体の資源循環の取組強化により、2030年までにサーキュラーエコノミー関連ビジネスの市場規模80兆円以上を目指してまいります。また、国際的な取組として、プラスチック汚染に関する条約策定に向けた政府間交渉委員会に積極的かつ建設的に参加してまいります。

東日本大震災・原発事故からの復興はこれからも環境省の最重要課題です。引き続き、除染や中間貯蔵施設事業等を着実に実施するとともに、福島県内除去土壌等の中間貯蔵開始後30年以内の県外最終処分に向けて、再生利用等に関する全国での理解醸成活動を展開してまいります。加えて、福島の復興を一層進めるため未来志向の取組を推進するとともに、ALPS（アルプス）処理水に関し、客観性・透明性・信頼性の高い海域モニタリングを実施してまいります。

こうした取組を統合的に推進することにより、気候変動、生物多様性の損失、汚染の３つの世界的危機に対応しながら、豊かな暮らしやwell-beingの向上に繋げてまいります。

は し が き

この白書は、第211回国会に提出された以下に掲げる報告及び文書をまとめたものです。

1　環境基本法第12条の規定に基づく
(1)「令和4年度環境の状況」
(2)「令和5年度環境の保全に関する施策」

2　循環型社会形成推進基本法第14条の規定に基づく
(1)「令和4年度循環型社会の形成の状況」
(2)「令和5年度循環型社会の形成に関する施策」

3　生物多様性基本法第10条の規定に基づく
(1)「令和4年度生物の多様性の状況」
(2)「令和5年度生物の多様性の保全及び持続可能な利用に関する施策」

凡例

◆ 年（年度）の表記は、原則として西暦を使用し、公的文書の引用等の場合は和暦を使用しています。

◆「年」とあるものは暦年（1月から12月）を、「年度」とあるものは会計年度（4月から翌年3月）を指しています。

◆ 単位の繰上げは、原則として、四捨五入によっています。単位の繰上げにより、内数の数値の合計と、合計欄の数値が一致しないことがあります。

◆ 構成比（%）についても、単位の繰上げのため合計が100とならない場合があります。

◆ 本白書に記載した地図は、我が国の領土を網羅的に記したものではありません。

◆ 原典が外国語で記されている資料については、環境省仮訳が含まれます。

◆ 企業名については、原則として「株式会社」の記述を省略しています。

環境省公式SNSのご案内

下記の2次元バーコードにアクセスしますと、環境省の日々の様々な活動や各種施策を簡単に閲覧することができます。

令和5年版環境白書・循環型社会白書・生物多様性白書についての
ご意見・ご感想又はお問合せは、下記宛てにご連絡ください。

1ページから114ページまで 193ページから282ページまで 303ページから346ページまで	環境省大臣官房総合政策課 （電話 03-3581-3351 内線6206） （E-mail：hakusho@env.go.jp）
145ページから192ページまで 293ページから302ページまで	環境省環境再生・資源循環局総務課循環型社会推進室 （電話 03-3581-3351 内線6808） （E-mail：junkan@env.go.jp）
115ページから144ページまで 283ページから292ページまで	環境省自然環境局自然環境計画課生物多様性戦略推進室 （電話 03-3581-3351 内線6664） （E-mail：NBSAP@env.go.jp）

目 次

令和４年度　環境の状況
令和４年度　循環型社会の形成の状況
令和４年度　生物の多様性の状況

第１部　総合的な施策等に関する報告

第１章　気候変動と生物多様性の現状と国際的な動向　2

第１節　地球の限界と経済社会の危機 2
1　地球の限界（プラネタリー・バウンダリー） 2
2　持続可能な社会の姿 3
第２節　世界と我が国の気象災害と科学的知見から考察する気候変動 4
1　世界の気象災害と各地の異常気象 4
2　温室効果ガス排出量の状況とその影響 6
3　気候変動に関する政府間パネル（IPCC）報告書 8
4　気候変動による人間活動及び健康への影響 8
第３節　気候変動における国際的な動向 9
1　G7, G20の結果について 9
2　国連気候変動枠組条約第27回締約国会議（COP27） 10
3　気候変動と気候安全保障 11
第４節　世界と我が国の生物多様性の現状と科学的知見から考察する生物多様性の損失 11
1　世界の生物多様性の現状 12
2　我が国の生物多様性の現状 13
3　生物多様性の損失要因・移行の必要性 13
4　気候変動と生物多様性の相互の関連 14
第５節　生物多様性の新たな世界目標 15
1　「昆明・モントリオール生物多様性枠組」の採択までの道のり 15
2　「昆明・モントリオール生物多様性枠組」の概要 16
3　自然関連財務情報開示タスクフォース（TNFD）に関連する動向 16
4　国際連携 17

第２章　持続可能な経済社会システムの実現に向けた取組　19

第１節　炭素中立（カーボンニュートラル） 19
1　GXの実現に向けて 20
2　地域の脱炭素化 21
3　再生可能エネルギーの最大限の導入 26
4　脱炭素移行に必要なイノベーション、スタートアップ支援 28
5　石炭火力発電 31
6　ESG金融 32
7　企業の脱炭素経営や環境情報開示 33
8　二国間クレジット制度（JCM）、環境インフラの海外展開 34
第２節　循環経済（サーキュラーエコノミー） 35

1　循環経済（サーキュラーエコノミー）の移行に向けて 36
2　プラスチック資源循環の促進 40
3　廃棄物処理基本方針の変更及び廃棄物処理施設整備計画の策定について 40
第3節　自然再興（ネイチャーポジティブ） 41
1　生物多様性国家戦略2023-2030の策定 42
2　生態系の健全性の回復に向けて 44
3　自然を活用した社会課題の解決 47
4　ネイチャーポジティブ経済に向けて 48
第3章　持続可能な地域と暮らしの実現 51
第1節　地域循環共生圏の更なる進展 51
1　持続可能な社会の実現に向けた地域の重要性 51
2　地域循環共生圏 52
3　ESG地域金融 59
4　地域循環共生圏の更なる深化 59
第2節　ライフスタイルシフト 59
1　「脱炭素につながる新しい豊かな暮らしを創る国民運動」及び官民連携協議会 61
2　住居 64
3　移動 65
4　食 66
5　ファッション 68
第3節　人の命と環境を守る 70
1　熱中症の深刻化と対策の抜本的強化 70
2　子どもの健康と環境に関する全国調査（エコチル調査） 71
3　化学物質対策 72
第4章　東日本大震災・原発事故からの復興・再生に向けた取組 74
第1節　帰還困難区域の復興・再生に向けた取組 75
第2節　福島県内除去土壌等の最終処分に向けた取組 78
第3節　復興の新たなステージに向けた未来志向の取組 80
第4節　ALPS（アルプス）処理水に係る海域モニタリング 81
第5節　リスクコミュニケーションの取組 83
1　放射線健康影響に係るリスクコミュニケーションの推進 83
2　環境再生事業に関連する放射線リスクコミュニケーション 84
3　ALPS（アルプス）処理水に係る風評対策 85

第2部　各分野の施策等に関する報告

第1章　地球環境の保全 88
第1節　地球温暖化対策 88
1　問題の概要と国際的枠組みの下の取組 88
2　科学的知見の充実のための対策・施策 93
3　持続可能な社会を目指したビジョンの提示：低炭素社会から脱炭素社会へ 95
4　エネルギー起源CO_2の排出削減対策 96

5　エネルギー起源 CO_2 以外の温室効果ガスの排出削減対策 100
6　森林等の吸収源対策、バイオマス等の活用 102
7　国際的な地球温暖化対策への貢献 102
8　横断的施策 104
9　公的機関における取組 109
第2節　気候変動の影響への適応の推進 110
1　気候変動の影響等に関する科学的知見の集積 110
2　国における適応の取組の推進 110
3　地域等における適応の取組の推進 111
第3節　オゾン層保護対策等 112
1　国際的な枠組みの下での取組 112
2　オゾン層破壊物質の排出の抑制 112
3　フロン類の管理の適正化 113

第2章　生物多様性の保全及び持続可能な利用に関する取組 115

第1節　生物多様性条約COP15及び生物多様性国家戦略 115
1　生物多様性条約COP15に向けた取組 115
2　生物多様性国家戦略 116
第2節　生物多様性の主流化に向けた取組の強化 116
1　多様な主体の参画 116
2　ビジネスにおける生物多様性の主流化、自然資本の組み込み 118
3　自然とのふれあいの推進 119
第3節　生物多様性保全と持続可能な利用の観点から見た国土の保全管理 121
1　生態系ネットワークの形成 121
2　重要地域の保全 123
3　自然再生 127
4　里地里山の保全活用 128
5　木質バイオマス資源の持続的活用 129
6　都市の生物多様性の確保 129
第4節　海洋における生物多様性の保全 130
1　沿岸・海洋域の保全 130
2　水産資源の保護管理 130
3　海岸環境の整備 130
4　港湾及び漁港・漁場における環境の整備 130
5　海洋汚染への対策 131
第5節　野生生物の適切な保護管理と外来種対策の強化 131
1　絶滅のおそれのある種の保存 131
2　野生鳥獣の保護管理 132
3　外来種対策 135
4　遺伝子組換え生物対策 136
5　動物の愛護及び適正な管理 136
第6節　持続可能な利用 137
1　持続可能な農林水産業 137
2　エコツーリズムの推進 138
3　遺伝資源へのアクセスと利益配分 138

第7節　国際的取組 ---139
1　生物多様性に関する世界目標の議論への貢献及び実施のための途上国支援 ---139
2　生物多様性及び生態系サービスに関する科学と政策のインターフェースの強化 ---139
3　二次的自然環境における生物多様性の保全と持続可能な利用・管理の促進 ---140
4　アジア保護地域パートナーシップの推進 ---140
5　森林の保全と持続可能な経営の推進 ---140
6　砂漠化対策の推進 ---141
7　南極地域の環境の保護 ---141
8　サンゴ礁の保全 ---141
9　生物多様性関連諸条約の実施 ---141
第8節　生物多様性及び生態系サービスの把握 ---143
1　自然環境データの整備・提供 ---143
2　放射線による野生動植物への影響の把握 ---144
3　生物多様性及び生態系サービスの総合評価 ---144
4　生態系を活用した防災・減災（Eco-DRR）及び気候変動適応策（EbA）の推進 ---144
第3章　循環型社会の形成　145
第1節　廃棄物等の発生、循環的な利用及び処分の現状 ---145
1　我が国における循環型社会 ---145
2　一般廃棄物 ---158
3　産業廃棄物 ---158
4　廃棄物関連情報 ---160
第2節　持続可能な社会づくりとの統合的取組 ---165
第3節　多種多様な地域循環共生圏形成による地域活性化 ---166
第4節　ライフサイクル全体での徹底的な資源循環 ---167
1　プラスチック ---167
2　バイオマス（食品、木など）---168
3　ベースメタルやレアメタル等の金属 ---169
4　土石・建設材料 ---169
5　温暖化対策等により新たに普及した製品や素材 ---169
第5節　適正処理の更なる推進と環境再生 ---170
1　適正処理の更なる推進 ---170
2　廃棄物等からの環境再生 ---176
3　東日本大震災からの環境再生 ---176
第6節　万全な災害廃棄物処理体制の構築 ---184
1　地方公共団体レベルでの災害廃棄物対策の加速化 ---184
2　地域レベルでの災害廃棄物広域連携体制の構築 ---184
3　全国レベルでの災害廃棄物広域連携体制の構築 ---184
第7節　適正な国際資源循環体制の構築と循環産業の海外展開の推進 ---185
1　適正な国際資源循環体制の構築 ---185
2　循環産業の海外展開の推進 ---186
第8節　循環分野における基盤整備 ---187
1　循環分野における情報の整備 ---187
2　循環分野における技術開発、最新技術の活用と対応 ---189
3　循環分野における人材育成、普及啓発等 ---190

第4章　水環境、土壌環境、地盤環境、海洋環境、大気環境の保全に関する取組　193

第1節　健全な水循環の維持・回復 ---- 193
1　流域における取組 ---- 193
2　森林、農村等における取組 ---- 193
3　水環境に親しむ基盤づくり ---- 193
第2節　水環境の保全 ---- 194
1　環境基準の設定、排水管理の実施等 ---- 194
2　湖沼 ---- 198
3　閉鎖性海域 ---- 199
4　汚水処理施設の整備 ---- 200
5　地下水 ---- 201
第3節　アジアにおける水環境保全の推進 ---- 202
1　アジア水環境パートナーシップ（WEPA） ---- 202
2　アジア水環境改善モデル事業 ---- 202
第4節　土壌環境の保全 ---- 203
1　土壌環境の現状 ---- 203
2　環境基準等の見直し ---- 203
3　市街地等の土壌汚染対策 ---- 204
4　農用地の土壌汚染対策 ---- 205
第5節　地盤環境の保全 ---- 205
第6節　海洋環境の保全 ---- 207
1　海洋ごみ対策 ---- 207
2　海洋汚染の防止等 ---- 208
3　生物多様性の確保等 ---- 208
4　沿岸域の総合的管理 ---- 209
5　気候変動・海洋酸性化への対応 ---- 209
6　海洋の開発・利用と環境の保全との調和 ---- 209
7　海洋環境に関するモニタリング・調査研究の推進 ---- 209
8　監視取締りの現状 ---- 210
第7節　大気環境の保全 ---- 210
1　大気環境の現状 ---- 210
2　窒素酸化物・光化学オキシダント・$PM_{2.5}$等に係る対策 ---- 214
3　アジアにおける大気汚染対策 ---- 218
4　多様な有害物質による健康影響の防止 ---- 219
5　地域の生活環境保全に関する取組 ---- 220

第5章　包括的な化学物質対策に関する取組　226

第1節　化学物質のリスク評価の推進及びライフサイクル全体のリスクの削減 ---- 226
1　化学物質の環境中の残留実態の現状 ---- 226
2　化学物質の環境リスク評価 ---- 227
3　化学物質の環境リスクの管理 ---- 227
4　ダイオキシン類問題への取組 ---- 229
5　農薬のリスク対策 ---- 231
第2節　化学物質に関する未解明の問題への対応 ---- 231

1　子どもの健康と環境に関する全国調査（エコチル調査）の推進 231
2　化学物質の内分泌かく乱作用問題に係る取組 232
第3節　化学物質に関するリスクコミュニケーションの推進 233
第4節　化学物質に関する国際協力・国際協調の推進 233
1　国際的な化学物質管理のための戦略的アプローチ（SAICM（サイカム）） 233
2　国連の活動 233
3　水銀に関する水俣条約 234
4　OECDの活動 234
5　諸外国の化学物質規制の動向を踏まえた取組 235
第5節　国内における毒ガス弾等に係る対策 235
1　個別地域の事案 235
2　毒ガス情報センター 236

第6章　各種施策の基盤となる施策及び国際的取組に係る施策　237

第1節　政府の総合的な取組 237
1　環境基本計画 237
2　環境保全経費 237
3　予防的な取組方法の考え方に基づく環境施策の推進 237
4　SDGsに関する取組の推進 238
第2節　グリーンな経済システムの構築 239
1　企業戦略における環境ビジネスの拡大・環境配慮の主流化 239
2　金融を通じたグリーンな経済システムの構築 241
3　グリーンな経済システムの基盤となる税制 242
第3節　技術開発、調査研究、監視・観測等の充実等 243
1　環境分野におけるイノベーションの推進 243
2　官民における監視・観測等の効果的な実施 247
3　技術開発などに際しての環境配慮等 249
第4節　国際的取組に係る施策 250
1　地球環境保全等に関する国際協力の推進 250
第5節　地域づくり・人づくりの推進 257
1　国民の参加による国土管理の推進 257
2　持続可能な地域づくりのための地域資源の活用と地域間の交流等の促進 258
3　環境教育・環境学習等の推進と各主体をつなぐネットワークの構築・強化 259
第6節　環境情報の整備と提供・広報の充実 261
1　EBPM推進のための環境情報の整備 261
2　利用者ニーズに応じた情報の提供 261
第7節　環境影響評価 262
1　環境影響評価の総合的な取組の展開 262
2　質が高く効率的な環境影響評価制度の実施 262
第8節　環境保健対策 263
1　放射線に係る住民の健康管理・健康不安対策 263
2　健康被害の補償・救済及び予防 265
第9節　公害紛争処理等及び環境犯罪対策 270
1　公害紛争処理等 270
2　環境犯罪対策 273

令和５年度　環境の保全に関する施策
令和５年度　循環型社会の形成に関する施策
令和５年度　生物の多様性の保全及び持続可能な利用に関する施策

第１章　地球環境の保全　277

第１節　地球温暖化対策 277
1　研究の推進、監視・観測体制の強化による科学的知見の充実 277
2　脱炭素社会の実現に向けた政府全体での取組の推進 277
3　エネルギー起源CO_2の排出削減対策 278
4　エネルギー起源CO_2以外の温室効果ガスの排出削減対策 279
5　森林等の吸収源対策、バイオマス等の活用 279
6　国際的な地球温暖化対策への貢献 279
7　横断的施策 280
8　公的機関における取組 280
第２節　気候変動の影響への適応の推進 281
1　気候変動の影響等に関する科学的知見の集積 281
2　国における適応の取組の推進 281
3　地域等における適応の取組の推進 282
第３節　オゾン層保護対策等 282

第２章　生物多様性の保全及び持続可能な利用に関する取組　283

第１節　昆明・モントリオール生物多様性枠組及び生物多様性国家戦略2023-2030の実施 283
第２節　生物多様性の主流化に向けた取組の強化 283
1　多様な主体の参画 283
2　生物多様性に配慮した企業活動の推進 283
3　自然とのふれあいの推進 283
第３節　生物多様性保全と持続可能な利用の観点から見た国土の保全管理 284
1　30by30目標の達成に向けた取組 284
2　生態系ネットワークの形成 285
3　重要地域の保全 285
4　自然再生 286
5　里地里山の保全活用 287
6　都市の生物多様性の確保 287
7　生態系を活用した防災・減災（Eco-DRR）及び気候変動適応策（EbA）の推進 287
第４節　海洋における生物多様性の保全 288
第５節　野生生物の適切な保護管理と外来種対策の強化等 288
1　絶滅のおそれのある種の保存 288
2　野生鳥獣の保護管理 288
3　外来種対策 288
4　遺伝子組換え生物対策 289
5　動物の愛護及び適正な管理 289
第６節　持続可能な利用 289
1　持続可能な農林水産業 289

2　エコツーリズムの推進 ---- 290
第7節　国際的取組 ---- 290
1　生物多様性に関する世界目標の実施のための途上国支援 ---- 290
2　生物多様性及び生態系サービスに関する科学と政策のインターフェースの強化 ---- 290
3　二次的自然環境における生物多様性の保全と持続可能な利用・管理の促進 ---- 290
4　アジア保護地域パートナーシップの推進 ---- 290
5　森林の保全と持続可能な経営の推進 ---- 291
6　砂漠化対策の推進 ---- 291
7　南極地域の環境の保護 ---- 291
8　サンゴ礁の保全 ---- 291
9　生物多様性関連諸条約の実施 ---- 291
第8節　生物多様性の保全及び持続可能な利用に向けた基盤整備 ---- 291
1　自然環境データの整備・提供・利活用の推進 ---- 291
2　放射線による野生動植物への影響の把握 ---- 292
3　生物多様性及び生態系サービスの総合評価 ---- 292

第3章　循環型社会の形成　293

第1節　持続可能な社会づくりとの統合的取組 ---- 293
第2節　多種多様な地域循環共生圏形成による地域活性化 ---- 293
第3節　ライフサイクル全体での徹底的な資源循環 ---- 294
1　プラスチック ---- 295
2　バイオマス（食品、木など） ---- 295
3　ベースメタルやレアメタル等の金属 ---- 295
4　土石・建設材料 ---- 295
5　温暖化対策等により新たに普及した製品や素材 ---- 295
第4節　適正処理の更なる推進と環境再生 ---- 296
1　適正処理の更なる推進 ---- 296
2　廃棄物等からの環境再生 ---- 297
3　東日本大震災からの環境再生 ---- 297
第5節　万全な災害廃棄物処理体制の構築 ---- 298
1　地方公共団体レベルでの災害廃棄物対策の加速化 ---- 298
2　地域レベルでの災害廃棄物広域連携体制の構築 ---- 298
3　全国レベルでの災害廃棄物広域連携体制の構築 ---- 299
第6節　適正な国際資源循環体制の構築と循環産業の海外展開の推進 ---- 299
1　適正な国際資源循環体制の構築 ---- 299
2　循環産業の海外展開の推進 ---- 300
第7節　循環分野における基盤整備 ---- 300
1　循環分野における情報の整備 ---- 300
2　循環分野における技術開発、最新技術の活用と対応 ---- 300
3　循環分野における人材育成、普及啓発等 ---- 300

第4章　水環境、土壌環境、地盤環境、海洋環境、大気環境の保全に関する取組　303

第1節　健全な水循環の維持・回復 ---- 303
1　流域における取組 ---- 303
2　森林、農村等における取組 ---- 303

3　水環境に親しむ基盤づくり ----304
第2節　水環境の保全 ----304
1　環境基準の設定、排水管理の実施等 ----304
2　湖沼 ----305
3　閉鎖性海域 ----305
4　汚水処理施設の整備 ----305
5　地下水 ----306
第3節　アジアにおける水環境保全の推進 ----306
第4節　土壌環境の保全 ----306
1　市街地等の土壌汚染対策 ----306
2　農用地の土壌汚染対策 ----306
第5節　地盤環境の保全 ----306
第6節　海洋環境の保全 ----307
1　海洋ごみ対策 ----307
2　海洋汚染の防止等 ----307
3　生物多様性の確保等 ----307
4　沿岸域の総合的管理 ----307
5　気候変動・海洋酸性化への対応 ----308
6　海洋の開発・利用と環境の保全との調和 ----308
7　海洋環境に関するモニタリング・調査研究の推進 ----308
第7節　大気環境の保全 ----308
1　窒素酸化物・光化学オキシダント・$PM_{2.5}$等に係る対策 ----308
2　アジアにおける大気汚染対策 ----309
3　多様な有害物質による健康影響の防止 ----310
4　地域の生活環境保全に関する取組 ----310

第5章　包括的な化学物質対策に関する取組　312

第1節　化学物質のリスク評価の推進及びライフサイクル全体のリスクの削減 ----312
第2節　化学物質に関する未解明の問題への対応 ----313
第3節　化学物質に関するリスクコミュニケーションの推進 ----314
第4節　化学物質に関する国際協力・国際協調の推進 ----314
第5節　国内における毒ガス弾等に係る対策 ----314

第6章　各種施策の基盤となる施策及び国際的取組に係る施策　315

第1節　政府の総合的な取組 ----315
1　環境基本計画 ----315
2　環境保全経費 ----315
第2節　グリーンな経済システムの構築 ----315
1　企業戦略における環境ビジネスの拡大・環境配慮の主流化 ----315
2　金融を通じたグリーンな経済システムの構築 ----315
3　グリーンな経済システムの基盤となる税制 ----316
第3節　技術開発、調査研究、監視・観測等の充実等 ----316
1　環境分野におけるイノベーションの推進 ----316
2　官民における監視・観測等の効果的な実施 ----319
3　技術開発などに際しての環境配慮等 ----319

第4節　国際的取組に係る施策 319
1　地球環境保全等に関する国際協力の推進 319
第5節　地域づくり・人づくりの推進 321
1　国民の参加による国土管理の推進 321
2　持続可能な地域づくりのための地域資源の活用と地域間の交流等の促進 322
3　環境教育・環境学習等の推進と各主体をつなぐネットワークの構築・強化 323
第6節　環境情報の整備と提供・広報の充実 324
1　EBPM推進のための環境情報の整備 324
2　利用者ニーズに応じた情報の提供 324
第7節　環境影響評価 325
1　環境影響評価の総合的な取組の展開 325
2　質が高く効率的な環境影響評価制度の実施 325
第8節　環境保健対策 325
1　放射線に係る住民の健康管理・健康不安対策 325
2　健康被害の補償・救済及び予防 325
第9節　公害紛争処理等及び環境犯罪対策 326
1　公害紛争処理等 326
2　環境犯罪対策 326

コラム・事例

コラム　若者団体との意見交換 ---- 20
コラム　環境政策に係る全国行脚 ---- 26
事　例　二酸化炭素の資源化を通じた炭素循環社会モデル構築促進事業（積水化学工業） ---- 29
コラム　航空機による大気観測「CONTRAILプロジェクト」 ---- 29
コラム　DX（デジタルトランスフォーメーション）で気候変動対策を促進 ---- 30
事　例　環境スタートアップ大賞環境大臣賞（EF Polymer） ---- 30
事　例　イノベーション創出のための環境スタートアップ研究開発支援事業（イーアイアイ） ---- 31
事　例　「Re & Go」捨てずに返す容器のシェアリングサービス（NISSHA、NECソリューションイノベータ） ---- 39
コラム　アメリカザリガニ・アカミミガメの放出を防ぐ―普及啓発の強化― ---- 46
事　例　関東地域エコロジカル・ネットワーク形成によるコウノトリ・トキの舞う地域づくり事業 ---- 48
事　例　MS&ADインシュアランスグループによる湿地再生の取組 ---- 50
事　例　"持続可能な宮古島市"の実現に向けたアイデアや想いを市民が発表し、参加や協働を広く投げかけるせんねんプラットフォーム（沖縄県宮古島市） ---- 53
事　例　徳之島三町が協働したエコツアーガイド育成・コンテンツ形成支援体制の仕組み作り（鹿児島県大島郡） ---- 54
事　例　リボーンアート・フェスティバル「アート」「音楽」「食」の総合芸術祭を通じて地域の内外がつながる（宮城県石巻市） ---- 54
事　例　「PaperLab」を活用して、地域の資源を循環させ、人をつなぎ、地域活性化に貢献する（セイコーエプソン／エプソン販売） ---- 55
コラム　懐かしい未来を里山からつくる「里の家」～風の子、海の子、里山体験～（一般社団法人 里の家） ---- 56
コラム　静岡県SDGsビジネスアワード（静岡県） ---- 56
事　例　「百年の森林構想」に基づく脱炭素先行地域づくり（岡山県西粟倉村） ---- 57
コラム　「Jリーグのクラブ×再エネ スタート」 ---- 57
事　例　環境教育における事例（地方ESD活動支援センター） ---- 58
事　例　大人のための学び舎づくり～「人生の学校」フォルケホイスコーレ～（School for Life Compath） ---- 58
コラム　ナッジを活用した行動変容（日本オラクル、住環境計画研究所、東京ガス） ---- 63
コラム　森里川海アンバサダー（食チーム）と連携したライフスタイルシフトの情報発信事例 ---- 68
コラム　2025年日本国際博覧会 ---- 70
コラム　地域等における気候変動適応の取組～地域気候変動適応計画～ ---- 73
コラム　特定復興再生拠点区域の避難指示解除 ---- 77
コラム　「福島、その先の環境へ。」次世代ツアーの開催 ---- 81
コラム　ぐぐるプロジェクトの取組 ---- 84

第1部　総合的な施策等に関する報告

第1章　気候変動と生物多様性の現状と国際的な動向

図1-1-1　プラネタリー・バウンダリー ---- 3
図1-1-2　「ドーナツ内での生活」（プラネタリー・バウンダリーとソーシャル・バウンダリー）---- 3
図1-2-1　2022年の世界各地の異常気象 ---- 5
写真1-2-1　南アジアの大雨の洪水被害の様子 ---- 5
写真1-2-2　パキスタンの大雨の洪水被害の様子 ---- 5
写真1-2-3　令和4年8月の大雨の被害の様子 ---- 5
図1-2-2　シナリオごとの2050年までのGHG排出量推計と排出ギャップ、今世紀の気温上昇予測（中央値のみ） ---- 7
図1-2-3　世界の温室効果ガス排出量 ---- 7
図1-2-4　我が国の温室効果ガス排出・吸収量 ---- 8
写真1-3-1　「閣僚級セッション」においてスピーチを行う西村明宏環境大臣 ---- 10
写真1-3-2　COP27議長国エジプトのサーメハ・ハサン・シュクリ議長（右）とバイ会談を行う西村明宏環境大臣（左） ---- 10
写真1-3-3　ジャパン・パビリオンにおける技術展示の様子 ---- 10
図1-4-1　1500年以降の絶滅 ---- 12
図1-4-2　1980年以降の生存種の減少 ---- 12
図1-4-3　2000年から現在までの野生種の利用と持続可能な利用に関する世界的傾向 ---- 12
図1-4-4　生物多様性の損失を減らし、回復させる行動の内訳 ---- 14
図1-4-5　自然が持つ多様な価値観が、持続可能性に向けた複数の経路を支える ---- 14
写真1-5-1　COP15の閣僚級セッションで発言を行う西村明宏環境大臣 ---- 16
写真1-5-2　COP15における生物多様性日本基金第2期開始イベント ---- 16
図1-5-1　SATOYAMAイニシアティブの行動指針 ---- 18

第2章　持続可能な経済社会システムの実現に向けた取組

写真2-1-1　西村明宏環境大臣による脱炭素先行地域（佐渡市）の視察の様子 ---- 21
写真2-1-2　山田美樹環境副大臣による脱炭素先行地域（球磨村）の視察の様子 ---- 21
図2-1-1　脱炭素先行地域の選定状況（第1回＋第2回） ---- 22
図2-1-2　株式会社脱炭素化支援機構の概要 ---- 24
図2-1-3　株式会社脱炭素化支援機構の設立時民間株主 ---- 24
図2-1-4　株式会社脱炭素化支援機構支援決定公表案件 ---- 25
図2-1-5　脱炭素アドバイザー資格制度の認定事業 ---- 25
図2-1-6　ESG市場の拡大 ---- 33
図2-1-7　国・地域別TCFD賛同企業数（上位10の国・地域） ---- 33
図2-1-8　国別SBT認定企業数（上位10か国） ---- 34
図2-1-9　国・地域別RE100参加企業数（上位10の国・地域） ---- 34
写真2-1-3　「パリ協定6条実施パートナーシップ」の立ち上げに参加する西村明宏環境大臣 ---- 35
図2-2-1　循環経済工程表の全体像 ---- 37
図2-2-2　3R+Renewableのイメージ ---- 37

図2-3-1　昆明・モントリオール生物多様性枠組の構造 ---- 42
図2-3-2　生物多様性国家戦略2023-2030の構造 ---- 43
写真2-3-1　西村明宏環境大臣（右）に答申書を手交する
武内和彦中央環境審議会自然環境部会長 ---- 43
図2-3-3　「国立・国定公園総点検事業」フォローアップにおいて選定された
国立・国定公園の新規指定・大規模拡張候補地 ---- 45
図2-3-4　NbSの概念図 ---- 47
図2-3-5　生態系保全・再生ポテンシャルマップ ---- 47
写真2-3-2　第１回TNFD日本協議会会合（キックオフイベント） ---- 48
写真2-3-3　J-GBF総会にてネイチャーポジティブ宣言を掲げる十倉雅和J-GBF会長（右）と
西村明宏環境大臣 ---- 49

第３章　持続可能な地域と暮らしの実現

図3-1-1　地域循環共生圏の概念 ---- 52
図3-2-1　消費ベースでの日本のライフサイクル温室効果ガス排出量 ---- 60
図3-2-2　対象となる“グリーンライフ”のイメージ ---- 60
写真3-2-1　脱炭素につながる新しい豊かな暮らしを創る国民運動発足式で発表を行っている
西村明宏環境大臣 ---- 61
写真3-2-2　山田美樹環境副大臣による「サステナブルファッション」の紹介 ---- 61
図3-2-3　新しい豊かな暮らしの提案内容 ---- 61
写真3-2-3　電気・ガス式の暖房設備を体感できるさっぽろ雪まつりのブースの様子 ---- 62
写真3-2-4　商業施設において「新しい豊かな暮らし」を支える製品・サービスを持ち寄った
イベントを実施している様子 ---- 62
写真3-2-5　おでかけ節電プロジェクトの参加店舗を視察している西村明宏環境大臣 ---- 62
図3-2-4　キャンペーンロゴ ---- 65
図3-2-5　ゼロドラのロゴマーク ---- 66
写真3-2-6　地域・生産者・事業者の取組動画を表彰する「サステナアワード2022表彰式」にて
環境大臣賞を授与する国定勇人環境大臣政務官 ---- 66
図3-2-6　てまえどり ---- 67
図3-2-7　mottECOのロゴ ---- 67
図3-3-1　熱中症による死亡者（５年移動平均）の推移 ---- 70
写真3-3-1　熊谷市「まちなかオアシス事業」の事例 ---- 71
写真3-3-2　高齢者支援団体による呼びかけ活動 ---- 71
図3-3-2　子どもの健康と環境に関する全国調査（エコチル調査）これまでの論文数について ---- 72

第４章　東日本大震災・原発事故からの復興・再生に向けた取組

図4-1-1　事故由来放射性物質により汚染された土壌等の除染等の措置及び汚染廃棄物の
処理等のこれまでの歩み ---- 74
図4-1-2　東京電力福島第一原子力発電所80km圏内における空間線量率の分布 ---- 75
図4-1-3　特定復興再生拠点区域の概要（2023年２月末時点） ---- 76
図4-1-4　特定復興再生拠点区域の除染等の取組 ---- 77
図4-2-1　中間貯蔵除去土壌等の減容・再生利用技術開発戦略の概要 ---- 78
写真4-2-1　飯舘村長泥地区を視察する小林茂樹環境副大臣と柳本顕環境大臣政務官 ---- 78
図4-2-2　飯舘村長泥地区事業エリアの遠景（水田試験エリアとは、
「水田機能を確認するための試験」のエリアを表す） ---- 79

写真4-2-2　西村明宏環境大臣や有識者や著名人等が参加した仙台での第８回対話フォーラム ------ 79
写真4-2-3　総理官邸に設置している鉢植え ---------- 79
写真4-3-1　脱炭素×復興まちづくりプラットフォームの設立 ---------- 80
写真4-3-2　いっしょに考える「福島、その先の環境へ。」チャレンジ・アワードの表彰状授与式の様子（2022年11月） ---------- 80
写真4-3-3　小林茂樹環境副大臣も参加した「福島、その先の環境へ。」シンポジウムの様子（2023年３月12日） ---------- 80
写真4-4-1　海域モニタリングの様子 ---------- 82
写真4-4-2　採取した試料をIAEA及び第三国の専門家が確認する様子 ---------- 82
図4-5-1　「ぐぐるプロジェクト」ロゴマーク ---------- 83

第２部　各分野の施策等に関する報告

第１章　地球環境の保全

図1-1-1　我が国が排出する温室効果ガスの内訳（2021年単年度） ---------- 88
図1-1-2　我が国の温室効果ガス排出量 ---------- 90
図1-1-3　CO_2排出量の部門別内訳 ---------- 90
図1-1-4　部門別エネルギー起源CO_2排出量の推移 ---------- 90
図1-1-5　各種温室効果ガス（エネルギー起源CO_2以外）の排出量 ---------- 90
図1-1-6　南極上空のオゾンホールの面積の推移 ---------- 91
図1-1-7　世界のエネルギー起源CO_2の国別排出量（2020年） ---------- 91
写真1-1-1　COP27クロージングプレナリーの様子 ---------- 93
図1-1-8　代替フロン等４ガスの排出量推移 ---------- 100
図1-1-9　フロン排出抑制法の概要 ---------- 101
表1-1-1　JCMパートナー国ごとの進捗状況 ---------- 103
表1-1-2　環境モデル都市一覧 ---------- 105
表1-1-3　環境未来都市一覧 ---------- 105
図1-3-1　モントリオール議定書に基づく規制スケジュール ---------- 113
表1-3-1　家電リサイクル法に基づく再商品化によるフロン類の回収量・破壊量（2021年度） ---- 114
図1-3-2　業務用冷凍空調機器・カーエアコンからのフロン類の回収・破壊量等（2021年度） ---- 114

第２章　生物多様性の保全及び持続可能な利用に関する取組

図2-2-1　地域連携保全活動支援センターの役割 ---------- 117
表2-2-1　地域連携保全活動支援センター設置状況 ---------- 117
写真2-2-1　国際生物多様性の日2022シンポジウム-すべてのいのちと共にある未来へ！-大岡敏孝環境副大臣（当時）の挨拶 ---------- 118
写真2-3-1　自然観察会 ---------- 121
表2-3-1　数値で見る重要地域の状況 ---------- 124
図2-3-1　国立公園及び国定公園の配置図 ---------- 125
図2-3-2　環境省の自然再生事業（実施箇所）の全国位置図 ---------- 128
図2-5-1　主な保護増殖事業の概要 ---------- 132
図2-5-2　ニホンジカの推定個体数（本州以南） ---------- 134
図2-5-3　ニホンジカの捕獲数の推移 ---------- 134
図2-5-4　特定外来生物の種類数 ---------- 135

図2-5-5　全国の犬猫の引取数の推移 ---137

第３章　循環型社会の形成

図3-1-1　我が国における物質フロー（2020年度）---146
図3-1-2　資源生産性の推移---147
図3-1-3　入口側の循環利用率の推移 ---147
図3-1-4　出口側の循環利用率の推移 ---147
図3-1-5　最終処分量の推移---147
図3-1-6　廃棄物の区分---148
図3-1-7　ごみ総排出量と一人一日当たりごみ排出量の推移---148
図3-1-8　全国のごみ処理のフロー（2021年度）---149
図3-1-9　産業廃棄物の排出量の推移 ---150
図3-1-10　容器包装リサイクル法に基づく分別収集・再商品化の実績 ---151
図3-1-11　全国の指定引取場所における廃家電４品目の引取台数---154
図3-1-12　建設廃棄物の種類別排出量 ---154
表3-1-1　食品廃棄物等の発生及び処理状況（2020年度）---155
図3-1-13　小型家電の回収状況 ---157
図3-1-14　小型家電リサイクル制度への参加自治体---157
図3-1-15　産業廃棄物の処理の流れ（2020年度）---159
図3-1-16　産業廃棄物の業種別排出量（2020年度）---159
図3-1-17　焼却施設の新規許可件数の推移（産業廃棄物）---160
図3-1-18　最終処分場の新規許可件数の推移（産業廃棄物）---160
図3-1-19　最終処分量と一人一日当たり最終処分量の推移 ---160
図3-1-20　最終処分場の残余容量及び残余年数の推移（一般廃棄物）---160
図3-1-21　最終処分場の残余容量及び残余年数の推移（産業廃棄物）---161
表3-1-2　ごみ焼却施設における余熱利用の状況---161
表3-1-3　ごみ焼却発電施設数と発電能力 ---161
図3-1-22　不法投棄された産業廃棄物の種類（2021年度）---162
図3-1-23　産業廃棄物の不法投棄件数及び投棄量の推移（新規判明事案）---163
図3-1-24　産業廃棄物の不適正処理件数及び不適正処理量の推移（新規判明事案）---164
表3-1-4　バーゼル法に基づく輸出入の状況（2021年）---165
表3-5-1　特別管理廃棄物 ---172
表3-5-2　我が国におけるダイオキシン類の事業分野別の推計排出量及び削減目標量 ---175
図3-5-1　除染特別地域及び汚染状況重点調査地域における除染の進捗状況
（2023年3月末時点）---176
表3-5-3　福島県内の除去土壌等の仮置場等の箇所数 ---177
図3-5-2　当面の施設整備イメージ---178
図3-5-3　受入・分別施設イメージ---179
写真3-5-1　受入・分別施設 ---179
図3-5-4　土壌貯蔵施設イメージ---179
写真3-5-2　土壌貯蔵施設---179
表3-5-4　指定廃棄物の数量（2022年12月末時点）---180
写真3-5-3　特定廃棄物埋立処分施設の様子 ---181
図3-5-5　対策地域内の災害廃棄物等の仮置場への搬入済量---181
表3-5-5　対策地域内で稼働中の仮設焼却施設 ---182

表3-8-1　3R全般に関する意識の変化 ---187
表3-8-2　3Rに関する主要な具体的行動例の変化---188
図3-8-1　Re-Styleのロゴマーク ---188

第4章　水環境、土壌環境、地盤環境、海洋環境、大気環境の保全に関する取組

図4-2-1　公共用水域の環境基準（BOD又はCOD）達成率の推移---195
図4-2-2　広域的な閉鎖性海域の環境基準（COD）達成率の推移 ---196
図4-2-3　2021年度地下水質測定結果 ---197
図4-2-4　地下水の水質汚濁に係る環境基準の超過率（概況調査）の推移 ---198
図4-2-5　地下水の水質汚濁に係る環境基準の超過本数（継続監視調査）の推移---198
図4-2-6　湖沼水質保全計画策定状況一覧（2022年度現在）---199
図4-2-7　広域的な閉鎖性海域における環境基準達成率の推移（全窒素・全りん）---199
図4-2-8　汚水処理人口普及率の推移 ---201
図4-2-9　水質汚濁防止法における地下水の規制等の概要 ---202
図4-4-1　年度別の土壌汚染判明事例件数 ---203
図4-4-2　土壌汚染対策法の施行状況 ---204
図4-5-1　全国の地盤沈下の状況（2021年度）---206
図4-5-2　代表的地域の地盤沈下の経年変化---206
図4-6-1　海洋汚染の発生確認件数の推移 ---209
図4-6-2　海上環境関係法令違反送致件数の推移---210
表4-7-1　$PM_{2.5}$の環境基準達成状況の推移---211
図4-7-1　全国における$PM_{2.5}$の環境基準達成状況（2021年度）---211
図4-7-2　昼間の1時間値の年間最高値の光化学オキシダント濃度レベル別の測定局数の推移（一般局）---211
図4-7-3　昼間の測定時間の光化学オキシダント濃度レベル別割合の推移（一般局）---211
図4-7-4　光化学オキシダント濃度の長期的な改善傾向を評価するための指標（8時間値の日最高値の年間99パーセンタイル値の3年平均値）を用いた域内最高値の経年変化---212
図4-7-5　光化学オキシダント注意報等の発令延日数及び被害届出人数の推移 ---212
表4-7-2　環境基準が設定されている物質（4物質）---213
図4-7-6　降水中のpH分布図 ---214
図4-7-7　ガソリン・LPG乗用車規制強化の推移 ---215
図4-7-8　ディーゼル重量車（車両総重量3.5トン超）規制強化の推移 ---216
図4-7-9　軽油中の硫黄分規制強化の推移 ---216
図4-7-10　騒音・振動・悪臭に係る苦情件数の推移 ---220
表4-7-3　道路交通騒音対策の状況 ---221
図4-7-11　2021年度道路に面する地域における騒音の環境基準の達成状況 ---222
図4-7-12　新幹線鉄道騒音に係る環境基準における音源対策の達成状況---223
図4-7-13　新幹線鉄道沿線における住居の状況 ---223
図4-7-14　航空機騒音に係る環境基準の達成状況---223
表4-7-4　空港周辺対策事業一覧表 ---223
表4-7-5　防衛施設周辺騒音対策関係事業一覧表---223
図4-7-15　都市の30℃以上時間数の推移---224

第5章　包括的な化学物質対策に関する取組

図5-1-1　化学物質の審査及び製造等の規制に関する法律のポイント ------227
図5-1-2　化学物質の排出量の把握等の措置（PRTR）の実施の手順------228
図5-1-3　届出排出量・届出外排出量の構成（2021年度分） ------229
図5-1-4　届出排出量・届出外排出量上位10物質とその排出量（2021年度分） ------229
表5-1-1　2021年度ダイオキシン類に係る環境調査結果（モニタリングデータ）（概要）------229
図5-1-5　日本におけるダイオキシン類の一人一日摂取量（2021年度） ------230
図5-1-6　食品からのダイオキシン類の一日摂取量の経年変化 ------230
図5-1-7　ダイオキシン類の排出総量の推移------231
図5-2-1　子どもの健康と環境に関する全国調査（エコチル調査）の概要 ------232

第6章　各種施策の基盤となる施策及び国際的取組に係る施策

表6-1-1　SDGs未来都市一覧------239
表6-2-1　政府関係機関等による環境保全事業の助成 ------242
表6-7-1　環境影響評価法に基づき実施された環境影響評価の施行状況------263
表6-8-1　公害健康被害補償法の被認定者数等 ------266
表6-8-2　水俣病関連年表 ------267
表6-9-1　2022年中に公害等調整委員会に係属した公害紛争事件------271
表6-9-2　環境事犯の法令別検挙事件数の推移（2018年～2022年） ------273
表6-9-3　廃棄物処理法違反の態様別検挙事件数（2022年） ------273
表6-9-4　罪名別環境関係法令違反事件通常受理・処理人員（2022年） ------274

特集
1

2030年ターゲット

ネットゾロ、循環経済、ネイチャーポジティブ経済の統合的な実現に向けて

2050年カーボンニュートラルの実現に向け、2030年度において温室効果ガスの2013年度から46％削減を目指し、さらに50%の高みに向けて挑戦を続けることを宣言したことから、2030年までの期間は「勝負の10年」と言えます。
また、気候変動と密接な関係がある生物多様性の保全や資源循環等の取組も、2030年に向けての目標を掲げています。今こそ、行政・事業者・国民一人一人が全員で2030年に向けての目標を確認・共有し、達成に向け、皆で今までの延長線上にないアクションを起こしていきましょう。

脱炭素

46%削減

温室効果ガスを
2013年度から46%削減、
さらに50%の高みに向けて挑戦

代表的なアクション
▼

脱炭素先行地域を
少なくとも100か所創出

2022年度の進捗・具体的なアクション
▼

46の脱炭素先行地域を選定

自然共生

30by30

サーティ・バイ・サーティ

陸と海の30%以上を保全

代表的なアクション

▼

国立公園などの保護地域の
拡張と管理の質の向上

自然共生サイトを
2023年に100か所以上認定

2022年度の進捗・具体的なアクション

▼

国立・国定公園総点検事業フォローアップ
結果を公表

・30by30ロードマップ公表
・30by30アライアンス発足
参加者：419者（R5.3）
・自然共生サイトの試行を56サイトで実施
・30by30ロードマップを含む生物多様性
国家戦略2023-2030を閣議決定

資源循環

80兆円以上

サーキュラーエコノミー
関連ビジネスの市場規模
80兆円以上を目指す

代表的なアクション

▼

プラスチック資源の回収量倍増
金属リサイクル原料の処理量倍増

食品ロス量を半減

2022年度の進捗・具体的なアクション

▼

2022年4月に施行したプラスチック資源
循環法に基づき、製品プラを含めたプラ
資源の回収を促進

プラスチック・金属・再エネ関連製品等の
省CO_2型リサイクルプロセスの実証事業、
リサイクル設備の導入を支援

2020年度の食品ロス量は約522万トンと
推計される。（2000年度比半減目標489万
トン）食品廃棄ゼロエリア創出等を通じ、
食品ロス削減を促進

特集
2

2022年度 環境行政の主なトピックス

「炭素中立」「循環経済」「自然再興」の3つの同時達成により、将来にわたって質の高い生活をもたらす持続可能な新たな成長につなげる

5月26日-27日（ドイツ）
G7気候・エネルギー・環境大臣会合

資料：環境省

7月27日
GX実行会議　開始

資料：首相官邸ホームページ

6月1日
脱炭素先行地域選定証授与式（第1回）

資料：環境省

8月31日（インドネシア）
G20環境・気候大臣会合

資料：環境省

2022

4月 ＞ 5月 ＞ 6月 ＞ 7月 ＞ 8月 ＞ 9月 ＞ 10月

- 5月26日-27日　G7気候・エネルギー・環境大臣会合
- 6月26日-28日　G7エルマウ・サミット
- 8月31日　G20環境・気候大臣会合

※一部略称表記

11月6日-20日（エジプト）

国連気候変動枠組条約第27回
締約国会議（COP27）

資料：環境省

12月7日-19日（カナダ）

生物多様性条約第15回締約国会議
第二部（COP15第二部）等

資料：環境省

資料：環境省

資料：環境省

2023

11月 | 12月 | 1月 | 2月 | 3月 | 4月 | 5月

11月6日-20日
国連気候変動枠組条約
第27回締約国会議（COP27）

11月15日-16日
G20バリ・サミット

12月7日-19日
生物多様性条約第15回
締約国会議第二部
（COP15第二部）等

4月15日-16日
G7札幌気候・エネルギー・
環境大臣会合

5月19日-21日
G7広島サミット開催

令和４年度

環境の状況
循環型社会の形成の状況
生物の多様性の状況

2022/23

第１部

総合的な施策等に関する報告

令和４年度

環境の状況
循環型社会の形成の状況
生物の多様性の状況

2022/23

第1章　気候変動と生物多様性の現状と国際的な動向

気候変動問題は今や「気候危機」とも言われていて、私たち一人一人、この星に生きる全ての生き物にとって避けることができない、喫緊の課題です。既に世界的にも平均気温の上昇、雪氷の融解、海面水位の上昇が観測され、我が国においても平均気温の上昇、大雨、台風等による被害、農作物や生態系への影響等が観測されています。

この地球規模の課題である気候変動問題の解決に向けて、2015年にパリ協定が採択され、世界各国が世界共通の長期目標として、世界的な平均気温上昇を工業化以前に比べて2℃より十分低く保つとともに、1.5℃に抑える努力を追求することや、今世紀後半に温室効果ガスの人為的な発生源による排出量と吸収源による除去量との間の均衡を達成することなどを合意しました。この実現に向けて、世界が取組を進めており、120以上の国と地域が「2050年カーボンニュートラル」という目標を掲げています。また、気候変動による影響は、種の絶滅や生息・生育域の移動、減少、消滅などを引き起こし、生物多様性の損失や生態系サービスの低下につながる可能性があると言われています。生物多様性は人類の生存を支え、人類に様々な恵みをもたらすものです。生物に国境はなく、我が国だけで生物多様性を保全しても十分ではありません。世界全体でこの問題に取り組むことが重要と言えます。

生物多様性と気候変動への世界的な取組は、1992年のリオサミットに合わせて採択され「双子の条約」とも呼ばれる生物多様性条約と国連気候変動枠組条約の下で進められてきました。国連気候変動枠組条約第26回締約国会議（COP26）のグラスゴー気候合意では「気候変動及び生物多様性の損失という相互に結び付いた世界全体の危機並びに自然及び生態系の保護、保全及び回復が、気候変動への適応及び緩和のための利益をもたらすにあたり重要な役割を果たす」と述べられています。さらに、国連気候変動枠組条約第27回締約国会議（COP27）の「シャルム・エル・シェイク実施計画」にも、気候変動の緩和・適応策に生態系の保護・保全・再生が果たす役割の重要性について記載されています。生物多様性の損失と気候危機の2つの世界的な課題は、現象の観点でもそれらへの対応策の観点でも正負の両面から相互に影響し合う関係にあり、一体的に取り組む必要があります。

第1章では、気候変動や生物多様性の現状及び国際的な動向を紹介するとともに、地球の限界と社会の境界から持続可能な社会の姿を論じます。

第1節　地球の限界と経済社会の危機

1　地球の限界（プラネタリー・バウンダリー）

気候変動については、世界各地で様々な気象災害が発生している中、問題解決に向けた行動は不十分であり、気温上昇を1.5℃に抑えるために世界全体で更なる対策が必要です（第2節参照）。生物多様性の損失においても、気候変動による影響に加えて、地球上の種の絶滅の速度の加速、需要の増加や技術の進歩による過剰利用や、里地里山の管理不足等により生態系のバランスが崩れ、生態系サービスの恩恵を受け続けることが今後困難になる可能性が高く、それを食い止めるために適切な対策を講じる必要があります（第4節参照）。全体として、地球規模での人口増加や経済規模の拡大の中で、人間活動に伴う地球環境の悪化はますます深刻となり、地球の生命維持システムは存続の危機に瀕しています。

こうした全体像を俯瞰的に把握していくことが重要です。人間活動による地球システムへの様々な影響を客観的に評価する方法の一例として、地球の限界（プラネタリー・バウンダリー）という注目すべき研究があります（図1-1-1）。この研究によれば、地球の変化に関する各項目について、人間が安全に活動できる範囲内にとどまれば人間社会は発展し繁栄できるが、境界を越えることがあれば、人間が依存する自然資源に対して回復不可能な変化が引き起こされるとされています。2015年と2022年の研究結果を比べると、種の絶滅の速度と窒素・リンの循環に加え、新たに気候変動と土地利用変化、新規化学物質が不確実性の領域を超えて高リスクの領域にあるとされました。

このプラネタリー・バウンダリーに、水、食料、ヘルスケア、住居、エネルギー、教育へのアクセスなど、人間にとって不可欠な社会的ニーズに関する最低限の基準の充足度を示した社会の境界（ソーシャル・バウンダリー）を加えた研究があり、人間の経済の「安全な活動空間」を定義しています。ドーナツ型の図（図1-1-2）は、プラネタリー・バウンダリーとソーシャル・バウンダリーの両方を表しています。人間活動が地球の生態学的上限を超えず、人類が社会的基礎の下に落ちない領域を「ドーナツ内での生活」と言います。この領域では、well-beingに焦点を当てた経済が繁栄することができますが、現実には世界中で多くの人々がソーシャル・バウンダリー以下の状況で生活しています。

図1-1-1　プラネタリー・バウンダリー

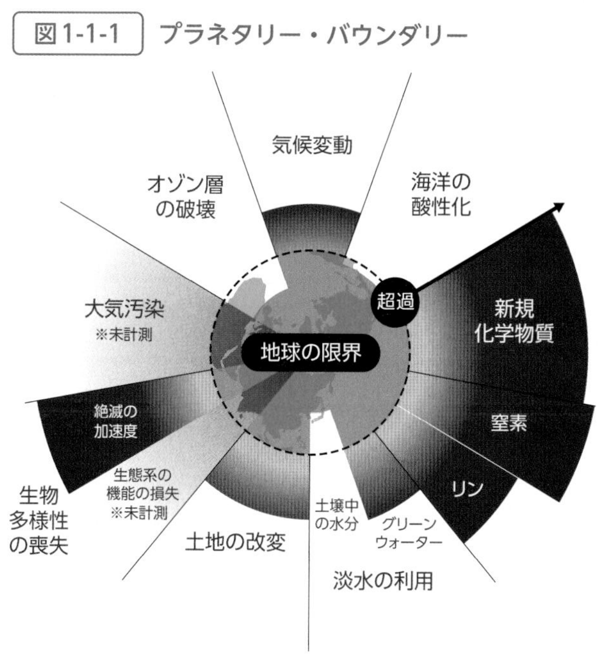

資料：Stockholm Resilience Centre（2022）より環境省作成

図1-1-2　「ドーナツ内での生活」（プラネタリー・バウンダリーとソーシャル・バウンダリー）

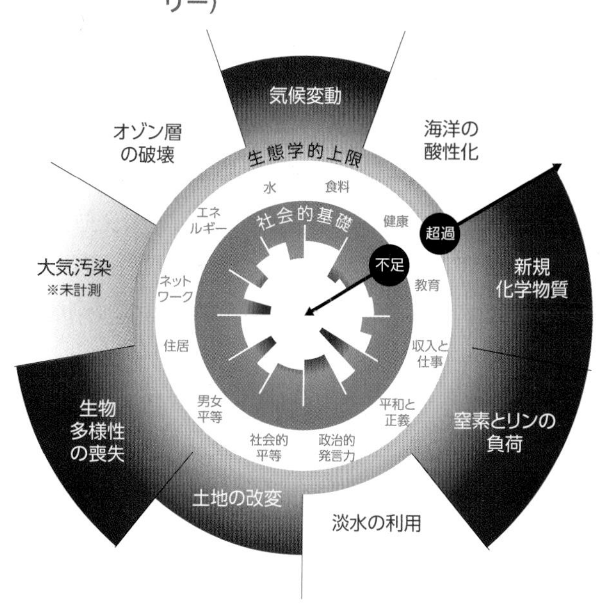

注：Kate Raworth「Doughnut Economics」（2017）に基づく。
資料：ローマクラブ Sandrine Dixson-Declève ほか「Earth for All：A SURVIVAL GUIDE for Humanity」より環境省作成

2　持続可能な社会の姿

人間活動が「ドーナツ内での生活」に収まるような持続可能な経済社会となるためには、環境・経済・社会の統合的向上を進めることが重要です。我が国が直面する数々の社会課題に対し、炭素中立（カーボンニュートラル）・循環経済（サーキュラーエコノミー）・自然再興（ネイチャーポジティブ）の同時達成を実現させることが必要です。経済、社会、政治、技術すべてにおける横断的な社会変革は、生物多様性の損失を止め、反転させ、回復軌道に乗せる「自然再興」に必要であり、循環経済の推進によって資源循環が進めば、製品等のライフサイクル全体における温室効果ガスの低減につながり炭素中立に資するなど、相互の連携が大変有効であると言えます。

我が国全体を持続可能な社会に変革していくにあたり、各地域がその特性を生かした強みを発揮しながら、地域同士が支え合う自立・分散型の社会を形成していくことで、我が国全体を持続可能な社会に変えていく必要があります。そして、そこで暮らす一人一人のライフスタイルが持続可能な形に変革されていくとともに豊かさを感じながら活き活きと暮らし、地域が自立し誇りを持ちながらも、他の地域と有機的につながる地域のSDGs（ローカルSDGs）を実現することにより、国土の隅々まで活性化された未来社会が作られていくことが重要です。

第五次環境基本計画には、物質的豊かさの追求に重きを置くこれまでの考え方、大量生産・大量消費・大量廃棄型の社会経済活動や生活様式を見直し、豊かな恵みをもたらす一方で、時として荒々しい脅威となる自然と対立するのではなく、自然に対する畏敬の念を持ち、自然に順応し、自然と共生する知恵や自然観を培ってきた伝統も踏まえ、情報通信技術（ICT）等の科学技術も最大限に活用しながら、経済成長を続けつつ、環境への負荷を最小限にとどめ、健全な物質・生命の「循環」を実現するとともに、健全な生態系を維持・回復し、自然と人間との「共生」や地域間の「共生」を図り、これらの取組を含め「脱炭素」をも実現する循環共生型の社会（環境・生命文明社会）を目指すことが重要であるとしています。

さらに、現状を鑑みると、大量生産・大量消費・大量廃棄型ではなく、森林、土壌、水、大気、生物資源等、自然によって形成される資本（ストック）である自然資本をはじめとするストックの水準の向上と、地上に存在する使用済の地下資源や再生産可能な資源、つまり地上資源の活用促進を通じて、健全で恵み豊かな環境が地球規模から身近な地域にわたって保全され、将来世代にも継承できることが重要です。その上で、国民一人一人が明日に希望を持てる社会が、私たちの目指すべき持続可能な社会の姿であると言えます。

第2節以降で具体的な内容を論じていきます。

第2節　世界と我が国の気象災害と科学的知見から考察する気候変動

個々の気象災害と地球温暖化との関係を明らかにすることは容易ではありませんが、地球温暖化の進行に伴い、今後、豪雨や猛暑のリスクが更に高まることが予想されます。ここでは、最新の科学的知見等を踏まえ、気候変動の危機的な状況について論じていきます。

1　世界の気象災害と各地の異常気象

世界気象機関（WMO）や気象庁の報告によれば、2022年も世界各地で様々な気象災害が見られました。

例えば、パキスタン及びその周辺では6月から8月に大雨がありました。パキスタン南部のジャコババードでは、7月の月降水量が290mm（平年比1025%）、8月の月降水量が493mm（平年比1793%）を観測しました。南アジア及びその周辺では、5月から9月の大雨により合計で4,510人以上が死亡したと伝えられ（写真1-2-1）、特にパキスタンでは、大雨により1,730人以上が死亡したと伝えられました（写真1-2-2）。またヨーロッパでは5月から12月にかけて高温となりました。イギリス東部のコニングスビーでは、7月19日に40.3℃の日最高気温を観測しイギリスの国内最高記録を更新しました。その他、フランスの5、10月の月平均気温がそれぞれの月としては1900年以降で最も高くなるなど、ヨーロッパ各国で月や年の平均気温の記録更新が報告されました。

我が国では、高温が顕著だった6月下旬には東・西日本で、7月上旬には北日本で、1946年の統計開始以降、7月上旬として1位の記録的な高温となり、全国の熱中症救急搬送人員は、調査開始以降、6月は過去最高、7月は2番目に多くなりました。また、8月上旬には北海道地方や東北地方及び北陸地方を中心に記録的な大雨となり、3日から4日にかけては複数の地点で24時間降水量が観測史上1位の値を更新し、河川氾濫や土砂災害の被害が発生しました（写真1-2-3）。9月には台風第14号が非常に強い勢力で鹿児島市に上陸し、九州を中心に西日本で記録的な大雨や暴風となり、9月15日の降り始めからの総雨量は、九州や四国の複数地点で500ミリを超えるなど、9月1か月の平年値の2倍前後を観測、鹿児島県屋久島町で最大瞬間風速50.9メートルを観測したほか、複数地点で観測史上1位を更新しました。

図1-2-1 2022年の世界各地の異常気象

北米
熱帯低気圧
・米国南東部～東部では、9～10月のハリケーン「IAN」により150人以上が死亡し、1129億米国ドルにのぼる経済被害が発生したと伝えられた。

南米
大雨
・ブラジル北東部～南東部では、1～2、5月の大雨により合計で430人以上が死亡したと伝えられた。

アフリカ
大雨
・南アフリカ南東部では、4月の大雨により540人以上が死亡したと伝えられた。

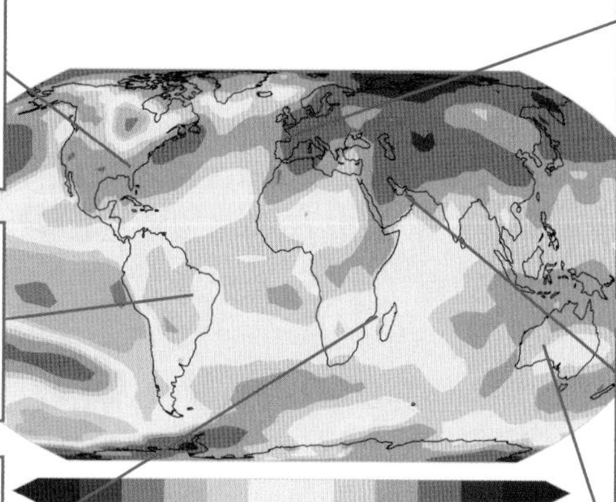

ヨーロッパ
高温
・2022年の年平均気温は、スペイン（1961年以降）などで最も高くなった。
・英国のコニングスビーでは、7/19に40.3℃の日最高気温を観測（国内の記録を更新）。
・フランス南西部やポルトガルでは大規模な山火事が発生。

アジア
大雨
・パキスタン周辺で6月から8月に大雨。パキスタン南部のジャコババードで、7月の月降水量が290mm（平年比1025%）。

オーストラリア付近
大雨
・オーストラリア南東部のシドニー：3～5月の3か月降水量910mm（平年比328%）。

1981-2010年の平均気温に対する2022年1月-9月の平均気温の偏差

資料：「WMO Provisional State of Global Climate in 2022」、気象庁ホームページより環境省作成

写真1-2-1 南アジアの大雨の洪水被害の様子

資料：AFP＝時事

写真1-2-2 パキスタンの大雨の洪水被害の様子

資料：AFP＝時事

写真1-2-3 令和4年8月の大雨の被害の様子

資料：AFP＝時事

2 温室効果ガス排出量の状況とその影響

(1) 世界の温室効果ガスの排出状況

Emissions Gap Reportは、国連環境計画（UNEP）が毎年公表する報告書であり、現在及び推定される将来の温室効果ガス（GHG）排出量に関する最新の科学的研究の知見を評価し、パリ協定の目標を達成するために世界が最小コスト経路で推進するのに許容される排出量レベルと比較しています。

「Emissions Gap Report 2022」では、世界は未だパリ協定の目標達成には及ばず、1.5℃に向けた信頼性の高い経路に乗れていないと結論付けられています（図1-2-2）。2030年までの排出ギャップ、すなわち約束された排出削減量とパリ協定の気温目標達成に必要な排出削減量とのギャップを埋めるための行動の進捗は、国連気候変動枠組条約第26回締約国会議（COP26）以降、非常に限定的であるとして、広範かつ大規模な、そして迅速な変革を経済全体で進める必要性が強調されています。また、世界的に見て各国のNDC（国が決定する貢献）は全く不十分であり、排出ギャップは依然として大きいままで、追加的な対策を実施しなければ、現行対策シナリオでは今世紀の気温上昇は2.8℃となり、条件無又は条件付NDCの実施により、気温上昇はそれぞれ2.6℃、2.4℃まで抑えられるだろうとされ、ネットゼロ誓約の信頼性と実行可能性は未だ不確実性が高いとの報告がされています。2020年の世界の人為起源の温室効果ガスの総排出量は、全体でおよそ540億トンCO_2（図1-2-3）。2021年の温室効果ガスの総排出量は、土地利用・土地利用変化・林業（以下、「LULUCF」という。）の排出量をまだ推計できていないため算出できないが、LULUCFを除いた排出量は、2019年の同排出量と比較し2.6億トン増加しており、LULUCFを含めた2021年の温室効果ガスの総排出量も、2019年の総排出量と同程度かそれ以上と推定されています。

また、世界の温室効果ガスの総排出量は、2000年から2009年にかけては年平均増加率2.6%、2010年から2019年にかけては年平均増加率1.1%と過去10年間の増加率は鈍化傾向ですが、過去10年間の温室効果ガスの総排出量の平均値は、それ以前の10年間と比べると過去最高を記録しています。大気中の温室効果ガス濃度は上昇が続いていて、気候変動問題の解決のためには、速やかで持続的な排出削減が必要と述べています。

図1-2-2　シナリオごとの2050年までのGHG排出量推計と排出ギャップ、今世紀の気温上昇予測（中央値のみ）

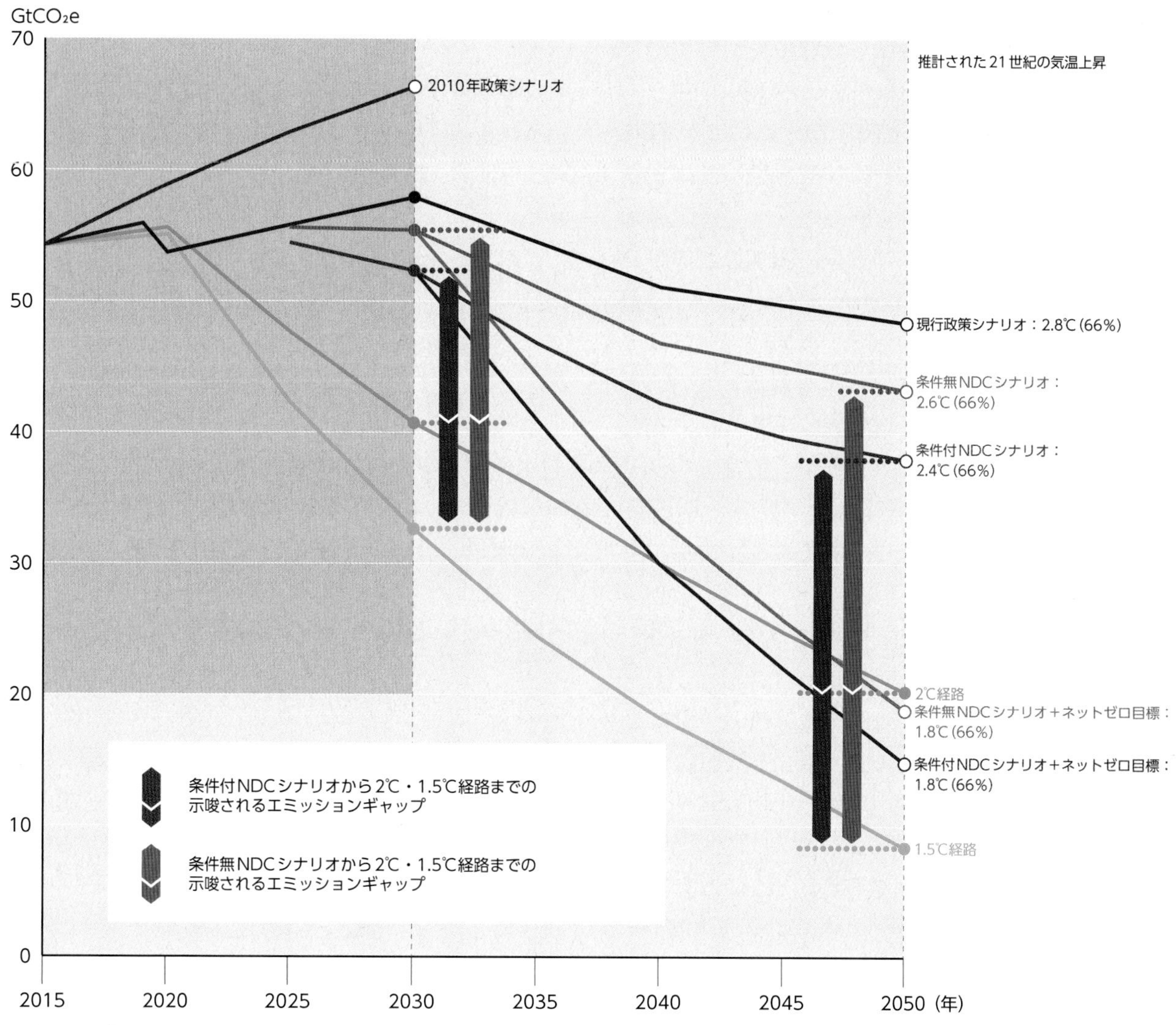

資料：UNEP「Emissions Gap Report 2022」より環境省作成

図1-2-3　世界の温室効果ガス排出量

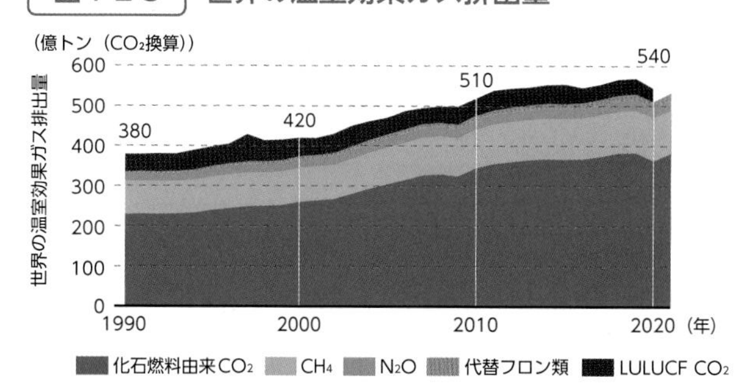

注：報告書公表時、2021年のLULUCFの排出量は推計できていない。
資料：UNEP「Emissions Gap Report 2022」より環境省作成

(2) 我が国の温室効果ガス排出・吸収量

我が国の2021年度の温室効果ガス排出・吸収量（温室効果ガス排出量から吸収量を引いた値）（確報値）は、11億2,200万トンCO_2であり、2020年度から2.0%（2,150万トンCO_2）増加しています（図1-2-4）。その要因としては、新型コロナウイルス感染症で落ち込んでいた経済の回復等によるエネルギー消費量の増加等が挙げられます。また、2013年度からは20.3%（2億8,530万トンCO_2）減少しています。

図1-2-4　我が国の温室効果ガス排出・吸収量

（百万トンCO_2換算）

年度	2013	2014	2015	2016	2017	2018	2019	2020	2021
排出・吸収量	1,408	1,301	1,265	1,249	1,235	1,191	1,161	1,101	1,122
③吸収量		57.5	54.6	53.0	53.8	53.3	48.5	46.0	47.6

①基準年排出量　②排出・吸収量　③吸収量

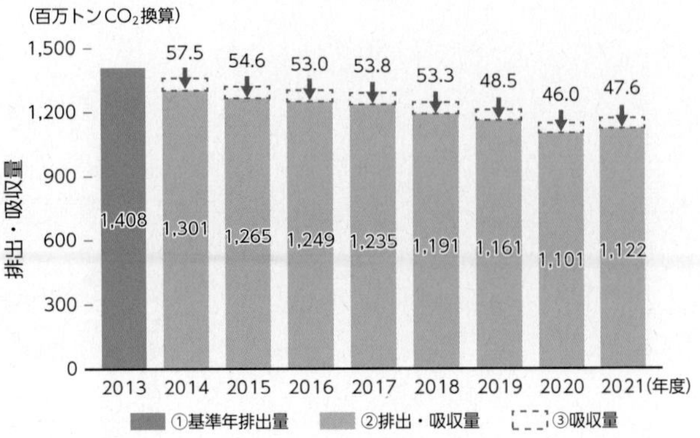

資料：環境省

2021年度の森林等からの吸収量は、4,760万トンで、前年度比3.6%増加と、4年ぶりに増加に転じました。これは、森林整備の着実な実施や木材利用の推進等が主な要因と考えられます。

なお、2021年度の温室効果ガス排出・吸収量の国連への報告においては、我が国として初めて、ブルーカーボン生態系の一つであるマングローブ林による吸収量2,300トンを報告しています。

3　気候変動に関する政府間パネル（IPCC）報告書

IPCCは、気候変動に関連する最新の科学的知見を取りまとめ、2021年から2023年にかけて、第6次評価報告書の第1作業部会・第2作業部会・第3作業部会の各報告書及び統合報告書を公表しました。第3作業部会報告書においては、脱炭素に関する政策や法律が各国で拡充された結果、排出が削減されるとともに、削減技術やインフラへの投資が増加していると評価していますが、地球温暖化を1.5℃に抑える、あるいは、2℃に抑えるためには大幅で急速かつ継続的な排出削減が必要であることも示されています。同報告書には、エネルギーの需要側の対策によって更なる排出削減が見込めるといった知見も含まれており、今後の気候変動対策を進める上で重要な報告書となっています。

また、2023年3月に公表された統合報告書では、人間活動が主に温室効果ガスの排出を通して地球温暖化を引き起こしてきたことは疑う余地がないことや、継続的な温室効果ガスの排出は更なる地球温暖化をもたらし、短期のうちに1.5℃に達するとの厳しい見通しが示されました。この10年間に行う選択や実施する対策は、現在から数千年先まで影響を持つとも記載されており、今すぐ対策を取ることの必要性を訴えかけている内容となっています。

4　気候変動による人間活動及び健康への影響

近年、イベントアトリビューションという猛暑や大雨などの異常気象に地球温暖化が、どの程度寄与しているか解明しようとする研究が進められています。IPCCの第6次評価報告書においても熱波、大雨、干ばつといった極端現象について評価を行う上での重要な知見として用いられています。例えば、我が国においては、甚大な洪水被害等をもたらした、平成29年7月九州北部豪雨及び平成30年7月豪雨に相当する大雨の発生確率は、地球温暖化の影響がなかったと仮定した場合と比較して、それぞれ約1.5倍及び約3.3倍になっていたことが文部科学省「統合的気候モデル高度化研究プログラム」の研究成果として示されています。また、文部科学省「気候変動予測先端研究プログラム」及び気象庁気象研究所により、2022年6月下旬から7月初めの記録的な高温は、人為起源の地球温暖化がなければ、1,200年に一度しか起こりえなかった非常にまれな現象であったことが報告されています。

また、世界保健機関（WHO）などの研究チームが43か国を対象に行った研究では、熱関連死亡のうち、37%が人為的な気候変動に起因すると推定されており、さらに、2017年から2021年の65歳以上の年間熱関連死亡者数は、2000年から2004年と比較して、約68%増加したとの報告があります。

第3節　気候変動における国際的な動向

環境問題には国境が無く、地球規模での対処が必要であることから、これまで、様々な制約や国際的な危機に見舞われながらも、環境問題に関する多国間の合意形成が進められてきました。また、気候変動は、2022年12月に閣議決定された国家防衛戦略では、人類の存在そのものに関わる安全保障上の問題であり、気候変動がもたらす異常気象は、自然災害の多発・激甚化、災害対応の増加、エネルギー・食料問題の深刻化、国土面積の減少、北極海航路の利用の増加等、我が国の安全保障に様々な形で重大な影響を及ぼします。地球規模での環境問題が深刻化する中で、我が国が持つ優れた環境技術・インフラや、それを支える考え方、システム、人材等は、世界の環境問題の改善に大きく貢献しうるものとされています。これらが世界で広く採用されるためには、多国間環境条約や各条約下の各種ガイドライン等の国際的なルールの在り方が決定的に重要であり、この観点を含め、国際的なルールの形成への積極的関与が求められます。

また、欧米各国では、ロシアによるウクライナ侵略を契機として、国家を挙げて発電部門、産業部門、運輸部門、家庭部門等における脱炭素投資を支援し、早期の脱炭素社会への移行に向けた取組が更に加速しています。我が国においても、企業において気候変動が経営上の重要課題と捉えられるようになった現在、カーボンニュートラル実現に向け、より一層の脱炭素化事業への転換が求められています。

1　G7, G20の結果について

2023年4月、我が国が議長国として、G7札幌 気候・エネルギー・環境大臣会合を開催しました。気候変動、生物多様性の損失、汚染の3つの世界的危機に加え、エネルギー危機、食糧安全保障、経済影響、健康への脅威に直面していることを確認し、包摂的かつ社会・環境面で持続可能な経済成長とエネルギー安全保障を確保しながら、グリーン・トランスフォーメーションを世界的に推進及び促進し、ネットゼロ、循環経済、ネイチャーポジティブ経済の統合的な実現に向けて協働することを確認しました。また、これらの対策を加速させるにあたり、シナジーを強化し、すべてのセクター、すべてのレベルでの緊急かつ強化された行動を求めることで一致しました。さらに、資金の流れを気候・環境に関する我々の目標に整合させる必要性、バリューチェーン全体を変革していくこと、自然資本、気候変動や資源効率性に関する情報を開示する必要があることも確認しました。プラスチックについては、プラスチック汚染を終わらせることにコミットするとともに、2040年までに追加的なプラスチック汚染をゼロにする野心を掲げました。気候変動では、2030年NDC及び長期戦略が1.5℃の道筋と2050年ネットゼロ目標に整合していない締約国、特に主要経済国に対し、可及的に速やかに、かつCOP28より十分に先立って目標を再検討及び強化し、長期目標を更新し、2050年までのネットゼロ目標にコミットするよう呼びかけました。また、全ての締約国に対し、COP28において、世界のGHG排出量を直ちに、かつ遅くとも2025年までにピークアウトすることにコミットするよう求めました。その他、世界規模での取組の一環として、遅くとも2050年までにエネルギーシステムにおけるネットゼロを達成するために、排出削減対策が講じられていない化石燃料のフェーズアウトを加速させるという我々のコミットメントを強調し、他国に対して同様の行動を取るために我々に加わることを要請しました。また、ロシアによるウクライナに対する侵略戦争を非難するとともに、これが及ぼす、環境も含めた破滅的な影響への憂慮、及びウクライナのグリーン復興に向けて協力する用意があることを示しました。

新興国を含むG20でも、2022年11月のG20バリ・サミットにおいて、今世紀半ば頃までに世界全体でネット・ゼロ又はカーボンニュートラルを達成するとのコミットメントを改めて確認しました。

2 国連気候変動枠組条約第27回締約国会議（COP27）

2022年11月にエジプト・シャルム・エル・シェイクで開催されたCOP27は、2021年に開催されたCOP26の全体決定である「グラスゴー気候合意」をはじめとする成果を受け、パリ協定のルール交渉から目標達成に向けた本格的な「実施」に向けたCOPとして、開催されました。冒頭、議長国エジプトの主催による「シャルム・エル・シェイク気候実施サミット」が開催され、エルシーシ・エジプト大統領、2023年のCOP28の議長国を務めるアラブ首長国連邦（UAE）のムハンマド大統領等の各国首脳やグテーレス国連事務総長から、喫緊の課題である気候変動に対し、各国が緊急的に対策を実施していくことの重要性等が指摘されました。

写真1-3-1 「閣僚級セッション」においてスピーチを行う西村明宏環境大臣

資料：環境省

我が国からは、西村明宏環境大臣が出席し、閣僚級セッションにおいてスピーチを行いました（写真1-3-1）。

西村明宏環境大臣は、温室効果ガスの排出を削減する緩和策の重要性をCOPの全体決定に盛り込むべきであること、また、2030年までの排出削減に向けた野心と実施を向上するための「緩和作業計画」を採択すべきであることを呼びかけました。さらに、気候変動の悪影響に伴う損失と損害（ロス＆ダメージ）に対する技術支援等を包括的に提供する「日本政府のロス＆ダメージ支援パッケージ」を発表する等、我が国の気候変動分野での取組の発信も行いました。

写真1-3-2 COP27議長国エジプトのサーメハ・ハサン・シュクリ議長（右）とバイ会談を行う西村明宏環境大臣（左）

資料：環境省

そのほか、西村明宏環境大臣は、21か国・地域の閣僚級及び代表と二国・二者間会合を行い、決定の採択に向けた提案や議論を行ったほか、ウクライナ、UAE、カナダ、国連気候変動枠組条約（UNFCCC）事務局と協力に関する覚書に署名する等、精力的に交渉を行いました（写真1-3-2）。

最終的には、COP27の全体決定として「シャルム・エル・シェイク実施計画」が決定され、同計画では、COP26での「グラスゴー気候合意」の内容を踏襲しつつ、緩和、適応、ロス＆ダメージ、気候資金等の分野で、全締約国の気候変動対策の強化を求める内容が盛り込まれました。特に緩和策としては、パリ協定の1.5℃目標に基づく取組の実施の重要性を確認するとともに、パリ協定に整合的なNDCを設定していない締約国に対して、目標の再検討・強化を求めることが決定されました。

写真1-3-3 ジャパン・パビリオンにおける技術展示の様子

資料：環境省

また、「緩和作業計画」の策定、パリ協定第6条の協力の実施に必要となる事項についての決定、ロス&ダメージへの技術支援を促進する「サンティアゴ・ネットワーク」の完全運用化に向けた制度的取決めについての決定、特に脆弱な国を対象にロス&ダメージへの対処を支援する新たな資金面での措置を講じること及びその一環として基金の設置等が決定されました。

COP27の会場内に環境省が設置した「ジャパン・パビリオン」においては、13件の我が国の企業等による脱炭素や気候変動適応技術等の展示を行うとともに、43件のセミナーの開催等を通して国内外の脱炭素移行に資する技術や取組等を積極的に発信し、我が国の取組をアピールしました（写真1-3-3）。さらに、ウェブサイト上で21の企業等がヴァーチャル展示を行いました。

我が国が主導するイニシアティブの一つとして、パリ協定6条ルールの理解促進や研修の実施等、各国の能力構築を支援する「パリ協定6条実施パートナーシップ」を立ち上げました。本パートナーシップでは、各国や国際機関等と連携しつつ、パリ協定6条に沿った市場メカニズムを世界的に拡大し、質の高い炭素市場を構築することで、世界の温室効果ガスの更なる削減に貢献していきます。

3　気候変動と気候安全保障

2020年12月に公表された気候変動影響評価報告書によれば、気候変動と安全保障の関係について、世界規模では、気候変動が引き起こす農業生産量の変動や食料価格の高騰、農業への影響や災害による経済成長の低下、環境難民の流入等が紛争リスクの要因の一つとなっている可能性があることが示唆されています。気候変動が安全保障に及ぼす具体的な影響として、欧米等では気候変動に伴う紛争リスクについて多数の学術論文が公表されています。また、気候安全保障に関する報告や、気候変動に伴うアジア・太平洋地域における影響を踏まえた外交政策の分析等も報告されています。我が国への影響についても、夏季に北極海の氷が融けることにより、北極海航路の産業利用が可能となる一方で、多数の国が同航路を利用して北極圏に進出することによる我が国の安全保障への影響を懸念する報告があります。

これらの懸念への対応として、近年、欧米を中心に水不足、干ばつ、砂漠化、土壌の劣化、食料不足等、気候変動による安全保障への負の影響を指摘するなど、気候変動を安全保障上の実体的な課題として積極的に扱う姿勢が見られています。我が国でも、防衛省が2022年8月に防衛省気候変動対処戦略を公表し、災害の激甚化・頻発化、地政学リスクの増大など気候変動が我が国の安全保障に与える影響を挙げた上で、直接的・間接的な影響に的確に適応・対応することや、カーボンニュートラルへの対応も含めた目標を掲げ、今後、防衛省・自衛隊が戦略的に取り組んでいくべき各種施策の基本的な方向性を示しました。さらに、2022年12月に閣議決定した国家安全保障戦略においても、気候変動が様々な形で我が国の安全保障に重大な影響を及ぼすとの認識の下で、具体的な取組として、脱炭素社会の実現に向けた取組や、気候変動が国際的な安全保障環境に与える影響を最小化すべく島嶼国をはじめとする途上国等に対する支援を行うことが盛り込まれました。

第4節　世界と我が国の生物多様性の現状と科学的知見から考察する生物多様性の損失

気候変動対策と一体的に取り組むべき地球環境課題として、生物多様性保全があります。生物多様性は、食料や水、気候の安定等、私達の暮らしに欠かせない様々なサービスをもたらしています（これを「生態系サービス」といい、「自然の寄与」とも呼ばれています）。しかし、生物多様性や生態系サービスは、人間活動により世界的な悪化が続いています。例えば、2020年までの生物多様性に関する世界目標「愛知目標」についても、20の個別目標のうち6つの目標が部分的に達成されたに留まっています。

1 世界の生物多様性の現状

豊かな生物多様性に支えられた生態系は、人間が生存するために欠かせない安全な水や食料の供給に寄与するとともに、自然と触れ合うことで生まれる身体的・心理的経験や発想（インスピレーション）のもとになるなど、良質な生活を支えています。しかし、生物多様性及び生態系サービスに関する政府間科学-政策プラットフォーム（IPBES）が2019年に公表した「生物多様性と生態系サービスに関する地球規模評価報告書」では、人間活動の影響により、過去50年間の地球上の種の絶滅は、過去1,000万年平均の少なくとも数十倍、あるいは数百倍の速度で進んでおり、適切な対策を講じなければ、今後更に加速すると指摘しています（図1-4-1、図1-4-2）。加えてIPBESが2022年に公表した「野生種の持続可能な利用に関するテーマ別評価」報告書では、世界で何十億もの人々が、食料、医薬品、エネルギー、収入等の目的で約5万種の野生種を利用しているものの、気候変動、需要の増加や技術の進歩により、野生種の持続可能な利用が今後困難になる可能性が高いと指摘しています（図1-4-3）。

図1-4-1 1500年以降の絶滅

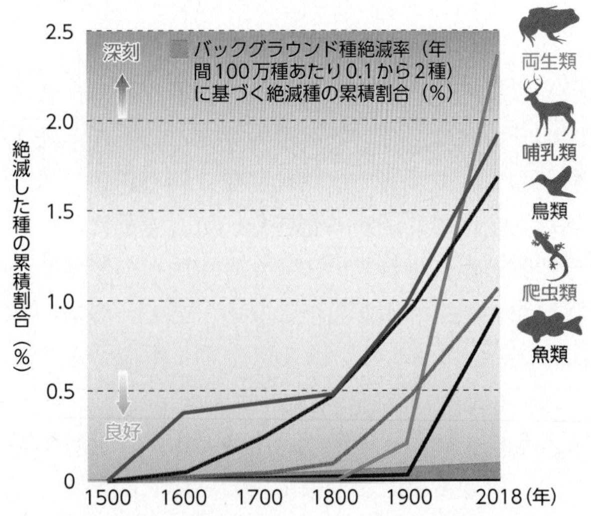

注：1500 年以降の脊椎動物の絶滅種の割合。爬虫類と魚類の割合は全種評価に基づくものではない。
資料：IPBESの地球規模評価報告書政策決定者向け要約より環境省作成

図1-4-2 1980年以降の生存種の減少

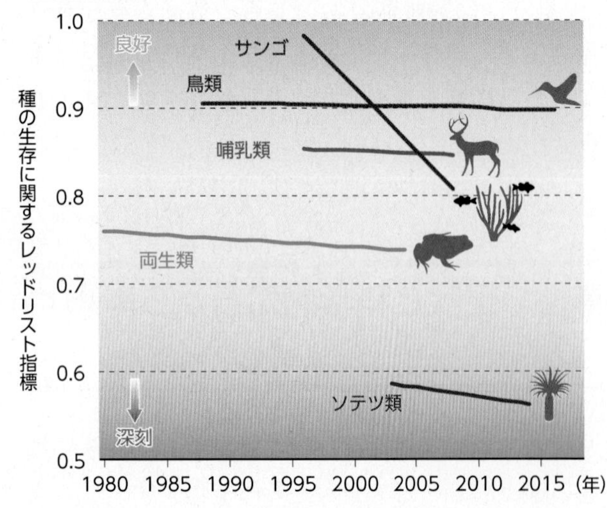

注：IUCN レッドリスト評価が2回以上行われた分類群の種の生存に関するレッドリスト指標（Red List Index）。全種が低懸念（Least Concern）区分の場合の値が1、全種が絶滅（Extinct）区分の場合の値が0。
資料：IPBESの地球規模評価報告書政策決定者向け要約より環境省作成

図1-4-3 2000年から現在までの野生種の利用と持続可能な利用に関する世界的傾向

利用方法	利用目的	過去20年の世界的傾向		付記	本体報告書の見出し番号
		利用	持続可能な利用		
漁獲	食料 飼料	↓	↑	集中的に管理された大規模漁業に該当、豊富なデータあり	3.3.1.2
		↗	⊕	管理が不十分な大規模漁業に該当、データ不足	3.3.1.2
		⊕	⊕	小規模漁業に該当、さまざまな情報源に基づく	3.3.1.5.1
	医薬品 衛生	↑	⊕	資源量の状態と製品の総重量に基づく	3.3.1.4.2
	レクリエーション	↑	⊘	データ不足	3.3.1.5.3
採集	食料 飼料	↗	→	さまざまな情報源に基づく	3.3.2.3.4
	医薬品 衛生	↑	⊕	個体数推移、絶滅危惧種カテゴリ、ワシントン条約登録に基づく	3.3.2.3.5
	装飾 審美	↗	→	絶滅危惧種カテゴリ、ワシントン条約登録に基づく	3.3.2.3.2
伐採	素材 建設	↑	⊕	合法木材総伐採量に基づく	3.3.4.4.3
	エネルギー	↑	⊕	さまざまな情報源に基づく	3.3.4.4.2
陸生動物の捕獲	レクリエーション	⊕	→	個体数推移、絶滅危惧種カテゴリ、ワシントン条約登録に基づく	3.3.3.2.4
	食料 飼料	⊕	↓	商業的市場における野生動物肉の需要増、個体群推移に基づく	3.3.3.3.3
非採取利用	レクリエーション	↑	⊕	観光業売上に基づく	3.3.5.2.4
	儀式 祭祀	⊕	⊘	データ不足	3.3.5.2.1
	医薬品 衛生	⊕	⊘	データ不足	3.3.5.2.3

■ 十分確立している　↑ ↗ 急増または微増
■ 確立しているが不完全　↓ ↘ 急減または微減
■ 競合する解釈あり　→ 一定
■ 検証不足　⊕ 傾向が不定

注：「利用」の傾向は、特定の利用方法に関する野生種の全般的な利用状況の評価結果を示す。全般的に利用が急増、微増、一定、微減、急減。多方向矢印は、特定の利用方法と目的について、地域またはセクター間で傾向が一定しないことを示す。矢印の色は傾向の信頼度を示す。「持続可能な利用」の傾向は、過去20年の利用強度と利用方法が持続可能であると判断されたかどうかを示す。
資料：IPBESの野生種の持続可能な利用に関するテーマ別評価報告書政策決定者向け要約より環境省作成

2　我が国の生物多様性の現状

環境省が2021年に取りまとめた「生物多様性及び生態系サービスの総合評価2021（JBO3）」によれば、我が国の生物多様性は過去50年間損失し続けています。例えば、農地や森林、干潟等の減少や環境の変化等、生態系の規模や質の低下が継続しているとともに、その環境に生息・生育する生物の種類や個体数が減少傾向にあることが指摘されています。また、農地や水路・ため池、農用林等の利用が減り、里地里山などの人間の働きかけを通じて形成されてきた自然環境も喪失・劣化しています。一方、都市公園面積の増加や、赤潮発生回数の減少等、都市や沿岸域等の一部の生態系では改善も見られます。

また、JBO3では、生態系サービスの状態も過去50年間で劣化傾向にあると指摘しています。私たちの暮らしは様々な自然の恵みによって物質的には豊かになった一方、自然から得られる食料や木材等の供給サービスの多くが過去と比較して低下しています。また、私たちの健康に関わる大気汚染や水質汚濁は法規制等により過去50年間で大幅に改善された一方、生態系による大気や水質の浄化などの調整サービスについては過去20年間で横ばいか低下傾向にあるとされています。このほか、自然と共生する暮らしの中で形成してきた文化や生活習慣につながる文化的サービスは、過去50年間の産業構造の変化や地方の過疎化・高齢化に伴う担い手の減少とともに大きく減少しています。

3　生物多様性の損失要因・移行の必要性

前述のIPBES地球規模評価報告書では、生物多様性の損失を引き起こす直接的な要因を、影響が大きい順に［1］陸と海の利用の変化、［2］生物の直接的採取、［3］気候変動、［4］汚染、［5］外来種の侵入、と特定しました。こうした直接的な損失要因は、社会的な価値観や行動様式がもたらす生産・消費パターンや制度、ガバナンスなどといった間接的な要因によって引き起こされると述べています。そして、愛知目標と同時に決められた生物多様性の長期目標である2050年ビジョン「自然との共生」の達成のためには、経済、社会、政治、技術全てにおける横断的な「社会変革（transformative change）」が必要であると指摘しています。これは社会のあらゆる側面において前例のない移行が必要とされる気候変動対策と軌を一にするものです。

2020年に生物多様性条約事務局が公表した「地球規模生物多様性概況第5版（GBO5）」では、2050年ビジョン「自然との共生」の達成に向けて、生物多様性損失の要因への対応や保全再生の取組に加え、気候変動対策や持続可能な生産と消費などの様々な分野の取組を連携させていくことが必要と指摘しています（図1-4-4）。

また、2022年にIPBESが公表した「自然の多様な価値と価値評価の方法論に関する評価」報告書では、人々の自然に関する価値観は多様であるにもかかわらず、多くの政策では狭い価値（例えば、市場取引で評価される自然の価値）のみを優先した結果、自然や社会、将来世代を犠牲にしてきたと評価しています。また、先住民及び地域社会の世界観に関連する価値をしばしば無視してきたと評価しています。さらに、昨今の生物多様性の減少傾向を反転するためには、その背景にある人間社会のあり方、特に経済価値ばかりに重きを置いてしまいがちな私たちの価値観を問い直す必要があると指摘しています（図1-4-5）。

図1-4-4　生物多様性の損失を減らし、回復させる行動の内訳

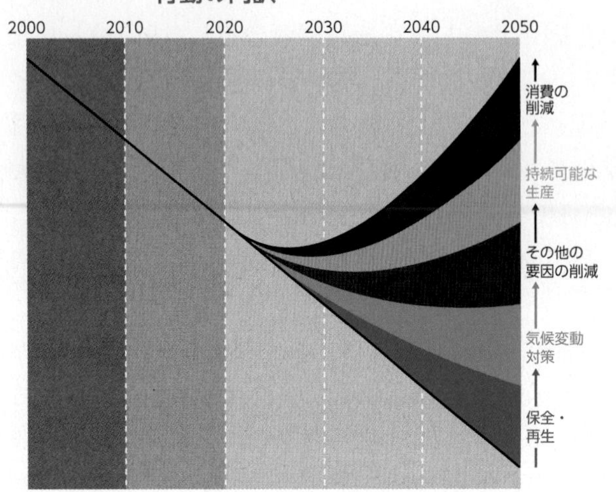

資料：地球規模生物多様性概況第5版（GBO5）

図1-4-5　自然が持つ多様な価値観が、持続可能性に向けた複数の経路を支える

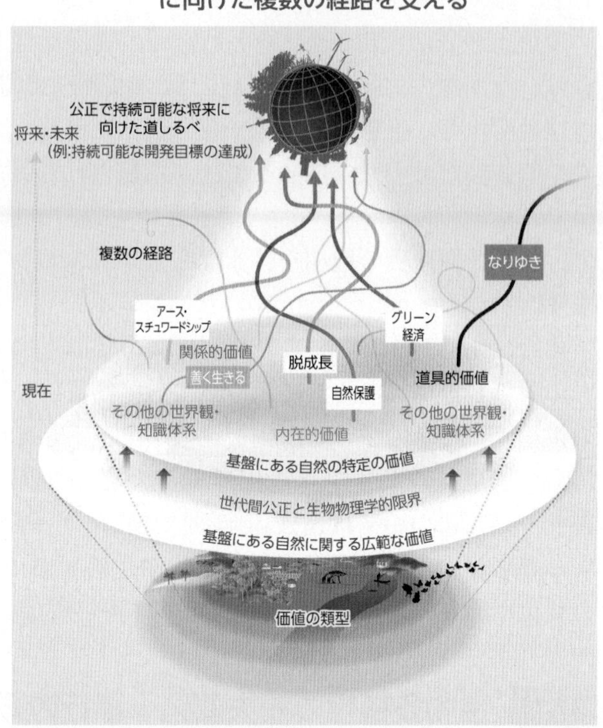

注：持続可能な開発目標を達成するためには、異なる文脈や必要性に対応し、運用されるにつれて調整される代替的な道筋が存在する。
資料：IPBESの自然の多様な価値と価値評価の方法論に関する評価報告書政策決定者向け要約より環境省作成

4　気候変動と生物多様性の相互の関連

愛知目標の達成状況を評価した地球規模生物多様性概況第5版（GBO5）では、2050年ビジョン「自然との共生」の達成に向けて、「今まで通り（business as usual）」からの移行が必要となる8分野を挙げており、このうちの1つが持続可能な気候変動対策となっています。GBO5では、気候変動の規模と影響を低減するために自然を活用した解決策（NbS）を適用することを指摘しています。また、2020年に開催されたIPBESとIPCCとの合同ワークショップでは、生物多様性の保護と気候変動の緩和、気候変動への適応の間の相乗効果とトレードオフがテーマとして取り上げられました。

2021年に公表された同ワークショップ報告書では、気候と生物多様性は相互に関連しており、生態系の保護、持続可能な管理と再生のための対策が気候変動の緩和、気候変動への適応に相乗効果をもたらすこと、さらに、気候、生物多様性と人間社会を一体的なシステムとして扱うことが相乗効果の最大化やトレードオフの最小化に効果的であると指摘しています。例えば、森林による炭素吸収の他、藻場、干潟等の炭素を固定する機能がブルーカーボン生態系として注目され、また、湿地による洪水緩和や、緑地による雨水浸透などの機能は気候変動への適応において重要な役割を果たします。一方、再生可能エネルギー発電設備の導入による森林伐採などの周辺の自然環境の改変や、バードストライク等により生物多様性に悪影響が生じるなど、気候変動対策と生物多様性保全の間にトレードオフが生じる場合もあります。

これらを踏まえ、後述の世界目標においても、気候変動対策による生物多様性への影響をプラスに向上させること、また自然を活用した解決策等を通じて気候変動による生物多様性への影響を最小化させることといった目標が盛り込まれました。

第5節　生物多様性の新たな世界目標

前節のような生物多様性の損失状況が認識される中、2022年12月にカナダ・モントリオールで開催された生物多様性条約第15回締約国会議（COP15）第二部では、2020年までの世界目標である愛知目標の後継として「昆明・モントリオール生物多様性枠組」（以下「新枠組」という。）が採択されました。この新枠組の達成に向け、各国が2030年までの間に生物多様性の損失を止め、回復軌道に乗せるために取組を推進することが求められています。

1　「昆明・モントリオール生物多様性枠組」の採択までの道のり

新枠組は、その検討のための公開作業部会（OEWG）や補助機関会合（SBSTTA、SBI）、さらには新型コロナウイルス感染症による影響を受けてCOP15が何度も延期される中で開催された多数のオンライン会合を通じて検討されてきました。

また、新枠組の採択に先立ち、様々な国際的な決意やイニシアティブが表明されました。2020年9月には生物多様性を主要テーマとした初めてのサミットである「国連生物多様性サミット」が開催されました。また、2021年1月には新枠組に30by30目標等の野心的な目標の位置づけを求める国々の集まりである「自然と人々のための高い野心連合（High Ambition Coalition for Nature and People）」が立ち上げられ、我が国も参加を表明しました。2021年6月に開催されたG7コーンウォール・サミットでは、首脳コミュニケの附属文書として「G7　2030年自然協約」が採択され、G7各国は新枠組の決定に先駆けて各国で30by30目標に向けた取組を進めることを約束しました。さらに2021年10月に開催されたCOP15第一部のハイレベルセグメントにおいては、新枠組の採択に向けた決意を示す「昆明宣言」が採択されました。

COP15第一部に引き続き、2022年12月にCOP15第二部がカナダ・モントリオールで開催されました。COP15第二部においても新枠組や、遺伝資源に関するデジタル配列情報（DSI）に係る利益配分の扱い等について議論が続けられ、最終日未明、新枠組、資源動員、DSIといった主要文書がパッケージで採択されました。この採択に先立ち、我が国からは、西村明宏環境大臣が日本国代表として出席し、ハイレベルセグメントにおけるステートメントや3つのサイドイベントでのスピーチ等を通じて、2023年から2025年における1,170億円の途上国支援等を表明し、生物多様性日本基金（JBF）第2期（総額1,700万米ドル規模）の開始、経団連自然保護協議会と連携し、SATOYAMA イニシアティブに関するプロジェクト（COMDEKS）への支援（7億円規模）等、新枠組の採択に向けた我が国の取組や立場について発信しました（写真1-5-1、写真1-5-2）。また、交渉を進展させるため、15の閣僚や国際機関、NGOと会談を行い、主要議題に関する意見交換等を積極的に行いました。

写真1-5-1 COP15の閣僚級セッションで発言を行う西村明宏環境大臣

資料：環境省

写真1-5-2 COP15における生物多様性日本基金第2期開始イベント

資料：環境省

2 「昆明・モントリオール生物多様性枠組」の概要

新枠組では、目指すべき2050年ビジョンとして愛知目標で掲げた「自然と共生する世界」を引き続き掲げるとともに、このビジョンに関係する状態目標として4個の2050年に向けたグローバルゴールが新たに設定されました。また、2030年ミッションとして「必要な実施手段を提供しつつ、生物多様性を保全するとともに持続可能な形で利用すること、そして遺伝資源の利用から生じる利益の公正かつ衡平な配分を確保することにより、人々と地球のために自然を回復軌道に乗せるために生物多様性の損失を止め反転させるための緊急の行動をとること。」といういわゆるネイチャーポジティブが掲げられるとともに、2030年までの行動目標として30by30目標をはじめとする23個のグローバルターゲットが設定されました。

また、愛知目標では、国ごとの目標設定において大幅な柔軟性を認めたことから、国別目標の積み上げや比較が十分にできなかったという反省を踏まえ、新枠組では、23個のグローバルターゲットのうち、8個のターゲットに数値目標が設定されるとともに、2050年グローバルゴール及び2030年グローバルターゲットの進捗を測るヘッドライン指標が設定されました。また、レビュー（評価）のメカニズムが強化されており、世界目標の達成に向けた取組の進捗状況を点検する「グローバルレビュー」の実施により、必要に応じて各国における取組と貢献を向上させることが提案され、国家戦略の改定や取組においてその提案を考慮することとされました。

3 自然関連財務情報開示タスクフォース（TNFD）に関連する動向

国家間のルールメイキングの一方で、ビジネスの世界でもルールメイキングが進んでいます。事業活動は、生物多様性の恵みによって支えられています。例えば、製品の製造・使用のために調達される原材料の多くは生物資源又は生物の働きによって生まれたものであり、世界経済フォーラムの試算では、世界のGDPの半分以上が、自然の損失によって潜在的に脅かされていると分析されています。また、事業活動は、その重要な生物多様性に影響を与えてもいます。例えば、事業を行う場所での土地の改変・利用等が当たります。一方で、事業者の有する技術や生み出す製品・サービス等が、消費者の選択行動を通じて生物多様性の保全に革新的な好影響を与える可能性もあります。このような事業活動における自然資本及び生物多様性に関するリスクや機会を適切に評価し、開示するための枠組みを構築する「自然関連財務情報開示タスクフォース（Task force on Nature-related Financial Disclosures、以下「TNFD」という。）」が2021年6月に発足しました。

本タスクフォースでは、既に取組が進んでいる気候関連財務情報開示タスクフォース（Task force on Climate-related Financial Disclosures、以下「TCFD」という。）に続き、TCFDと整合した形で、資金の流れをネイチャーポジティブ（生物多様性の損失を止め、反転させる）に移行させることを目的に、自然関連リスクに関する情報開示の枠組みを構築することを目指しています。

2022年3月に初版がリリースされて以降、段階的に枠組みの草案が発表されています。データ関連の知見を有する専門業者の意見を集約した自然関連データの整備や、民間企業等の参加により実施されているパイロットテストからのフィードバックを踏まえた上で、2023年9月に最終版が発出される予定です。

TNFDの議論をサポートするステークホルダーの集合体であるTNFDフォーラムが2021年9月に発足しました。2022年6月には、世界で最初に設置された6か国・地域の一つとしてTNFD日本協議会が立ち上がり、枠組み作りを支援しています。我が国からは、2023年3月29日時点で、103者が参画し（世界全体の参画者数は1,007者）、その約半分が製造業等メーカー、銀行・保険会社等金融機関が約1/4を占めています。企業は、自社の事業と自然との接点を再評価し、自社の直接的な生産の自然への影響や依存のみならず、その上流にあたるサプライチェーンにおける自然への影響の評価や、下流にあたる消費者等の商品の使用による影響の評価をした上で、生物多様性や自然への負荷削減のための適切な目標を設定し、それを情報開示する動きが強まっています。企業が経営課題の1つとして生物多様性に取り組むことで、自然への影響が低減されるとともに、自然に正の影響をもたらし、「ネイチャーポジティブ」の経済社会に近づくことが期待されています。

4 国際連携

我が国は、国連大学と共に、2010年に愛知県名古屋市で開催されたCOP10を機に、SATOYAMAイニシアティブを提唱しました（図1-5-1）。

SATOYAMAイニシアティブは、地産地消等の持続可能なライフスタイルにより形成・維持されてきた、我が国の里地里山のような二次的な自然環境の保全と持続可能な利用の両立を目指しており、我が国で培われた経験も発信しています。本イニシアティブでは、世界各地のパートナーと共に、地域ワークショップの開催や各国の農業生態系保全プロジェクトの支援などの活動を進め、生物多様性条約ではそれまであまり重視されていなかった、二次的な自然環境の重要性に光を当てたことで、生物多様性条約締約国会議をはじめとする国際的な議論の場においても高く評価されています。

「SATOYAMAイニシアティブ国際パートナーシップ」の会員は、2023年2月時点で74か国・地域の298団体となっています。

生物多様性日本基金（JBF）の第2期では、新枠組実施のための途上国支援として、途上国の生物多様性国家戦略の策定・改定支援や、生物多様性保全と地域資源の持続可能な利用を進めるSATOYAMAイニシアティブの現場でのプロジェクトである「SATOYAMAイニシアティブ推進プログラム（COMDEKS）」フェーズ4を経団連自然保護協議会と連携し実施するなどにより、同枠組の達成に貢献していきます。

図1-5-1　SATOYAMAイニシアティブの行動指針

資料：UNU-IAS

第2章 持続可能な経済社会システムの実現に向けた取組

世界規模で異常気象が発生し、大規模な自然災害が増加するなど、気候変動問題への対応は今や人類共通の課題となっています。我が国においても、自然災害をはじめ、自然生態系、健康、農林水産業、産業・経済活動など、様々な分野に影響が及んでおり、人類や全ての生き物にとっての生存基盤を揺るがす「気候危機」とも言われる状況です。課題解決と経済成長を同時に実現しながら、経済社会の構造を変化に対してより強靭で持続可能なものに変革する新しい資本主義の観点から、また、炭素中立を目指す観点からも、まさに今、取組を加速することが必要と言えます。

2050年カーボンニュートラルと2030年度温室効果ガス46%削減目標の実現は、決して容易なものではなく、2030年までの期間を「勝負の10年」と位置づけ、全ての社会経済活動において脱炭素を主要課題の一つとして、持続可能な社会経済システムへの転換を進めることが不可欠です。我が国が直面する数々の社会課題に対し、炭素中立（カーボンニュートラル）・循環経済（サーキュラーエコノミー）・自然再興（ネイチャーポジティブ）の同時達成に向け、地域循環共生圏（第3章参照）の構築等により統合的に取組を推進することを通じて、持続可能な新たな成長を実現し、将来にわたる質の高い生活の確保を目指す必要があります。経済、社会、政治、技術全てにおける横断的な社会変革は、生物多様性損失を止め、反転させ、回復軌道に乗せる「自然再興」に必要であり、循環経済の推進によって資源循環が進めば、製品等のライフサイクル全体における温室効果ガスの低減につながり炭素中立に資するなど、相互の連携が大変有効であると言えます。さらに、パリ協定に定められた労働力の公正な移行に加え、地域経済、地場企業の移行を一体的に検討し、自然資本の回復・増加を図り、相互に支え合う自立・分散型の循環を実現し、地上資源を最大限、かつ持続的に活用していくことが重要です。第2章では、炭素中立（カーボンニュートラル）、循環経済（サーキュラーエコノミー）、自然再興（ネイチャーポジティブ）の同時達成に向けたそれぞれの取組を見ていきます。

第1節 炭素中立（カーボンニュートラル）

パリ協定の1.5℃目標の達成を目指し、炭素中立型経済社会への移行を加速することは重要と言えます。我が国は、2030年までの期間を「勝負の10年」と位置づけ、必要な取組を進め、2050年までのカーボンニュートラル及び2030年度温室効果ガス46%削減の実現を目指し、50%の高みに向けた挑戦を続けていくこととしています。このような中、2022年2月にロシアによるウクライナ侵略が発生し、世界のエネルギー情勢は一変しました。我が国においても電力需給ひっ迫やエネルギー価格の高騰が生じるなど、1973年の石油危機以来のエネルギー危機が危惧される極めて切迫した事態に直面しています。安定的で安価なエネルギー供給は、国民生活、社会・経済活動の根幹であり、我が国の最優先課題です。今後、「グリーントランスフォーメーション」（以下「GX」（Green Transformation）という。）を推進していく上でも、エネルギー安定供給の確保は大前提であると同時に、GXを推進することそのものが、エネルギー安定供給の確保につながります。また、ロシアによるウクライナ侵略を契機とし、欧米各国は脱炭素への取組を更に加速させ、国家を挙げて脱炭素につながる投資を支援し、早期の脱炭素社会への移行に向けた取組を加速するなど、GXに向けた脱炭素投資の成否が、企業・国家の競争力を左右する時代に突入しています。そのため、GXの実現を通して、我が国の企業が世界に誇る脱炭素技術の強みをいかして、世界規模でのカーボンニュートラルの実現に貢献するとともに、新たな市場・需要を創出し、我が国の産業競争力を強化することを通じて、経済を再び成長軌道に乗せ、将来の経済成長や雇用・所得の拡大につなげることが求められています。

1 GXの実現に向けて

GXの実現を通して、2030年度の温室効果ガス46%削減や2050年カーボンニュートラルの国際公約の達成を目指すとともに、安定的で安価なエネルギー供給につながるエネルギー需給構造の転換の実現、さらには、我が国の産業構造・社会構造を変革し、将来世代を含む全ての国民が希望を持って暮らせる社会を実現すべく、GX実行会議における議論の成果を踏まえ、「GX実現に向けた基本方針」を取りまとめ、2023年2月に閣議決定しました。官民の持てる力を総動員し、GXという経済、社会、産業、地域の大変革に挑戦していきます。

将来にわたってエネルギー安定供給を確保するためには、エネルギー危機に耐え得る強靱なエネルギー需給構造への転換が必要です。そのため、化石エネルギーへの過度な依存からの脱却を目指し、エネルギーの安定供給の確保を大前提として、徹底した省エネの推進、再エネの主力電源化、原子力の活用等に取り組んでいきます。

また、国際公約達成と、我が国の産業競争力強化・経済成長の同時実現に向けては、様々な分野で投資が必要となります。その規模は、一つの試算では今後10年間で150兆円を超えるとされ、この巨額のGX投資を官民協調で実現するため「成長志向型カーボンプライシング構想」を速やかに実現・実行していく必要があります。具体的には、「成長志向型カーボンプライシング構想」の下、「GX経済移行債」等を活用した20兆円規模の大胆な先行投資支援（規制・支援一体型投資促進策等）を行っていくとともに、カーボンプライシング（排出量取引制度・炭素に対する賦課金）によるGX投資先行インセンティブ及び新たな金融手法の活用の3つの措置を講ずることとされています。

これらの早期具体化及び実行に向けて、「脱炭素成長型経済構造への円滑な移行の推進に関する法律案（GX推進法案）」、「脱炭素社会の実現に向けた電気供給体制の確立を図るための電気事業法等の一部を改正する法律案（GX脱炭素電源法）」を2023年2月に閣議決定し、第211回国会に提出しました。

コラム 若者団体との意見交換

2022年6月、山口壯環境大臣（当時）は、日本版気候若者会議による提言の手交を受けるとともに、若者団体との意見交換を行いました。意見交換会では、若者から、気候変動問題に対する危機感が示されるとともに、気候変動対策について、若者の声を政策に反映してほしい、などの要望が表明されました。これに対し山口壯環境大臣（当時）は、市民レベルでの議論の結果を真摯に受け止めること、また、2030年度削減目標、2050年カーボンニュートラルという約束を果たすべく取組を進めていくことを約束しました。

意見交換の様子

資料：環境省

2 地域の脱炭素化

脱炭素が経済競争と結びつく時代、地域脱炭素は、脱炭素を成長の機会と捉える時代の地方の成長戦略になり得るものであり、地域資源を最大限活用することにより、地域活性化、防災、地域の暮らしやすさの向上など地域課題の解決に貢献するものです。また、暮らしの脱炭素は一人一人が主体となって今ある技術で取り組めることや、寿命の長い地域の公共インフラや構造物、エネルギー供給インフラは脱炭素型へと移行するのに時間がかかり、今から進める必要があることも踏まえ、地域脱炭素は、国全体の脱炭素への移行を足元から先導します。

このため、2020年12月から2021年6月にかけて開催した国・地方脱炭素実現会議では、地域が主役となる、地域の魅力と質を向上させる地方創生に資する地域脱炭素の実現を目指し、特に2030年までに集中して行う取組・施策を中心に、工程と具体策を示す「地域脱炭素ロードマップ」(2021年6月国・地方脱炭素実現会議決定)を策定しました。

本ロードマップに基づき、地域脱炭素が、意欲と実現可能性が高いところからその他の地域に広がっていく「実行の脱炭素ドミノ」を起こすべく、2025年度までの5年間を集中期間として、あらゆる分野において、関係省庁が連携して、脱炭素を前提とした施策を総動員していきます。

(1) 脱炭素先行地域づくり

地域脱炭素ロードマップに基づく施策の一つが脱炭素先行地域の実現です。脱炭素先行地域とは、2050年カーボンニュートラルに向けて、民生部門(家庭部門及び業務その他部門)の電力消費に伴うCO_2排出の実質ゼロを実現し、運輸部門や熱利用等も含めてそのほかの温室効果ガス排出削減についても、我が国全体の2030年度目標と整合する削減を地域特性に応じて実現する地域であり、全国で脱炭素の取組を展開していくためのモデルとなる地域です。2025年度までに少なくとも100か所選定し、2030年度までに実現します。これにより、農村・漁村・山村、離島、都市部の街区など多様な地域において、地域課題を同時解決し、地方創生に貢献します。2022年度までに2回の募集により46の脱炭素先行地域を選定しています(図2-1-1、写真2-1-1、写真2-1-2)。

写真2-1-1 西村明宏環境大臣による脱炭素先行地域(佐渡市)の視察の様子

資料:環境省

写真2-1-2 山田美樹環境副大臣による脱炭素先行地域(球磨村)の視察の様子

資料:環境省

図2-1-1　脱炭素先行地域の選定状況（第１回＋第２回）

脱炭素先行地域（全国29道府県66市町村の46地域）

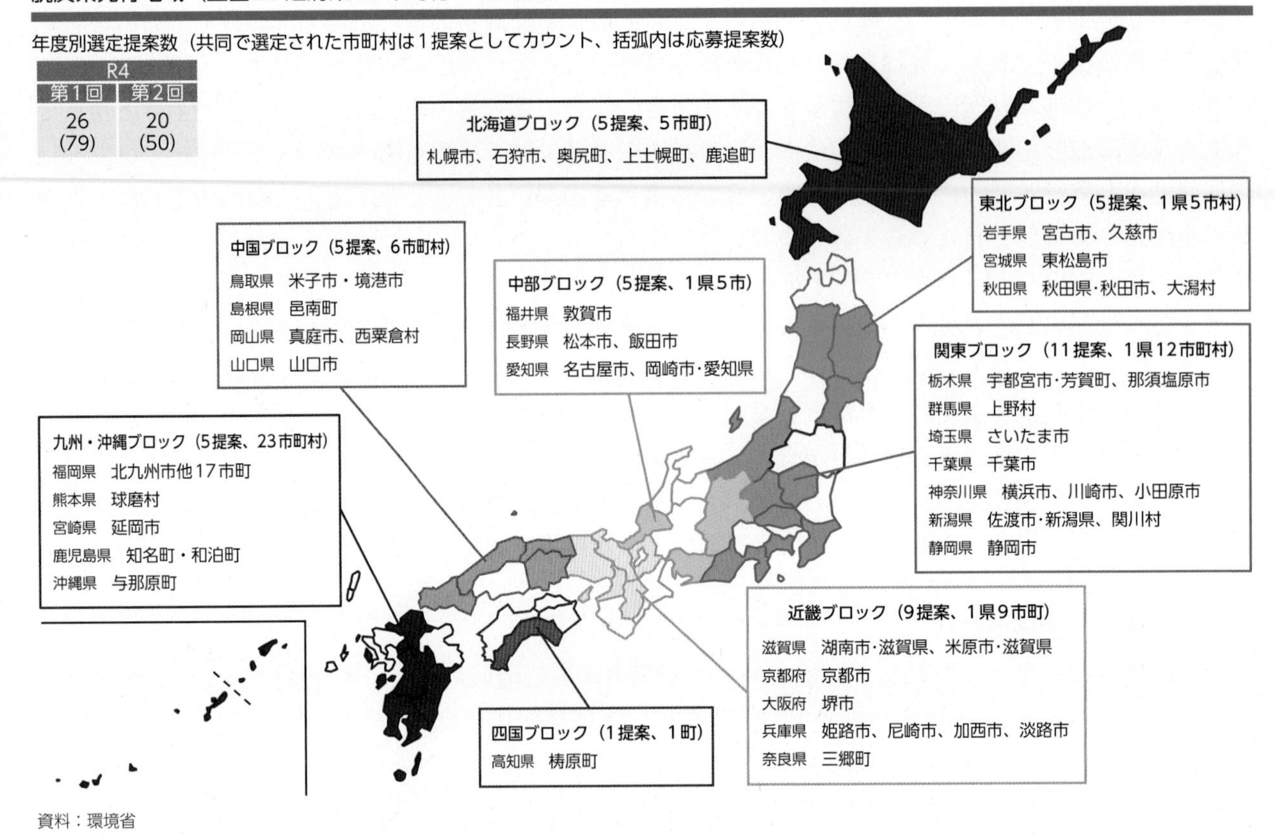

資料：環境省

(2) 脱炭素の基盤となる重点対策の全国実施

地域脱炭素ロードマップに基づく、もう一つの施策が脱炭素の基盤となる重点対策の全国展開です。2030年度目標及び2050年カーボンニュートラルに向けては、脱炭素先行地域だけでなく、全国各地で、地方公共団体・企業・住民が主体となって、排出削減の取組を進めることが必要です。あらゆる対策・施策を脱炭素の視点をもって取り組むことが肝要ですが、特に、屋根置きなど自家消費型の太陽光発電の導入、住宅・建築物の省エネルギー性能の向上、ゼロカーボン・ドライブの普及等の脱炭素の基盤となる重点対策の複合実施について、国も複数年度にわたって包括的に支援しながら各地の創意工夫を凝らした取組を横展開し、脱炭素先行地域を含めて、全国津々浦々で実施していくことにしています。2022年度には、「地域脱炭素移行・再エネ推進交付金」にて、32の地方公共団体における脱炭素の基盤となる重点対策の加速化を支援しました。

(3) 地域脱炭素のための国の積極支援

地域の脱炭素化に向けて、国は、人材、情報・技術、資金の面から積極的に支援していく方針です。

人材面では、環境省において、地域のコーディネーター役となる脱炭素人材育成のための研修を行っているほか、地方公共団体と企業のネットワークを構築するためのマッチングイベントを開催しています。また、内閣府において、地方創生人材支援制度によりグリーン専門人材の派遣を行うほか、総務省と環境省において、自治大学校により地方公共団体職員向けの地域脱炭素に係る研修を行うなど、関係省庁と連携して、人的な支援を行っています。

情報・技術面では、再生可能エネルギー情報提供システム（REPOS）により、地域再生可能エネルギーの案件形成の基盤として、再生可能エネルギーポテンシャルの推計を拡充するとともに、地域経済循環分析ツールを提供し、再生可能エネルギー（再エネ）など地域資源を活用し、地域のお金がどうしたら地域で循環するかという地域経済循環の考え方を普及するなどしています。

資金面では、2022年度当初予算に創設した脱炭素先行地域づくりや脱炭素の基盤となる重点対策を支援する「地域脱炭素移行・再エネ推進交付金」を拡充した上で、自営線マイクログリッドを構築する地域における排出削減効果の高い主要な脱炭素製品・技術の導入を支援する「特定地域脱炭素移行加速化交付金」を加えて、新たに「地域脱炭素の推進のための交付金」として2023年度当初予算に創設し、民間と共同して意欲的に脱炭素に取り組む地方公共団体を支援していきます。また、「GX実現に向けた基本方針」（2023年2月閣議決定）において、地域脱炭素の基盤となる重点対策を率先して実施することとされるなど、地方公共団体の役割が拡大したことを踏まえ、公共施設等の脱炭素化の取組を計画的に実施できるよう、総務省では新たに「脱炭素化推進事業費」を計上し、脱炭素化推進事業債を創設しています。

国の積極支援に当たっては、地域の実施体制に近い立場にある国の地方支分部局（地方農政局、森林管理局、経済産業局、地方整備局、地方運輸局、地方環境事務所等）が水平連携し、各地域の強み・課題・ニーズを丁寧に吸い上げて機動的に支援を実施します。具体的には、各府省庁が持つ支援ツールと支援実績実例等の情報を共有し、協同で情報発信や地方公共団体等への働きかけを行います。また、複数の主体・分野が関わる複合的な取組に対しては各府省庁の支援ツールを組み合わせて支援等に取り組みます。さらに、2022年度、地方環境事務所に地域脱炭素創生室を創設することで、こうした関係府省庁との連携も通じた脱炭素先行地域づくりについて、地方公共団体が身近に相談できる窓口体制を確保し、相談対応や案件の進捗状況を地方支分部局間で共有しながら連携して対応しています。

（4）地域金融機関を通じた支援、株式会社脱炭素化支援機構

地域経済を資金面から支える地域金融機関は、地域の持続可能性が自らの経営に直結する存在でもあり、経済社会構造がカーボンニュートラルに向かっていく中で、取引先の企業とともに具体的な対応を考えていくことが期待されています。そのため、地域の脱炭素化にとって、地域の主体、とりわけ地域金融機関との連携は極めて重要です。地域金融機関が地域内企業のハブとなって脱炭素社会への適応を推進していくことで、投融資先を皮切りに企業行動を変革していくことが可能となります。実際、これまでに選定された脱炭素先行地域の共同提案者として地域金融機関が加わっている事例が複数あります。

環境省では、ESG地域金融促進事業として、先進的な地域金融機関と連携し、地域課題の解決や地域資源を活用したビジネス構築のモデルづくりを推進しています。また、気候変動関連情報を開示する枠組みであるTCFD（気候関連財務情報開示タスクフォース）提言に基づく情報開示に取り組む地域金融機関を支援しています。さらに、環境金融の拡大に向けて、地域脱炭素に資する設備投資向け貸出の利子の一部を環境省が補給し、企業の投資コスト低減を図ること、ESG要素を考慮した機器のリースについて、補助金の交付によるリース料の低減を通して利用を促進することなど、金融機関を通じた企業の脱炭素化の後押しも実施しています。

また、2022年5月に地球温暖化対策推進法の一部を改正する法律が成立し、脱炭素事業に意欲的に取り組む民間事業者等を集中的、重点的に支援するため、財政投融資を活用した株式会社脱炭素化支援機構が設立されました。現在、民間において、地域共生・地域貢献型の再エネ事業、食品・廃材等バイオマス利用など様々な脱炭素事業が検討・実施されていますが、まだまだ認知度が少ない、類例が乏しいとの理由により、民間の金融機関等からの資金調達に課題があるケースが見受けられます。株式会社脱炭素化支援機構が資金供給を行い、公的資金と民間資金を組み合わせた、いわゆるブレンデッド・ファイナンスにより、民間資金の「呼び水」につなげることが可能となります。脱炭素に必要な資金の流れを太く、速くし、経済社会の発展や地方創生への貢献、知見の集積や人材育成等、新たな価値の創造に貢献します。2023年3月末までに株式会社脱炭素化支援機構より、3件の支援決定の公表を行っています（図2-1-2、図2-1-3、図2-1-4）。

さらに、企業の脱炭素に向けた取組に関して専門的なアドバイスを行う人材に対するニーズの高まりを踏まえ、人材の育成に資する民間資格制度について認定を行う枠組みを検討し、温室効果ガスの排出量計測や削減対策支援、情報開示に関する知識やノウハウ等に関して、資格制度が提供すべき学習プロ

グラムの要件をまとめた「脱炭素アドバイザー資格制度認定ガイドライン」を公表しました（図2-1-5）。

図2-1-2　株式会社脱炭素化支援機構の概要

脱炭素に資する多様な事業への投融資（リスクマネー供給）を行う官民ファンド
「株式会社　脱炭素化支援機構」設立
（地球温暖化対策推進法に基づき2022年10月28日に設立）

組織の概要

【設立時出資金】204億円
○民間株主（82社、102億円）：
・金融機関：日本政策投資銀行、3メガ銀、地方銀行など57機関
・事業会社：エネルギー、鉄鋼、化学など25社
○国（財政投融資（産業投資）、設立時102億円）
・R4：最大200億円（設立時資本金102億円含む）
・R5：最大400億円＋政府保証（5年未満）200億円

支援対象・資金供給手法

○再エネ・蓄エネ・省エネ、資源の有効利用等、脱炭素社会の実現に資する幅広い事業領域を対象。
○出資、メザニンファイナンス（劣後ローン等）、債務保証等を実施。

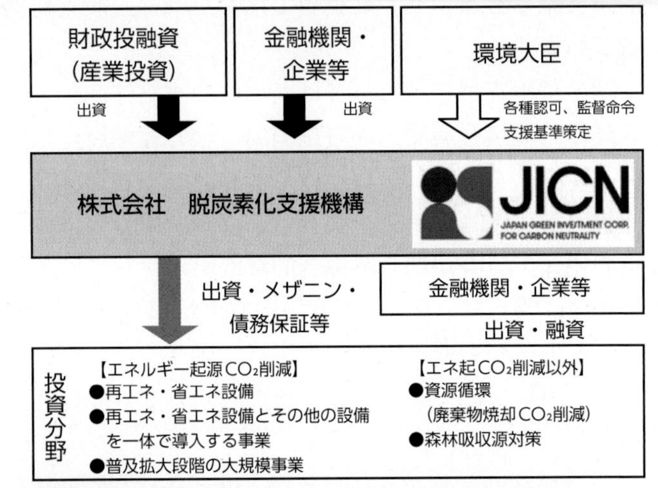

（想定事業イメージ例）
・地域共生・裨益型の再生可能エネルギー開発・プラスチックリサイクル等の資源循環
・火力発電のバイオマス・アンモニア等の混焼・森林保全と木材・エネルギー利用　等

脱炭素に必要な資金の流れを太く・早くし、地方創生や人材育成など価値創造に貢献

資料：環境省

図2-1-3　株式会社脱炭素化支援機構の設立時民間株主

■オールジャパンで脱炭素に取り組む姿勢を打ち出すべく、幅広い金融機関や事業会社、計82社から102億円の御出資をいただくことになりました（意向・ニーズに応じて継続的に出資を募る方針です）。
■設立時の出資金総額は国の産業投資からの出資と併せて計204億円になります。

◆　**金融機関等（57機関）**

下線の社は発起人

・政府系・系統金融機関：日本政策投資銀行、信金中央金庫、農林中央金庫
・都市銀行：みずほ銀行、三菱UFJ銀行、三井住友銀行
・信託銀行：三井住友信託銀行
・地方銀行：北海道銀行、北洋銀行、青森銀行、みちのく銀行、岩手銀行、東北銀行、北日本銀行、秋田銀行、北都銀行、荘内銀行、東邦銀行、群馬銀行、東和銀行、栃木銀行、足利銀行、常陽銀行、筑波銀行、千葉銀行、千葉興業銀行、京葉銀行、武蔵野銀行、きらぼし銀行、東日本銀行、横浜銀行、八十二銀行、長野銀行、山梨中央銀行、第四北越銀行、静岡銀行、大垣共立銀行、中京銀行、愛知銀行、北陸銀行、滋賀銀行、紀陽銀行、中国銀行、徳島大正銀行、香川銀行、愛媛銀行、福岡銀行、西日本シティ銀行、佐賀銀行、大分銀行、宮崎銀行、宮崎太陽銀行、肥後銀行、鹿児島銀行
・証券：野村ホールディングス
・その他金融機関：ゆうちょ銀行、あおぞら銀行

◆　**事業会社（25社）**

・エネルギー：中部電力、関西電力、JERA、東邦ガス、大阪ガス、西部ガス、北海道ガス
・鉄鋼：神戸製鋼所
・化学：積水化学工業、昭和電工
・機械・電気：クボタ、日立造船、JFEエンジニアリング、アズビル、スズキ
・運輸：東日本旅客鉄道
・建設・住宅：戸田建設、西松建設、五洋建設、住友林業
・ガラス・土石製品：日本ガイシ、太平洋セメント
・流通：セブン＆アイ・HD
・通信：日本電信電話、KDDI

資料：環境省

図2-1-4　株式会社脱炭素化支援機構支援決定公表案件

名称	概要	支援形態	支援公表日
WOTA	従来型の大規模上下水道施設に代わる小規模分散型水循環システムの開発、製造、販売。	スタートアップ支援	3月24日
ゼロボード	事業者の脱炭素対策の策定を支援するGHG排出量の算定・可視化のシステムを開発、提供。	スタートアップ支援	3月24日
コベック	地元の食品廃棄物を活用したメタン発酵処理及びそのバイオガスを用いた発電事業を実施。	地域プロジェクト（SPC）支援	3月31日

資料：環境省

図2-1-5　脱炭素アドバイザー資格制度の認定事業

- ■中小企業が自社の温室効果ガス排出量を計測し、それに基づく削減対策を進めるためには、**中小企業と日常的な接点を持つ人材が相応の知識を持った上で、アドバイザーとして機能**することが必要。
- ■上記の課題に対応するため、**脱炭素アドバイザー資格制度の認定の枠組みを創設**し、環境省が策定するガイドラインに適合した資格制度を認定する。
- ■中小企業と接点の多い地域の主体（金融機関の営業職員、商工会議所の経営指導員、自治体職員等）の資格取得を促すことによって、**脱炭素化のアドバイスや実践支援を行う人材育成を国として後押し**する。
- ■上記に限らず、大企業を含む事業法人の担当者や経営コンサルタントなど、幅広い主体の資格取得を促し、地域社会全体を脱炭素化に向けて変革していくための**人的基盤を強化**する。

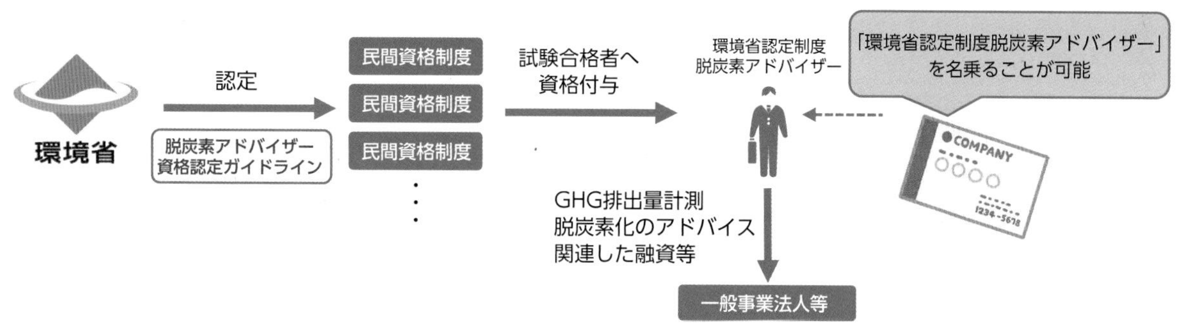

資料：環境省

(5) 地域の中小企業の脱炭素化支援

我が国の企業数の圧倒的多数を占め、従業員数でも全国の7割を占める中小企業の脱炭素化も、地域の脱炭素化を進めていく上で重要です。

2050年カーボンニュートラルに向けた取組は自社の温室効果ガス（GHG）排出量削減に留まらず、サプライチェーン全体へと広がっています。この広がりは、中小企業にも及び、サプライチェーン内の中小企業に対するGHG排出量の開示や削減を促す動きがあります。先行して脱炭素の視点を織り込んだ企業経営（脱炭素経営）に取り組む中小企業では、優位性の構築、光熱費・燃料費の低減、知名度・認知度向上、社員のモチベーションアップ、好条件での資金調達といったメリットを獲得しています。

環境省では、2020年度から3カ年中小規模事業者に対してGHG排出量削減目標設定支援モデル事業（計22事業者）の実施による支援及び「中小規模事業者向けの脱炭素経営導入ハンドブック」等の公表を進めてきました。地域毎に多様性のある事業者ニーズを踏まえて、[1] 地域ぐるみでの支援体制の構築、[2] 算定ツールや見える化の提供、[3] 削減目標・計画の策定、脱炭素設備投資に取り組んでいきます。

具体的には、地域金融機関、商工会議所等の経済団体など（支援機関）の人材が、中小企業を支援する支援人材となるための説明ツールの提供やセミナー等開催による育成、人材バンクの活用を含めた専門機関とのマッチング支援、金融機関等から中小企業への助言ができるよう、脱炭素化支援に関する資格の認定制度を検討していきます。また、事業者に対するGHG排出量の算定ツール（見える化）の提供、削減計画策定支援（モデル事業やガイドブック等）、脱炭素化に向けた設備更新への補助、ESG金融の拡大等による支援を実施していきます。

コラム 環境政策に係る全国行脚

2022年1月から6月にかけて、地域の脱炭素化及びその他の環境政策について、環境大臣、環境副大臣、環境大臣政務官が全国47都道府県で様々な関係者と対話を実施しました。計56回の意見交換会で、知事や市町村長、民間企業幹部をはじめ約500名と意見交換しました。各地方公共団体・民間企業等からは、先進的な脱炭素の取組や今後の脱炭素事業への意気込みをお話いただいたほか、財政支援や人的支援など地域脱炭素に関するニーズや課題の意見をいただきました。

務台俊介環境副大臣（当時）による環境政策に係る全国行脚の様子

資料：環境省

3 再生可能エネルギーの最大限の導入

(1) 浮体式洋上風力の利活用

遠浅の海域の少ない我が国では、水深の深い海域に適した浮体式洋上風力の導入拡大が重要です。長崎県五島市の実証事業において風水害にも耐え得る浮体式洋上風力が実用化された事を活かし、確立した係留技術・施工方法等を元に普及啓発を進めています。浮体式洋上風力の導入に当たっては、環境保全・社会受容性の確保や、維持管理や使用後の破棄など多様な観点からの検討が不可欠です。今後も、脱炭素化と共に自立的なビジネス形成が効果的に推進されるよう、エネルギーの地産地消を目指す地域における事業性の検証等に取り組みます。

(2) 風力発電をはじめとする環境影響評価制度の適正な在り方

再生可能エネルギーの地域における受容性を高め、最大限の導入を円滑に進めていく上で、環境への適正な配慮と地域との対話プロセスは不可欠であり、環境影響評価制度の重要性はますます高まっています。環境省及び経済産業省による「再生可能エネルギーの適正な導入に向けた環境影響評価のあり方に関する検討会」において、風力発電所の円滑な立地の促進のためには、適正な環境配慮の確保及び地域とのコミュニケーションを図ることが重要であるため、風力発電所の環境影響の程度が立地の状況に依拠する部分が大きい風力発電所の特性を踏まえた適正な環境影響評価制度の検討が必要とされました。この結論を踏まえ、2021年6月に閣議決定した「規制改革実施計画」において、立地に応じ地域の環境特性を踏まえた、効果的・効率的なアセスメントの風力発電に係る適正な制度的対応の在り方について2022年度に迅速に検討・結論を得ることとされ、環境省及び経済産業省は、2021年7月から具体的な検討を開始し、2022年度に現行制度の課題を整理した上で、新制度の大きな枠組みについて取りまとめました。2023年度は、2022年度に取りまとめた新制度の大きな枠組みを基礎としつつ、制度の詳細設計のための議論を速やかに行います。

また、洋上風力発電については、2022年度に関係省庁とともに検討を行い、新たな環境影響評価制度の方向性を取りまとめました。2023年度は、2022年度に取りまとめた方向性に基づき検討すべきとされた論点を踏まえ具体的な制度について速やかに検討を進めます。

(3) 自然と調和した地域共生型の地熱開発に向けて

地熱発電は、発電量が天候等に左右されないベースロード電源となり得る再生可能エネルギーであり、我が国は世界第3位の地熱資源量を有すると言われていることなどから、積極的な導入拡大が期待されています。しかし、地下資源の開発はリスクやコストが高いこと、地熱資源が火山地帯に偏在しており適地が限定的であること、自然環境や温泉資源等への影響懸念等の課題もあります。このような状況を踏まえて、守るべき自然は守りつつ、地域での合意形成を図りながら、自然環境と調和した地域共生型の地熱利活用を促進する観点から、2021年4月に「地熱開発加速化プラン」を発表し、9月に自然公園法及び温泉法の運用見直しを行いました。引き続き同プランに基づき、地球温暖化対策推進法に基づく促進区域の設定の促進、温泉モニタリングなどの科学的データの収集・調査を行うことによって、地域調整を円滑化し、全国の地熱発電施設数の2030年までの倍増と最大2年程度のリードタイムの短縮を目指しています。

(4) 再生可能エネルギー主力電源化と移動の脱炭素化の同時実現

電気自動車（EV）や燃料電池自動車（FCV）等は、[1] 運輸部門の脱炭素化と動く蓄電池として再生可能エネルギー主力電源化を同時達成でき、[2] バッテリーはリユースなどが可能であり、[3] 災害時に給電可能で自立・分散型エネルギーシステムの構成要素にもなることから、脱炭素、循環経済、レジリエンス強化を進める鍵となります。

2021年1月、菅義偉内閣総理大臣（当時）は第204回国会の施政方針演説において、脱炭素社会実現に向け、2035年までに新車販売で電動車100％の実現を表明し、同年10月に閣議決定した「地球温暖化対策計画」にも目標として掲げられています。

電気を動力とする電動車には、電気自動車（EV）、燃料電池自動車（FCV）、プラグインハイブリッド自動車（PHEV）等の車種があります。このうち電気自動車（EV）は、バッテリー（蓄電池）に蓄えた電気でモーターを回転させて走る自動車です。走行時には自動車からの排出ガスは一切なく、走行騒音も大幅に減少します。また、燃料電池自動車（FCV）は、車載の水素と空気中の酸素を反応させて、燃料電池で発電し、その電気でモーターを回転させて走る自動車です。水素を燃料とする場合、排気されるのは水素と酸素の化学反応による水のみとなり、排出ガスは一切ありません。これらの自動車は外部への給電が可能な場合が多く、平時は太陽光等から発生した余剰の再生可能エネルギーによって充電し、必要なタイミングで放電し住宅等で活用する等により、再生可能エネルギーをより有効に活用することが可能となる等、より一層の再生可能エネルギー導入に貢献することが期待されます。また、災害時等の停電時には非常用電源としての活用が期待されています。

また、新たなライフスタイルに合わせた、電気自動車（EV）のシェアリングサービスを活用した脱炭素型地域交通モデル構築に対する支援や、地域の再生可能エネルギーと動く蓄電池としての電気自動車（EV）等を組み合わせて再生可能エネルギー主力電源化とレジリエンス強化の同時実現を図る自立・分散型エネルギーシステム構築に対する支援を実施しています。

(5) 再生可能エネルギーの導入推進のための蓄電池の導入促進

初期費用ゼロでの自家消費型の太陽光発電設備・蓄電池の導入支援等を通じて、太陽光発電設備・蓄電池の価格低減を促進しながら、ストレージパリティ（太陽光発電設備の導入に際して、蓄電池を導入しないよりも蓄電池を導入したほうが経済的メリットがある状態）の達成を目指しています。

また、蓄電池を活用することで災害時等に自立的にエネルギー供給が可能となる、レジリエンス強化型のZEB（ネット・ゼロ・エネルギー・ビル）の普及促進に向けた支援や公共施設への太陽光発電設備・蓄電池等の導入支援を通じて、地域のレジリエンスと地域の脱炭素化の同時実現を目指しています。

(6) 地球温暖化対策推進法を活用した地域共生・裨益型再生可能エネルギー促進

地域の脱炭素化を進めていく上では、再生可能エネルギーの利用の促進が重要ですが、一部の再エネ事業では環境への適正な配慮がなされず、また、地域との合意形成が十分に図られていないこと等に起因した地域トラブルが発生し、地域社会との共生が課題となっています。脱炭素社会に必要な水準の再エネ導入を確保するためには、再エネ事業について適正に環境に配慮し地域における合意形成を促進することが必要です。

このため、地球温暖化対策の推進に関する法律の一部を改正する法律（令和3年法律第54号）により、再エネの利用と地域の脱炭素化の取組を一体的に行うプロジェクトである地域脱炭素化促進事業が円滑に推進されるよう、市町村が再エネ促進区域や、再エネ事業に求める環境保全・地域貢献の取組を自らの計画に位置づけ、適合する事業計画を認定する仕組みが2022年4月に施行されました。地域脱炭素化促進事業に関する制度の目的は、再エネ事業について、適正に環境に配慮し、地域に貢献するものとし、地域と共生することで、円滑な合意形成を図りながら、地域への導入を促進することです。

既に太陽光発電に関する促進区域を設定している先行事例は、2022年12月1日時点では全国4か所で生まれており、国は今後も、地方公共団体における再生可能エネルギーの導入計画の策定や、地域脱炭素化促進事業の促進区域設定等に向けた、ゾーニング等を行う取組への支援等を行っていきます。

4 脱炭素移行に必要なイノベーション、スタートアップ支援

2020年1月に策定された「革新的環境イノベーション戦略」を受け、環境・エネルギー分野の研究開発を進める司令塔として、2020年7月から「グリーンイノベーション戦略推進会議」が開催され、関係省庁横断の体制の下、戦略に基づく取組のフォローアップを行ってきました。

また、第203回国会での2050年カーボンニュートラル宣言を受け、2020年12月に「2050年カーボンニュートラルに伴うグリーン成長戦略」（以下「グリーン成長戦略」という。）が報告され、2021年6月には、更なる具体化が行われました。

グリーン成長戦略においては、技術開発から実証・社会実装までを支援するための2兆円のグリーンイノベーション基金やカーボンニュートラルに向けた投資促進税制等の支援措置のほか、重要分野における実行計画が盛り込まれています。

具体的には、洋上風力・太陽光・地熱産業（次世代再生可能エネルギー）、水素・燃料アンモニア産業等のエネルギー関連産業に加え、自動車・蓄電池産業、半導体・情報通信産業等の輸送・製造関連産業の他に、資源循環関連産業やライフスタイル関連産業等の家庭・オフィス関連産業に係る現状と課題、今後の取組方針等が位置づけられました。

環境省においても脱炭素移行を進めるため、高品質GaN（窒化ガリウム）基板の製造からGaNパワーデバイスを活用した超省エネ製品の商用化に向けた要素技術の開発及び実証、低コスト化を達成するための技術開発等、先端技術の早期実装・社会実装に向けた取組を推進しています。

また、環境省、国立環境研究所、JAXAの共同ミッションとして実施している温室効果ガス観測技術衛星GOSATは、2009年の打上げ以降、二酸化炭素やメタンの濃度を全球にわたり継続的に観測してきました。2018年には、観測精度向上のための機能を強化した後継機GOSAT-2が打ち上げられ、現在、これらのミッションを発展的に継承したGOSAT-GWの開発を進めています。GOSATシリーズから得られるデータを利用して、大規模排出源の特定やパリ協定に基づく各国の排出量報告の透明性の確保を推進し、脱炭素社会への移行を目指しています。

また、資源循環関連産業に係る取組として、バイオプラスチックの利用拡大に向け、2021年1月に「バイオプラスチック導入ロードマップ」を策定し、バイオプラスチックの現状と課題を整理するとともに、ライフサイクル全体における環境・社会的側面の持続可能性、リサイクルをはじめとするプラスチック資源循環システムとの調和等を考慮した導入の方向性を示しました。バイオプラスチックの導入促進に向け、技術開発・実証や設備導入の支援を実施し、社会実装を推進しています。

また、グリーンイノベーションの推進には、新たな環境ビジネスに先駆的に取り組むスタートアップ（以下「環境スタートアップ」という。）や起業家候補人材に対する技術開発等の支援が重要です。環境省では、環境スタートアップの成長ステージに応じ、環境スタートアップ特化型の研究開発支援、ピッチイベントや表彰による事業機会創出、環境技術の性能実証による信用付与等を実施することにより、グリーンイノベーション創出のための環境スタートアップの研究開発、事業化を支援しています。

第2章

事例

二酸化炭素の資源化を通じた炭素循環社会モデル構築促進事業（積水化学工業）

環境省では、二酸化炭素の資源化を実現するための課題の克服と、脱炭素社会及び循環型社会の構築促進を目的とした実証事業を実施しています。2019年に採択を受けた積水化学工業では、廃棄物処理施設から排出される二酸化炭素を、水素を活用して一酸化炭素に変換する技術の開発と、一酸化炭素及び水素を用いて、微生物触媒によりエタノールを製造するプロセスを、岩手県久慈市にて商用1/10プラントスケールで実証しています。本技術により、二酸化炭素を石油化学製品の原料となるエタノールにまで変換が可能となり、使用した石油化学製品は廃棄物として処理することにより、再び資源化が可能となります。つまり、炭素資源は大気中に放出されることなく循環的に利用できることになり、特に材料分野での脱炭素社会の構築促進に結びつく技術になり得ると期待されています。

久慈実証プラント外観

資料：積水化学工業

コラム

航空機による大気観測「CONTRAILプロジェクト」

CONTRAILプロジェクトは、日本航空（JAL）が定期運航する旅客機に二酸化炭素濃度連続測定装置（CME）と自動大気サンプリング装置（ASE）の2種類の観測装置を搭載して温室効果ガスを広域で観測する、2005年から開始された取組です。民間航空機を利用した定期的で連続的な温室効果ガスの観測は、当時世界で初めての試みでした。旅客機から得られた観測結果は、飛行経路における温室効果ガスの濃度分布を直接把握できるだけでなく、GOSATシリーズの観測で得られた濃度の比較・検証に使用して、その精度向上に寄与する役割も担っており、全球の温室効果ガスの濃度分布や変動を正確に理解するためになくてはならない存在になっています。

JALの旅客機と2種類の観測装置

資料：国立環境研究所

コラム  DX（デジタルトランスフォーメーション）で気候変動対策を促進

近年、DXを通じて気候変動対策を促進する取組が増えてきています。例えば、冷凍空調機器で使用されるフロン類冷媒の漏えいは地球温暖化の原因となりますが、IoT技術を駆使した遠隔監視システムを導入することにより、機器からのフロン類の漏えいを早期に発見し対処することが可能です。このような技術の進展を踏まえ、2022年8月、国は遠隔監視システムによる機器の管理を、フロン類の使用の合理化及び管理の適正化に関する法律（平成13年法律第64号）に定める簡易点検を代替するものとして認める告示改正を行いました。このような制度改正と相まって、民間企業において、気候変動対策に資する様々なDX技術の開発と、それらの最新技術を活用したサービスの提供が促進されることにより、気候変動対策が益々進化していくことが期待されます。

常時監視システムによる簡易点検のイメージ

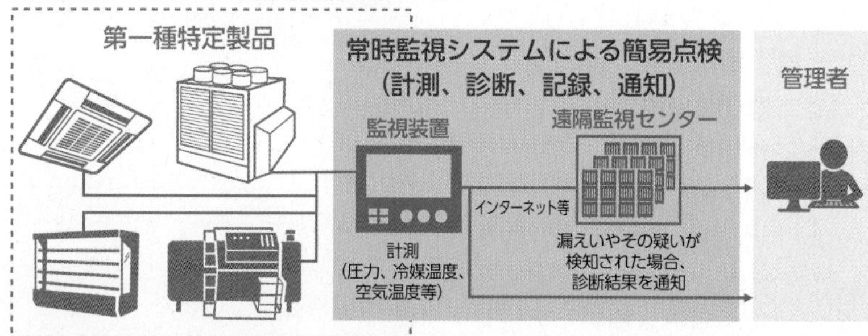

注：「監視装置」が第一種特定製品に内蔵されている場合もある。
資料：環境省

事例 環境スタートアップ大賞環境大臣賞（EF Polymer）

環境省では、環境スタートアップの創出の加速化を目的として「環境スタートアップ大賞」を実施しており、外部有識者が環境スタートアップの環境保全性・革新性・成長性等を評価し、優れた環境スタートアップを表彰しています。2021年度に環境大臣賞を受賞した「EF Polymer」は、通常廃棄される、果物の搾りかすなどの食品の不可食部分から開発した生分解性の超吸収性ポリマーの開発を行っています。ポリマーが持つ保水性や保肥性を活かし、干ばつによる水不足に悩む地域の農地や、豪雨等による土壌流出の防止や農地被害の防止に活用されはじめており、製品の普及を通じて様々な社会課題の解決を目指す同社の取組が高く評価されました。

穂坂泰環境大臣政務官（当時）による2021年度環境スタートアップ大賞授賞式の様子

資料：EF Polymer

事例

イノベーション創出のための環境スタートアップ研究開発支援事業（イーアイアイ）

「イノベーション創出のための環境スタートアップ研究開発支援事業」では、環境スタートアップ特化型の研究開発支援を実施しており、環境保全に資する技術シーズの事業化に必要な技術の採算性調査・概念実証、実用化研究等、段階に応じた継続的な支援をしています。2021年度から2022年度の2か年にわたって採択を受けたイーアイアイでは、飲料容器（びん、缶、PET）の手選別処理ラインで導入可能な人間支援型のAI自動選別ロボットの開発を行っています。人手に頼ることが多いびんの色選別（茶、白、ミックス）の自動化は、飲料容器の選別における類例が少なく、地域の中小事業者の労働環境の改善やリサイクル事業の生産性の向上が期待されています。

イーアイアイが開発した人間支援型のAI自動選別ロボット

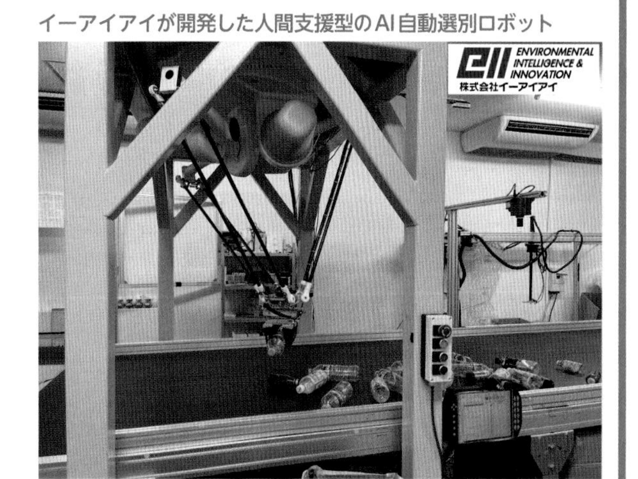

資料：イーアイアイ

5 石炭火力発電

石炭火力発電は安定供給性と経済性に優れていますが、排出係数が、最新鋭のものでも天然ガス火力発電の約2倍であり、CO_2の排出量が多いという課題があります。加えて、電力部門におけるCO_2排出係数が大きくなることは、産業部門や業務その他部門、家庭部門における省エネの取組（電力消費量の削減）による削減効果に大きく影響を与えます。このため、電力部門の取組、とりわけ石炭火力発電への対応は、脱炭素化に向けて非常に重要です。

2050年カーボンニュートラル実現に向けて、火力発電から大気に排出されるCO_2排出を実質ゼロにしていくことが必要です。一方で、火力発電は、東日本大震災以降の電力の安定供給や電力レジリエンスを支えてきた重要な供給力であるとともに、現時点の技術を前提とすれば、再生可能エネルギーを最大限導入する中で、再生可能エネルギーの変動性を補う調整力としての機能も期待されることを踏まえ、安定供給を確保しつつ、その機能をいかにして脱炭素電源に置き換えていくかが鍵となります。

このため、2030年度の新たな温室効果ガス削減目標の実現に向けては、安定供給の確保を大前提に、石炭火力発電の発電比率を可能な限り引き下げることとしています。具体的には、非効率な石炭火力発電について、省エネ法の規制強化により最新鋭のUSC（超々臨界）並みの発電効率（事業者単位）をベンチマーク目標として新たに設定するとともに、バイオマス等について、発電効率の算定時に混焼分の控除を認めることで、脱炭素化に向けた技術導入の促進につなげていくこととしたほか、容量市場においては、2025年度オークションから、一定の稼働率を超える非効率な石炭火力発電に対して、容量市場からの受取額を減額する措置を導入するなど、規制と誘導の両面から措置を講じることにより非効率の石炭火力発電のフェードアウトを着実に推進していきます。また、発電事業者はフェードアウト計画を毎年度作成し経済産業大臣に届出するとともに、経済産業省は全事業者を統合した形で2030年に向けたフェードアウトの絵姿を公表することとしております。

さらに、2050年カーボンニュートラルに向けては、グリーンイノベーション基金なども活用して、水素・アンモニアの混焼・専焼化やCO_2回収・有効利用・貯留（CCUS／カーボンリサイクル）の技術開発・実装を加速化し、脱炭素型の火力発電に置き換える取組を推進していくこととしています。

なかでも、我が国では、2023年2月にとりまとめられた「CCS長期ロードマップ」において、2030年までに事業開始に向けた事業環境を整備し、2030年以降に本格的にCCS事業を展開することを目標としております。環境省では商用規模の火力発電所におけるCO_2分離回収設備の建設・実証により、CO_2を分離回収する場合のコストや課題の整理、環境影響の評価等を行うとともに、経済産業省と連携し、CCS導入に必要なCO_2の貯留可能な地点の選定のため、大きな貯留ポテンシャルを有すると期待される地点を対象に、地質調査や貯留層総合評価等を実施しています。さらに、化石燃料等の燃焼に伴う排ガス中のCO_2を原料とした化学物質を社会で活用するモデル構築等を通じ、CCUSの早期社会実装のため、商用化規模の早期の技術確立を目指し、普及に向けた取組を加速化していきます。

6 ESG金融

持続可能な社会の実現に向けて産業・社会構造の転換を促すには、巨額の資金が必要であり、民間資金の導入が不可欠です。また、持続可能な社会の構築は、金融資本市場や金融主体自身にとっても便益をもたらすものであり、ESG金融（環境（Environment）・社会（Social）・企業統治（Governance）といった非財務情報を考慮する投融資）に係る取組が自らの保有する投融資ポートフォリオ全体のリスク・リターンの改善につながる効果があるとも期待されます。さらに、ESG要素を投融資の判断に組み込むことは、ESGに係る投融資先のリスクの低減や、新しい投資機会の発見にもつながります。こうした背景から、脱炭素社会への移行や持続可能な経済社会づくりに向けたESG金融の推進は、SDGsを達成し持続可能な社会を構築する上で鍵となり、世界各国でも政策的に推進され、欧米から先行して普及・拡大してきました。このようなESG要素に配慮した資金の流れは、我が国においても近年急速に拡大しています（図2-1-6）。

環境省では、金融・投資分野の各業界トップと国が連携して、ESG金融に関する意識と取組を高めていくための議論を行い、行動する場として2019年2月より「ESG金融ハイレベル・パネル」を開催しています。2023年3月に開催された第6回では、GX（グリーントランスフォーメーション）と循環経済（サーキュラーエコノミー）や自然再興（ネイチャーポジティブ）をテーマに議論が行われました。前半では、GX実行会議で示された方針を踏まえた各金融主体の取組について議論が交わされ、後半では、脱炭素社会への移行と相互に関係する循環経済への移行や自然再興の取組について、自然資本に関する情報開示ルールを策定している自然関連財務情報開示タスクフォース（TNFD）による動き等の国際的な動向を踏まえ、GXの取組と統合的に推進するための方策について議論されました。

さらに、再生可能エネルギーなど、グリーンプロジェクトに対する投資を資金使途としたグリーンボンドについて、2017年より、環境省で国際資本市場協会（ICMA）が作成している国際原則に基づき国内向けのガイドラインの策定等により国内への普及に向けた取組を進めています。また、世界の市場では、特に気候変動分野を中心に、いわゆる「グリーンウォッシュ」への対応など品質確保の観点が課題となっており、EUにおけるタクソノミー規制の策定をはじめとして、各国において政策的な対応も進んでいます。このような国内外の動静や国際原則の改定を踏まえ、我が国のサステナブルファイナンス市場を更に健全かつ適切に拡大していく観点から、環境省は「グリーンファイナンスに関する検討会」を設置し、2022年7月に「グリーンボンド及びサステナビリティ・リンク・ボンドガイドライン2022年版」、「グリーンローン及びサステナビリティ・リンク・ローンガイドライン2022年版」を策定しました。これらのガイドラインにおいては、今後大きな拡大が期待されるサステナビリティ・リンク・ボンドのガイドラインを新規策定したほか、グリーン性の判断基準の明確化や、資金調達者による市場説明の強化等を行い、利便性向上とグリーンウォッシュ防止の双方に対応しています。また、炭素中立型の経済社会実現のためには巨額の投資が必要とされており、我が国においては、クリーンエネルギー戦略中間整理において、今後10年間に官民で150兆円の投資が必要と試算されています。企業の気候変動対策投資とそれへの資金供給を更に強化するためには、[1] 企業や金融機関がグリーン、トランジション、イノベーションへの投資を行う際の環境整備を図ること、[2] 金融資本市場等において、排出量の多寡のみならず、GXへの挑戦・実践を行う企業への新たな評価軸を構築することや、[3] マクロでの気候変動分野への資金誘導策を検討することが必要です。金融庁、経済産業省、環境省では、2022年8月に「産業のGXに向けた資金供給の在り方に関する研究会（GXファイナンス研究会）」を設置し、GX分野における民間資金を引き出していくための第一歩として、同年12月に施策パッケージを取りまとめました。

図2-1-6　ESG市場の拡大

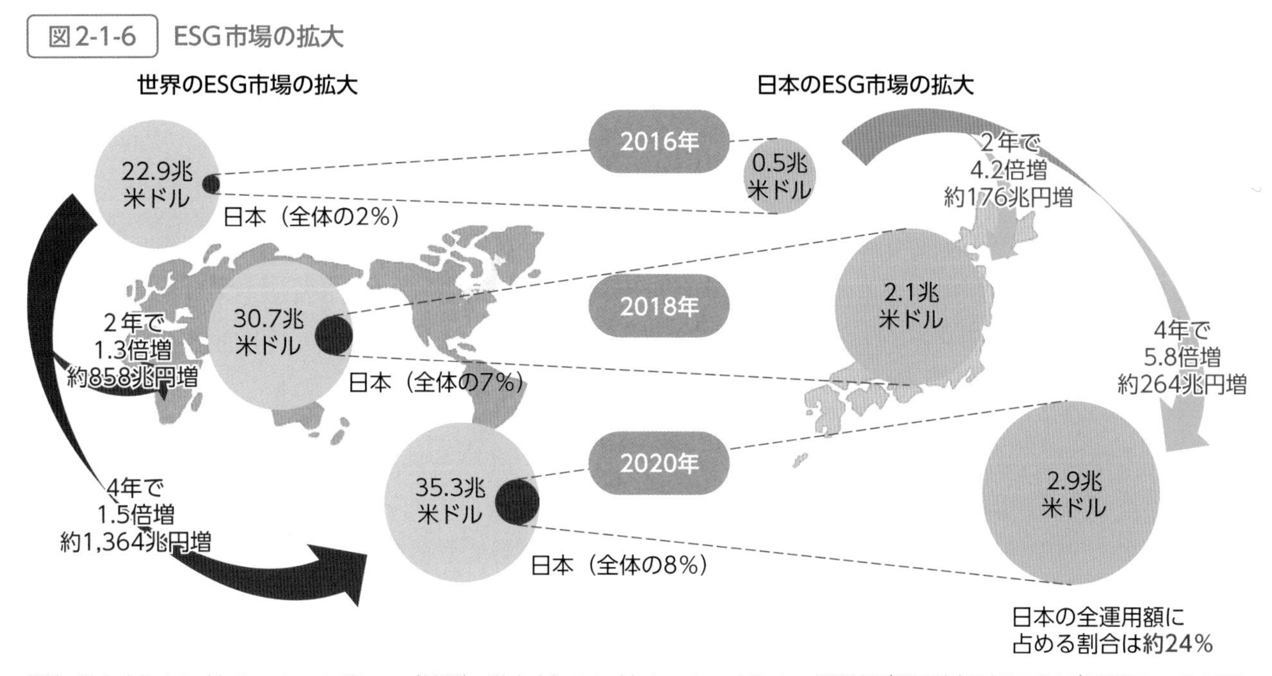

資料：Global Sustainable Investment Alliance（2020）、Global Sustainable Investment Review 2020及びNPO法人日本サステナブル投資フォーラムサステナブル投資残高調査公表資料より環境省作成

7　企業の脱炭素経営や環境情報開示

（1）気候関連財務情報開示タスクフォース（TCFD）

気候関連財務情報開示タスクフォース（TCFD）は、各国の財務省、金融監督当局、中央銀行からなる金融安定理事会（FSB）の下に設置された作業部会です。投資家等に適切な投資判断を促すため、気候関連財務情報の開示を企業等に求めることを目的としています。2017年6月に、自主的な情報開示のあり方に関する提言（TCFD報告書）を公表し、2023年3月末時点で、世界で4,378の機関（金融機関、企業、政府等）、うち我が国では世界第1位の1,266の機関がTCFDへの賛同を表明しています（図2-1-7）。環境省、金融庁及び経済産業省も、報告書を踏まえた企業の取組をサポートしていく姿勢を明らかにするため、TCFDへの賛同を表明しています。

図2-1-7　国・地域別TCFD賛同企業数（上位10の国・地域）

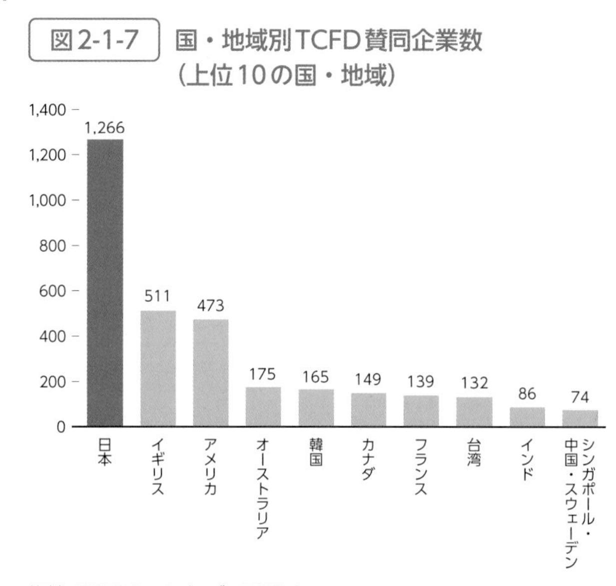

資料：TCFDホームページ　TCFD Supporters（https://www.fsb-tcfd.org/tcfd-supporters/）より環境省作成

（2）パリ協定に整合した科学的根拠に基づく中長期の温室効果ガス削減目標（SBT）

パリ協定では、世界共通の長期目標として、工業化前からの世界全体の平均気温の上昇を2℃より十分下方に抑えるとともに、1.5℃に抑える努力を継続することが盛り込まれています。このパリ協定の採択を契機に、パリ協定に整合した科学的根拠に基づく中長期の温室効果ガス削減目標（SBT）を企業が設定し、それを認定するという国際的なイニシアティブが大きな注目を集めています。2023年3

月末時点で、認定を受けた企業は世界で2,456社、我が国でも既に400社が認定を受けています（図2-1-8）。

サプライチェーンにおける温室効果ガスの排出は、燃料の燃焼や工業プロセス等による事業者自らの直接排出（Scope1）、他者から購入した電気・熱の使用に伴う間接排出（Scope2）、事業の活動に関連する他社の排出等その他の間接排出（Scope3）で構成されます。取引先がサプライチェーン排出量の目標を設定すると、自社も取引先から排出量の開示・削減が求められます。SBT認定を取得している日本企業の中でも、主要サプライヤーにSBTと整合した削減目標を設定させるなど、サプライヤーに排出量削減を求める企業が増加しており、大企業だけでなく、サプライチェーン全体での脱炭素化の動きが加速しています。

図2-1-8　国別SBT認定企業数（上位10か国）

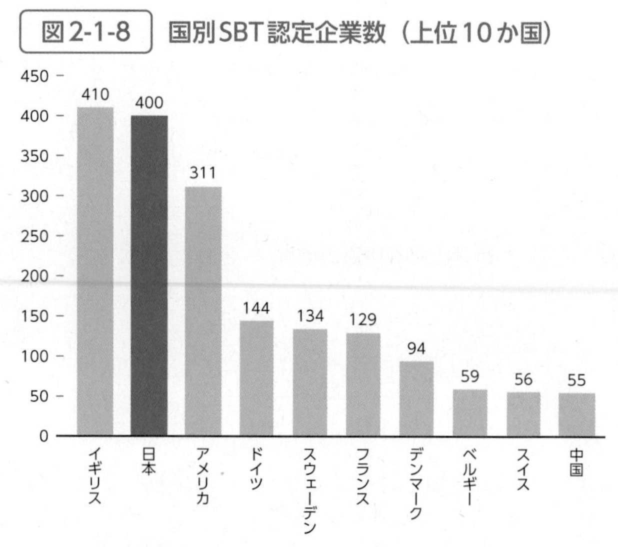

資料：Science Based Targetsホームページ　Companies Take Action（http://sciencebasedtargets.org/companies-taking-action/）より環境省作成

環境省は、SBT目標等の設定支援やその達成に向けた削減行動計画の策定支援、さらには、脱炭素経営に取り組む企業のネットワークの運営等を行いました。

(3) 国際的イニシアティブ「RE100」

RE100とは、企業が自らの事業活動における使用電力を100%再生可能エネルギー電力で賄うことを目指す国際的なイニシアティブであり、各国の企業が参加しています。

2023年3月末時点で、RE100への参加企業数は世界で403社、うち我が国の企業は78社にのぼります（図2-1-9）。日本企業では、建設業、小売業、金融業、不動産業など様々な業界の企業において、再生可能エネルギー100%に向けた取組が進んでいます。RE100に参加することにより、脱炭素化に取り組んでいることを対外的にアピールできるだけではなく、RE100参加企業同士の情報交換や新たな企業とのビジネスチャンスにもつながります。

図2-1-9　国・地域別RE100参加企業数（上位10の国・地域）

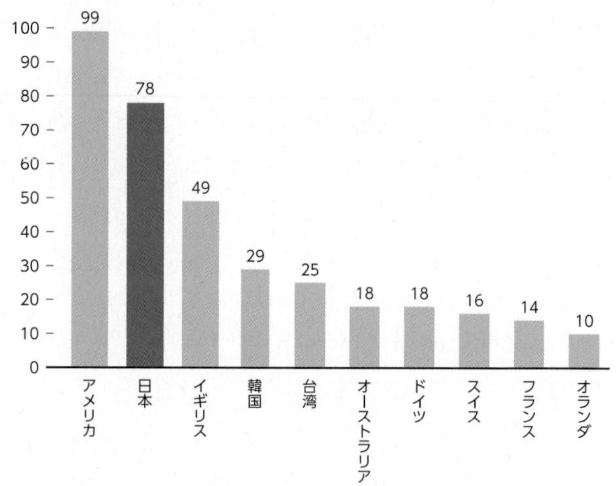

資料：RE100ホームページ（http://there100.org/）より環境省作成

なお、中小企業・自治体等向けの我が国独自の枠組みである「再エネ100宣言 RE Action」は、2023年3月末時点での参加団体数は305にのぼります。各団体は遅くとも2050年までの再生可能エネルギー100%化達成を目指しています。

環境省では、2018年6月に、公的機関としては世界で初めてのアンバサダーとしてRE100に参画し、環境省自らも使用する電力を2030年までに100%再生可能エネルギーで賄うことを目指す取組を実施しています。

8　二国間クレジット制度（JCM）、環境インフラの海外展開

我が国は、途上国などに対して優れた脱炭素技術やインフラ等を導入することにより排出削減に貢献する「二国間クレジット制度（JCM）」を展開しています。2022年には、JCMパートナー国として新

たに8か国が加わり25か国まで拡大するとともに、これまで240件以上の再エネや省エネの技術導入等の脱炭素プロジェクトを実施してきています。2021年10月に閣議決定された「地球温暖化対策計画」においては、JCMについて、「官民連携で2030年度までの累積で、1億t-CO_2程度の国際的な排出削減・吸収量の確保」を目標として掲げています。2023年3月に開催されたアジア・ゼロエミッション共同体（AZEC）官民投資フォーラム及びAZEC閣僚会合において、アジアに対する我が国の貢献の1つとしてJCMについて発表しました。引き続きJCMの拡大を進めることで、世界の脱炭素化に貢献するとともに、日本企業の海外展開を促進していきます。

写真2-1-3 「パリ協定6条実施パートナーシップ」の立ち上げに参加する西村明宏環境大臣

資料：環境省

また、パリ協定第6条に沿ったJCMを含む市場メカニズム、いわゆる「質の高い炭素市場」の構築のため、COP27において、我が国が主導し60を超える国や機関の参加表明を得て「パリ協定6条実施パートナーシップ」を立ち上げました（2023年3月23日現在、64か国、27機関が参加）（写真2-1-3）。このパートナーシップでは、パリ協定第6条を実施するための各国の理解や体制の構築を促進することとしています。これにより、世界各国でJCMの活用の機会が広がることが期待されており、今後も参加する国や機関を拡大しながら国際的な連携を更に強化していきます。

また、官民連携の枠組みとして、2020年9月に設立した環境インフラ海外展開プラットフォーム（JPRSI）を活用し、環境インフラの海外展開に積極的に取り組む民間企業の活動を後押ししていきます。具体的な活動として、現地情報へのアクセス支援、日本企業が有する環境技術等の海外発信、タスクフォース・相談窓口の運営等を通じた個別案件形成・受注獲得支援を行っています。

さらに、2021年度から、再生可能エネルギー由来水素の国際的なサプライチェーン構築を促進するため、再生可能エネルギーが豊富な第三国と協力し、再生可能エネルギー由来水素の製造、島嶼（しょ）国等への輸送・利活用の実証事業を開始しました。

これらの取組を通じて、世界の脱炭素化、特に、アジアの有志国からなるプラットフォームを構築し、地域の特性を踏まえながら、脱炭素化と経済成長を目指す「アジア・ゼロエミッション共同体」構想の実現にも貢献し、気温上昇を1.5℃に抑制するために、できるだけ早く、できるだけ大きな削減を実現できるよう支援していきます。

第2節　循環経済（サーキュラーエコノミー）

使い捨てを基本とする大量生産・大量消費型の経済社会活動は、大量廃棄型の社会を形成し、天然資源の消費を抑制し、環境への負荷ができる限り低減される健全な物質循環を阻害するほか、気候変動問題、天然資源の枯渇、大規模な資源採取による生物多様性の損失など様々な環境問題にも密接に関係しています。

こうしたこれまでの大量生産、大量消費、大量廃棄型の経済・社会様式から、競争条件への影響も踏まえ、資源・製品の価値の最大化を図り、資源投入量・消費量を抑えつつ、廃棄物の発生の最小化につながる経済活動全体の在り方が強調されている「循環経済（サーキュラーエコノミー）」の取組は、昨年のG7でも、気候変動対策、生物多様性の保全と並んで、行動を強化すべき分野として位置づけられるなど、国際社会共通の課題となっています。

我が国における温室効果ガス全排出量のうち、資源循環の取組により、温室効果ガス削減に貢献できる余地がある部門の割合は約36%という試算もあり、循環経済への移行によって3R（廃棄物等の発生抑制・循環資源の再使用・再生利用）＋Renewable（バイオマス化・再生材利用等）をはじめとする資源循環の取組が進めば、製品等のライフサイクル全体における温室効果ガスの排出低減につながることから、カーボンニュートラル実現の観点からも重要な取組です。また、循環経済の取組により、資源の効率的使用、長期的利用や循環利用、ライフサイクル全体での適正な化学物質や廃棄物管理を進めることにより新たな天然資源の投入量・消費量の抑制を図ることは、資源の採取・生産時等における生物多様性や大気、水、土壌などの保全、自然環境への影響を低減するという観点からも重要です。さらに、循環経済の取組は、資源制約に対応し、我が国の経済安全保障の取組を強化することにも資する考え方を提示しており、また、環境面に加え、バリューチェーンの強靱化等にも効果的なものとして、その意義はますます高まっています。

こうした循環経済の取組を持続的な取組とし、社会経済活動の中で主流化していくために、政府としては、2030年までに循環経済関連ビジネスの市場規模を、現在の約50兆円から80兆円以上にするという目標を掲げており、GXに向けた取組の一つと位置付けるとともに、あらゆる主体の取組推進に向けた環境整備を進めていきます。

1 循環経済（サーキュラーエコノミー）の移行に向けて

(1) 第四次循環型社会形成推進基本計画の進捗状況の第2回点検及び循環経済工程表の策定

2021年10月に改訂された「地球温暖化対策計画」において、地球温暖化対策の基本的考え方の1つとして3R＋Renewableをはじめとするサーキュラーエコノミーへの移行を大胆に実行する旨が明記されるとともに、「サーキュラーエコノミーへの移行を加速するための工程表の今後の策定に向けて具体的検討を行う」との記載が盛り込まれました。これを踏まえ、環境省においては、「第四次循環型社会形成推進基本計画」（2018年6月閣議決定）の第2回目の進捗点検結果も踏まえ、2050年カーボンニュートラルの宣言後、我が国で初となる循環経済の方向性を示した「循環経済工程表」を取りまとめ、2022年9月に公表しました。

循環経済工程表では、2050年を見据えた目指すべき循環経済の方向性と、素材や製品など分野ごとの2030年に向けた施策の方向性を示しており、これに基づき、ライフサイクル全体での資源循環に基づく脱炭素化の取組を、官民が一体となって推進していきます（図2-2-1）。

図2-2-1　循環経済工程表の全体像

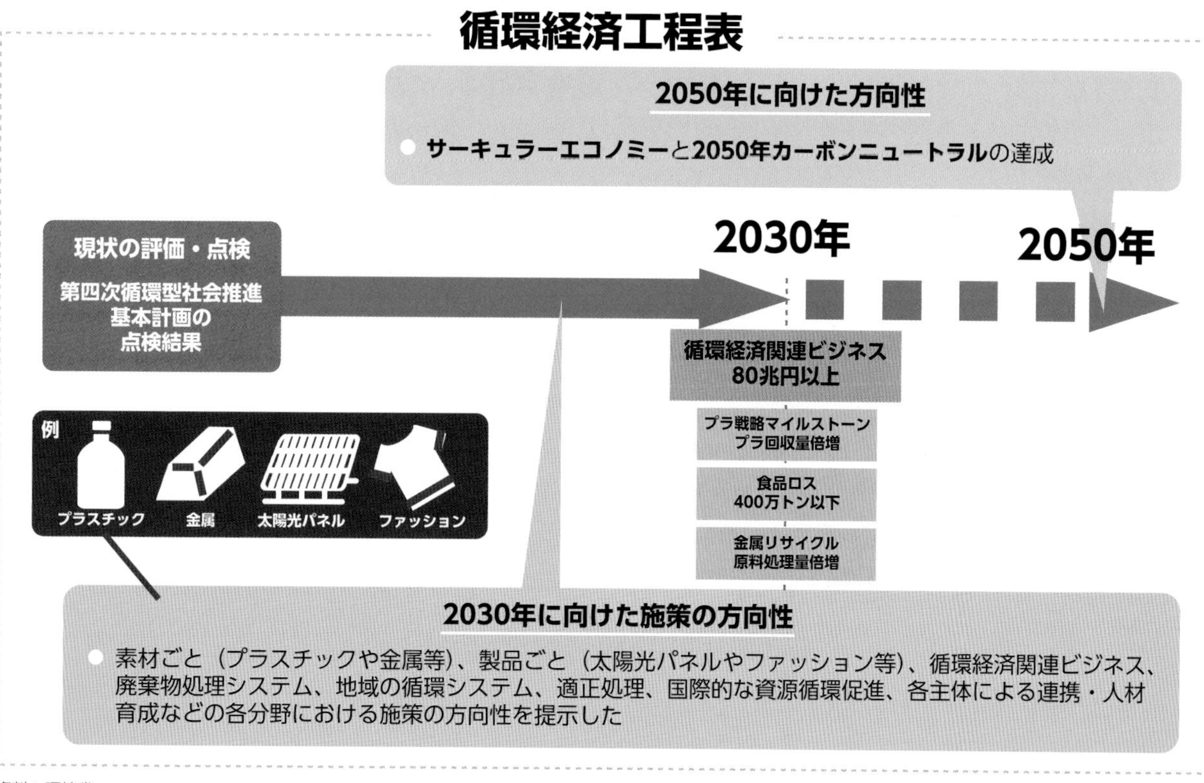

資料：環境省

（2）2050年を見据えた目指すべき循環経済の方向性

循環経済の取組の実施に当たっては、環境的側面だけではなく、経済的側面や社会的側面を含め、これらを統合的に向上させていくことが必要になります。また、循環型社会の形成に取り組んできた我が国の実情を踏まえれば、循環経済への取組は、3R（優先順位は［1］発生抑制（リデュース）、［2］再使用（リユース）、［3］再生利用（リサイクル））の取組を経済的視点から捉えて、いわゆる本業を含め経済活動全体を転換させていくことが重要です。

ア　環境的側面

循環経済アプローチの推進等により資源循環を進めることで、原材料など資源の循環、生産過程の効率性向上、消費過程での効率性向上といった観点から製品等のライフサイクル全体における温室効果ガスの低減に貢献することが可能になります。我が国の温室効果ガスインベントリをベースに分析した結果、我が国全体における全排出量のうち、資源循環が貢献できる余地がある部門の排出量の割合としては約36%という試算もあり、2050年カーボンニュートラルの実現に向けても3R＋Renewableをはじめとする循環経済への移行を進めていく必要があります。

図2-2-2　3R+Renewableのイメージ

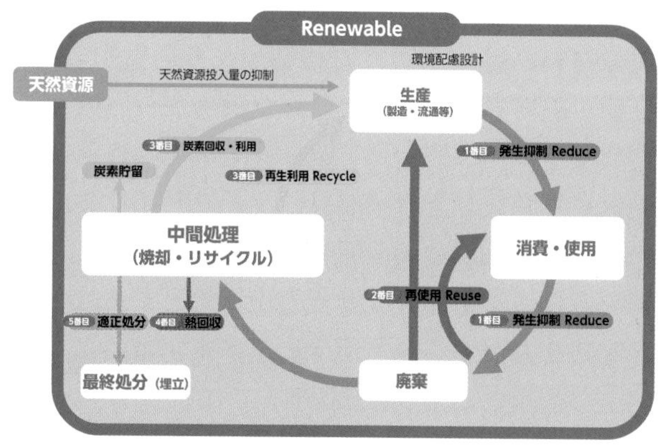

資料：環境省

3R＋Renewableは、循環型社会形成推進基本法（平成12年法律第110号）に規定する基本原則を踏まえ、3Rの徹底と再生可能資源への代替を図るものですが、主に炭素を含む物質の焼却・埋立の最小化による温室効果ガスの削減だけではなく、生産過程のエネルギー消費量削減、原料のバイオマス化を含む素材転換、処理過程の再生可能エネルギーへのシフトを進め、脱炭素社会の実現に幅広く貢献する基盤的取組です（図2-2-2）。

また、海洋プラスチックごみによる汚染や生物多様性の損失等の地球規模での環境汚染に対処する観点からも、循環経済の取組を通じた天然資源投入量・消費量の抑制や適正な資源循環の促進による全体的な環境負荷（生物多様性や大気、水、土壌などへの影響）削減への貢献を考えていくことが必要です。

イ　経済的側面

循環産業をはじめとする循環経済関連ビジネスを成長のエンジンとしながら、循環経済の取組を持続的な取組とし、社会経済活動の中で主流化していくために、政府としては、2030年までに、循環経済関連ビジネスの市場規模を、現在の約50兆円から80兆円以上とする目標を掲げています。強靭で持続可能な経済社会の実現に向け、経済社会の変革を目指す取組のひとつであるGXをはじめとする投資を行うこととし、循環経済関連の新たなビジネスモデルの普及に伴う経済効果の分析を行い、2050年を見据えた循環経済の市場規模拡大や主流化に向けた必要な施策についての検討を進めていきます。

また、世界全体の人口増加や経済成長、昨今の国際情勢等も踏まえながら、資源制約に対応するとともに、我が国の経済安全保障の確保のための取組を強化することが重要になってきています。循環経済は、資源の国内循環を促進し、目指すべき持続可能な社会に必要な物資の安定的な供給に貢献するものとしていく必要があります。

ウ　社会的側面

循環経済の取組を推進するに当たっては、地域の循環産業による地域活性化をはじめとする様々な社会的課題の解決といった観点、我が国の循環経済の取組の国際展開による国際的な循環経済体制の確立への貢献といった観点、官民連携をはじめとした幅広い関係主体との連携による消費者や住民の前向きで主体的な意識変革や行動変容の促進といった観点も念頭におくことが必要になります。

以上の方向性を踏まえ、経済社会の物質フローを、環境保全上の支障が生じないことを前提に、ライフサイクル全体で徹底的な資源循環を行うフローに最適化していくことにより、第四次循環型社会形成推進基本計画に掲げる、「ライフサイクル全体での徹底的な資源循環」が実現した「必要なモノ・サービスを、必要な人に、必要な時に、必要なだけ提供する」将来像を目指していきます。

(3) 2030年に向けた施策の方向性

ア　素材ごとの方向性

[1] プラスチック・廃油、[2] バイオマス、[3] ベースメタルやレアメタル等の金属、[4] 土石・建設材料、[5] 温暖化対策等のより新たに普及した製品や素材について、環境への負荷や廃棄物の発生量、脱炭素への貢献といった観点から方向性を示しています。素材ごとに、上流から下流までのライフサイクル・バリューチェーン全体でのロスゼロの方向性を目指していくことが必要となります。資源確保や生産など素材や製品のライフサイクルの段階の多くを海外に依存しているモノについては、デジタル技術を活用し環境面も含めたトレーサビリティを担保することにより、新たな循環経済関連ビジネスやあらゆる主体の行動変容の基盤とするほか、サプライチェーン上での様々なリスクや社会的責任への対応を確保することが今後ますます重要になります。

主な取組として、2030年までにプラスチック資源としての回収量や金属リサイクル原料の処理量を倍増させること、食品ロス量を2000年度比で半減（489万トン）する目標に加え400万トンより少なくすることを目指すこと、持続可能な航空燃料（SAF）の製造・供給に向けた取組を推進することなどを示しています。

イ　製品ごとの方向性

素材と同様に、資源確保や生産、流通、使用、廃棄のライフサイクル全体で徹底的な資源循環を行うフローに最適化していくことが必要で、[1] 建築物、[2] 自動車、[3] 小電・家電、[4] 温暖化対策により新たに普及した製品や素材、[5] ファッションについての方向性を示しています。生産段階における使用・廃棄段階の情報を元に修繕・交換・分解・分別・アップデート等が容易となる環境配慮設計や、再生可能資源利用の促進、使用段階におけるリユース、リペア、メンテナンス、シェアリング、サブスクリプション等のストックを有効活用しながら、サービス化や付加価値の最大化を図る循環経済関連の新たなビジネスモデルの取組を推進していきます。

主な取組として、今後廃棄量が急増する太陽光発電設備についてリユース・リサイクルを促進するため、速やかに制度的対応を含めた検討を行っていくことや、サステナブル・ファッションの実現に向けて、ラベリング・情報発信、新たなビジネスモデル、環境配慮設計等を推進していきます。

事例 

「Re&Go」捨てずに返す容器のシェアリングサービス（NISSHA、NECソリューションイノベータ）

「Re&Go（リーアンドゴー）」は、NISSHAとNECソリューションイノベータが開発し、2021年11月から東京都内で実証実験を進めている、繰り返し利用できるテイクアウト容器のシェアリングサービスです。飲み物や料理のテイクアウト容器を、本サービスに参加する飲食店等で回収し、洗浄して再利用することでプラスチック等の容器ごみを削減します。また、CO_2排出量の削減や保温保冷といった機能面でも、使い捨て容器の代替としてお客さまに選んでいただけるサービスを目指しています。

本サービスは、貸出管理のため、容器に印字された2次元コードをユーザー自身のスマートフォンで読み込むかたちでITを活用し、手軽に利用できる仕組みとなっています。

また、ユーザー個人・サービス全体での容器ごみ削減量・CO_2排出削減量を公式サイトなどで公開しており、自分の行動が環境へどれだけ貢献できたかユーザーが確認できるようになっています。今後、2023年中の対象エリアの拡大と事業化を予定しています。

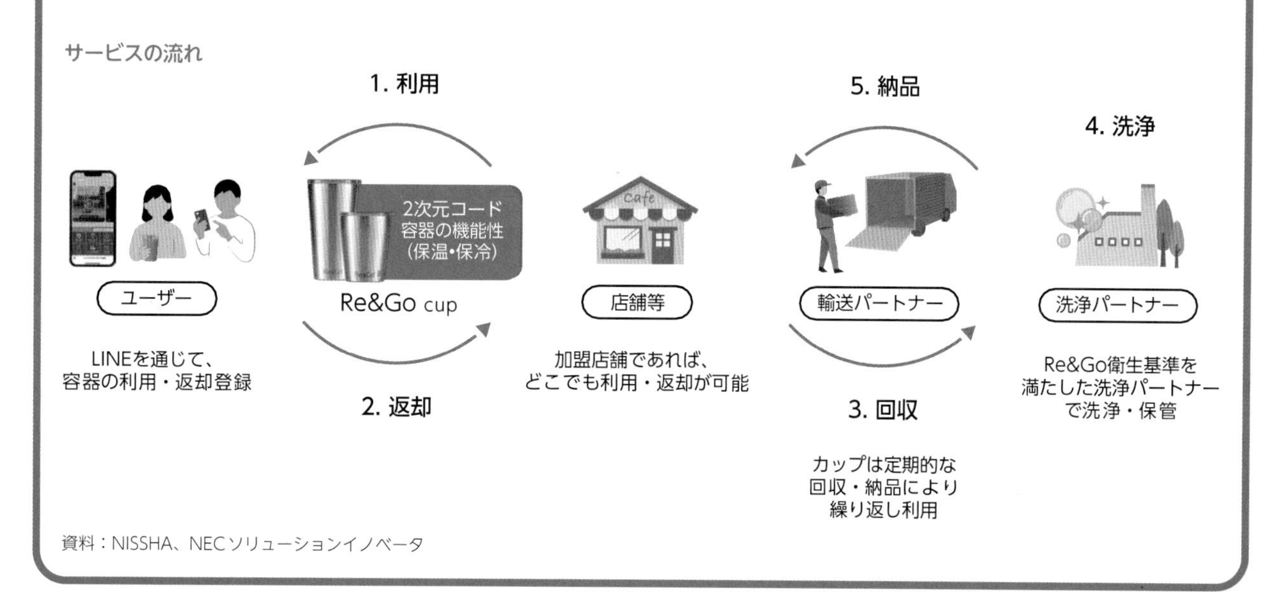

資料：NISSHA、NECソリューションイノベータ

ウ　その他の方向性

循環経済関連ビジネスの促進、廃棄物処理システム、地域の循環システム、適正処理、国際的な循環経済促進、各主体による連携・人材育成についての方向性を示しています。

主な取組として、「廃棄物・資源循環分野における 2050 年温室効果ガス排出実質ゼロに向けた中長期シナリオ（案）」を元に、脱炭素技術の評価検証や関係者との連携方策を検討するとともに、分散型の資源回収拠点ステーション等の整備に向けた必要な施策の検討を進めることとしています。

(4) 成長志向型の資源自律経済戦略の策定

経済産業省において、2020年5月に策定した「循環経済ビジョン2020」で示した方向性を踏まえ、国内の資源循環システムの自律化・強靱化と国際市場獲得に向けて、技術とルールのイノベーションを促進する観点から総合的な政策パッケージとして、「成長志向型の資源自律経済戦略」を2023年3月に策定しました。

2 プラスチック資源循環の促進

(1) プラスチック資源循環促進法の施行状況について

2022年4月に施行されたプラスチックに係る資源循環の促進等に関する法律（令和3年法律第60号）は、プラスチック使用製品の設計から廃棄物の処理段階に至るまでのライフサイクル全般にわたって、3R＋Renewableの原則にのっとり、あらゆる主体におけるプラスチック資源循環の取組を促進するための措置を講じています。本法律に基づき、「設計・製造」段階においては、プラスチック使用製品設計指針を国が策定し、製造事業者等に環境配慮設計の取組を促すこととしています。また、「販売・提供」段階においては、商品の販売又は役務の提供に付随して消費者に無償で提供されるプラスチック使用製品（特定プラスチック使用製品）の使用の合理化を求めることとしています。さらに、「排出・回収・リサイクル」段階においては、市区町村による再商品化計画、製造・販売事業者等による自主回収・再資源化事業計画及び排出事業者による再資源化事業計画の国による認定のほか、排出事業者に対して排出の抑制・再資源化等に取り組むことを求めるなど、各主体による積極的な取組を推進しています。

(2) 海洋環境等におけるプラスチック汚染に関する法的拘束力のある国際文書（条約）の策定について

2022年2月から3月にかけて開催された国連環境総会において、海洋環境等におけるプラスチック汚染に関する法的拘束力のある国際文書（条約）の策定に向けた政府間交渉委員会を立ち上げる決議が採択されました。同決議を踏まえ、2022年5月から6月にはセネガルにおいて公開作業部会が開催され、条約交渉に向けた初期的な議論が行われました。2022年6月から7月には、ポルトガルにおいて開催された第2回国連海洋会議に務台俊介環境副大臣（当時）、三宅伸吾外務大臣政務官（当時）が出席し、海洋汚染対策に係る双方向対話や二国間会談等を通じて、我が国がプラスチック汚染対策に積極的に貢献していくことを表明しました。そして、2022年11月から12月にはウルグアイにおいて第1回政府間交渉委員会が開催され、正式に条約交渉が開始されました。政府間交渉委員会は2024年末までの作業完了を目指して5回開催されることとなっており、2019年のG20大阪サミットにおいて、2050年までに海洋プラスチックごみによる追加的な汚染をゼロにまで削減することを目指す「大阪ブルー・オーシャン・ビジョン」を提唱した我が国としては、プラスチックの大量消費国・排出国を含む多くの国が参画する実効的かつ進歩的な枠組みの構築に向けて、引き続き積極的に議論に貢献していきます。

3 廃棄物処理基本方針の変更及び廃棄物処理施設整備計画の策定について

(1) 廃棄物処理基本方針の変更のポイント

廃棄物処理基本方針は、廃棄物の処理及び清掃に関する法律（昭和45年法律第137号。以下「廃棄物処理法」という。）に基づき定められている、廃棄物の排出抑制、再生利用等による廃棄物の減量その他その適正な処理に関する施策の総合的かつ計画的な推進を図るための基本的な方針（以下「基本方針」という。）を示すものであり、2050年カーボンニュートラルに向けた廃棄物分野における脱炭素化の推進、ライフサイクル全体での徹底した資源循環の促進など廃棄物処理を取り巻く情勢の変化を受け、基本方針の変更に向けた検討を進めています。2023年4月の中央環境審議会循環型社会部会（以下「循環型社会部会」という。）において案を公表しました。

同案では、適正処理の確保や災害廃棄物対策といったこれまでの政策課題への方針を拡充させつつ、2021年8月に循環型社会部会で議論した「廃棄物・資源循環分野における2050年温室効果ガス排出実質ゼロに向けた中長期シナリオ案」及び、2022年9月に策定した「循環経済工程表」等を踏まえた内容に変更しています。

（2）廃棄物処理施設整備計画の策定のポイント

廃棄物処理法に基づき、廃棄物処理施設整備事業の実施の目標及び概要を定める廃棄物処理施設整備事業に関する計画（以下「廃棄物処理施設整備計画」という。）の策定に向けた検討を進めています。現行の廃棄物処理施設整備計画（以下「現行計画」という。）は、2018年度から2022年度を計画期間としており、2023年度から2027年度を計画期間とする次期の廃棄物処理施設整備計画（以下「次期計画」という。）の検討を進めるため、2023年4月の循環型社会部会において次期計画の案を公表しました。

同案では、廃棄物の持続可能な適正処理の確保については災害時も含めてその方向性を堅持しつつ、脱炭素化の推進や資源循環の強化という今後の廃棄物処理施設整備事業の重要な方針を示しています。2050年カーボンニュートラルに向けた脱炭素化の観点から、熱回収やメタン発酵、資源循環の取組等により他分野も含めた温室効果ガス排出量の削減に貢献することなどを新たに記載して気候変動への対策内容を強化するとともに、循環型社会形成推進基本法の基本原則に基づいた3Rの推進と循環型社会の実現に向けた資源循環の強化の観点から、リサイクルの高度化や地域における循環システムの構築、再生材の供給等による取組等を加えています。また、地域の脱炭素化や廃棄物処理施設の創出する価値の多面性に着目し、地域循環共生圏の構築に向けた取組についても深化しています。

第3節　自然再興（ネイチャーポジティブ）

第1章で述べたとおり、生物多様性条約第15回締約国会議（COP15）で「昆明・モントリオール生物多様性枠組」（以下「新枠組」という。）が採択されました。我が国では新枠組を踏まえ、2023年3月に新たな生物多様性国家戦略「生物多様性国家戦略2023-2030」（以下、「新国家戦略」という。）を閣議決定しました。

新枠組には2030年ミッションとして「ネイチャーポジティブ」（自然再興）の考え方が取り入れられました（図2-3-1）。このネイチャーポジティブは、愛知目標をはじめとするこれまでの目標が目指してきた生物多様性の損失を止めることから一歩前進させ、損失を止めるだけではなく回復に転じさせるという強い決意を込めた考え方です。新枠組の採択に先立ち、G7各国は2021年にイギリスで開催されたG7コーンウォール・サミットの首脳コミュニケの附属文書である「G7　2030年自然協約」でネイチャーポジティブにコミットし、COP15に向けた機運を高めてきていました。また、ネイチャーポジティブはいわゆる自然保護だけを行うものではなく、社会・経済全体を生物多様性の保全に貢献するよう変革させていく考え方であり、世界経済フォーラム（WEF）等、経済界からも注目を浴びています。

新国家戦略は「2030年ネイチャーポジティブ」の実現を目指し、「生態系の健全性の回復」や「ネイチャーポジティブ経済の実現」など、5つの基本戦略を掲げています。本節では、新国家戦略の概要とその実施のための代表的な取組を掲載します。

図2-3-1 昆明・モントリオール生物多様性枠組の構造

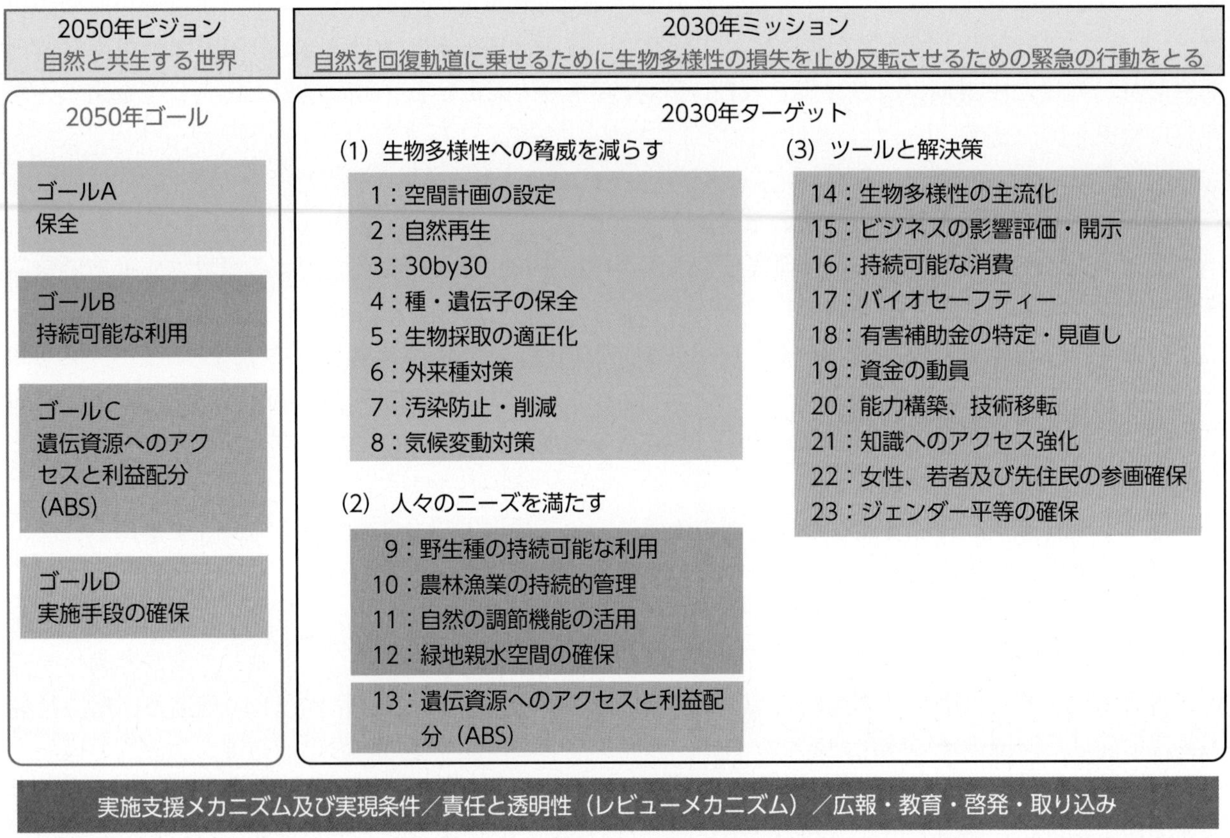

2050年ビジョン 自然と共生する世界	2030年ミッション 自然を回復軌道に乗せるために生物多様性の損失を止め反転させるための緊急の行動をとる	
2050年ゴール	**2030年ターゲット**	
	(1) 生物多様性への脅威を減らす	(3) ツールと解決策
ゴールA 保全	1：空間計画の設定 2：自然再生 3：30by30 4：種・遺伝子の保全 5：生物採取の適正化 6：外来種対策 7：汚染防止・削減 8：気候変動対策	14：生物多様性の主流化 15：ビジネスの影響評価・開示 16：持続可能な消費 17：バイオセーフティー 18：有害補助金の特定・見直し 19：資金の動員 20：能力構築、技術移転 21：知識へのアクセス強化 22：女性、若者及び先住民の参画確保 23：ジェンダー平等の確保
ゴールB 持続可能な利用	(2) 人々のニーズを満たす 9：野生種の持続可能な利用 10：農林漁業の持続的管理 11：自然の調節機能の活用 12：緑地親水空間の確保	
ゴールC 遺伝資源へのアクセスと利益配分(ABS)	13：遺伝資源へのアクセスと利益配分（ABS）	
ゴールD 実施手段の確保		

実施支援メカニズム及び実現条件／責任と透明性（レビューメカニズム）／広報・教育・啓発・取り込み

資料：環境省

1 生物多様性国家戦略2023-2030の策定

(1) 2030年ネイチャーポジティブに向けた５つの基本戦略

国内では、COP15第二部での新枠組の決定に先立ち、新たな生物多様性国家戦略の策定に向けた検討を2019年度から行ってきました。

2019年度から2021年度にかけては、新たな生物多様性国家戦略策定に向けた課題の洗い出しと取組の方向性を示すため、有識者からなる「次期生物多様性国家戦略研究会」が開催され、新たな生物多様性国家戦略策定に向けた提言となる報告書が2021年8月に取りまとめられました。

この報告書や、我が国の生物多様性や生態系サービスの現状の総合的な評価として2021年3月に公表した「生物多様性と生態系サービスの総合評価2021（JBO3）」、2021年1月に公表した「『生物多様性国家戦略2012-2020』の実施状況の点検結果」などを踏まえた、中央環境審議会での議論が2021年8月に開始されました。中央環境審議会では、自然環境部会の下に生物多様性国家戦略小委員会が設置され、7回の小委員会で議論が重ねられた後、2023年3月に開催された第46回自然環境部会において、新国家戦略の案を答申することが決定され、3月16日に武内和彦自然環境部会長から西村明宏環境大臣に答申書が手交されました（写真2-3-1）。これを受け3月31日に新国家戦略が閣議決定されました。

新国家戦略は、新枠組に対応した戦略であり、「2030年ネイチャーポジティブ」を達成するための5つの基本戦略を掲げ、生物多様性損失と気候危機の２つの危機への統合的対応や、2030年までに陸と海の30%以上を保全する「30by30目標」の達成等を通じた健全な生態系の確保や自然の恵みの維持回復、自然資本を守り活かす社会経済活動の推進等を進めるものとなっています。

また、各基本戦略には、あるべき姿（状態目標）及びなすべき行動（行動目標）を設定しました。これらは、新枠組で設定された4個のグローバルゴールと23個のグローバルターゲットにも対応しています。さらに、各行動目標別に政府が取り組む施策を整理しました。これらにより、基本戦略から個別施策までを一気通貫で整理した戦略となっています（図2-3-2）。

図2-3-2　生物多様性国家戦略2023-2030の構造

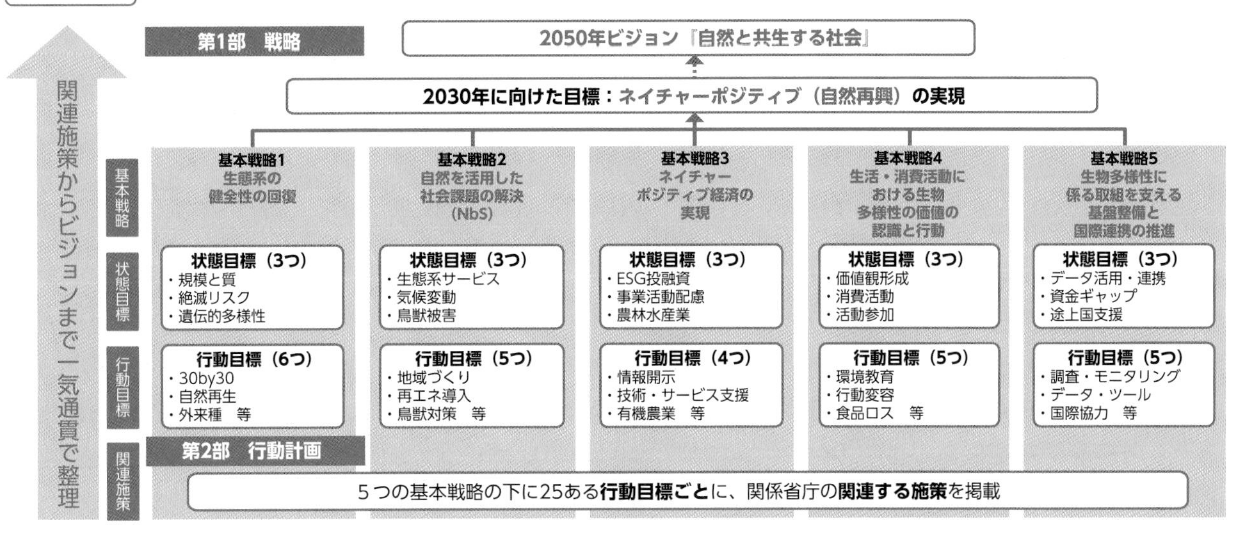

資料：環境省

写真2-3-1　西村明宏環境大臣（右）に答申書を手交する武内和彦中央環境審議会自然環境部会長

資料：環境省

（2）実施の強化

2020年までの生物多様性に関する国際目標であった愛知目標では各国の国別目標の設定に柔軟性が認められていたために、各国が設定する国別目標の範囲やレベルが必ずしも整合していなかったことが、完全に達成できた目標がなかった要因となりました。この反省を踏まえ、新枠組は愛知目標と比較して、世界目標の達成に向けた各国の取組の進捗状況を点検・評価するグローバルレビューの実施等のレビューメカニズムが大幅に強化されました。

また、新枠組の実施に当たっては、政府だけではなく地方公共団体などの多様な主体による取組やその参画も重要視されています。

これらを踏まえ、新国家戦略の推進においても、生物多様性国家戦略2012-2020と比較して、関連施策の実施状況を測る指標を大幅に増加させたほか、各状態目標及び行動目標の達成状況を測る指標を別途設定することとし、効果的・効率的な進捗評価をしやすくしています。また、評価を踏まえた指標や個別施策の見直しやグローバルレビューの結果等を踏まえた本戦略自体の見直しについても必要に応じて検討することとしています。

また、30by30目標をはじめとする新国家戦略の目標達成は、国の取組だけではなし得ず、地域が主体となった地域に根ざした取組が不可欠です。

地域に根ざした取組を進めるためには、地方公共団体が策定する生物多様性地域戦略の役割が重要です。各地方公共団体が新国家戦略を踏まえた目標設定を含め、地域の課題解決につながる生物多様性地域戦略を策定できるよう、マニュアルの提供や技術支援により、地域の伴走支援を進めていきます。

2 生態系の健全性の回復に向けて

私たちが、生態系から生み出される自然の恵みを将来にわたって享受していくためには、その源である生態系が健全であることが不可欠です。しかしながら、第1章で述べたように、陸と海の利用の変化や生物の直接的採取、外来種の侵入などの要因により、生物多様性や生態系サービスの状態は世界的に悪化しています。生態系を健全な状態にしていくためには、保護地域の指定・管理や希少種の保護等に加え、普通種が生息・生育する身近な自然環境を保全することを含め、生態系全体を俯瞰した視点が必要です。

本項では生態系の健全性の回復に向けた取組のうち、保護地域の拡充に加え、民間の取組等を活用してより広範な地域を保全する30by30目標達成に向けた取組や、我が国の生態系全体に影響を及ぼすおそれのある外来種対策について論じます。

(1) 30by30目標の達成に向けた取組

新枠組では30by30目標が主要な目標の一つに位置付けられました。2030年までに30%を保全するという目標は明解で響きがよいだけではなく、多くの研究成果においても生物の絶滅リスクの低減や生態系の連結性の向上などの面で30%を保全する必要性が述べられてきたところです。また、2021年に開催されたG7コーンウォール・サミットで首脳コミュニケの附属文書として採択された「G7　2030年自然協約」でも、G7各国で30by30目標に向けた取組を進めることを約束するなど国際的な機運も高まっていました。

30by30目標は、生物多様性の損失を止め、人と自然の結びつきを取り戻す「ネイチャーポジティブ」実現のための鍵となることから、我が国では新枠組の決定に先駆け、国内の30by30目標の達成に向けた「30by30ロードマップ」を2022年4月に公表するとともに、取組をオールジャパンで進めるため、有志の企業、地方公共団体、NPO等で構成される「生物多様性のための30by30アライアンス」を発足しました。

我が国では、現在、陸地の約20.5%、海洋の約13.3%が国立公園等の保護地域に指定されていますが、その大部分は山岳地域に集中しています。国土全体の生態系の健全性を高めていくためには、里地里山のように人が手を入れることによって維持されてきた自然環境や、生物多様性に配慮した持続的な産業活動が行われている地域を活かしていくことが重要ですが、様々な土地利用の形態を考慮すると、法的な行為規制を伴う保護地域の拡張には限界もあります。

このため、30by30目標を達成するためには国や地方公共団体だけではなく、民間の取組と連携していくことが必要であり、国立公園等の保護地域の拡充とともに、保護地域以外で生物多様性の保全に資する地域（Other Effective area-based Conservation Measures、以下「OECM」という。）を設定していくことが重要です。環境省では、民間の取組等によって生物多様性の保全が図られている区域を「自然共生サイト」として認定する仕組みを2023年度から開始します。例えば、企業の水源の森や都市の緑地、ナショナルトラストやバードサンクチュアリ、里地里山や森林施業地など、企業、団体・個人、地方公共団体が所有・管理する多様な場所が対象になります。2023年中に少なくとも100か所以上の認定を目指し、認定された区域は、保護地域との重複を除きOECMとして国際データベースに登録していきます。海域については、多面的な利用と生物多様性保全の両立が図られる海域をOECMとすべく、該当箇所の整理を進めていきます。

「30by30目標」が単なる数値目標ではなく、自然を守り、更に活用していくための重要な合言葉として、我が国の生態系の多様さを表現したものとなり、産民官が連携した取組促進の起爆剤となるよう、「生物多様性のための30by30アライアンス」を2022年4月に発足させました。400者以上に及ぶアライアンスの参加メンバーをはじめとした多くの事業者や民間団体、そして国民一人一人の力を結集し、産民官の取組によって、可能な限り多くの自然共生サイト認定地を広げていきます。

これらの自然共生サイトやOECM等の民間の活動を促進することで、良質な自然資本（ストック）形成を通じた持続可能な成長を推進し、生物多様性の保全のみならず地域活性化、国土保全、観光や農林水産業の振興などにつなげていくことが重要です。

(2) 国立・国定公園総点検事業フォローアップ

30by30目標を達成するため、保護地域の更なる拡充のための取組として、2010年に実施した「国立・国定公園総点検事業」のフォローアップを2021年度から2022年度にかけて行いました。この中で、生態系や利用に関する最新のデータ等に基づき指定・拡張の候補地について再評価した上で、全国で14か所、国立・国定公園の新規指定・大規模拡張候補地としての資質を有する地域を選定しました。選定の結果、国立・国定公園の新規指定候補地として、前回総点検事業からの継続を含めた4地域（日高山脈・夕張山地（国立公園の新規指定）、野付半島・風蓮湖・根室半島（国定公園の新規指定）、御嶽山（国定公園の新規指定）及び宮古島沿岸海域（国定公園の新規指定））を選定しました。また、国立・国定公園の大規模拡張候補地として、新たに4地域（八幡平周辺（森吉山・真昼山地・田沢湖等）、奥只見・奥利根、能登半島、阿蘇周辺の草原）を選定しました。さらに、前回総点検事業で選定された国立・国定公園の大規模拡張候補地のうち、未了の6地域（知床半島基部、佐渡島、南アルプス、三河湾、白山、対馬）は継続することとしました。これらの候補地については、2022年度以降、基礎情報の収集整理を継続するとともに、自然環境や社会条件等の詳細調査及び関係機関との具体的な調整を開始し、2030年までに順次指定・拡張することを目指します（図2-3-3）。

図2-3-3 「国立・国定公園総点検事業」フォローアップにおいて選定された国立・国定公園の新規指定・大規模拡張候補地

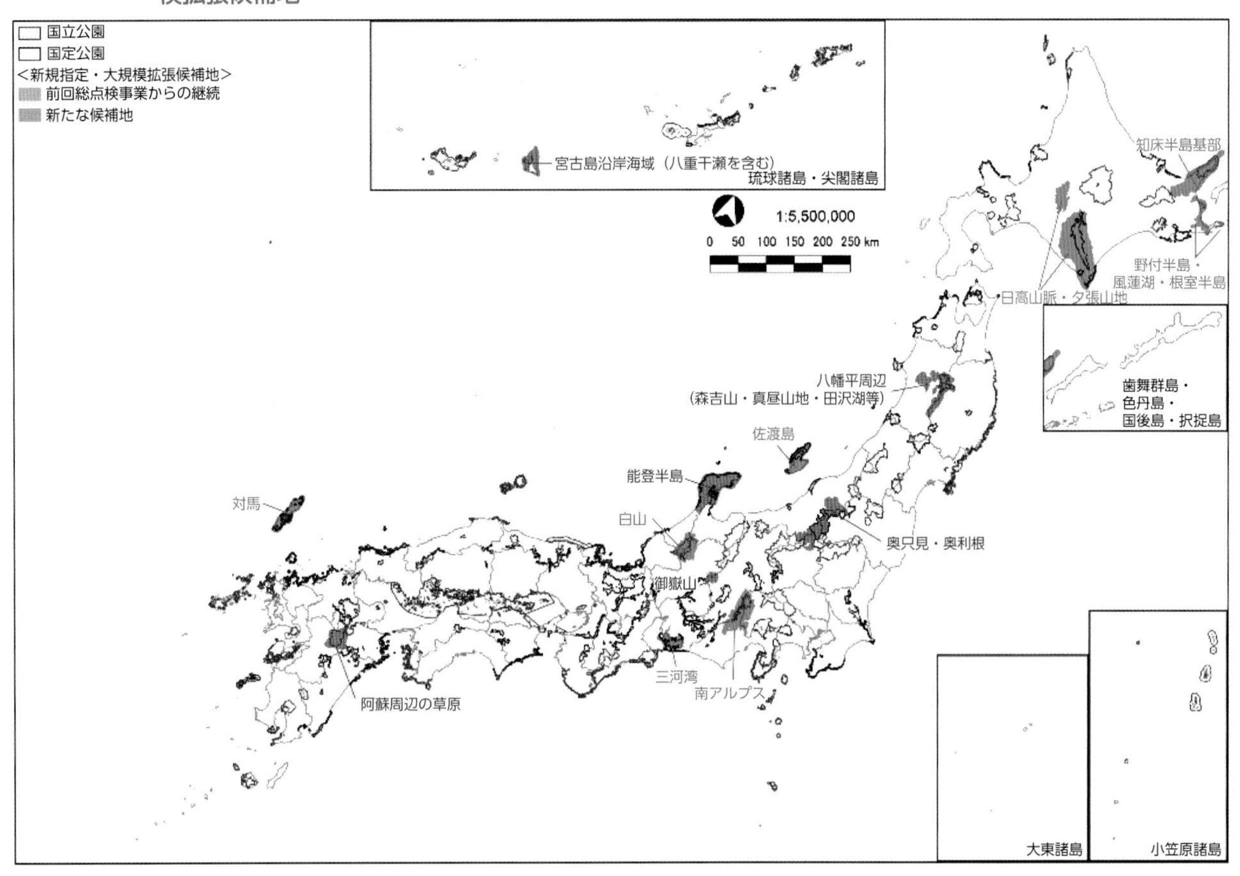

資料：環境省

(3) 外来種対策の推進

外来種の脅威に対応するため、特定外来生物による生態系等に係る被害の防止に関する法律（平成16年法律第78号。以下「外来生物法」という。）に基づき、我が国の生態系等に被害を及ぼすおそれのある外来種を特定外来生物として指定し、輸入、飼養等を規制しています。しかし、外来生物法の施行後も特定外来生物の分布拡散や生態系等への被害の拡大が続いているほか、近年、人の生命・身体にも甚大な影響を及ぼすヒアリの国内での確認事例が増加し、専門家から我が国への定着の瀬戸際であると警鐘を鳴らされる等、外来種対策の強化が急務となっています。

このため、2022年5月の特定外来生物による生態系等に係る被害の防止に関する法律の一部を改正する法律（令和4年法律第42号。以下「改正外来生物法」という。）により、ヒアリなど意図せず国内へ入ってきてしまう外来種への対策の強化、アメリカザリガニなど現状で規制がかかっていないが広く飼育されている外来種への規制手法の整備、地方公共団体など各主体との防除等の役割分担の明確化等による防除体制の強化を行いました。本改正を踏まえ、ヒアリ対策については、発見時の通報体制の整備等の対象事業者が取るべき措置について対処指針の告示等を行い、関係事業者との連携を強化し、ヒアリの国内定着を阻止していきます。アメリカザリガニやアカミミガメについては、飼養等に関する基準の策定を行っています。これと併せて、在来の生態系の本来の姿と現状、生き物を飼育することに伴う責任について、普及啓発を進めています。また、地方公共団体による特定外来生物の防除等について、交付金を新設するとともに、新たに特別交付税措置の対象としました。さらに、専門家の派遣等、財政的・技術的支援の強化を進めていきます。

コラム　アメリカザリガニ・アカミミガメの放出を防ぐ―普及啓発の強化―

改正外来生物法により、一部の規制がかからない形で特定外来生物（条件付特定外来生物）を指定することが可能となり、アメリカザリガニ及びアカミミガメを、2023年6月より条件付特定外来生物に指定することになりました。本指定により、両種の野外への放出等が禁止される一方、一般家庭では手続きなく、引き続き飼育等することができます。両種の野外への放出を防ぐためには、規制の内容だけではなく、水辺の生態系等へ大きな被害を与えること、最後まで飼い続けること（終生飼養）の重要性について、広く国民の理解を深めていくことが重要です。

そのため、環境系エンターテイナーのWoWキツネザル氏と連携し、自然環境局長も出演し、アカミミガメの終生飼養を促す動画を作成しました。また、アメリカザリガニの適切な飼い方等について伝えるイラストを作成しました。作成した動画やイラストは環境省SNSで発信し、子どもを含む幅広い人々へ向けた普及啓発を行いました。引き続き学校教育等の機会やSNSも活用しつつ更なる情報発信を行い、両種の野外への放出を防ぐ取組を推進していきます。

アカミミガメの終生飼養を促す動画

第1弾

第2弾

資料：環境省

3 自然を活用した社会課題の解決

自然を活用した解決策（NbS：Nature-based Solutions）は、自然が有する機能を持続可能に利用し、多様な社会課題の解決につなげる考え方であり（図2-3-4）、第5回国連環境総会再開セッション（2022年3月）において「自然を活用して気候変動や自然災害を含む社会的課題に対応し、人間の幸福と生物多様性の両方に貢献するもの」と国連としての定義がなされています。湿地等の雨水貯留・浸透機能の確保・向上により洪水被害を緩和するといった生態系を活用した防災・減災（Eco-DRR：Ecosystem-based Disaster Risk Reduction）や都市内に樹林や草原を配置することにより都市域の高温を緩和し熱中症リスクを低減するといった生態系を活用した適応策（EbA：Ecosystem-based Adaptation）等も含む比較的新しい包括的な概念であり、COP15で採択された「昆明・モントリオール生物多様性枠組」の目標にも位置づけられています。これらはいずれも自然の有する多機能性を活かすことで、気候変動や生物多様性、社会経済の発展、防災・減災や食料問題など複数の社会課題の同時解決を目指すアプローチとして注目されており、近年関心がより高まりつつある自然による癒しや人の健康への好影響等の波及効果も期待されています。NbSを地域で実践していくことは、地域の経済社会を活性化させ、自然を活かした豊かな地域づくりにつながるものであり、基本的な考え方や地域における実践手法を整理し普及を図っていきます。

図2-3-4 NbSの概念図

保護
問題固有
インフラ
管理
再生
生態系を基盤としたアプローチ
環境劣化と生物多様性喪失
気候変動
社会課題
自然災害
社会と経済の発展
人間の健康
食料安全保障
水の安全保障
人間の幸福
生物多様性の恩恵

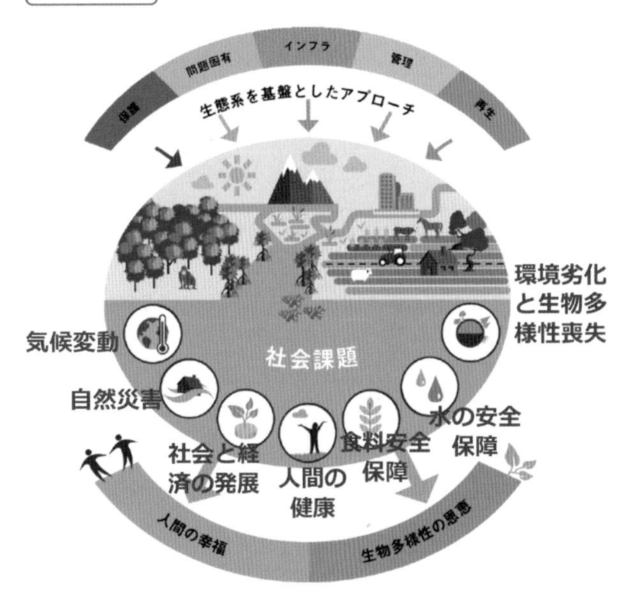

資料：IUCN(2020)自然に根ざした解決策に関するIUCN世界標準の利用ガイダンス

また、NbSの中でも、気候変動による災害の激甚化といった環境の変化と同時に、人口減少や高齢化、社会資本の老朽化といった社会状況の変化が進んでいる我が国において、自然が持つ多様な機能を活用して災害リスクの低減等を図るグリーンインフラやEco-DRRの取組を進めることは急務となっています。

環境省では、Eco-DRRの適地を示す「生態系保全・再生ポテンシャルマップ」の作成・活用方策の手引きとその材料となる全国規模のベースマップを2023年3月に公開しています。これらの取組を通して、グリーンインフラやEco-DRRによる災害に強く自然と調和した地域づくりを促進していきます（図2-3-5）。

図2-3-5 生態系保全・再生ポテンシャルマップ

地域の特性・ニーズに応じた重ね合わせ
ステップ
項目
①現状の把握・方向性の検討
土地利用・生態系の分布
土地利用図、農地の分布、自然環境調査結果 等
②ポテンシャルの評価
湿地環境のポテンシャルがある場所
地形的な水の貯まりやすさ（TWI、HAND）、雨水浸透機能 等
生物多様性保全を図る上で重要な場所
自然的景観の多様度、水田の占有率 等
生態系の保全・再生に取り組みやすい場所
周辺の人口分布、集約施設の分布 等
③情報の重ね合わせ
土地利用の規制や災害リスクに関する情報
区域の指定等に関する情報、洪水浸水想定区域図 等
生態系保全・再生ポテンシャルマップ

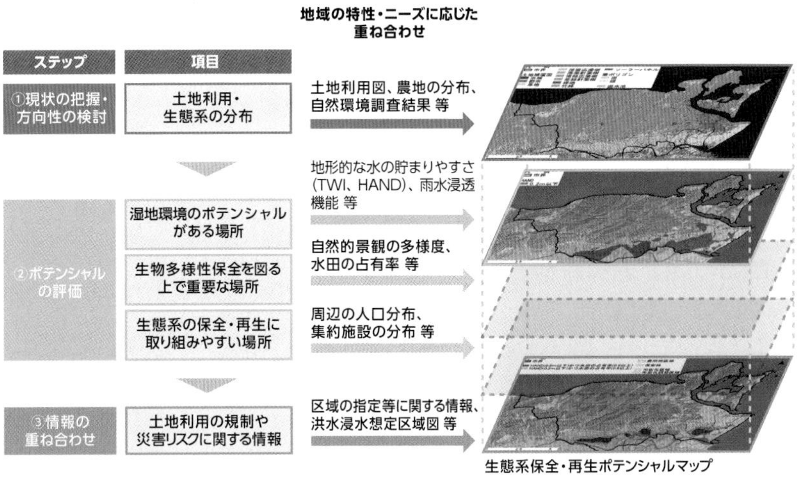

資料：持続可能な地域づくりのための生態系を活用した防災・減災（Eco-DRR）の手引き

第2章

事例

関東地域エコロジカル・ネットワーク形成によるコウノトリ・トキの舞う地域づくり事業

自然を活用した地域づくりの一例として、「コウノトリ・トキの舞う関東自治体フォーラム」による取組があります。同フォーラムは、千葉県野田市、埼玉県鴻巣市、栃木県小山市が中心となり2010年7月に発足し、2022年4月時点で関東5県27市町が参加しています。

このフォーラムは、県域を越えた広域の自治体連携によるエコロジカル・ネットワークの形成と地域づくりのシンボルとなるコウノトリ・トキの野生復帰の取組を通じ、人と自然が共生する魅力的な地域づくりと、地域の自立的な発展に貢献していくことを目的に活動しています。

朝日に輝くコウノトリ

資料：写真家　堀内洋助

これまでに、野田市による8年連続のコウノトリの野外放鳥をはじめ、河川域（堤外地）での生息環境整備、水田域（堤内地）での環境保全型農業への取組等の様々な事業が着手され、これらの活動の成果として、ラムサール条約湿地「渡良瀬遊水地」の人工巣塔（小山市）において、コウノトリの野外繁殖が3年連続で実現しています。

2021年10月からは、荒川中流域の鴻巣市でもコウノトリの飼育が開始されるとともに、2022年8月には環境省による「トキとの共生を目指す里地」に本フォーラムの加盟自治体が選定され、コウノトリ・トキをシンボルとした関東圏の魅力ある地域づくりへの推進が、一層期待されています。

4　ネイチャーポジティブ経済に向けて

(1) ビジネスにおける主流化

気候変動分野では、その対策と経済活動との好循環を目指す動きが活発です。

生物多様性分野においても、TNFDによる自然資本に関する情報開示の国際的な動きに合わせて、企業が生物多様性に配慮した活動を実施するに当たり定量的な目標を設定するためのガイダンスを開発している、Science Based Targets for Nature（SBTs for Nature）などの動きがあります（写真2-3-2）。

TNFDは、「目標」の設定や測定において、SBTs for Natureが開発しているアプローチを取り入れ、科学的根拠に基づく自然に関する目標を設定することを推奨しています。

写真2-3-2　第1回TNFD日本協議会会合（キックオフイベント）

資料：MS&ADインシュアランスホールディングス

国内においては、現在環境省において「ネイチャーポジティブ経済研究会」を設置し、議論を行っています。具体的には、ネイチャーポジティブ経済の実現に当たっての課題や、その実現により生じるビジネスチャンス、各主体の役割等について、2023年度中に、ネイチャーポジティブ経済移行戦略（仮称）として取りまとめることを目指しています。

また、事業者が実際に生物多様性に関する取組を行うに当たり参考とできるよう、「生物多様性民間参画ガイドライン」の改訂版を2023年4月に公表しました。改訂版では、生物多様性に関する最新の動向（経営との関わり、昆明・モントリオール生物多様性枠組、国家戦略、目標設定、情報開示等）に加え、金融を含む事業者に関する生物多様性への依存と影響及びそれらを巡るリスクとチャンスについて解説しています。また、実際に取り組むに当たっての「基本的プロセス」を明確にし、プロセスごとに取組の内容を解説するとともに、定量的な影響評価・目標設定の方法と具体的な指標、情報開示の方法、情報開示に関する先進的な枠組みであるTNFD や、TNFDが参照することとしている目標設定に関する枠組み（SBTs for Nature）の例等も紹介しています。

(2) 2030生物多様性枠組実現日本会議（J-GBF）

人間の暮らしを支える根幹である生物多様性を保全するには、単にその場の自然環境を守るだけでなく、生物多様性の恩恵を受ける社会全体で生物多様性の価値を理解し、守る行動をしていかなければなりません。

このような社会全体の取組を推進するため、2011年から2020年までの「国連生物多様性の10年」（UNDB）については、「国連生物多様性の10年日本委員会」（UNDB-J）が、愛知目標達成、生物多様性の主流化を目指して活動してきました。

写真2-3-3　J-GBF総会にてネイチャーポジティブ宣言を掲げる十倉雅和J-GBF会長（右）と西村明宏環境大臣

資料：環境省

2021年11月には、30by30目標を含む「ポスト2020生物多様性枠組（後の昆明・モントリオール生物多様性枠組）」等の国際目標や新たな国家戦略等の国内戦略の達成に向け、国、地方公共団体、事業者、国民及びNGOやユース等、国内のあらゆるセクターの参画と連携を促進し、生物多様性の保全と持続可能な利用に関する取組を推進するため、UNDB-Jの後継組織として「2030生物多様性枠組実現日本会議」（Japan Conference for 2030 Global Biodiversity Framework、以下「J-GBF」という。）を設立しました。

2023年2月に開催された総会では、J-GBF十倉雅和会長（経団連会長）から、ネイチャーポジティブの実現に向けた社会経済の変革を目指す、「J-GBFネイチャーポジティブ宣言」を発表しました（写真2-3-3）。

これを受け、J-GBFでは、構成団体によるネイチャーポジティブ行動計画の策定、企業や国民の具体の行動変容を促す取組強化、様々なステークホルダー間の連携を促し枠組構築を図るための、総会及び各種フォーラム、イベント等の開催や普及啓発ツールの紹介等を行っていきます。

事例　MS&ADインシュアランスグループによる湿地再生の取組

自然の機能を活用して社会課題を解決するNbSの取組として、同グループは、自社の経営理念（ミッション）・事業戦略に基づき、球磨川流域の熊本県球磨郡相良村「瀬戸堤自然生態園」での湿地再生を実践しています。

九州地方に甚大な被害をもたらした2020年7月豪雨を受けて、熊本県が推進する「緑の流域治水」と連携し、熊本県立大学等の研究機関、地域コミュニティ等、産官学の様々なステークホルダーを巻き込み、同グループのサステナビリティ重点課題「地球環境との共生（Planetary Health）」に資する中長期的な取組として、「MS&ADグリーンアースプロジェクト」に位置づけられています。

「瀬戸堤自然生態園」は、上流の源頭部に位置する湿地を再生して貴重な生きものの棲息環境を整えると同時に、下流への雨水流下量の減少による洪水緩和の機能を有しています。また、周辺の樹林地の手入れとバイオ炭づくりによる脱炭素、そのバイオ炭の農地に埋設による台地の水はけの改善、ひいては雨水浸透を高め、防災減災につなげることや、そうした取組による農作物の付加価値化も視野に入れており、マルチベネフィットを生むポテンシャルを有しています。このようなフィールドでの実証は、専門家とのネットワークにより、自然が持つ多面的な機能に対するインパクト評価等の見える化や、産官学の連携を通じた地域におけるOECM推進のケーススタディとしても期待されます。

同グループはこうした活動を通じて、レジリエントでサステナブルな社会づくりに解決すべきリスクに関わる新たなソリューションのアイディアが生まれることを目指しています。

湿地再生の未来イメージ

資料：MS&ADインシュアランスグループホールディングス

このように、第2章では、炭素中立（カーボンニュートラル）、循環経済（サーキュラーエコノミー）、自然再興（ネイチャーポジティブ）の同時達成に向けた取組を見てきました。GXをはじめとするこれらの取組を加速させることで、持続可能性を巡る社会課題の解決と経済成長の同時実現により新しい資本主義に貢献し、将来にわたって質の高い生活をもたらす新たな成長につなげていきます。こうして、3つの同時達成を実現させることは、環境・経済・社会の統合的向上につながります。その統合的向上の鍵となるのが地域循環共生圏です。第3章では、地域循環共生圏の更なる進展をはじめとする持続可能な地域とくらしの実現について論じていきます。

第3章　持続可能な地域と暮らしの実現

私たちの暮らしは、森里川海からもたらされる自然の恵み（生態系サービス）に支えられています。

かつて我が国では、自然から得られる資源とエネルギーが地域の衣・食・住を支え、資源は循環して利用されていました。それぞれの地域では、地形や気候、歴史や文化を反映し、多様で個性豊かな風土が形成されてきました。そして、地域の暮らしが持続可能であるために、森里川海を利用しながら管理する知恵や技術が地域で受け継がれ、自然と共生する暮らしが営まれてきました。しかし、戦後のエネルギー革命、工業化の進展、流通のグローバル化により、地域の自然の恵みにあまり頼らなくても済む暮らしに変化していく中で、私たちの暮らしは物質的な豊かさと便利さを手に入れ、生活水準が向上した一方で、人口の都市部への集中、開発や環境汚染、里地里山の管理不足による荒廃、海洋プラスチックごみ、気候変動問題等の形で持続可能性を失ってしまいました。そして、今日の経済社会は、新型コロナウイルス感染症に対しても脆弱（ぜい）であることが明らかとなりました。

物質的豊かさの追求に重きを置くこれまでの考え方、大量生産・大量消費・大量廃棄型の社会経済活動や生活様式を見直し、適量生産・適量購入・循環利用へとライフスタイルを転換し、多くの人がサステナブルな製品・サービスを選択することで、暮らしを豊かにしながら、需要側から持続可能な社会の実現を牽引することが重要です。また、豊かな恵みをもたらす一方で、時として荒々しい脅威となる自然と対立するのではなく、自然に対する畏敬の念を持ち、自然に順応し、自然と共生する知恵や自然観を培ってきた伝統も踏まえながら、情報通信技術（ICT）等の科学技術も最大限に活用することも重要です。そして、経済成長を続けつつ、環境への負荷を最小限にとどめることにより、健全な物質・生命の「循環」を実現するとともに、健全な生態系を維持・回復し、自然と人間との「共生」や地域間の「共生」を図り、これらの取組を含め「脱炭素」をも実現する循環共生型の社会（環境・生命文明社会）を目指すことが重要です。我が国全体が持続可能な経済社会となるためには、国を構成しているそれぞれの地域が変革に向けたグランドデザインを描き、実行していく必要があります。それぞれの地域が自立し誇りを持ちながら、他の地域と有機的につながることで互いに支えあい、自立した地域のネットワークが広がっていくことで、国土の隅々まで活性化された未来社会が作られていきます。

第3章では、地域やそこに住んでいる人々の暮らしを、環境をきっかけとして豊かさやwell-beingにもつなげ得る取組をご紹介します。

第1節　地域循環共生圏の更なる進展

1　持続可能な社会の実現に向けた地域の重要性

我が国の環境政策においては、炭素中立（カーボンニュートラル）に加え、循環経済（サーキュラーエコノミー）、自然再興（ネイチャーポジティブ）の同時達成により、将来にわたって質の高い生活をもたらす持続可能な新たな成長につなげていくことを目指しており、これらの施策の関係性を踏まえた「統合」が重要です。それぞれの施策間でトレードオフを回避しつつ、相乗効果が出るよう統合的に推進することにより、持続可能性を巡る社会課題の解決と経済成長の同時実現を図ることが重要です。

我が国全体を持続可能な社会に変革していくにあたり、各地域がその特性を生かした強みを発揮しながら、地域同士が支え合う自立・分散型の社会を形成していく必要があります。これらの考え方を踏まえ、第五次環境基本計画で提唱した自立・分散型社会の考え方である「地域循環共生圏」をさらに発展させるとともに、全国規模に広げる必要があります。

そのためには、地域の人材や地上資源をはじめとする「地域資源」の持続的な活用により、炭素中立・循環経済・自然再興をはじめとする個別の環境行政の統合、環境政策と他の政策との統合を実践することが重要です。特に地上資源、すなわち地上に存在する一度使用した地下資源の持続的な活用や、再生産可能な資源の活用を促進することは、化石燃料や鉱物資源への依存度を下げ、地下資源を再生産可能な自然資源に転換することであり、炭素中立、循環経済、自然再興の3つのビジョンの同時実現につながります。また、他国の自然資源への依存度を下げ、地球規模で生物多様性への影響の軽減につながるとともに、我が国の生存基盤を確保する観点から、安全保障にも資すると言えます。その際、私たちの暮らしは森里川海のつながりからもたらされる自然資源が活用できる範疇でのみ成り立つため、それらを持続可能な形で活用していくとともに、自然環境を維持・回復していくことが前提となります。

2 地域循環共生圏

地域循環共生圏は、地域資源を活用して環境・経済・社会を良くしていく事業（ローカルSDGs事業）を生み出し続けることで地域課題を解決し続け、自立した地域をつくるとともに、地域の個性を活かして地域同士が支え合うネットワークを形成する「自立・分散型社会」を示す考え方です。地域の主体性を基本として、パートナーシップのもとで、地域が抱える環境・社会・経済課題を統合的に解決していくことから、ローカルSDGsとも言います（図3-1-1）。

図3-1-1 地域循環共生圏の概念

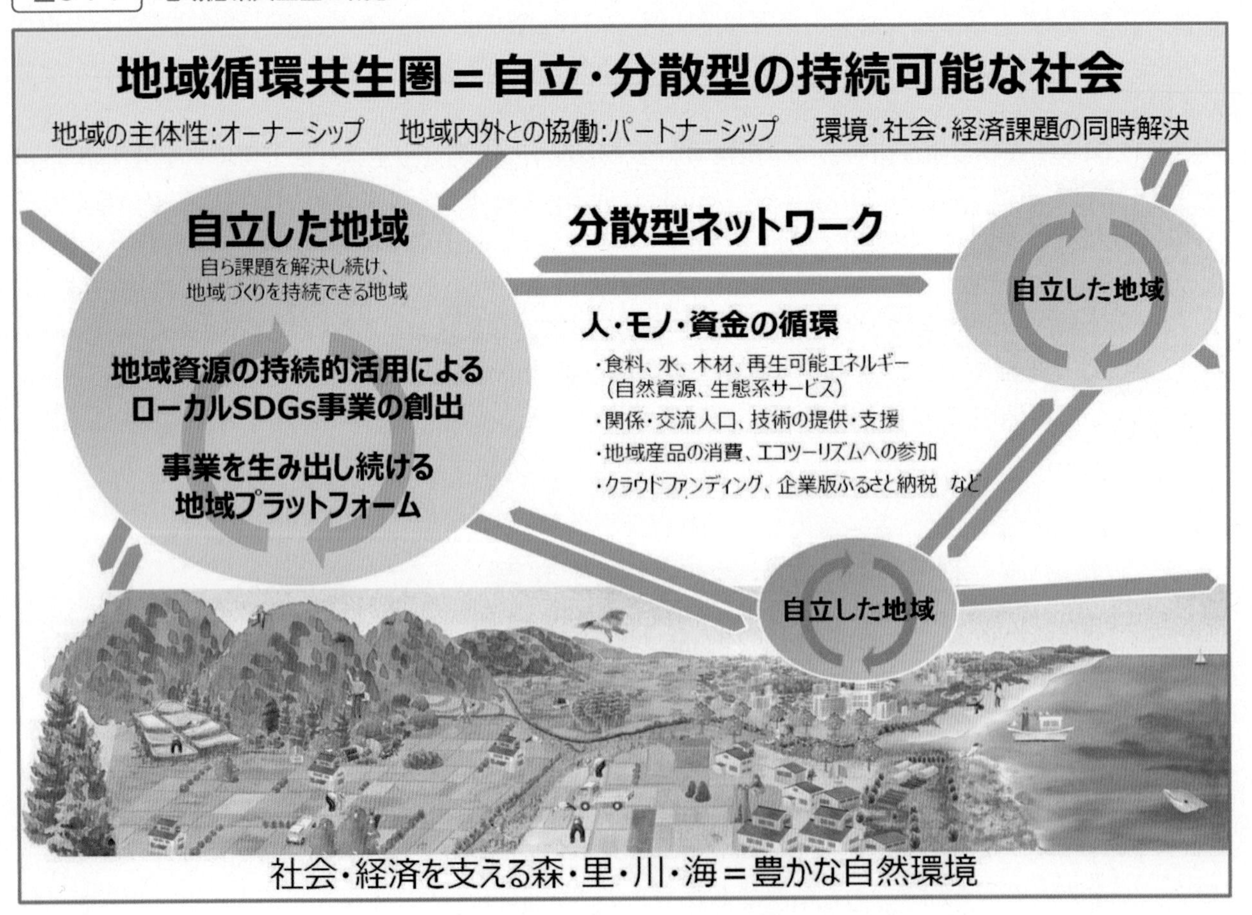

資料：環境省

(1) 地域循環共生圏づくりプラットフォーム

地域循環共生圏を創造していくためには、地域のステークホルダーが有機的に連携し、環境・社会・経済の統合的向上を実現する事業を生み出し続ける必要があります。環境省は2019年度より、「環境で地域を元気にする地域循環共生圏づくりプラットフォーム事業」を行い、ステークホルダーの組織化を支援する「環境整備」と、事業の構想作成を支援する「事業化支援」を行っています。さらにこの事業の中で、地域循環共生圏に係るポータルサイトの運用も行っており、「しる」「まなぶ」「つくる」「つながる」機会等を提供することで、全国各地におけるローカルSDGsの実践を一層加速させています。

事例 

"持続可能な宮古島市"の実現に向けたアイデアや想いを市民が発表し、参加や協働を広く投げかけるせんねんプラットフォーム（沖縄県宮古島市）

せんねん祭集合写真

資料：宮古島市

宮古島市は、「エコアイランド宮古島」を宣言し、環境保全、資源循環、産業振興を三本柱に持続可能な地域づくりを目指して取組を進めています。推進にあたっては、市民・事業者・行政の協働が重要であることから、具体的なプロジェクトを共創する「せんねんプラットフォーム」を立ち上げました。

せんねんプラットフォームは、市民が「持続可能な宮古」や未来について考え、その主体的なアクションを促すため、いくつかの場を設けています。持続可能性について考えるきっかけの場としての「せんねんシネマ」、宮古の課題を知るための場としての「せんねんラジオ」「せんねんトーク」、具体的なアクションを生み出す場として「せんねんミーティング」、アクションを市民と共に一歩踏み出す場として「せんねん祭」を開催するなど、コミュニケーションの場の創出と市民への積極的な情報発信を図っています。

その中でも、「せんねん祭」は、宮古の持続可能な未来の実現に向けたアイデアや想いを市民が発表し、賛同や協力を得ながら、そのアイデアをローカルSDGs事業へと具体化させていく事業です。増加する観光客数など、社会環境の急激な変化の中で、持続可能な島づくりを進めていくためには、環境のみならず、経済や社会も含めた「暮らし」の視点にたってビジョンを描く必要があると考え、将来的には、指標の研究といったシンクタンク機能を持った法人の設立に取り組み、地域循環共生圏の創出を目指します。

第3章

事例　徳之島三町が協働したエコツアーガイド育成・コンテンツ形成支援体制の仕組み作り（鹿児島県大島郡）

豊かな自然が色濃く残る徳之島は、2021年7月に世界自然遺産に登録されました。

この機に、徳之島の自然や文化の魅力を発信・体感してもらうために、徳之島では三町（徳之島町、天城町、伊仙町）共同で徳之島世界自然遺産保全・活用検討協議会を発足させ、“徳之島ファン”づくりにつながるような体験コンテンツを提供できるエコツアーガイドの育成を始めました。この際、特別天然記念物であり絶滅危惧種でもあるアマミノクロウサギをはじめとした島の貴重な生態系などの自然環境の保全につながるエコツアーを、経済的にも持続可能な形で実施できるように、様々な研修やコンテンツ形成支援体制の仕組み作りを進めています。

実践的なエコツアーガイド育成

資料：徳之島世界自然遺産保全・活用検討協議会

このような取組を通じて、徳之島の貴重な自然環境・文化を発信して関係人口を増やしていくと同時に、地域経済も活性化していくことを目指します。

事例　リボーンアート・フェスティバル「アート」「音楽」「食」の総合芸術祭を通じて地域の内外がつながる（宮城県石巻市）

リボーンアート・フェスティバルは東日本大震災の復興支援を機に構想され、2017年に本祭がスタートしました。石巻・牡鹿半島 を中心とした豊かな自然を舞台に、「アート」「音楽」「食」を楽しむことのできる新しい総合芸術祭として、2年に一度、約2か月の期間で開催されています。国内外の現代アーティストが訪れ、地域とふれあいながらアート作品を作ったり、様々なスタイルの音楽イベントを行ったり、日本各地から集まった有名シェフたちが地元の人・食材と出会い、ここでしか味わえない食を提供したりと、たくさんの「出会い」を生み出す場となっています。

RAF作品 White Deer (Oshika)

資料：一般社団法人Reborn-Art Festival

これらの「出会い」から地域内外の人とのつながりを生み出し、これまで活用されなかった資源や地域の魅力を改めて見直すことで新たなプロジェクトの創出にも取り組んでいます。例えば、石巻市の基幹産業である水産業は、食卓に乗らない小魚まで漁獲してしまうという課題がありました。本祭では、生産者・料理人などが様々な切り口から「持続可能な食」を考えるシンポジウムを実施し、日常からサステナブルを考えるきっかけを提供しました。その結果、これまで活用されてこなかった食材を活用した商品開発やサステナブルツーリズムなどのプロジェクトが生まれました。

今後は、このようなプロジェクトを通じて日常的に様々な人が集まり、地方と都市、伝統と新しさ、自然と人、多様なつながりから新たな循環を生み出す持続可能な地域づくりに取り組み続けます。

RAFのフードプログラム food adventure

資料：一般社団法人Reborn-Art Festival

事例 「PaperLab」を活用して、地域の資源を循環させ、人をつなぎ、地域活性化に貢献する（セイコーエプソン／エプソン販売）

セイコーエプソン／エプソン販売は、ほとんど水を使わずに、使用済みの紙から新たな紙を生み出す「乾式オフィス製紙機PaperLab（ペーパーラボ）」により、資源のアップサイクルと持続可能な社会づくりに貢献しています。

長野県塩尻市では、庁舎内の古紙から住民票等の申請用紙を再生しています。PaperLab自体を市民の目に触れやすい市役所等に設置し、小中学校の社会科見学コースにするなど環境教育へと展開しています。また、障がい者にPaperLabに関する業務を委託することにより、新たな雇用を創出しています。古紙回収と再生紙の配布を通じて市職員と新たな交流が生まれ、今まで以上にやりがいを感じることにも発展しています。

愛媛県松山市でボイラをはじめとする事業を手掛ける三浦工業では、社内文書のリサイクルや機密保持のほか、障がい者雇用を目的にPaperLabを導入し、名刺やノベルティなどのアップサイクル品を作成しています。また、社内にとどまらず循環型社会の実現を目指し、地元の中学生が使った古紙から、学校で使う連絡帳などをアップサイクルする「紙ンバックプロジェクト®」を、地元印刷会社やJリーグ運営会社と合同で実施し、産学官連携により地域活性化に貢献しています。

社会科での環境教育風景（長野県塩尻市）

資料：セイコーエプソン

紙ンバックプロジェクトのイメージ図（三浦工業）

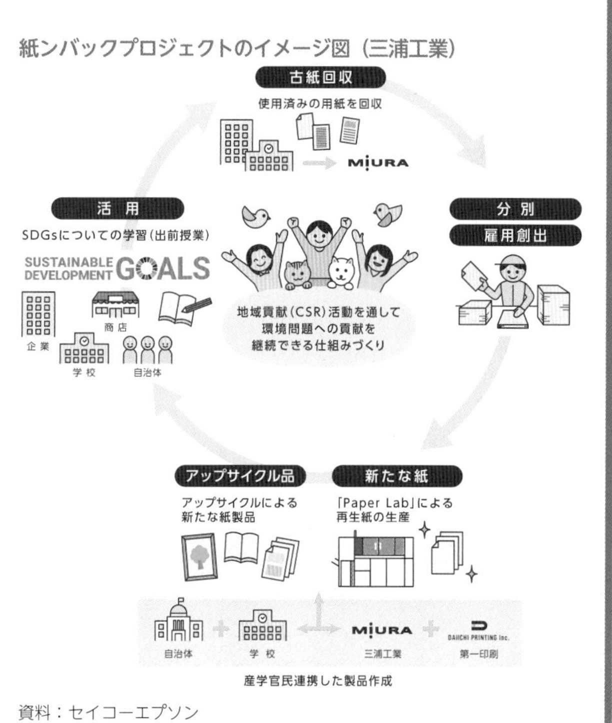

資料：セイコーエプソン

(2) グッドライフアワード

環境省が主催するグッドライフアワードは、日本各地で実践されている「環境と社会によい暮らし」に関わる活動や取組を募集し、表彰することによって、活動を応援するとともに、優れた取組を発信するプロジェクトです。国内の企業・学校・NPO・地方公共団体・地域・個人を対象に公募し、有識者の選考によって「環境大臣賞」「実行委員会特別賞」が決定されます。受賞取組を様々な場面で発信、団体間等のパートナーシップを強化することで、地域循環共生圏の創造につなげていきます。

コラム

懐かしい未来を里山からつくる「里の家」～風の子、海の子、里山体験～（一般社団法人 里の家）

229件の応募から第10回グッドライフアワードで環境大臣賞最優秀賞に輝いたのは、一般社団法人里の家です。2005年から静岡県において親子の里山体験を実施しています。循環型のミニモデルをつくり体験するコンセプトをベースに自然体験・農林業体験・環境教育・環境保全の4つを活動の軸とした年間120回を超えるプログラムやイベントを開催してきました。また、里山の恵みを活かす樹木系精油を中心とするアロマ事業を立ち上げたほか、薬草ハーブ、藍染など里山の暮らしを伝える活動も行っています。

里山の暮らしを伝える活動の様子

資料：一般社団法人　里の家

コラム

静岡県SDGsビジネスアワード（静岡県）

静岡県では、2021年度から、環境ビジネスの振興やESG金融の活用促進に向け、環境課題の解決につながる優良なビジネスプランを発掘・育成・表彰する「静岡県SDGsビジネスアワード～未来をつくる環境ビジネスを表彰します～」を開催しています。

県内をフィールドとし、「脱炭素」、「自然共生」、「資源循環」など環境課題の解決に資する事業アイデアを、業界・業種を問わず幅広く募集し、審査を通過した団体を対象とし、環境や経営等の専門家によるメンタリング（伴走支援）を行い、事業アイデアのブラッシュアップを支援します。

また、金融機関（県内全ての地方銀行・信用金庫）をはじめ、多くの団体、企業の皆様に協力パートナーが参画し、ビジネスネットワークを構築する等、アワードを通じ環境ビジネスの事業成長を支援することを特徴としています。

3か月のメンタリング期間終了後、成果発表と合わせて知事賞・優秀賞等の表彰を行うとともに、県や関係団体の様々な支援制度等も紹介します。

こうした官民連携体制や一体感を持った支援スキームが評価され、2023年2月に内閣府主催「第2回地方創生SDGs金融表彰」を受賞しました。

今後も表彰される事業アイデア等を広く発信し、静岡県の環境ビジネスの裾野を拡大し、環境と経済の好循環につなげていきます。

2022年度キックオフミーティングの様子（採択団体、メンター、協力パートナーの皆さん）

資料：静岡県

事例 「百年の森林構想」に基づく脱炭素先行地域づくり（岡山県西粟倉村）

2030年度までにカーボンニュートラル実現を目指す脱炭素先行地域においても、持続可能な地域づくりに取り組んでいます。例えば、岡山県西粟倉村では、樹齢百年の美しい森林に囲まれた「上質な田舎」を実現するためのビジョンである「百年の森林構想」に基づき、林業の六次産業化を推進する中で、森林整備に伴い木材土場で発生する廃棄物であるバークを活用したボイラーを導入するとともに、木質バイオマス発電/熱供給等により村内で生産された電力・エネルギーを地域内へ供給します。また、新電力事業関連や環境・森林利用関連のローカルベンチャー企業数を増やすことで雇用や地域ビジネスの創出を促し、地域経済の多様化と拡大を推進させることで持続可能な地域のロールモデルを目指します。

集約化による安定的な森林整備

資料：西粟倉村

コラム 「Jリーグのクラブ×再エネ スタート」

環境省とJクラブは、2021年6月、お互いが持つ知見や地域に根ざしたネットワークを共有しながら、地域の活力を最大限発揮できるよう、協働していくことで合意し、連携協定を締結しました。

2022年7月に実施された1周年記念イベントでは、Jリーグが「世界一、クリーンなリーグ」を目指し、全公式戦でのカーボンオフセットを行うことが宣言されるなど、着実な取組が行われています。環境省ではJリーグとともに、各Jクラブによる再生可能エネルギーの導入促進に向けて、セミナーの開催や各地方環境事務所による各Jクラブへのサポートなど、連携した活動を進めています。

例えば、清水エスパルスは、2021年11月に「ゼロカーボン プロスポーツクラブ宣言」を表明するとともに、地域事業者と連携してホームスタジアムにソーラーカーポートを設置するなど、再生可能エネルギーの導入促進を実施しています。

その他にも地域新電力が利益の一部をJクラブが行う地域活動資金として提供、プラスチックごみ削減に向けたリサイクルやごみ拾い活動など幅広い分野での活動が実施されており、再生可能エネルギーとJクラブの好循環が生まれつつあります。

環境省×Jリーグ連携協定締結1周年記念イベントの様子（左から、山口壯環境大臣（当時）、Jリーグ・野々村芳和チェアマン）

資料：J. LEAGUE

ソーラーカーポートとサポーターの様子

資料：S-PULSE

事例

環境教育における事例（地方ESD活動支援センター）

全国8か所にある地方ESD活動支援センターでは、現場のESDを支援・推進する組織・団体等である地域ESD活動推進拠点（地域ESD拠点）と連携して、学びあいプロジェクトを展開しています。東北地方ESD活動支援センターでは、地域ESD拠点である一般社団法人あきた地球環境会議（CEEA）、一般社団法人日本キリバス協会と連携して、秋田県の大仙市立大曲南中学校におけるキリバス共和国とのオンライン交流型授業やワークショップ等を組み合わせた探究型授業の確立に取り組みました。また、近畿地方ESD活動支援センターでは、公益財団法人淡海環境保全財団と連携して、滋賀県の比叡山高等学校における「風呂敷から考える持続可能な未来」をテーマとした家庭科の学習指導案を創出するなど、地域と学校が連携して各地域の発展・地域課題の解決につなげる教育活動を支援しています。

秋田県の大仙市立大曲南中学校とキリバス共和国セントルイス中学校のオンライン交流授業の様子

注：キリバス共和国は気候変動による海面上昇の影響を受けている。
資料：秋田県の大仙市立大曲南中学校

滋賀県の比叡山高等学校の家庭科における授業実践の様子

資料：環境省

事例

大人のための学び舎づくり～「人生の学校」フォルケホイスコーレ～(School for Life Compath)

北海道東川町にあるSchool for Life Compathは、デンマーク発祥の「人生の学校」フォルケホイスコーレをモデルに、大人のための学び舎づくりをしています。フォルケホイスコーレとは、長い人生の中で一定期間の余白を取り、日常生活や社会から離れて、個人・社会・地球にとってのwell-beingを探究するための成人教育機関です。具体的には、東川町の農業従事者と持続可能な里山づくりについて考える授業や、暮らしの中で出てきた問いをもとに自己探究する授業などを行っています。年代も背景もばらばらな人たちが集い、プログラム期間中に共に暮らし、共に学びます。

参加者にとってリフレクションとリフレッシュの機会になるのと同時に、well-beingな社会づくりにも寄与しています。東川という約8,400名の小さな町で、自分ごととして町の未来を語りアクションする人たちの声を聴くことで「ひとりひとりが社会そのものだ」というマインドセットになったり、壮大な自然環境の中で暮らす日々を通じて、人間と地球との距離や共生について考えたりすることができます。これらの積み重ねにより、個人の小さな問いやアクションから社会が変わっていくことを構想しています。

プログラムの様子

資料：School for Life Compath

3　ESG地域金融

地域の金融機関には、地域資源の持続的な活用による地域経済の活性化を図るとともに、地域課題の解決に向けて中心的な役割を担うことが期待されています。このような環境・経済・社会面における課題を統合的に向上させる取組は、地域循環共生圏の創造につながるものであり、地域金融機関がこの取組の中で果たす役割を「ESG地域金融」として推進することにより、取組を深化させていくことが重要です。

(1) ESG地域金融実践ガイド2.2

2023年3月、ESG地域金融の実務の発展に応じる形で、環境省はESG地域金融実践ガイドを改訂しました。このガイドは、金融機関としてのESG地域金融に取り組むための体制構築や事業性評価の事例をまとめるとともに、事例から抽出された実践上の留意点や課題等について分析したもので、地域金融機関が参照しながら自身の取組を検討・実践する助けとなる資料となっています。

(2) 地方銀行、信用金庫、信用組合等との連携

地域金融機関は地域循環共生圏の創造に向けて中心的な役割が期待されることもあり、地域の様々なセクターとの積極的な連携が図られています。地域金融機関との頻繁な意見交換や勉強会の開催のほか、TCFD（気候関連財務情報開示タスクフォース）提言に基づく情報開示の支援等を含めて各種の事業を通じて実際の案件形成・地域の課題解決をサポートしています。環境省は、2020年12月に一般社団法人第二地方銀行協会と「ローカルSDGsの推進に向けた連携協定」を締結しました。さらに、2022年6月には、一般社団法人全国信用金庫協会及び信金中央金庫と「持続可能な地域経済社会の実現に向けた連携協定書」を締結しました。こうした連携協定等に基づき、地域金融機関との連携の下で、地域脱炭素をはじめとした施策を推進しています。

4　地域循環共生圏の更なる深化

前述のとおり、地域の人々が主体性を発揮し、地域の内外の部署や組織を超えて協働（パートナーシップ）し、地域が抱える環境・社会・経済課題を統合的に解決していくための地域プラットフォームが各地で生まれてきています。地域プラットフォームがローカルSDGs事業を生み出し続けることで、地域が自立し、持続可能な社会に近づいていきます。地域循環共生圏づくりをさらに発展させるとともに、全国規模に広げることで、持続可能性を巡る社会課題の解決と経済成長の同時実現により新しい資本主義に貢献し、将来にわたって質の高い生活をもたらす新たな成長につなげていきます。

第2節　ライフスタイルシフト

我が国は2050年までにカーボンニュートラル、すなわち温室効果ガスの「排出量」から、森林吸収源などによる「吸収量」を差し引いて、合計を実質的にゼロにすることを宣言しました。カーボンニュートラル達成のためには、国や地方公共団体、企業等という構成単位に加えて私たち生活者一人一人も、今までの慣れ親しんだライフスタイルを変える必要があります。我が国の温室効果ガス排出量を消費ベースで見ると、全体の約6割が家計によるものという報告があり、その必要性が明らかと言えます（図3-2-1）。

今までの「大量生産・大量消費・大量廃棄」型のライフスタイルが、私たちの衣食住を支える「自然」がもたらす様々な恵みである「生態系サービス」を劣化させていると言われています。グリーン社

会実現のためには、「住まい」「移動」「食」「ファッション」の側面から、温室効果ガスの排出量を減らし、廃棄物を減らして3R＋Renewableによる資源循環や自然資源を大事にする視点でライフスタイルを変えていく必要があります。

環境省では、2022年に、環境配慮製品・サービスの選択等の消費者の環境配慮行動に対し、企業や地域等がポイントを発行する取組を支援する、食とくらしの「グリーンライフ・ポイント」推進事業を開始し、日常生活の中で環境配慮に取り組むインセンティブを実感できるような環境を醸成し、消費者の行動変容を促すことで、脱炭素・循環型へのライフスタイルの転換を加速させていきます(図3-2-2)。

また、消費者が脱炭素・低炭素な製品やサービスを選択する上で必要な情報を提供するカーボンフットプリントについて、環境省では2022年度に、製品のライフサイクルを通じたCO_2排出量の算定に取り組む企業を支援するモデル事業を実施し、その成果も踏まえ、経済産業省と環境省の共同で2023年3月に「カーボンフットプリントガイドライン」を公表しました。カーボンフットプリントの普及を促進し、製品やサービスのCO_2排出量の見える化を進めていきます。

さらに、こうした製品やサービスを積極的に選んでいただけるよう、「脱炭素につながる新しい豊かな暮らしを創る国民運動」において、消費者へのインセンティブ付与や情報発信等の取組を官民連携で進めることで、行動変容を推進していきます。

図3-2-1　消費ベースでの日本のライフサイクル温室効果ガス排出量

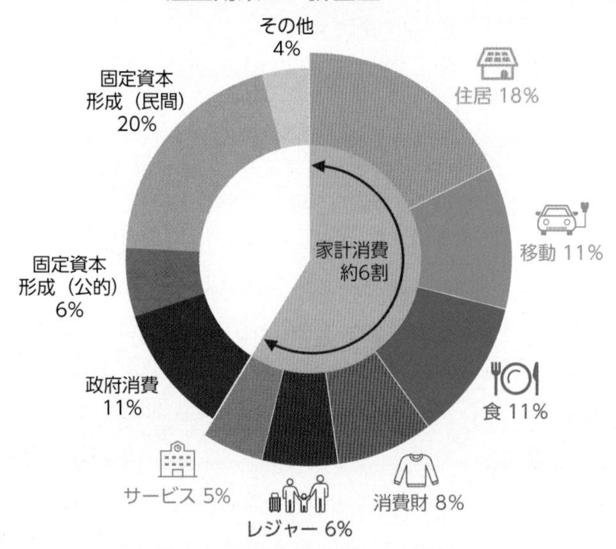

資料：南斉規介（2019）産業連関表による環境負荷原単位データブック（3EID）（国立環境研究所）、Nansai et al.（2020）Resources, Conservation & Recycling 152 104525、総務省（2015）平成27年産業連関表に基づき国立環境研究所及び地球環境戦略研究機関（IGES）にて推計
※各項目は、我が国で消費・固定資本形成される製品・サービス毎のライフサイクル（資源の採取、素材の加工、製品の製造、流通、小売、使用、廃棄）において生じる温室効果ガス排出量（カーボンフットプリント）を算定し、合算したもの（国内の生産ベースの直接排出量と一致しない。）。

図3-2-2　対象となる“グリーンライフ”のイメージ

対象となる“グリーンライフ”のイメージ

- 地産地消・旬産旬消の食材利用
- 販売期限間際の食品の購入
- 食べ残しの持帰り（mottECO）　など

- 高性能省エネ機器への買換え
- 節電の実施
- 再エネ電気への切替え　など

- プラ製使捨てスプーン・ストローの受取辞退
- ばら売り、簡易包装商品の選択
- リユース品の購入
- リペア(修理)の利用など

- ファッションロス削減への貢献
- サステナブルファッションの選択
- 服のサブスクの利用など

- カーシェアの利用
- シェアサイクルの利用　など

資料：環境省

1　「脱炭素につながる新しい豊かな暮らしを創る国民運動」及び官民連携協議会

2050年カーボンニュートラル及び2030年度削減目標の実現に向けて、暮らし、ライフスタイル分野でも大幅なCO_2削減が求められます。しかしながら、国民の9割が「脱炭素」という用語を認知している一方、そのために何をしたらよいか分からないなど、具体的な行動に結びついているとは言えない状況にあります。そこで、国民・消費者の行動変容、ライフスタイルの変革を促すため、環境省は2022年10月に「脱炭素につながる新しい豊かな暮らしを創る国民運動」を開始しました（写真3-2-1、写真3-2-2）。

この新しい国民運動では、今から約10年後、生活がより豊かに、自分らしく快適・健康で、そして2030年温室効果ガス削減目標も同時に達成する、新しい豊かな暮らしを提案するとともに（図3-2-3）、国のみならず、企業・自治体・団体等と連携しながら、国民・消費者の豊かな暮らし創りを後押しすることで、ライフスタイル変革と併せて新たな消費・行動の喚起と国内外での製品・サービスの需要創出も推進していきます。

新しい国民運動の具体的な取組の一つとして、新設した新しい国民運動のホームページにおいて、4つの切り口（[1] デジタルも駆使した多様で快適な働き方・暮らし方の情報、[2] 脱炭素型の製品・サービス情報、[3] インセンティブや効果的な情報発信を通じた行動変容の後押しにつながる情報、[4] 地域独自の暮らし方の提案等の情報）から、企業・自治体・団体等より登録いただいた情報を発信することで、国民の豊かな暮らし創りを後押ししています。

また、新しい国民運動の発足と同時に立ち上げた官民連携協議会では、国・自治体・企業・団体・消費者との連携による足並みやタイミングを揃えた取組・キャンペーンの展開等を図っています。2023年3月時点で、約550以上の自治体・企業・団体等の参画の下、脱炭素につながる具体的な製品・サービスを知るとともに、知る

写真3-2-1　脱炭素につながる新しい豊かな暮らしを創る国民運動発足式で発表を行っている西村明宏環境大臣

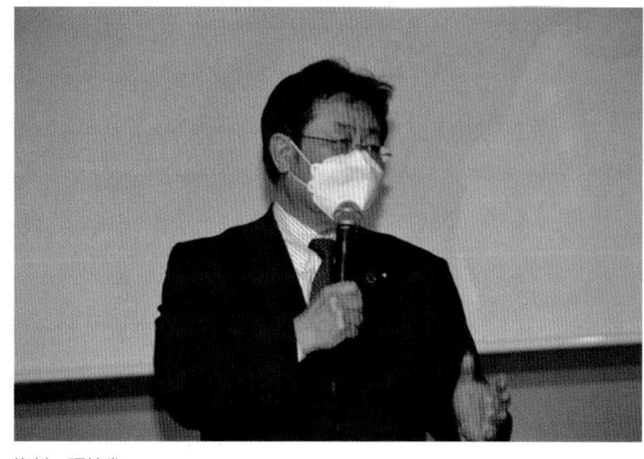

資料：環境省

写真3-2-2　山田美樹環境副大臣による「サステナブルファッション」の紹介

資料：環境省

図3-2-3　新しい豊かな暮らしの提案内容

資料：環境省

のみならず、実際に体験・体感といった共感につながる機会や場の創設等に向けて、省エネ住宅、サステナブルファッション、デジタルワーク、節電等をはじめとする官民連携のキャンペーンやプロジェクトを展開しています。

例えば、省エネ住宅について、快適で健康な暮らしにもつながる住宅の断熱リフォーム促進キャンペーンを展開します。これは、2030年度の家庭部門からのCO_2排出量約7割削減（2013年度比）や、2050年に住宅のストック平均でZEH基準の水準の省エネルギー性能の確保へ貢献するものです。特に、既築住宅の約9割が現行の省エネ基準を満たしていないため、住宅の省エネリフォームを後押ししていくことが重要です。環境省、経済産業省及び国土交通省は住宅の省エネリフォーム等に関する新たな補助制度をそれぞれ創設し、連携して支援を行うこととしています。中でも、環境省及び経済産業省は、既存住宅の断熱性能を早期に高めるために、断熱性能の高い窓への改修に対し補助を行います。これらの補助制度について、新しい国民運動では、関係する業界団体等に幅広く協力を呼びかけながら、様々なメディアやSNS、集客力のある民間イベント等との連携等により多くの国民・消費者に強く訴求するとともに、補助制度と関連する団体等独自の取組とも連携していきます。

このほか、協議会員からの具体的な提案としては、[1] さっぽろ雪まつりにおいて、札幌市と地元電力・ガス会社とが連携し、電気・ガス式の暖房設備を体感できるブースを会場内に設置するなど、道内で一般的に普及している灯油式暖房からの熱源転換に向けた理解促進にかかる取組提案（写真3-2-3）や、[2]「新しい豊かな暮らし」を支える製品・サービスについて、これを実際に知って触れてもらう機会・場を設けるため、商業施設において協議会参画企業等から製品・サービスを持ち寄ったイベント実施の提案（写真3-2-4）、[3] 地方の課題解決と脱炭素、国立公園を絡めたワーケーションの提案、[4] 環境配慮行動へのポイント付与といったインセンティブを通じた自家用車から鉄道へのモーダルシフトの後押しや、低環境負荷商品等の購買の促進の提案、[5] デジタルツール上で、国民の行動による環境負荷を見える化するとともに、環境に配慮された行動に対する金銭・非金銭的なインセンティブを付与することによる行動変容促進の提案等、アナログ・デジタル問わず、様々な国民の脱炭素行動を促す提案が積極的に行われています。

写真3-2-3　電気・ガス式の暖房設備を体感できるさっぽろ雪まつりのブースの様子

資料：環境省

写真3-2-4　商業施設において「新しい豊かな暮らし」を支える製品・サービスを持ち寄ったイベントを実施している様子

資料：環境省

写真3-2-5　おでかけ節電プロジェクトの参加店舗を視察している西村明宏環境大臣

資料：環境省

また、新しい国民運動の趣旨のもと、協議会員独自の取組も進められています。その取組の一つとして、電力需要のひっ迫という社会課題に対し、家の電気を消して、商業施設へ出掛けることで街全体の節電につなげていこうという提案・取組が実施され、西村明宏環境大臣が視察しました。この取組に賛同し、新しい国民運動の個別アクション第2弾として「スイッチを消してお出かけ省エネ・節電キャンペーン」を打ち出しました（写真3-2-5）。

2022年度には、すでにいくつかの提案を実証事業として実施しました。実施したこれらのプロジェクトの効果検証等を行いながら、2023年度には全国でこうした官民連携のプロジェクトを実施していきます。

今後も、気候変動の影響をわかりやすく伝えるとともに、新しい国民運動の取組を加速化し、自治体・企業・団体等と連携し、国民の豊かな暮らし創りを力強く後押ししていきます。また、新しい国民運動、そして官民連携協議会は企業、自治体、団体のほか個人の方も参画できます。

コラム　ナッジを活用した行動変容（日本オラクル、住環境計画研究所、東京ガス）

ナッジ（nudge：そっと後押しする）とは、行動科学の知見の活用により、「人々が自分自身にとってより良い選択を自発的に取れるように手助けする政策手法」です。環境省のナッジ事業の一環として、日本オラクル、住環境計画研究所及び東京ガスでは2017年度から2020年度にかけて、アクティブ・ラーニングの手法に加え、ナッジ（行動の結果の見える化やフィードバック、コミットメント等）や行動変容ステージモデル等の最新の行動科学の知見が活用された省エネ教育プログラムを開発し、全国の小・中・高等学校の教育現場で実践しました。その結果、家庭での電気・ガス・水道使用量やCO_2削減効果、環境配慮行動の実践度合い等を定量的・定性的に検証したところ、省エネ教育後に平均5.1％のCO_2削減効果（電気・ガスの合計）が統計的有意に実証されました。

また、日本オラクル及び住環境計画研究所では2017年度から2020年度にかけて、全国の約30万世帯を対象に、ナッジ等の行動科学の知見に基づく省エネアドバイス等を記載したレポートを

開発した省エネ教育プログラムのテキスト

資料：環境省

送付して、その後の電気やガスの使用量にどのような効果が表れるかを実証しました。毎月ないし2か月に1回程度の頻度でレポートを2年間送付し、ランダム化比較試験と呼ばれる頑健な効果検証の手法により、レポートを送付していない世帯と比較した結果、平均で約2%のCO_2削減効果が統計的有意に実証されました。

ナッジの活用を終了した後の効果の持続について検証したところ、上記のいずれの実証においても1年後に効果が持続していることが確認されました。

プログラムで行われるエコ・クッキングの様子

資料：環境省

ナッジを盛り込んだ省エネレポート（ホームエネルギーレポート）

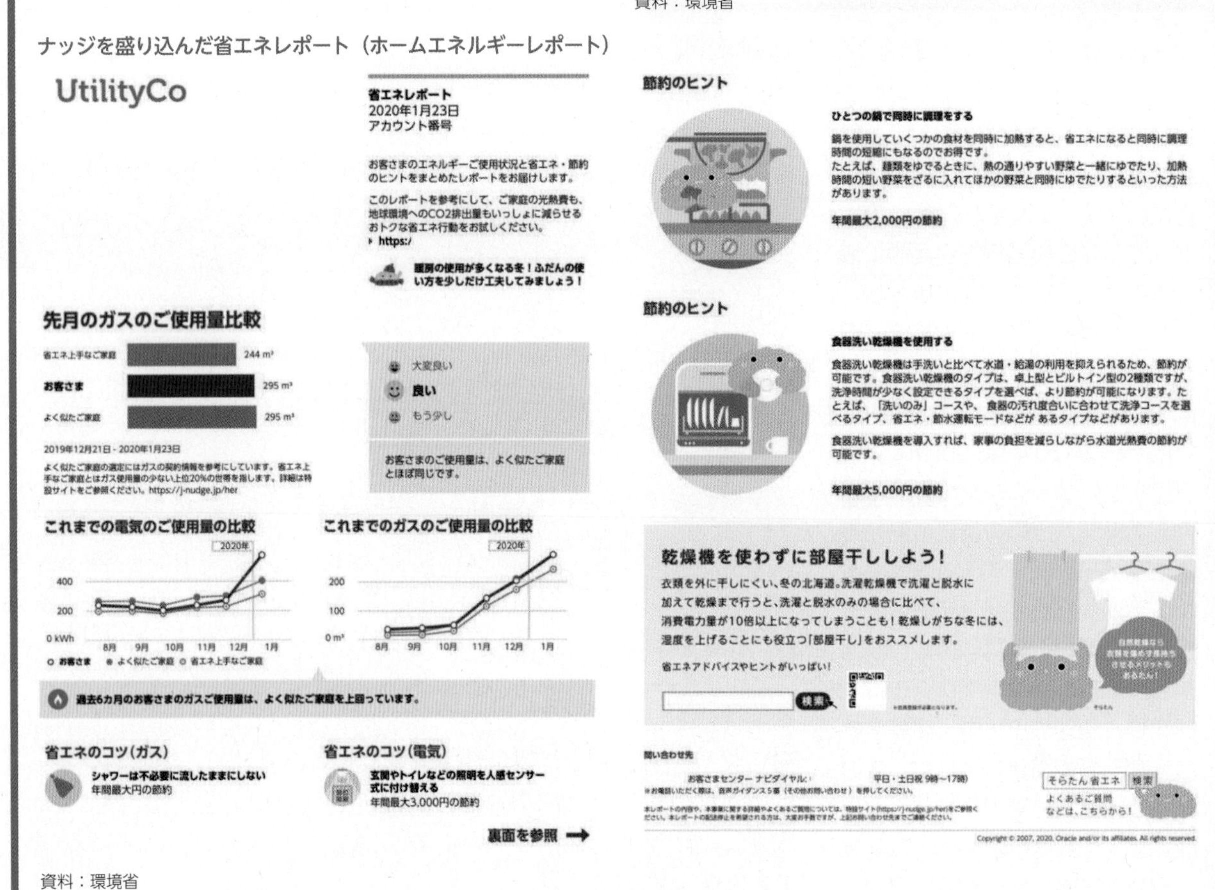

UtilityCo

省エネレポート
2020年1月23日
アカウント番号

お客さまのエネルギーご使用状況と省エネ・節約のヒントをまとめたレポートをお届けします。

このレポートを参考にして、ご家庭の光熱費も、地球環境へのCO2排出量もいっしょに減らせるおトクな省エネ行動をお試しください。
▸ https:/

暖房の使用が多くなる冬！ふだんの使い方を少しだけ工夫してみましょう！

先月のガスのご使用量比較

省エネ上手なご家庭	244 m³
お客さま	295 m³
よく似たご家庭	295 m³

2019年12月21日 - 2020年1月23日

よく似たご家庭の選定にはガスの契約情報を参考にしています。省エネ上手なご家庭とはガス使用量の少ない上位20%の世帯を指します。詳細は特設サイトをご参照ください。https://j-nudge.jp/her

大変良い
良い
もう少し

お客さまのご使用量は、よく似たご家庭とほぼ同じです。

これまでの電気のご使用量の比較

これまでのガスのご使用量の比較

過去6カ月のお客さまのガスご使用量は、よく似たご家庭を上回っています。

省エネのコツ（ガス）

シャワーは不必要に流したままにしない
年間最大円の節約

省エネのコツ（電気）

玄関やトイレなどの照明を人感センサー式に付け替える
年間最大3,000円の節約

裏面を参照 ⟶

節約のヒント

ひとつの鍋で同時に調理をする

鍋を使用していくつかの食材を同時に加熱すると、省エネになると同時に調理時間の短縮にもなるのでお得です。
たとえば、麺類をゆでるときに、熱の通りやすい野菜と一緒にゆでたり、加熱時間の短い野菜をざるに入れてほかの野菜と同時にゆでたりするといった方法があります。

年間最大2,000円の節約

節約のヒント

食器洗い乾燥機を使用する

食器洗い乾燥機は手洗いと比べて水道・給湯の利用を抑えられるため、節約が可能です。食器洗い乾燥機のタイプは、卓上型とビルトイン型の2種類ですが、洗浄時間が少なく設定できるタイプを選べば、より節約が可能になります。たとえば、「洗いのみ」コースや、食器の汚れ度合いに合わせて洗浄コースを選べるタイプ、省エネ・節水運転モードなどが あるタイプなどがあります。

食器洗い乾燥機を導入すれば、家事の負担を減らしながら水道光熱費の節約が可能です。

年間最大5,000円の節約

乾燥機を使わずに部屋干ししよう！

衣類を外に干しにくい、冬の北海道。洗濯乾燥機で洗濯と脱水に加えて乾燥まで行うと、洗濯と脱水のみの場合に比べて、消費電力量が10倍以上になってしまうことも！乾燥しがちな冬には、湿度を上げることにも役立つ「部屋干し」をおススメします。

省エネアドバイスやヒントがいっぱい！

検索

問い合わせ先

お客さまセンター ナビダイヤル：　平日・土日祝 9時～17時）
※お電話いただく際は、音声ガイダンス５番（その他お問い合わせ）を押してください。

本レポートの内容や、本事業に関する詳細やよくあるご質問については、特設サイト(https://j-nudge.jp/her)をご参照ください。本レポートの配送停止を希望される方は、大変お手数ですが、上記お問い合わせ先までご連絡ください。

そらたん省エネ　検索
よくあるご質問
などは、こちらから！

資料：環境省

2 住居

消費ベースで見た我が国のライフサイクル温室効果ガス排出量において、住居からの排出は全体の18%を占め（図3-2-1）、民間の固定資本形成に次いで高いとの報告があります。住居でのエネルギー利用を見直し、家にいる時間をより快適にするとともに、2050年カーボンニュートラル実現に向けて、家庭のCO_2排出量削減、住宅分野の脱炭素化は重要と言えます。

(1) 三省連携による住宅の省エネリフォームへの支援強化

2030年度目標の達成、及び2050年カーボンニュートラルの実現に向けては、住宅の脱炭素化を後押ししていくことが重要です。そこで、前述の通り、環境省、経済産業省及び国土交通省は住宅の省エネリフォーム等に関する新たな補助制度をそれぞれ創設し、ワンストップで利用可能とするなど、連携して支援を行います。

(2)「みんなでおうち快適化チャレンジ」

図3-2-4 キャンペーンロゴ

資料：環境省

コロナ禍において、家庭で過ごす時間が増え、世帯当たりのエネルギー消費量に増加傾向が見られます。これらを踏まえると、「おうち時間」に焦点を当てて、新たな日常の脱炭素化を進める必要があります。

環境省では、2021年8月からは夏季、11月からは冬季の「みんなでおうち快適化チャレンジ」キャンペーンを展開しています（図3-2-4）。本キャンペーンでは、在宅時間の増加による住宅での冷暖房使用等による家庭でのエネルギー消費の大きくなるタイミングを捉え、家庭の省エネ対策としてインパクトの大きい、ZEH（ゼッチ）化・断熱リフォームを「みんなでエコ住宅チャレンジ」として、省エネ家電への買換えを「みんなで省エネ家電チャレンジ」として、関係省庁及び関係業界等と連携して呼び掛け、国民一人一人の行動変容を促していくことにより、脱炭素で快適、健康、お得な新しいライフスタイルを提案しています。

(3) 再生可能エネルギー電力への切換え

家庭での再生可能エネルギー使用には、太陽光発電設備等を自宅に設置する以外にも、家庭で使用する電力を再生可能エネルギー由来のものにする方法があります。

現在、全国では、複数の小売電気事業者が太陽光や風力等の再生可能エネルギー由来の電力メニューを一般家庭向けに提供しています。再生可能エネルギー由来の電力メニューを選択する家庭が増えることにより、家庭部門からの排出削減に加え、再生可能エネルギーに対する需要が高まり、市場の拡大を通じて再生可能エネルギーの更なる普及拡大につながることが期待されます。環境省では、再生可能エネルギー電気使用の導入方法や事例を紹介する「再エネ スタート」キャンペーンを実施しています。

再生可能エネルギー電気を選択する家庭を増やすための地方公共団体による支援も広がっています。電力切替え希望者を広く募ってまとめて発注したり、競り下げ方式の入札で契約事業者を決定したりすることで、個別の契約よりも安い料金で契約できる取組等も行われています。

3 移動

消費ベースで見た我が国のライフサイクル温室効果ガス排出量において、移動からの排出は全体の11%を占めるとの報告があり（図3-2-1）、2050年カーボンニュートラル実現に向けて、住居と同様に温室効果ガス排出量を削減することは重要です。自動車の電動化については、政府として2035年までに新車販売の電動車100%を実現する方針を掲げました。この目標に向けて、地域の自動車サプライチェーンに携わる方々が前向きに取り組んでいけるよう、積極的に支援するとしています。

再生可能エネルギー電力と電気自動車（EV）等を活用したドライブを「ゼロカーボン・ドライブ（ゼロドラ）」と名付け、家庭や地域、企業におけるゼロドラの取組を応援しています。2021年度に引き続き、2022年度補正予算では、公用車・社用車を率先して再生可能エネルギー発電設備の導入とセットで電動化し、さらに地域住民の足として利用可能なカーシェアリングに供する事業を盛り込みました（図3-2-5）。

図3-2-5 ゼロドラのロゴマーク

「あなたのドライブから、脱炭素の未来へ」

資料：環境省

4 食

消費ベースで見た我が国のライフサイクル温室効果ガス排出量において、食からの排出は全体の11％を占めるとの報告があり（図3-2-1）、食と環境は密接に関係しています。大量の食品ロスはもったいないだけでなく、廃棄には多くのコストがかかります。また、食料の調達から生産、加工・流通、消費においては多くのCO_2を排出していることから、食品ロスの削減は環境負荷の低減のためにも重要です。

また、食品や農林水産物の持続的な生産消費が重要であり、農林水産省、環境省、消費者庁は「あふの環（わ）2030プロジェクト～食と農林水産業のサステナビリティを考える～」を実施しています。これは、2030年のSDGs達成を目指し、今だけでなく次の世代も豊かに暮らせる未来を創るべく立ち上げられたプロジェクトです。2023年3月末時点で、178社・団体等が参画しており、プロジェクトメンバー間の協働により、食分野における持続可能な生産消費の促進に取り組んでいます。また、食や農林水産業に関わる持続可能な生産・サービス・商品を扱う地域・生産者・事業者の取組を広く国内外に発信することを目的として「サステナアワード2022 伝えたい日本の“サステナブル”」では各取組動画を表彰し、発信しています（写真3-2-6）。

写真3-2-6 地域・生産者・事業者の取組動画を表彰する「サステナアワード2022表彰式」にて環境大臣賞を授与する国定勇人環境大臣政務官

資料：農林水産省

(1)「てまえどり」

食品産業から発生する食品ロスを削減するためには、食品事業者における取組のみならず、消費者による食品ロス削減への理解と協力が不可欠です。消費者が買い物をする際、購入してすぐに食べる場合などは、商品棚の手前にある商品等、販売期限の迫った商品を選ぶ「てまえどり」をすることは、販売期限が過ぎて廃棄される食品ロスを削減する効果が期待できます。

環境省は、消費者庁、農林水産省、一般社団法人日本フランチャイズチェーン協会と連携して、食品ロス削減月間（10月）に合わせて「てまえどり」の呼びかけを行いました（図3-2-6）。また、2022年12月にはユーキャン新語・流行語大賞トップ10に選出されるなど「てまえどり」の普及・認知が進んでいます。

図3-2-6　てまえどり

資料：消費者庁、農林水産省、環境省、写真中央：生活協同組合コープこうべ、写真右側：一般社団法人日本フランチャイズチェーン協会

（2）様々な食品ロス削減の工夫

本来食べられるにもかかわらず廃棄されている食品、いわゆる「食品ロス」の量は2020年度で約522万トンでした。食品ロス削減のため、環境省は、消費者庁、農林水産省及び全国おいしい食べきり運動ネットワーク協議会と共に、2022年12月から2023年1月まで、「おいしい食べきり」全国共同キャンペーンを実施し、食品ロス削減の普及啓発を行いました。外食時には、残さず食べきることが大切ですが、どうしても食べきれない場合には自己責任の範囲で持ち帰る「mottECO（モッテコ）」に取り組む活動の普及啓発を実施しています（図3-2-7）。また、環境省、消費者庁では、食品ロスの削減に先駆的に取り組み、国民運動をけん引する団体等を対象に「令和4年度食品ロス削減推進表彰」を実施しました。企業、団体、学校、個人など様々な主体から計128件の応募があり、環境大臣賞には株式会社クラダシによる「農家の未収穫ロス削減をサポートし、地方創生を実現するエコシステム『クラダシチャレンジ』」、内閣府特命担当大臣（消費者及び食品安全）賞には特定非営利活動法人eワーク愛媛による「愛媛県地域循環型食品ロス削減ネットワークによる食品ロス削減推進」が選ばれました。

図3-2-7　mottECOのロゴ

資料：環境省

コラム

森里川海アンバサダー（食チーム）と連携したライフスタイルシフトの情報発信事例

自然資源（森里川海）を豊かに保ち、その恵みを支える社会づくりの普及啓発をするため、環境省は森里川海プロジェクトアンバサダーを任命し、アンバサダーと連携したライフスタイルシフトを提案する情報発信を行っています。2022年度はアンバサダーが衣食住等チームに分かれて、それぞれ情報発信しました。

第2回目ワークショップの様子

資料：環境省

食チームは、「私たちの体をつくっている食の見直しと持続可能な暮らし方」をテーマに、一人一人がライフスタイルシフトを意識する事によって環境にどのような好影響を与えるのか、SNS等による情報発信及び3回のワークショップを開催しました。第1回目は千葉県鴨川自然王国にて、半農半歌手であるアンバサダーのyaeさんを中心に「食・農・生物多様性」のつながりについて、第2回目は上智大学にて、アンバサダーの清水弘美さんを中心に「オーガニックな給食等について」の意識啓発交流イベントを開催しました。第3回目は、プラントベースフード（植物由来食品）を提供する店舗にて、学生等と地元産品の普及、有機農業の活性化等をテーマに議論しました。

5　ファッション

ファッション産業は、世界全体で水を大量に消費し、温室効果ガスを大量に排出するなど、近年、環境負荷が大きい産業と指摘されるようになりました。また、生産過程における労働環境の不透明性も課題とされています。経済産業省の「2030年に向けた繊維産業の展望（繊維ビジョン）」によると、我が国の衣料品の約98%が輸入であり、このような環境負荷と労働問題の大部分が海外で発生しています。2022年度に環境省が実施した調査では、1年間に新たに国内に供給される量の約92%が使用後に手放され、約64%はリユースもリサイクルもされずに廃棄されています。このような現状を変革するため、サステナブルファッションの推進が求められています。我が国においても、適正な在庫管理とリペア・アップサイクル等による廃棄の削減、回収から製品化までのリサイクルの仕組みづくり等の企業の取組が進んでいます。加えて、2021年8月に個社では対応が難しい課題に業界横断的に取り組むための組織として「ジャパンサステナブルファッションアライアンス（JSFA）」が設立されました。JSFAには、正会員・賛助会員合わせて57社（2023年3月時点）が参加しており、2050年目標として「ファッションロスゼロ」と「カーボンニュートラル」を掲げ、知見の共有、生活者とのコミュニケーション、政策提言の検討等を行っています。政府においても、2021年8月に消費者庁、経済産業省、環境省による「サステナブルファッションの推進に向けた関係省庁連携会議」を立ち上げ、政府一丸となって取り組む体制を構築しました。さらに、経済産業省と環境省は、2023年1月に「繊維製品における資源循環システム検討会」を立ち上げ、繊維製品の資源循環に関する課題解決に向けた検討を開始しています。

消費者庁は消費者向けの啓発及び人材育成、経済産業省は繊維リサイクル等の技術開発の支援及び環境配慮設計のあり方の検討、環境省は企業と家庭から排出される衣類の量及び回収方法の現状把握を行う等、各省庁の視点から関連する取組を進めています。

(1) ファッションと環境の現状

ア　海外で生まれ我が国で消費される服の一生

我が国で売られている衣料品の約98%は海外からの輸入品です。海外で作られた衣料品は我が国に輸送され、販売・利用されて、回収・廃棄されます。こうした原材料の調達、生地・衣服の製造、そして輸送から廃棄に至るまで、それぞれの段階で環境に負荷が生じています。海外における生産は、数多くの工場や企業によって分業されているため、環境負荷の実態や全容の把握が困難な状態となっています。

イ　生産時における産業全体の環境負荷（原材料調達から店頭に届くまで）

私たちが店頭で手に取る一着一着の洋服、これら服の製造プロセスではCO_2が排出されます。また、原料となる植物の栽培や染色などで大量の水が使われ、生産過程で余った生地などの廃棄物も出ます。服一着を作るにも多くの資源が必要となりますが、大量に衣服が生産されている昨今、その環境負荷は大きくなっています。

ウ　1人あたり（年間平均）の衣服消費・利用状況

手放す枚数よりも購入枚数の方が多く、一年間一回も着られていない服が一人あたり35着もあります。

エ　手放した後の服の行方

生活者が手放した服がリユース・リサイクルを通じて再活用される割合の合計は約34%となっており、年々その割合は高まってきていますが、まだまだ改善の余地はありそうです。

オ　捨てられた服の行方

家庭から服がごみとして廃棄された場合、再資源化される割合は5%程でほとんどはそのまま焼却・埋め立て処分されます。その量は年間で約44.5万トン。この数値を換算すると大型トラック約120台分を毎日焼却・埋め立てしていることになります。

(2) ファッションと環境へのアクション

サステナブルファッションを実現していくためには、環境配慮製品の生産者を積極的に支援するとともに、生活者も一緒になって、「適量生産・適量購入・循環利用」へ転換させていくことが大切です。具体的には、以下の5つのアクションが挙げられます。まずはできることからアクションを起こしていくことが大切です。

[1] 服を大切に扱い、リペアをして長く着る
[2] おさがりや古着販売・購入などのリユースでファッションを楽しむ
[3] 可能な限り長く着用できるものを選ぶ
[4] 環境に配慮された素材で作られた服を選ぶ
[5] 店頭回収や資源回収に出して、資源として再利用する

コラム  2025年日本国際博覧会

2025年日本国際博覧会（大阪・関西万博）では、「いのち輝く未来社会のデザイン」をメインテーマとし、ポストコロナ時代の新たな社会像を提示していくことを目指しています。また、「未来社会の実験場」というコンセプトのもと、会場を多様なプレイヤーによる共創の場とすることにより、イノベーションの誘発や社会実装を推進しようとしています。

本コンセプトの具体化に向け、各府省庁の予算要求等を踏まえた現時点の取組・検討状況についてまとめた、「2025年大阪・関西万博アクションプランVer.3」が2022年12月に公表されました。同アクションプランにおいては、再エネ水素を使ったメタネーション実証事業の実施、カーボンニュートラルに向けた地域脱炭素の取組の発信、会場内での資源循環に関する支援、海洋プラスチックごみ対策の発信、日本の国立公園の魅力の発信などといった取組が盛り込まれています。環境省では引き続き、大阪・関西万博に向け、環境分野の取組について発信してまいります。

第3節　人の命と環境を守る

公害の防止や自然環境の保護を扱う機関として誕生した環境省にとって、人の命と環境を守る基盤的な取組は、原点であり使命です。その原点は変わらず、時代や社会の変化と人々のライフスタイルに応じた政策に取り組んでいます。

1　熱中症の深刻化と対策の抜本的強化

（1）熱中症の深刻化

近年、我が国の熱中症による救急搬送人員や死亡者数は高い水準で推移しています。2022年5月から9月の救急搬送人員は約7万1千人であり、死亡者数は5年移動平均で1,000人を超える年が続くなど、自然災害による死亡者数を上回る状況にあります。また、世界的には、2022年6月に欧州を中心として熱波が発生し、甚大な人的被害をもたらしました。今後、地球温暖化が進行すれば、極端な高温の発生リスクが増加することが見込まれる中、我が国における熱中症対策は喫緊の課題となっています（図3-3-1）。

図3-3-1　熱中症による死亡者（5年移動平均）の推移

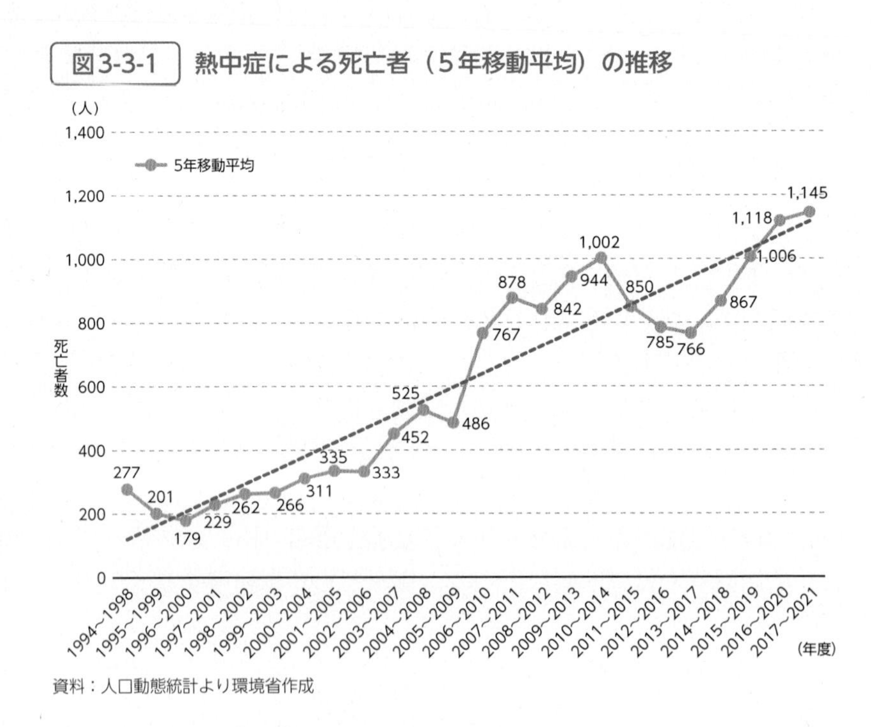

資料：人口動態統計より環境省作成

（2）対策の抜本的強化

熱中症対策のさらなる推進を図るため、政府がより一層連携して対策を推進するべく既存の熱中症対策行動計画を法定の閣議決定計画に格上げするとともに、重大な健康被害が発生するおそれのある場合

に熱中症特別警戒情報を発表することや、特別警戒情報の発表時に公共施設等を地域住民に開放する指定暑熱避難施設（クーリングシェルター）として、また、熱中症対策の普及啓発等に取り組む民間団体等を熱中症対策普及団体として市町村が指定できる制度を設ける「気候変動適応法及び独立行政法人環境再生保全機構法の一部を改正する法律案」を2023年2月に閣議決定し、第211回国会に提出しました（写真3-3-1、写真3-3-2）。

写真3-3-1　熊谷市「まちなかオアシス事業」の事例

注：2019年撮影。
資料：熊谷市

写真3-3-2　高齢者支援団体による呼びかけ活動

資料：吹田市

2　子どもの健康と環境に関する全国調査（エコチル調査）

化学物質などの環境要因が子供の成長や発達にもたらす影響への懸念から、国内外で大規模な疫学調査の必要性が認識されるようになりました。このようなことを背景に、我が国では、胎児期から小児期にかけての化学物質へのばく露が子供の健康に与える影響を解明するため、2010年度から、全国で約10万組の親子を対象とした「子どもの健康と環境に関する全国調査（エコチル調査）」を実施しています。協力者から提供された臍（さい）帯血、血液、尿、母乳、乳歯等の生体試料を採取保存・分析するとともに、質問票によって健康状態や生活習慣等のフォローアップを行っています。また、約10万人の中から抽出された約5,000人の子供を対象として、医師による診察や身体測定、居住空間の化学物質の採取等の詳細調査を実施しています。この調査は、国立研究開発法人国立環境研究所、国立研究開発法人国立成育医療研究センター、全国15地域のユニットセンター等を主体として実施しています。エコチル調査の開始から12年が経過し、今までに約540万検体の生体試料が収集され、順次、化学分析等を実施し、質問票による子供の健康状態等に関する情報も蓄積しています。

これらの貴重なデータを基に発表された論文は、325本に上っています（2022年12月末時点）。例えば、妊婦の化学物質等のばく露と生まれた子供の体格やアレルギー疾患等との関連などについて明らかになっています（図3-3-2）。

図3-3-2 子どもの健康と環境に関する全国調査（エコチル調査）これまでの論文数について

論文数

全国データを用いた論文：325編
（中心仮説39編、中心仮説以外286編）
（令和4年12月末時点）
ほか
・追加調査57編
・その他の論文100編　がある。

【中心仮説】
胎児期～小児期の化学物質曝露等の環境要因が、妊娠・生殖、先天性形態異常、精神神経発達、免疫・アレルギー、代謝・内分泌系等に影響を与えているのではないか。

令和4年12月末時点までの全国データを用いた論文数は325編（令和4年度は9か月間で66編）。

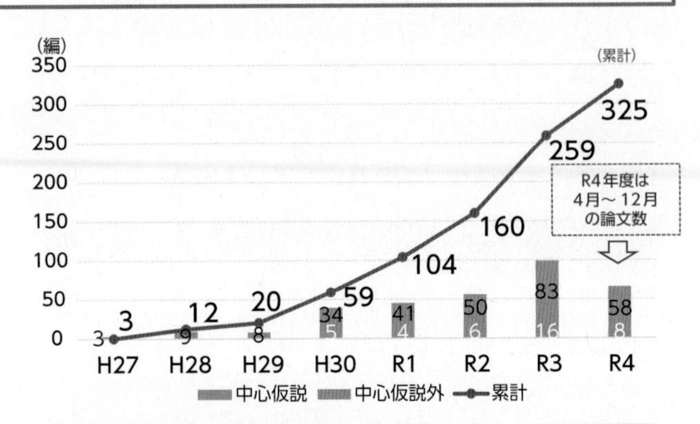

主な成果

4歳時の血中ビタミンD濃度が低い子どもは、ビタミンD不足がない子どもに比べて身長の成長率が年間0.6cm程度低かった。

4歳時の血中ビタミンD（25(OH)D3）濃度と身長の成長率の関係

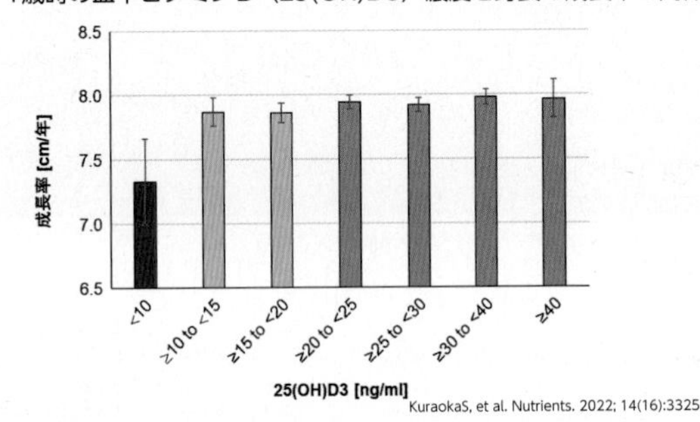

KuraokaS, et al. Nutrients. 2022; 14(16):3325.

仕事で医療用消毒殺菌剤を毎日使用していた妊婦から生まれた子どもは、使用していない妊婦から生まれた子どもと比べて、3歳時に気管支喘息やアトピー性皮膚炎になる割合が高かった。

医療用消毒殺菌剤使用頻度ごとのアレルギー性疾患発症（3歳時）のオッズ比

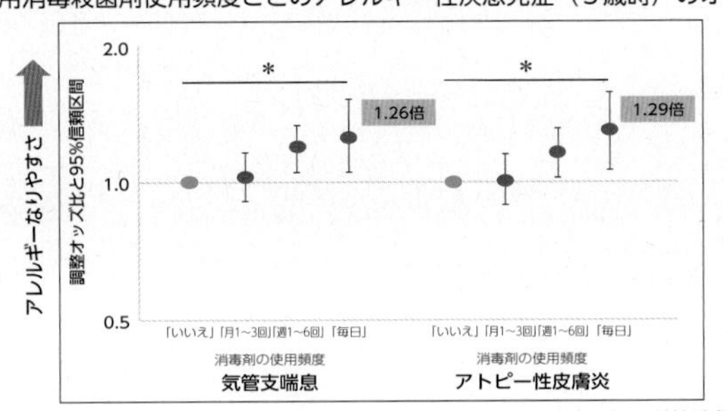

Kojima R, et al. Occupational and Environmental Medicine. 2022;79(8):521-526.

資料：環境省

3　化学物質対策

特定化学物質の環境への排出量の把握等及び管理の改善の促進に関する法律（平成11年法律第86号）の対象となる化学物質の見直しを行う改正施行令が2023年4月から施行されました。見直された対象化学物質の環境中への排出量等を把握することにより、より適切な環境リスク評価ができるようになります。化学物質排出移動量届出制度（PRTR制度）による事業者からの届出は2024年度から実施されます。事業者からの把握・届出が適切になされるよう、周知・広報等を進めていきます。

化学物質の審査及び製造等の規制に関する法律（昭和48年法律第117号）では、第一種特定化学物質の製造・輸入等を原則禁止しています。近年、特に動向が注目されているペルフルオロオクタンスルホン酸（PFOS）は2010年に、ペルフルオロオクタン酸（PFOA）は2021年に、それぞれ第一種特定化学物質に指定され、措置が講じられています。また、2020年にPFOS及びPFOAを水質に関する要監視項目に位置付け、都道府県等の地域の実情に応じ水質測定を行うとともに、2022年12月にこれらを水質汚濁防止法（昭和45年法律第138号）の指定物質に追加し、事故に伴って流出する場合の措置を関係事業者に義務づける（2023年2月より施行）など、監視強化やばく露防止の対応を図っています。さらに、2023年1月に専門家会議を新たに設置し、PFOS等に関する水環境の目標値等の検討や総合戦略の検討を進め、国民の安全・安心のための取組を進めていきます。

コラム  地域等における気候変動適応の取組～地域気候変動適応計画～

近年、気温の上昇、大雨の頻度や強度の増加、農作物の品質の低下、動植物の分布域の変化、熱中症リスクの増加など、気候変動による影響が全国各地で現れており、地球温暖化に伴って、今後、長期にわたり影響が拡大するおそれがあります。気候変動に対処するためには、温室効果ガスの排出の抑制等を行う緩和だけではなく、気候変動の影響を回避・軽減する「適応」を進めることが重要です。気候変動による影響は、地域の気候条件や地理的条件、社会経済条件等の地域特性によって大きく異なります。また、早急に対応を要する分野や重点的に対応を行う必要のある分野も地域によって異なります。そのため地方公共団体が主体となって、地域の実情に応じた地域気候変動適応計画を策定し、多様な関係者の連携・協働の下、適応に取り組むことが求められています。

環境省は、気候変動適応法に基づき地方公共団体が策定する地域気候変動適応計画の策定支援を目的として、「地域気候変動適応計画策定マニュアル」を2018年度に公表し、2023年3月に新たな知見等を追加して改訂しました。2023年4月現在で、47都道府県、19政令市、140市町村で地域気候変動適応計画が策定されています。

第4章 東日本大震災・原発事故からの復興・再生に向けた取組

2011年3月11日、マグニチュード9.0という日本周辺での観測史上最大の地震が発生しました。

この地震により引き起こされた津波によって、東北地方の太平洋沿岸を中心に広範かつ甚大な被害が生じるとともに、東京電力福島第一原子力発電所（以下「福島第一原発」という。）の事故によって大量の放射性物質が環境中に放出されました。また、福島第一原発周辺に暮らす多くの方々が避難生活を余儀なくされました。

環境省ではこれまで、除染や中間貯蔵施設の整備、特定廃棄物の処理、帰還困難区域における特定復興再生拠点区域の整備等、被災地の復興・再生に向けた事業を続けてきました（図4-1-1）。

図4-1-1　事故由来放射性物質により汚染された土壌等の除染等の措置及び汚染廃棄物の処理等のこれまでの歩み

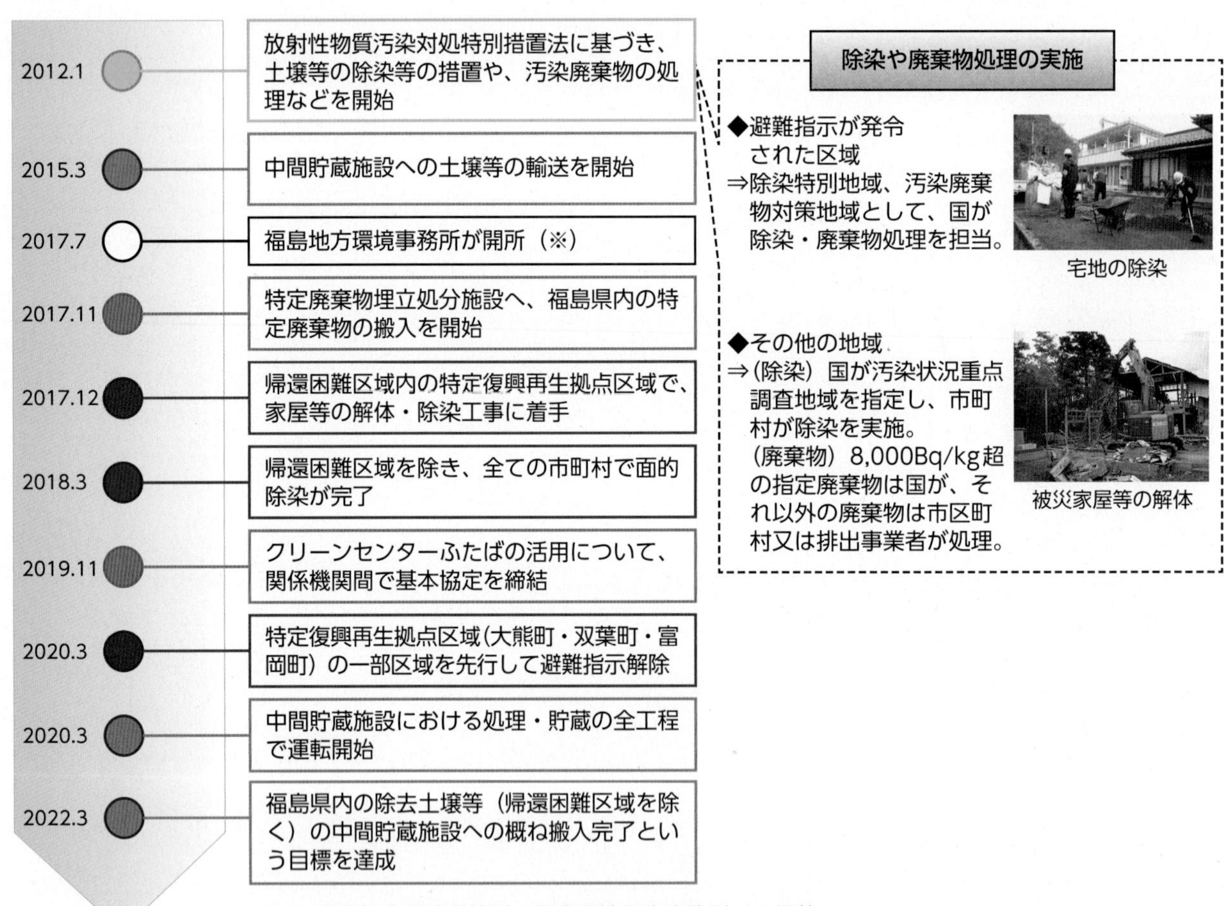

資料：環境省

放射性物質汚染からの環境回復の状況については、2022年10月時点の福島第一原発から80km圏内の航空機モニタリングによる地表面から1mの高さの空間線量率は、引き続き減少傾向にあります（図4-1-2）。

図4-1-2 東京電力福島第一原子力発電所80km圏内における空間線量率の分布

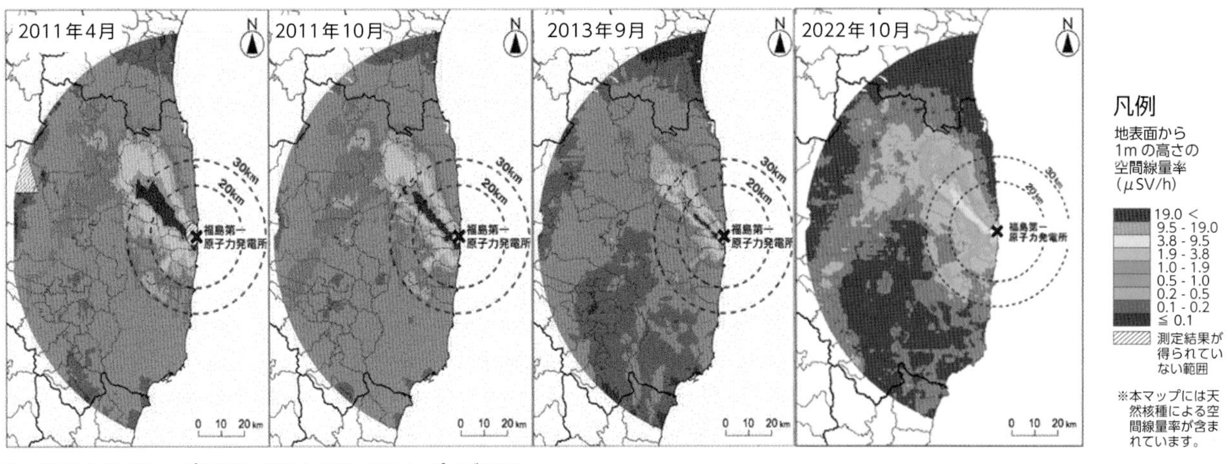

注：2011年4月のマップは現在と異なる手法によりマッピングされた。
資料：原子力規制庁

また、福島県及び周辺地域において環境省が実施しているモニタリングでは、河川、沿岸域の水質及び地下水からは近年放射性セシウムは検出されておらず、同地域の湖沼の水質について、2021年度は164地点のうち3地点のみの検出となっています。

他方、東日本大震災からの復興・再生に向けて、引き続き取り組むべき課題が残っています。福島県内除去土壌等の県外最終処分の実現に向けた取組を始め、環境再生の取組を着実に進めるとともに、脱炭素・資源循環・自然共生といった環境の視点から地域の強みを創造・再発見する未来志向の取組を推進していきます。

第4章では、主に帰還困難区域の復興・再生に向けた取組、福島県内除去土壌等の最終処分に向けた取組、復興の新たなステージに向けた未来志向の取組、ALPS（アルプス）処理水に係る海域モニタリング、リスクコミュニケーションの取組を概観します。

第1節　帰還困難区域の復興・再生に向けた取組

福島第一原発の事故後、原発の周辺約20～30kmが警戒区域又は計画的避難区域として避難指示の対象となりました。避難指示区域は、2011年12月以降、空間線量率等に応じて、三つの区域（避難指示解除準備区域、居住制限区域、帰還困難区域）に再編され、このうち、避難指示解除準備区域及び居住制限区域では、順次、除染などの事業が進められ、2017年3月までに面的な除染が完了し、2020年3月までには全域で避難指示が解除されました。帰還困難区域については、将来にわたって居住を制限することを原則とする区域とされ、立入が厳しく制限されてきましたが、空間線量率が低減してきたこと等を受けて、2017年に福島復興再生特別措置法（平成24年法律第25号）が改正され、帰還困難区域内に特定復興再生拠点区域を設定し、除染や避難指示解除を進められるようにする制度が整えられました。

そして環境省では、2017年12月から特定復興再生拠点区域の除染や家屋等の解体を進めてきました。特定復興再生拠点区域における除染の進捗率は9割を超えており（2023年2月末時点）、また、家屋等の解体の進捗率（申請受付件数比）は約86%です（2023年2月末時点）（図4-1-3）。

図4-1-3　特定復興再生拠点区域の概要（2023年2月末時点）

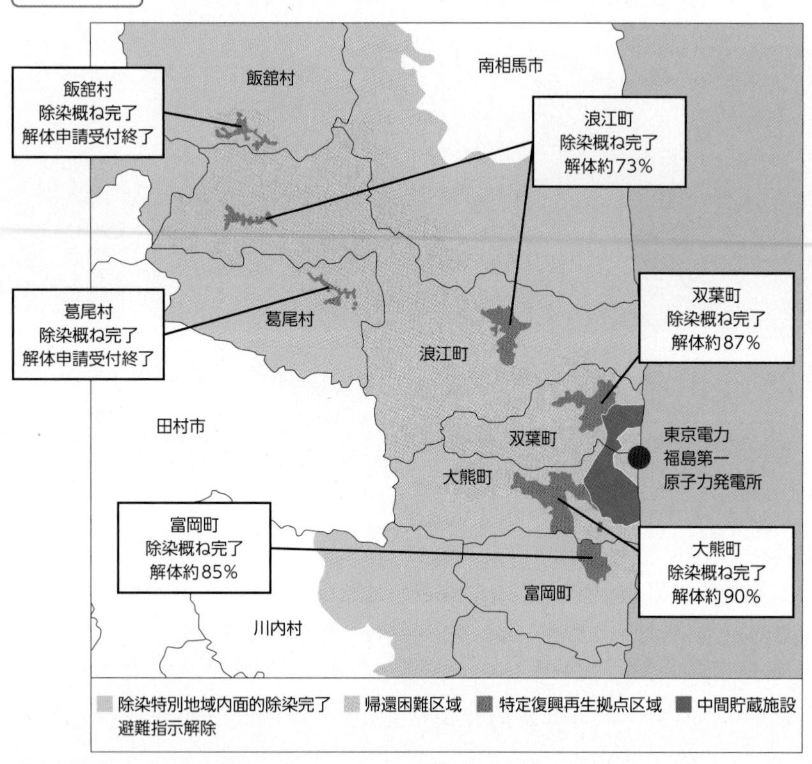

資料：環境省

これらの取組を踏まえ、2022年6月には葛尾村及び大熊町、同年8月には双葉町、2023年3月には浪江町、同年4月には富岡町、同年5月には飯舘村の特定復興再生拠点区域の避難指示が解除されました（図4-1-4）。さらに、特定復興再生拠点区域外についても、2021年8月に「特定復興再生拠点区域外への帰還・居住に向けた避難指示解除に関する考え方」が原子力災害対策本部・復興推進会議で決定され、2020年代をかけて、帰還意向のある住民が帰還できるよう帰還に必要な箇所を除染し、避難指示解除の取組を進めていくこととしています。この政府方針を実現するため、「福島復興再生特別措置法の一部を改正する法律案」を2023年2月に閣議決定し、第211回国会に提出しました。

図4-1-4　特定復興再生拠点区域の除染等の取組

町村名	認定日	区域面積	着工日	避難指示解除年月
双葉町	2017年9月15日	約555ha	2017年12月25日	2022年8月30日
大熊町	2017年11月10日	約860ha	2018年3月9日	2022年6月30日
葛尾村	2018年5月11日	約95ha	2018年11月20日	2022年6月12日
浪江町	2017年12月22日	約661ha	2018年5月30日	2023年3月31日
富岡町	2018年3月9日	約390ha	2018年7月6日	2023年4月1日
飯舘村	2018年4月20日	約186ha	2018年9月28日	2023年5月1日

●農地除染
（大熊町）

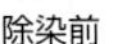
除染前

除染中

除染後

●施設の除染
（浪江町、陶芸の杜おおぼり）

除染後

●学校の除染
（双葉町、双葉南小学校）

除染前

除染中

除染後

●道路の除染
（富岡町、夜の森地区）

除染後

資料：環境省

コラム　**特定復興再生拠点区域の避難指示解除**

　帰還困難区域のうち、避難指示を解除して住民の帰還を目指す区域として各町村が設定した「特定復興再生拠点区域」において、2022年6月に葛尾村、大熊町、同年8月には双葉町、2023年3月には浪江町、同年4月には富岡町、同年5月には飯舘村の特定復興再生拠点区域の避難指示が解除され、長期間にわたり帰還が困難であるとされていた帰還困難区域で、初めて住民の帰還が可能となりました。特に、双葉町については居住を前提とした避難指示解除は初めてのことであり、原発事故以来約11年半ぶりに居住のための帰還ができることとなりました。

　これまで、特定復興再生拠点区域内で除染等が実施されたことによって、葛尾村では2021年11月30日から、大熊町では同年12月3日から、双葉町では2022年1月20日から、富岡町では同年4月11日から、浪江町では同年9月1日から、飯舘村では同年9月23日から希望する方々が自宅等で夜も寝泊まりできる「準備宿泊」は可能となっていましたが、対象エリアでの除染やインフラの整備が進捗し、本格的に帰還が可能となったことから避難指示解除に至ったものです。

　帰還困難区域の特定復興再生拠点区域外についても、2020年代をかけて、帰還意向のある住民が帰還できるよう避難指示解除の取組を進めるため、「福島復興再生特別措置法の一部を改正する法律案」を2023年2月に閣議決定し、第211回国会に提出しました。

　これからも、故郷への帰還を希望される、より多くの住民のみなさまの生活再建を目指して、避難指示解除に向けた取組を進めてまいります。

第2節　福島県内除去土壌等の最終処分に向けた取組

福島県内での除染により発生した除去土壌等については、中間貯蔵開始後30年以内に福島県外で最終処分を完了するために必要な措置を講ずることとされています。県外最終処分の実現に向けては、最終処分量の低減を図ることが重要であるため、県外最終処分に向けた取組に関する中長期的な方針として、2016年4月に「中間貯蔵除去土壌等の減容・再生利用技術開発戦略」及び「工程表」を取りまとめ、2019年3月に見直しを行いました（図4-2-1）。また、2016年6月には、除去土壌の再生利用を段階的に進めるための指針として、「再生資材化した除去土壌の安全な利用に係る基本的考え方について」を取りまとめました。

第4章

図4-2-1　中間貯蔵除去土壌等の減容・再生利用技術開発戦略の概要

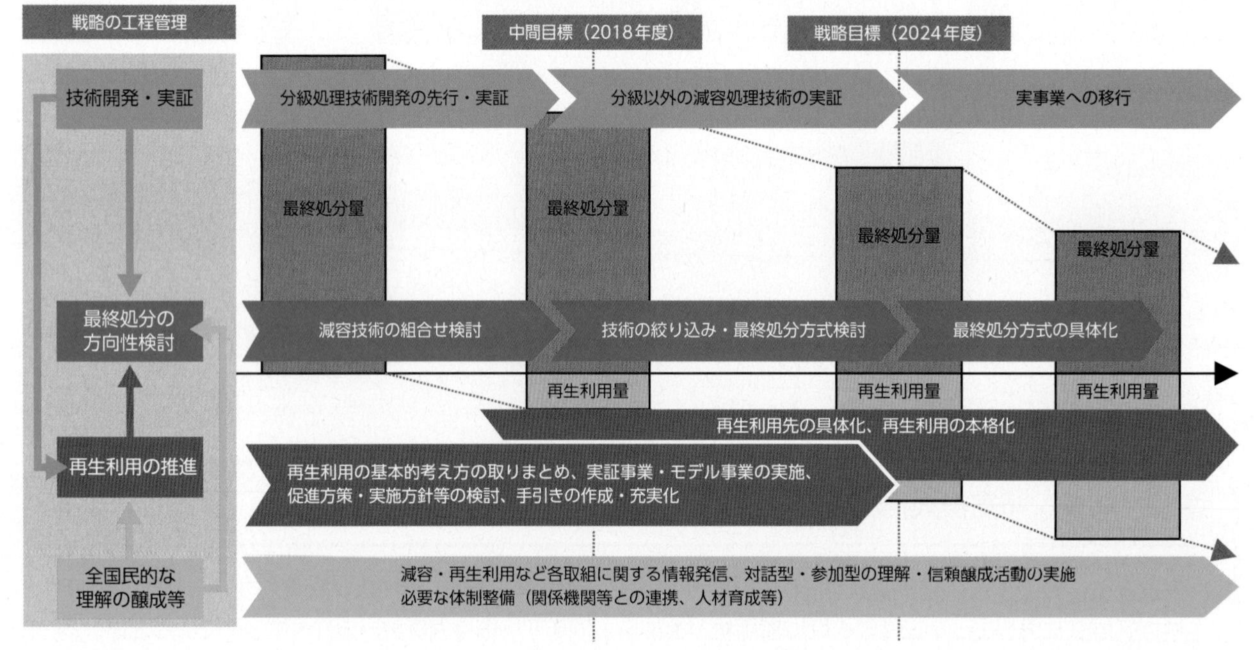

資料：環境省

これらに沿って、福島県南相馬市小高区東部仮置場及び飯舘村長泥地区において、除去土壌を再生資材化し、盛土の造成等を行うといった再生利用の安全性を確認する実証事業を実施してきました。これまでに実証事業で得られた結果からは、空間線量率等の上昇が見られず、盛土の浸透水の放射能濃度は概ね検出下限値未満となっています（なお、南相馬市の実証事業については、2021年9月に盛土を撤去済み）。

飯舘村長泥地区における実証事業では、2022年度に農地造成、水田試験及び花き類の栽培試験を実施しました（写真4-2-1）。

写真4-2-1　飯舘村長泥地区を視察する小林茂樹環境副大臣と柳本顕環境大臣政務官

資料：環境省

農地造成については2021年4月に着手した除去土壌を用いた盛土が、2022年度末までに概ね完了しました。水田試験については、水田に求められる機能を概ね満たすことを確認しました。これまでに実証事業で得られたモニタリング結果からは、施工前後の空間線量率に変化がないこと、農地造成エリアからの浸透水の放射性セシウムはほぼ不検出であることなどの知見が得られており、再生利用を安全に実施できることを確認しています（図4-2-2）。さらに、道路整備での再生利用について検討するため、中間貯蔵施設内において道路盛土の実証事業にも着手しました。また、福島県外においても実証事業を実施すべく、関係機関等との調整を開始しました。

減容・再生利用技術の開発に関しては、2022年度も、大熊町の中間貯蔵施設内に整備している技術実証フィールドにおいて、中間貯蔵施設内の除去土壌等も活用した技術実証を行いました。また、2022年度は双葉町の中間貯蔵施設内において、仮設灰処理施設で生じる飛灰の洗浄技術・安定化技術に係る基盤技術の実証試験を開始しました。

また、福島県内除去土壌等の県外最終処分の実現に向け、減容・再生利用の必要性・安全性等に関する全国での理解醸成活動の取組の一つとして、2022年度は2021年度に引き続き、全国各地で対話フォーラムを開催しており、これまで、第5回を広島市内で2022年7月に、第6回を高松市内で10月に、第7回を新潟市内で2023年1月に、第8回を仙台市内で3月に開催しました(写真4-2-2)。当日は、西村明宏環境大臣をはじめ、有識者や著名人に参加いただき、福島の除去土壌などに関する課題や今後について議論を交わしました。

さらに、2022年度も引き続き、一般の方向けに飯舘村長泥地区の現地見学会を開催しています。このほか、大学生等への環境再生事業に関する講義、現地見学会等を実施するなど、次世代に対する理解醸成活動も実施しました。

また、中間貯蔵施設に搬入して分別した土壌の表面を土で覆い、観葉植物を植えた鉢植えを、2020年3月以降、総理官邸、環境大臣室、新宿御苑、地方環境事務所等の環境省関連施設や関係省庁等に設置しています。鉢植えを設置した前後の空間線量率はいずれも変化はなく、設置以降1週間～1か月に1回実施している放射線のモニタリングでも、鉢植えの設置前後の空間線量率に変化は見られていません（写真4-2-3）。今後とも、除去土壌の再生利用の推進に関する理解醸成の取組を進めていきます。

図4-2-2 飯舘村長泥地区事業エリアの遠景（水田試験エリアとは、「水田機能を確認するための試験」のエリアを表す）

資料：環境省

写真4-2-2 西村明宏環境大臣や有識者や著名人等が参加した仙台での第8回対話フォーラム

資料：環境省

写真4-2-3 総理官邸に設置している鉢植え

資料：環境省

第3節　復興の新たなステージに向けた未来志向の取組

環境省では、福島県内のニーズに応え、環境再生の取組のみならず、脱炭素、資源循環、自然共生といった環境の視点から地域の強みを創造・再発見する「福島再生・未来志向プロジェクト」を推進しています。本プロジェクトでは、2020年8月に福島県と締結した「福島の復興に向けた未来志向の環境施策推進に関する連携協力協定」も踏まえ、福島県や関係自治体と連携しつつ施策を進めていくこととしています。

脱炭素に向けた施策としては、環境、エネルギー、リサイクル分野での新たな産業の定着を目指した実現可能性調査を2018年度から継続して実施し、2022年度はバイオガス発電による地域の未利用資源の利活用や地域電力の確保の可能性調査など6件の調査を採択しました。また、福島での自立・分散型エネルギーシステム導入に関する重点的な財政的支援を「脱炭素×復興まちづくり」推進事業として2021年度から継続して実施しており、2022年度は、設備導入補助を18件採択しました。さらに、復興まちづくりと脱炭素社会の同時実現を図るとともに、地域循環共生圏の形成に向けて、地域内外の多様な主体が連携していくことを目指し「脱炭素×復興まちづくりプラットフォーム」を2023年3月に設立しました(写真4-3-1)。

また、福島に対する風評払拭や環境先進地へのリブランディングにつなげるため、福島の未来に向けてチャレンジする姿を発信する「FUKUSHIMA NEXT」表彰制度について、2021年度受賞者の優れた取組を様々なメディアを通じて発信しました。また、全国から集まった学生等が復興の現状や福島県が抱える課題を見つめ直し、次世代の視点から情報を発信することを目的に、「福島、その先の環境へ。」次世代ツアーを開催するとともに、福島の復興や環境再生の取組を世界に発信することを目的に、COP27にてブース展示を実施しました。

加えて、福島・環境再生の記憶の継承・風化対策として、未来を担う若い方々と一緒になって福島の未来を考えることを目的とした表彰制度「いっしょに考える『福島、その先の環境へ。』チャレンジ・アワード」を2020年度から引き続

写真4-3-1　脱炭素×復興まちづくりプラットフォームの設立

資料：環境省

写真4-3-2　いっしょに考える「福島、その先の環境へ。」チャレンジ・アワードの表彰状授与式の様子（2022年11月）

資料：環境省

写真4-3-3　小林茂樹環境副大臣も参加した「福島、その先の環境へ。」シンポジウムの様子（2023年3月12日）

資料：環境省

き実施しました（写真4-3-2）。

さらに、2019年4月に福島県と共同策定した「ふくしまグリーン復興構想」を踏まえ、2021年7月に磐梯朝日国立公園満喫プロジェクト推進に向けた地域協議会を立ち上げ、2022年3月に磐梯朝日国立公園満喫プロジェクト磐梯吾妻・猪苗代地域ステップアッププログラム2025を策定するなど、国立公園等の魅力向上に関する取組を進めています。

2023年3月には「福島、その先の環境へ。」シンポジウムを実施しました（写真4-3-3）。引き続き、福島県との連携をより一層強化しながら、未来志向の環境施策を推進していきます。

コラム  「福島、その先の環境へ。」次世代ツアーの開催

2022年8月に、全国から集まった学生等が復興の現状や福島県が抱える課題を見つめ直し、次世代の視点から情報を発信することを目的に、実際に福島を訪ね見学する「福島、その先の環境へ。」次世代ツアーを開催しました。

この「福島、その先の環境へ。」次世代ツアーは、2022年5月に環境省庁舎にて開催した「次世代会議」において、全国から集まった約20名の学生が、「環境再生×地域・まちづくりツアー」「環境再生×観光ツアー」「環境再生×農業ツアー」「環境再生×新産業・新技術ツアー」「環境再生×脱炭素ツアー」の5つのテーマごとにグループに分かれて議論しながら考えたツアー企画に基づき実施したものです。

5つのツアーすべてで中間貯蔵施設の視察を行うとともに、各テーマに沿って、福島の魅力を体感できる場所や先進的な取組が行われている場所などを巡りました。また、ツアー期間中に5つのツアーの参加者全員（約80名）が一堂に会しての座談会を実施し、「いま、私たちが福島について知り、伝えたい10のこと」をテーマに、福島のためにできること・やるべきこと等について、非常に活発な意見交換や発信を行いました。

学生が中心となったこれら一連の取組について、各種メディアに取り上げていただくとともに、参加者からSNS等での発信も行われました。

環境省では、福島に対する風評払拭や環境先進地へのリブランディングにつなげるため、今後もこのような取組を通じた情報発信に取り組んでいきます。

座談会の様子

資料：環境省

第4節　ALPS（アルプス）処理水に係る海域モニタリング

2021年4月、廃炉・汚染水・処理水対策関係閣僚等会議において、多核種除去設備等処理水（以下「ALPS（アルプス）処理水」という。）の処分について、2年程度後をめどに、安全性の確保と風評対策の徹底を前提に、海洋放出を行う基本方針が決定されました。

上記基本方針においては、ALPS（アルプス）処理水の海洋放出に当たり、トリチウム以外の放射性物質が規制基準を確実に下回るまで浄化されていることを確認するとともに、取り除くことの難しいトリチウムの濃度は、海水で大幅に希釈することにより、規制基準を厳格に遵守するだけでなく、消費者等の懸念を少しでも払拭するよう、当該規制基準の40分の1かつ世界保健機関（WHO）の飲料水水質ガイドラインの7分の1程度の水準（1,500ベクレル／ℓ未満）とすることとしています。また、ALPS（アルプス）処理水の放出前から海域モニタリングを強化・拡充し、その際、国際原子力機関（IAEA）の協力を得て分析機関間比較を行って分析能力の信頼性を確保することや、海洋環境の専門家等による新たな会議を立ち上

げ、海域モニタリングの実施状況について確認・助言を行うことなどにより、客観性・透明性を最大限高めることとしています。

基本方針を踏まえ、2022年3月に政府の「総合モニタリング計画」を改定し、2022年度から放出前の海域モニタリングを開始しており、海水や魚類、海藻類についてトリチウム等の放射性核種の濃度を測定しています（写真4-4-1）。2023年度には海洋放出開始が予定されており、放出開始直後は測定の頻度を高くする予定です。

また、2021年に「ALPS（アルプス）処理水に係る海域モニタリング専門家会議」を立ち上げ、海域モニタリングの地点、頻度、手法等の妥当性や結果に関する科学的・客観的な評価について専門家による確認・助言を得ながら海域モニタリングを実施しています。

さらに、2022年11月には分析機関間比較の一環としてIAEA及び第三国の専門家が来日し、共同での試料採取等を行いました（写真4-4-2）。今後、IAEAにより、我が国、IAEA及び第三国における分析結果の比較・評価が行われます。なお、2014年から実施している分析機関間比較において、IAEAが2021年の結果をまとめた報告書では、海域モニタリング計画に参加している日本の分析機関が引き続き高い正確性と能力を有していると評価されています。これらを含むALPS処理水の放出に関するIAEAによる独立したレビューについては、2023年4月にG7により支持が表明されました。

写真4-4-1　海域モニタリングの様子

資料：環境省

写真4-4-2　採取した試料をIAEA及び第三国の専門家が確認する様子

資料：環境省

第5節　リスクコミュニケーションの取組

1　放射線健康影響に係るリスクコミュニケーションの推進

2017年12月に取りまとめられた「風評払拭・リスクコミュニケーション強化戦略」（復興庁事務局）に基づき、福島県いわき市に設置した「放射線リスクコミュニケーション相談員支援センター」が中心となり、福島県内における放射線不安対策として、住民からの相談に対応する相談員、地方公共団体職員等への研修や専門家派遣等の技術支援を行っています。加えて、帰還した又は帰還を検討している住民を対象に、帰還後の生活の中で生じる放射線への不安・疑問について、車座意見交換会等を通じたリスクコミュニケーションを実施しています。また、福島県外においても、各地方公共団体や教育機関の要望に応じた研修会やセミナーを開催しています。

図4-5-1　「ぐぐるプロジェクト」ロゴマーク

資料：環境省

東京電力福島第一原子力発電所の事故後の健康影響について、原子放射線の影響に関する国連科学委員会（UNSCEAR）では「放射線被ばくが直接の原因となるような将来的な健康影響は見られそうにない」と評価しています。また福島県「県民健康調査」検討委員会においては、「現時点において本格検査（2回目検査）に発見された甲状腺がんと放射線被ばくの間の関連は認められない」と評価しています。（甲状腺検査は各対象者に原則2年に1回実施しており、本格検査（検査2回目）は、2014～2015年度に実施された検査です。）

このような放射線の健康影響に係る正しい科学的知見が国民に届かないことにより、不安や風評が生じ、これが差別偏見につながっていくおそれがあります。このことを背景に、「学び・知をつむ“ぐ”」、「人・町・組織をつな“ぐ”」、「自分ごととしてつたわ“る”」ことにより、風評にまどわされない適正な判断力を養っていく「ぐぐるプロジェクト」を2021年7月に立ち上げ、放射線健康影響に関する正確な情報を全国に分かりやすく発信する取組を推進しています（図4-5-1）。

コラム  ぐぐるプロジェクトの取組

ぐぐるプロジェクトでは、全国各地でセミナーを開催しています。セミナーでは、与えられた情報をそのまま鵜呑みにするのではなく、自分自身で精査し、正しい判断力を養うことなどをテーマとしました。また、表現力を試すプレゼンテーションやドラマの台詞作成などを通じ、差別・偏見について考え、発信する場も設けています。2022年度からは、行動経済学の視点を踏まえ、情報の受け手（科学的な知識があり不安はない層、科学的な知識があり不安がある層、放射線に無関心な層など）の特性に応じて発信内容を工夫するなどの戦略的な広報を行っています。

差別・偏見の一因として、誤った、又は不適切に解釈された情報の拡散も挙げられます。ぐぐるプロジェクトでは、学術論文に焦点を当て、論文の成り立ちや、一論文と国際機関が出す報告書との違いに触れるなどし、「被ばくによる健康影響」を含めた科学的知見の信頼性や解釈の方法について考える機会も提供しています。

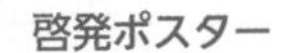
啓発ポスター

資料：環境省

学生へのセミナーの様子

資料：環境省

台詞を募集しドラマを作成

資料：環境省

メディア向け公開講座

資料：環境省

2 環境再生事業に関連する放射線リスクコミュニケーション

除染や中間貯蔵施設の整備、特定廃棄物の処理、帰還困難区域における特定復興再生拠点区域の整備等の復興・再生に向けた事業を進めると同時に、放射線や地域の環境再生への取組等についてわかりやすく情報を提供しています。また、環境再生プラザやリプルンふくしま、中間貯蔵工事情報センターを主な拠点とし、環境再生事業に関連する放射線リスクコミュニケーションに係る取組を実施しています。さらに、高い専門性や豊富な経験を持つ専門家の、市町村や町内会、学校等への派遣、Web等を活用した除染・放射線学習をサポートする教材の配布を実施しています。

2022年度は、放射線に係るリスクコミュニケーションとして、専門家派遣を94回実施しました。

3 ALPS処理水に係る風評対策

ALPS処理水に係る風評対策のために、原子力災害による風評被害を含む影響への対策タスクフォース（復興庁事務局）において「ALPS処理水に係る理解醸成に向けた情報発信等施策パッケージ」を取りまとめ、政府一丸となった取組を進めています。

この一環として、風評影響の抑制のため、環境省及び関係機関が実施する海域モニタリングの結果について分かりやすく一元的に掲載したウェブサイトを立ち上げ、広く情報を発信しています。

また、放射線に関する科学的知見や関係省庁等の取組等を横断的に集約した統一的な基礎資料に、ALPS処理水に関する情報を記載しました。

さらに、福島県内・外の車座意見交換会やセミナー等の場において、ALPS処理水に関する説明を行っています。

第2部

各分野の施策等に関する報告

令和4年度

環境の状況
循環型社会の形成の状況
生物の多様性の状況

2022/23

第1章　地球環境の保全

第1節　地球温暖化対策

1　問題の概要と国際的枠組みの下の取組

近年、人間活動の拡大に伴ってCO_2、メタン（CH_4）、一酸化二窒素（N_2O）、代替フロン類等の温室効果ガス（GHG）が大量に大気中に排出されることで、地球温暖化が進行していると言われています。特にCO_2は、化石燃料の燃焼等によって膨大な量が人為的に排出されています。我が国が排出する温室効果ガスのうち、CO_2の排出が全体の排出量の約91％を占めています（図1-1-1）。

図1-1-1　我が国が排出する温室効果ガスの内訳（2021年単年度）

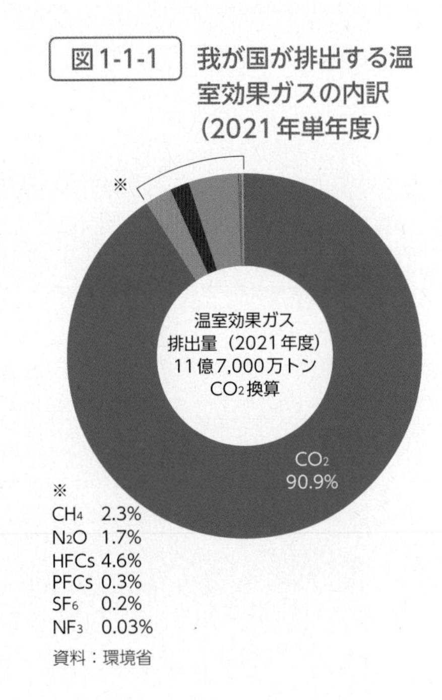

資料：環境省

(1) 気候変動に関する政府間パネルによる科学的知見

気候変動に関する政府間パネル（IPCC）は、2021年8月から2023年3月にかけて公表した第6次評価報告書において、以下の内容を公表しました。

○観測された変化及びその原因

- 人間の影響が大気、海洋及び陸域を温暖化させてきたことには疑う余地がない。大気、海洋、雪氷圏及び生物圏において、広範囲かつ急速な変化が現れている。

○将来の気候変動、リスク及び影響

- 世界平均気温は、本報告書で考慮した全ての排出シナリオにおいて、少なくとも今世紀半ばまでは上昇を続ける。向こう数十年の間にCO_2及びその他の温室効果ガスの排出が大幅に減少しない限り、21世紀中に、地球温暖化は1.5℃及び2℃を超える。
- 地球温暖化が更に進行するにつれ、極端現象の変化は拡大し続ける。例えば、地球温暖化が0.5℃進行するごとに、熱波を含む極端な高温、大雨、一部地域における農業及び生態学的干ばつの強度と頻度に、明らかに識別できる増加を引き起こす。
- 地球温暖化を1.5℃付近に抑えるような短期的な対策は、より高い水準の温暖化に比べて、人間システム及び生態系において予測される、気候変動に関連する損失と損害を大幅に低減させるだろうが、それら全てを無くすることはできない。

○適応、緩和、持続可能な開発に向けた将来経路

- 適応と緩和を同時に実施する際、トレードオフを考慮すれば、人間の福祉、並びに生態系及び惑星の健康にとって、複数の便益と相乗効果を実現し得る。
- COP26より前に発表された各国が決定する貢献（NDC）の実施に関連する2030年の世界全体のGHG排出量では、21世紀中に温暖化が1.5℃を超える可能性が高い見込み。したがって、温暖化

を2℃より低く抑える可能性を高くするためには、2030年以降の急速な緩和努力の加速に頼ることになるだろう。

・オーバーシュートしない又は限られたオーバーシュートを伴って温暖化を1.5℃（＞50%）に抑えるモデル化された経路と、温暖化を2℃（＞67%）に抑える即時の行動を想定したモデル化された経路では、世界のGHG排出量は、2020年から遅くとも2025年以前にピークに達すると予測される。いずれの種類のモデル化された経路においても、2030年、2040年及び2050年を通して、急速かつ大幅なGHG排出削減が続く。

（2）我が国の温室効果ガスの排出及び吸収状況

2021年度の我が国の温室効果ガス排出量は、11億7,000万トンCO_2でした（2021年度温室効果ガス排出・吸収量（確報値））。新型コロナウイルス感染症で落ち込んでいた経済の回復等により、製造業における生産量の増加や、貨物輸送量の増加等に伴うエネルギー消費量の増加等から、前年度（11億4,700万トンCO_2）と比べて2.0%増加しました。また、エネルギー消費量の減少（省エネ等）や、電力の低炭素化（再エネ拡大、原発再稼働）に伴う電力由来のCO_2排出量の減少等から、2013年度の排出量（14億800万トンCO_2）と比べて16.9%減少しました（図1-1-2）。

2021年度のCO_2排出量は10億6,400万トンCO_2（2013年度比19.2%減少）であり、そのうち、発電及び熱発生等のための化石燃料の使用に由来するエネルギー起源のCO_2排出量は9億8,800万トンCO_2でした。さらに、エネルギー起源のCO_2排出量の内訳を部門別に分けると、電力及び熱の消費量に応じて、消費者側の各部門に配分した電気・熱配分後の排出量については、産業部門からの排出量は3億7,300万トンCO_2、運輸部門からの排出量は1億8,500万トンCO_2、業務その他部門からの排出量は1億9,000万トンCO_2、家庭部門からの排出量は1億5,600万トンCO_2でした（図1-1-3、図1-1-4）。

CO_2以外の温室効果ガス排出量については、CH_4排出量は2,740万トンCO_2（2013年度比6.1%減少）、N_2O排出量は1,950万トンCO_2（同11.1%減少）、ハイドロフルオロカーボン類（HFCs）排出量は5,360万トンCO_2（同66.7%増加）、パーフルオロカーボン類（PFCs）排出量は320万トンCO_2（同4.1%減少）、六ふっ化硫黄（SF_6）排出量は200万トンCO_2（同1.3%減少）、三ふっ化窒素（NF_3）排出量は40万トンCO_2（同76.5%減少）でした（図1-1-5）。

2021年度の森林等の吸収源対策によるCO_2の吸収量は4,760万トンCO_2でした。

なお、各数値については、気候変動に関する国際連合枠組条約（以下「国連気候変動枠組条約」という。）の報告ガイドラインに基づき、温室効果ガス排出・吸収量の算定方法を改善するたびに、過年度の排出量も再計算しているため、以前の白書掲載の値との間で差異が生じる場合があります。

図1-1-2　我が国の温室効果ガス排出量

(億トンCO_2換算)

温室効果ガス排出量

15 / 10 / 5 / 0

1990　1995　2000　2005　2010　2015　2020 (年度)

■ CO_2　■ CH_4　■ N_2O　■ HFCs　■ PFCs　■ SF_6　■ NF_3

資料：環境省

図1-1-3　CO_2排出量の部門別内訳

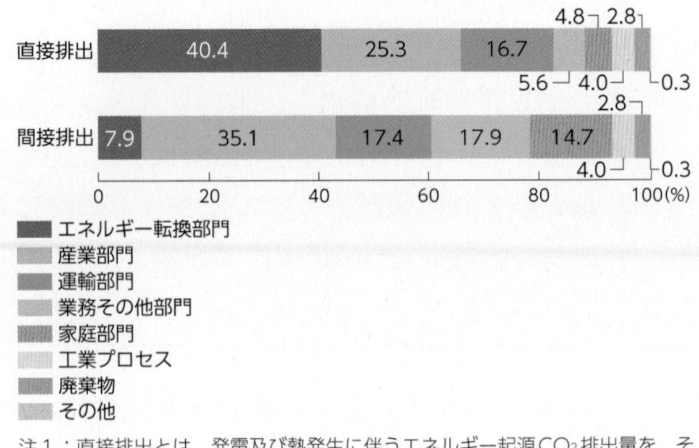

注1：直接排出とは、発電及び熱発生に伴うエネルギー起源CO_2排出量を、その生産者側の排出として計上した値（電気・熱配分前）

　2：間接排出とは、発電及び熱発生に伴うエネルギー起源CO_2排出量を、その消費量に応じて各部門に配分した値（電気・熱配分後）

資料：環境省

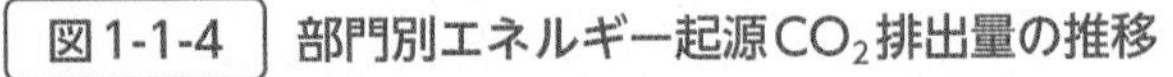

図1-1-4　部門別エネルギー起源CO_2排出量の推移

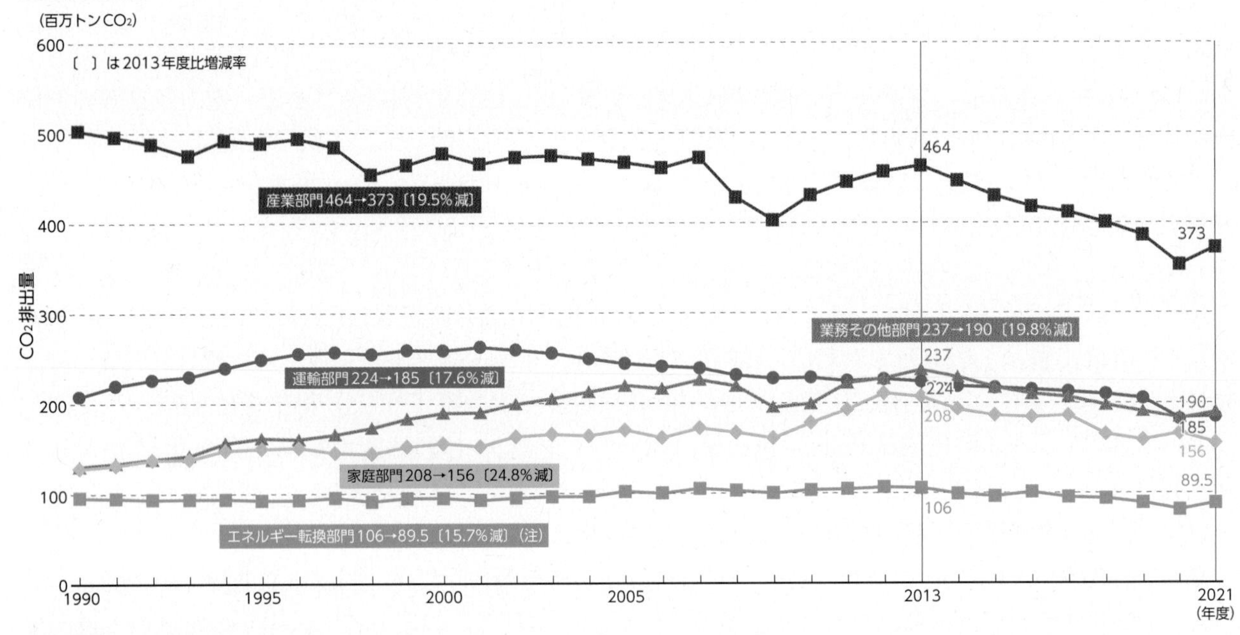

注：電気熱配分統計誤差を除く

資料：環境省

図1-1-5　各種温室効果ガス（エネルギー起源CO_2以外）の排出量

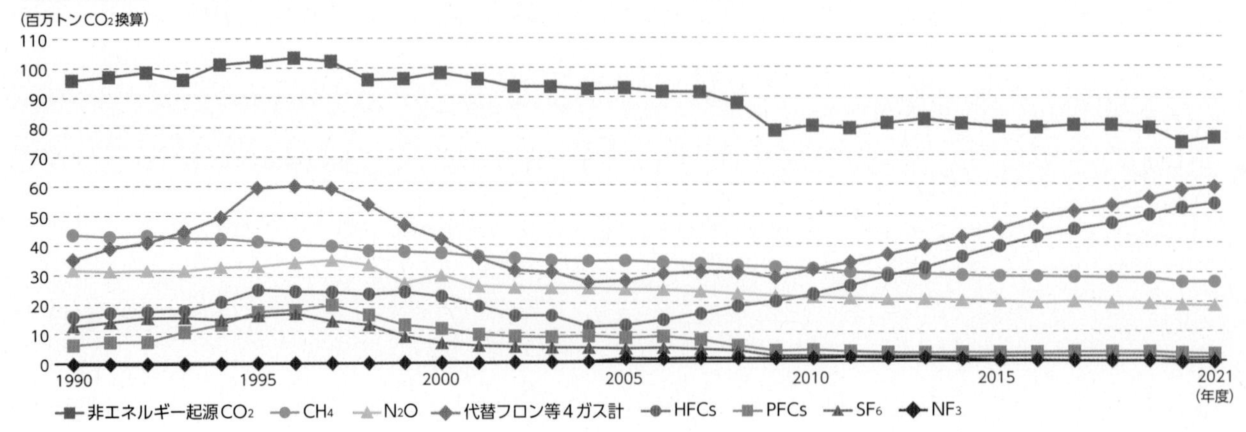

資料：環境省

(3) フロン等の現状

特定フロン（クロロフルオロカーボン（CFC）、ハイドロクロロフルオロカーボン（HCFC））、ハロン、臭化メチル等の化学物質によって、オゾン層の破壊は今も続いています。オゾン層破壊の結果、地上に到達する有害な紫外線（UV-B）が増加し、皮膚ガンや白内障等の健康被害の発生や、植物の生育の阻害等を引き起こす懸念があります。また、オゾン層破壊物質の多くは強力な温室効果ガスでもあり、地球温暖化への影響も懸念されます。

図1-1-6 南極上空のオゾンホールの面積の推移

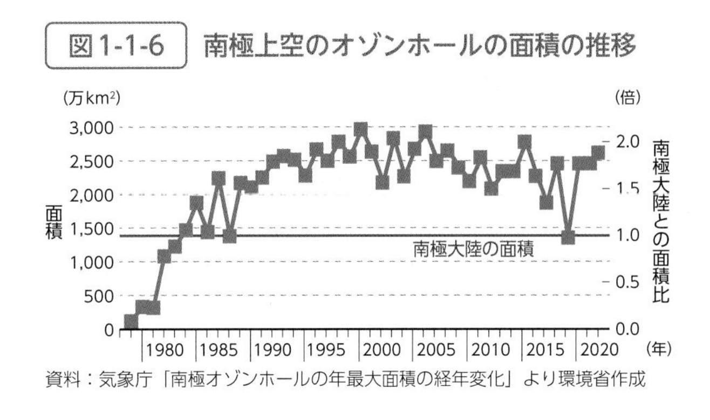

資料：気象庁「南極オゾンホールの年最大面積の経年変化」より環境省作成

オゾン層破壊物質は、1989年以降、オゾン層を破壊する物質に関するモントリオール議定書（以下「モントリオール議定書」という。）及び特定物質等の規制等によるオゾン層の保護に関する法律（昭和63年法律第53号。以下「オゾン層保護法」という。）に基づき規制が行われています。その結果、代表的な物質の一つであるCFC-12の北半球中緯度における大気中濃度は、我が国の観測では緩やかな減少傾向が見られます。一方、国際的にCFCからの代替が進むHCFC、及びCFC・HCFCからの代替が進むオゾン層を破壊しないものの温室効果の高いガス（いわゆる代替フロン）であるハイドロフルオロカーボン（HFC）の大気中濃度は増加の傾向にあります。

オゾン全量は、1980年代から1990年代前半にかけて地球規模で大きく減少した後、現在も1970年代と比較すると少ない状態が続いています。また、2022年の南極域上空のオゾンホールの最大面積は、南極大陸の約1.9倍となりました（図1-1-6）。オゾンホールの面積は最近10年間の平均値より大きく推移しましたが、これはオゾン層破壊を促進させる極域成層圏雲が例年より発達したことなど、気象状況が主な要因とみられます。オゾン層破壊物質の濃度は依然として高い状態ですが、オゾンホールの規模については、年々変動による増減はあるものの、長期的な拡大傾向は見られなくなりました。モントリオール議定書科学評価パネルの「オゾン層破壊の科学アセスメント：2022年」によると、オゾン全量は、南極では2066年頃に1980年の値に戻ると予測されています。

(4) 気候変動枠組条約及び京都議定書について

国連気候変動枠組条約は、地球温暖化防止のための国際的な枠組みであり、究極的な目的として、温室効果ガスの大気中濃度を自然の生態系や人類に危険な悪影響を及ぼさない水準で安定化させることを掲げています。

1997年に京都府京都市で開催された国連気候変動枠組条約第3回締約国会議（COP3。以下、国連気候変動枠組条約締約国会議を「COP」という。）で採択された京都議定書は、先進国に対して法的拘束目標達成に活用できる京都メカニズムについて定めています。2008年から2012年までの第一約束期間において、我が国は基準年（原則1990年）に比べて6%、欧州連合（EU）加盟国全体では同8%等の削減目標が課されました。これに対し、同期間の我が国の温室効果ガスの総排出量は5か年平均で12億7,800万トンCO_2であり、森林等吸収源や海外から調達した京都メカニズムクレジットを償却することで京都議定書の削減目標（基準年比6%減）を達成しました。

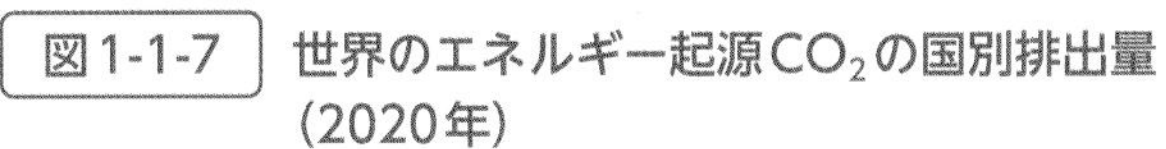

図1-1-7 世界のエネルギー起源CO_2の国別排出量（2020年）

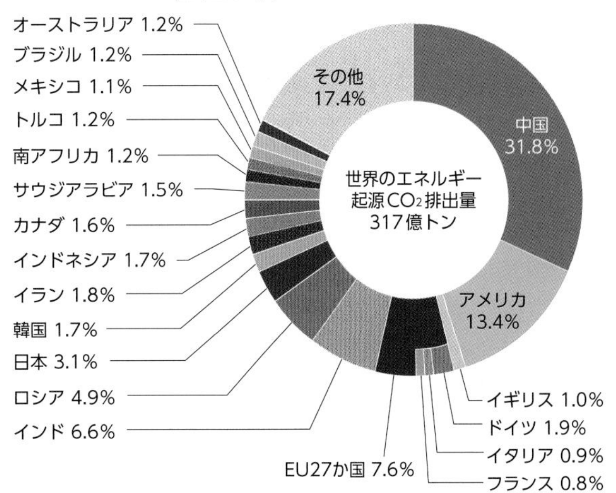

資料：国際エネルギー機関（IEA）「Greenhouse Gas Emissions from Energy Highlights」2022 EDITIONを基に環境省作成

2012年に行われた京都議定書第8回締約国会合（CMP8。以下、京都議定書締約国会合を「CMP」という。）においては、2013年から2020年までの第二約束期間の各国の削減目標が新たに定められました。しかし、米国の不参加や近年の新興国の排出増加等により、京都議定書締約国のうち、第一約束期間で排出削減義務を負う国の排出量は世界の4分の1にすぎないことなどから、我が国は議定書の締約国であるものの、第二約束期間には参加せず、全ての主要排出国が参加する新たな枠組みの構築を目指して国際交渉が進められてきました（図1-1-7）。

(5) パリ協定について

ア　パリ協定採択までの経緯

2011年のCOP17及びCMP7では、全ての国が参加する2020年以降の新たな枠組みを2015年までに採択することとし、そのための交渉を行う場として「強化された行動のためのダーバン・プラットフォーム特別作業部会（ADP）」を新たに設置することに合意しました。

2015年、フランス・パリにおいて、COP21及びCMP11が行われ、全ての国が参加する温室効果ガス排出削減等のための新たな国際枠組みである「パリ協定」が採択されました。パリ協定においては、世界共通の長期目標として、産業革命前からの地球の平均気温上昇を2℃より十分下方に抑えるとともに、1.5℃に抑える努力を追求することなどが設定されました。また、主要排出国を含む全ての国が削減目標を5年ごとに提出・更新することが義務付けられるとともに、その目標は従前の目標からの前進を示すことが規定され、加えて、5年ごとに協定の世界全体としての実施状況の検討（グローバルストックテイク）を行うこと、各国が共通かつ柔軟な方法でその実施状況を報告し、レビューを受けることなどが規定されました。そのほか、二国間クレジット制度（JCM）を含む市場メカニズムの活用、森林等の吸収源の保全・強化の重要性、途上国の森林減少・劣化からの排出を抑制する取組の奨励、適応に関する世界全体の目標設定及び各国の適応計画作成過程と行動の実施、先進国が引き続き資金を提供することと並んで途上国も自主的に資金を提供することなどが盛り込まれました。

パリ協定の採択を受けて、ADPは作業を終了し、パリ協定の実施に向けた検討を行うための新たな作業部会である「パリ協定に関する特別作業部会（APA）」を設置することなども合意されました。

イ　パリ協定の発効

2016年4月にはパリ協定の署名式が米国・ニューヨークの国連本部で行われ、175の国と地域が署名しました。同年5月には我が国でG7伊勢志摩サミットが開催され、同協定の年内発効という目標が首脳宣言に盛り込まれました。同年9月には米中両国が協定を同時締結したほか、国連主催のパリ協定早期発効促進イベントが開催されるなど、早期発効に向けた国際社会の機運が大きく高まりました。そして同年10月5日には、締約国数55か国及びその排出量が世界全体の55%との発効要件を満たし、11月4日、パリ協定が発効しました。なお、我が国は同年11月8日に締結しました。

ウ　実施方針に関する交渉等

2016年11月、モロッコのマラケシュにおいて、COP22、CMP12及びパリ協定第1回締約国会合第1部（CMA1-1。以下、パリ協定締約国会合を「CMA」という。）が行われました。COP22では、パリ協定の実施指針等に関する交渉の進め方について、実施指針を2018年までに策定することなどが決定されました。また、2017年11月、ドイツのボンにおいて、COP23・CMP13・CMA1-2が行われ、パリ協定の実施指針のアウトラインや具体的な要素がまとめられました。

2018年12月、ポーランドのカトヴィツェにおいて、COP24・CMP14・CMA1-3が開催されました。COP24では、パリ協定の精神にのっとり、先進国と途上国との間で取組に差異を設けるべきという二分論によることなく、全ての国に共通に適用される実施指針を採択しました。採択された実施指針では、緩和（2020年以降の削減目標の情報や達成評価の算定方法）、透明性枠組み（各国の温室効果ガス排出量、削減目標の進捗・達成状況等の報告制度）、資金支援の見通しや実績に関する報告方法等について規定されました。パリ協定第6条（市場メカニズム）については、根幹部分は透明性枠組みに盛り込まれ、詳細ルールはCOP25における策定に向けて検討を継続することとなりました。

2019年12月、スペインのマドリードにおいて、COP25・CMP15・CMA2が開催されました。COP25では、COP24で合意に至らなかったパリ協定第6条の実施指針の交渉が一つの焦点となりましたが、合意に至りませんでした。

2020年11月にCOP26が予定されていましたが、新型コロナウイルス感染症の影響により、2021年に延期を余儀なくされました。

2021年10月より、英国のグラスゴーにおいて、COP26・CMP16・CMA3が開催されました。COP26では、全体決定である「グラスゴー気候合意」として、最新の科学的知見に依拠しつつ、パリ協定に定められた1.5℃に向け、今世紀半ばのカーボンニュートラル及びその経過点である2030年に向けて野心的な気候変動対策を締約国に求める内容のほか、排出削減対策が講じられていない石炭火力発電の逓減及び非効率な化石燃料補助金からのフェーズアウトを含む努力を加速すること、先進国に対して、2025年までに途上国の適応支援のための資金を2019年比で最低2倍にすることを求める内容が盛り込まれました。また、パリ協定第6条の実施指針について合意され、国際枠組の下での市場メカニズム（JCMを含む。）に関するルールが完成しました。二重計上の防止については、我が国が提案していた内容（政府承認に基づく二重計上防止策）が打開策となり、今回の合意に大きく貢献しました。この結果を踏まえて、その他、透明性枠組み（各国の温室効果ガス排出量、削減目標に向けた取組みの進捗・達成状況等の報告制度）、NDC実施の共通の期間（共通時間枠）、気候資金等の重要議題でも合意に至り、パリ協定のルール交渉を終え、更なる実施強化のステージへと移りました。

2022年11月、エジプトのシャルム・エル・シェイクにおいて、COP27・CMP17・CMA4が開催されました。COP27では、「緩和作業計画」の策定、パリ協定6条の実施に必要となる事項についての決定、ロス&ダメージへの技術支援を促進する「サンティアゴ・ネットワーク」の完全運用化に向けた制度的取決めについての決定、特に脆（ぜい）弱な国を対象にロス&ダメージへの対処を支援する新たな資金面での措置を講じること及びその一環として基金の設置等が決定されました。また、全体決定である「シャルム・エル・シェイク実施計画」では、グラスゴー気候合意の内容を踏襲しつつ、緩和、適応、ロス&ダメージ、気候資金等の分野で、全締約国の気候変動対策の強化を求める内容が盛り込まれました。特に緩和策としては、パリ協定の1.5℃目標に基づく取組の実施の重要性を確認するとともに、2023年までに同目標に整合的なNDCを設定していない締約国に対して、目標の再検討・強化を求めることが決定されました（写真1-1-1）。

写真1-1-1　COP27クロージングプレナリーの様子

資料：UNFCCC事務局HP

2　科学的知見の充実のための対策・施策

（1）我が国における科学的知見

気象庁の統計によると、1898年から2022年の期間において、日本の年平均気温は100年あたり1.30℃の割合で上昇しています。また、文部科学省と気象庁が2020年12月に公表した「日本の気候変動2020－大気と陸・海洋に関する観測・予測評価報告書－」によると、20世紀末と比較した21世紀末の年平均気温が、気温上昇の程度をかなり低くするために必要となる温暖化対策を講じた場合には日本全国で平均1.4℃上昇し、また温室効果ガスの排出量が非常に多い場合には、日本全国で平均4.5℃上昇するとの予測が示されています。

また環境省は、気候変動が我が国に与える影響について、2020年12月に「気候変動影響評価報告書」を公表しました。

気候変動の影響については、気温や水温の上昇、降水日数の減少等に伴い、農作物の収量の変化や品質の低下、家畜の肉質や乳量等の低下、回遊性魚類の漁期や漁場の変化、動植物の分布域の変化やサンゴの白化、洪水の発生地点の増加、熱中症による死亡者数の増加、桜の開花の早期化等が、現時点において既に現れていることとして示されています。また、栽培適地の変化、高山の動植物の生息域減少、渇水の深刻化、水害・土砂災害を起こし得る大雨の増加、高潮・高波リスクの増大、海岸侵食の加速、自然資源を活用したレジャーへの影響、熱ストレスによる労働生産性の低下等のおそれがあると示されています。

（2）観測・調査研究の推進

気候変動に関する科学的知見を充実させ、最新の知見に基づいた政策を展開するため、引き続き、環境研究総合推進費等の研究資金を活用し、現象解明、影響評価、将来予測及び対策に関する調査研究等の推進を図りました。

気候変動対策に必要な観測を、統合的・効率的に実施するため、「地球観測連携拠点（地球温暖化分野）」の活動を引き続き推進しました。加えて、2009年1月に打ち上げた温室効果ガス観測技術衛星1号機（GOSAT）（第6章第3節2（1）を参照）は、主たる温室効果ガスであるCO_2とCH_4の全球平均濃度の変化を継続監視し、2009年の観測開始から現在に至るまで季節変動を経ながら年々濃度が上昇している傾向を明らかにしました。さらに、観測精度を向上させた後継機となる2号機（GOSAT-2）を2018年10月に打ち上げ、2019年2月に定常運用を開始しました。この衛星は、全球の温室効果ガス濃度を観測するミッションを継承するほか、燃焼起源のCO_2を特定するための機能を新たに有しており、今後各国のパリ協定に基づく排出量報告の透明性向上への貢献を目指します。なお、水循環変動観測衛星「しずく（GCOM-W）」後継センサとの相乗りを見据えて調査・検討を行ってきた3号機に当たる温室効果ガス・水循環観測技術衛星（GOSAT-GW）は2024年度打ち上げを目指して開発を進めています。

また、宇宙空間では軌道上にある使用済みとなった人工衛星やロケット上段等のスペースデブリ（宇宙ごみ）の増加が問題となっています。環境省はGOSATがスペースデブリとして宇宙空間に滞留することがないようにするため、2020年3月にスペースデブリ化防止対策を検討する環境省内検討チームを立ち上げ、同年10月には「今後の環境省におけるスペースデブリ問題に関する取組について（中間取りまとめ）」を公表しました。これを契機として、同年11月に開催されたスペースデブリに関する関係府省等タスクフォースにおいて、関係府省等で政府衛星のスペースデブリ化を防止するための必要な措置に取り組むことが政府方針として合意されました。

世界の政策決定者に対し、正確でバランスの取れた科学的情報を提供し、国連気候変動枠組条約の活動を支援してきたIPCCは、第6次評価サイクルにおいて1.5℃特別報告書（2018年10月公表）、土地関係特別報告書（2019年8月公表）、海洋・雪氷圏特別報告書（2019年9月公表）及び「2006年IPCC国別温室効果ガスインベントリガイドラインの2019年改良」（2019年5月公表。以下「2019年方法論報告書」という。）を公表し、2021年8月から2022年4月にかけて第6次評価報告書第1作業部会報告書、第2作業部会報告書及び第3作業部会報告書をそれぞれ公表しました。その後、2023年3月に第6次評価報告書の統合報告書が公表され第6次評価サイクルは終了しました。これら報告書は、パリ協定において、その実施に不可欠な科学的基礎を提供するものと位置付けられています。我が国は、第6次評価サイクルの各種報告書作成プロセスに向けた議論への参画、資金の拠出、関連研究の実施など積極的な貢献を行ってきました。その一環として、2019年5月には、前述の2019年方法論報告書の採択を議論するIPCC第49回総会を京都市で開催しました。IPCCのインベントリガイドラインは、パリ協定の実施に不可欠な、各国による温室効果ガス排出量の把握と報告を支えるものですが、本報告書は、2006年に作成したガイドラインのうち、衛星データの利用や、改良が必要な排出・吸収カテゴリーに対する更新、補足及び精緻（ち）化を行ったものです。第7次評価サイクルにおいても、引き続き積極的な貢献を行う予定です。

さらに、我が国の提案により公益財団法人地球環境戦略研究機関（IGES）に設置された、温室効果ガス排出・吸収量世界標準算定方式を定めるためのインベントリ・タスクフォース（TFI）の技術支援ユニットの活動を支援し、各国の適切なインベントリ作成に貢献しています。第6次評価サイクルにおいても、我が国はTFIの共同議長を引き続き務めています。

国連気候変動枠組条約の目標を達成するための我が国の取組の一つとして、環境研究総合推進費による「気候変動影響予測・適応評価の統合的戦略研究（S-18）」等の研究を2021年度にも引き続き実施し、科学的知見の収集・解析等を行いました。これらの研究により明らかとなった知見は、IPCC等にインプットされることになります。

3 持続可能な社会を目指したビジョンの提示：低炭素社会から脱炭素社会へ

2020年10月26日、第203回国会において、我が国は2050年までにカーボンニュートラル、すなわち脱炭素社会の実現を目指すことを宣言し、第204回国会で成立した地球温暖化対策の推進に関する法律の一部を改正する法律（令和3年法律第54号）では、2050年カーボンニュートラルを基本理念として法定化しました。また、2021年4月22日の第45回地球温暖化対策推進本部において、2050年目標と整合的で野心的な目標として、2030年度に温室効果ガスを2013年度から46％削減することを目指し、さらに、50％の高みに向けて挑戦を続けていくことを宣言しました。

2021年10月22日、新たな2030年度削減目標を踏まえ、地球温暖化対策の総合的かつ計画的な推進を図る新たな「地球温暖化対策計画」を閣議決定しました。また、同日、新たな2030年度削減目標を記載した「日本のNDC」を第48回地球温暖化対策推進本部において決定し、国連気候変動枠組条約事務局（UNFCCC）に提出しました。2050年カーボンニュートラルの実現に向けては、新たな「パリ協定に基づく成長戦略としての長期戦略」を2021年10月22日に閣議決定し、同月29日にUNFCCCに提出しました。

この戦略では、政策の基本的な考え方として、2050年カーボンニュートラル宣言の背景にある「もはや地球温暖化対策は経済成長の制約ではなく、積極的に地球温暖化対策を行うことで産業構造や経済社会の変革をもたらし大きな成長につなげる」という考えをしっかりと位置付けています。

また、エネルギー、産業、運輸、地域・くらし、吸収源の各部門の長期的なビジョンとそれに向けた対策・施策の方向性を示すとともに、「イノベーションの推進」、「グリーンファイナンスの推進」等の分野を超えて重点的に取り組む11の横断的施策についても記載しています。今後、ステークホルダーとの連携や対話を通じ、我が国は、この長期戦略の実行に挑戦し、世界の脱炭素化をけん引していきます。

グリーントランスフォーメーション（GX）実現への10年ロードマップを示していくという岸田文雄内閣総理大臣指示を踏まえ、2022年12月22日、GX実行会議において、GXの実現を通して、2030年度の温室効果ガス46％削減や2050年のカーボンニュートラルの国際公約の達成を目指すとともに、安定的で安価なエネルギー供給につながるエネルギー需給構造の転換や我が国の産業構造・社会構造の変革を実現すべく「GX実現に向けた基本方針～今後10年を見据えたロードマップ～」を取りまとめました。その後、同基本方針について、パブリックコメント等を経て、2023年2月に閣議決定を行いました。

2021年5月、農林水産省において、食料・農林水産業の生産力向上と持続性を両立するための新たな政策方針として「みどりの食料システム戦略」を取りまとめました。この戦略は、温室効果ガス削減やカーボンニュートラルの実現、生物多様性の保全にも寄与するものであり、2050年までに目指す姿として、農林水産業のCO_2ゼロエミッション化等の14の目標を定めています。2022年6月には、2030年の中間目標を設定し、「農林水産省地球温暖化対策計画」等と併せて、CO_2排出削減対策等を推進することとしています。

4 エネルギー起源CO_2の排出削減対策

(1) 産業部門（製造事業者等）の取組

2013年度以降の産業界の地球温暖化対策の中心的な取組である「低炭素社会実行計画」の2021年度実績について、審議会による厳格な評価・検証を実施しました。具体的には、目標達成の蓋然性を確保するため、2021年度に実施した取組を中心に各業種の進捗状況を点検し、2030年の目標達成に向けて着実に対策が実施されていることを確認しました。また、業界や部門の枠組みを超えた低炭素社会・サービス等による他部門での貢献、優れた技術や素材の普及等を通じた海外での貢献、革新的技術の開発や普及による削減貢献といった各業種の取組についても深掘りし、こうした削減貢献を可能な限り定量化することにより、貢献の可視化とベストプラクティスの横展開等を行いました。2023年3月末までに109業種が2030年を目標年限とする定量目標を設定しており、自主的取組に参画する業種の我が国のエネルギー起源CO_2排出量に占める割合は5割を超えています。加えて、「地球温暖化対策計画」においても、「低炭素社会実行計画」を産業界における対策の中心的役割と位置付けており、政府の2030年度削減目標との整合性や2050年のあるべき姿を見据えた2030年度目標設定、共通指標としての2013年度比の二酸化炭素排出量削減率の統一的な見せ方等の検討を進めるなど、引き続き自主的な取組を進め、温室効果ガスの排出削減をより一層推進していきます。

需要サイドでの事業者による非化石エネルギーの導入拡大の取組を加速させるため、2022年5月にエネルギーの使用の合理化等に関する法律（昭和54年法律第49号）をエネルギーの使用の合理化及び非化石エネルギーへの転換等に関する法律（以下「省エネ法」という。）に改正し、需要側における非化石エネルギーへの転換に関する措置を新設しました。この措置では、2023年4月からエネルギーを使用して事業を行う者に対し、その使用するエネルギーのうちに占める非化石エネルギーの使用割合の向上を求めることとしています。また、事業者の更なる省エネ取組を促すため、省エネ法に基づくベンチマーク制度の対象業種が拡大されました。

工場等に対して、CO_2排出量削減余地診断に基づいた脱炭素化促進計画の策定及び省CO_2型設備へ更新するための補助を行いました。また、LD-Tech（先導的脱炭素化技術）情報の収集とリスト化等の取組を行いました。

中小企業等におけるCO_2排出削減対策の強化のため、省CO_2型設備導入における資金面の公的支援の一層の充実や、中小企業等の省エネ設備の導入や森林管理等による温室効果ガスの排出削減・吸収量をクレジットとして認証し、温室効果ガス排出量算定・報告・公表制度での排出量調整等に活用するJ-クレジット制度の運営、さらにCO_2排出低減が図られている建設機械の普及を図るため、一定の燃費基準を達成した建設機械を燃費基準達成建設機械として認定しており、加えて新たに2022年4月からホイールクレーンの認定を開始しました。

農林水産分野においては、「農林水産省地球温暖化対策計画」に基づき、緩和策として施設園芸等における省エネルギー対策、バイオマスの活用の推進、我が国の技術を活用した国際協力等を実施しました。

(2) 業務その他部門の取組

エネルギー消費量が増加傾向にある住宅・ビルにおける省エネ対策を推進するため、省エネ法における建材トップランナー制度に基づき、断熱材・窓（サッシ、複層ガラス）等の建築材料の性能向上を図っており、2021年6月から、更なる性能向上を図るため、目標基準値の強化に向けた検討を行った結果、窓については2022年3月、2022年度を目標年度とする目標基準値について、2030年度を新たな目標年度として目標基準値を約40%引上げることを決定し、断熱材については2022年10月、2022年度を目標年度とする目標基準値について、2030年度を新たな目標年度として目標基準値を約5%引上げることを決定しました。また、大幅な省エネ性能を実現した上で、再生可能エネルギーを導入することにより、年間の一次エネルギー消費量の収支をゼロとすることを目指したビル（ネット・ゼロ・エネルギー・ビル。以下「ZEB（ゼブ）」という。）の普及を進めるため、先進的な技術等の組み合わせによるZEB（ゼブ）の実証事業を行っています。また、2022年6月には、建築物のエネルギー消費性能の向上に関する法律（平成27年法律第53号）を改正し、2025年度までに原則全ての新築住宅・非住宅に省エネ基準適合を義務付けることとしました。加えて、より高い省エネ性能への誘導のため、建築物の販売・賃貸時の省エネ性能表示制度を強化するとともに、形態規制の合理化等により既存ストックの省エネ改修を推進することとしています。また、再エネ設備導入促進のための措置として、市町村が地域の実情に応じて再エネ設備の設置を促進する区域を設定できることとしました。また、建築物等に関する総合的な環境性能評価手法（CASBEE）、省エネルギー性能に特化した評価・表示制度である建築物省エネルギー性能表示制度（BELS）の充実・普及、省エネ・省CO_2の実現性に優れたリーディングプロジェクト等に対する支援のほか、ビルオーナーとテナントが不動産の環境負荷を低減する取組についてグリーンリース契約等を締結して協働で省エネ化を図る事業に対する支援や、環境不動産の形成を促進するための官民ファンドの運営支援等を継続的に行いました。こうした規制措置強化と支援措置の組み合わせを通じ、2030年度以降新築される住宅・建築物について、ZEH（ゼッチ）・ZEB（ゼブ）基準の水準の省エネルギー性能が確保されていることや、2050年に住宅・建築物のストック平均でZEH（ゼッチ）・ZEB（ゼブ）基準の水準の省エネルギー性能が確保されていることなどを目指します。

更なる個別機器の効率向上を図るため、省エネ法のトップランナー制度においてエネルギー消費効率の基準の見直し等について検討を行っています。具体的には、2022年5月に、家庭用エアコンの新たな省エネ基準を策定するために関係法令を改正しました。また、2022年9月には、エアコンの省エネラベルの変更を行うため、小売事業者表示制度を改正しました。さらに、事業場等に対して、CO_2排出量削減余地診断に基づいた脱炭素化促進計画の策定及び省CO_2型設備へ更新するための補助を行いました。また、LD-Tech（先導的脱炭素化技術）情報の収集とリスト化等の取組を行いました。

「政府がその事務及び事業に関し温室効果ガスの排出の削減等のため実行すべき措置について定める計画（政府実行計画）」に基づく取組に当たっては、2007年11月に施行された国等における温室効果ガス等の排出の削減に配慮した契約の推進に関する法律（平成19年法律第56号）に基づき、温室効果ガス等の排出の削減に配慮した契約を実施しました。

（3）家庭部門の取組

消費者等が省エネルギー性能の優れた住宅を選択することを可能とするため、CASBEEや住宅性能表示制度の充実・普及を実施しました。大幅な省エネルギーを実現した上で、再生可能エネルギーを導入することにより、年間の一次エネルギー消費量を正味でおおむねゼロ以下とし、省エネ性能と住み心地を兼ね備えた住宅（ネット・ゼロ・エネルギー・ハウス。以下「ZEH（ゼッチ）」という。）の普及や高性能建材を導入した断熱リフォームの普及を支援しました。また、2050年カーボンニュートラルの実現に向けて家庭部門の省エネを強力に推進するため、住宅の断熱性の向上に資する改修や高効率給湯器の導入などの住宅省エネ化への支援を強化する必要があることから、国土交通省、経済産業省及び環境省は、住宅の省エネリフォームを支援する新たな補助制度を創設するとともに、3省の連携により、各事業をワンストップで利用可能（併用可）としました。さらに、都市の低炭素化の促進に関する法律（平成24年法律第84号）に基づく、認定低炭素建築物の普及・促進を図りました。加えて、各家庭のCO_2排出実態やライフスタイルに合わせたアドバイスを行う家庭エコ診断制度において、専門の資格を持った診断士やWEBサービスによる「うちエコ診断」を実施、2011年度から2021年度までに約11.2万件の診断を行いました。

また、一般消費者に一層の省エネに取り組んでいただくことなどを目的として、エネルギー供給事業者が行う省エネに関する一般消費者向けの情報提供を評価・公表する制度（省エネコミュニケーション・ランキング制度）の運用を2022年度より本格的に開始しました。

行動科学の理論に基づくアプローチ（ナッジ（nudge：そっと後押しする）等）により、国民一人一人の行動変容を情報発信等を通じて直接促進し、ライフスタイルの自発的な変革・イノベーションを創出する、費用対効果が高く、対象者にとって自由度のある新たな政策手法の検証を行いました。具体的には、デジタル技術によりエネルギーの使用実態や環境配慮行動の実施状況等を客観的に収集、解析し、ナッジ等の行動科学の知見とAI/IoT等の先端技術を組み合わせたBI-Techにより、一人一人に合った快適でエコなライフスタイルを提案することで、脱炭素に向けた行動変容を促しました。例えば、ナッジ等を活用した環境教育プログラムを開発し、全国の小・中・高等学校の教育現場で実践したところ、平均で5.1％のCO_2排出削減効果（電気・ガスの合計）が統計的有意に実証され、プログラムの1年後においても効果の持続が確認されました。このプログラムの特筆すべき点としては、一般にナッジの効果は持続しないとも言われる中で、ナッジを実施している間はもとより、終了した後も効果が持続することを明らかにしたことが挙げられます。また、2017年4月には産学政官民連携の日本版ナッジ・ユニット（BEST）を発足し、2023年3月までに計29回の連絡会議を開催しました。

（4）運輸部門の取組

省エネ法に基づき、輸送事業者に対して貨物又は旅客の輸送に係るエネルギーの使用の合理化に関する取組等を、荷主に対して貨物の輸送に係るエネルギーの使用の合理化に関する取組等を、推進しています。また、AI・IoTを活用した運輸部門における省エネ取組を進めるため、荷主・輸送事業者・着荷主等が連携して、サプライチェーン全体の輸送効率化を図る取組や、車両動態管理システム等を活用したトラック事業者と荷主等の連携による輸送効率化や、自動車整備事業者へのスキャンツールの導入による適切な自動車整備が行われる環境の整備を通じた使用過程車の実燃費の改善の実証を支援しました。引き続き、運輸部門における省エネ等を進めていきます。

自動車単体対策としては、自動車燃費の改善、車両・インフラに係る補助制度・税制支援等を通じた次世代自動車の普及促進等を行いました。また、環状道路等幹線道路ネットワークをつなぐとともに、ビッグデータを活用した渋滞対策等の交通流対策やLED道路照明灯の整備を行いました。さらに、改正された流通業務の総合化及び効率化の促進に関する法律（物流総合効率化法）（平成17年法律第85号）に基づく総合効率化計画の認定等を活用し、環境負荷の小さい効率的な物流体系の構築を促進しました。そして、共同輸配送、モーダルシフト、大型CNGトラック導入、貨客混載等の取組について支援を行ったほか、物流施設への再エネ設備等の一体的導入の支援による流通業務の脱炭素化を促進する支援制度を創設しました。

港湾分野については、港湾の最適な選択による貨物の陸上輸送距離の削減を推進しました。また、我が国の産業や港湾の競争力強化と脱炭素社会の実現に貢献するため、脱炭素化に配慮した港湾機能の高度化や水素等の受入環境の整備等を図るカーボンニュートラルポート（CNP）の形成を推進しており、第210回国会で成立し、2022年12月に施行された港湾法の一部を改正する法律（令和4年法律第87号）では、港湾における脱炭素化の取組を推進するため、港湾管理者が、官民の関係者が参加する港湾脱炭素化推進協議会を活用しつつ、港湾脱炭素化推進計画を作成する仕組みが導入されました。

加えて、グリーン物流パートナーシップ会議を通して、荷主や物流事業者等の連携による優良事業の表彰や普及啓発を行いました。さらに、省エネ法のトップランナー制度における乗用車の2030年度燃費基準（2020年3月策定）に関して、モード試験では反映されない燃費向上技術の達成判定における評価方法について検討を行うとともに、重量車の2025年度燃費基準（2019年3月策定）に関して、製造事業者等による重量車の電気自動車等の導入について取組を評価するため、2022年10月に新たに重量車の電気自動車等のエネルギー消費性能の測定方法を策定しました。

鉄軌道分野については、燃料電池鉄道車両の開発の推進、鉄道車両へのバイオディーゼル燃料の導入の促進等による脱炭素化を促進するとともに、省エネ車両や回生電力の有効活用に資する設備の導入により、鉄軌道ネットワーク全体の省エネルギー化を行いました。

国際海運分野については、我が国は2021年11月に、国際海事機関（IMO）に対し米国、英国等と共同で提案した2050年国際海運カーボンニュートラルを実現すべく、IMOにおいて引き続き議論に参画することに加え、新造船におけるゼロエミッション船の加速度的な普及などを最大限に進めることにより達成できる2040年の中間目標として、2008年度比50%削減目標を2022年12月にIMOに対して新たに提案しました。加えて、「次世代船舶の開発」プロジェクトによる水素、アンモニアを燃料とするゼロエミッション船の実用化に向けた技術開発・実証を行っており、アンモニア燃料船は2026年、水素燃料船は2027年の実証運航開始を目指しております。内航海運分野については、革新的省エネ技術等の実証事業や「内航船省エネルギー格付制度」の運用等により、船舶の省エネ・低炭素化を促進しました。また、2021年12月に公表した「内航カーボンニュートラル推進に向けた検討会」とりまとめに示した施策として、連携型省エネ船の開発・普及、バイオ燃料の活用や運航効率の一層の改善に向けた取組、省エネルギー・省CO_2の見える化の推進に向けた取組を実施しました。省エネルギー・省CO_2の見える化については、省エネ法における荷主のエネルギー使用量の算定において、内航船省エネルギー格付制度の評価に応じた原単位を使用できるような措置を行いました。

航空分野において、2022年6月に「航空法等の一部を改正する法律」が成立し、航空会社や空港が主体的・計画的に脱炭素化の取組を進めるための制度的枠組を導入しました。同年12月には同法に基づき、今後の航空分野における脱炭素化の基本的な方向性を示す航空脱炭素化推進基本方針を策定しました。国際航空分野では、国際民間航空機関（ICAO）において、2022年10月、我が国が議論をリードしてきたCO_2排出削減の長期目標について「2050年までのカーボンニュートラル」が採択されました。また、「航空機運航分野におけるCO_2削減に関する検討会」で取りまとめた工程表の取組を着実に進めていくため、SAF（Sustainable Aviation Fuel：持続可能な航空燃料）の導入促進、管制の高度化等による運航の改善、機材・装備品等への環境新技術の導入の3つのアプローチごとに関係省庁と共同して官民協議会を設置しました。空港分野においては、「空港分野におけるCO_2削減に関する検討会」において空港施設・空港車両等からのCO_2排出削減、空港への再エネ導入など空港脱炭素化に向けた検討を進めるとともに、関係者の協力体制構築を図るため「空港の脱炭素化に向けた官民連携プラットフォーム」を設置しました。また、2022年12月には、空港脱炭素化に向けた計画策定や再エネ・省エネ設備の導入を適切かつ迅速に行うための一助となることを目的として「空港脱炭素化推進のための計画策定ガイドライン（第二版）」及び「空港脱炭素化事業推進のためのマニュアル（初版）」を公表しました。

(5) エネルギー転換部門の取組

太陽光、風力、水力、地熱、太陽熱、バイオマス等の再生可能エネルギーは、地球温暖化対策に大きく貢献するとともに、エネルギー源の多様化に資するため、国の支援策により、その導入を促進しました。また、ガスコージェネレーションやヒートポンプ、燃料電池等、エネルギー効率を高める設備等の普及も推進してきました。さらに、二酸化炭素回収・貯留（CCS）の導入に向け、技術開発や貯留適地調査等を実施しました。

電気事業分野における地球温暖化対策については、2016年2月に環境大臣・経済産業大臣が合意し、電力業界の自主的枠組みの実効性・透明性の向上等を促すとともに、省エネ法やエネルギー供給事業者による非化石エネルギー源の利用及び化石エネルギー原料の有効な利用の促進に関する法律（エネルギー供給構造高度化法）（平成21年法律第72号）に基づく基準の設定・運用の強化等により、2030年度の削減目標やエネルギーミックスと整合する2030年度に排出係数0.25kg-CO_2/kWhという目標を確実に達成していくために、電力業界全体の取組の実効性を確保していくこととしています。これを受けて、2022年12月、政府としては、産業構造審議会産業技術環境分科会地球環境小委員会資源・エネルギーワーキンググループを開催し、電力業界の自主的枠組みの評価・検証を行いました。

さらに、経済産業省では2030年に向け安定供給を大前提に非効率石炭火力のフェードアウトを着実に実施するために、石炭火力発電設備を保有する発電事業者について、最新鋭のUSC（超々臨界）並みの発電効率（事業者単位）をベンチマーク目標において求めることとしています。その際、水素・アンモニア等について、発電効率の算定時に混焼分の控除を認めることで、脱炭素化に向けた技術導入の促進につなげていきます。

さらに、2030年以降を見据えて、CCSについては、「エネルギー基本計画」や「パリ協定に基づく成長戦略としての長期戦略」等を踏まえて取り組むこととしています。

5 エネルギー起源CO_2以外の温室効果ガスの排出削減対策

(1) モントリオール議定書に基づく取組

2016年10月、ルワンダ・キガリにおいて、モントリオール議定書第28回締約国会合（MOP28）が開催され、HFCの生産量及び消費量の段階的削減を求める議定書の改正（キガリ改正）が採択されました。本改正を踏まえ、2018年6月に特定物質の規制等によるオゾン層の保護に関する法律の一部を改正する法律（平成30年法律第69号）が成立し、キガリ改正の発効日である2019年1月1日に施行され、我が国を含む先進国はHFCの生産量及び消費量を2036年までに基準量比（2011～2013年平均値＋HCFCの基準値の15%）の15%まで削減することとなりました。改正されたオゾン層保護法に基づき、我が国では代替フロンの生産量及び消費量の割当てによる段階的な削減を進めています。

(2) 非エネルギー起源CO_2、CH_4及びN_2Oに関する対策の推進

農地土壌や家畜排せつ物、家畜消化管内発酵に由来するCH_4及びN_2Oを削減するため、「農林水産省地球温暖化対策計画」に基づき、地球温暖化防止等に効果の高い営農活動に対する支援を行うとともに、家畜排せつ物の適正処理等を推進しました。

廃棄物の発生抑制、再使用、再生利用の推進により化石燃料由来廃棄物の焼却量の削減を推進するとともに、有機性廃棄物の直接最終処分量の削減や、全連続炉の導入等による一般廃棄物処理施設における燃焼の高度化等を推進しました。

下水汚泥の焼却に伴うN_2Oの排出量を削減するため、下水汚泥の燃焼の高度化や、N_2Oの排出の少ない焼却炉及び下水汚泥固形燃料化施設の普及、下水道革新的技術実証事業における温室効果ガス削減を考慮した汚泥焼却技術の実証を通じた技術の普及を促進しました。

(3) 代替フロン等4ガスに関する対策の推進

代替フロン等4ガス（HFC、PFC、SF_6、NF_3）は、オゾン層は破壊しないものの強力な温室効果ガスであり、我が国の排出量についてUNFCCCに毎年報告しなければならないとされています。

代替フロン等4ガスの中でも、HFCについては、冷凍空調機器の冷媒用途を中心に、CFC、HCFCからの転換が進行し、排出量が増加傾向で推移してきました。HFCの排出の約9割は冷凍空調機器の冷媒用途によるものであり、機器の使用時におけるHFCの漏えい及び廃棄時未回収が排出量に大きく寄与しています（図1-1-8）。

図1-1-8 代替フロン等4ガスの排出量推移

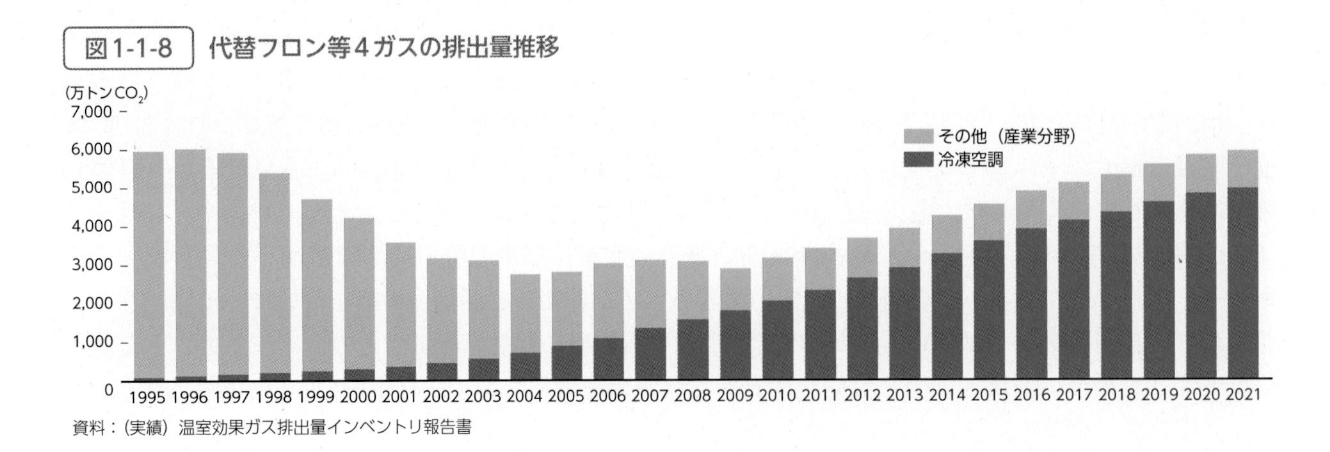

資料：（実績）温室効果ガス排出量インベントリ報告書

HFCを含めた業務用冷凍空調機器に使用されるフロン類の排出削減に向けて、フロン類のライフサ

イクル全体にわたる対策を定めたフロン類の使用の合理化及び管理の適正化に関する法律（平成13年法律第64号。以下「フロン排出抑制法」という。）において、フロン類製造・輸入業者及びフロン類使用製品（冷凍空調機器等）の製造・輸入業者に対するノンフロン・低GWP（温室効果）化の推進、機器ユーザー等に対する機器使用時におけるフロン類の漏えいの防止、機器からのフロン類の回収・適正処理等が求められています。また、機器廃棄時の冷媒回収率は長らく低迷しており、直近でも4割程度にとどまる状況を踏まえ、機器ユーザーの廃棄時のフロン類引渡義務違反に対して、直接罰を導入するなど、関係事業者の相互連携により機器ユーザーの義務違反によるフロン類の未回収を防止し、機器廃棄時にフロン類の回収作業が確実に行われる仕組みを構築するため、2019年にフロン排出抑制法が改正され2020年4月から施行されました（図1-1-9）。加えて、2021年10月に閣議決定した「地球温暖化対策計画」においては、2030年までに代替フロン（HFCs）を2013年比約55%削減し、フロン類が使用されている業務用冷凍空調機器の廃棄時回収率を2030年に75%まで向上させる目標を定めました。2022年度はウェブ等を活用した広報活動に加え、業務用冷凍空調機器の管理者及び建物解体業者、廃棄物・リサイクル事業者に対して改正フロン排出抑制法に係るオンライン説明会を開催し、改正法についてより一層の周知を行うとともに、IoT技術を活用したフロン漏えい検知システムによる機器の管理を、フロン排出抑制法に定める簡易点検を代替するものとして認める告示改正を行うなど、フロン類の更なる排出抑制対策に関する措置等も実施しました。また、冷媒のノンフロン化を推進するため、省エネ型自然冷媒機器の導入を促進するための補助事業等も実施しています。

図1-1-9　フロン排出抑制法の概要

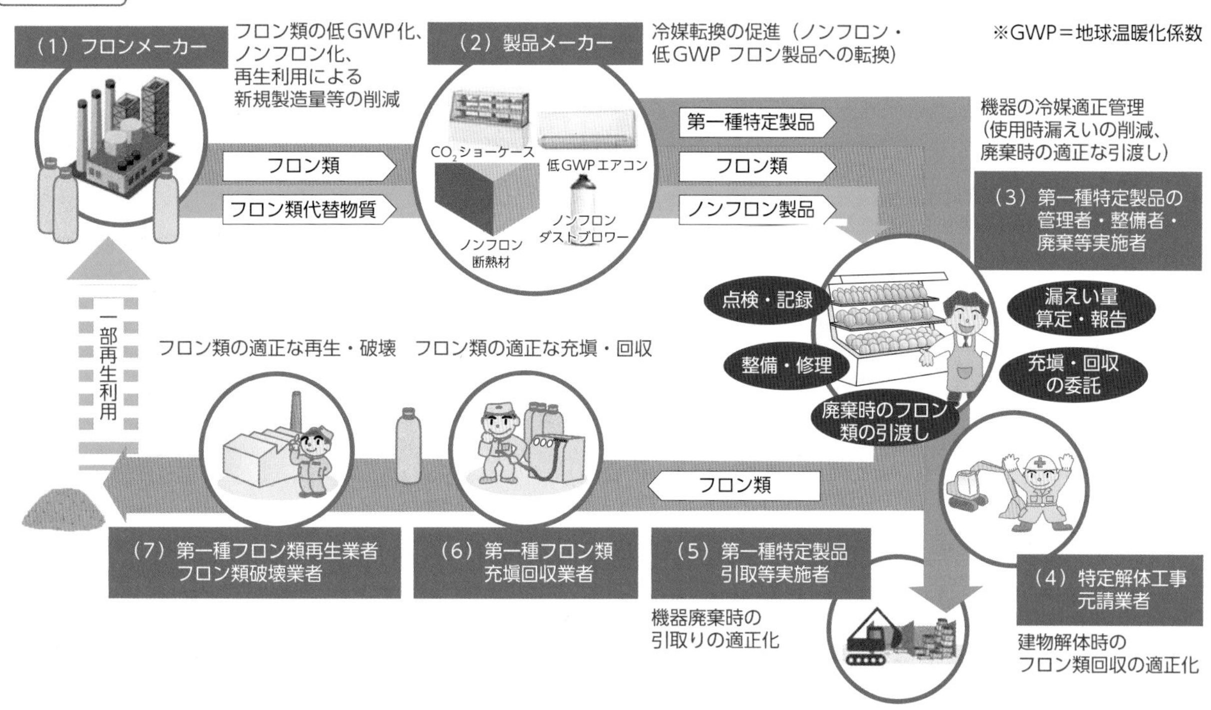

資料：環境省

また、特定家庭用機器再商品化法（平成10年法律第97号。以下「家電リサイクル法」という。）、使用済自動車の再資源化等に関する法律（平成14年法律第87号。以下「自動車リサイクル法」という。）に基づき、家庭用の電気冷蔵庫・冷凍庫、電気洗濯機・衣類乾燥機、ルームエアコン及びカーエアコンからのフロン類の適切な回収を進めました。

産業界のフロン類対策等の取組に関しては、自主行動計画の進捗状況の評価・検証を行うとともに、行動計画の透明性・信頼性及び目標達成の確実性の向上を図りました。

6 森林等の吸収源対策、バイオマス等の活用

土地利用、土地利用変化及び林業部門（LULUCF）については、パリ協定に則して、森林経営等の対象活動による吸収量について目標を定めています。具体的には、「地球温暖化対策計画」に基づき、森林吸収源対策により、2030年度に約3,800万トンCO_2、都市緑化等の推進により、2030年度に約120万トンCO_2、農地土壌炭素吸収源対策により、2030年度に850万トンCO_2の吸収量を確保することとしています。

この目標を達成するため、森林吸収源対策として、「森林・林業基本計画」等に基づき、多様な政策手法を活用しながら、適切な造林や間伐等を通じた健全な森林の整備、保安林等の適切な管理・保全、効率的かつ安定的な林業経営の育成に向けた取組、国民参加の森林づくり、木材及び木質バイオマスの利用等を推進しました。

都市における吸収源対策として、都市公園整備や道路緑化等による新たな緑地空間を創出し、都市緑化等を推進しました。さらに、農地土壌の吸収源対策として、炭素貯留量の増加につながる土壌管理等の営農活動の普及に向け、炭素貯留効果等の基礎調査、地球温暖化防止等に効果の高い営農活動に対する支援を行いました。

加えて、ブルーカーボン生態系によるCO_2吸収量の計測・推計に向けた検討を行うとともに、海藻が着生しやすい基質の設置や、浚渫（しゅんせつ）土砂や鉄鋼スラグを活用したCO_2吸収源となる藻場等の造成等を実施しました。

7 国際的な地球温暖化対策への貢献

(1) 開発途上国への支援の取組

途上国では深刻な環境汚染問題を抱えており、2018年に開催された世界保健機関（WHO）の大気汚染と健康に関する国際会議やIPCCの報告書等においても、地球温暖化対策と環境改善を同時に実現できるコベネフィット・アプローチの有効性が認識されています。我が国では2007年12月から本アプローチによる途上国との協力を進めているほか、国際応用システム分析研究所（IIASA）やアジア・コベネフィット・パートナーシップ（ACP）の活動支援を通して、アジア地域におけるコベネフィット・アプローチを促進しています。

途上国が脱炭素社会へ移行できるよう、我が国の地方公共団体が持つ経験を基に、制度・ノウハウ等を含め優れた脱炭素技術の導入支援を行う都市間連携事業や、アジア開発銀行（ADB）等と連携したプロジェクトへの資金支援を実施しました。

加えて、気候変動による影響に脆弱（ぜい）である島嶼（しょ）国に対し、気候変動への適応・エネルギー・水・廃棄物分野への対応に関する支援や、研究者によるネットワーク設立に向けた支援など、様々な取組を行っています。

森林の減少を含む土地利用の変化に伴う温室効果ガス排出量は世界全体の人為的な排出量の約2割を占めるとされており、2015年12月にCOP21で採択されたパリ協定においては、森林を含む吸収源の保全及び強化に取り組むこと（5条1項）に加え、途上国の森林減少及び劣化に由来する温室効果ガスの排出の削減等（REDD＋）の実施及び支援を推奨すること（同2項）などが定められました。また、REDD＋を推進するため、JCMにおけるREDD＋の実施ルールの検討及び普及を行いました。

政府全体の「インフラシステム海外展開戦略2025」（2022年6月改訂）の重点戦略の柱の1つである「脱炭素社会に向けたトランジションの加速」の実現に向けて、相手国のニーズも踏まえ、実質的な排出削減につながる脱炭素移行政策誘導型インフラ輸出支援を推進し、相手国の脱炭素移行を進めるため、政策立案の上流からセクター別や個別案件等の下流までを一体とした政策支援を実施しています。

(2) アジア太平洋地域における取組

開発途上国の中には、気候変動影響に対処する適応能力が不足している国が多くあります。このため、我が国では、アジア太平洋地域において気候変動リスクを踏まえた意思決定と実効性の高い気候変動適応を支援するために構築した「アジア太平洋気候変動適応情報プラットフォーム」(AP-PLAT) を活用し、[1] 気候変動リスクに関する科学的知見の情報共有、[2] 政策意思決定用ツールの提供、[3] 気候変動適応策実施のための能力強化等の取組を、地域内の各国や関係機関等との協働により推進しています。

また、様々な国際協力スキームや産官学に蓄積されてきた優れた適応ソリューションを活用し、気候変動影響評価ツールやビデオ教材などの開発を進めています。また、気候変動に脆弱な開発途上国に共通する喫緊の課題と多種多様な技術協力ニーズに応えるため、河川・沿岸防災、健康、水資源、食料安全保障、都市のレジリエンス、造礁サンゴ再生等による自然を基盤とした解決策 (NbS：Nature-based Solutions) など様々な適応課題に対し、気候資金へのアクセス支援を中心に気候変動適応の技術協力を推進しています。

(3) JCMの推進に関する取組

環境性能に優れた先進的な脱炭素技術・製品の多くは、一般的に導入コストが高く、普及には困難が伴うという課題があります。このため、途上国等のパートナー国への優れた脱炭素技術・製品・システム・サービス・インフラ等の普及や対策実施を通じ、実現した排出削減・吸収への我が国の貢献を定量的に評価するとともに、我が国の削減目標の達成に活用するJCMを構築・実施してきました。こうした取組を通じ、パートナー国の負担を下げながら、優れた脱炭素技術の普及を促進しています。

これまでにクレジットの獲得を目指す環境省JCM資金支援事業のほか、国立研究開発法人新エネルギー・産業技術総合開発機構 (NEDO) による実証事業を実施しており、2022年に新たに加わった8か国を含め、25か国とJCMを構築しています (表1-1-1)。

表1-1-1　JCMパートナー国ごとの進捗状況

パートナー国	プロジェクトの登録数	方法論の採択数	資金支援事業・実証事業の件数 (2013-2022年度)
モンゴル	5件	3件	10件
バングラデシュ	3件	4件	5件
エチオピア	−	3件	1件
ケニア	2件	3件	6件
モルディブ	1件	2件	3件
ベトナム	14件	23件	48件
ラオス	3件	4件	8件
インドネシア	23件	34件	52件
コスタリカ	1件	3件	2件
パラオ	4件	1件	5件
カンボジア	2件	5件	6件
メキシコ	−	1件	5件
サウジアラビア	1件	1件	3件
チリ	2件	2件	13件
ミャンマー	1件	7件	8件
タイ	11件	23件	53件
フィリピン	3件	3件	17件
セネガル	-	-	-
チュニジア	-	-	-
アゼルバイジャン	-	-	-
モルドバ	-	-	-
ジョージア	-	-	-
スリランカ	-	-	-
ウズベキスタン	-	-	-
パプアニューギニア	-	-	-
合計	76件	122件	245件

注：2023年2月13日時点。
資料：環境省

「地球温暖化対策計画」では、JCMについて、「官民連携で2030年度までの累積で、1億t-CO_2程度の国際的な排出削減・吸収量の確保を目標とする」ことが定められました。また、2021年10月末から開催されたCOP26での合意を踏まえ、環境省は「COP26後の6条実施方針」を発表し、[1] JCMパートナー国の拡大と、国際機関と連携した案件形成・実施の強化、[2] 民間資金を中心としたJCMの拡大、[3] 市場メカニズムの世界的拡大への貢献を通じて、世界の脱炭素化に貢献していくこととしました。2022年6月に閣議決定した「新しい資本主義のグランドデザイン及び実行計画・フォローアップ」では、「二国間クレジット制度 (JCM) の拡大のため、2025 年を目途にパートナー国を 30 か国程度とすることを目指し関係国との協議を加速するとともに、2022 年度に民間資金を中心とする JCM プロジェクトの組成ガイダンスを策定し普及を行う」ことが定められました。

(4) 短寿命気候汚染物質に関する取組

ブラックカーボン、CH_4、HFC等の短寿命気候汚染物質については、その対策が短期的な気候変動緩和と大気汚染防止等他分野の双方に効果があるとして国際的に注目されており、2012年2月に米国、スウェーデン等により立ち上げられた「短寿命気候汚染物質（SLCP）削減のための気候と大気浄化のコアリション（CCAC）」に、2012年4月より我が国も参加しました。2022年11月にはCOP27の場でCCAC閣僚級会合が開催され、農業、クーリング、廃棄物を始めとした主要分野におけるSLCP対策を推進するための2030年戦略の進捗の確認や新しいプロジェクトの始動、目標の重要性の確認等が行われました。小野洋地球環境審議官から、冷媒として使用されるHFCを含むフロン類について、CCACと連携しながら、使用時や廃棄時を含め、ライフサイクル全体での排出抑制に積極的に取り組むことを表明しました。環境省はCOP26の会場においてCCACとの共催により、サイドイベントを開催し、こうしたフロン類のライフサイクルマネジメントの必要性を呼びかけました。

世界全体のメタン排出量を2030年までに2020年比30％削減することを目標とするグローバル・メタン・プレッジについて、我が国は、2021年9月の日米豪印首脳会合において参加を表明しました。我が国としては、「地球温暖化対策計画」に基づき、国内のメタン排出削減に取り組むとともに、国内のメタン排出削減の優良事例を各国と共有していくこと等のイニシアティブが期待されています。

8 横断的施策

(1) 地域脱炭素ロードマップ

2021年6月に開催した第3回国・地方脱炭素実現会議において「地域脱炭素ロードマップ～地方からはじまる、次の時代への移行戦略～」を策定しました。本ロードマップに基づき、地域脱炭素が、意欲と実現可能性が高いところからその他の地域に広がっていく「実行の脱炭素ドミノ」を起こすべく、今後5年間を集中期間として、あらゆる分野において、関係省庁が連携して、脱炭素を前提とした施策を総動員していくこととしました。

「実行の脱炭素ドミノ」のモデルとなる「脱炭素先行地域」については、2022年度に2回選定を行い、46の地域を選定しました。また2022年度に新たに創設した「地域脱炭素移行・再エネ推進交付金」では、脱炭素先行地域の取組に加え、32の地方公共団体における脱炭素の基盤となる重点対策の加速化を支援しました。さらに、民間資金を呼び込む出資制度の創設や地方公共団体に対する財政上の措置を講じることで、脱炭素化に資する事業の加速化を図るため、「地球温暖化対策の推進に関する法律」の改正を行い、2022年10月に株式会社脱炭素化支援機構が設立されました。脱炭素化支援機構は、脱炭素に資する多様な事業への呼び水となる投融資（リスクマネー供給）を行い、脱炭素に必要な資金の流れを太く、速くし、経済社会の発展や地方創生、知見の集積や人材育成など、新たな価値の創造に貢献します。

(2) 低炭素型の都市・地域構造及び社会経済システムの形成

都市の低炭素化の促進に関する法律（平成24年法律第84号）に基づく低炭素まちづくり計画がこれまで26都市（2022年12月末時点）で作成されました。また、都市再生特別措置法（平成14年法律第22号）に基づく立地適正化計画がこれまでに470都市（2022年12月末時点）で作成され、計画に基づく都市のコンパクト化を図るための財政支援を行うことにより、脱炭素に資するまちづくりを総合的に推進しました。

低炭素なまちづくりの一層の普及のため、温室効果ガスの大幅な削減など低炭素社会の実現に向け、高い目標を掲げて先駆け的な取組にチャレンジする23都市を環境モデル都市（表1-1-2）として選定しており、対象都市に対して2021年度の取組評価及び2020年度の温室効果ガス排出量等のフォローアップを行いました。

都市の低炭素化をベースに、環境・超高齢化等を解決する成功事例を都市で創出し、国内外に展開して経済成長につなげることを目的として、2011年度に東日本大震災の被災地域6都市を含む11都市を環境未来都市（表1-1-3）として選定しており、引き続き各都市の取組に関する普及展開等を実施しました。

表1-1-2　環境モデル都市一覧

No.	地域名	No.	地域名
1	下川町（北海道）	13	堺市（大阪府）
2	帯広市（北海道）	14	尼崎市（兵庫県）
3	ニセコ町（北海道）	15	神戸市（兵庫県）
4	新潟市（新潟県）	16	生駒市（奈良県）
5	つくば市（茨城県）	17	西粟倉村（岡山県）
6	千代田区（東京都）	18	松山市（愛媛県）
7	横浜市（神奈川県）	19	檮原町（高知県）
8	富山市（富山県）	20	北九州市（福岡県）
9	飯田市（長野県）	21	水俣市（熊本県）
10	御嵩町（岐阜県）	22	小国町（熊本県）
11	豊田市（愛知県）	23	宮古島市（沖縄県）
12	京都市（京都府）		

資料：内閣府

表1-1-3　環境未来都市一覧

No.	地域名	No.	地域名
1	下川町（北海道）	6	新地町（福島県）
2	釜石市（岩手県）	7	南相馬市（福島県）
3	気仙広域（岩手県）【大船渡市/陸前高田市/住田町】	8	柏市（千葉県）
		9	横浜市（神奈川県）
4	東松島市（宮城県）	10	富山市（富山県）
5	岩沼市（宮城県）	11	北九州市（福岡県）

資料：内閣府

2022年度蓄電池等の分散型エネルギーリソースを活用した次世代技術構築実証事業により、IoT技術等を活用し、複数の再生可能エネルギーや蓄電池等を束ねて制御し安定した電力として供給する技術や、工場や家庭等が有する蓄電池や発電設備、ディマンドリスポンス等のエネルギーリソースを統合制御し電力の需給調整に活用する技術といった、いわゆるアグリゲーションビジネスの促進に向けた技術実証を行いました。また、2022年度地域共生型再生可能エネルギー等普及促進事業費補助金により、既存の系統線を用いることでコストを抑え、非常時には地域内の再生可能エネルギー等から自立的に電力供給する、いわゆる「地域マイクログリッド」の構築に向けて、2022年度は16件の計画策定と6件の設備導入等の支援を実施しました。

交通システムに関しては、公共交通機関の利用促進のための鉄道新線整備等の推進、環状道路等幹線道路ネットワークをつなぐとともに、ビッグデータを活用した渋滞対策等の交通流対策を行いました。

再生可能エネルギーの導入に関して、2013年10月に国内初の本格的な2MWの浮体式洋上風力発電を設置、2016年3月より運転を開始し、本格的な運転データ、環境影響・漁業影響の検証、安全性・信頼性に関する情報を収集し、事業性の検証を行いました。2016年度からは、洋上風力発電の事業化を促進するため、施工の低コスト化・低炭素化や効率化等の手法の確立及び効率的かつ正確な海域動物・海底地質等の調査手法の確立に取り組み、2020年度からは、事業性検証・理解醸成事業に取り組んでいます。

海洋再生可能エネルギー発電設備の整備に係る海域の利用の促進に関する法律（再エネ海域利用法）（平成30年法律第89号）に基づく海洋再生可能エネルギー発電設備の整備促進区域の指定について、2022年9月に新たに「秋田県男鹿市、潟上市及び秋田市沖」、「新潟県村上市及び胎内市沖」及び「長崎県西海市江島沖」の3海域を指定し、公募スケジュールを見直していた「秋田県八峰町及び能代市沖」と併せ、同年12月に発電事業者の公募を開始しました。この他、これまでに4か所（5海域）において発電事業者を選定しています。また、洋上風力発電設備の設置及び維持管理に利用される港湾（基地港湾）について、これまで国土交通大臣が4港を指定し、整備を進めています。このうち、秋田港では整備が完了し、2021年4月に港湾法（昭和25年法律第218号）に基づき海洋再生可能エネルギー発電設備取扱埠頭に係る賃貸借契約を締結しました。

地域レジリエンス・脱炭素化を同時実現する公共施設への自立・分散型エネルギー設備等導入推進事

業等により、地域防災計画に災害時の避難施設等として位置付けられた公共施設、又は業務継続計画により災害等発生時に業務を維持するべき公共施設に、平時の温室効果ガス排出削減に加え、災害時にもエネルギー供給等の機能発揮を可能とする再生可能エネルギー設備等の導入を支援しました。さらに、公共施設等先進的CO_2排出削減対策モデル事業により、複数の公共施設等が存在する地区内で再エネ設備等を導入し、自営線等を整備、電力を融通する自立・分散型のエネルギーシステムを複数構築し、システム間において電力を融通することにより、地区を越えた地域全体でCO_2排出削減に取り組む事業の構築を支援しました。さらに、農業分野にも再生可能エネルギーの導入を促すため、優良農地の確保を前提とした再生可能エネルギー発電設備を導入し、農林漁業関連施設等へその電気を供給するモデル事例を創出しました。

このほか、近年、RE100やSBT（Science Based Targets）のように、再生可能エネルギーを指向する需要家が増えてきていますが、需要と供給を結び付けるためには、再生可能エネルギーの価値を市場で取引できるようにする必要があります。この観点から、2018年度より、自家消費型の再生可能エネルギーのCO_2削減価値を属性情報とともに遠隔地間で売買取引するプラットフォーム実証を実施し、ブロックチェーン技術での価値の移転の記録に成功しました。

(3) 水素社会の実現

水素は、利用時にCO_2を排出せず、製造段階に再生可能エネルギーやCCSを活用することで、トータルでCO_2フリーなエネルギー源となり得ることから、脱炭素社会実現の重要なエネルギーとして期待されています。また、水素は再生可能エネルギーを含め多種多様なエネルギー源から製造し、貯蔵・運搬することができるため、一次エネルギー供給構造を多様化させることができ、一次エネルギーのほぼ全てを海外の化石燃料に依存する我が国において、エネルギー安全保障の確保と温室効果ガスの排出削減の課題を同時並行で解決していくことにも大いに貢献するものです。

水素利用については、家庭用燃料電池（エネファーム）や燃料電池自動車（FCV）の普及が先行しており、導入拡大に向けた支援を行いました。また、水素の供給インフラについても、商用水素ステーションが整備中16か所を含めて全国179か所（2022年11月末時点）で整備されるなど、世界に先駆けて整備が進んでいます。さらに、燃料電池バス・フォークリフト等の産業車両への導入支援や水素内燃機関水素発電の技術開発実証など、水素需要の更なる拡大に向けた取組を進めました。

水素の本格的な利活用に向けては、水素をより安価で大量に調達することが必要です。このため、海外の褐炭等の未利用エネルギーから水素を製造し、国内に水素を輸送する国際水素サプライチェーン構築実証に取り組んでいます。また、製造時にもCO_2を排出しない、トータルでCO_2フリーな水素の利活用拡大に向けては、再生可能エネルギーの導入拡大や電力系統の安定化に資する技術として、太陽光発電といった自然変動電源の出力変動を吸収し、水素に変換・貯蔵するPower-to-Gas技術の実証にも福島水素エネルギー研究フィールド（FH2R）等において取り組んでいます。さらにこれに加え、地域の未利用資源（再生可能エネルギー、副生水素、使用済みプラスチック、家畜ふん尿等）から製造した水素を純水素燃料電池、FCV、燃料電池フォークリフト等で利用する、地産地消型の低炭素水素サプライチェーンの構築実証等及び既存の再エネ施設等を活用した水素供給コストの抑制や需要の創出につながるシステムの構築等、事業化に向けた水素供給モデルの運用実証に向けた検討を行いました。

一方、水素社会の実現には、技術面、コスト面、インフラ面等でいまだ多くの課題が存在しており、官民一体となった取組を進めていくことが重要です。このような観点を踏まえて決定された「水素基本戦略」（2017年12月再生可能エネルギー・水素等関係閣僚会議決定）では、水素社会実現に向けて官民が共有すべき方向性・ビジョンを示しています。また、大規模かつ強靭なサプライチェーンを国内外で構築するため、既存燃料との価格差に着目しつつ、事業の予見性を高める支援や、需要拡大や産業集積を促す拠点整備への支援を2022年3月に立ち上げた水素政策小委員会において検討しています。引き続き、水素社会実現に向けた取組を官民連携の下で進めていきます。

水素がビジネスとして自立するためには国際的なマーケットの創出が重要です。経済産業省及び

NEDOは2021年に引き続き2022年9月に、「第5回水素閣僚会議」を対面とオンラインのハイブリッドにより開催し、世界で加速する水素関連の取組について共有するとともに、東京宣言およびグローバル・アクション・アジェンダの進展の加速と拡大に向けた議長サマリーをとりまとめ、2030年に向けて再生可能エネルギー由来の水素及び低炭素水素を少なくとも9,000万トンとする追加的なグローバル目標を各国と共有しました。

(4) 温室効果ガス排出量の算定・報告・公表制度

地球温暖化対策の推進に関する法律（平成10年法律第117号。以下「地球温暖化対策推進法」という。）に基づく温室効果ガス排出量算定・報告・公表制度により、温室効果ガスを一定量以上排出する事業者に、毎年度、排出量を国に報告することを義務付け、国が報告されたデータを集計・公表しています。

全国の1万2,783事業者（特定事業所：1万2,178事業所）及び1,303の特定輸送排出者から報告された2019年度の排出量を集計し、2022年12月に結果を公表しました。今回報告された排出量の合計は6億4,274万トンCO_2で、我が国の2019年度排出量の約6割に相当します。

(5) 排出削減等指針

地球温暖化対策推進法により、事業者が事業活動において使用する設備について、温室効果ガスの排出量の削減等に資するものを選択するとともに、できる限り温室効果ガスの排出量を少なくする方法で使用するよう努めること、また、国民が日常生活において利用する製品・サービスの製造等を事業者が行うに当たって、その利用に伴う温室効果ガスの排出量がより少ないものの製造等を行うとともに、その利用に伴う温室効果ガスの排出に関する情報の提供を行うよう努めることとされています。こうした努力義務を果たすために必要な措置を示した、排出削減等指針を策定・公表することとされており、これまでに産業部門（製造業）、業務部門、上水道・工業用水道部門、下水道部門、廃棄物処理部門、日常生活部門において策定していますが、その改定を行いました。また、排出削減等指針の拡充に向けて、先進的な対策リスト及び各対策の効率水準・コスト等のファクト情報を網羅的に整理して公表しました。

(6) 脱炭素社会に向けたライフスタイルの転換

カーボンニュートラル実現に向けて、自治体、企業、団体等と連携して国民のライフスタイル変革を強力に後押しするため、2022年10月に「脱炭素につながる新しい豊かな暮らしを創る国民運動」を開始し、同時に官民連携協議会を立ち上げました。

新しい国民運動の個別アクションの第一弾として、「ファッション」、「住まい」、「デジタルワーク」による、新しい豊かな暮らしを提案しました。特に、「住まい」では、国土交通省、経済産業省及び環境省が住宅の省エネリフォーム等に関する新たな補助制度をそれぞれ創設し、ワンストップで利用可能とするなど、連携して支援を行うことにより、住宅の省エネ化の一層の推進を図りました。

食とくらしの「グリーンライフ・ポイント」推進事業では、2022年度に環境配慮製品・サービスの選択等の消費者の環境配慮行動に対し新たにポイントを発行しようとする48の企業や地域等に、企画・開発・調整等の費用を補助することで、消費者の環境に優しい行動を促し、脱炭素型のライフスタイルへの転換を促進しました。

再生可能エネルギー（再エネ）の活用について、個人、地方公共団体、企業それぞれに再エネ導入のメリットや具体的な導入方法などを紹介し、再エネ導入をサポートするポータルサイト「再エネスタート」を立ち上げ、再エネ促進に積極的に取り組む事例の紹介も含め、情報提供を行いました。

また、脱炭素で快適、健康、お得な新しいライフスタイルを提案し、断熱リフォーム・ZEH（ゼッチ）化と省エネ家電への買換えを促す「みんなでおうち快適化チャレンジ」キャンペーンを実施しました。

さらに、夏期・冬期には、過度な冷房・暖房に頼らず様々な工夫をして快適に過ごすライフスタイル

「クールビズ」「ウォームビズ」、通年の取組として、国民一人一人の多様な移動手段をよりCO_2排出量の少ない移動に取り組む「smart move（スマートムーブ）」、CO_2削減につながる環境負荷の軽減に配慮した自動車利用への取組「エコドライブ」を推進しました。

これらの取組のほか、コロナ禍に対応したオンラインイベントへの出展や「気候変動×スポーツ」をテーマとした動画を制作・公開、これまでに制作した地球温暖化の意識啓発アニメや動画の貸出など、地球温暖化に対する危機意識醸成を図りました。

(7) J-クレジット、カーボン・オフセット

国内の多様な主体による省エネ設備の導入や再生可能エネルギーの活用等による排出削減対策及び適切な森林管理による吸収源対策を引き続き積極的に推進していくため、カーボン・オフセットや財・サービスの高付加価値化等に活用できるクレジットを認証するJ-クレジット制度の更なる活性化を図りました。J-クレジットの対象となるプロジェクトの拡充や認証プロセスの効率化により、制度の円滑な運営を図るとともに、認証に係る事業者等への支援やクレジットの売り手と買い手のマッチング機会を提供するなど制度活用を促進するための取組を強化しました。特に、森林管理プロジェクトについて、2022年8月に主伐後の再造林の推進等によるクレジットの創出を後押しするための制度改正を行ったほか、2022年12月に水素・アンモニアの利用に関する新規方法論を、2023年3月に水稲栽培における中干し期間の延長によるメタン排出削減に関する新規方法論を策定し、新規技術を含めて方法論を拡充しました。2023年3月末時点で、J-クレジット制度の対象となる方法論は69種類あり、これまで54回の認証委員会を開催し、省エネ・再エネ設備の導入、森林管理や農業分野に関するプロジェクトを477件登録し、また登録プロジェクトから、累計476回の認証、累計697万トンCO_2のクレジット認証をしました。J-クレジット制度の活用により、中小企業や農林業等の地域におけるプロジェクトにカーボン・オフセットの資金が還流するため、地球温暖化対策と地域振興が一体的に図られました。また、カーボン・クレジットの取引の流動性を高めるとともに、適切な価格公示を行うことで、脱炭素投資を促進する観点から、カーボン・クレジット市場の創設に向けた実証を2022年9月から開始し、J-クレジットの試行取引が行われました。

「カーボン・オフセット」とは、市民、企業等が、自らの温室効果ガスの排出量を認識し、主体的にこれを削減する努力を行うとともに、削減が困難な部分の排出量について、排出削減・吸収量（クレジット）の購入や、他の場所で排出削減・吸収を実現するプロジェクトや活動の実施等により、排出量の全部又は一部を埋め合わせるという考え方です。

2012年11月から、算定されたカーボンフットプリント（CFP）等の値を活用してカーボン・オフセットを行い、専用のマーク（どんぐりマーク）を添付する「カーボンフットプリントを活用したカーボン・オフセット制度」を開始し、2018年4月に従来の事務局による制度認証から、規程にのっとった実施事業者による自主的な制度認証（自主宣言）へと移行しました。

(8) 金融のグリーン化

脱炭素社会を創出し、気候変動に対して強靱で持続可能な社会を創出していくには、必要な温室効果ガス削減対策や気候変動への適応策に的確に民間資金が供給されることが必要です。このため、ESG金融等を通じて環境への配慮に適切なインセンティブを与え、資金の流れをグリーン経済の形成に寄与するものにしていくための取組（金融のグリーン化）を進めることが重要です。

詳細については、第6章第2節を参照。

(9) 排出量・吸収量算定方法の改善等

国連気候変動枠組条約に基づき、温室効果ガスインベントリの報告書を作成し、排出量・吸収量の算定に関するデータとともに条約事務局に提出しました。また、これらの内容に関して、条約事務局による審査の結果等を踏まえ、その算定方法の改善等について検討しました。

(10) 地球温暖化対策技術開発・実証研究の推進

地球温暖化の防止に向け、革新技術の高度化、有効活用を図り、必要な技術イノベーションを推進するため、再生可能エネルギーの利用、エネルギー使用の合理化だけでなく、民間の自主的な技術開発に委ねるだけでは進まない多様な分野におけるCO_2排出削減効果の高い技術の開発・実証、窒化ガリウム(GaN)やセルロースナノファイバー(CNF)等の新素材の活用によるエネルギー消費の大幅削減、燃料電池や水素エネルギー、蓄電池、二酸化炭素回収・有効利用・貯留(CCUS)等に関連する技術の開発・実証、普及を促進しました。

農林水産分野においては、「農林水産省地球温暖化対策計画」及び「農林水産省気候変動適応計画」に基づき、地球温暖化対策に係る研究及び技術開発を推進しました。

温室効果ガスの排出削減・吸収技術の開発として、農地土壌の炭素貯留能力を向上させるバイオ炭資材等の開発、アジア地域の水田におけるGHG削減等に関する総合的栽培管理技術の開発、農産廃棄物を有効活用したGHG削減に関する影響評価手法の開発、畜産分野における温室効果ガスの排出を低減する飼養管理技術等の開発を推進しました。

また、地球温暖化緩和に資するため、農地土壌の炭素貯留ポテンシャルの評価とそれに貢献するメカニズムに関する研究、炭素貯留能力に優れた造林樹種を効率的に育種する技術の開発、針葉樹樹皮から化石由来プラスチックの代替品として利用できる樹脂原料等の開発を推進しました。

農林水産分野における温暖化適応技術については、流木災害防止・被害軽減技術、発生リスクの上昇が予想される赤潮の被害軽減技術等の開発を推進しました。

9 公的機関における取組

(1) 政府実行計画

政府における取組として、地球温暖化対策推進法に基づき、自らの事務及び事業から排出される温室効果ガスの削減等を定めた「政府がその事務及び事業に関し温室効果ガスの排出の削減等のため実行すべき措置について定める計画(政府実行計画)」を2021年10月に閣議決定しました。この計画では、2013年度を基準として、政府全体の温室効果ガス排出量を2030年度までに50%削減することを目標とし、太陽光発電の導入、新築建築物のZEB(ゼブ)化、電動車の導入、LED照明の導入、再生可能エネルギー電力の調達等の措置を講ずることとしています。

各府省庁は温室効果ガスの削減に取り組み、調整後排出係数に基づき算出した場合、2021年度は基準年度である2013年度に比べ28.2%(速報値)の削減を達成しています。

(2) 地方公共団体実行計画

地球温暖化対策推進法に基づき、全ての地方公共団体は、自らの事務・事業に伴い発生する温室効果ガスの排出削減等に関する計画である地方公共団体実行計画(事務事業編)の策定が義務付けられています。また、都道府県、指定都市、中核市及び施行時特例市は、地域における再生可能エネルギーの導入拡大、省エネルギーの推進等を盛り込んだ地方公共団体実行計画(区域施策編)の策定が義務付けられているほか、2022年4月に改正地球温暖化対策推進法が施行され、その他の市町村においても区域施策編の策定が努力義務とされました。さらに、当該改正により、市町村が、住民や事業者などが参加する協議会等で合意形成を図りつつ、環境に適正に配慮し、地域に貢献する再生可能エネルギー事業を促進する区域を定める、「地域脱炭素化促進事業制度」が創設されました。

環境省は、地方公共団体の取組を促進するため、地方公共団体実行計画の策定・実施に資するマニュアル類の公表や、「自治体排出量カルテ」をはじめとした、温室効果ガス排出量の現況推計に活用可能なツールを提供しているほか、地方公共団体職員向けの研修を実施しています。2022年度は、当該マニュアル・ツールの改定に加え、地域における再生可能エネルギーの最大限の導入を促進するため、「地域脱炭素実現に向けた再エネの最大限導入のための計画づくり支援事業」を通じて、地方公共団体における再生可能エネルギーの導入計画の策定や円滑な再エネ導入のための促進エリア設定等に向けたゾーニング等の合意形成を支援しました。

地球温暖化対策推進法に基づき、引き続き都道府県や指定都市等において、地域における普及啓発活動や調査分析の拠点としての地域地球温暖化防止活動推進センター（地域センター）の指定や、地域における普及啓発活動を促進するための地球温暖化防止活動推進員を委嘱し、さらに関係行政機関、関係地方公共団体、地域センター、地球温暖化防止活動推進員、事業者、住民等により地球温暖化対策地域協議会を組織することができることとし、これらを通じパートナーシップによる地域ごとの実効的な取組の推進等が図られるよう継続して措置しました。

第2節　気候変動の影響への適応の推進

1　気候変動の影響等に関する科学的知見の集積

気候変動の影響に対処するため、温室効果ガスの排出の抑制等を行う緩和だけではなく、既に現れている影響や中長期的に避けられない影響を回避・軽減する適応を進めることが求められています。この適応を適切に実施していくためには、科学的な知見に基づいて取組を進めていくことが重要となります。

我が国の気候変動影響に関する科学的知見については、2015年3月に中央環境審議会により取りまとめられた意見具申「日本における気候変動による影響の評価に関する報告と課題について」で示されています。

この意見具申から5年経過した2020年12月には、新たに最新の知見を取りまとめ、気候変動適応法（平成30年法律第50号）に基づく初めての報告書となる「気候変動影響評価報告書」を公表しました。同報告書では、2015年の意見具申より約2.5倍の文献を引用し、知見が充実したほか、昨今の台風等の激甚災害の実態を踏まえ、分野・項目ごとの個別の影響が同時に発生することによる複合的な影響や、ある影響が分野・項目を超えて更に他の影響を誘発することによる影響の連鎖・相互作用を扱う「複合的な災害影響（自然災害・沿岸域分野）・分野間の影響の連鎖（分野横断）」についても記載しました。

2016年には、適応に関する情報基盤である「気候変動適応情報プラットフォーム（A-PLAT）」が構築されました。同プラットフォームは、国立研究開発法人国立環境研究所が運営しており、気温、降水量、米の収量、熱中症の救急搬送人員など様々な気候変動影響に関する予測情報や、地方公共団体の適応に関する計画や具体的な取組事例、民間事業者の適応ビジネス情報等についても紹介することで、国、地方公共団体、民間事業者等の適応の取組を促進しています。

2　国における適応の取組の推進

気候変動適応に関する取組については、2015年の中央環境審議会意見具申「日本における気候変動による影響の評価に関する報告と課題について」で取りまとめられた科学的知見に基づき、政府として「気候変動の影響への適応計画」を閣議決定しました。

その後、適応策の更なる充実・強化を図るため、国、地方公共団体、事業者、国民が適応策の推進のため担うべき役割を明確化し、政府による気候変動適応計画の策定、環境大臣による気候変動影響評価の実施、国立環境研究所を中核とした情報基盤の整備、気候変動適応広域協議会を通じた地域の取組促進等の措置を講ずる事項等を盛り込んだ気候変動適応法案を2018年2月に閣議決定し、同年6月に成立、同年12月に施行されました。

2018年11月には、気候変動適応法に基づく「気候変動適応計画」を閣議決定しました。また、同年12月には、環境大臣を議長とする「気候変動適応推進会議」が開催され、関係府省庁が連携して適応策を推進していくことを確認しました。2022年6月に開催した第6回会合では、「気候変動適応計画」の短期的な施策の進捗管理方法、中長期的な気候変動適応の進展の把握・評価方法等について確認を行いました。

2021年10月には、2020年12月に公表した「気候変動影響評価報告書」を踏まえ、「気候変動適応計画」の変更を閣議決定しました。前計画からの変更点としては、「重大性」「緊急性」「確信度」に応じた適応策の特徴を考慮した「適応策の基本的考え方」の追加、及び分野別施策及び基盤的施策に関するKPIの設定、国・地方公共団体・国民の各レベルで気候変動適応を定着・浸透させる観点からの指標の設定等による進捗管理等の実施に関する内容等が追加されています。

一般的に気候変動の影響に脆弱(ぜい)である開発途上国において、アジア太平洋地域を中心に適応に関する二国間協力を行い、各国のニーズに応じた気候変動の影響評価や適応計画の策定等の支援を行いました。

さらに、アジア太平洋地域の開発途上国が科学的知見に基づき気候変動適応に関する計画を策定し、実施できるよう、国立環境研究所と連携し、2019年6月に軽井沢で開催した、G20関係閣僚会合において立ち上げた国際的な適応に関する情報基盤であるAP-PLATのコンテンツの充実を図りました。

農林水産分野の気候変動への適応策については、持続可能な食料システムの構築を目指す「みどりの食料システム戦略」等を踏まえ、2021年10月に「農林水産省気候変動適応計画」が改定されました。この計画に基づき、水稲における白未熟粒(しろみじゅくりゅう)や、りんご、ぶどう、トマトの着色・着果不良等のほか、水産業における養殖ノリの年間収穫量の減少など、各品目で現れている生育障害や品質低下等の影響を回避・軽減するための品種や生産安定技術の開発、普及を進めています。

また、気候変動への適応策として重要な熱中症対策については、「熱中症対策行動計画」(2021年3月策定、2022年4月改定)に基づき、関係府省庁間で連携を深め、政府一丸となった施策を推進しました。その一環として、2021年から開始した「熱中症予防強化キャンペーン」(4~9月)を通じて、国民に対して、時季に応じた適切な予防行動の呼び掛けを実施しました。また、全国からモデルとなる自治体を選定して効果的な熱中症対策の支援等を行い、「地域における熱中症対策の先進的な取組事例集」を作成するとともに、低所得高齢者等におけるエアコンの普及を目的として、サブスクリプションを利用したエアコンの普及を促進しました。さらに、今後起こりうる極端な高温も見据えて、現行より一段上の熱中症特別警戒情報の発表や暑熱避難施設(クーリングシェルター)の指定・開放を規定する「気候変動適応法及び独立行政法人環境再生保全機構法の一部を改正する法律案」を2023年2月に閣議決定し、第211回国会に提出しました。

3 地域等における適応の取組の推進

気候変動の影響は地域により異なることから、地域の実情に応じて適応の取組を進めることが重要です。地方公共団体における科学的知見に基づく適応策の立案・実施を支援するため、A-PLATを通じて、気候変動影響の将来予測や各主体による適応の優良事例を共有するとともに、気候変動適応法に基づき地方公共団体が策定する地域気候変動適応計画の策定支援を目的として、「地域気候変動適応計画策定マニュアル」を2018年度に作成・公表しました。また、2019年度より開始した、住民参加型の「国民参加による気候変動情報収集・分析」事業を、引き続き実施しました。さらに、2020年度より、気候変動適応法に基づく「気候変動適応広域協議会」(全国7ブロック(北海道、東北、関東、中部、近畿、中国四国、九州・沖縄))に分科会を設置し、関係者の連携が必要な気候変動適応課題等について検討する「気候変動適応における広域アクションプラン策定事業」を開始しました。この事業では各ブロックで特に気候変動への適応が必要と思われる課題について検討を行い2022年度末にアクションプランを策定することにより、各ブロックにおける構成員の連携による適応策の実施や、地域気候変動適応計画への組込みを目指しています。そのほか、今後の地球温暖化に伴い、強い台風や大雨の増加が予測され、災害の更なる激甚化が懸念されていますが、将来の台風等の評価に関する科学的知見が不十分であることから、将来の気候変動下での台風等の影響評価に関して、より詳細な科学的知見を創出する「気候変動による災害激甚化に係る適応の強化事業」を2020年より開始し、2021年7月に成果の一部を公表しました。

気候変動による影響は事業者にも及ぶ可能性があります。事業者は、気候変動が事業に及ぼすリスクやその対応について理解を深め、事業活動の内容に即した気候変動適応を推進することが重要であるとともに、他者の適応を促進する製品やサービスを展開する取組である適応ビジネスの展開も期待されます。近年では、「気候変動関連情報開示タスクフォース」（TCFD）の提言に基づき、財務報告等で事業活動における気候リスクを開示する企業が増加するとともに、気候変動影響や適応策に関する情報へのニーズが高まっています。環境省では、2019年3月に公開した「民間企業の気候変動適応ガイド －気候リスクに備え、勝ち残るために－」を2022年3月に改定し、TCFDの物理的リスク対応や、気候変動によって頻発化や激甚化が懸念される気象災害をBCPに組み込む際の考え方等を紹介しています。加えて、事業者の適応ビジネスを促進するため、国内の情報基盤であるA-PLATや国際的な情報基盤であるAP-PLATも活用しつつ、事業者の有する気候変動適応に関連する技術・製品・サービス等の優良事例を発掘し、国内外に積極的に情報提供しています。また、環境省、文部科学省、国土交通省、金融庁及び国立環境研究所は、気候リスク情報（主に物理的リスクに関する情報）等を活用してコンサルタントサービス等を提供する企業との意見交換、協働の場として2021年9月に立ち上げを行った「気候変動リスク産官学連携ネットワーク」を通じて、ニーズに沿った情報提供や気候リスク情報の活用の促進を進めています。

第3節　オゾン層保護対策等

1　国際的な枠組みの下での取組

オゾン層の保護のためのウィーン条約及びモントリオール議定書を的確かつ円滑に実施するため、オゾン層保護法を制定・運用しています。また、同議定書締約国会合における決定に基づき、「国家ハロンマネジメント戦略」等を策定し、これに基づく取組を行っています。

開発途上国においては、JCMを利用した代替フロンの回収・破壊スキームの導入補助事業やモントリオール議定書の円滑な実施等を支援するために議定書の下に設けられた多数国間基金等を使用した二国間協力事業等を実施しました。

また、2019年12月のCOP25を機に、我が国のリーダーシップにより設立した、フロン類のライフサイクル全般にわたる排出抑制対策を国際的に展開していくための枠組みである、フルオロカーボン・イニシアティブは15の国・国際機関から賛同を得ています（2022年11月時点）。2022年度も国際会議の場におけるサイドイベントを3回、国内関係者との会合を1回開催し、活動の幅を広げています。

2　オゾン層破壊物質の排出の抑制

我が国では、オゾン層保護法等に基づき、モントリオール議定書に定められた規制対象物質の製造規制等の実施により、同議定書の規制スケジュール（図1-3-1）に基づき生産量及び消費量（＝生産量＋輸入量－輸出量）の段階的削減を行っています。HCFCについては2020年をもって生産・消費が全廃されました。

オゾン層保護法では、特定物質を使用する事業者に対し、その排出の抑制及び使用の合理化に努力することを求めており、特定物質の排出抑制・使用合理化指針において具体的措置を示しています。ハロンについては、「国家ハロンマネジメント戦略」に基づき、ハロンの回収・再利用、不要・余剰となったハロンの破壊処理等の適正な管理を進めています。

図1-3-1 モントリオール議定書に基づく規制スケジュール

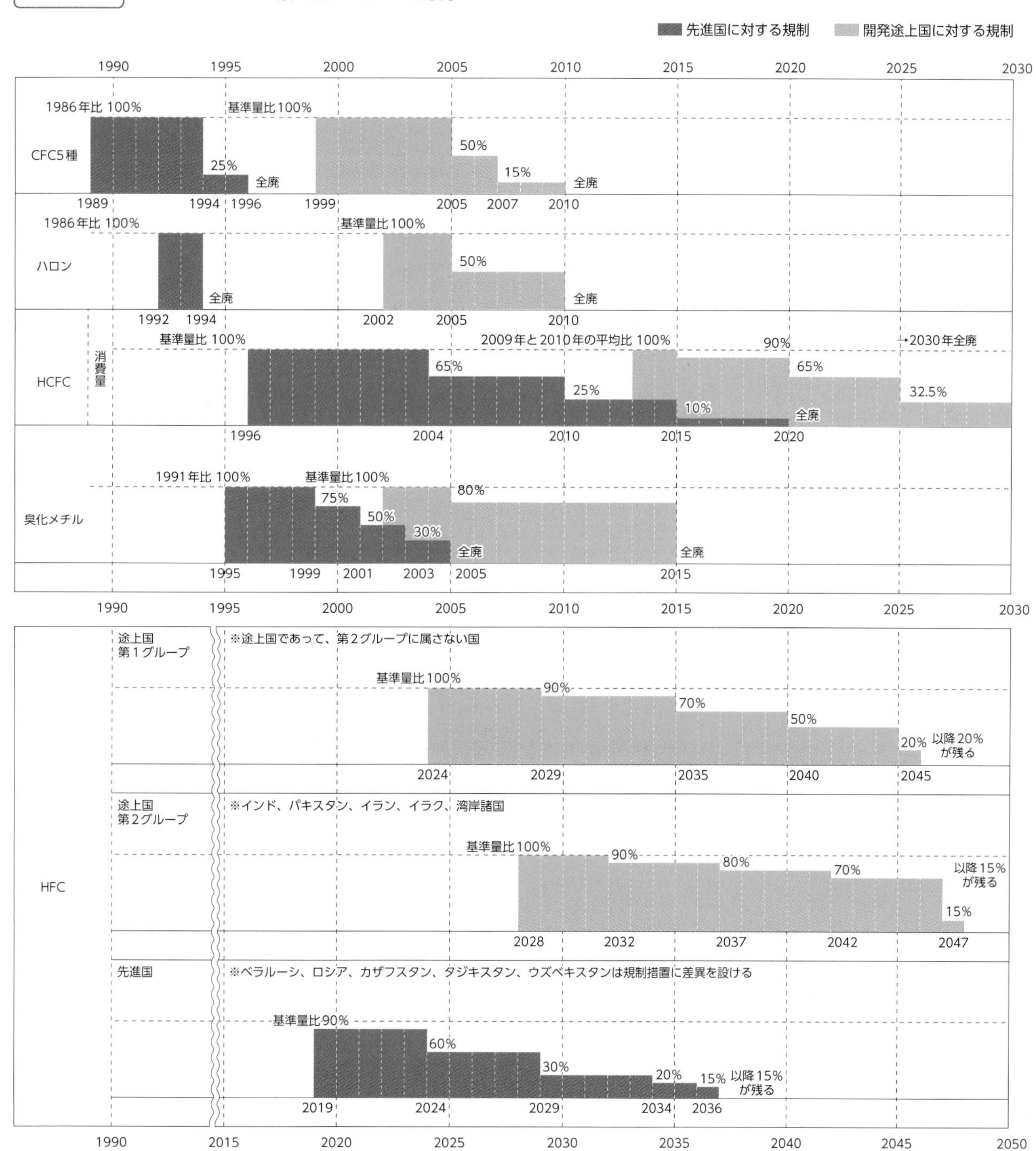

注1：各物質のグループごとに、生産量及び消費量（＝生産量＋輸入量－輸出量）の削減が義務付けられている。基準量はモントリオール議定書に基づく。
2：HCFCの生産量についても、消費量とほぼ同様の規制スケジュールが設けられている（先進国において、2004年から規制が開始され、2009年まで基準量比100%とされている点のみ異なっている）。また、先進国においては、2020年以降は既設の冷凍空調機器の整備用のみ基準量比0.5%の生産・消費が、途上国においては、2030年以降は既設の冷凍空調器の整備用のみ2040年までの平均で基準量比2.5%の生産・消費が認められている。
3：このほか、「その他のCFC」、四塩化炭素、1,1,1－トリクロロエタン、HBFC、ブロモクロロメタンについても規制スケジュールが定められている。
4：生産等が全廃になった物質であっても、開発途上国の基礎的な需要を満たすための生産及び試験研究・分析等の必要不可欠な用途についての生産等は規制対象外となっている。
資料：環境省

3 フロン類の管理の適正化

我が国では、主要なオゾン層破壊物質の生産及び消費は2019年末に全廃されましたが、オゾン層保護推進のためには、現在も市中で使用されている、特定フロンを充塡した冷凍空調機器廃棄時の徹底した冷媒回収が必要です。加えて、特定フロンから転換が進み排出量が年々増加するHFCは強力な温室効果ガスであり、HFCを含めたフロン類の排出抑制対策は、地球温暖化対策の観点からも重要です。

このため、家庭用の電気冷蔵庫・冷凍庫、電気洗濯機・衣類乾燥機及びルームエアコンについては家電リサイクル法に、業務用冷凍空調機器についてはフロン排出抑制法に、カーエアコンについては自動車リサイクル法に基づき、これらの機器の廃棄時に機器中に冷媒等として残存しているフロン類の回収が義務付けられています。回収されたフロン類は破壊又は再生の方法で適正処理されることとなっています。2021年度の各機器からのフロン類の回収量は表1-3-1、図1-3-2のとおりです。

表1-3-1　家電リサイクル法に基づく再商品化によるフロン類の回収量・破壊量（2021年度）

○廃家電4品目の再商品化実施状況

（単位：万台）

	エアコン	冷蔵庫・冷凍庫	洗濯機・衣類乾燥機
再商品化等処理台数	354.7	359.4	429.7

○冷媒として使用されていたフロン類の回収重量等

（単位：kg）

	エアコン	冷蔵庫・冷凍庫	洗濯機・衣類乾燥機
冷媒として使用されていたフロン類の回収重量	2,380,093	141,505	39,937
冷媒として使用されていたフロン類の再生又は再利用した重量	2,156,869	81,853	31,675
冷媒として使用されていたフロン類の破壊重量	196,657	57,064	7,217

注：値は全て小数点以下を切捨て。

○断熱材に含まれる液化回収したフロン類の回収重量等

（単位：kg）

	冷蔵庫・冷凍庫
断熱材に含まれる液化回収したフロン類の回収重量	244,160
断熱材に含まれる液化回収したフロン類の破壊重量	240,608

注：値は全て小数点以下を切捨て。
資料：環境省、経済産業省

図1-3-2　業務用冷凍空調機器・カーエアコンからのフロン類の回収・破壊量等（2021年度）

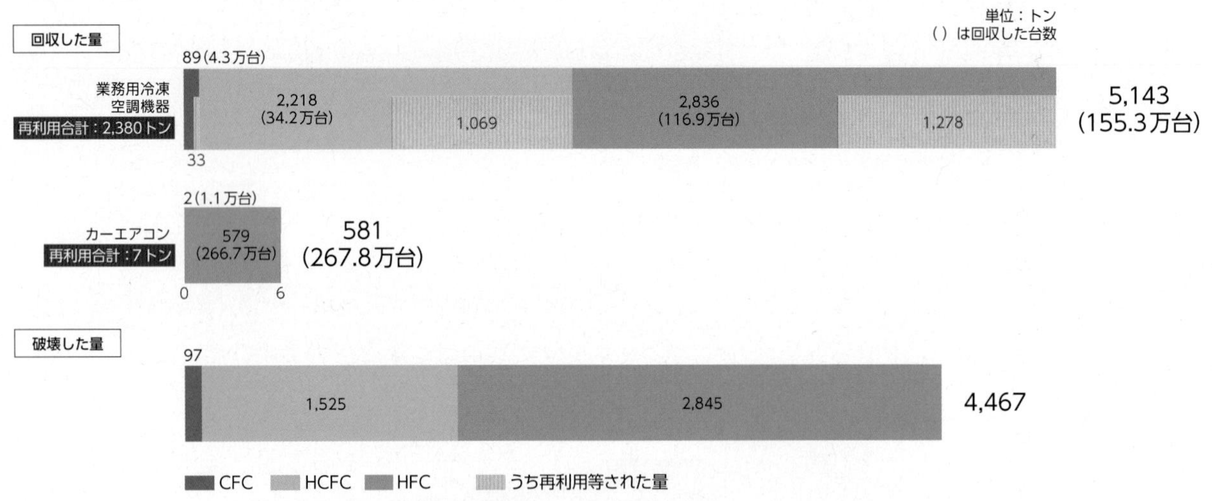

注1：HCFCはカーエアコンの冷媒として用いられていない。
　2：破壊した量は、業務用冷凍空調機器及びカーエアコンから回収されたフロン類の合計の破壊量である。
資料：経済産業省、環境省

フロン排出抑制法には、冷媒フロン類に関して、業務用冷凍空調機器の使用時漏えい対策、機器の廃棄時にフロン類の回収行程を書面により管理する制度、都道府県知事に対する廃棄者等への指導等の権限の付与、機器整備時の回収義務等が規定されています。これらに基づき、都道府県の法施行強化、関係省庁・関係業界団体による周知など、フロン類の管理の適正化について、一層の徹底を図っています。

改正事項について、施行から5年経過後の点検・評価を2021年から実施しました。その結果、2022年6月に「平成25年フロン排出抑制法の施行状況の評価・検討に関する報告書」として今後のフロン対策の取組の方向性について取りまとめました。

第2章 生物多様性の保全及び持続可能な利用に関する取組

第1節　生物多様性条約COP15及び生物多様性国家戦略

1　生物多様性条約COP15に向けた取組

愛知目標に代わる新たな世界目標である「昆明・モントリオール生物多様性枠組」の検討プロセスは、2018年11月にエジプト・シャルムエルシェイクで開催された生物多様性条約第14回締約国会議（COP14。以下、締約国会議を「COP」という。なお、本章におけるCOPは、生物多様性条約締約国会議を指す。）において決定され、その具体的な検討は、2019年1月に愛知県名古屋市で開催された「ポスト2020生物多様性枠組アジア太平洋地域ワークショップ」から始まりました。以降、生物多様性条約の公開作業部会（OEWG）や補助機関会合（SBSTTA、SBI）、さらには新型コロナウイルス感染症による影響を受けてCOP15が何度も延期される中で、多数のオンライン会合が開催されました。2021年10月にオンラインを中心に開催されたCOP15第一部では、ハイレベルセグメントにおいて山口壯環境大臣（当時）が、当該枠組の実施にも貢献するため、生物多様性日本基金（JBF）の第2期として総額1,700万ドル規模での途上国支援を行うこと等を表明しました。我が国はこれらの会合において、当該枠組に記載すべき内容やその科学的根拠、実施報告、評価及びレビューのための仕組み等について、より効果的なものとなるように意見を表明してきました。

また、当該枠組の採択に向け、様々な国際的な決意やイニシアティブが表明されました。2020年9月には生物多様性を主要テーマとした初めてのサミットである「国連生物多様性サミット」が開催されるとともに、全世界の首脳級に参画を呼びかけた初めての生物多様性に関するイニシアティブとして、2030年までに生物多様性の損失傾向を食い止め、回復に向かわせるというネイチャーポジティブの考えに基づいた10の約束事項を掲げた「リーダーによる自然への誓約」の署名が開始され、我が国も2021年5月に参加を表明しました。2021年1月には当該枠組に30by30目標等の野心的な目標の位置づけを求める国々の集まりである「自然と人々のための高い野心連合（High Ambition Coalition for Nature and People）」が立ち上げられ、我が国も参加を表明しました。

さらに2021年6月に開催されたG7サミットでは、2030年までに生物多様性の損失を止めて反転させるという世界的な任務を支える「G7　2030年自然協約」を採択しました。この自然協約においてG7各国は、2030年までに世界の陸地及び海洋の少なくとも30%を保全又は保護するための新たな世界目標を支持すること、また、国内の状況に応じて、少なくとも同じだけの割合の自国の陸水域と内水面を含む土地と沿岸・海域を効果的に保全し又は保護することにつき範を示すこと等を約束しました。

こうした経緯のもと、2022年12月にカナダ・モントリオールでCOP15第二部が開催されました。我が国からは西村明宏環境大臣を政府代表団長とする代表団が出席し、愛知目標を取りまとめたCOP10議長国としての経験を活かして積極的に議論に貢献しました。12月15日から17日に開催されたハイレベルセグメントには、各国の首脳級及び閣僚級が参加し、2050年までの長期目標「自然と共生する世界」に向けた各国の取組が発信され、西村明宏環境大臣からは地球環境ファシリティ（GEF）への6.38億ドルの拠出及び生物多様性日本基金（JBF）への総額1,700万ドル規模の支援に加え、2023年から2025年にかけて生物多様性保全への支援として1,170億円のプレッジを表明しました。こうした様々な検討や議論を経て、愛知目標に次ぐ新たな世界目標が「昆明・モントリオール生物多様性枠組」として採択されました。

2　生物多様性国家戦略

「昆明・モントリオール生物多様性枠組」の採択を受け、生物多様性国家戦略2023-2030を2023年3月に閣議決定しました。

環境省では、2021年8月に中央環境審議会自然環境部会に「生物多様性国家戦略」の変更について諮問し、これを審議するために生物多様性国家戦略小委員会を設置しました。2021年度から2022年度にかけて同小委員会を7回開催し、昆明・モントリオール生物多様性枠組に関する国際的な議論の動向等を踏まえながら、関係省庁やNGO、農林水産業関係者などからもヒアリングを行うなど、様々なステークホルダーの参加を得つつ検討を進めてきました。

生物多様性国家戦略2023-2030は、2030年ミッションとして「2030年ネイチャーポジティブ」を掲げ、その達成のための5つの基本戦略とそれらに紐づく状態目標及び行動目標を設定し、2030年までにこれらの達成に向けた施策を推し進めていくこととしています。また、昆明・モントリオール生物多様性枠組の点検・評価プロセスに合わせ、点検・評価を実施し、取組状況の更なる向上を継続的に図っていくこととしています。さらに、本国家戦略には2022年4月に公表した30by30目標を達成するための行程と具体策を示した「30by30ロードマップ」を掲載しています。

第2節　生物多様性の主流化に向けた取組の強化

1　多様な主体の参画

(1) マルチステークホルダーによる生物多様性主流化のための連携・行動変容への取組

我が国では、2010年に愛知県で開催された生物多様性条約第10回締約国会議（COP10）で採択された「愛知目標」の達成に向け、産官学民の多様なステークホルダーからなる、「国連生物多様性の10年日本委員会（UNDB-J）」（事務局：環境省）を設置し、生物多様性についての普及啓発などの取組を進めてきました。

2021年11月には産官学民の連携・協力によって「昆明・モントリオール生物多様性枠組」、「国連生態系回復の10年」などの国際目標や国内目標の達成に貢献するため、UNDB-Jの後継組織として「2030生物多様性枠組実現日本会議（J-GBF）」を設立しました。

本会議では、30by30目標をはじめとする「昆明・モントリオール生物多様性枠組」などの国際目標や関連する国内戦略等の達成に向け、企業や国民の具体の行動変容を促す取組強化、様々なステークホルダー間の連携を促すための枠組み構築等に取り組みました。具体的には、COP15第二部において日本の取組発信、ビジネスフォーラムや地域連携フォーラム、行動変容ワーキンググループといった下部組織を設け、生物多様性における国際動向や国内取組の共有、企業や国民の具体的な行動変容を促す取組について議論・検討を進めています。30by30目標の達成に向けては、産官学民による30by30アライアンスを2022年4月に発足させました。

また、J-GBFは、生物多様性に関する理解や普及啓発に資する取組として、国民一人一人が自分の生活の中で生物多様性との関わりを捉えることができる5つのアクション「MY行動宣言」の呼び掛け、ビジネス・地域連携・行動変容の各フォーラム等での活動等を行い、これらの活動状況を発表するオフィシャルウェブサイトを用いて普及啓発を促進しています。

(2) 地域主体の取組の支援

生物多様性基本法（平成20年法律第58号）において、都道府県及び市町村は生物多様性地域戦略の策定に努めることとされており、2023年3月末時点で47都道府県、162市区町村で策定されています。

生物多様性の保全や回復、持続可能な利用を進めるには、地域に根付いた現場での活動を自ら実施し、また住民や関係団体の活動を支援する地方公共団体の役割は極めて重要なため、「生物多様性自治体ネットワーク」が設立されており、2023年3月時点で191自治体が参画しています。

地域の多様な主体による生物多様性の保全・再生活動を支援するため、「生物多様性保全推進支援事業」において、全国で89の取組を支援しました。

地域における多様な主体の連携による生物の多様性の保全のための活動の促進等に関する法律（生物多様性地域連携促進法）（平成22年法律第72号）は、市町村やNPO、地域住民、企業など地域の多様な主体が連携して行う生物多様性保全活動を促進することで、地域の生物多様性を保全することを目的とした法律です。同法に基づき、2023年3月時点で16地域が地域連携保全活動計画を作成済みであり、21自治体が同法に基づく地域連携保全活動支援センターを設置しています（図2-2-1、表2-2-1）。また、同法の更なる活用を図るため、地域連携保全活動支援センターへの各種情報提供、同センターの設置促進等を行いました。

ナショナル・トラスト活動については、その一層の促進のため、引き続き税制支援措置等を実施しました。また、非課税措置に係る申請時の留意事項等を追記した改訂版のナショナル・トラストの手引きの配布等を行いました。

図2-2-1　地域連携保全活動支援センターの役割

資料：環境省

表2-2-1　地域連携保全活動支援センター設置状況

【2023年3月時点】

地方公共団体名	地域連携保全活動支援センターの名称
北海道	北海道生物多様性保全活動連携支援センター（HoBiCC）※
青森県	青森県 環境生活部 自然保護課※
茨城県	茨城県生物多様性センター※
栃木県	栃木県 環境森林部 自然環境課※
栃木県小山市	小山市 総合政策部 自然共生課※
埼玉県	埼玉県生物多様性センター
埼玉県鴻巣市	鴻巣市コウノトリ野生復帰センター
千葉県	千葉県生物多様性センター
福井県	福井県 安全環境部 自然環境課※
長野県	長野県 環境部 自然保護課※
愛知県	愛知県 環境局 環境政策部 自然環境課※
愛知県名古屋市	なごや生物多様性センター※
滋賀県	生物多様性保全活動支援センター（滋賀県 琵琶湖環境部 自然環境保全課）※
京都府	京都府 府民環境部 自然環境保全課※
大阪府堺市	ウェブサイト「堺いきもの情報館／堺生物多様性センター」※
兵庫県	兵庫県 環境部 自然・鳥獣共生課※
奈良県橿原市、高取町及び明日香村	飛鳥・人と自然の共生センター※
鳥取県	とっとり生物多様性推進センター
徳島県	とくしま生物多様性センター※
愛媛県	愛媛県立衛生環境研究所 生物多様性センター
鹿児島県志布志市	志布志市生物多様性センター

※：既存組織が支援センターの機能を担っている。
資料：環境省

利用者からの入域料の徴収、寄付金による土地の取得等、民間資金を活用した地域における自然環境の保全と持続可能な利用を推進することを目的とした地域自然資産区域における自然環境の保全及び持続可能な利用の推進に関する法律（平成26年法律第85号。以下「地域自然資産法」という。）の運用を進めました。2023年3月時点で、地域自然資産法に基づく地域計画が沖縄県竹富町と新潟県妙高市で作成されており、両地域において同計画に基づく入域料の収受等の取組が進められています。

(3) 生物多様性に関する広報・行動変容等の推進

毎年5月22日は国連が定めた「国際生物多様性の日」であり、2022年のテーマは「Building a shared future for all life」でした。国際生物多様性の日を迎えるに当たり、国連大学サステイナビリティ高等研究所、地球環境パートナーシッププラザと共催で、オンラインシンポジウム「国際生物多様性の日2022シンポジウム-すべてのいのちと共にある未来へ！-」を開催しました。冒頭に大岡敏孝環境副大臣（当時）やエリザベス・マルマ・ムレマ生物多様性条約事務局長からビデオメッセージを発信しました（写真2-2-1）。そのほか、生物多様性の重要性を一般の方々に知ってもらうとともに、生物多様性に配慮した事業活動や消費活動を促進するため、前項で紹介したJ-GBFの各種取組のほか、「こども霞が関見学デー」、「GTFグリーンチャレンジデー」など、様々なイベントの開催・出展や様々な活動とのタイアップによる広報活動等を通じ、普及啓発を進めています。

写真2-2-1　国際生物多様性の日2022シンポジウム-すべてのいのちと共にある未来へ！-大岡敏孝環境副大臣（当時）の挨拶

資料：環境省

2　ビジネスにおける生物多様性の主流化、自然資本の組み込み

（1）企業の経営戦略

2021年2月に、英国財務省から生物多様性の経済学に関する報告書であるダスグプタレビューが公表され、民間事業者による生物多様性への配慮の重要性がますます高まっています。

近年の事業者を取り巻く生物多様性に関する国際動向を踏まえ、2017年に策定した「生物多様性民間参画ガイドライン（第二版）」の改訂作業を行いました。また2021年3月には、2020年5月に策定した「生物多様性民間参画事例集」及び「企業情報開示のグッドプラクティス集」の英語版を作成し、SBSTTA24、SBI3、OEWG3、OEWG4さらにCOP15の第一部及び第二部などで国際的に発信をしました。

経済界を中心とした自発的なプログラムとして設立された「生物多様性民間参画パートナーシップ」や「企業と生物多様性イニシアティブ（JBIB）」との連携・協力を継続しました。さらに、2020年11月には経団連と環境省で「生物多様性ビジネス貢献プロジェクト」を立ち上げ、成果として、日本企業の先進的な取組を2021年10月のCOP15第一部及び2022年12月に開催されたCOP15第二部で紹介しました。

（2）自然関連情報開示とESG投融資等

民間レベルでの国際的な動きとしては、生物多様性・自然資本に関する情報開示を求める自然関連財務情報開示タスクフォース（TNFD）や、定量的なインパクト評価や目標設定の手法を定めるScience Based Targets for Nature（SBTs for Nature）、生物多様性に関する国際規格を検討するISO TC331等において、生物多様性を企業経営に組み込んでいく仕組みづくりが加速しています。こうした国際的イニシアティブやESG投融資等の動きを受け、環境省では個別の課題に対応するための関連する検討会やこれらを統合的に検討するネイチャーポジティブ経済研究会を立ち上げ、民間企業の支援を通じてビジネスにおける生物多様性の主流化を推進しています。

（3）生物多様性に配慮した消費行動への転換

事業者による取組を促進するためには、消費者の行動を生物多様性に配慮したものに転換していくことも重要です。そのための仕組みの一例として、生物多様性の保全にも配慮した持続可能な生物資源の管理と、それに基づく商品等の流通を促進するための民間主導の認証制度があります。こうした社会経済的な取組を奨励し、多くの人々が生物多様性の保全と持続可能な利用に関わることのできる仕組みを拡大していくことが重要です。

環境に配慮した商品やサービスに付与される環境認証制度のほか、生物多様性に配慮した持続可能な調達基準を策定する事業者の情報等について環境省のウェブサイト等で情報提供しています。また、木材・木材製品については、国等による環境物品等の調達の推進等に関する法律（グリーン購入法）（平成12年法律第100号）により、政府調達の対象とするものは合法性、持続可能性が証明されたものとされており、各事業者において自主的に証明し、説明責任を果たすために、証明に取り組むに当たって留意すべき事項や証明方法等については、国が定める「木材・木材製品の合法性、持続可能性の証明のためのガイドライン」に準拠することとしています。また、農業の環境負荷の低減につながる有機農業により生産された農作物等について、官公庁を始め国等の機関の食堂での使用に配慮するようグリーン購入法に基づく基本方針が見直されました。加えて、合法伐採木材等の利用を促進することを目的として、木材等を取り扱う事業者に合法性の確認を求める合法伐採木材等の流通及び利用の促進に関する法律（クリーンウッド法）（平成28年法律第48号）が2017年5月に施行されました。政府は、この法律の施行状況について検討を進め、2023年2月に川上・水際の木材関連事業者による合法性の確認を義務付けること等を内容とするクリーンウッド法の改正案を閣議決定し、国会に提出しました。これらの取組を通じ、合法証明の信頼性・透明性の向上や合法証明された製品の消費者への普及を図っています。

3　自然とのふれあいの推進

（1）国立公園満喫プロジェクト等の推進

2016年3月に政府が公表した「明日の日本を支える観光ビジョン」に掲げられた10の柱施策の一つとして、国立公園満喫プロジェクトがスタートしました。本プロジェクトでは、日本の国立公園のブランド力を高め、国内外の誘客を促進することにより、国立公園の所在する地域の活性化を図り、自然環境の保護と利用の好循環を実現するため、阿寒摩周、十和田八幡平、日光、伊勢志摩、大山隠岐、阿蘇くじゅう、霧島錦江湾、慶良間諸島の８つの国立公園を中心に、先行的、集中的な取組を進めてきました。2021年以降も本プロジェクトを継続的に実施し、公園の特性や体制に応じて、34国立公園全体で推進するとともに、新型コロナウイルス感染症の影響により減少した国内外の利用者の回復に向け、国内誘客も強化する等新たな展開を図ることとしています。2021年度は阿寒摩周国立公園や十和田八幡平国立公園等での廃屋撤去等の利用拠点の上質化に向けた取組が進められるとともに、ナイトタイム等の新たなコンテンツ造成等の取組が行われました。また、2022年度は新たに12社と国立公園オフィシャルパートナーシップを締結し、既締結の継続企業と合わせてパートナー企業数は計130社となりました。そして、2020年度に引き続き、ビジターセンターや歩道等の整備、多言語解説やツアー・プログラムの充実、その質の確保・向上に向けた検討、ガイド人材等の育成支援、利用者負担による公園管理の仕組みの調査検討、国内外へのプロモーション等を行いました。

さらに、新型コロナウイルス感染症の拡大により減退した公園利用の反転攻勢と地域経済の再活性化を図るため、地域関係者が行う国立・国定公園の利用拠点での自然体験プログラムの推進やコロナ対応、ワーケーション（観光地といった通常の職場以外でテレワーク等により働きながら休暇も楽しむもの）の受入や、自然との調和が図られた滞在環境の整備を支援することにより、今後の誘客に向けた受入環境整備を行うとともに、国立公園等で「遊び、働く」という健康でサステナブルなライフスタイルを推進しました。

また、国立公園の本来の目的である「保護」と「利用」が地域において好循環を生み出し地域の活性化につながるよう、改正自然公園法（昭和32年法律第161号）により新たに創設された「自然体験活動促進計画」及び「利用拠点整備改善計画」の作成に取り組む自治体等の支援を実施しました。民間提案による高付加価値な宿泊施設を中心とした国立公園利用拠点の面的な魅力向上に取り組むこととし「宿舎事業を中心とした国立公園利用拠点の面的魅力向上検討会」を設置し、2023年1月～3月にかけて検討会を3回開催しました。

2011年3月に発生した東日本大震災により被災した東北地方太平洋沿岸地域では、三陸復興国立公園を核としたグリーン復興プロジェクトの取組として、2019年6月に全線開通したみちのく潮風トレイルにおける誘客、持続的な路線の維持管理に向けた仕組みの構築、自然環境モニタリングの実施、公園利用施設の整備等の取組を実施しました。

(2) 自然とのふれあい活動

みどりの月間（4月15日～5月14日）等を通じて、自然観察会など自然とふれあうための各種活動や、サンゴ礁や干潟の生き物観察など、子供たちが国立公園等の優れた自然地域を知り、自然環境の大切さを学ぶ機会を提供しました。国立・国定公園の利用の適正化のため、自然公園指導員及びパークボランティアの連絡調整会議等を実施し、利用者指導の充実を図りました。

国立公園の周遊促進を目的とした、アプリを用いた「日本の国立公園めぐりスタンプラリー」の運営や、国立公園の風景を楽しむことができるカレンダーの作成を行いました。

国営公園においては、ボランティア等による自然ガイドツアー等の開催、プロジェクト・ワイルド等を活用した指導者の育成等、多様な環境教育プログラムを提供しました。

(3) 自然とのふれあいの場の提供

ア 国立・国定公園等における取組

国立公園の保護及び利用上重要な公園事業を国直轄事業とし、安全で快適な公園利用を図るため、ビジターセンター、園地、歩道、駐車場、情報拠点施設、公衆トイレ等の利用施設や自然生態系を維持回復・再生させるための施設の整備を進めるとともに、国立公園事業施設の長寿命化対策、多言語化対応の推進等に取り組みました。2022年度には、妙高戸隠連山国立公園の妙高高原ビジターセンター（2022年5月オープン）を新規整備しました。また、国立・国定公園及び長距離自然歩道等については、44都道府県に自然環境整備交付金を交付し、その整備を支援しました。現在、長距離自然歩道の計画総延長は約2万8,000kmに及んでいます。

旧皇室苑地として広く親しまれている国民公園（皇居外苑、京都御苑、新宿御苑）及び千鳥ケ淵戦没者墓苑では、施設の改修、芝生・樹木の手入れ等を行いました。また、庭園としての質や施設の利便性を高めるため、新宿御苑において早朝開園を行うなど、取組を進めました。

イ 森林における取組

保健保安林等を対象として防災機能、環境保全機能等の高度発揮を図るための整備を実施するとともに、国民が自然に親しめる森林環境の整備に対し助成しました。また、森林環境教育の場となる森林・施設の整備等への支援策を講じました。国有林野においては、森林教室等を通じて、森林・林業への理解を深めるための「森林ふれあい推進事業」等を実施するとともに、国民による自主的な森林づくりの活動の場である「ふれあいの森」等の設定・活用を図り、国民参加の森林（もり）づくりを推進しました。また、「レクリエーションの森」の中でも特に優れた景観を有するなど、地域の観光資源として潜在能力の高い箇所として選定をした「日本（にっぽん）美（うつく）しの森 お薦め国有林」において、重点的に観光資源の魅力の向上、外国人も含む旅行者に向けた情報発信等に取り組み、更なる活用を推進しました。

(4) 温泉の保護及び安全・適正利用

温泉の保護、温泉の採取等に伴い発生する可燃性天然ガスによる災害の防止及び温泉の適正な利用を図ることを目的とした温泉法（昭和23年法律第125号）に基づき、温泉の掘削・採取、浴用又は飲用利用等を行う場合には、都道府県知事や保健所設置市長等の許可等を受ける必要があります。2021年度には、温泉掘削許可157件、増掘許可8件、動力装置許可96件、採取許可55件、濃度確認89件、浴用又は飲用許可1,530件が行われました。

環境大臣が、温泉の公共的利用増進のため、温泉法に基づき地域を指定する国民保養温泉地については、新たに由良温泉（山形県鶴岡市）と湯の児・湯の鶴温泉（熊本県水俣市）を加え、2023年3月末時点で79か所を指定しています。

2018年5月から現代のライフスタイルに合った温泉地の楽しみ方として「新・湯治」を推進するた

めのネットワークである「チーム新・湯治」を立ち上げ、2022年度は3回のセミナーを実施しました。2023年3月末時点で405団体が参加しています。

また、温泉地全体での療養効果を科学的に把握し、その結果を全国的な視点に立って発信する「全国『新・湯治』効果測定調査プロジェクト」について、「新・湯治」の効果の検証・発信を各温泉地における自主的な取組として継続していくためのモデル事業を実施しました。

(5) 都市と農山漁村の交流

農泊の推進による農山漁村の活性化と所得向上を実現するため、農泊をビジネスとして実施するための体制整備や、地域資源を魅力ある観光コンテンツとして磨き上げるための専門家派遣等の取組、農家民宿や古民家等を活用した滞在施設等の整備の一体的な支援を行うとともに、農泊地域の情報発信など戦略的な国内外へのプロモーションを行いました。

また、農山漁村が有する教育的効果に着目し、農山漁村を教育の場として活用するため、関係府省が連携し、子供の農山漁村宿泊体験等を推進するとともに、農山漁村を都市部の住民との交流の場等として活用する取組を支援しました。

第3節　生物多様性保全と持続可能な利用の観点から見た国土の保全管理

1　生態系ネットワークの形成

優れた自然環境を有する保護地域を核として、民間等の取組により保全が図られている地域や保全を目的としない管理が結果として自然環境を守ることにも貢献している地域といった、保護地域以外で生物多様性保全に資する地域（OECM）等を有機的につなぐことにより、生物の生息・生育空間のつながりや適切な配置を確保する生態系ネットワーク（エコロジカル・ネットワーク）の形成を推進するとともに、重要地域の保全や自然再生に取り組み、私たちの暮らしを支える森里川海のつながりを確保することが重要です。2020年度から、OECMに関する有識者検討会を開催して、民間の取組等により生物多様性保全が図られている区域を国が「自然共生サイト」として認定する仕組み等の検討を行っています。2022年度には、30by30アライアンス参加者の協力を得て、全国の56サイトを対象として認定プロセスの試行を実施し、仕組みの本格運用に向けた改善を行いました。

写真2-3-1　自然観察会

資料：環境省

森里川海の恵みを将来にわたって享受し、安全で豊かな国づくりを行うため、環境省と有識者からなる「つなげよう、支えよう森里川海」プロジェクトを立ち上げ、2016年9月には「森里川海をつなぎ、支えていくために（提言）」を公表しました。

2022年度には、里山にて環境教育イベントを実施しました。さらに、2021年度までの酒匂川流域と荒川流域に続き、2022年度は大井川流域において「森里川海ふるさと絵本」を制作し、流域単位で河川の恵みに関する情報・知見を共有しました。今後各地での同様の取組の参考となるよう、絵本製作の過程のマニュアル化も行いました。そのほか、「つなげよう、支えよう森里川海アンバサダー」が衣食住等テーマに分かれ環境に配慮したライフスタイルシフトを呼び掛けるなど、国民一人一人が森里川海の恵みを支える社会の実現に向けて、普及啓発しました（写真2-3-1）。

(1) 水田や水路、ため池等

水田や水路、ため池等の水と生態系のネットワークの保全のため、地域住民の理解・参画を得ながら、生物多様性保全の視点を取り入れた農業生産基盤の整備を推進しました。また、生態系の保全に配慮しながら生活環境の整備等を総合的に行う事業等に助成し、魅力ある田園空間の形成を促進しました。さらに、農村地域の生物や生息環境の情報を調査し、生態系に配慮したため池等の整備手法を検討するなど、生物多様性を確保するための取組を進めました。

生物多様性等の豊かな地域資源を活かし、農山漁村を教育、観光等の場として活用する集落ぐるみの取組を支援しました。

(2) 森林

生態系ネットワークの根幹として豊かな生物多様性を構成している森林の有する多面的機能を持続的に発揮させるため、森林整備事業による適切な造林や間伐等の施業を実施するとともに、自然条件等に応じて、針広混交林化や複層林化を図るなど、多様で健全な森林づくりを推進しました。また、森林の有する公益的機能の発揮及び森林の保全を確保するため、保安林制度・林地開発許可制度等の適正な運用を図るとともに、治山事業においては、周辺の生態系に配慮しつつ、荒廃山地の復旧整備、機能の低下した森林の整備等を計画的に推進しました。さらに、松くい虫など病害虫や野生鳥獣による森林の被害対策の総合的な実施、林野火災予防対策を推進しました。

森林内での様々な体験活動等を通じて、森林と人々の生活や環境との関係についての理解と関心を深める森林環境教育や、市民やボランティア団体等による里山林の保全・利用活動等、森林の多様な利用及びこれらに対応した整備を推進しました。また、企業、森林ボランティアなど、多様な主体による森林づくり活動への支援や緑化行事の推進により、国民参加の森林づくりを進めました。

モントリオール・プロセスでの報告等への活用を図るため、森林資源のモニタリングを引き続き実施するとともに、時系列的なデータを用いた解析手法の開発を行いました。

国家戦略及び「農林水産省生物多様性戦略」（2012年2月改定）に基づき、森林生態系の調査など、森林における生物多様性の保全及び持続可能な利用に向けた施策を推進しました。国有林野においては、原生的な天然林を有する森林や希少な野生生物の生育・生息する場となる森林である「保護林」や、これらを中心としたネットワークを形成することによって野生生物の移動経路となる「緑の回廊」において、モニタリング調査等を行い森林生態系の状況を把握し順応的な保護・管理（定期的なモニタリング等の調査によって現状を把握し、計画を検証・修正することによって、その時々の科学的知見等に基づいた最適な保護・管理を行っていく手法）を推進しました。

国有林野において、育成複層林や天然生林へ導くための施業の推進、広葉樹の積極的な導入等を図るなど、自然環境の維持・形成に配慮した多様な森林施業を推進しました。また、優れた自然環境を有する森林の保全・管理や国有林野を活用して民間団体等が行う自然再生活動を積極的に推進しました。さらに、森林における野生鳥獣被害防止のため、地域等と連携し、広域的かつ計画的な捕獲と効果的な防除等を実施しました。

(3) 河川

河川の保全等に当たっては、河川全体の自然の営みを視野に入れ、地域の暮らしや歴史・文化との調和にも配慮し、河川が本来有している生物の生息・生育・繁殖環境等を保全・創出するための「多自然川づくり」を全ての川づくりにおいて推進しました。

多様な主体と連携して、河川を基軸とした広域的な生態系ネットワークを形成するため、湿地等の保全・創出や魚道整備等の環境整備事業を推進するとともに、流域一体となった生態系ネットワークのより一層の推進を目的として「水辺からはじまる生態系ネットワーク全国フォーラム」を開催しました。また、生態系ネットワークに寄与する多自然川づくりの技術的ポイントの解説等を掲載した技術資料を作成しました。

さらに、災害復旧事業においても、「美しい山河を守る災害復旧基本方針」に基づき、従前から有している河川環境の保全を図りました。

河川やダム湖等における生物の生息・生育状況の調査を行う「河川水辺の国勢調査」を実施し、結果を河川環境データベースとして公表しています。また、世界最大規模の実験河川を有する国立研究開発法人土木研究所自然共生研究センターにおいて、河川や湖沼の自然環境保全・創出のための研究を進めました。加えて、生態学的な観点より河川を理解し、川の在るべき姿を探るために、河川生態学術研究を進めました。

(4) 湿地

湿原や干潟等の湿地は、多様な動植物の生息・生育地等として重要な場です。しかし、これらの湿地は全国的に減少・劣化の傾向にあるため、その保全の強化と、既に失われてしまった湿地の再生・修復の手立てを講じることが必要です。2016年4月に公表した「生物多様性の観点から重要度の高い湿地」について、湿地とその周辺における生物多様性への配慮の必要性を普及啓発しました。

多様な生物の生息・生育・繁殖環境の保全・創出のため、湿地・干潟の整備等の環境整備事業を推進しました。

(5) 山麓斜面等

山麓斜面に市街地が接している都市において、土砂災害に対する安全性を高め緑豊かな都市環境と景観を保全・創出するために、市街地に隣接する山麓斜面にグリーンベルトとして一連の樹林帯の形成を図りました。また、生物の良好な生息・生育環境を有する渓流や里山等を保全・再生するため、地元関係者等と連携した山腹工等を実施しました。土砂災害防止施設の整備に当たり良好な自然環境の保全・創出に努めています。

2 重要地域の保全

(1) 自然環境保全地域等

自然環境保全法（昭和47年法律第85号）に基づく保護地域には、国が指定する原生自然環境保全地域、自然環境保全地域及び沖合海底自然環境保全地域並びに都道府県が条例により指定する都道府県自然環境保全地域があります。これらの地域は、極力自然環境をそのまま維持しようとする地域であり、我が国の生物多様性の保全にとって重要な役割を担っています。

これらの自然環境保全地域等において、自然環境の現況把握や標識の整備等を実施し、適正な保全管理に努めています（表2-3-1）。沖合海底自然環境保全地域に関しては、第2章第4節1を参照。

表2-3-1 数値で見る重要地域の状況

保護地域名等	地種区分等	年月	箇所数等
自然環境保全地域	原生自然環境保全地域の箇所数及び面積	2023年3月	5地域（5,631ha）
	自然環境保全地域の箇所数及び面積		10地域（2万2,542ha）
	沖合海底自然環境保全地域の箇所数及び面積		4地域（2,268万3,400ha）
	都道府県自然環境保全地域の箇所数及び面積		546地域（7万7,413ha）
国立公園	箇所数、面積	2023年3月	34公園（219万5,959ha）
	特別地域の割合、面積（特別保護地区を除く）		60.5%（132万7,860ha）
	特別保護地区の割合、面積		13.3%（29万2,222ha）
	海域公園地区の地区数、面積		115地区（5万9,818ha）
国定公園	箇所数、指定面積	2023年3月	58公園（149万4,468ha）
	特別地域の割合、面積（特別保護地区を除く）		86.5%（129万3,422ha）
	特別保護地区の割合、面積		4.4%（6万6,168ha）
	海域公園地区の地区数、面積		29地区（7,945ha）
国指定鳥獣保護区	箇所数、指定面積	2023年3月	86か所（59万1,622ha）
	特別保護地区の箇所数、面積		71か所（16万5,142ha）
生息地等保護区	箇所数、指定面積	2021年7月	10か所（1,489ha）
	管理地区の箇所数、面積		10か所（651ha）
保安林	面積（実面積）	2022年3月	1,226万789ha
保護林	箇所数、面積	2022年4月	661か所（98万664ha）
文化財	名勝（特別名勝）のうち自然的なものの指定数	2023年3月	180（12）
	天然記念物（特別天然記念物）の指定数		1,038（75）
	重要文化的景観		72件

資料：環境省、農林水産省、文部科学省

（2）自然公園

ア　公園区域及び公園計画の見直し

自然公園法（昭和32年法律第161号）に基づいて指定される自然公園（国立公園、国定公園及び都道府県立自然公園）は、国土の14.8％を占めており（図2-3-1）、国立・国定公園にあっては、適正な保護及び利用の増進を図るため、公園を取り巻く社会条件等の変化に応じ、公園区域及び公園計画の見直しを行っています。

2022年度は、富士箱根伊豆国立公園（伊豆諸島地域）について、公園区域及び公園計画の見直しを行い、八丈島裏見ヶ滝周辺や八丈島周辺の海域を公園区域に編入したほか、大島や式根島、神津島において新たに海域公園地区の指定を行いました。また、吉野熊野国立公園について、三重県度会郡大紀町から尾鷲市島勝浦までの海域の一部を公園区域に編入したほか、大雲取山周辺の陸域についても新たに公園区域に編入し、一体的な保護を図りました。また、三重県の海域において海域公園地区の新規指定及び拡張を行いました。このほか、秩父多摩甲斐国立公園及び大山隠岐国立公園（隠岐島・島根半島・三瓶山地域）の公園区域及び公園計画の変更、磐梯朝日国立公園（磐梯吾妻・猪苗代地域）、富士箱根伊豆国立公園（富士山地域）、山陰海岸国立公園及び足摺宇和海国立公園（足摺地域）の公園計画の見直しを行いました。さらに、中部山岳国立公園、大山隠岐国立公園、阿蘇くじゅう国立公園及び栗駒国定公園の4公園において、改正自然公園法に基づく「質の高い自然体験活動の促進に関する基本的な事項」を新たに位置付けました。

図2-3-1　国立公園及び国定公園の配置図

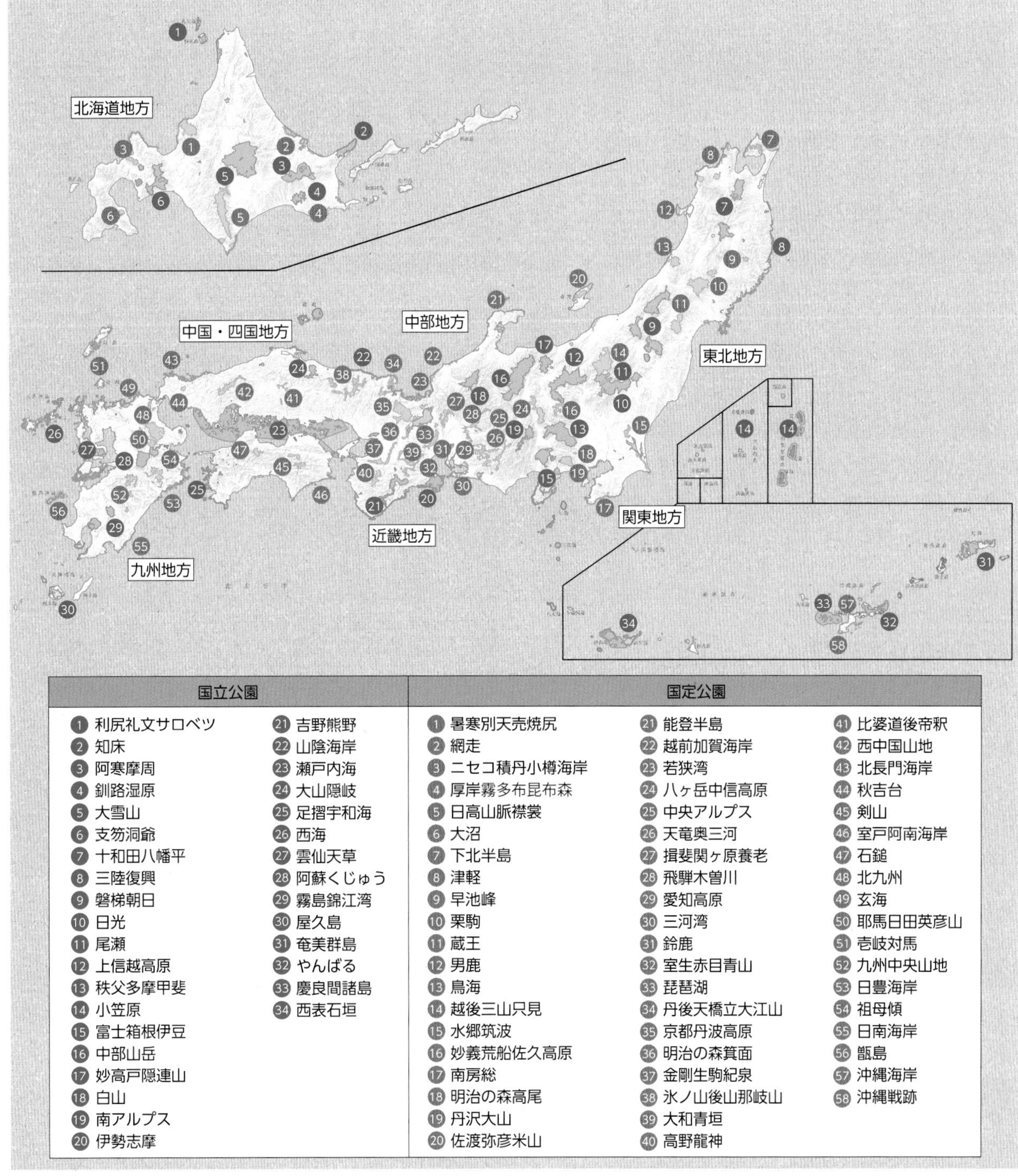

資料：環境省

イ　自然公園の管理の充実

国立公園の管理運営については、地域の関係者との協働を推進するため、協働型管理運営の具体的な内容や手順についてまとめた「国立公園における協働型管理運営の推進のための手引書」に沿って、2022年3月時点で、総合型協議会が16の国立公園の21地域に設置されています。また、公園管理団体については、自然公園法に基づき、会社として初となる1団体を新たに指定し、国立公園で7団体と国定公園で2団体が指定されています。

国立公園等の貴重な自然環境を有する地域において、自然や社会状況を熟知した地元住民等によって構成される民間事業者等を活用し、環境美化、オオハンゴンソウ等の外来種の駆除、景観対策としての展望地の再整備、登山道の補修等の作業を行いました。

生態系維持回復事業計画は、12国立公園において12計画が策定されており、各事業計画に基づき、シカや外来種による生態系被害に対する総合的かつ順応的な対策を実施しました。また、生物多様性保全上、特に対策を要する小笠原国立公園及び西表石垣国立公園において、グリーンアノールや外来カエル類の防除事業及び生態系被害状況の調査を重点的に実施し、外来種の密度を減少させ本来の生態系の維持・回復を図る取組を推進しました。加えて、2015年に策定した国立・国定公園の特別地域において採取等を規制する植物（以下「指定植物」という。）の選定方針に基づき、26の国立・国定公園において指定植物の見直し作業を進めました。また、国立公園等の管理を担う自然保護官事務所を1か所増やすなど現地管理体制の充実を図りました。

ウ　自然公園における適正な利用の推進

自動車乗り入れの増大による、植生への悪影響、快適・安全な公園利用の阻害等に対処するため、「国立公園内における自動車利用適正化要綱」に基づき、2021年度は、18国立公園の24地区において、地域関係機関との協力の下、自家用車に代わるバス運行等の対策を実施しました。

国立公園等の山岳地域において、山岳環境の保全及び利用者の安全確保等を図るため、山小屋事業者等が公衆トイレとしてのサービスを補完する環境配慮型トイレ等の整備や、利用者から排出された廃棄物の処理施設整備を行う場合に、その経費の一部を補助しており、2022年度は中部山岳国立公園において環境配慮型トイレ（1か所）の整備を支援しました。

(3) 鳥獣保護区

鳥獣の保護及び管理並びに狩猟の適正化に関する法律（平成14年法律第88号。以下「鳥獣保護管理法」という。）に基づき、鳥獣の保護を図るため、国際的又は全国的な見地から特に重要な区域を国指定鳥獣保護区に指定しています（表2-3-1）。

(4) 生息地等保護区

絶滅のおそれのある野生動植物の種の保存に関する法律（平成4年法律第75号。以下「種の保存法」という。）に基づき、国内希少野生動植物種の生息・生育地として重要な地域を生息地等保護区に指定しています（表2-3-1）。

(5) 名勝、天然記念物

文化財保護法（昭和25年法律第214号）に基づき、我が国の峡谷、海浜等の名勝地で観賞上価値の高いものを名勝に、動植物及び地質鉱物で学術上価値が高く我が国の自然を記念するものを天然記念物に指定しています（表2-3-1）。また、天然記念物の衰退に対処するため関係地方公共団体と連携して、天然記念物再生事業について38件（2023年3月末時点）実施しました。

(6) 国有林野における保護林及び緑の回廊

原生的な天然林を有する森林や希少な野生生物の生育・生息の場となる森林である「保護林」や、これらを中心としたネットワークを形成することによって野生生物の移動経路となる「緑の回廊」において、モニタリング調査等を行い森林生態系の状況を把握し順応的な保護・管理を推進しました（表2-3-1）。

(7) 保安林

我が国の森林のうち、水源の涵（かん）養や災害の防備のほか、良好な環境の保全による保健休養の場の提供等の公益的機能を特に発揮させる森林を、保安林として計画的に指定し、適正な管理を行いました（表2-3-1）。

(8) 特別緑地保全地区・近郊緑地特別保全地区等

都市緑地法（昭和48年法律第72号）等に基づき、都市における生物の生息・生育地の核等として、生物の多様性を確保する観点から特別緑地保全地区等の都市における良好な自然的環境の確保に資する地域の指定による緑地の保全等の取組の推進を図りました。2022年3月末時点で全国の特別緑地保全地区等は672地区、6,664.3haとなっています。

(9) ラムサール条約湿地

第2章第7節9（5）を参照。

(10) 世界自然遺産

2021年7月に「奄美大島、徳之島、沖縄島北部及び西表島」の世界遺産登録が決定しました。

これにより、現在、我が国では、「屋久島」、「白神山地」、「知床」、「小笠原諸島」及び「奄美大島、徳之島、沖縄島北部及び西表島」の5地域が自然遺産として世界遺産一覧表に記載されています。これらの世界自然遺産については、遺産地域ごとに関係省庁・地方公共団体・地元関係者からなる地域連絡会議と専門家による科学委員会を開催し、関係者の連携によって適正な保全管理を実施しました。

(11) 生物圏保存地域（ユネスコエコパーク）

「生物圏保存地域（Biosphere Reserves、国内呼称はユネスコエコパーク）」は、国連教育科学文化機関（UNESCO）の「人間と生物圏（Man and the Biosphere（MAB））計画」の枠組みに基づいて国際的に認定された地域です。各地域では、「保全機能（生物多様性の保全）」、「学術的研究支援」及び「経済と社会の発展」の三つの機能により、生態系の保全のみならず持続可能な地域資源の利活用の調和を図る活動を行うこととされています。

現在の認定総数は134か国、738地域（2022年6月時点）であり、国内においては、志賀高原、白山、大台ヶ原・大峯山・大杉谷、屋久島・口永良部島、綾、只見、南アルプス、みなかみ、祖母・傾・大崩及び甲武信の10地域が認定されており、豊かな自然環境の保全と、それぞれの自然や文化の特徴を活かした持続的な地域づくりが進められています。

(12) ジオパーク

UNESCOの「国際地質科学ジオパーク計画（International Geoscience and Geoparks Programme）」の枠組みに基づいて認定されたユネスコ世界ジオパークは、国際的に価値のある地質遺産を保護し、それらがもたらした自然環境や地域文化への理解を深めること等を目的としています。国内においては9地域が認定されており、国立公園の取組と連携して、公園施設の整備、シンポジウムの開催、学習教材・プログラムづくり、エコツアーガイド養成等が行われています。

(13) 世界農業遺産及び日本農業遺産

農業遺産は、社会や環境に適応しながら何世代にもわたり継承されてきた独自性のある農林水産業と、それに関わって育まれた文化、ランドスケープ及びシースケープ、農業生物多様性等が相互に関連して一体となった農林水産業システムを認定する制度であり、国連食糧農業機関（FAO）が認定する世界農業遺産と、農林水産大臣が認定する日本農業遺産があります。認定された地域では、保全計画に基づき、農林水産業システムに関わる生物多様性の保全等に取り組んでいます。我が国では、2023年3月時点で、世界農業遺産が13地域、日本農業遺産が24地域認定されています。

3 自然再生

自然再生推進法（平成14年法律第148号）に基づく自然再生協議会は、2023年3月末時点で全国で

27か所となっています。このうち26か所の協議会で自然再生全体構想が作成され、うち22か所で自然再生事業実施計画が作成されています。

2022年度は、国立公園における直轄事業6地区、自然環境整備交付金で地方公共団体を支援する事業3地区の計9地区で自然再生事業を実施しました（図2-3-2）。

これらの地区では、生態系調査や事業計画の作成、事業の実施、自然再生を通じた自然環境学習等を行いました。このほか、国立公園など生物多様性の保全上重要な地域と密接に関連する地域において都道府県が実施する生態系の保全・回復のための事業を支援するため、生物多様性保全回復施設整備交付金により、京都府による桂川流域における取組等、3件を支援しました。

図2-3-2　環境省の自然再生事業（実施箇所）の全国位置図

資料：環境省

4　里地里山の保全活用

里地里山は、集落を取り巻く二次林と人工林、農地、ため池、草原等を構成要素としており、人為による適度なかく乱によって特有の環境が形成・維持され、固有種を含む多くの野生生物を育む地域となっています。

このような里地里山の環境は、人々の暮らしに必要な燃料、食料、資材、肥料等の多くを自然から得るために人が手を加えることで形成され、維持されてきました。しかし、戦後のエネルギー革命や営農形態の変化等に伴う森林や農地の利用の低下に加え、農林水産業の担い手の減少や高齢化の進行により里地里山における人間活動が急速に縮小し、その自然の恵みは利用されず、生物の生息・生育環境の悪化や衰退が進んでいます。こうした背景を踏まえ、環境省ウェブサイト等において地域や活動団体の参考となる里地里山の特徴的な取組事例や重要里地里山500「生物多様性保全上重要な里地里山」について情報を発信し、他の地域への取組の波及を図りました。

また、自然共生社会づくりを着実に進めていくため、地方公共団体を含む2以上の主体から構成された里山未来拠点協議会が行う、重要里地里山、都道府県立自然公園、都道府県指定鳥獣保護区等の生物多様性保全上重要な地域における生態系保全と社会経済活動の統合的な取組に対して12地区を支援しました。

特別緑地保全地区等に含まれる里地里山については、土地所有者と地方公共団体等との管理協定の締結による持続的な管理や市民への公開等の取組を推進しました。

また、2019年に成立した棚田地域振興法（令和元年法律第42号）に基づき、関係府省庁で連携して貴重な国民的財産である棚田の保全と、棚田地域の有する多面にわたる機能の維持増進を図りました。

文化財保護法では、棚田や里山といった「地域における人々の生活又は生業及び当該地域の風土により形成された景観地で我が国民の生活又は生業の理解のため欠くことのできないもの」を文化的景観と定義し、文化的景観のうち、地方公共団体が保存の措置を講じ、特に重要であるものを重要文化的景観に選定しています。重要文化的景観の保存と活用を図るために地方公共団体が行う調査、保存活用計画策定、整備、普及・啓発事業に要する経費に対して補助を実施しました。

5　木質バイオマス資源の持続的活用

森林等に賦存する木質バイオマス資源の持続的な活用を支援し、地域の低炭素化と里山等の保全・再生を図りました。

6　都市の生物多様性の確保

(1) 都市公園の整備

都市における緑とオープンスペースを確保し、水と緑が豊かで美しい都市生活空間等の形成を実現するため、都市公園の整備、緑地の保全、民有緑地の公開に必要な施設整備等を支援する「都市公園・緑地等事業」を実施しました。

(2) 地方公共団体における生物多様性に配慮した都市づくりの支援

緑豊かで良好な都市環境の形成を図るため、都市緑地法に基づく特別緑地保全地区の指定を推進するとともに、地方公共団体等による土地の買入れ等を推進しました。また、首都圏近郊緑地保全法（昭和41年法律第101号）及び近畿圏の保全区域の整備に関する法律（昭和42年法律第103号）に基づき指定された近郊緑地保全区域において、地方公共団体等による土地の買入れ等を推進しました。

「都市の生物多様性指標」に基づき、都市における生物多様性保全の取組の進捗状況を地方公共団体が把握・評価し、将来の施策立案等に活用されるよう普及を図りました。

(3) 都市緑化等

都市緑化に関しては、緑が不足している市街地等において、緑化地域制度や地区計画等緑化率条例制度等の活用により建築物の敷地内の空地や屋上等の民有地における緑化を推進するとともに、市民緑地契約や緑地協定の締結や、2017年の都市緑地法改正において創設された「市民緑地認定制度」により、民間主体による緑化を推進しました。さらに、風致に富むまちづくり推進の観点から、風致地区の指定を推進しました。緑化推進連絡会議を中心に、国土の緑化に関し、全国的な幅広い緑化推進運動の展開を図りました。また、都市緑化の推進として、「春季における都市緑化推進運動（4月～6月）」、「都市緑化月間（10月）」を中心に、普及啓発活動を実施しました。

都市における多様な生物の生息・生育地となるせせらぎ水路の整備や下水処理水の再利用等による水辺の保全・再生・創出を図りました。

第4節　海洋における生物多様性の保全

1　沿岸・海洋域の保全

沖合の海底の自然環境の保全を図るための新たな海洋保護区（以下「沖合海底自然環境保全地域」という。）制度の措置を講ずる自然環境保全法の一部を改正する法律（平成31年法律第20号）が、2020年4月に施行され、2020年12月に、小笠原方面の沖合域に沖合海底自然環境保全地域を4地域（伊豆・小笠原海溝、中マリアナ海嶺・西マリアナ海嶺北部、西七島海嶺、マリアナ海溝北部）指定しました。指定後、同地域では継続して、自然環境の状況把握調査を実施しており、2022年9月には伊豆・小笠原海溝沖合海底自然環境保全地域において調査を行いました。

有明海・八代海等における海域環境調査、東京湾等における水質等のモニタリング、海洋短波レーダを活用した流況調査、水産資源に関する調査等を行いました。

2021年3月に策定した「サンゴ礁生態系保全行動計画2022-2030」について、具体的な評価指標の検討を行いました。また、関係省庁、関係地方自治体等の各主体が取り組む具体的な活動の進捗状況を確認するため、関係者が参加するフォローアップ会議を開催しました。

2　水産資源の保護管理

2020年12月に施行された新しい漁業法（昭和24年法律第267号。以下「新漁業法」という。）において、科学的な資源評価に基づき、持続的に生産可能な最大の漁獲量の達成を目標とし、数量管理を基本とする資源管理が位置付けられ、同年9月に策定した「新たな資源管理の推進に向けたロードマップ」に従い、科学的な資源調査・評価の充実、資源評価に基づくTAC（漁獲可能量）による管理の推進など、新たな資源管理システムの構築のための道筋を示し、着実に実行したほか、[1] ミンククジラ等の生態、資源量、回遊経路等の解明に資する調査、[2] ヒメウミガメ、シロナガスクジラ、ジュゴン等の原則採捕禁止等、[3] サメ、ウナギ等に関する国内管理措置等の検討やウミガメ等の混獲の実態把握及び回避技術・措置の検討、普及を図りました。

3　海岸環境の整備

海岸保全施設の整備においては、海岸法（昭和31年法律第101号）の目的である防護・環境・利用の調和に配慮した整備を実施しました。

4　港湾及び漁港・漁場における環境の整備

港の良好な自然環境を活用し、自然環境の大切さを学ぶ機会の充実を図るため、地方公共団体やNPO等による自然体験・環境教育プログラム等の開催の場ともなる緑地・干潟等の整備を推進するとともに、海洋環境整備船等による漂流ごみ・油の回収を行いました。また、海辺の自然環境を活かした自然体験・環境教育を行う「海辺の自然学校」等の取組を推進しました。

2013年に策定した「プレジャーボートの適正管理及び利用環境改善のための総合的対策に関する推進計画」に基づき、放置艇の解消を目指した船舶等の放置等禁止区域の指定と係留・保管施設の整備を推進しました。

漁港・漁場では、水産資源の持続的な利用と豊かな自然環境の創造を図るため、漁場の環境改善を図るための堆積物の除去等の整備を行う水域環境保全対策を実施したほか、水産動植物の生息・繁殖に配慮した構造を有する護岸等の整備を実施しました。また、藻場・干潟の保全・創造等を推進したほか、漁場環境を保全するための森林整備に取り組みました。大規模に衰退したサンゴの効率的・効果的な保全・回復を図るため、サンゴ礁の面的な保全・回復技術の開発に取り組みました。

5 海洋汚染への対策

第4章第6節を参照。

第5節 野生生物の適切な保護管理と外来種対策の強化

1 絶滅のおそれのある種の保存

(1) レッドリスト

2020年3月に公表した環境省レッドリスト2020では、我が国の絶滅危惧種は3,716種となっています。これに、海洋生物レッドリスト（2017年3月公表）における絶滅危惧種56種を加えると、我が国の絶滅危惧種の総数は3,772種となります。2024年度以降に公表予定の第5次レッドリストから、これまで陸域と海域で分かれていた検討体制を統合するとともに、陸域・海域を統合したレッドリストを作成することとし、2020年3月に公表した「レッドリスト作成の手引」に基づき、次期レッドリストの評価作業を進めました。

(2) 希少野生動植物種等の保存

2017年5月に絶滅のおそれのある野生動植物の種の保存に関する法律の一部を改正する法律（平成29年法律第51号）が成立、6月に公布され、2018年6月から施行されました。本改正法においては、商業目的での捕獲等のみを規制することができる特定第二種国内希少野生動植物種制度の創設、希少野生動植物種の保存を推進する認定希少種保全動植物園等制度の創設、国際希少野生動植物種の流通管理の強化等が行われました。

種の保存法に基づく国内希少野生動植物種については、2023年1月に、両生類1種、昆虫類8種、甲殻類1種、植物5種の計15種を指定しました。2023年3月時点で442種の国内希少野生動植物種について、捕獲や譲渡し等の規制を行っています。同法に基づき実施する保護増殖事業については、直近で2021年度に2種（オガサワラカワラヒワ、ハカタスジシマドジョウ）を追加し、計75種について56の保護増殖事業計画を策定し、生息地の整備や個体の繁殖等の保護増殖事業を行っています（図2-5-1）。また、同法に基づき指定している全国10か所の生息地等保護区において、保護区内の国内希少野生動植物種の生息・生育状況調査、巡視等を行いました。

ワシントン条約及び二国間渡り鳥条約等に基づき、国際的に協力して種の保存を図るべき812分類を国際希少野生動植物種に指定しています。

絶滅のおそれのある野生動植物の保護増殖事業や調査研究、普及啓発を推進するための拠点となる野生生物保護センターを全国で8か所設置しています。

トキについては、佐渡島での野生復帰の取組により、2022年12月末時点で約545羽の生存が野生下で確認され、安定的に推移しています。この佐渡島における順調な野生復帰の進捗を背景に、本州等における個体群形成に向け、2022年8月にトキと共生する里地づくり取組地域として5地域を選定しました。

ライチョウについては、2015年から乗鞍岳で採取した卵を用いて飼育・繁殖技術確立のための取組を7施設で行い、繁殖に成功しています。また、過去にライチョウが生息していた中央アルプスでの個体群復活に向け、野生復帰の取組を実施しました。

第2章

そのほか、猛禽(きん)類の採餌環境の改善にも資する間伐の実施等、効果的な森林の整備・保全を行いました。

沖縄島周辺海域に生息するジュゴンについては、漁業関係者等との情報交換や喰(は)み跡のモニタリング調査を行うとともに、先島諸島等において、喰み跡の確認等の生息状況調査、目撃情報等の収集、保全に関する勉強会等を実施しました。

図2-5-1 主な保護増殖事業の概要

トキ（コウノトリ目　トキ科）

■環境省レッドリスト
絶滅危惧ⅠA類（CR）
■事業の概要
○佐渡トキ保護センター野生復帰ステーションにて野生復帰の訓練を実施
○地元自治体等と協働で生息環境の整備を実施
○2008年の第一回放鳥以降、野生復帰に向けた放鳥を計27回実施し、計462羽を放鳥
○2022年12月末時点で、野生下に推定545羽が生息

アマミノクロウサギ（ウサギ目　ウサギ科）

■環境省レッドリスト
絶滅危惧ⅠB類（EN）
■生育地
鹿児島県奄美大島及び徳之島
■事業の概要
○2000年から実施しているマングース防除事業の効果により、奄美大島の生息状況は近年回復傾向
○そのほか、生息状況モニタリング調査、交通事故防止対策、ノネコ対策等を実施

資料：環境省

(3) 生息域外保全

トキ、ツシマヤマネコ、ヤンバルクイナ、ライチョウなど、絶滅の危険性が極めて高く、本来の生息域内における保全施策のみでは近い将来、種を存続させることが困難となるおそれがある種について、飼育下繁殖を実施するなど生息域外保全の取組を進めています。

2014年に公益社団法人日本動物園水族館協会と環境省との間で締結した「生物多様性保全の推進に関する基本協定書」に基づき、ツシマヤマネコ、ライチョウ、アマミトゲネズミ、ミヤコカナヘビ、スジシマドジョウ類等の生息域外保全に取り組んでいます。個別の動物園・水族館ではなく協会全体として取り組んでもらうことで、園館間のネットワークを活用した一つの大きな飼育個体群として捉えて計画的な飼育繁殖を推進することが可能となっています。

絶滅危惧植物についても、2015年に公益社団法人日本植物園協会との間で締結した「生物多様性保全の推進に関する基本協定書」に基づき、生息域外保全や野生復帰等の取組について、一層の連携を図っています。さらに、新宿御苑においては、絶滅危惧植物の種子保存を実施しています。

絶滅危惧昆虫についても、全国の昆虫施設と連携し、ツシマウラボシシジミ、フサヒゲルリカミキリ、ウスイロヒョウモンモドキ、フチトリゲンゴロウ等の生息域外保全に取り組んでいます。一方で、環境省及び東京都が飼育下繁殖の実施等により生息域外での増殖に取り組んできたオガサワラシジミ（小笠原諸島固有種）について、2020年8月に飼育下の全ての個体が死亡し、繁殖が途絶えました。これを踏まえ、専門家を交え、飼育下個体が途絶えた原因の分析等を実施しました。

なお、2023年3月時点で15施設が認定希少種保全動植物園等として認定されており、希少種の生息域外保全や普及啓発の取組が進められています。

2 野生鳥獣の保護管理

我が国には多様な野生鳥獣が生息しており、鳥獣保護管理法に基づき、その保護及び管理が図られています。鳥獣保護管理法では、都道府県における鳥獣保護管理行政の基本的な事項を「鳥獣の保護及び管理を図るための事業を実施するための基本的な指針」（以下「基本指針」という。）として定めることとされており、各都道府県では、2021年10月に策定した第13次基本指針に基づき、科学的な知見に基づく鳥獣保護管理事業が進められています。

鉛製銃弾の使用による鳥類への影響を科学的に評価するため、鳥類の鉛汚染の効果的なモニタリング

体制の構築に取り組むとともに、影響評価の方法の検討を行いました。また、科学的かつ計画的な鳥獣管理を進めるために情報システムの整備と運用を進めるとともに、次期システムへの更改に向け、システムの機能強化等に向けた検討を行いました。

都道府県における第一種特定鳥獣保護計画及び第二種特定鳥獣管理計画の作成促進や鳥獣の保護及び管理のより効果的な実施を図るため、特定鳥獣5種（イノシシ、ニホンジカ、クマ類、ニホンザル、カワウ）の保護及び管理に関する技術的な検討を行うとともに、都道府県職員等を対象としたオンライン研修会を開催しました。

都道府県による科学的・計画的な鳥獣の管理を支援するため、統計手法を用いて、ニホンジカ及びイノシシの個体数推定及び将来予測を実施しました。

鳥獣の広域的な保護管理のため、東北、関東、中部近畿及び中国四国の各地域において、カワウ広域協議会を開催し、関係者間の情報共有等を行いました。また、関東山地におけるニホンジカ広域協議会では、広域保護管理指針及び実施計画（中期・年次）に基づき、関係機関の連携の下、各種対策を推進しました。絶滅のおそれのある地域個体群である四国山地のツキノワグマについては、広域保護指針に基づき、広域協議会による知見の集積や情報共有が進みました。

渡り鳥の生息状況等に関する調査として、鳥類観測ステーション等における鳥類標識調査、ガンカモ類の生息調査等を実施しました。また、出水平野（鹿児島県）に集中的に飛来するナベヅル、マナヅルについては、2022年11月以降高病原性鳥インフルエンザによる大量死も発生したことから、鹿児島県及び出水市と協力して、野鳥の監視や死亡野鳥の迅速な回収等を実施しました。

希少鳥獣でありながらも漁業被害をもたらす北海道えりも地域のゼニガタアザラシについて、個体群管理や被害対策防除を進め個体群動態に係るモニタリング等の手法を確立することを目的として策定した「えりも地域ゼニガタアザラシ特定希少鳥獣管理計画（第2期）」に基づき、漁網の改良等による被害防除対策や、科学的分析による個体群管理を実施しました。

鳥獣の生息環境の改善や生息地の保全を図るため、国指定片野鴨池鳥獣保護区において保全事業を実施しました。

野生生物保護についての普及啓発を推進するため、愛鳥週間（毎年5月10日～5月16日）行事の一環として第76回愛鳥週間「全国野鳥保護のつどい」をオンライン形式にて実施したほか、第56回目となる小・中学校及び高等学校等を対象として野生生物保護の実践活動を発表する「全国野生生物保護活動発表大会」等を開催しました。

（1）野生鳥獣の管理の強化

近年、ニホンジカやイノシシ等の一部の鳥獣については、生息数が増加するとともに生息域が拡大し、生態系や農林水産業等への被害が拡大・深刻化しています。このような状況を踏まえ、2013年に、環境省と農林水産省が共同で「抜本的な鳥獣捕獲強化対策」を取りまとめ、当面の目標として、ニホンジカ、イノシシの個体数を10年後の2023年度までに2011年度と比較して半減させることを目指し、捕獲の強化を進めています。これらの取組により、ニホンジカ及びイノシシの個体数は2014年度をピークに減少傾向が継続していると推定されています（図2-5-2、図2-5-3）。

図2-5-2　ニホンジカの推定個体数（本州以南）

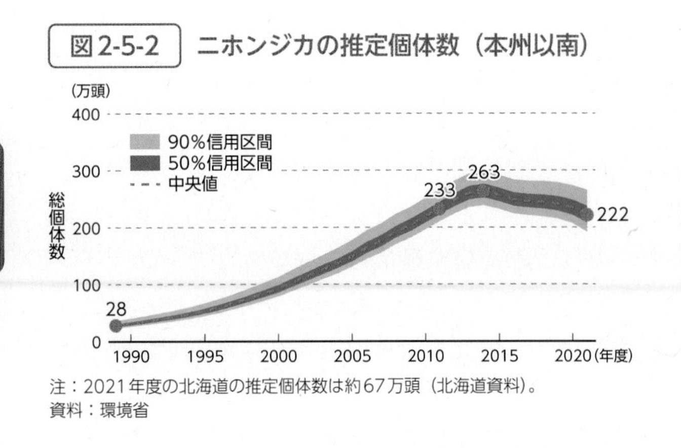

注：2021年度の北海道の推定個体数は約67万頭（北海道資料）。
資料：環境省

図2-5-3　ニホンジカの捕獲数の推移

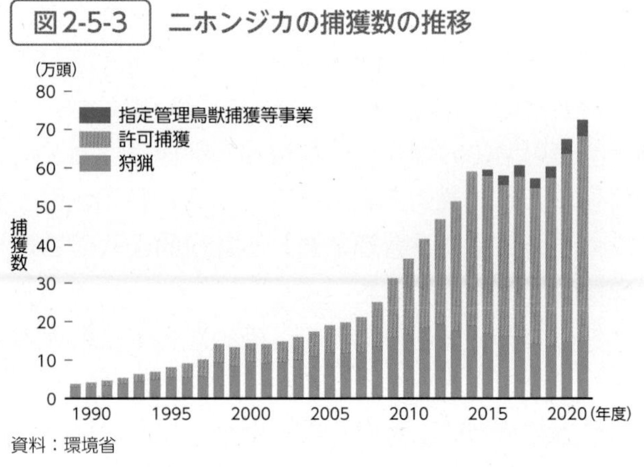

資料：環境省

2015年5月に施行された鳥獣保護管理法においては、都道府県が捕獲等を行う指定管理鳥獣捕獲等事業や捕獲の担い手の確保・育成に向けた認定鳥獣捕獲等事業者制度の創設など、「鳥獣の管理」のための新たな措置が導入されました。

指定管理鳥獣捕獲等事業は、集中的かつ広域的に管理を図る必要があるとして環境大臣が指定した指定管理鳥獣（ニホンジカ及びイノシシ）について、都道府県又は国の機関が捕獲等を行い、適正な管理を推進するものです。国は指定管理鳥獣の捕獲等の強化を図るため、都道府県が実施する指定管理鳥獣捕獲等事業に対し、交付金により支援を行っています。2022年度においては、44道府県等で当該事業が実施されました。

認定鳥獣捕獲等事業者制度は、鳥獣保護管理法に基づき、鳥獣の捕獲等に係る安全管理体制や従事者の技能・知識が一定の基準に適合し、安全を確保して適切かつ効果的に鳥獣の捕獲等を実施できる事業者を都道府県が認定するもので、44都道府県において161団体が認定されています（2023年3月時点）。

また、狩猟者については、1970年度の約53万人から2012年度には約18万人まで減少しましたが、2016年度以降には20万人を超え、微増傾向にあります。一方、2008年度以降は60歳以上の狩猟者が全体の6割を超えており、依然として高齢化が進んでいることから、引き続き捕獲等を行う鳥獣保護管理の担い手の育成が求められています。高度な知識や技術を有する捕獲の担い手の確保・育成に向けた検討や狩猟の魅力を伝えるための映像作成、鳥獣保護管理に係る専門的な人材を登録し紹介する事業等を行いました。

農林水産業への被害防止等の観点から、市町村を中心とした侵入防止柵の設置、捕獲活動や追払い等の地域ぐるみの被害防止活動、都道府県が行政界をまたいで行う広域捕獲活動、捕獲鳥獣の食肉（ジビエ）利用の取組等の対策を進めるとともに、鳥獣との共存にも配慮した多様で健全な森林の整備・保全等を実施しました。また、ニホンジカによる森林被害の防止に向けて、林業関係者による捕獲効率向上対策、捕獲等の新技術の開発・実証に対する支援等を行いました。さらに、トドによる漁業被害防止対策として、出現状況等の調査や改良漁具の実証試験等を行いました。

（2）野生鳥獣に関する感染症等への対応

2004年以降、野鳥、飼養鳥及び家きんにおいて、高病原性鳥インフルエンザウイルスが確認されていることから、「野鳥における高病原性鳥インフルエンザに係る対応技術マニュアル」に基づき、渡り鳥等を対象として、ウイルス保有状況調査を全国で実施し、その結果を公表しました。また、国内での発生状況を踏まえ、2022年10月に野鳥のサーベイランス（調査）における全国の対応レベルを最高レベルとなる「対応レベル3」に引き上げ、全国で野鳥の監視を強化しました。その後も国内の野鳥、飼養鳥及び家きんにおいて、高病原性鳥インフルエンザウイルスが確認されているため、早期発見・早期対応を目的とした野鳥のサーベイランスを都道府県と協力しながら実施するとともに、高病原性鳥インフルエンザの発生地周辺10km圏内を野鳥監視重点区域に指定し、野鳥の監視を一層強化しました。

高病原性鳥インフルエンザの発生や感染拡大等に備えた予防対策に資するため、国指定鳥獣保護区等への渡り鳥の飛来状況の調査等を実施し、環境省ウェブサイトを通じて情報提供等を行いました。

2018年9月に岐阜県の農場において、国内で26年ぶりとなる豚熱が発生し、その後、野生イノシシでも感染が拡大しています。こうした状況を受け、環境省では、農林水産省と連携し、各都道府県が実施する野生イノシシのサーベイランスに協力しました。また、豚熱の感染拡大防止を図るため、野生イノシシの捕獲強化に向けた取組を指定管理鳥獣捕獲等事業交付金で支援するとともに、野生イノシシ対策の強化に向けて関係機関と情報共有等を実施しました。

我が国における野生鳥獣に関する感染症について広く情報収集し、生物多様性保全の観点でのリスク評価を行うとともに、希少種等への感染症リスクを低減するための野生鳥獣の保護管理手法の検討等を行いました。

3 外来種対策

外来種とは、人によって本来の生息・生育地からそれ以外の地域に持ち込まれた生物のことです。そのような外来種の中には、我が国の在来の生物を食べたり、すみかや食べ物を奪ったりして、生物多様性を脅かす侵略的なものがおり、地域ごとに独自の生物相や生態系が形成されている我が国の生物多様性を保全する上で、大きな問題となっています。国内の絶滅危惧種のうち、爬虫類の7割以上、両生類の5割以上の減少要因として外来種が挙げられています。さらには食害等による農林水産業への被害、咬（こう）傷等による人の生命や身体への被害や、文化財の汚損、悪臭の発生、景観・構造物の汚損など、様々な被害が及ぶ事例が見られます。

近年、より一層貿易量が増えるとともに、輸入品に付着することにより非意図的に国内に侵入する生物が増加しています。2017年6月に国内で初確認された南米原産のヒアリについて、確認件数は、2023年3月までに18都道府県で92事例に上りました。環境省では、地元自治体や関係行政機関等と協力して発見された個体を駆除するとともに、リスクの高い港湾においてモニタリング調査を実施するなど、ヒアリの定着を阻止するための対策を実施しています。2019年10月の東京港青海ふ頭、2020年9月の名古屋港飛島ふ頭、2021年9月の大阪港の三港湾の地面で大規模な集団が確認された事例に続き、2022年10月には広島県福山港においてコンテナ内で、70,000匹以上とこれまでにない大規模の集団が確認されたため、それぞれの地点において周辺地域を含め重点的な調査・防除を行いました。各地点では、事後モニタリングについても特に強化して実施しているところです。また、外来種の導入経路の一つである生きている動物（ペット等）の輸入量は、1990年代をピークに減少傾向にありますが、これまで輸入されなかった種類の生物が新たに輸入されるなど、新たなリスクが存在していると言えます。

このような外来種の脅威に対応するため、特定外来生物による生態系等に係る被害の防止に関する法律（平成16年法律第78号）に基づき、我が国の生態系等に被害を及ぼすおそれのある外来種を特定外来生物として指定し、輸入、飼養等を規制しています。

2023年3月時点で特定外来生物は合計156種

図2-5-4　特定外来生物の種類数

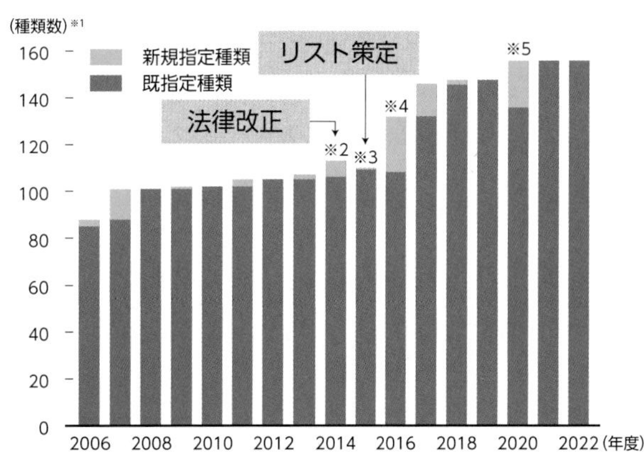

※1：特定外来生物は、科、属、種、交雑種について指定しているため、種類数を単位とする。
2：既指定であったスパルティナ・アングリカについては、新規に指定されたスパルティナ属全種に包含された。
3：既指定であったゴケグモ属4種については、新規に指定されたゴケグモ属全種に包含された。
4：既指定であったノーザンパイク及びマスキーパイク2種については、新規に指定されたカワカマス科全種に包含された。
5：既指定であったアカカミアリについてはソレノプスィス・ゲミナタ種群全種に、ヒアリについてはソレノプスィス・サエヴィシマ種群全種に、アスタクス属全種及びウチダザリガニ2種類についてはザリガニ科全種に、ラスティークレイフィッシュはアメリカザリガニ科全種に、ケラクス属全種はミナミザリガニ科全種に包含された。
資料：環境省

類（7科、13属、4種群、123種、9交雑種）となっています（図2-5-4）。また、2022年5月に特定外来生物による生態系等に係る被害の防止に関する法律の一部を改正する法律（令和4年法律第42号）が成立し、ヒアリなど意図しない導入に関する対策の強化、アメリカザリガニやアカミミガメ対策のための規制手法の整備及び地方公共団体など各主体との防除の役割分担の明確化等により防除体制が強化されました。本改正に基づき、2022年11月にヒアリ類について要緊急対処特定外来生物に指定する政令の公布（2023年4月施行）、2023年1月にアメリカザリガニ及びアカミミガメについて、一般家庭等での飼養等や無償での譲渡し等を適用除外とする形で特定外来生物に指定する政令の公布（2023年6月施行）等を行いました。加えて、防除に関する考え方や方法等をまとめた「アメリカザリガニ対策の手引き」を公表し、防除の推進を図るとともに、アカミミガメの規制内容や終生飼養等についてSNSで発信し、周知しました。

外来種被害予防三原則（「入れない」、「捨てない」、「拡げない」）について、多くの人に理解を深めてもらえるよう、主にペット・観賞魚業界等を対象にした普及啓発や、外来種問題に関するパネルやウェブサイト等を活用した普及啓発を実施しました。

マングースやアライグマ、オオクチバス等の既に国内に侵入し、地域の生態系へ悪影響を及ぼしている外来種の防除や、ツマアカスズメバチやオオバナミズキンバイ、スパルティナ属等の近年国内に侵入した外来種の緊急的な防除を行いました。

4 遺伝子組換え生物対策

生物の多様性に関する条約のバイオセーフティに関するカルタヘナ議定書（以下「カルタヘナ議定書」という。）を締結するための国内制度として定められた遺伝子組換え生物等の使用等の規制による生物の多様性の確保に関する法律（平成15年法律第97号。以下「カルタヘナ法」という。）に基づき、2023年3月末時点で496件の遺伝子組換え生物の環境中での使用が承認されています。また、日本版バイオセーフティクリアリングハウス（ウェブサイト）を通じて、法律の枠組みや承認された遺伝子組換え生物に関する情報提供を行ったほか、主要な三つの港湾周辺の河川敷において遺伝子組換えナタネの生物多様性への影響監視調査等を行いました。

5 動物の愛護及び適正な管理

動物の愛護及び管理に関する法律（昭和48年法律第105号。以下「動物愛護管理法」という。）に基づき、ペットショップ等の事業者に対する規制を行うとともに、動物の飼養に関する幅広い普及啓発を展開することで、動物の愛護と適正な管理の推進を図ってきました。2020年6月に改正動物愛護管理法が施行され、動物取扱業の更なる適正化と動物の不適切な取扱いへの対応強化のため、第一種動物取扱業者に対する勧告及び命令の制度の拡充、特定動物に関する規制の強化、愛護動物を虐待した場合の罰則の強化等が実施されました。この改正動物愛護管理法に基づき制定されたペットショップやブリーダー等の動物取扱業に係る犬猫の飼養管理基準について、2022年6月には、雌の交配年齢及び繁殖回数が新たに制限されたほか、既存の動物取扱業者に対しケージの大きさ、従業員一人当たりの飼養管理頭数の上限が適用されました（一部経過措置あり）。また、相談窓口を通じて都道府県等に助言等を行い、動物取扱業者規制の円滑な運用を推進しました。2022年6月からは、販売される犬猫のマイクロチップ装着等義務化が施行され、2022年11月末現在で約50万頭を超える犬猫の飼い主などの情報が登録されています。

都道府県等に引き取られた犬猫の数は、約5.9万頭（前年度から約1.4万頭減）となりました。引き取られた犬猫の返還・譲渡率は約76%となり、殺処分数は約1.4万頭（2004年度比約96%減）となりました（図2-5-5）。

2021年に立ち上げた保護犬・保護猫の譲渡を促進するパートナーシッププロジェクト「つなぐ絆、

図2-5-5　全国の犬猫の引取数の推移

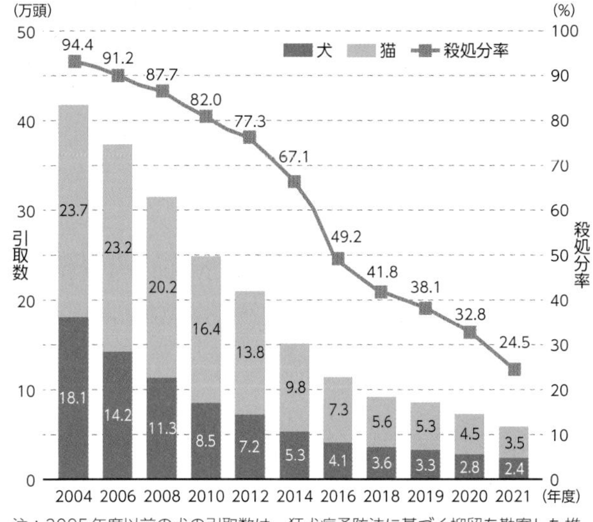

注：2005年度以前の犬の引取数は、狂犬病予防法に基づく抑留を勘案した推計値。
資料：環境省

つなぐ命」については、国民の理解と関心を深めるため、同プロジェクトのロゴマークを公募により決定しました。

都道府県等が引き取った動物の譲渡及び返還を促進するため、都道府県等の収容・譲渡施設の整備に係る費用の補助を行いました。

広く国民に動物の愛護と適正な飼養について啓発するため、関係行政機関や団体との協力の下、「大人も子どもも一緒に考えよう、私たちと動物」をテーマに、動物愛護週間中央行事としてオンラインシンポジウムや屋外イベントといった「どうぶつ愛護フェスティバル」を開催したほか、多くの関係行政機関等においても様々な行事が実施されました。

災害対策については、「ぼうさいこくたい2022」にブース出展して一般飼い主等への普及啓発を進めたほか、自治体におけるペット同行避難訓練実施を支援し、受入れ体制整備の支援を行いました。また、災害発生時にはペット連れ被災者への支援等を行うために自治体と連絡体制を構築して情報収集に当たりました。愛がん動物用飼料の安全性の確保に関する法律（ペットフード安全法）（平成20年法律第83号）の内容について、普及啓発を行い、飼い主への正しいペットフードの扱い方に関する知識の普及やペットフードの安全性の確保を図りました。

愛玩動物看護師制度については、2022年5月の愛玩動物看護師法（令和元年法律第50号）の全面施行を受け、2023年4月の愛玩動物看護師誕生に向け、国家試験、名簿登録等の準備を進めました。

第6節　持続可能な利用

1　持続可能な農林水産業

農林水産省では、2021年5月に食料・農林水産業の生産力向上と持続性の両立をイノベーションで実現させるための新たな政策方針として「みどりの食料システム戦略」を策定し、2050年までに目指す姿として、農林水産業のCO_2ゼロエミッション化、有機農業の取組面積の拡大、化学農薬・化学肥料の低減などの14のKPIを定めました。2022年4月には、この戦略を推進するための環境と調和のとれた食料システムの確立のための環境負荷低減事業活動の促進等に関する法律（みどりの食料システム法）（令和4年法律第37号）が成立し、2022年9月からは環境負荷低減の取組等を後押しする認定制度が始まりました。

また、国家戦略及び「農林水産省生物多様性戦略」に基づき、農林水産分野における生物多様性の保全や持続可能な利用を推進しました。さらに、「みどりの食料システム戦略」や「昆明・モントリオール生物多様性枠組」等を踏まえ、2023年3月に、農山漁村における生物多様性と生態系サービスの保全、サプライチェーン全体での取組、生物多様性への理解と行動変容の促進等の基本方針を盛り込み、「農林水産省生物多様性戦略」を改定しました。

食料・農林水産業における持続可能な生産・消費を後押しするため、消費者庁、農林水産省、環境省の3省連携の下、2020年6月に立ち上げた官民協働のプラットフォームである「あふの環（わ）2030プロジェクト～食と農林水産業のサステナビリティを考える～」において、参加メンバーが一斉に情報発信を実施するサステナウィークや全国各地のサステナブルな取組動画を募集・表彰するサステナアワード等を実施しました。

（1）農業

持続可能な農業生産を支える取組の推進を図るため、化学肥料、化学合成農薬の使用を原則5割以上低減する取組と合わせて行う地球温暖化防止や生物多様性保全等に効果の高い営農活動に取り組む農業者の組織する団体等を支援する環境保全型農業直接支払を実施しました。

環境保全等の持続可能性を確保するための取組である農業生産工程管理（GAP）の普及・推進や、有機農業の推進に関する法律（平成18年法律第112号）に基づく有機農業の推進に関する基本的な方針の下で、有機農業指導員の育成及び新たに有機農業に取り組む農業者の技術習得等による人材育成、有機農産物の安定供給体制の構築、国産有機農産物の流通、加工、小売等の事業者と連携した需要喚起の取組を支援しました。

（2）林業

森林・林業においては、持続可能な森林経営及び森林の有する公益的機能の発揮を図るため、造林や間伐等の森林整備を実施するとともに、多様な森林づくりのための適正な維持管理に努めるほか、関係省庁の連携の下、木材利用の促進を図りました。

また、森林所有者や境界が不明で整備が進まない森林も見られることから、意欲ある者による施業の集約化の促進を図るため、所有者の確定や境界の明確化等に対する支援を行いました。

（3）水産業

水産業においては、持続的な漁業生産等を図るため、適地での種苗放流等による効率的な増殖の取組を支援するとともに、漁業管理制度の的確な運用に加え、漁業者による水産資源の自主的な管理措置等を内容とする資源管理計画に基づく取組を支援するとともに、新漁業法に基づく資源管理協定への移行を推進しました。さらに、沿岸域の藻場・干潟の造成等生育環境の改善を実施しました。また、持続的養殖生産確保法（平成11年法律第51号）に基づく漁協等による養殖漁場の漁場改善計画の作成を推進しました。

水産資源の保護管理については第2章第4節2を参照。

2　エコツーリズムの推進

エコツーリズム推進法（平成19年法律第105号）に基づき、エコツーリズムに取り組む地域への支援、全体構想の認定・周知、技術的助言、情報の収集、普及啓発、広報活動等を総合的に実施しました。同法に基づくエコツーリズム推進全体構想については、2023年3月時点において全国で合計22件が認定されています。また、全国のエコツーリズムに関連する活動の向上や関係者の連帯感の醸成を図ることを目的として、エコツーリズム大賞により取組の優れた団体への表彰を実施しました。

エコツーリズムに取り組む地域への支援として、7の地域協議会に対して交付金を交付し、魅力あるプログラムの開発、ルールづくり、全体構想の策定、推進体制の構築等を支援したほか、地域におけるガイドやコーディネーター等の人材育成事業等を実施しました。

エコツーリズムの推進・普及を図るため、全体構想認定地域等のエコツーリズムに取り組む地域や関係者による意見交換を行い、課題や取組状況等を共有しました。

3　遺伝資源へのアクセスと利益配分

（1）遺伝資源の利用と保存

医薬品の開発や農作物の品種改良など、遺伝資源の価値は拡大する一方、世界的に見れば森林の減少や砂漠化の進行等により、多様な遺伝資源が減少・消失の危機に瀕（ひん）しており、貴重な遺伝資源を収集・保存し、次世代に引き継ぐとともに、これを積極的に活用していくことが重要となっています。農林水産分野では、農業生物資源ジーンバンク事業等により、関係機関が連携して、動植物、微生物、林木、水産生物等の国内外の遺伝資源の収集、保存、評価等を行っており、植物遺伝資源23万点を始め、世界有数のジーンバンクとして利用者への配布・情報提供を行いました。また、海外研究者に向けて、遺伝資源の取引・運用制度に関する理解促進や保護と利用のための研修等支援を行いました。

新品種の開発に必要な海外遺伝資源の取得や利用の円滑化に向けて、遺伝資源利用に係る国際的な議論や、各国制度等の動向を調査するとともに、入手した最新情報等について、我が国の遺伝資源利用者に対し周知活動等を実施しました。

ライフサイエンス研究の基盤となる研究用動植物等の生物遺伝資源について、「ナショナルバイオリソースプロジェクト」により、大学・研究機関等において戦略的・体系的な収集・保存・提供等を行いました。また、途絶えると二度と復元できない実験途上の貴重な生物遺伝資源を広域災害等から保護するための体制強化に資する、「大学連携バイオバックアッププロジェクト」も実施しています。

（2）微生物資源の利用と保存

独立行政法人製品評価技術基盤機構を通じた資源提供国との生物多様性条約の精神にのっとった国際的取組として、資源提供国との協力体制を構築し、我が国の企業への海外の微生物資源の利用機会の提供を行っています。

我が国の微生物等に関する中核的な生物遺伝資源機関である独立行政法人製品評価技術基盤機構バイオテクノロジーセンター（NBRC）において、生物遺伝資源の収集、保存等を行うとともに、これらの資源に関する情報（分類、塩基配列、遺伝子機能等に関する情報）を整備し、生物遺伝資源と併せて提供しています。

第7節　国際的取組

1　生物多様性に関する世界目標の議論への貢献及び実施のための途上国支援

2022年度は、愛知目標から「昆明・モントリオール生物多様性枠組」へと、生物多様性に関する世界目標の移行の年度となりました。「昆明・モントリオール生物多様性枠組」は、2022年12月にモントリオールで開催されたCOP15第二部において採択され、我が国からは西村明宏環境大臣が出席し、前目標である愛知目標を取りまとめたCOP10議長国としての経験を活かして積極的に議論に貢献しました。我が国は、愛知目標の達成に向けた途上国の能力養成等を支援するため、生物多様性条約事務局に設置された「生物多様性日本基金」に拠出しており、本基金により、愛知目標の達成に向けて「生物多様性国家戦略」の実施を支援する事業等が進められました。新枠組に対しても、1,700万ドルの「生物多様性日本基金第2期」により引き続き支援することとし、その開始をCOP15第二部において表明しました。その中では、生物多様性保全と地域資源の持続可能な利用を進めるSATOYAMAイニシアティブの現場でのプロジェクトである「SATOYAMAイニシアティブ推進プログラム」フェーズ4を実施することとしています。

2　生物多様性及び生態系サービスに関する科学と政策のインターフェースの強化

2019年2月に公益財団法人地球環境戦略研究機関（IGES）に設置された「生物多様性及び生態系

サービスに関する政府間科学－政策プラットフォーム（IPBES）」の「侵略的外来種に関するテーマ別評価技術支援機関（TSU-IAS）」の作業を支援しました。また、IPBES総会第9回会合の結果報告会を2022年7月に実施するとともに、IPBESに関わる国内専門家及び関係省庁による国内連絡会を2022年7月と2023年3月に実施しました。さらに、シンポジウム「持続可能な将来に向けて、自然の価値とわたしたちの価値観を問い直す」を2023年2月に開催しました。

3　二次的自然環境における生物多様性の保全と持続可能な利用・管理の促進

二次的な自然環境における自然資源の持続可能な利用と、それによる生物多様性の保全を目標とした「SATOYAMAイニシアティブ」を推進するため、「SATOYAMAイニシアティブ国際パートナーシップ（IPSI）」を支援するとともに、その運営に参加しました。なお、IPSIの会員は、15団体が2022年度に新たに加入し、2023年3月時点で21か国の22政府機関を含む74か国・地域の298団体となりました。

SATOYAMAイニシアティブの理念を国内において推進するために2013年に発足した「SATOYAMAイニシアティブ推進ネットワーク」に環境省及び農林水産省が参加しています。本ネットワークは、SATOYAMAイニシアティブの国内への普及啓発、多様な主体の参加と協働による取組の促進に向け、ネットワークへの参加を呼び掛けたロゴマークや活動事例集の作成や「エコプロ2022」等の各種イベントへの参加を行いました。なお、本ネットワークの会員は2023年3月時点で55地方公共団体を含む118団体となりました。

4　アジア保護地域パートナーシップの推進

2013年11月に宮城県仙台市で開催した第1回アジア国立公園会議を契機に我が国が主導して「アジア保護地域パートナーシップ（APAP）」を設立しました。APAPの参加国は2022年12月時点で、17か国となっており、その取組の一環として、毎年運営委員会等においてアジア各国の保護区に関する情報及び知見の共有等を進めています。また、2022年5月には、マレーシアのサバ州において第2回アジア国立公園会議が開催され、我が国として自然を活用した解決策（Nature based Solutions：NbS）のワーキンググループを主導したほか、保護地域に関連した知見の共有が広く行われ、APAPの更なる発展を支援することが盛り込まれた「コタキナバル宣言」が取りまとめられました。

5　森林の保全と持続可能な経営の推進

世界の森林は、陸地の約31％を占め、面積は約40億haに及びます。一方で、2010年から2020年の間に、植林等による増加分を差し引いて年平均470万ha減少しています。1990年から2000年の間の森林が純減する速度は年平均780万haであり、森林が純減する速度は低下傾向にありますが、減速ペースは鈍化してきています。地球温暖化や生物多様性の損失に深刻な影響を与える森林減少・劣化を抑制するためには、持続可能な森林経営を推進する必要があります。我が国は、持続可能な森林経営の推進に向けた国際的な議論に参画・貢献するとともに、関係各国、各国際機関等と連携を図るなどして森林・林業分野の国際的な政策対話等を推進しています。

「国連森林戦略計画2017-2030」は、国連森林フォーラム（UNFF）での議論を経て2017年4月に国連総会において採択され、我が国もその実施に係る議論に参画しています。

国際熱帯木材機関（ITTO）の第58回理事会が2022年11月に神奈川県横浜市にて開催され（オンライン併用）、ITTOの設置根拠であり、2026年まで延長中の「2006年の国際熱帯木材協定」について、2027年以降の再延長等の必要性について加盟国間で議論を行いました。また、加盟国等から総額約400万米ドルのプロジェクト等に対する拠出が表明され、我が国からは、タイ及びインドネシアににおける持続可能な木材利用の促進等計約1億500万円の拠出を表明しました。

6 砂漠化対策の推進

1996年に発効した国連の砂漠化対処条約（UNCCD）において、先進締約国は、砂漠化の影響を受ける締約国に対し、砂漠化対処のための努力を積極的に支援することとされています。我が国は先進締約国として、科学的・技術的側面から国際的な取組を推進しており、2022年5月にコートジボワールのアビジャンで開催されたUNCCD第15回締約国会議及び同科学技術委員会等に参画し、議論に貢献しました。また、モンゴルにおける砂漠化対処のための調査等を進め、二国間協力等の国際協力を推進しました。

7 南極地域の環境の保護

南極地域は、近年、観測活動や観光利用の増加による環境への影響が懸念されており、南極の平和的利用と科学的調査における国際協力の推進等を目的とする南極条約（1961年発効）及び、南極の環境や生態系の保護を目的とする「環境保護に関する南極条約議定書」（1998年発効）に基づき国際的な取組が進められています。

我が国は、環境保護に関する南極条約議定書を担保するため南極地域の環境の保護に関する法律（平成9年法律第61号）を制定し、南極地域における観測、観光、取材等の活動に対する確認制度等を運用するとともに、環境省のウェブサイト等を通じて南極地域の環境保護に関する普及啓発、指導等を行っています。また、南極条約事務局に拠出金を支払い南極条約体制を支援しているほか、2022年にドイツのベルリンで開催された第44回南極条約協議国会議に参画し、南極地域における環境保護の方策に関する議論に貢献しました。

8 サンゴ礁の保全

国際サンゴ礁イニシアティブ（ICRI）の枠組みの中で、我が国が主導して2017年から開始した地球規模サンゴ礁モニタリングネットワーク（GCRMN）の東アジア地域におけるサンゴ礁生態系モニタリングデータの地域解析について、2021年の取りまとめに利用したモニタリングデータの管理利用方針やデータベースの構築方法を検討するためのワークショップを2023年3月に開催しました。

9 生物多様性関連諸条約の実施

（1）生物多様性条約

2022年12月にカナダ・モントリオールで開催されたCOP15第二部において採択された愛知目標に次ぐ新たな世界目標「昆明・モントリオール生物多様性枠組」の議論において、この目標が2050年ビジョン「自然との共生」に向けて野心的な枠組みとなるよう、COP10議長国として愛知目標を取りまとめた経験も活かして積極的に議論に貢献しました。また、枠組の速やかな実施に向けた取組に加え、「生物の多様性に関する条約の遺伝資源の取得の機会及びその利用から生ずる利益の公正かつ衡平な配分に関する名古屋議定書（以下「名古屋議定書」という。）」を始めとするCOP10決定事項の実施に向けて関係省庁と連携して取り組みました。

（2）名古屋議定書

COP10において採択された名古屋議定書について我が国は2017年8月に締約国となり、国内措置である「遺伝資源の取得の機会及びその利用から生ずる利益の公正かつ衡平な配分に関する指針」を施行し、名古屋議定書の適切な実施に努めています。

我が国はCOP10の際に、名古屋議定書の早期発効や効果的な実施に貢献するため、地球環境ファシリティ（GEF）によって管理・運営される名古屋議定書実施基金の構想について支援を表明し、2011年に10億円を拠出しました。この基金を活用し、国内制度の発展、遺伝資源の保全及び持続可能な利用に係る技術移転、民間セクターの参加促進等の活動を行う13件のプロジェクトが承認され、ブータン、コロンビア、コスタリカ等の6件は既に完了しています。

(3) カルタヘナ議定書及び名古屋・クアラルンプール補足議定書

バイオセーフティに関するカルタヘナ議定書の責任及び救済に関する名古屋・クアラルンプール補足議定書（以下「補足議定書」という。）の国内担保を目的とした遺伝子組換え生物等の使用等の規制による生物の多様性の確保に関する法律の一部を改正する法律（平成29年法律第18号。以下「改正カルタヘナ法」という。）が、2017年4月に成立し、同月に公布されました。補足議定書については、2018年3月に発効し、これに合わせて改正カルタヘナ法が施行されました。また、2022年12月にカナダのモントリオールで開催されたカルタヘナ議定書第10回締約国会合第二部において、議定書及び補足議定書の適切な実施のための議論がなされました。

(4) ワシントン条約

ワシントン条約に基づく絶滅のおそれのある野生動植物の輸出入の規制に加え、同条約附属書Ⅰに掲げる種については、種の保存法に基づき国内での譲渡し等の規制を行っています。関係省庁、関連機関が連携・協力し、象牙の適正な取引の徹底や規制対象種の適切な取扱いに向けて、国内法執行や周知強化等の取組を進めました。また、2022年11月にパナマのパナマシティで開催されたワシントン条約第19回締約国会議において、条約の適切な執行のための議論とともに、附属書改正提案等の審議に貢献しました。

(5) ラムサール条約

2022年11月にラムサール条約第14回締約国会議（COP14）が中国の武漢とスイスのジュネーブにおいて開催されました。新潟県新潟市及び鹿児島県出水市が、条約の決議に基づき、湿地の保全・再生、管理への地域関係者の参加、普及啓発、環境教育等の推進に関する国際基準を満たす地方公共団体を評価する「ラムサール条約湿地自治体認証制度」に基づく認証湿地都市として認証を受けました。また、呉地正行氏（NPO法人ラムサール・ネットワーク日本理事、日本雁（がん）を保護する会会長）の湿地や、湿地を生息地とする鳥類の保全活動等における長年の貢献が評価され、ラムサール賞のワイズユース（湿地の賢明な利用）部門を受賞しました。

(6) アジア太平洋地域における渡り性水鳥の保全

2023年3月には、東アジア・オーストラリア地域における渡り性水鳥保全のための国際的枠組みである東アジア・オーストラリア地域フライウェイ・パートナーシップ（EAAFP）の総会である第11回パートナー会議（MOP11）がブリスベン（豪州）で開催されました。各国における渡り性水鳥及びその生息地の保全に関する進捗状況や課題等について議論された他、今後の具体的な活動等に関する決定書が採択されました。我が国においては、国内に34か所ある渡り性水鳥重要生息地ネットワーク参加地においてモニタリングを実施し、その結果の活用について検討しました。また、全国の渡り性水鳥重要生息地ネットワーク間の情報共有及び交流促進を図るため、「渡り性水鳥フライウェイ全国大会」を開催しました。

(7) 二国間渡り鳥条約・協定

2022年10月下旬～11月上旬に、日本、豪州、中国、韓国の4か国間で日豪中韓渡り鳥等協定等会議を約4年ぶりにオンライン形式で開催し、各国における渡り鳥等の保全施策及び調査研究に関する情報共有のほか、日豪、日中、日韓での今後の協力の在り方に関する意見交換を行いました。加えて、2024年に開催予定の次回会議までに取り組む事項を確認しました。

第8節　生物多様性及び生態系サービスの把握

1　自然環境データの整備・提供

(1) 自然環境データの調査とモニタリング

我が国では、全国的な観点から植生や野生動物の分布など自然環境の状況を面的に調査する自然環境保全基礎調査のほか、様々な生態系のタイプごとに自然環境の量的・質的な変化を定点で長期的に調査する「モニタリングサイト1000」等を通じて、全国の自然環境の現状及び変化を把握しています。

自然環境保全基礎調査における植生調査では、詳細な現地調査に基づく植生データを収集整理した1／2万5,000現存植生図を作成しており、我が国の生物多様性の状況を示す重要な基礎情報となっています。2021年度までに、全国の約95％に当たる地域の植生図の作成を完了しました。また、タヌキ・キツネ・アナグマの分布状況及びサンゴ分布状況の調査成果を公表しました。

生物多様性保全の取組を支える基礎的・科学的な基盤情報の、長期的かつ効率的な収集・整備を推進するため、今後の自然環境保全基礎調査の実施方針・調査計画等をまとめたマスタープランを策定しました。また、過去50年にわたる生物多様性に係る自然環境調査の成果を軸に総合的な解析を実施するための方針を策定しました。

モニタリングサイト1000では、高山帯、森林・草原、里地里山、陸水域（湖沼及び湿原）、沿岸域（磯、干潟、アマモ場、藻場、サンゴ礁等）、小島嶼（しょ）について、生態系タイプごとに定めた調査項目及び調査方法により、合計約1,000か所の調査サイトにおいて、モニタリング調査を実施し、その成果を公表しています。また、得られたデータは5年ごとに分析等を加え、取りまとめています。

インターネットを使って、全国の生物多様性データを収集し、提供するシステム「いきものログ」により、2022年12月時点で約525万件の全国の生物多様性データが収集され、地方公共団体を始めとする様々な主体で活用されています。

2013年以降の噴火に伴い新たな陸地が誕生し、拡大を続けている小笠原諸島の西之島に、2019年9月に上陸し、鳥類、節足動物、潮間帯生物、植物、地質、火山活動等に関する総合学術調査を実施しました。しかし、2019年12月以降の火山活動により、生態系が維持されていた旧島の全てが溶岩若しくは火山灰に覆われ、西之島の生物相がリセットされた状態となりました。原生状態の生態系がどのように遷移していくのかを確認することができる世界に類のない科学的価値を有する西之島の適切な保全に向けて、我が国では、2019年12月の大規模噴火以降の原初の生態系の生物相等を明らかにすることを目的とした総合学術調査を2021年度から実施しています。2022年7月には、潜水等による周辺海域での海域生物調査を中心に行いました。

(2) 地球規模のデータ整備や研究等

地球規模での生物多様性保全に必要な科学的基盤の強化のため、アジア太平洋地域の生物多様性観測・モニタリングデータの収集・統合化等を推進する「アジア太平洋生物多様性観測ネットワーク(APBON)」の取組の一環として、2023年2月に福岡県でAPBONワークショップを開催しました。また、APBON参加者の能力向上や参加者間の更なるネットワーク強化を目的に、オンラインセミナーを計4回開催し、アジア太平洋地域における生物多様性モニタリングの体制強化を推進しました。

調査研究の取組としては、独立行政法人国立科学博物館において、「過去150年の都市環境における生物相変遷に関する研究－皇居を中心とした都心での収集標本の解析」、「極限環境の科学」等の調査研究を推進するとともに、約494万点の登録標本を保管し、標本情報についてインターネットで広く公開しました。また、我が国からのデータ提供拠点である国立研究開発法人国立環境研究所、独立行政法人国立科学博物館及び大学共同利用機関法人情報・システム研究機構国立遺伝学研究所と連携しながら、生物多様性情報を地球規模生物多様性情報機構（GBIF）に提供しました。

2 放射線による野生動植物への影響の把握

福島第一原発の周辺地域での放射性物質による野生動植物への影響を把握するため、関係する研究機関等とも協力しながら、野生動植物の試料の採取、放射能濃度の測定、推定被ばく線量率による放射線影響の評価等を進めました。また、関連した調査を行っている他の研究機関や学識経験者と意見交換を行いました。

3 生物多様性及び生態系サービスの総合評価

生態系サービスを生み出す森林、土壌、生物資源等の自然資本を持続的に利用していくために、自然資本と生態系サービスの価値を適切に評価・可視化し、様々な主体の意思決定に反映させていくことが重要です。そのため、生物多様性の主流化に向けた経済的アプローチに関する情報収集や、生態系サービスの定量的評価に関する研究を実施するとともに、企業の生物多様性保全活動に関わる生態系サービスの価値評価・算定のための作業説明書（試行版）を2019年3月に公表しました。また、2021年3月に公表した「生物多様性及び生態系サービスの総合評価2021（JBO3)」の結果をわかりやすく伝える広報資料を作成しました。

4 生態系を活用した防災・減災（Eco-DRR）及び気候変動適応策（EbA）の推進

生態系を活用した気候変動への適応策（EbA）を促進するため、地域における取組事例の調査等を行い、EbAを現場で実施する際の基本的な考え方や踏まえるべき視点等を紹介する手引きを2022年6月に公表しました。また、生態系を活用した防災・減災（Eco-DRR）を推進するため、Eco-DRRのポテンシャルがあると考えられる場所を可視化した「生態系保全・再生ポテンシャルマップ」の作成・活用方法を示した手引きと全国規模のベースマップを2023年3月に公表しました。

第3章　循環型社会の形成

第1節　廃棄物等の発生、循環的な利用及び処分の現状

1　我が国における循環型社会

我が国における循環型社会とは、「天然資源の消費の抑制を図り、もって環境負荷の低減を図る」社会です。ここでは、廃棄物・リサイクル対策を中心として循環型社会の形成に向けた、廃棄物等の発生とその量、循環的な利用・処分の状況、国の取組、各主体の取組、国際的な循環型社会の構築について説明します。

(1) 我が国の物質フロー

私たちがどれだけの資源を採取、消費、廃棄しているかを知ることが、循環型社会を構築するための第一歩です。

「第四次循環型社会形成推進基本計画」(2018年6月閣議決定。以下、循環型社会形成推進基本計画を「第四次循環基本計画」という。) では、どの資源を採取、消費、廃棄しているのかその全体像を的確に把握し、その向上を図るために、物質フロー (物の流れ) の異なる断面である「入口」、「循環」、「出口」に関する指標にそれぞれ目標を設定しています。

以下では、物質フロー会計 (MFA) を基に、我が国の経済社会における物質フローの全体像とそこから浮き彫りにされる問題点、「第四次循環基本計画」で設定した物質フロー指標に関する目標の状況について概観します。

ア　我が国の物質フローの概観

我が国の物質フロー (2020年度) は、図3-1-1のとおりです。

図3-1-1　我が国における物質フロー（2020年度）

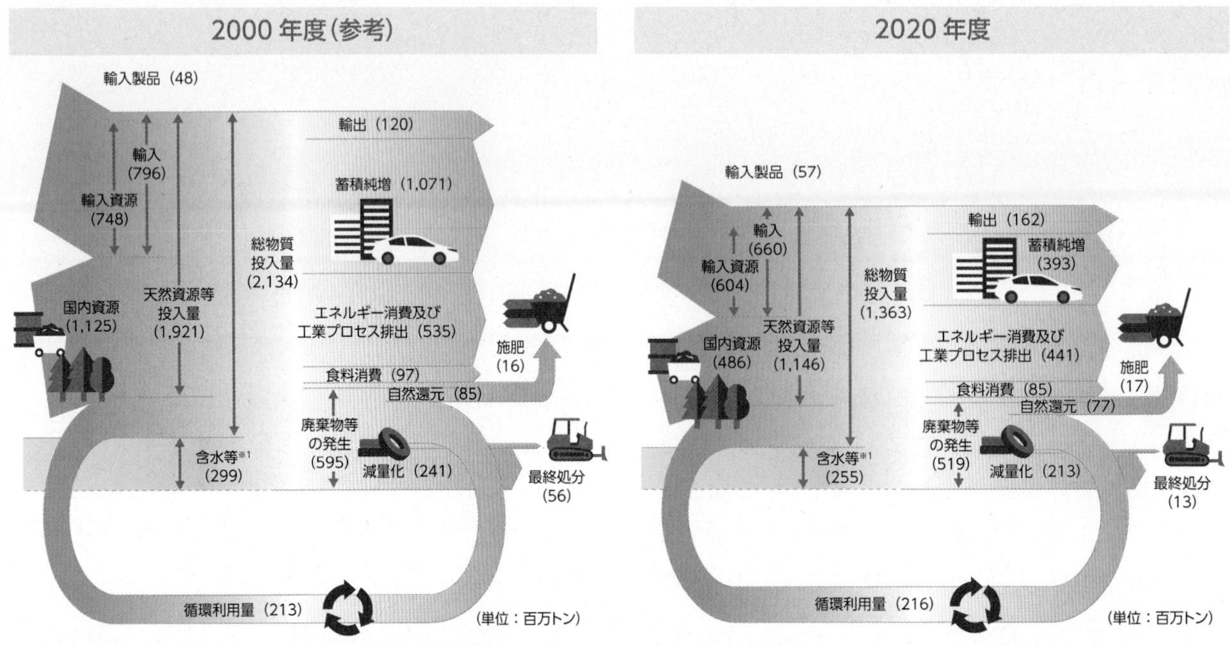

注：含水等：廃棄物等の含水等（汚泥、家畜ふん尿、し尿、廃酸、廃アルカリ）及び経済活動に伴う土砂等の随伴投入（鉱業、建設業、上水道業の汚泥及び鉱業の鉱さい）。
資料：環境省

イ　我が国の物質フロー指標に関する目標の設定

「第四次循環基本計画」では、物質フローの「入口」、「循環」、「出口」に関する指標について目標を設定しています。

それぞれの指標についての目標年次は、2025年度としています。各指標について、最新の達成状況を見ると、以下のとおりです。

[1] 資源生産性（＝GDP／天然資源等投入量）（図3-1-2）

2025年度において、資源生産性を49万円／トンとすることを目標としています（2000年度の約25.3万円／トンからおおむね2倍）。2020年度の資源生産性は約46.0万円／トンであり、2000年度と比べ約82％上昇しました。しかし、2010年度以降は横ばい傾向となっています。

[2] 入口側の循環利用率（＝循環利用量／（循環利用量＋天然資源等投入量））（図3-1-3）

2025年度において、入口側の循環利用率を18％とすることを目標としています（2000年度の約10％からおおむね8割向上）。2000年度と比べ、2020年度の入口側の循環利用率は約6ポイント上昇し、約15.9％でした。しかし、近年は伸び悩んでいます。

[3] 出口側の循環利用率（＝循環利用量／廃棄物等発生量）（図3-1-4）

2025年度において、出口側の循環利用率を47％とすることを目標としています（2000年度の約36％からおおむね2割向上）。2000年度と比べ、2020年度の出口側の循環利用率は約6ポイント上昇し、約41.6％でした。しかし、近年は伸び悩んでいます。

[4] 最終処分量（＝廃棄物の埋立量）（図3-1-5）

2025年度において、最終処分量を1,300万トンとすることを目標としています（2000年度の約5,600万トンからおおむね8割減）。2000年度と比べ、2020年度の最終処分量は約77％減少し、1,281万トンでした。

図3-1-2 資源生産性の推移

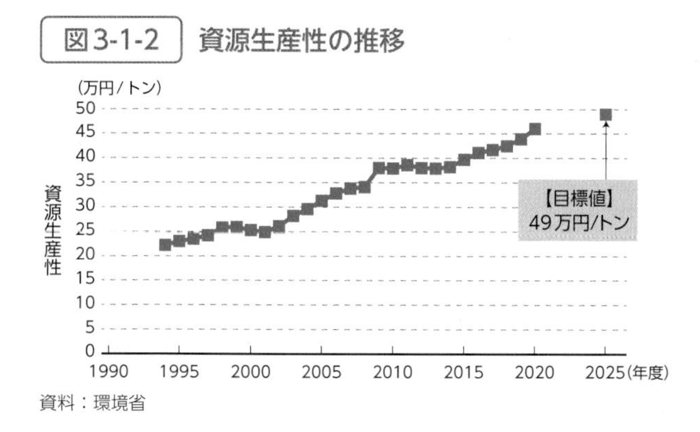

資料：環境省

図3-1-3 入口側の循環利用率の推移

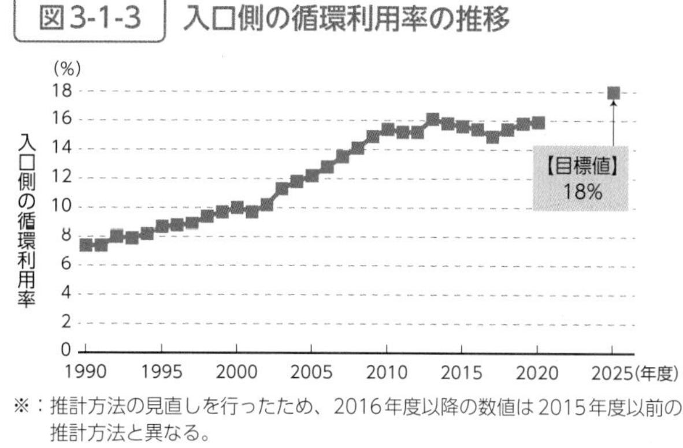

※：推計方法の見直しを行ったため、2016年度以降の数値は2015年度以前の推計方法と異なる。
資料：環境省

図3-1-4 出口側の循環利用率の推移

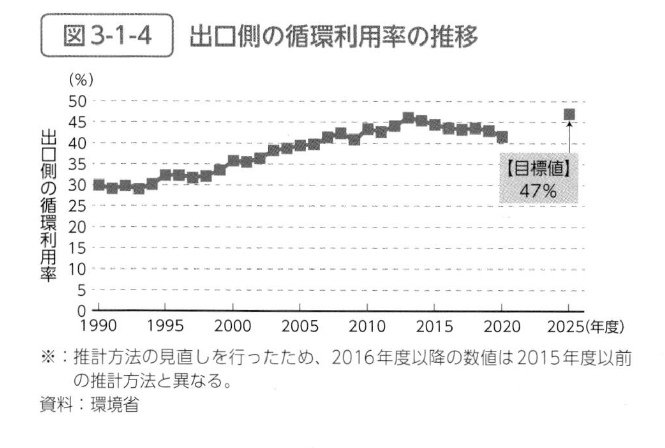

※：推計方法の見直しを行ったため、2016年度以降の数値は2015年度以前の推計方法と異なる。
資料：環境省

図3-1-5 最終処分量の推移

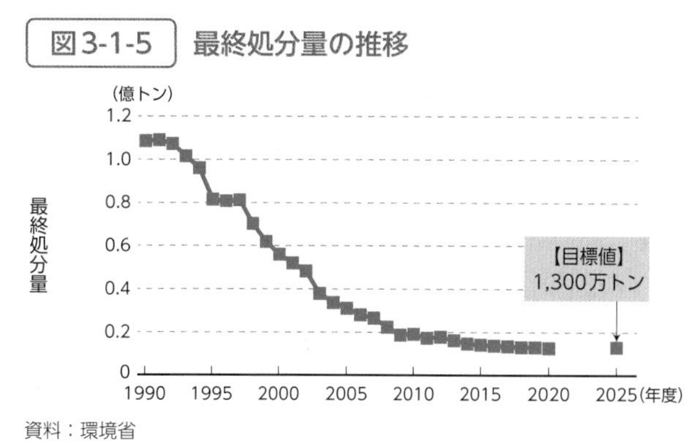

資料：環境省

(2) 廃棄物の排出量

ア 廃棄物の区分

廃棄物の処理及び清掃に関する法律（昭和45年法律第137号。以下「廃棄物処理法」という。）では、廃棄物とは自ら利用したり他人に有償で譲り渡したりすることができないために不要になったものであって、例えば、ごみ、粗大ごみ、燃え殻、汚泥、ふん尿等の汚物又は不要物で、固形状又は液状のものを指します。

廃棄物は、大きく産業廃棄物と一般廃棄物の二つに区分されています。産業廃棄物とは、事業活動に伴って生じた廃棄物のうち、廃棄物の処理及び清掃に関する法律施行令（昭和46年政令第300号。以下「廃棄物処理法施行令」という。）で定められた20種類のものと、廃棄物処理法に規定する「輸入された廃棄物」を指します。一方で、一般廃棄物とは産業廃棄物以外の廃棄物を指し、し尿のほか主に家庭から発生する家庭系ごみのほか、オフィスや飲食店から発生する事業系ごみも含んでいます（図3-1-6）。

図3-1-6　廃棄物の区分

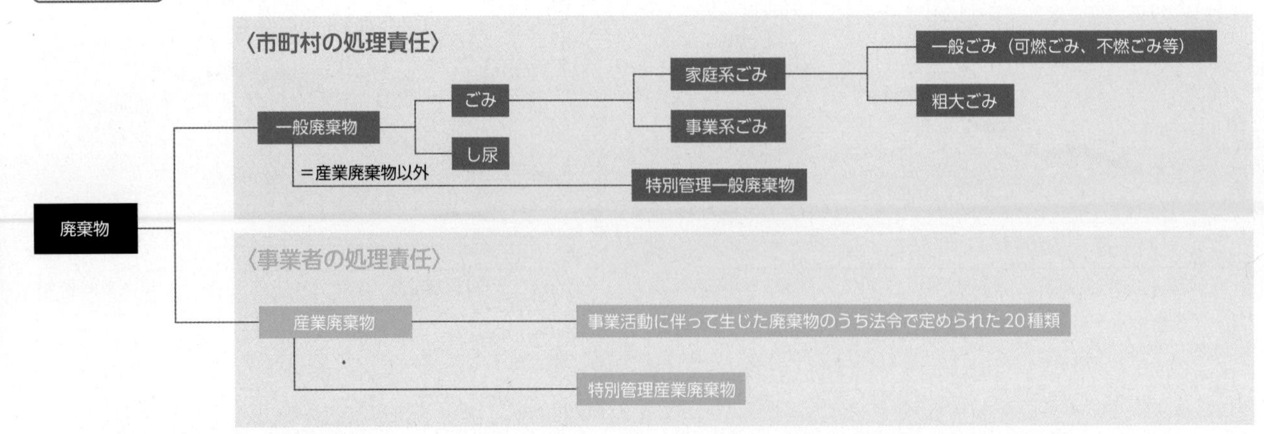

注1：特別管理一般廃棄物とは、一般廃棄物のうち、爆発性、毒性、感染性その他の人の健康又は生活環境に係る被害を生ずるおそれのあるもの。
　2：事業活動に伴って生じた廃棄物のうち法令で定められた20種類燃え殻、汚泥、廃油、廃酸、廃アルカリ、廃プラスチック類、紙くず、木くず、繊維くず、動植物性残渣（さ）、動物系固形不要物、ゴムくず、金属くず、ガラスくず、コンクリートくず及び陶磁器くず、鉱さい、がれき類、動物のふん尿、動物の死体、ばいじん、輸入された廃棄物、上記の産業廃棄物を処分するために処理したもの。
　3：特別管理産業廃棄物とは、産業廃棄物のうち、爆発性、毒性、感染性その他の人の健康又は生活環境に係る被害を生ずるおそれがあるもの。
資料：環境省

イ　一般廃棄物（ごみ）の処理の状況

2021年度におけるごみの総排出量は4,095万トン（東京ドーム約110杯分、一人一日当たりのごみ排出量は890グラム）です（図3-1-7）。このうち、焼却、破砕・選別等による中間処理や直接の資源化等を経て、最終的に資源化された量（総資源化量）は816万トン、最終処分量は342万トンです（図3-1-8）。

図3-1-7　ごみ総排出量と一人一日当たりごみ排出量の推移

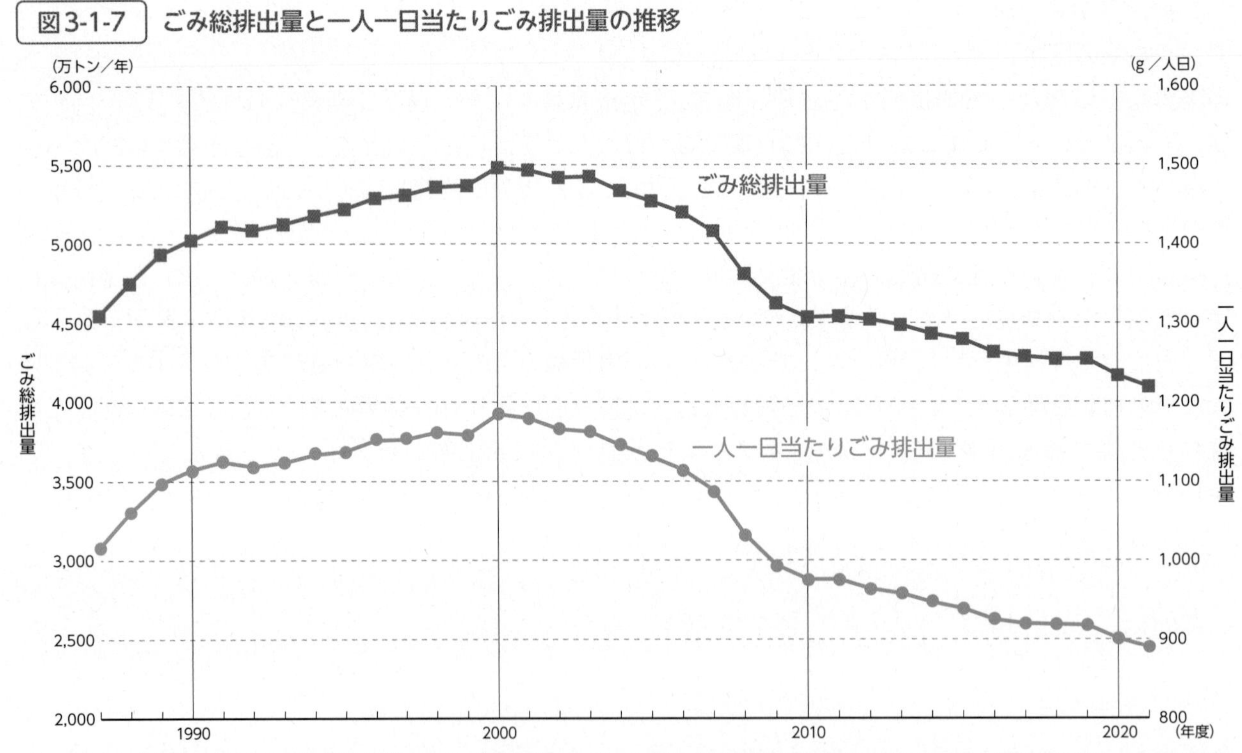

注1：2005年度実績の取りまとめより「ごみ総排出量」は、廃棄物処理法に基づく「廃棄物の減量その他その適正な処理に関する施策の総合的かつ計画的な推進を図るための基本的な方針」における、「一般廃棄物の排出量（計画収集量＋直接搬入量＋資源ごみの集団回収量）」と同様とした。
　2：一人一日当たりごみ排出量は総排出量を総人口×365日又は366日でそれぞれ除した値である。
　3：2012年度以降の総人口には、外国人人口を含んでいる。
資料：環境省

図3-1-8　全国のごみ処理のフロー（2021年度）

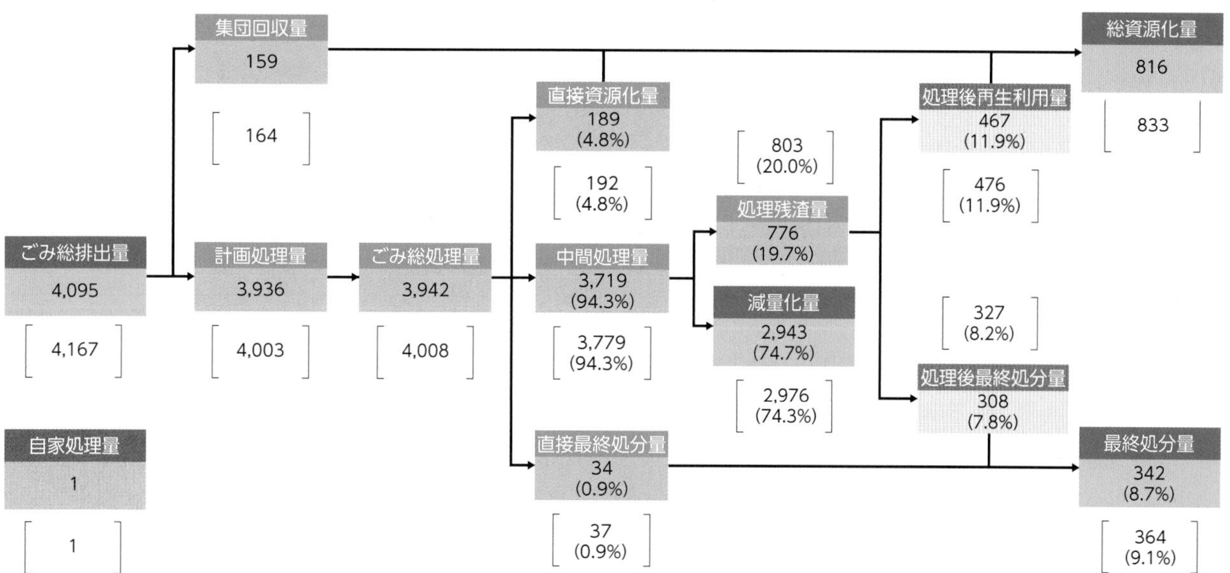

注1：計画誤差等により、「計画処理量」と「ごみの総処理量」（＝中間処理量＋直接最終処分量＋直接資源化量）は一致しない。
　2：減量処理率（%）＝[(中間処理量)＋(直接資源化量)]　÷（ごみの総処理量）×100とする。
　3：「直接資源化」とは、資源化等を行う施設を経ずに直接再生業者等に搬入されるものであり、1998年度実績調査より新たに設けられた項目。1997年度までは、項目「資源化等の中間処理」内で計上されていたと思われる。
資料：環境省

ウ　一般廃棄物（し尿）の処理の状況

2021年度の水洗化人口は1億2,091万人で、そのうち下水道処理人口が9,719万人、浄化槽人口が2,372万人（うち合併処理人口は1,521万人）です。また非水洗化人口は516万人で、そのうち計画収集人口が510万人、自家処理人口が6万人です。

総人口の約2割（非水洗化人口及び浄化槽人口）から排出された、し尿及び浄化槽汚泥の量（計画処理量）は1,977万kℓで、年々減少しています。そのほとんどは水分ですが、1kℓを1トンに換算して単純にごみの総排出量（4,095万トン）と比較すると、その数値が大きいことが分かります。それらのし尿及び浄化槽汚泥は、し尿処理施設で1,804万kℓ、ごみ堆肥化施設及びメタン化施設で14万kℓ、下水道投入で150万kℓ、農地還元で2万kℓ、その他で7万kℓが処理されています。なお、下水道終末処理場から下水処理の過程で排出される下水汚泥は産業廃棄物として計上されます。

エ　産業廃棄物の処理の状況

近年、産業廃棄物の排出量は約4億トン前後で推移しており、大きな増減は見られません。2020年度の排出量は3.74億トンであり、前年度に比べて1,200万トン減少しています（図3-1-9）。

図3-1-9 産業廃棄物の排出量の推移

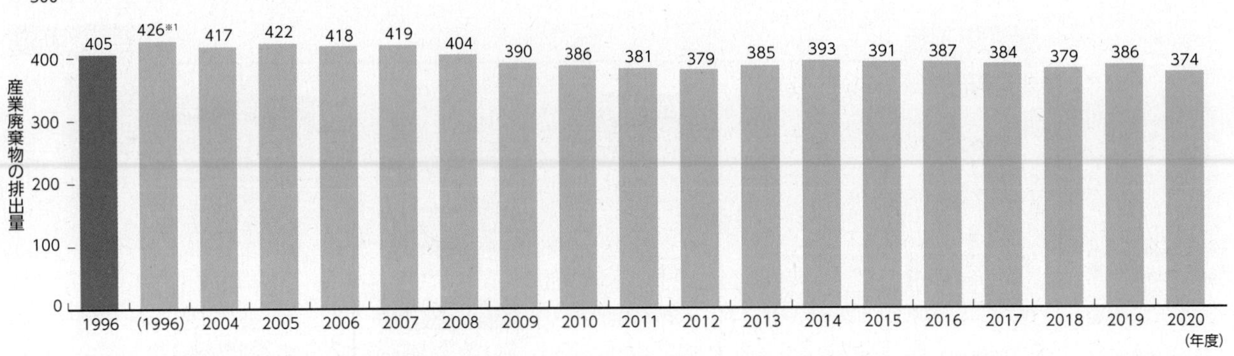

※1：ダイオキシン対策基本方針（ダイオキシン対策関係閣僚会議決定）に基づき、政府が2010年度を目標年度として設定した「廃棄物の減量化の目標量」（1999年9月設定）における1996年度の排出量を示す。
注1：1996年度から排出量の推計方法を一部変更している。
　2：1997年度以降の排出量は※1において排出量を算出した際と同じ前提条件を用いて算出している。
資料：環境省「産業廃棄物排出・処理状況調査報告書」

（3）循環的な利用の現状

ア　容器包装（ガラス瓶、ペットボトル、プラスチック製容器包装、紙製容器包装等）

容器包装に係る分別収集及び再商品化の促進等に関する法律（容器包装リサイクル法）（平成7年法律第112号）に基づく、2021年度の分別収集及び再商品化の実績は図3-1-10のとおり、全市町村に対する分別収集実施市町村の割合は、ガラス製容器、ペットボトル、スチール製容器（飲料又は酒類用）、アルミ製容器（飲料又は酒類用）、段ボール製容器が前年度に引き続き9割を超えました。紙製容器包装については約3割、プラスチック製容器包装については7割を超えています。

図3-1-10(1)　容器包装リサイクル法に基づく分別収集・再商品化の実績

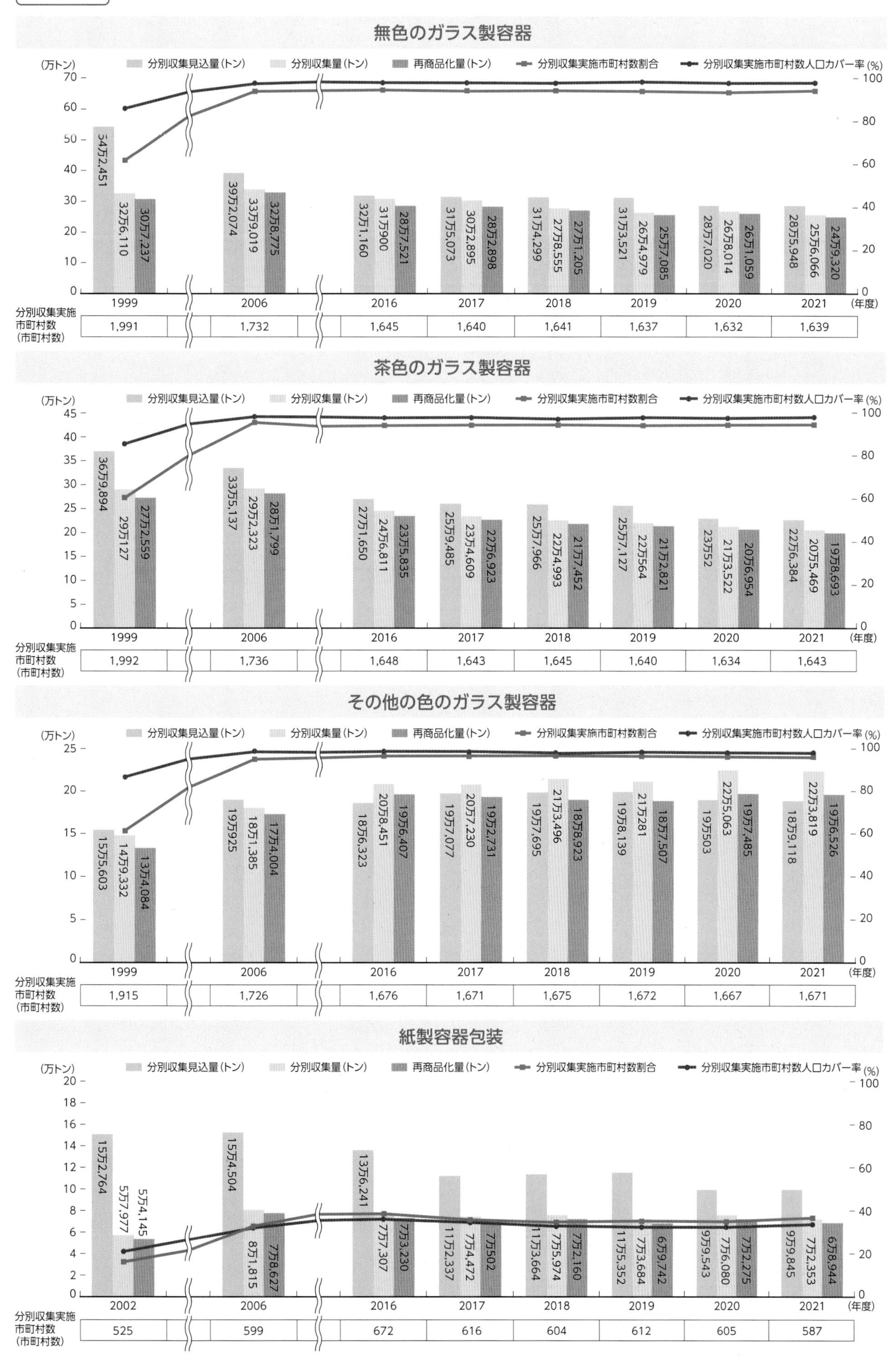

図3-1-10(2) 容器包装リサイクル法に基づく分別収集・再商品化の実績

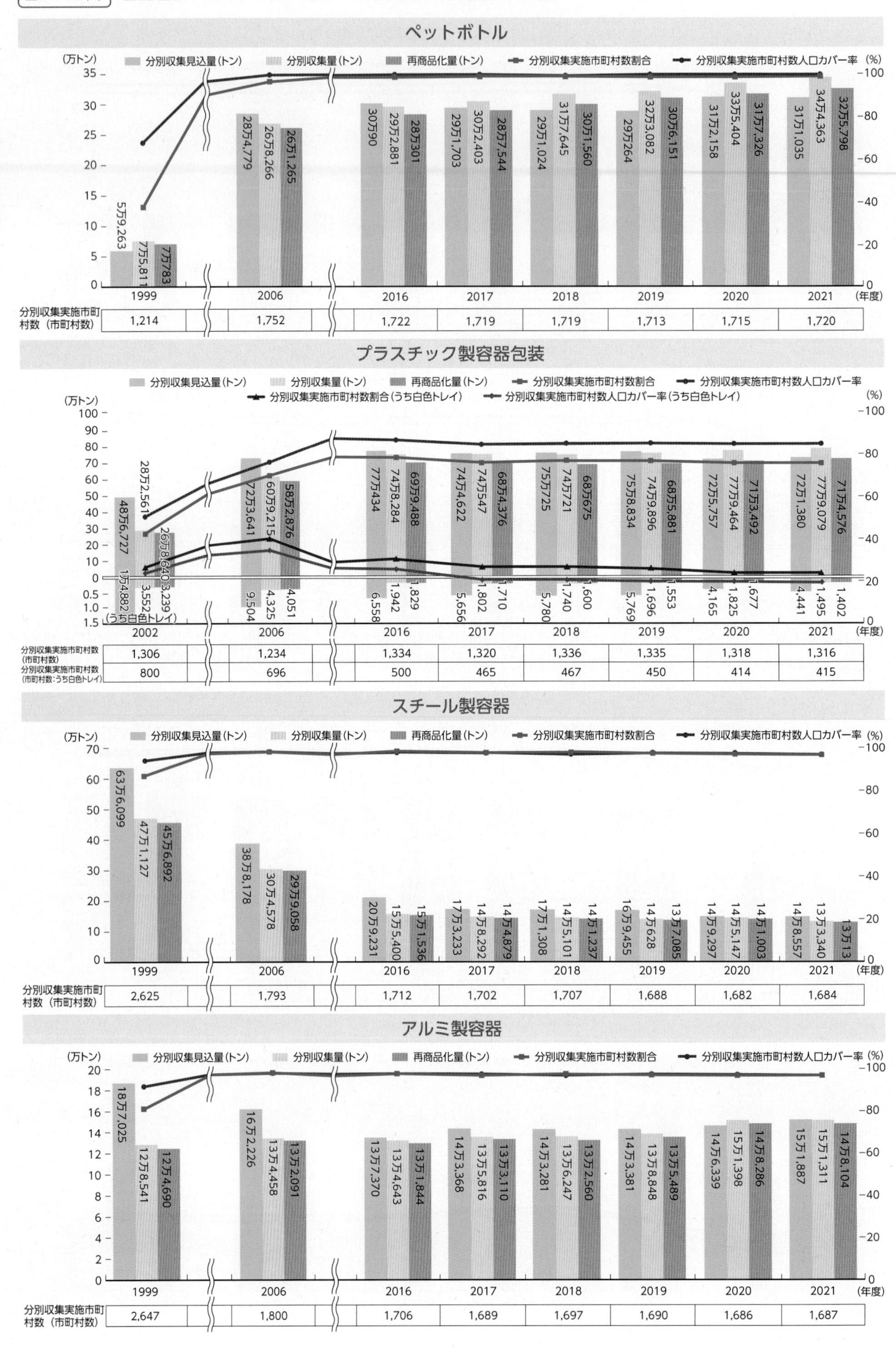

図3-1-10(3) 容器包装リサイクル法に基づく分別収集・再商品化の実績

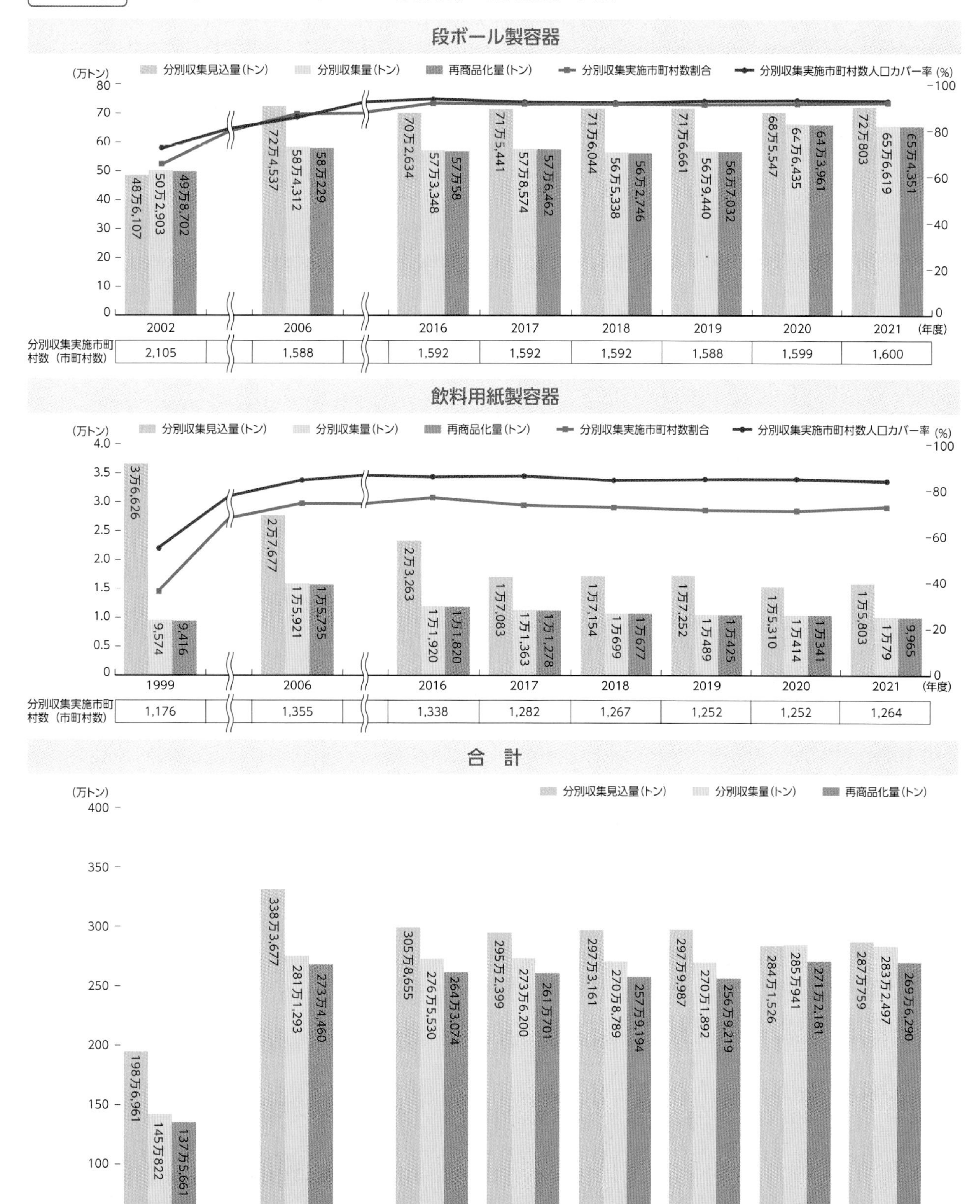

注1：「プラスチック製容器包装」とは白色トレイを含むプラスチック製容器包装全体を示す。
　2：「うち白色トレイ」とは、他のプラスチック製容器包装とは別に分別収集された白色トレイの数値。
　3：2021年3月末時点での全国の総人口は1億2,605万人。
　4：2021年3月末時点での市町村数は1,741（東京23区を含む）。
　5：「年度別年間分別収集見込量」、「年度別年間分別収集量」及び「年度別年間再商品化量」には市町村独自処理量が含まれる。
資料：環境省

イ　プラスチック類

プラスチックは加工のしやすさ、用途の多様さから非常に多くの製品に利用されています。一般社団法人プラスチック循環利用協会によると、2021年におけるプラスチックの生産量は1,045万トン、国内消費量は900万トン、廃プラスチックの総排出量は824万トンと推定され、排出量に対する有効利用率は、約87%と推計されています。一方で、有効利用されていないものの処理・処分方法については、単純焼却が約8%、埋立処理が約5%と推計されています。

ウ　特定家庭用機器4品目

特定家庭用機器再商品化法（平成10年法律第97号）は、エアコン、テレビ（ブラウン管式、液晶・プラズマ式）、冷蔵庫・冷凍庫、洗濯機・衣類乾燥機を特定家庭用機器としており、特定家庭用機器が廃棄物となったもの（特定家庭用機器廃棄物）について、小売業者に対して引取義務及び製造業者等への引渡義務を、製造業者等に対して指定引取場所における引取義務及び再商品化等義務を課しています。2021年度に製造業者等により引き取られた特定家庭用機器廃棄物は、図3-1-11のとおり、1,526万台でした。なお、2021年度の不法投棄回収台数は、4万5,000台でした。

図3-1-11　全国の指定引取場所における廃家電4品目の引取台数

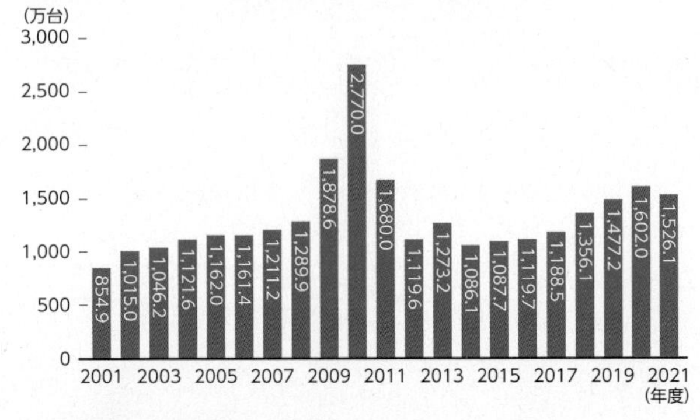

注：家電の品目追加経緯。
　2004年4月1日　電気冷凍庫を追加。
　2009年4月1日　液晶式及びプラズマ式テレビジョン受信機、衣類乾燥機を追加。
資料：環境省、経済産業省

製造業者等は、一定の基準以上での再商品化を行うことが求められています。2021年度の再商品化実績（再商品化率）は、エアコンが92%、ブラウン管テレビが72%、液晶・プラズマ式テレビが85%、冷蔵庫・冷凍庫が80%、洗濯機・衣類乾燥機が92%となっています。

2021年度の回収率は68.2%でした。

2021年4月からは、中央環境審議会・産業構造審議会の合同会合において、家電リサイクル制度の評価・検討が行われており、[1] 対象品目、[2] 家電リサイクル券の利便性の向上、[3] 多様な販売形態をとる小売業者への対応、[4] 社会状況に合わせた回収体制の確保・不法投棄対策、[5] 回収率の向上、[6] 再商品化等費用の回収方式、[7] サーキュラーエコノミーと再商品化率・カーボンニュートラルの点から議論を行い、2022年6月に、「家電リサイクル制度の施行状況の評価・検討に関する報告書」として取りまとめられました。

エ　建設廃棄物等

建設工事に係る資材の再資源化等に関する法律（平成12年法律第104号。以下「建設リサイクル法」という。）では、床面積の合計が80m²以上の建築物の解体工事等を対象工事とし、そこから発生する特定建設資材（コンクリート、コンクリート及び鉄から成る建設資材、木材、アスファルト・コンクリートの4品目）の再資源化等を義務付けています（図3-1-12）。また、解体工事業を営もうとする者の登録制度により、適正な分別解体等を推進しています。建設リサイクル法の施行によって、特定建設資材廃棄物のリサイクルが

図3-1-12　建設廃棄物の種類別排出量

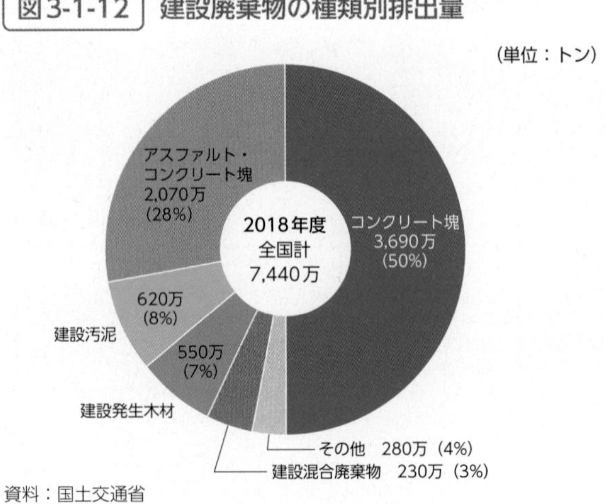

資料：国土交通省

促進され、建設廃棄物全体の再資源化・縮減率は2000年度の85%から2018年度には97.2%と着実に向上しています。また、2021年度の対象建設工事における届出件数は39万4,236件、2022年3月末時点で解体工事業者登録件数は1万7,013件となっています。また、毎年上半期と下半期に実施している「建設リサイクル法に関する全国一斉パトロール」を含めた2021年度の工事現場に対するパトロール時間数は延べ3万9,854時間となっています。現在は、「建設リサイクル推進計画2020～『質』を重視するリサイクルへ～」に基づき、建設副産物の高い再資源化率の維持等、循環型社会形成への更なる貢献等を主要課題とし、各種施策を実施しています。

オ　食品廃棄物等・食品ロス

食品廃棄物等とは、食品の製造、流通、消費の各段階で生ずる動植物性残さ等であり、具体的には加工食品の製造過程や流通過程で生ずる売れ残り食品、消費段階での食べ残し・調理くず等を指します。

この食品廃棄物等は、飼料・肥料等への再生利用や熱・電気に転換するためのエネルギーとして利用できる可能性があり、循環型社会及び脱炭素社会の実現を目指すため、食品循環資源の再生利用等の促進に関する法律（平成12年法律第116号。以下「食品リサイクル法」という。）等により、その利活用を推進しています。2020年度の食品廃棄物等の発生及び処理状況は、表3-1-1のとおりです。また、2020年度の再生利用等実施率は食品産業全体で86%となっており、業態別では、食品製造業が96%、食品卸売業が68%、食品小売業が56%、外食産業が31%と業態によって差が見られます。我が国では、食品廃棄物等の再生利用等の促進のため、食品リサイクル法に基づき、再生利用事業者の登録制度及び再生利用事業計画の認定制度を運用しており、2023年3月末時点での再生利用事業者の登録数は152、再生利用事業計画の認定数は54でした。

表3-1-1　食品廃棄物等の発生及び処理状況（2020年度）

（単位：万トン）

	発生量（食品ロス量）	再生利用等量				焼却・埋立等量
		飼料化	肥料化	その他	計	
事業系廃棄物及び有価物	1,624 (275)	864	177	143	1,184	263
うち事業系廃棄物	686	−	−	−	−	−
うち有価物	762	−	−	−	−	−
家庭系廃棄物	748 (247)	−	−	−	56	692
合　計	2,372	−	−	−	1,240	955

注1：食品廃棄物等の発生量については、一般廃棄物の排出及び処理状況等（2020年度実績）、家庭系収集ごみに占める食品廃棄物の組成調査（2020年度実績）、産業廃棄物の排出及び処理状況等（2020年度実績）、食品リサイクル法に基づく定期報告（2020年度実績）、食品循環資源の再生利用等実態調査（2020年度）より2022年度に推計。
　2：家庭系一般廃棄物の再生利用量については、同様に環境省推計。
　3：事業系廃棄物及び有価物の処分量（内訳を含む）については、上記注1の定期報告及び実態調査より推計。
　4：発生量は脱水、乾燥、発酵、炭化により減量された量を含む数値。
資料：農林水産省、環境省

本来食べられるにもかかわらず廃棄されている食品、いわゆる「食品ロス」の量は2020年度で約522万トンでした。食品ロス削減のための取組を推進するためには、排出実態の把握が重要であることから、2022年度は前年度に引き続き、家庭から発生する食品ロスの発生量の推計精度向上のため、市町村による食品ロスの発生量調査の財政的・技術的支援を行いました。また、2022年10月には、埼玉県さいたま市及び「全国おいしい食べきり運動ネットワーク協議会」の主催、環境省を始めとした関係省庁の共催により「第6回食品ロス削減全国大会」をさいたま市で開催し、食品ロスの削減に向けて関係者間の連携を図りました。

また、食品ロス削減と食品リサイクルを実効的に推進するための先進的事例を創出し、広く情報発信・横展開を図ることを目的に、食品廃棄ゼロエリア創出の推進モデル事業等を実施する地方公共団体や事業者等に対し、技術的・財政的な支援を行うとともに、その効果を取りまとめ、他の地域への普及展開を図りました。

「第四次循環基本計画」において、持続可能な開発目標（SDGs）のターゲットを踏まえて、家庭から発生する食品ロス量を2030年度までに2000年度比で半減するとの目標を定めました。

また、2019年7月には、食品リサイクル法の点検を行い、新たに策定された基本方針において、食品関連事業者から発生する食品ロス量について、家庭から発生する食品ロス量と同じく、2030年度までに2000年度比で半減するとの目標を定めました。

カ　自動車

(ア) 自動車

使用済自動車の再資源化等に関する法律（平成14年法律第87号。以下「自動車リサイクル法」という。）に基づき、使用済みとなる自動車は、まず自動車販売業者等の引取業者からフロン類回収業者に渡り、カーエアコンで使用されているフロン類が回収されます。その後、自動車解体業者に渡り、そこでエンジン、ドア等の有用な部品、部材が回収されます。さらに、残った廃車スクラップは、破砕業者に渡り、そこで鉄等の有用な金属が回収され、その際に発生する自動車破砕残さ（ASR：Automobile Shredder Residue）が、自動車製造業者等によってリサイクルされています。

一部の品目には再資源化目標値が定められており、自動車破砕残さについては70%、エアバッグ類については85%と定められていますが、2021年度の自動車破砕残さ及びエアバッグ類の再資源化率は、それぞれ96%～97.5%及び95%と、目標を大幅に超過して達成しています。また、2021年度の使用済自動車の不法投棄・不適正保管の件数は5,281台（不法投棄752台、不適正保管4,529台）で、法施行時と比較すると97.6%減少しています。そのほか、2021年度末におけるリサイクル料金預託状況及び使用済自動車の引取については、預託台数が8,059万6,271台、預託金残高が8,539億8,354万円、また使用済自動車の引取台数は304万台となっています。さらに、2021年度における離島対策支援事業の支援市町村数は78、支援金額は1億3,776万円となっています。

2020年夏から中央環境審議会・産業構造審議会の合同会合において議論されてきた自動車リサイクル法施行15年目の評価・検討について、2021年7月に報告書がまとめられ、リサイクル・適正処理の観点から、自動車リサイクル制度は順調に機能していると一定の評価をされたとともに、今後はカーボンニュートラル実現や、それに伴う電動化の推進や使い方への変革等を見据え、将来における自動車リサイクル制度の方向性について検討が必要であり、[1] 自動車リサイクル制度の安定化・効率化、[2] 3Rの推進・質の向上、[3] 変化への対応と発展的要素、の三つの基本的な方向性に沿って取り組むべきとの提言を受けました。

(イ) タイヤ

一般社団法人日本自動車タイヤ協会によれば、2021年における廃タイヤの排出量98.7万トン（2020年93.7万トン）のうち、27.1万トン（2020年30.5万トン）が輸出、更生タイヤ台用、再生ゴム・ゴム粉等として原形・加工利用され、63.3万トン（2020年60.7万トン）が製錬・セメント焼成用、発電用等として利用されています。

キ　パーソナルコンピュータ及びその周辺機器

資源の有効な利用の促進に関する法律（平成3年法律第48号。以下「資源有効利用促進法」という。）では、2001年4月から事業系パソコン、2003年10月から家庭系パソコンの回収及び再資源化を製造等事業者に対して義務付け、再資源化率をデスクトップパソコン（本体）が50%以上、ノートブックパソコンが20%以上、ブラウン管式表示装置が55%以上、液晶式表示装置が55%以上と定めてリサイクルを推進しています。

2021年度における回収実績は、デスクトップパソコン（本体）が約6万6,000台、ノートブックパソコンが約20万5,000台、ブラウン管式表示装置が約8,000台、液晶式表示装置が約13万6,000台となっています。また、製造等事業者の再資源化率は、デスクトップパソコン（本体）が82.0%、ノートブックパソコンが68.7%、ブラウン管式表示装置が75.4%、液晶式表示装置が80.2%であり、いずれも法定の基準を上回っています。なお、パソコンは、使用済小型電子機器等の再資源化の促進に関する法律（平成24年法律第57号。以下「小型家電リサイクル法」という。）（第3章第1節1（3）ケを参照）に基づく回収も行われています。

ク　小形二次電池（ニカド蓄電池、ニッケル水素蓄電池、リチウム蓄電池、密閉形鉛蓄電池）

資源有効利用促進法では、2001年4月から小形二次電池（ニカド蓄電池、ニッケル水素蓄電池、リチウム蓄電池及び密閉形鉛蓄電池）の回収及び再資源化を製造等事業者に対して義務付け、再資源化率をニカド蓄電池60%以上、ニッケル水素蓄電池55%以上、リチウム蓄電池30%以上、密閉形鉛蓄電池50%以上とそれぞれ定めて、リサイクルを推進しています。

2021年度における小形二次電池（携帯電話・PHS用のものを含む）の再資源化の状況は、ニカド蓄電池の処理量が805トン（再資源化率76.4%）、ニッケル水素蓄電池の処理量が300トン（同76.6%）、リチウム蓄電池の処理量が599トン（同56.9%）、密閉形鉛蓄電池の処理量が585トン（同50.1%）となりました。また、再資源化率の実績はいずれも法令上の目標を達成しています。

ケ　小型電子機器等

小型家電リサイクル法に基づき、使用済小型電子機器等の再資源化を促進するための措置が講じられており、同法の基本方針では、年間回収量の目標を、2023年度までに一年当たり14万トンとしています。図3-1-13のとおり、年間回収量の実績は、年々着実に増加しており、2020年度は目標の14万トンには達しませんでしたが、約10万トンを回収しました。市町村の取組状況については、図3-1-14のとおり、1,462市町村（全市町村の約84%）が参加又は参加の意向を示しており、人口ベースでは約95%となっています（2022年8月時点）。また、2022年1月末時点で、57件の再資源化事業計画が認定されています。

環境省では、小型家電リサイクルの推進に向け、市町村個別支援事業等を引き続き実施するとともに、2020年東京オリンピック競技大会・東京パラリンピック競技大会のメダルを使用済小型家電由来の金属から製作する「都市鉱山からつくる！みんなのメダルプロジェクト」の機運を活用した「アフターメダルプロジェクト」を通じて、全国津々浦々での3R意識醸成を図り循環型社会の形成に向け取り組みました。

なお、東京オリンピックは2021年7月23日から8月8日に、東京パラリンピックは同年8月24日から9月5日に開催されました。

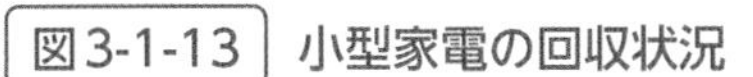
図3-1-13　小型家電の回収状況

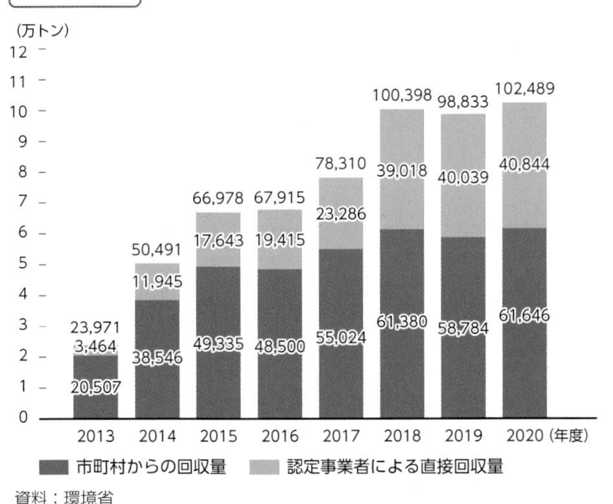

資料：環境省

図3-1-14　小型家電リサイクル制度への参加自治体

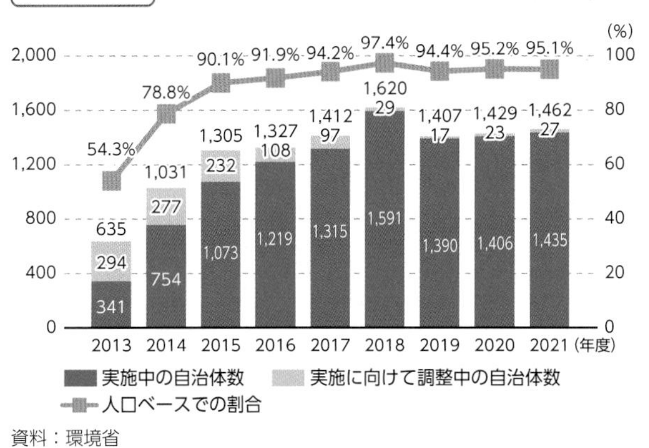

資料：環境省

コ　下水汚泥

下水道事業において発生する汚泥（下水汚泥）の量は、近年は横ばいです。2021年度の時点で、全産業廃棄物の発生量の約2割を占める約7,728トン（対前年度約23万トン減、濃縮汚泥量として算出）が発生していますが、最終処分場に搬入される量は約24万トンであり、エネルギー・肥料としての再生利用や脱水、焼却等の中間処理による減量化により、最終処分量の低減を推進しています。なお、

2011年度以降の下水汚泥の有効利用率は、東日本大震災の影響により埋立処分や場内ストックが増えたため減少しましたが、その後再び上昇傾向に転じており、2021年度には、乾燥重量ベースで76%となっています。

下水汚泥の再生利用は、バイオマスとしての下水汚泥の性質に着目した緑農地利用やエネルギー利用、セメント原料等の建設資材利用など、その利用形態は多岐にわたっています。

2021年度には、乾燥重量ベースで168万トンが再生利用され、セメント原料（67万トン）、煉瓦、ブロック等の建設資材（44万トン）、肥料等の緑農地利用（33万トン）、固形燃料（22万トン）等の用途に利用されています。

サ　廃棄物の再生利用及び広域的処理

廃棄物処理法の特例措置として、廃棄物の減量化を推進するため、生活環境の保全上支障がない等の一定の要件に該当する再生利用に限って環境大臣が認定する制度を設け、認定を受けた者については処理業及び施設設置の許可を不要としています。2022年3月末時点で、一般廃棄物については65件、産業廃棄物については64件の者が認定を受けています。

また、廃棄物処理法の特例措置として、製造事業者等による自主回収及び再生利用を推進するため、廃棄物の広域的処理によって廃棄物の減量その他その適正な処理の確保に資すると認められる製品廃棄物の処理を認定（以下「広域認定」という。）する制度を設け、認定を受けた者（その委託を受けて当該認定に係る処理を行う者を含む。）については処理業の許可を不要としています。2022年3月末時点で、一般廃棄物については117件、産業廃棄物については306件の者が認定を受けています。

2　一般廃棄物

(1) 一般廃棄物（ごみ）

ア　ごみの排出量の推移

第1節1（2）イを参照。

イ　ごみ処理方法

ごみ処理方法を見ると、直接資源化及び資源化等の中間処理の割合は、2021年度は19.3%となっています。また、直接最終処分されるごみの割合は減少傾向であり、2021年度は0.9%となっています。

ウ　ごみ処理事業経費

2021年度におけるごみ処理事業に係る経費の総額は、約2兆1,449億円であり、国民一人当たりに換算すると約1万7,000円となり、前年度から増加しました。

(2) 一般廃棄物（し尿）

2021年度の実績では、し尿及び浄化槽汚泥1,977万kℓは、し尿処理施設又は下水道投入によって、その98.8%（1,954万kℓ）が処理されています。また、し尿等の海洋投入処分については、廃棄物処理法施行令の改正により、2007年2月から禁止されています。

3　産業廃棄物

(1) 産業廃棄物の発生及び処理の状況

2020年度における産業廃棄物の処理の流れ、業種別排出量は、図3-1-15のとおりです。この中で記された再生利用量は、直接再生利用される量と、中間処理された後に発生する処理残さのうち再生利用される量を足し合わせた量を示しています。また、最終処分量は、直接最終処分される量と中間処理後の処理残さのうち処分される量を合わせた量を示しています。

産業廃棄物の排出量を業種別に見ると、排出量が多い3業種は、電気・ガス・熱供給・水道業、農業・林業、建設業（前年度と同じ）となっています。この上位3業種で総排出量の約7割を占めています（図3-1-16）。

図3-1-15　産業廃棄物の処理の流れ（2020年度）

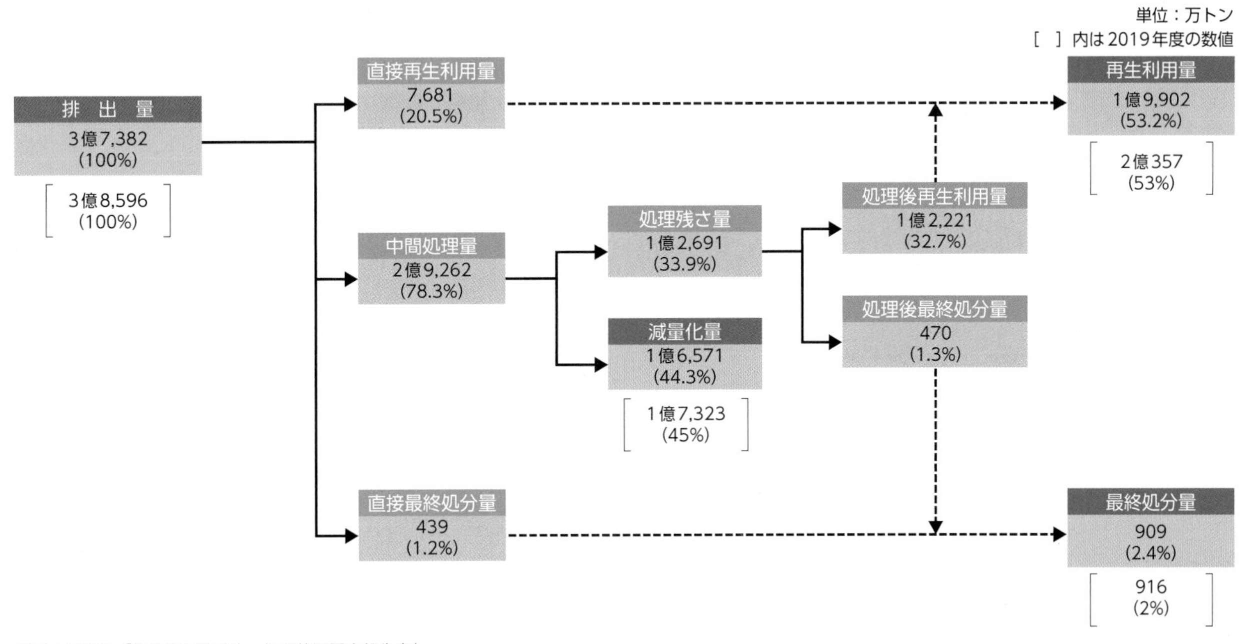

資料：環境省「産業廃棄物排出・処理状況調査報告書」

ア　産業廃棄物の排出量の推移

第1節1（2）エを参照。

イ　産業廃棄物の中間処理施設数の推移

産業廃棄物の焼却、破砕、脱水等を行う中間処理施設の許可施設数は、2020年度末で19,412件となっており、前年度との比較ではほぼ横ばいとなっています。中間処理施設のうち、木くず又はがれき類の破砕施設は約55%、汚泥の脱水施設は約14%、廃プラスチック類の破砕施設は約12%を占めています。

図3-1-16　産業廃棄物の業種別排出量（2020年度）

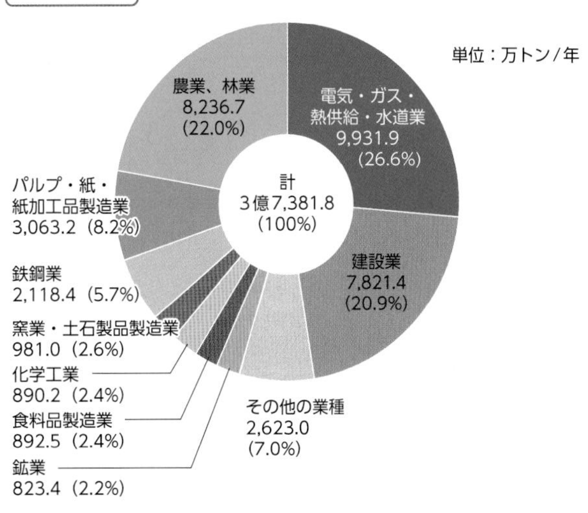

資料：環境省「産業廃棄物排出・処理状況調査報告書」

ウ　産業廃棄物処理施設の新規許可件数の推移（焼却施設、最終処分場）

産業廃棄物処理施設に係る新規の許可件数（焼却施設、最終処分場）は2020年度末で40件となっており、前年度より件数が増えています（図3-1-17、図3-1-18）。

図3-1-17 焼却施設の新規許可件数の推移（産業廃棄物）

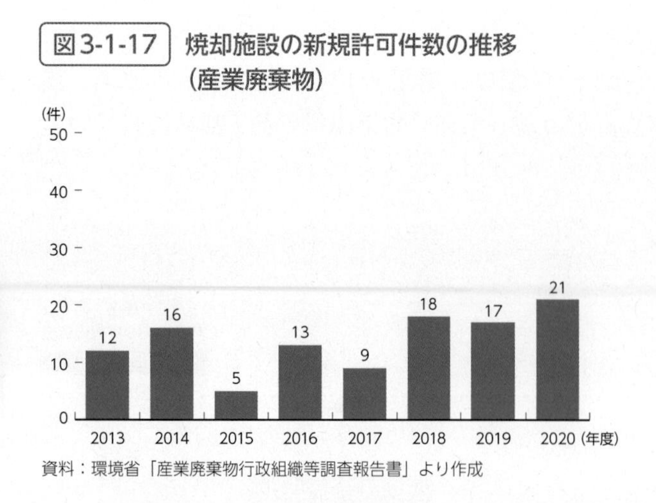

資料：環境省「産業廃棄物行政組織等調査報告書」より作成

図3-1-18 最終処分場の新規許可件数の推移（産業廃棄物）

資料：環境省「産業廃棄物行政組織等調査報告書」より作成

（2）大都市圏における廃棄物の広域移動

首都圏等の大都市圏では、土地利用の高度化や環境問題等に起因して、焼却炉等の中間処理施設や最終処分場を確保することが難しい状況です。そのため、廃棄物をその地域の中で処理することが難しく、広域的に処理施設を整備し、市町村域、都府県域を越えて運搬・処分する場合があります。そのような場合であっても、確実かつ高度な環境保全対策を実施した上で、廃棄物の適正処理やリデュース、適正な循環的利用の徹底を図っていく必要があります。

4 廃棄物関連情報

（1）最終処分場の状況

ア 一般廃棄物

（ア）最終処分の状況

直接最終処分量と中間処理後に最終処分された量を合計した最終処分量は342万トン、一人一日当たりの最終処分量は74gです（図3-1-19）。

（イ）最終処分場の残余容量と残余年数

2021年度末時点で、一般廃棄物最終処分場は1,572施設（うち2021年度中の新設は15施設で、稼働前の8施設を含む。）であり、2020年度から減少し、残余容量は98,448千m^3であり、2020年度から減少しました。また、残余年数は全国平均で23.5年です（図3-1-20）。

図3-1-19 最終処分量と一人一日当たり最終処分量の推移

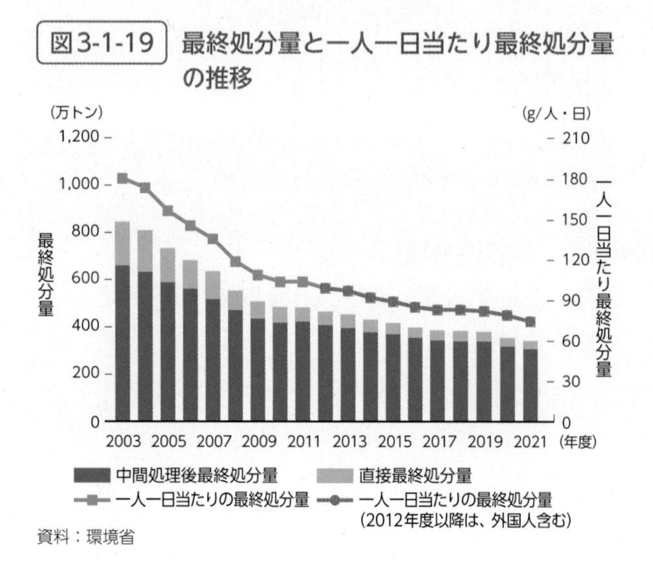

資料：環境省

図3-1-20 最終処分場の残余容量及び残余年数の推移（一般廃棄物）

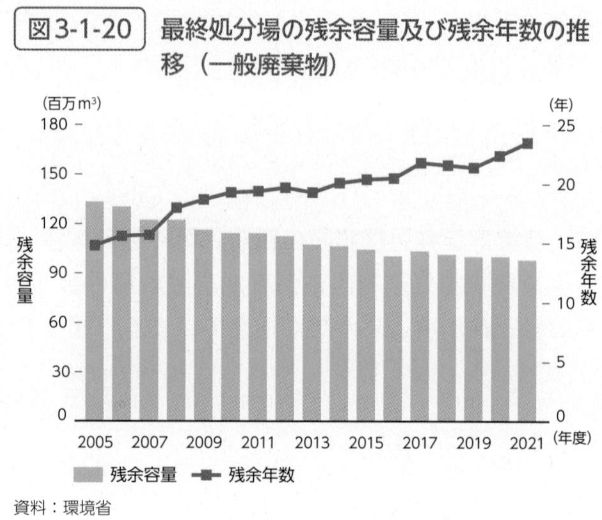

資料：環境省

(ウ) 最終処分場のない市町村

2021年度末時点で、当該市区町村として最終処分場を有しておらず、民間の最終処分場に埋立てを委託している市区町村数（ただし、最終処分場を有していない場合であっても大阪湾フェニックス計画対象地域の市町村は最終処分場を有しているものとして計上）は、全国1,741市区町村のうち299市町村となっています。

イ 産業廃棄物

2020年度の産業廃棄物の最終処分場の残余容量は1.57億m^3、残余年数は17.3年となっており、前年度との比較では、残余容量、残余年数ともやや増加しています（図3-1-21）。

図3-1-21 最終処分場の残余容量及び残余年数の推移（産業廃棄物）

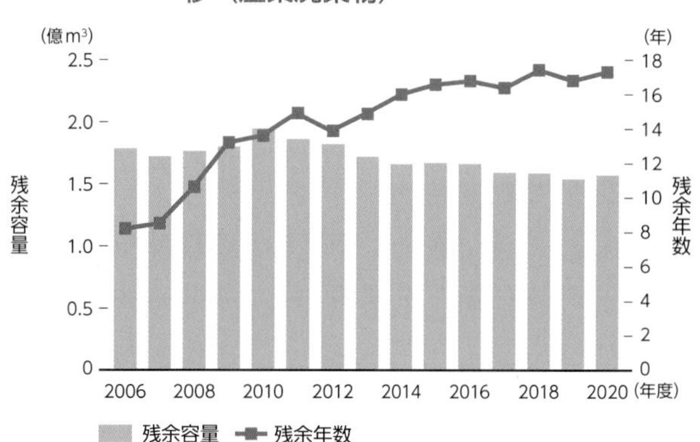

資料：環境省「産業廃棄物行政組織等調査報告書」より作成

(2) 廃棄物焼却施設における熱回収の状況

ア 一般廃棄物

(ア) ごみの焼却余熱利用

ごみ焼却施設からの余熱を有効に利用する方法としては、後述するごみ発電を始め、施設内・外への温水、蒸気の熱供給が考えられます。ごみ焼却施設からの余熱を温水や蒸気、発電等で有効利用している施設の状況は、表3-1-2のとおりです。余熱利用を行っている施設は729施設であり、割合は施設数ベースで70.9%となっています。

表3-1-2 ごみ焼却施設における余熱利用の状況

余熱利用の状況			2020年施設数	2021年施設数
余熱利用あり	温水利用	場内温水	606	585
		場外温水	201	198
	蒸気利用	場内蒸気	231	228
		場外蒸気	89	91
	発電	場内発電	384	394
		場外発電	262	269
	その他		41	39
	合計		738	729
余熱利用無し	合計		318	299

資料：環境省

(イ) ごみ発電

ごみ発電とは、ごみを焼却するときに発生する高温の排出ガスが持つ熱エネルギーをボイラーで回収し、蒸気を発生させてタービンを回して発電を行うもので、ごみ焼却施設の余熱利用の有効な方法の一つです。

2021年度におけるごみ焼却発電施設数と発電能力は、表3-1-3のとおりです。また、ごみ発電を行っている割合は施設数ベースでは38.5%となっています。また、その総発電量は約105億kWhであり、一世帯当たりの年間電力消費量を4,175kWhとして計算すると、この発電は約250万世帯分の消費電力に相当します。なお、ごみ発電を行った電力を場外でも利用している施設数は269施設となっています。

表3-1-3 ごみ焼却発電施設数と発電能力

	2020年度	2021年度
発電施設数	387	396
総発電能力（MW）	2,079	2,149
発電効率（平均）（%）	14.05	14.22
総発電電力量（GWh）	10,153	10,452

注1：市町村・事務組合が設置した施設（着工済みの施設・休止施設を含む）で廃止施設を除く。
　2：発電効率とは以下の式で示される。

$$\text{発電効率 [\%]} = \frac{3{,}600\,[\text{kJ/kWh}] \times \text{総発電量}\,[\text{kWh/年}]}{1{,}000\,[\text{kg/トン}] \times \text{ごみ焼却量}\,[\text{トン/年}] \times \text{ごみ発熱量}\,[\text{kJ/kg}]} \times 100$$

資料：環境省

最近では、発電効率の高い発電施設の導入が進んできていますが、これに加えて、発電後の低温の温水を地域冷暖房システム、陸上養殖、農業施設等に有効利用するなど、余熱を合わせて利用する事例も見られ、こうした試みを更に拡大していくためには、熱利用側施設の確保・整備とそれに併せたごみ焼却施設の整備が重要です。

イ　産業廃棄物

脱炭素社会の取組への貢献を図る観点から、3Rの取組を進めてなお残る廃棄物等については、廃棄物発電の導入等による熱回収を徹底することが求められます。産業廃棄物の焼却による発電を行っている施設数は、2021年度には188炉となりました。このうち、廃棄物発電で作った電力を場外でも利用している施設数は69炉となっています。また、施設数ベースでの割合は37%となりました。また、廃棄物由来のエネルギーを活用する取組として、廃棄物の原燃料への再資源化も進められています。廃棄物燃料を製造する技術としては、ガス化、油化、固形燃料化等があります。これらの取組を推進し、廃棄物由来の温室効果ガス排出量のより一層の削減とエネルギー供給の拡充を図る必要があります。

(3) 不法投棄等の現状

ア　2021年度に新たに判明した産業廃棄物の不法投棄等の事案

2021年度に新たに判明したと報告があった不法投棄等をされた産業廃棄物は、図3-1-22のとおりです。

図3-1-22　不法投棄された産業廃棄物の種類（2021年度）

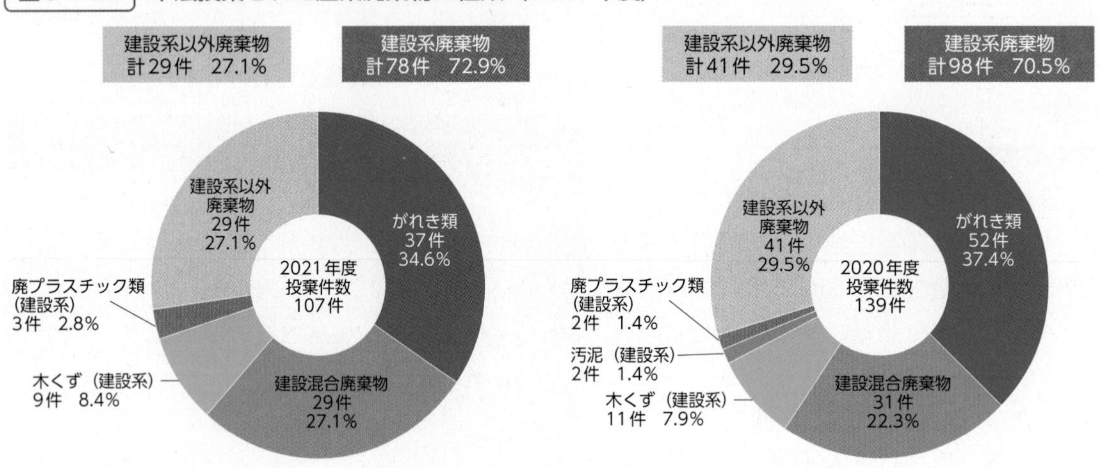

注：参考として2020年度の実績も掲載している。
資料：環境省

イ　2021年度末時点で残存している産業廃棄物の不法投棄等事案

都道府県及び廃棄物処理法上の政令市が把握している、2022年3月末時点における産業廃棄物の不法投棄等事案の残存件数は2,822件、残存量の合計は1,547.1万トンでした。

このうち、現に支障が生じていると報告されている事案5件については、支障除去措置に着手しています。現に支障のおそれがあると報告されている事案81件については、28件が支障のおそれの防止措置、9件が周辺環境モニタリング、44件が撤去指導、定期的な立入検査等を実施中又は実施予定としています。そのほか、現在支障等調査中と報告された事案37件については、18件が支障等の状況を明確にするための確認調査、19件が継続的な立入検査を実施中又は実施予定としています。また、現時点では支障等がないと報告された事案2,699件についても、改善指導、定期的な立入検査や監視等が必要に応じて実施されています。

（ア）不法投棄等の件数及び量

新たに判明したと報告があった産業廃棄物の不法投棄件数及び投棄量、不適正処理件数及び不適正処理量の推移は、図3-1-23、図3-1-24のとおりです。また、2021年度に報告があった5,000トン以上の大規模な不法投棄事案は2件、不適正処理事案は2件でした。

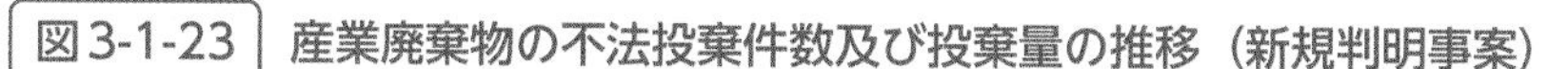

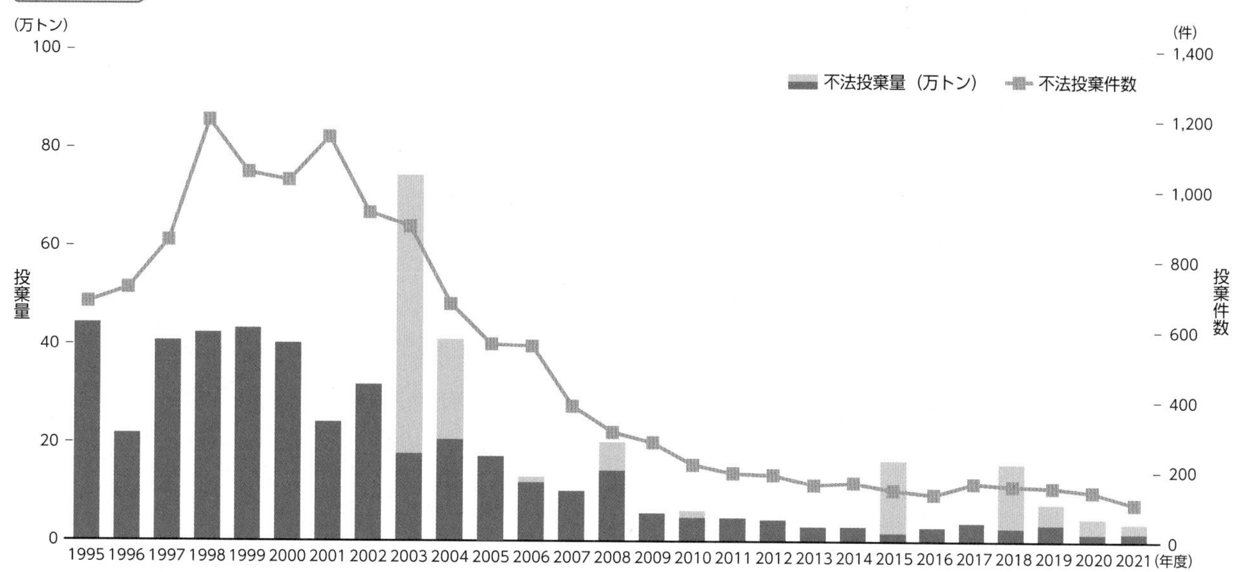

注1：都道府県及び政令市が把握した産業廃棄物の不法投棄事案のうち、1件あたりの投棄量が10ｔ以上の事案（ただし、特別管理産業廃棄物を含む事案は全事案）を集計対象とした。
2：上記棒グラフ薄緑色部分については、次のとおり。
2003年度：大規模事案として報告された岐阜市事案（56.7万トン）
2004年度：大規模事案として報告された沼津市事案（20.4万トン）
2006年度：1998年度に判明していた千葉市事案（1.1万トン）
2008年度：2006年度に判明していた桑名市多度町事案（5.8万トン）
2010年度：2009年度に判明していた滋賀県日野町事案（1.4万トン）
2015年度：大規模事案として報告された滋賀県甲賀市事案、山口県宇部市事案及び岩手県久慈市事案（14.7万トン）
2018年度：大規模事案として報告された奈良県天理市事案、2016年度に判明していた横須賀市事案、2017年度に判明していた千葉県芝山町事案（2件）（13.1万トン）
2019年度：2014年度に判明していた山口県山口市事案、2016年度に判明していた倉敷市事案（4.2万トン）
2020年度：大規模事案として報告された青森県五所川原市事案、栃木県鹿沼市事案、京都府八幡市事案、水戸市事案（3.2万トン）
2021年度：大規模事案として報告された福島県飯舘村事案、兵庫県加古川市事案（2.0万トン）
3：硫酸ピッチ事案及びフェロシルト事案は本調査の対象から除外している。
なお、フェロシルトは埋立用資材として、2001年8月から約72万ｔが販売・使用されたが、その後、製造・販売業者が有害な廃液を混入させていたことがわかり、不法投棄事案であったことが判明した。既に、不法投棄が確認された1府3県の45か所において、撤去・最終処分が完了している。
資料：環境省

図3-1-24 産業廃棄物の不適正処理件数及び不適正処理量の推移（新規判明事案）

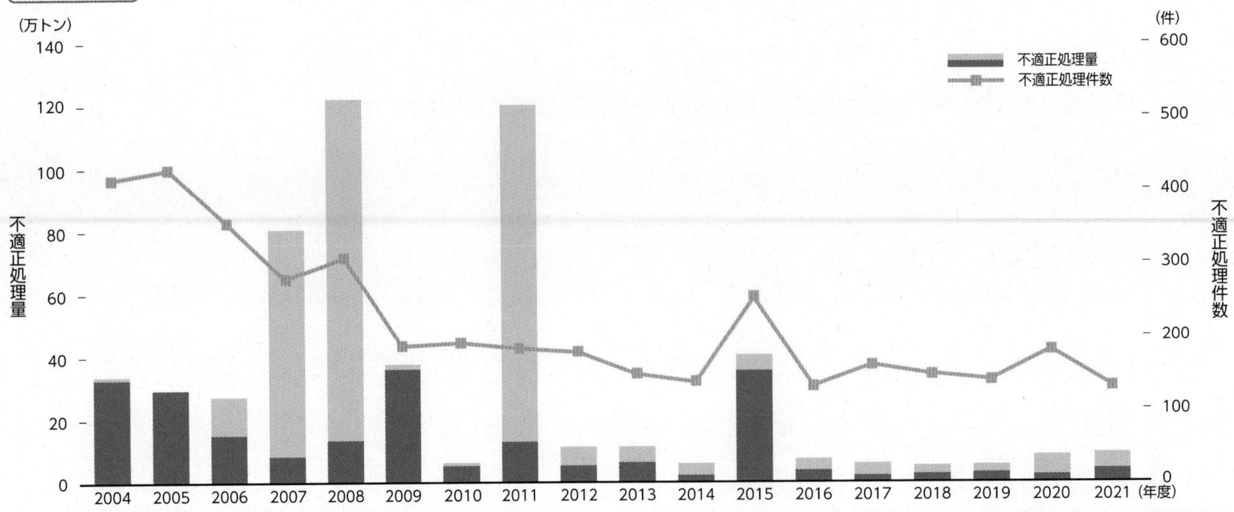

注1：都道府県及び政令市が把握した産業廃棄物の不適正処理事案のうち、1件あたりの不適正処理量が10ｔ以上の事案（ただし、特別管理産業廃棄物を含む事案は全事案）を集計対象とした。
2：上記棒グラフ薄緑色部分は、報告された年度前から不適正処理が行われていた事案（2011年度以降は、開始年度が不明な事案も含む）。
3：大規模事案については、次のとおり。
2007年度：滋賀県栗東市事案71.4万トン
2008年度：奈良県宇陀市事案85.7万トン等
2009年度：福島県川俣町事案23.4万トン等
2011年度：愛知県豊田市事案30.0万トン、愛媛県松山市事案36.3万トン、沖縄県沖縄市事案38.3万トン等
2015年度：群馬県渋川市事案29.4万トン等
4：硫酸ピッチ事案及びフェロシルト事案は本調査の対象から除外している。
なお、フェロシルトは埋立用資材として、2001年8月から約72万トンが販売・使用されたが、その後、製造・販売業者が有害な廃液を混入させていたことがわかり、不法投棄事案であったことが判明した。既に、不法投棄が確認された1府3県の45か所において、撤去・最終処分が完了している。
資料：環境省

（イ）不法投棄等の実行者

2021年度に新たに判明したと報告があった不法投棄等事案の実行者の内訳は、不法投棄件数で見ると、排出事業者によるものが全体の42.1%（45件）で、実行者不明のものが28.0%（30件）、複数によるものが13.1%（14件）、許可業者によるものが6.5%（7件）、無許可業者によるものが5.6%（6件）となっています。これを不法投棄量で見ると、許可業者によるものが41.3%（1.5万トン）で無許可業者によるものが19.6%（0.7万トン）、実行者不明のものが18.7%（0.7万トン）、排出事業者によるものが16.6%（0.6万トン）、複数によるものが2.2%（0.1万トン）でした。また、不適正処理件数で見ると、排出事業者によるものが全体の54.2%（71件）で、複数によるものが16.8%（22件）、実行者不明のものが14.5%（19件）、無許可業者によるものが6.9%（9件）、許可業者によるものが3.8%（5件）となっています。これを不適正処理量で見ると、許可業者によるものが48.7%（4.6万トン）で排出事業者によるものが36.6%（3.4万トン）、複数によるものが6.8%（0.6万トン）、無許可業者によるものが4.1%（0.4万トン）、実行者不明のものが3.0%（0.3万トン）でした。

（ウ）支障除去等の状況

2021年度に新たに判明したと報告があった不法投棄事案（107件、3.7万トン）のうち、現に支障が生じていると報告された事案はありませんでした。現に支障のおそれがあると報告された事案4件については、3件が支障のおそれの防止措置に着手しており、1件が定期的な立入検査を実施しています。

2021年度に新たに判明したと報告があった不適正処理事案（131件、9.4万トン）のうち、現に支障が生じていると報告された事案1件については、支障除去措置に着手しています。現に支障のおそれがあると報告された事案5件については、3件が支障のおそれの防止措置を着手予定としており、2件が定期的な立入検査を実施中又は実施予定としています。

（4）有害廃棄物の越境移動

有害廃棄物の国境を越える移動及びその処分の規制に関するバーゼル条約（以下「バーゼル条約」と

いう。締約国は2022年12月時点で188か国と1機関（EU）、1地域）及び特定有害廃棄物等の輸出入等の規制に関する法律（平成4年法律第108号。以下「バーゼル法」という。）に基づき、有害廃棄物等の輸出入の厳正な管理を行っています。2021年のバーゼル法に基づく輸出入の状況は、表3-1-4のとおりです。

表3-1-4 バーゼル法に基づく輸出入の状況（2021年）

	重量（トン）	相手国・地域	品目	輸出入の目的
輸出	95,386 (146,089)	韓国 フィリピン 等	石炭灰 亜鉛くず　等	金属回収 等
輸入	1,776 (1,601)	フィリピン 台湾 タイ 等	電子部品スクラップ 金属含有スラッジ 等	金属回収 等

注：（　）内は、2020年の数値を示す。
資料：環境省、経済産業省

第2節　持続可能な社会づくりとの統合的取組

国民、国、地方公共団体、NPO・NGO、事業者等が連携し、循環、脱炭素、自然共生等の環境的側面、資源、工業、農林水産業等の経済的側面、福祉、教育等の社会的側面を統合的に向上させることを目指しています。

環境的な側面の中でも、循環、脱炭素、自然共生について統合的な向上を図ることも重要です。循環と脱炭素に関しては、これまで以上に廃棄物部門で温室効果ガス排出量を更に削減するとともに、他部門で廃棄物を原燃料として更に活用すること、廃棄物発電の発電効率を向上させることなどにより他部門での温室効果ガス排出量の削減を更に進めることを目指しています。このうち、「第四次循環基本計画」の項目別物質フロー指標である「廃棄物の原燃料・廃棄物発電等への活用による他部門での温室効果ガスの排出削減量」について、現状では原燃料、廃棄物発電等以外のリデュース、リユース、シェアリング、マテリアルリサイクル等による温室効果ガスの排出削減について考慮されていないため、2018年度からこれらの推計方法について検討を行いました。

循環型社会の形成推進に当たり、消費の抑制を図る「天然資源」には化石燃料も当然含まれています。循環型社会の形成は、脱炭素社会の実現にもつながります。

直近のデータによれば、2020年度の廃棄物由来の温室効果ガスの排出量は、約3,720万トンCO_2（2000年度約4,750万トンCO_2）であり、2000年度の排出量と比較すると、約22%減少しています。その一方で、2019年度の廃棄物として排出されたものを原燃料への再資源化や廃棄物発電等に活用したことにより廃棄物部門以外で削減された温室効果ガス排出量は、約2,125万トンCO_2となっており、2000年度の排出量と比較すると、約2.7倍と着実に増加したと推計され、廃棄物の再資源化や廃棄物発電等への活用が進んでいることが分かりました。2050年カーボンニュートラルの実現や2021年10月に閣議決定した「地球温暖化対策計画」を踏まえ、廃棄物処理分野からの排出削減を着実に実行するため、各地域のバイオマス系循環資源のエネルギー利用等により自立・分散型エネルギーによる地域づくりを進めるとともに、廃棄物処理施設等が熱や電気等のエネルギー供給センターとしての役割を果たすようになることで、化石燃料など枯渇性資源の使用量を最小化する循環型社会の形成を目指すこととしています。その観点から3R＋Renewableの取組を進めながら、なお残る廃棄物等について廃棄物発電の導入等による熱回収を徹底し、廃棄物部門由来の温室効果ガスの一層の削減とエネルギー供給の拡充を図る必要があります。

環境保全を前提とした循環型社会の形成を推進すべく、リサイクルより優先順位の高い、2R（リデュース、リユース）の取組がより進む社会経済システムの構築を目指し、国民・事業者が行うべき具体的な2Rの取組を制度的に位置付けるため、2022年度はデジタル技術を活用した脱炭素型2Rビジネス構築等促進に関する実証検証事業において、先進5事例の2Rと温室効果ガス削減の効果算定を行うとともに、資源循環及び脱炭素の観点での取組ポテンシャルが高いと考えられる対象分野の調査・分析及びヒアリングを通じての事例調査を行いました。

これまで進んできたリサイクルの量に着目した取組に加えて、社会的費用を減少させつつ、高度で高付加価値な水平リサイクル等を社会に定着させる必要があります。このため、まず循環資源を原材料として用いた製品の需要拡大を目指し、循環資源を供給する産業と循環資源を活用する産業との連携を促進しています。3R推進月間（毎年10月）においては、消費者向けの普及啓発を行いました。

「資源循環ハンドブック2022」等の3R普及啓発、3R推進月間の取組については、第3章第8節1を参照。

無許可の廃棄物回収の違法性に関する普及啓発については、第3章第5節1（1）を参照。

ウェブサイト「Re-Style」については、第3章第8節1を参照。

第3節　多種多様な地域循環共生圏形成による地域活性化

資源循環分野における地域循環共生圏の形成に向けては、循環資源の種類に応じて適正な規模で循環させることができる仕組みづくりを進めてきたところです。

一般廃棄物処理に関しては、循環型社会形成の推進に加え、災害時における廃棄物処理システムの強靱（じん）化、地球温暖化対策の強化という観点から、循環型社会形成推進交付金等により、市町村等が行う一般廃棄物処理施設の整備等に対する支援を実施しました。また、廃棄物処理施設から排出される余熱等の地域での利活用を促進させるため、「廃棄物処理施設を核とした地域循環共生圏構築促進事業」を実施し、2019年度からは、補助金の対象範囲をこれまでの供給施設側の付帯設備（熱導管・電力自営線等）から需要施設側の付帯設備まで拡大することにより、廃棄物エネルギーの利活用を更に進め、地域の脱炭素化を促進しました。さらに、脱炭素や地域振興等の社会課題の同時解決を追求すべく、地域循環共生圏構築が進まない自治体が抱える課題を解決するため、施設の技術面や廃棄物処理工程の効率化・省力化に資する実証事業を行いました。

浄化槽に関する取組としては、[1] 個人が設置する浄化槽設置費用の一部を市町村が助成する事業（浄化槽設置整備事業）及び [2] 市町村が個人の敷地内等に浄化槽を設置し、市町村営浄化槽として維持管理を行う事業（公共浄化槽等整備推進事業）に対して財政支援を行いました。また、2019年度からは補助対象範囲を拡充し、単独処理浄化槽から合併処理浄化槽への転換工事に伴う宅内配管工事費用への助成を開始しており、さらに、2019年6月12日の改正浄化槽法の成立（2020年4月1日施行）を受け、単独処理浄化槽から合併処理浄化槽への転換の一層の推進、浄化槽処理促進区域指定を受けた浄化槽整備の促進及び浄化槽台帳の整備を図るべく、補助対象範囲の拡充及び見直しを行っており、改正浄化槽法に基づく取組が着実に進められています。また、環境配慮型浄化槽を推進し、単独転換促進施策及び防災まちづくりの施策と組み合わせて総合的に推進する事業（環境配慮・防災まちづくり浄化槽整備推進事業）や地方公共団体が所有又は市町村の防災計画に定める防災拠点施設に設置された単独処理浄化槽を集中的に撤去し、合併処理浄化槽への転換を促進する事業（公的施設・防災拠点単独処理浄化槽集中転換事業）を重点的に実施しました。さらに、2017年度から省CO_2型の高度化設備（高効率ブロワ、インバーター制御等）の導入・改修や浄化槽本体の交換に対し補助を行う「省エネ型浄化槽システム導入推進事業」を開始しました。また、浄化槽の長寿命化や、浄化槽リノベーションの推進に向けた調査検討を行いました。

下水道の分野では、下水道革新的技術実証事業において、2015年度に採択されたバイオガスの活用技術1件、2017年度に採択された地産地消エネルギー活用技術1件、2018年度に採択された下水熱による車道融雪技術2件及び中小規模処理場向けエネルギーシステム2件の実証を行いました。これらの技術について、2020年度末までに技術導入のガイドラインを作成し公表しています。

バイオマス活用推進基本法（平成21年法律第52号）に基づく「バイオマス活用推進基本計画」について、関係する7府省（内閣府、総務省、文部科学省、農林水産省、経済産業省、国土交通省、環境省）の政務で構成される「バイオマス活用推進会議」において、目標の達成状況等を勘案した上で改定

（2022年9月閣議決定）を行いました。また、地域の特色を活かしたバイオマス産業を軸とした環境にやさしく災害に強いまち・むらづくりを目指すバイオマス産業都市について、2022年度には4町が選定され、全国で101市町村となりました。

バイオマスエネルギーの普及に向けた実装については、地域のレジリエンス（災害等に対する強靱性の向上）と地域の脱炭素化を同時実現するため、地域防災計画に災害時の避難施設等として位置付けられた公共施設、又は業務継続計画により災害等発生時に業務を維持するべき公共施設に対して、災害・停電時にエネルギー供給が可能なバイオマスを含む再生可能エネルギー設備等の導入を支援する「地域レジリエンス・脱炭素化を同時実現する公共施設への自立・分散型エネルギー設備等導入推進事業」等を実施しました。加えて、2017年7月に公表した農林水産省と経済産業省による「木質バイオマスの利用促進に向けた共同研究会」の報告書を踏まえ、森林資源をマテリアルやエネルギーとして地域内で持続的に活用するため、担い手確保から発電・熱利用に至るまでの「地域内エコシステム」の構築に向け、地域協議会の運営や技術開発・改良等への支援を2018年度から実施しています。また、地域で自立したバイオマスエネルギーの活用モデルを確立するための実証事業においては、バイオマス種（バーク（樹皮）、廃菌床、牛ふん等）におけるバイオマス利用システムなど、地域特性を活かしたモデルを実証しました。そして、これまで実施したフィージビリティスタディ及び実証事業の成果を含めて、地域におけるバイオマスエネルギー利用の拡大に資する技術指針及び導入要件を改訂し、これらをワークショップ開催により公開しました。加えて、2021年度新規事業である、木質バイオマス燃料等の安定的・効率的な供給・利用システム構築支援事業においては、[1] 新たな燃料ポテンシャル（早生樹等）を開拓・利用可能とする“エネルギーの森”実証事業、[2] 木質バイオマス燃料（チップ、ペレット）の安定的・効率的な製造・輸送等システムの構築に向けた実証事業、[3] 木質バイオマス燃料（チップ、ペレット）の品質規格の策定事業を行うべく、事業者の選定を行い、事業開始に向けて準備を進めました。

農山漁村のバイオマスを活用した産業創出を軸とした地域づくりについては、第3章第4節2を参照。

第4節　ライフサイクル全体での徹底的な資源循環

1　プラスチック

容器包装の3R推進に関しては、3R推進団体連絡会による「容器包装3Rのための自主行動計画2025」（2021年度～2025年度）に基づいて実施された「事業者が自ら実施する容器包装3Rの取組」と「市民や地方自治体など主体間の連携に資するための取組」について、フォローアップが実施されました。

2022年4月に施行したプラスチックに係る資源循環の促進等に関する法律（令和3年法律第60号。以下「プラスチック資源循環促進法」という。）は、プラスチック使用製品の設計から廃棄物処理に至るまでのライフサイクル全般にわたって、3R＋Renewableの原則にのっとり、あらゆる主体のプラスチックに係る資源循環の促進等を図るためのものです。同法第33条に基づく再商品化計画については、2022年9月に宮城県仙台市に対して第1号の認定を行ったほか、同年12月に愛知県安城市及び神奈川県横須賀市に対しても認定を行いました。また、環境配慮設計の製品の製造・販売、プラスチック製品の使用の合理化、分別収集・リサイクルの取組など、各主体による取組が進展したところです。また自治体の取組を後押しするため、市区町村が実施するプラスチック使用製品廃棄物の分別収集・再商品化に要する経費について特別交付税措置を講じたほか、「プラスチックの資源循環に関する先進的モデル形成支援事業」を実施しました。同法を円滑に施行するとともに、引き続き「プラスチック資源循環戦略」（2019年5月31日消費者庁・外務省・財務省・文部科学省・厚生労働省・農林水産省・経済産業省・国土交通省・環境省策定）で定めたマイルストーンの達成を目指すために必要な予算、制度的対応を行いました。また、プラスチック資源循環促進法に基づき、化石由来プラスチックを代替する再生可能資源への転換・社会実装化及び複合素材プラスチック等のリサイクル困難素材のリサイクル技術・設備導入を支援するための実証事業及び日本国内の廃プラスチックのリサイクル体制の整備を後押しすべく、プラスチックリサイクルの高度化に資する設備の導入を補助する「脱炭素社会構築のための資源循環高度化設備導入促進事業」を2022年度も実施しました。さらに、プラスチック資源循環促進法に基づき、ライフサイクル全体を通じてプラスチックの高度な資源循環に資する技術に係る設備投資等を支援する「廃プラスチックの資源循環高度化事業」を2022年度に実施しました。

2 バイオマス（食品、木など）

東日本大震災以降、分散型電源であり、かつ、安定供給が見込める循環資源や、バイオマス資源の熱回収や燃料化等によるエネルギー供給が果たす役割は、一層大きくなっています。

このような中で、主に民間の廃棄物処理事業者が行う地球温暖化対策を推し進めるため、2010年度の廃棄物処理法の改正により創設された、廃棄物熱回収施設設置者認定制度の普及を図るとともに、廃棄物エネルギーの有効活用によるマルチベネフィット達成促進事業を実施しました。2022年度は民間事業者に対して、6件の高効率な廃棄物熱回収施設、3件の廃棄物燃料製造施設及び1件の廃棄物燃料受入施設の整備を支援しました。

未利用間伐材等の木質バイオマスの供給・利用を推進するため、木質チップ、ペレット等の製造施設やボイラー等の整備を支援しました。また、未利用木質バイオマスのエネルギー利用を推進するために必要な調査を行うとともに、全国各地の木質バイオマス関連施設の円滑な導入に向けた相談窓口・サポート体制の確立に向けた支援を実施しました。このほか、木質バイオマスの利用拡大に資する技術開発については、スギ材由来のリグニンを化学的に改質させて、工業材料として供給できる素材に変換する研究を推進しました。また、農山漁村におけるバイオマスを活用した産業創出を軸とした、地域づくりに向けた取組を支援しました。

2050年カーボンニュートラルへの移行を実現するためには、エネルギー部門の取組が重要となり、化石燃料由来のCO_2排出削減に向けた取組が必要不可欠です。特に、航空分野については、CO_2排出削減に寄与する「持続可能な航空燃料（SAF）」の技術開発を加速させる必要があり、三つの技術開発を進めました。[1] HEFA技術（微細藻類培養技術を含む）：カーボンリサイクル技術を活用した微細藻類の大量培養技術とともに、抽出した油分（藻油）や廃食油等を高圧下で水素化分解してSAFを製造。[2] ATJ技術：触媒技術を利用してアルコールからSAFを製造。[3] ガス化・FT合成技術：木材等をH_2とCOに気化し、ガスと触媒を反応させてSAFを製造。また、可燃性の一般廃棄物や木質系バイオマスからSAFの原料となるエタノールを製造する実証事業を実施しました。

下水汚泥によるエネルギー利用の推進により、2021年度末時点における下水処理場での固形燃料化施設は24施設、バイオガス発電施設は126施設であり、前年同時期より新たに合わせて6施設が稼働しました。また、下水処理場に生ごみや刈草等の地域のバイオマスを集約した効率的なエネルギー回収の推進に向け、具体的な案件形成のための地方公共団体へのアドバイザー派遣や、2020年度に創設した下水道リノベーション推進総合事業により、下水汚泥資源化施設の整備及び下水道資源の循環利用に係る計画策定を支援しています。

また、下水汚泥資源の肥料利用の大幅な拡大に向け、農林水産省と国土交通省が連携して、肥料利用の拡大に向けた官民検討会を開催し、今後の推進策を取りまとめました。

食品廃棄物については、食品リサイクル法に基づく食品廃棄物等の発生抑制の目標値を設定し、その発生の抑制に取り組んでいます。また、国全体の食品ロスの発生量について推計を実施し、2020年度における国全体の食品ロス発生量の推計値（約522万トン）を2022年6月に公表するとともに、家庭から発生する食品ロスの発生量の推計精度向上のため、市町村における食品ロスの発生量調査の財政的・技術的支援を行いました。

2022年10月にはさいたま市及び全国おいしい食べきり運動ネットワーク協議会の主催、環境省を始めとした関係省庁の共催により、消費者・事業者・自治体等の食品ロス削減に関わる様々な関係者が一堂に会し、関係者の連携強化や食品ロス削減に対する意識向上を図ることを目的として、第6回食品ロス削減全国大会をさいたま市で開催しました。

食品リサイクルに関しては、食品リサイクル法の再生利用事業計画（食品関連事業者から排出される食品廃棄物等を用いて製造された肥料・飼料等を利用して作られた農畜水産物を食品関連事業者が利用する仕組み。）を通じて、食品循環資源の廃棄物等の再生利用の取組を促進しました。

3 ベースメタルやレアメタル等の金属

廃棄物の適正処理及び資源の有効利用の確保を図ることが求められている中、小型電子機器等が使用済みとなった場合には、鉄やアルミニウム等の一部の金属を除く金や銅等の金属は、大部分が廃棄物としてリサイクルされずに市町村により埋立処分されていました。こうした背景を踏まえ、小型家電リサイクル法が2013年4月から施行されました。

2020年度に小型家電リサイクル法の下で処理された使用済小型電子機器等は、約10万2,000トンでした。そのうち、国に認定された再資源化事業者が引き取った使用済小型電子機器等は約10万2,000トンであり、そのうち2,000トンが再使用され、残りの10万トンから再資源化された金属の重量は約5万2,000トンでした。再資源化された金属を種類別に見ると、鉄が約4万5,000トン、アルミが約4,000トン、銅が約3,000トン、金が約340kg、銀が約3,700kgでした。

このような中で、使用済製品に含まれる有用金属の更なる利用促進を図り、もって資源確保と天然資源の消費の抑制に資するため、レアメタル等を含む主要製品全般について、回収量の確保やリサイクルの効率性の向上を図る必要があります。このため、脱炭素型金属リサイクルシステムの早期社会実装化に向けた実証事業において、電子基板や車載用リチウムイオン電池から、リチウムやコバルト等の有用金属を回収する実証的な取組等を支援しました。

広域認定制度の適切な運用を図り、情報処理機器や各種電池等の製造事業者等が行う高度な再生処理によって、有用金属の分別回収を推進しました。

4 土石・建設材料

長期にわたって使用可能な質の高い住宅ストックを形成するため、長期優良住宅の普及の促進に関する法律（平成20年法律第87号）に基づき、長期優良住宅の建築・維持保全に関する計画を所管行政庁が認定する制度を運用しています。この認定を受けた住宅については、税制上の特例措置を実施しています。なお、制度の運用開始以来、累計で約135万戸（2022年3月末時点）が認定されており、新築住宅着工戸数に占める新築認定戸数の割合は14.0%（2021年度実績）となっています。

5 温暖化対策等により新たに普及した製品や素材

使用済再生可能エネルギー設備（太陽光発電設備、太陽熱利用システム及び風力発電設備）のリユース・リサイクル・適正処分に関しては、2014年度に有識者検討会においてリサイクルを含む適正処理の推進に向けたロードマップを策定し、2015年度にリユース・リサイクルや適正処理に関する技術的な留意事項をまとめたガイドライン（第一版）を策定しました。また、2014年度から太陽電池モジュールの低コストリサイクル技術の開発を実施し、2015年度からリユース・リサイクルの推進に向けて実証事業や回収網構築モデル事業等を実施しています。また、2018年には総務省勧告（2017年）や先般の災害等を踏まえ、ガイドラインの改定を行い（第二版）を策定しています。さらに、2021年には太陽電池モジュールの適切なリユースを促進するためのガイドラインを策定しています。

第5節　適正処理の更なる推進と環境再生

1　適正処理の更なる推進

（1）不法投棄・不適正処理対策

不法投棄等の未然防止・拡大防止対策としては、不法投棄等に関する情報を国民から直接受け付ける不法投棄ホットラインを運用するとともに、産業廃棄物の実務や関係法令等に精通した専門家を不法投棄等の現場へ派遣し、不法投棄等に関与した者の究明や責任追及方法、支障除去の手法の検討等の助言等を行うことにより、都道府県等の取組を支援しました。さらに、国と都道府県等とが連携して、不法投棄等の撲滅に向けた普及啓発活動、新規及び継続の不法投棄等の監視等の取組を実施しています。2021年度は、全国で5,745件の普及啓発活動や監視活動等が実施されました。

不法投棄等の残存事案対策として、1997年の廃棄物の処理及び清掃に関する法律の一部を改正する法律（平成9年法律第85号。以下「廃棄物処理法平成9年改正法」という。）の施行（1998年6月）前の産業廃棄物の不法投棄等については、特定産業廃棄物に起因する支障の除去等に関する特別措置法（平成15年法律第98号）に基づき、2022年度は9事案の支障除去等事業に対する財政支援を行いました。そのほかにも廃棄物処理法平成9年改正法の施行以降の産業廃棄物の不法投棄等の支障除去等については、廃棄物処理法に基づく基金からの財政支援を実施しています。2020年度に本基金の点検・評価を行い、2021年度以降の支援の在り方について見直しを行いました。

2021年7月1日からの大雨により、静岡県熱海市の土石流災害を始め、全国各地において土砂災害や浸水被害が発生し、大きな被害をもたらしたことを受け、政府として、盛土による災害の防止に全力で取り組んでいくこととなりました。環境省では、盛土の総点検により確認された危険が想定され、産業廃棄物の不法投棄等の可能性がある盛土について、都道府県等が行う調査及び支障除去等事業を支援する仕組みを作りました。

一般廃棄物の適正処理については、当該処理業が専ら自由競争に委ねられるべき性格のものではなく、継続性と安定性の確保が考慮されるべきとの最高裁判所判決（2014年1月）や、市町村が処理委託した一般廃棄物に関する不適正処理事案の状況を踏まえ、2014年10月8日に通知を発出し、市町村の統括的責任の所在、市町村が策定する一般廃棄物処理計画を踏まえた廃棄物処理法の適正な運用について、周知徹底を図っています。

2018年12月には大量のエアゾール製品の内容物が屋内で噴射され、これに引火したことが原因とみられる爆発火災事故が発生したことから、廃エアゾール製品等の充填物の使い切り及び適切な出し切りが重要であると考え、「廃エアゾール製品等の排出時の事故防止について（通知）」（平成30年12月27日付け）にて、製品を最後まで使い切る、缶を振って音を確認するなどにより充填物が残っていないか確認する、火気のない風通しの良い屋外でガス抜きキャップを使用して充填物を出し切るといった適切な取扱いが必要であることなど、廃エアゾール製品等の充填物の使い切り及び適切な出し切り方法について、周知を徹底しています。

また、廃棄されたリチウム蓄電池及びリチウム蓄電池を使用した製品（以下「リチウム蓄電池等」という。）が、廃棄物の収集・運搬又は処分の過程において、プラスチック等の可燃性の廃棄物や破砕する廃棄物の中に紛れ込み、火災の原因となっていることから、「リチウムイオン電池の適正処理について」（2019年8月）、「一般廃棄物処理におけるリチウム蓄電池等対策について」（2021年4月）にて、リチウム蓄電池等に関する注意喚起、情報提供等を行っています。加えて、リチウム蓄電池等に起因する火災等の発生実態や先進事例等を取りまとめた「リチウム蓄電池等処理困難物対策集」（2022年4月）

を策定して公表しました。これらの資料やリチウム蓄電池等に関する注意喚起の動画、ポスター、チラシを環境省ホームページにて公表しています。

「第四次循環基本計画」において、電子マニフェストの普及率を2022年度において70%とすることを目標に掲げています。この目標を達成するために、2020年12月に策定した「オンライン利用率引上げの基本計画」に基づいて、電子マニフェストシステム未加入の事業者に対する導入実務説明会及び操作体験セミナーの開催等の施策を推進した結果、2021年末に電子マニフェストの普及率が70%を超え、前倒しで目標を達成しました。

また、廃棄物の不適正処理事案の発生や雑品スクラップの保管等による生活環境保全上の支障の発生等を受け、廃棄物の不適正処理への対応の強化（許可を取り消された者等に対する措置の強化、マニフェスト制度の強化）、有害使用済機器の適正な保管等の義務付け等を盛り込んだ廃棄物の処理及び清掃に関する法律の一部を改正する法律（平成29年法律第61号）が、第193回国会において成立し、2018年4月から一部施行されました。

家庭等の不用品を無許可で回収し、不適正処理・輸出等を行う違法な不用品回収業者、輸出業者等の対策として、地方公共団体職員の知見向上のため、「自治体職員向け違法な不用品回収業者対策セミナー」を全国2か所で開催しました。

海洋ごみ対策については、第4章第6節1を参照。

使用済FRP（繊維強化プラスチック）船のリサイクルが適切に進むよう、地方ブロックごとに行っている地方運輸局、地方整備局、都道府県等の情報・意見交換会の場を通じて、一般社団法人日本マリン事業協会が運用している「FRP船リサイクルシステム」の周知・啓発を図りました。

(2) 最終処分場の確保等

一般廃棄物の最終処分に関しては、ごみのリサイクルや減量化を推進した上でなお残る廃棄物を適切に処分するため、最終処分場の設置又は改造、既埋立物の減容化等による一般廃棄物の最終処分場の整備を、引き続き循環型社会形成推進交付金の交付対象事業としました。また、産業廃棄物の最終処分に関しても、課題対応型産業廃棄物処理施設運用支援事業の補助制度により、2022年度までに、廃棄物処理センター等が管理型最終処分場を整備する6事業に対して支援することで、公共関与型産業廃棄物処理施設の整備を促進し、産業廃棄物の適正な処理の確保を図りました。

同時に海面処分場に関しては、港湾整備により発生する浚渫（しゅんせつ）土砂や内陸部での最終処分場の確保が困難な廃棄物を受け入れるために、事業の優先順位を踏まえ、東京港等で海面処分場を計画的に整備しました。また、「海面最終処分場の廃止に関する基本的な考え方」及び「海面最終処分場の廃止と跡地利用に関する技術情報集」を取りまとめました。

陸上で発生する廃棄物及び船舶等から発生する廃油については、海洋投入処分が原則禁止されていることを踏まえ、海洋投入処分量の削減を図るとともに、廃油処理事業を行おうとする者に対し、廃油処理事業の事業計画及び当該事業者の事業遂行能力等について、適正な審査を実施し、適切に廃油を受け入れる施設を確保しました。「1972年の廃棄物その他の物の投棄による海洋汚染の防止に関する条約の1996年の議定書」を担保する海洋汚染等及び海上災害の防止に関する法律（海洋汚染防止法）（昭和45年法律第136号）において、廃棄物の海洋投入処分を原則禁止とし、2007年4月から廃棄物の海洋投入処分に係る許可制度を導入しました。当該許可制度の適切な運用により、海洋投入処分量が最小限となるよう、その抑制に取り組みました。

(3) 特別管理廃棄物

ア 概要

廃棄物のうち爆発性、毒性、感染性その他の人の健康又は生活環境に係る被害を生ずるおそれがある性状を有するものを特別管理一般廃棄物又は特別管理産業廃棄物（以下「特別管理廃棄物」という。）として指定しています。事業活動に伴い特別管理産業廃棄物を生ずる事業場を設置している事業者は、特別管理産業廃棄物の処理に関する業務を適切に行わせるため、事業場ごとに特別管理産業廃棄物管理責任者を設置する必要があり、特別管理廃棄物の処理に当たっては、特別管理廃棄物の種類に応じた特別な処理基準を設けることなどにより、適正な処理を確保しています。また、その処理を委託する場合は、特別管理廃棄物の処理業の許可を有する業者に委託する必要があります。

イ　特別管理廃棄物の対象物

これまでに、表3-5-1に示すものを特別管理廃棄物として指定しています。

表3-5-1　特別管理廃棄物

区分	主な分類		概要
特別管理一般廃棄物	PCB使用部品		廃エアコン・廃テレビ・廃電子レンジに含まれるPCBを使用する部品
特別管理一般廃棄物	廃水銀		水銀使用製品が一般廃棄物となったものから回収したもの
特別管理一般廃棄物	ばいじん		ごみ処理施設のうち、集じん施設によって集められたもの
特別管理一般廃棄物	ばいじん、燃え殻、汚泥		ダイオキシン特措法の特定施設である廃棄物焼却炉から生じたものでダイオキシン類を含むもの
特別管理一般廃棄物	感染性一般廃棄物		医療機関等から排出される一般廃棄物で、感染性病原体が含まれ若しくは付着しているおそれのあるもの
特別管理産業廃棄物	廃油		揮発油類、灯油類、軽油類（難燃性のタールピッチ類等を除く）
特別管理産業廃棄物	廃酸		著しい腐食性を有するpH2.0以下の廃酸
特別管理産業廃棄物	廃アルカリ		著しい腐食性を有するpH12.5以上の廃アルカリ
特別管理産業廃棄物	感染性産業廃棄物		医療機関等から排出される産業廃棄物で、感染性病原体が含まれ若しくは付着しているおそれのあるもの
特別管理産業廃棄物	特定有害産業廃棄物	廃PCB等	廃PCB及びPCBを含む廃油
特別管理産業廃棄物	特定有害産業廃棄物	PCB汚染物	PCBが染みこんだ汚泥、PCBが塗布され若しくは染みこんだ紙くず、PCBが染みこんだ木くず若しくは繊維くず、PCBが付着・封入されたプラスチック類若しくは金属くず、PCBが付着した陶磁器くず若しくはがれき類
特別管理産業廃棄物	特定有害産業廃棄物	PCB処理物	廃PCB等又はPCB汚染物を処分するために処理したものでPCBを含むもの
特別管理産業廃棄物	特定有害産業廃棄物	廃水銀等	水銀使用製品の製造の用に供する施設等において生じた廃水銀又は廃水銀化合物、水銀若しくはその化合物が含まれている産業廃棄物又は水銀使用製品が産業廃棄物となったものから回収した廃水銀
特別管理産業廃棄物	特定有害産業廃棄物	指定下水汚泥	下水道法施行令第13条の4の規定により指定された汚泥
特別管理産業廃棄物	特定有害産業廃棄物	鉱さい	重金属等を一定濃度以上含むもの
特別管理産業廃棄物	特定有害産業廃棄物	廃石綿等	石綿建材除去事業に係るもの又は大気汚染防止法の特定粉塵発生施設が設置されている事業場から生じたもので飛散するおそれのあるもの
特別管理産業廃棄物	特定有害産業廃棄物	燃え殻	重金属等、ダイオキシン類を一定濃度以上含むもの
特別管理産業廃棄物	特定有害産業廃棄物	ばいじん	重金属等、1,4-ジオキサン、ダイオキシン類を一定濃度以上含むもの
特別管理産業廃棄物	特定有害産業廃棄物	廃油	有機塩素化合物等、1,4-ジオキサンを含むもの
特別管理産業廃棄物	特定有害産業廃棄物	汚泥、廃酸、廃アルカリ	重金属等、PCB、有機塩素化合物、農薬等、1,4-ジオキサン、ダイオキシン類を一定濃度以上含むもの

資料：「廃棄物の処理及び清掃に関する法律」より環境省作成

（4）石綿の処理対策

ア　産業廃棄物

石綿による健康等に係る被害の防止のための大気汚染防止法等の一部を改正する法律（平成18年法律第5号）が2007年4月に完全施行され、石綿（アスベスト）含有廃棄物の安全かつ迅速な処理を国が進めていくため、溶融等の高度な技術により無害化処理を行う者について環境大臣が認定した場合、都道府県知事等による産業廃棄物処理業や施設設置の許可を不要とする制度（無害化処理認定制度）がスタートしています。2023年3月時点で2事業者が認定を受けています。また、2010年の廃棄物処理法施行令の改正により、特別管理産業廃棄物である廃石綿等の埋立処分基準が強化されています。2021年3月には前年の大気汚染防止法等の改正に伴って、「石綿含有廃棄物等処理マニュアル」を改定しています。

イ　一般廃棄物

石綿を含む家庭用品が廃棄物となったものについては、他のごみと区別して排出し、破損しないよう回収するとともにできるだけ破砕せず、散水や速やかな覆土により最終処分するよう、また、保管する際は他の廃棄物と区別するよう、市町村に対して要請しています。

永続的な措置として、石綿含有家庭用品が廃棄物となった場合の処理についての技術的指針を定め、市町村に示し、適正な処理が行われるよう要請しています。

(5) 水銀廃棄物の処理対策

ア　産業廃棄物

2016年4月から施行されていた廃水銀等の特別管理産業廃棄物への指定やその収集・運搬基準に加え、2017年10月に完全施行された廃棄物の処理及び清掃に関する法律施行令の一部を改正する政令(平成27年政令第376号)及び関係省令等により廃水銀等及び当該廃水銀等を処分するために処理したものの処分基準並びに廃水銀等の硫化施設の産業廃棄物処理施設への指定等について規定されています。また、排出事業者により水銀使用製品であるか判別可能なものを水銀使用製品産業廃棄物、水銀又はその化合物を一定程度含む汚染物を水銀含有ばいじん等とそれぞれ定義し、これまでの産業廃棄物の処理基準に加え、新たに水銀等の大気への飛散防止等の措置を規定するなど処理基準が強化されています。さらに、これらの基準について具体的に解説するための「水銀廃棄物ガイドライン」を策定しています。国際的にも、水銀廃棄物の環境上適正な管理に関する議論が進められており、2019年5月には水俣条約締約国会議の決議に基づく専門家会合を我が国で開催するなどし、これに貢献しました。

また、退蔵されている水銀血圧計・温度計等の回収を促進するため、2016年度に改訂した「医療機関に退蔵されている水銀血圧計等回収マニュアル」や2017年度に作成した「教育機関等に退蔵されている水銀使用製品回収事業事例集」を参考に、医療関係団体や教育機関、地方公共団体等と連携し、回収促進事業を実施しています。

イ　一般廃棄物

市町村等により一般廃棄物として分別回収された水銀使用製品から回収した廃水銀については、特別管理一般廃棄物となります。

市町村等において、使用済の蛍光灯や水銀体温計、水銀血圧計等の水銀使用製品が廃棄物となった際の分別収集の徹底・拡大を行うため、「家庭から排出される水銀使用廃製品の分別回収ガイドライン」及び分別収集についての先進事例集を作成し、普及啓発を行ってきました。また、家庭で退蔵されている水銀体温計等の回収について、「市町村等における水銀使用廃製品の回収事例集(第2版)」を公表しました。

(6) ポリ塩化ビフェニル(PCB)廃棄物の処理体制の構築

ポリ塩化ビフェニル廃棄物の適正な処理の推進に関する特別措置法の一部を改正する法律(平成28年法律第34号。以下、ポリ塩化ビフェニル廃棄物の適正な処理の推進に関する特別措置法を「PCB特別措置法」という。)が2016年8月に施行され、PCB廃棄物の濃度、保管の場所がある区域及び種類に応じた処分期間が設定されました。これにより、PCB廃棄物の保管事業者は、処分期間内に全てのPCB廃棄物を処分委託しなければなりません。PCB特別措置法で定める、「ポリ塩化ビフェニル廃棄物処理基本計画(PCB廃棄物処理基本計画)」に基づき、政府一丸となってPCB廃棄物の期限内処理に向けて取り組んでいます。

ア　高濃度PCB廃棄物の処理

高濃度PCB廃棄物は、中間貯蔵・環境安全事業株式会社(JESCO)の全国5か所(北九州、豊田、東京、大阪、北海道(室蘭))のPCB処理事業所において処理する体制を整備し、各地元関係者の理解と協力の下、その処理が進められています。

環境省は都道府県と協調し、費用負担能力の小さい中小企業者等による高濃度PCB廃棄物の処理を円滑に進めるための助成等を行う基金「PCB廃棄物処理基金」を造成しています。

イ　低濃度PCB廃棄物の処理

低濃度PCB廃棄物は、民間事業者（環境大臣認定の無害化認定業者又は都道府県許可の特別管理産業廃棄物処理業者（2023年3月末時点でそれぞれ31事業者及び2事業者））によって処理が進められています。

今後、低濃度PCB廃棄物の処理が更に合理的に進むよう、技術的な検討を行い、処理体制の充実・多様化を図っていきます。

(7) ダイオキシン類の排出抑制

ダイオキシン類は、物の燃焼の過程等で自然に生成する物質（副生成物）であり、ダイオキシン類の約200種のうち、29種類に毒性があると見なされています。ダイオキシン類の主な発生源は、ごみ焼却による燃焼です。廃棄物処理におけるダイオキシン問題については、1997年1月に厚生省（当時）が取りまとめた「ごみ処理に係るダイオキシン類発生防止等ガイドライン」や、1997年8月の廃棄物処理法施行令及び同法施行規則の改正等に基づき、対策が取られてきました。環境庁（当時）でも、ダイオキシン類を大気汚染防止法（昭和43年法律第97号）の指定物質として指定しました。さらに、1999年3月に策定された「ダイオキシン対策推進基本指針」及び1999年に成立したダイオキシン類対策特別措置法（平成11年法律第105号。以下「ダイオキシン法」という。）の二つの枠組みにより、ダイオキシン類対策が進められました。2021年におけるダイオキシン類の排出総量は、削減目標量（2011年以降の当面の間において達成すべき目標量）を下回っています（表3-5-2）。

2021年の廃棄物焼却施設からのダイオキシン類排出量は、1997年から約99％減少しました。この結果については、規制強化や基準適合施設の整備に係る支援措置等によって、排出基準やその他の構造・維持管理基準に対応できない焼却施設の中には、休・廃止する施設が多数あったこと、また基準に適合した施設の新設整備が進められていること（廃棄物処理体制の広域化、廃棄物処理施設の集約化を含む。）が背景にあったものと考えられます。

ダイオキシン法に基づいて定められた大気の環境基準の2021年度の達成率は100％であり、全ての地点で環境基準を達成しています。

表3-5-2　我が国におけるダイオキシン類の事業分野別の推計排出量及び削減目標量

事業分野	当面の間における削減目標量 (g-TEQ/年)	推計排出量		
		1997年における量 (g-TEQ/年)	2003年における量 (g-TEQ/年)	2021年における量 (g-TEQ/年)
1　廃棄物処理分野	106	7,205～7,658	219～244	52
(1)一般廃棄物焼却施設	33	5,000	71	19
(2)産業廃棄物焼却施設	35	1,505	75	13
(3)小型廃棄物焼却炉等（法規制対象）	22	―	37	11
(4)小型廃棄物焼却炉（法規制対象外）	16	700～1,153	35～60	8.8
2　産業分野	70	470	150	44
(1)製鋼用電気炉	31.1	229	81.5	23.8
(2)鉄鋼業焼結施設	15.2	135	35.7	4.9
(3)亜鉛回収施設（焙焼炉、焼結炉、溶鉱炉、溶解炉及び乾燥炉）	3.2	47.4	5.5	1.2
(4)アルミニウム合金製造施設（焙焼炉、溶解炉及び乾燥炉）	10.9	31.0	17.4	7.5
(5)その他の施設	9.8	27.3	10.3	6.3
3　その他	0.2	1.2	0.6	0.1
合　計	176	7,676～8,129	369～395	96.1

注1：1997年及び2003年の排出量は毒性等価係数としてWHO-TEF（1998）を、2021年の排出量及び削減目標量は可能な範囲でWHO-TEF（2006）を用いた値で表示した。
2：削減目標量は、排出ガス及び排水中のダイオキシン類削減措置を講じた後の排出量の値。
3：前回計画までは、小型廃棄物焼却炉等については、特別法規制対象及び対象外を一括して目標を設定していたが、今回から両者を区分して目標を設定することとした。
4：「3　その他」は下水道終末処理施設及び最終処分場である。前回までの削減計画には火葬場、たばこの煙及び自動車排出ガスを含んでいたが、2012年の計画では目標設定対象から除外した（このため、過去の推計排出量にも算入していない）。
資料：環境省「我が国における事業活動に伴い排出されるダイオキシン類の量を削減するための計画」（2000年9月制定、2012年8月変更）、「ダイオキシン類の排出量の目録（排出インベントリー）」（2023年3月）より環境省作成

(8) その他の有害廃棄物対策

感染性廃棄物については、2020年1月以降の国内における新型コロナウイルス感染症の感染拡大を受け、新型コロナウイルス感染症に係る廃棄物の適正処理のための対策とそれ以外の廃棄物も含めた処理体制の維持に係る対策を講じました。具体的には、法令に基づく基準や関係マニュアル等について、地方公共団体、廃棄物処理業界団体、医療関係団体等に改めて周知するとともに、感染防止策や留意事項についてのQ&Aやチラシ、動画の作成・周知や、感染拡大状況下における特例措置の制定、さらにはそれらの内容を取りまとめた「廃棄物に関する新型コロナウイルス感染症対策ガイドライン」の策定・周知を行いました。また、廃棄物処理に必要な防護具が不足しないよう廃棄物処理業者等への防護具の斡旋等の処理体制維持に係る取組も行いました。2021年4月には、新型コロナウイルス感染症に係るワクチンの接種に伴い排出される廃棄物の処理に関する留意事項を取りまとめて通知を発出しました。また、新型コロナウイルス感染症への対応で得られた知見を基に「廃棄物処理法に基づく感染性廃棄物処理マニュアル」を2022年6月に改訂しました。

残留性有機汚染物質（POPs）を含む廃棄物については、国際的動向に対応し、適切な処理方策について検討を進めてきました。2009年8月にPOPs廃農薬の処理に関する技術的留意事項を改訂、2011年3月にペルフルオロオクタンスルホン酸（PFOS）含有廃棄物の処理に関する技術的留意事項を改訂し、2022年9月にPFOS及びペルフルオロオクタン酸（PFOA）含有廃棄物の処理に関する技術的留意事項を策定し、その周知を行ってきました。その他のPOPsを含む廃棄物については、POPsを含む製品等の国内での使用状況に関する調査や分解実証試験等を実施し、その適正処理方策を検討するとともに、POPsの物性情報や分析方法開発等に係る研究を推進しています。また、2016年からは、POPsを含む廃棄物の廃棄物処理法への制度的位置付けについて検討を行っています。

また、廃棄物に含まれる有害物質等の情報の伝達に係る制度化についても検討を行っています。

さらに、核原料物質、核燃料物質及び原子炉の規制に関する法律（昭和32年法律第166号）に基づき、原子炉等から排出されるもののうち、放射線防護の安全上問題がないクリアランスレベル以下の廃棄物については、トレーサビリティの確保に努めています。

(9) 有害物質を含む廃棄物等の適正処理システムの構築

安全・安心がしっかりと確保された循環型社会を形成するため、有害物質を含むものについては、適正な管理・処理が確保されるよう、その体制の充実を図る必要があります。

石綿に関しては、その適正な処理体制を確保するため、廃棄物処理法に基づき、引き続き石綿含有廃棄物の無害化処理認定に係る事業者からの相談等に対応しました。

高濃度PCB廃棄物については、JESCO全国5か所のPCB処理事業所にて各地元関係者の理解と協力の下、処理が進められています。また、低濃度PCB廃棄物については、廃棄物処理法に基づき、無害化処理認定を受けている事業者及び都道府県知事の許可を受けている事業者により処理が進められています。

埋設農薬に関しては、計画的かつ着実に処理するため、農薬が埋設されている県における、処理計画の策定等や環境調査に対する支援を引き続き実施しました。

2 廃棄物等からの環境再生

海洋ごみについては、第4章第6節1を参照。

生活環境保全上の支障等のある廃棄物の不法投棄等については、第3章第5節1（1）を参照。

3 東日本大震災からの環境再生

(1) 除染等の措置等

平成二十三年三月十一日に発生した東北地方太平洋沖地震に伴う原子力発電所の事故により放出された放射性物質による環境の汚染への対処に関する特別措置法（平成23年法律第110号。以下「放射性物質汚染対処特措法」という。）では、除染の対象として、国が除染の計画を策定し、除染事業を進める地域として指定された除染特別地域と、1時間あたり0.23マイクロシーベルト以上の地域を含む市町村を対象に関係市町村等の意見も踏まえて指定された汚染状況重点調査地域を定めています。

ア 除染特別地域と汚染状況重点調査地域

国が除染を実施する除染特別地域では、2012年4月までに環境省が福島県田村市、楢葉町、川内村、南相馬市において除染実施計画を策定し、同年7月から田村市、楢葉町、川内村で本格的な除染（以下「面的除染」という。）を開始しました。他の除染特別地域の市町村においても除染実施計画策定後、順次、面的除染を開始し、2017年3月末までに11市町村で避難指示解除準備区域及び居住制限区域の面的除染が完了しました。また、2022年3月31日には田村市において除染特別地域の指定を解除しました。

市町村が除染を実施する汚染状況重点調査地域

図3-5-1 除染特別地域及び汚染状況重点調査地域における除染の進捗状況（2023年3月末時点）

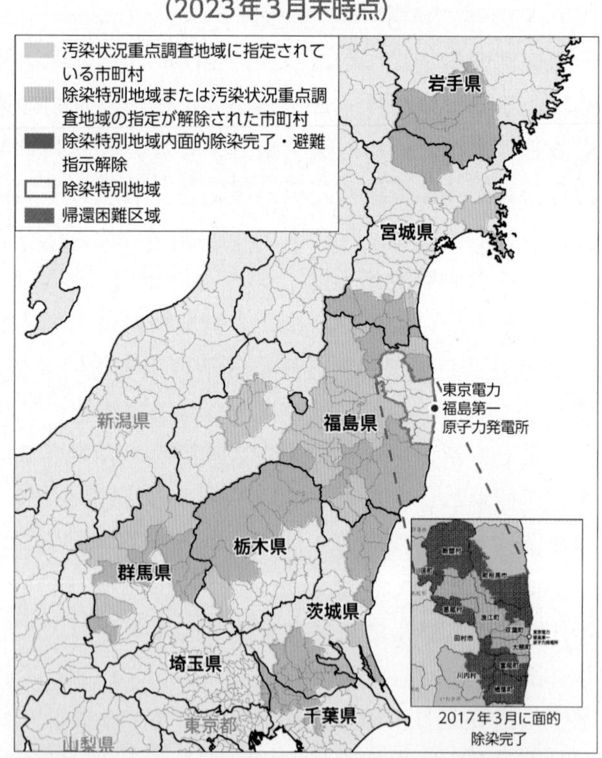

	面的除染完了市町村		
		除染特別地域（11）	汚染状況重点調査地域（93）
福島県内	43※	11	36
福島県外（7県）	57	—	57
合計	100	2017年3月に完了	2018年3月に完了

※南相馬市、田村市、川俣町、川内村は、域内に除染特別地域と汚染状況重点調査地域双方が指定された

資料：環境省

では、2018年3月末までに8県100市町村の全てで面的除染が完了しました。

また、汚染状況重点調査地域では、2023年3月末までに、地域の放射線量が1時間あたり0.23マイクロシーベルト未満となったことが確認された35市町村において、汚染状況重点調査地域の指定が解除されました（図3-5-1）。

面的除染完了後には、除染の効果が維持されているかを確認するため、詳細な事後モニタリングを実施し、除染の効果が維持されていない箇所が確認された場合には、個々の現場の状況に応じて原因を可能な限り把握し、合理性や実施可能性を判断した上で、フォローアップ除染を実施しています。

イ　森林の放射性物質対策

森林については、2016年3月に復興庁・農林水産省・環境省の3省庁が取りまとめた「福島の森林・林業の再生に向けた総合的な取組」に基づき、住居等の近隣の森林、森林内の人々の憩いの場や日常的に人が立ち入る場所等の除染等の取組と共に、林業再生に向けた取組や住民の方々の安全・安心の確保のための取組等を関係省庁が連携して進めてきました。

除染を含めた里山再生のための取組を総合的に推進するモデル事業を14地区で実施し、その結果を踏まえて2020年度以降は「里山再生事業」を実施、2023年3月までに9地区を事業実施地区として選定しました。

ウ　仮置場等における除去土壌等の管理・原状回復

除染で取り除いた福島県内の土壌（除去土壌）等は、一時的な保管場所（仮置場等）で管理し、順次、中間貯蔵施設及び仮設焼却施設等への搬出を行っており、2023年2月時点で、総数1,372か所に対し、約97.7％に当たる1,341か所で搬出が完了しています。除去土壌等の搬出が完了した仮置場等については原状回復を進めており、2023年2月時点で、総数の約78.0％に当たる1,070か所で完了しています（表3-5-3）。

表3-5-3　福島県内の除去土壌等の仮置場等の箇所数

	仮置場等の総数（箇所）	うち保管中の仮置場等の数（箇所）	うち搬出が完了した仮置場等の数（箇所）	うち原状回復が完了した仮置場等の数（箇所）
除染特別地域	331	28	303（91.5%）	180（54.4%）
汚染状況重点調査地域	1,041	3	1,038（99.7%）	890（85.5%）
合計	1,372	31	1,341（97.7%）	1,070（78.0%）

注1：除染特別地域の数値は2023年2月末時点。
　　汚染状況重点調査地域の数値は2022年9月末時点。
　2：仮置場等は、仮置場のほか、一時保管所、仮仮置場等を含む。
　3：搬出完了及び原状回復完了の欄に記載の（%）は、仮置場等の総数に対する割合を示す。
資料：環境省

福島県外の除去土壌については、その処分方法を定めるため、有識者による「除去土壌の処分に関する検討チーム会合」を開催し、専門的見地から議論を進めるとともに、除去土壌の埋立処分に伴う作業員や周辺環境への影響等を確認することを目的とした実証事業を、茨城県東海村及び宮城県丸森町の2か所で現在実施しています。

（2）中間貯蔵施設の整備等

ア　中間貯蔵施設の概要

放射性物質汚染対処特措法等に基づき、福島県内の除染に伴い発生した放射性物質を含む土壌等及び福島県内に保管されている10万ベクレル/kgを超える指定廃棄物等を最終処分するまでの間、安全に集中的に管理・保管する施設として中間貯蔵施設を整備することとしています。

中間貯蔵施設事業は、「令和4年度の中間貯蔵施設事業の方針」（2022年1月公表）に基づき、取組を実施してきました。本方針は、安全を第一に、地域の理解を得ながら事業を実施することを総論として、

[1] 特定復興再生拠点区域等で発生した除去土壌等の搬入を進める
[2] 施設整備の進捗状況、除去土壌等の発生状況に応じて、必要な用地取得を行う
[3] 中間貯蔵施設内の各施設について安全に稼働させるとともに、土壌貯蔵が終了した土壌貯蔵施設の

維持管理を着実に行う

[4] 再生利用についての技術開発、再生利用先の具体化、減容・再生利用の必要性・安全性等に関する理解醸成活動を全国に向けて推進し、また、減容処理・安定化技術のさらなる開発・検証を行うなど、県外最終処分に向けた検討を進めるなどを定めており、あわせて、当面の施設整備イメージ図（図3-5-2）を公表しています。

図3-5-2　当面の施設整備イメージ

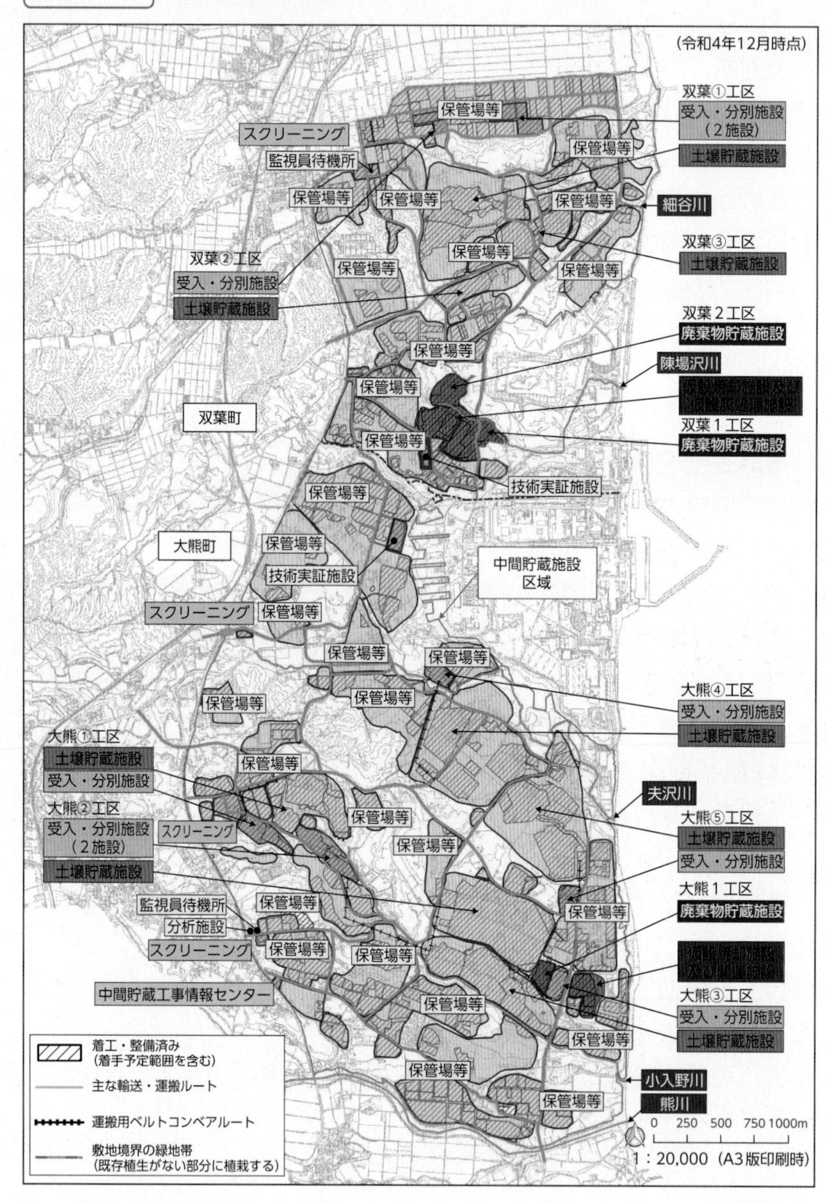

注1：現時点での各施設の整備の想定範囲を示したものであり、図中に示した範囲の中で、地形や用地の取得状況を踏まえ、一定のまとまりのある範囲で整備していくこととしています。また、用地の取得状況や施設の整備状況に応じて変更の可能性があります。
　2：土壌貯蔵施設の容量について、既に発注済の双葉①～③工区、大熊①～⑤工区の工事範囲においては、実際に整備することとなる地形や貯蔵高さ、用地確保の状況によって変動するが、輸送量ベースで1,300万～1,450万m³程度が可能と見込んでいる。
　3：保管場等とは、除去土壌や灰等の保管場、解体物等の置場、輸送車両の待機場等に加え、現段階では整備する施設の種類を検討中の用地を含む。
資料：環境省

イ　中間貯蔵施設の用地取得の状況

中間貯蔵施設整備に必要な用地は約1,600haを予定しており、2023年3月末までの契約済み面積は約1,285ha（全体の約80.3%。民有地については、全体約1,270haに対し、約93.8%に当たる約1,191ha）、1,853人（全体2,360人に対し約78.5%）の方と契約に至っています。政府では、用地取得については、地権者との信頼関係はもとより、中間貯蔵施設事業への理解が何よりも重要であると考えており、地権者への丁寧な説明を尽くしながら取り組んでいます。

ウ　中間貯蔵施設の整備の状況

2016年11月から受入・分別施設（図3-5-3、写真3-5-1）や土壌貯蔵施設（図3-5-4、写真3-5-2）等の整備を進めています。受入・分別施設では、福島県内各地にある仮置場等から中間貯蔵施設に搬入される除去土壌を受け入れ、容器の破袋、可燃物・不燃物等の分別作業を行います。土壌貯蔵施設では、受入・分別施設で分別された土壌を放射能濃度やその他の特性に応じて安全に貯蔵します。2020年3月には、中間貯蔵施設における除去土壌と廃棄物の処理・貯蔵の全工程で運転を開始しました。

第3章

図3-5-3　受入・分別施設イメージ

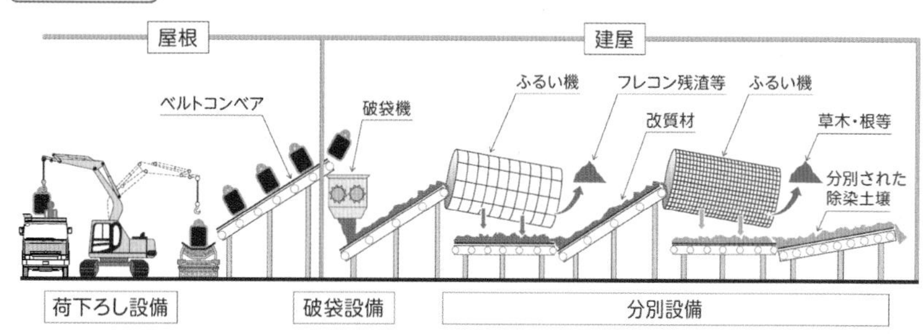

資料：環境省

写真3-5-1　受入・分別施設

資料：環境省

図3-5-4　土壌貯蔵施設イメージ

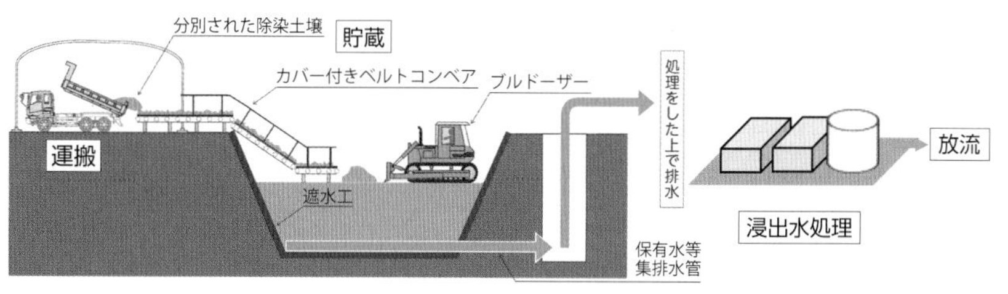

資料：環境省

写真3-5-2　土壌貯蔵施設

資料：環境省

エ　中間貯蔵施設への輸送の状況

中間貯蔵施設への除去土壌等の輸送については、各地元関係者の理解と協力のもと、2022年3月末をもって福島県内に仮置きされている除去土壌等（帰還困難区域を除く）を概ね搬入完了するという目標を達成しました。

特定復興再生拠点区域由来を含む除去土壌等について、2023年3月末までの累計搬入量は約1,346万m^3であり、より安全で円滑な輸送のため、運転者研修等の交通安全対策や必要な道路交通対策に加えて、輸送出発時間の調整など特定の時期・時間帯への車両の集中防止・平準化を実施しました。

オ　減容・再生利用に向けた取組

福島県内除去土壌等の中間貯蔵開始後30年以内の福島県外最終処分の実現に向け、2016年4月に取りまとめた「中間貯蔵除去土壌等の減容・再生利用技術開発戦略」及び「工程表」に沿って取組を進めています。

除去土壌の再生利用については、福島県飯舘村長泥地区の実証事業において、農地造成、水田試験及び花き類の栽培試験を実施しました。農地造成については2021年4月に着手した除去土壌を用いた盛土が、2022年度末までに概ね完了しました。水田試験については、水田に求められる機能を概ね満たすことを確認しました。これまでに実証事業で得られたモニタリング結果からは、施工前後の空間線量率に変化がないこと、農地造成エリアからの浸透水の放射性セシウムはほぼ不検出であることなどの知見が得られており、再生利用を安全に実施できることを確認しています。さらに、道路整備での再生利用について検討するため、中間貯蔵施設内において道路盛土の実証事業にも着手しました。また、福島県外においても実証事業を実施すべく、関係機関等との調整を開始しました。

減容・再生利用技術の開発に関しては、2022年度も、福島県大熊町の中間貯蔵施設内に整備している技術実証フィールドにおいて、中間貯蔵施設内の除去土壌等も活用した技術実証を行いました。また、2022年度は双葉町の中間貯蔵施設内において、仮設灰処理施設で生じる飛灰の洗浄技術・安定化に係る基盤技術に関する技術の実証試験を開始しました。

また、福島県内除去土壌等の県外最終処分の実現に向け、減容・再生利用の必要性・安全性等に関する全国での理解醸成活動の取組の一つとして、2022年度は2021年度に引き続き、全国各地で対話フォーラムを開催しており、これまで、第5回を広島市内で2022年7月に、第6回を高松市内で10月に、第7回を新潟市内で2023年1月に、第8回を仙台市内で3月に開催しました。

さらに、2022年度も引き続き、一般の方向けに飯舘村長泥地区の現地見学会を開催したほか、大学生等への環境再生事業に関する講義、現地見学会等を実施するなど、次世代に対する理解醸成活動も実施しました。

加えて、中間貯蔵施設に搬入して分別した土壌の表面を土で覆い、観葉植物を植えた鉢植えを、2020年3月以降、首相官邸、環境省本省内の環境大臣室等、新宿御苑や地方環境事務所等の環境省関連施設や関係省庁等に設置しています。鉢植え設置以降1週間～1か月に1回実施している放射線のモニタリングでは、空間線量率に変化は見られませんでした。2022年度は、更なる理解醸成を図るため、関係省庁にも鉢植えを設置しました。

(3) 放射性物質に汚染された廃棄物の処理

ア　対策地域内廃棄物と指定廃棄物の概要

放射性物質汚染対処特措法では、対策地域内廃棄物及び指定廃棄物を特定廃棄物として国の責任のもと、適切な方法で処理することとなっています。

対策地域内廃棄物は、汚染廃棄物対策地域（国が廃棄物の収集・運搬・保管及び処分を実施する必要があるとして環境大臣が指定した地域）内で発生した廃棄物を指します（避難指示解除後の事業活動等に伴う廃棄物を除く）。現在、福島県の10市町村にまたがる地域（楢葉町、富岡町、大熊町、双葉町、浪江町、葛尾村及び飯舘村の全域並びに南相馬市、川俣町及び川内村の区域のうち当時警戒区域及び計画的避難区域であった区域。除染特別地域と同じ。）が汚染廃棄物対策地域として指定されています（田村市については、2022年3月31日に地域指定を解除）。

指定廃棄物は、放射能濃度が8,000ベクレル/kgを超え、環境大臣が指定したものです。指定廃棄物は、2022年12月末時点で、10都県において、焼却灰や下水汚泥、農林業系廃棄物（稲わら、堆肥等）等の廃棄物計約42万トンが環境大臣による指定を受けています（表3-5-4）。指定廃棄物の処理は、放射性物質汚染対処特措法に基づく基本方針（2011年11月閣議決定）において、当該指定廃棄物が排出された都道府県内において行うこととされています。

表3-5-4　指定廃棄物の数量（2022年12月末時点）

都道府県	件	数量（トン）
岩手県	1	1.3
宮城県	13	2,827.9
福島県	1,864	39万7,209.3
茨城県	26	3,535.7
栃木県	60	1万1,151.1
群馬県	13	1,187.0
千葉県	64	3,716.6
東京都	2	981.7
神奈川県	3	2.9
新潟県	3	942.2
合計	2,049	42万1,555.7

資料：環境省

なお、8,000ベクレル/kg以下に減衰した指定廃棄物については、放射性物質汚染対処特措法施行規則第14条の2の規定に基づき、当該廃棄物の指定の取消しが可能です。また、指定取消後の廃棄物の処理について、国は技術的支援のほか、指定取消後の廃棄物の処理に必要な経費を補助する財政的支援を行うこととしています。

イ　対策地域内廃棄物や福島県内の指定廃棄物の処理

帰還困難区域を除く対策地域内廃棄物及び福島県内の指定廃棄物については、可能な限り減容化し、放射能濃度が10万ベクレル/kg以下のものは特定廃棄物埋立処分施設（旧フクシマエコテッククリーンセンター）（写真3-5-3）において埋立処分し、10万ベクレル/kgを超えるものは中間貯蔵施設において中間貯蔵することとしています。

対策地域内廃棄物として、主に津波がれき、家屋等の解体によるもの、片付けごみがあります。2023年2月末時点で、帰還困難区域を除く対策地域内廃棄物の仮置場への搬入、中間処理、最終処分はおおむね完了しています。

仮置場への搬入については、2023年2月末時点で帰還困難区域を含め約332万トンの対策地域内廃棄物等の搬入を完了しています（うち、約57万トンが焼却処理済み、約229万トンが再生利用済み）（図3-5-5）。

仮置場に搬入した帰還困難区域を含む対策地域内廃棄物等のうち可燃物については、各市町村に設置した仮設焼却施設等で減容化を行っており、2023年2月末時点で12施設のうち8施設で減容化処理を完了しています（表3-5-5）。なお、事業を実施している仮設焼却施設においては、排ガス中の放射能濃度、敷地内・敷地周辺における空間線量率のモニタリングを行って安全に減容化できていることを確認し、その結果を公表しています。

また、可燃性の指定廃棄物のうち、2021年12月末時点で指定廃棄物として指定されている農林業系廃棄物や下水汚泥については、広域処理により2021年2月に減容化処理を完了しました。

2018年8月に開館した特定廃棄物埋立情報館「リプルンふくしま」では、2023年3月末日までに約7万人の来館者を迎えました。同情報館を拠点として情報発信に努め、引き続き、安心・安全の確保に万全を期して事業を進めていきます。

写真3-5-3　特定廃棄物埋立処分施設の様子

資料：環境省

図3-5-5　対策地域内の災害廃棄物等の仮置場への搬入済量

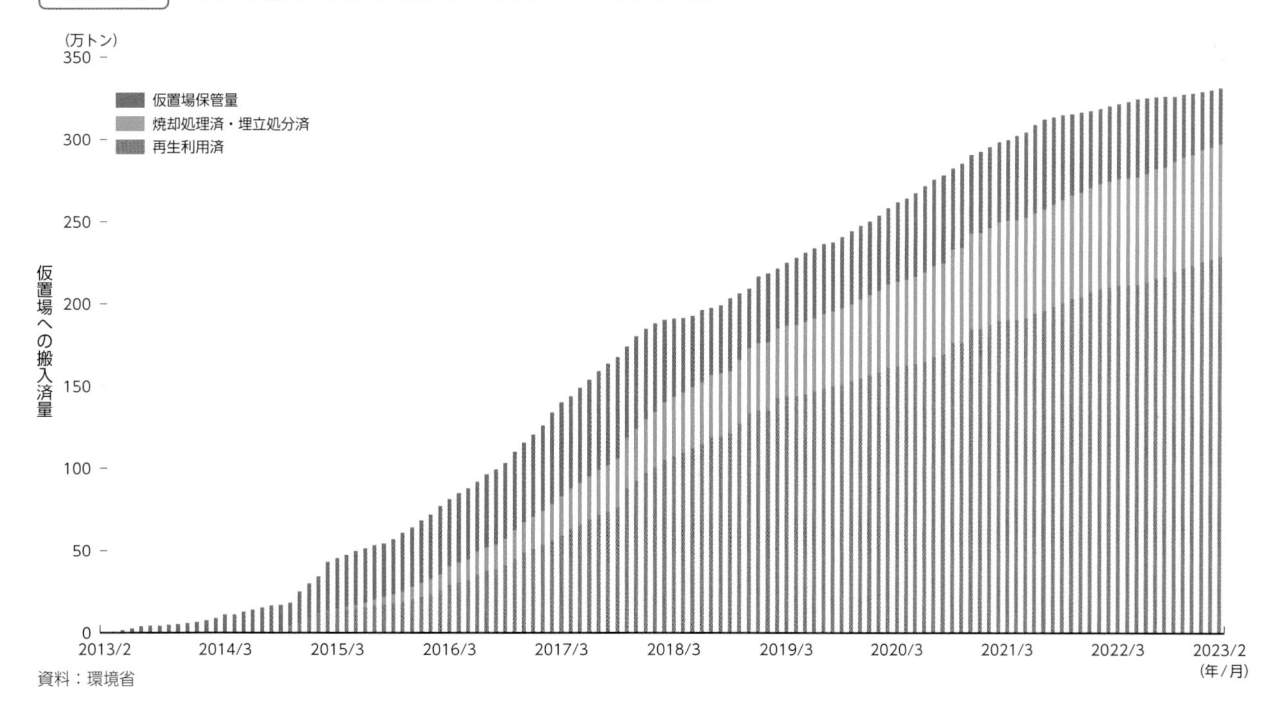

資料：環境省

表3-5-5　対策地域内で稼働中の仮設焼却施設

立地地区	進捗状況	処理能力	処理済量（2023年2月末時点）
浪江町	稼働中（2015年5月より）	300トン/日	約31万7,000トン（約20万2,000トン）
双葉町その1	稼働中（2020年3月より）	150トン/日	約8万2,000トン（約1万7,000トン）
双葉町その2	稼働中（2020年4月より）	200トン/日	約4万5,000トン（約6,600トン）
大熊町	稼働中（2017年12月より）	200トン/日	約10万6,000トン（約5万3,000トン）
南相馬市1	災害廃棄物等の処理完了	200トン/日	約14万9,000トン（約9万0,000トン）
南相馬市2		200トン/日	約6万5,000トン（約1,000トン）
飯舘村（小宮地区）		5トン/日	約2,900トン（約2,900トン）
飯舘村（蕨平地区）		240トン/日	約25万7,000トン（約5万4,000トン）
葛尾村		200トン/日	約13万1,000トン（約3万7,000トン）
川内村		7トン/日	約2,000トン（約2,000トン）
富岡町		500トン/日	約15万5,000トン（約5万5,000トン）
楢葉町		200トン/日	約7万7,000トン（約3万2,000トン）
川俣町	既存の処理施設で処理（処理完了）	–	–
田村市		–	–

注1：処理済量については、除染廃棄物も含み、（　）内はうち災害廃棄物等の処理済量。
　2：進捗状況は2023年3月末、処理済量は2023年2月末時点のデータを記載。
資料：環境省

ウ　福島県外の指定廃棄物等の処理

環境省では、宮城県、栃木県、千葉県、茨城県及び群馬県において、有識者会議を開催し、長期管理施設の安全性を適切に確保するための対策や候補地の選定手順等について、科学的・技術的な観点からの検討を実施し、2013年10月に長期管理施設の候補地を各県で選定するためのベースとなる案を取りまとめました。その後、それぞれの県における市町村長会議の開催を通じて長期管理施設の安全性や候補地の選定手法等に関する共通理解の醸成に努めた結果、宮城県、栃木県及び千葉県においては、各県の実情を反映した選定手法が確定しました。

これらの選定手法に基づき、環境省は、宮城県においては2014年1月に3か所、栃木県においては同年7月に1か所、千葉県においては2015年4月に1か所、詳細調査の候補地を公表しました。詳細調査候補地の公表後には、それぞれの県において、地元の理解を得られるよう取り組んでいるところですが、いずれの県においても詳細調査は実施できていません。

その一方で、各県ごとの課題に応じた段階的な対応も進めています。

宮城県においては、県の主導の下、各市町が8,000ベクレル/kg以下の汚染廃棄物の処理に取り組むこととされ、環境省はこれを財政的・技術的に支援することとしています。2023年3月末時点で、黒川圏域では汚染廃棄物の処理が終了し、石巻圏域では焼却が終了しました。大崎圏域、仙南圏域では本焼却を実施中です。

栃木県においては、指定廃棄物を保管する農家の負担軽減を図るため、2018年11月、指定廃棄物を一時保管している農家が所在する市町の首長が集まる会議を開催し、国から栃木県及び保管市町に対し、市町単位での暫定的な減容化・集約化の方針を提案し、合意が得られました。また、2020年6月には、暫定保管場所の選定の考え方を取りまとめるとともに、可能な限り速やかに暫定保管場所の選定が行われるよう、県や各市町と連携して取り組むことを確認しました。2021年10月には、この方針に沿って、那須塩原市において保管農家の敷地から集約場所への指定廃棄物の搬出が開始され、2023年3月に市内の53の農家の敷地に保管されていた指定廃棄物の暫定保管場所への集約作業が完了するなど、関係市町において取組が進められています。

千葉県においては、2016年7月に全国で初めて8,000ベクレル/kg以下に減衰した指定廃棄物の指定を取り消しました。

茨城県においては2016年2月、群馬県においては同年12月に、「現地保管継続・段階的処理」の方針を決定しました。この方針を踏まえ、必要に応じた保管場所の補修や強化等を実施しつつ、8,000ベクレル/kg以下となったものについては、段階的に既存の処分場等で処理することを目指しています。

（4）帰還困難区域の復興・再生に向けた取組

帰還困難区域については、2017年5月に改正された福島復興再生特別措置法（平成24年法律第25号）に基づき、各町村の特定復興再生拠点区域復興再生計画に沿って、2022年から2023年の避難指示の解除に向け、特定復興再生拠点区域における除染・家屋等の解体を進めてきました。特定復興再生拠点区域における除染の進捗率は9割を超えており（2022年2月末時点）、また、家屋等の解体の進捗率（申請受付件数比）は約86%です（2023年2月末時点）。こうした取組を踏まえ、2022年6月には葛尾村及び大熊町の、同年8月には双葉町、2023年3月には浪江町、同年4月には富岡町、同年5月には飯舘村の特定復興再生拠点区域の避難指示が解除されました。

なお、特定復興再生拠点区域の整備事業に由来する廃棄物等のうち、可能な限り減容化した後、放射能濃度が10万ベクレル/kg以下のものについては、双葉地方広域市町村圏組合の管理型処分場（クリーンセンターふたば）を活用して埋立処分を行うことで同組合、福島県及び環境省との間で合意し、また、同組合及び環境省は、2019年8月に実施協定書を締結し、施設の整備及び管理に関する役割分担を確認しました。加えて、福島県、大熊町、同組合及び環境省は、2021年2月に安全協定を締結し、環境省は同組合の協力を得て安全確保のため万全の措置を講ずること、福島県及び大熊町はその状況を確認していくこととしました。現在、搬入開始に向けて準備工事等を進めています。

また、帰還される住民の方々の安心・安全を確保するため、2013年度から帰還困難区域等において、イノシシ等の生息状況調査及び捕獲を実施しています。2022年度は、5町村（福島県富岡町、大熊町、双葉町、浪江町、葛尾村）でイノシシ（118頭）、アライグマ（254頭）、ハクビシン（73頭）の総数327頭が捕獲されました。

（5）復興の新たなステージに向けた未来志向の取組

地域のニーズに応え、環境再生の取組のみならず、脱炭素、資源循環、自然共生といった環境の視点から地域の強みを創造・再発見する「福島再生・未来志向プロジェクト」を推進しています。本プロジェクトでは、福島県と連携しながら、脱炭素・風評対策・風化対策の三つの視点から施策を進めています。

2022年度は、福島県での自立・分散型エネルギーシステム導入に関する支援等を実施するとともに、復興まちづくりと脱炭素社会の同時実現に向けて多くの主体の連携を目指し「脱炭素×復興まちづくりプラットフォーム」を設立しました。また、風評対策として、若い世代を中心に復興の現状や課題を見つめ直し、次世代の視点から情報を発信することを目的に「福島、その先の環境へ。」次世代ツアー等を実施したほか、第27回気候変動枠組条約締約国会議（COP27）において、福島の復興や環境再生の取組を世界に発信しました。さらに、風化対策として福島の未来を若い方々と一緒に考える表彰制度「いっしょに考える『福島、その先の環境へ。』チャレンジ・アワード」を実施しました。

第6節　万全な災害廃棄物処理体制の構築

2022年は、福島での地震や台風・豪雨等の災害により、全国各地で被害が多く発生しました。災害によって生じた災害廃棄物の適正かつ円滑・迅速な処理のため、被害の程度に応じて、被災自治体に対して、環境省職員や災害廃棄物処理支援員制度に登録の支援員、災害廃棄物処理支援ネットワーク（以下「D.Waste-Net」という。）の専門家の派遣、地方環境事務所によるきめ細かい技術的支援、災害廃棄物処理や施設復旧のための財政支援、損壊家屋の解体の体制構築等の実施により、着実な処理を推進しています。

1　地方公共団体レベルでの災害廃棄物対策の加速化

近年の広範囲で甚大な被害を生じた災害対応における経験・教訓により、特に災害時初動対応に係る事前の備えや、大規模災害時においても適正かつ円滑・迅速に処理を行うための体制確保を一層推進する必要性が改めて認識されました。環境省では、災害廃棄物対策推進検討会を開催し、近年の災害廃棄物処理実績の蓄積・検証を実施しました。さらに、地方公共団体における災害廃棄物処理計画の策定や災害廃棄物対策の実効性の向上等を支援するため、地方公共団体向けのモデル事業を実施しました。

2　地域レベルでの災害廃棄物広域連携体制の構築

県域を越え地域ブロック全体で相互に連携して取り組むべき課題の解決を図るため、地方環境事務所が中心となって都道府県、市区町村、環境省以外の国の地方支分部局、民間事業者、専門家等で構成される地域ブロック協議会を全国8か所で開催し、災害廃棄物対策行動計画に基づく地域ブロックごとの広域連携を促進するため、共同訓練等を実施しました。

3　全国レベルでの災害廃棄物広域連携体制の構築

全国規模で災害廃棄物対応力を向上させるため、D.Waste-Netの体制強化や、南海トラフ地震における災害廃棄物処理シナリオ、地域ブロックをまたぐ連携方策等について検討しました。また、火山噴火や日本海溝・千島海溝周辺海溝型地震における災害廃棄物処理に関する検討を行いました。さらに、災害廃棄物処理を経験し、知見を有する地方公共団体の人材を「災害廃棄物処理支援員」として登録し、被災地方公共団体の災害廃棄物処理に関するマネジメントの支援等を行う「災害廃棄物処理支援員制度」について、2023年3月時点で265人が支援員に登録されています。2022年は青森県鰺ヶ沢町や静岡県川根本町をはじめとする全国の被災市町村に計7名の支援員を派遣し、現地での支援を行っています。

港湾においては、大規模災害時に発生する膨大な災害廃棄物の受入施設を把握し、広域処理にあたって必要となる港湾機能や実施体制の検討を行いました。

第7節　適正な国際資源循環体制の構築と循環産業の海外展開の推進

1　適正な国際資源循環体制の構築

地球規模での循環型社会形成と、我が国の循環産業の海外展開を通じた活性化を図るためには、国、地方公共団体、民間レベル、市民レベル等の多様な主体同士での連携に基づく重層的なネットワークを形成する必要があります。アジア太平洋諸国における循環型社会の形成に向けては、3R・循環経済に関するハイレベルの政策対話の促進、3R・循環経済推進に役立つ制度や技術の情報共有等を目的として、2020年11月から12月に「アジア太平洋3R・循環経済推進フォーラム」第10回会合をウェビナー形式で開催しました。本会合では、アジア太平洋地域におけるプラスチック廃棄物問題の概要をまとめた「プラスチック廃棄物レポート」が採択されました。また、アフリカにおける廃棄物管理に関する知見共有とSDGs達成促進等を目的として、2017年4月に独立行政法人国際協力プロジェクトの一つとして、モザンビーク国マプト市のウレネ埋立処分場での福岡方式を活用した安全性向上支援事業が実施され、2020年10月に竣工式が実施されました。アジア各国に適合した廃棄物・リサイクル制度や有害廃棄物等の環境上適正な管理（ESM）の定着のため、国際協力機構（JICA）では、アジア太平洋諸国のうち、ベトナム、インドネシア、マレーシア、スリランカ、大洋州について、技術協力等により廃棄物管理や循環型社会の形成を支援しました。また、政府開発援助（ODA）対象国からの研修員受入れをオンラインで実施しました。

国際的な活動に積極的に参画し、貢献することも重要です。2021年3月には、世界経済フォーラム（WEF）と共催で「循環経済ラウンドテーブル会合」を開催し、日本企業の循環経済に関する技術や取組を世界に発信しました。

外務省及び環境省は、我が国に誘致したUNEP国際環境技術センター（UNEP／IETC）の運営経費を拠出しています。UNEP／IETCは、2016年の国連環境総会決議（UNEA2/7）で廃棄物管理の世界的な拠点として位置付けられ、主に廃棄物管理を対象に、開発途上国等に対し、研修及びコンサルティング業務の提供、調査、関連情報の蓄積及び普及等を実施しています。

バーゼル条約については、2019年のバーゼル条約第14回締約国会議（COP14）にて規制対象物に廃プラスチックを加える附属書改正が決議され、2021年1月1日より改正附属書が発効しています。本改正について、我が国では2020年10月にプラスチックの輸出に係るバーゼル法該非判断基準を公表し、規制対象となるプラスチックの範囲を明確化することで、改正附属書の着実な実施を行っています。

2022年6月に開催されたバーゼル条約第15回締約国会議（COP15）においては、同条約の附属書を改正し、非有害な電気・電子機器廃棄物についても条約の規制対象とすること等が決定されました。改正附属書は2025年1月1日より発効します。加えてCOP15では我が国がリード国を務めた有害廃棄物の陸上焼却に関するガイドライン、水銀に関する水俣条約において考慮することとされている水銀廃棄物の環境上適正な管理に関する技術ガイドラインが採択に至りました。プラスチック廃棄物の環境上適正な管理に関する技術ガイドラインについては、英国、中国と共にリード国として策定作業を主導しています。

また、バーゼル条約の円滑な運用のための国際的な連携強化を図るため、我が国主催の有害廃棄物の不法輸出入防止に関するアジアネットワークワークショップを2022年11月にインドネシアにおいて開催し、アジア太平洋地域の12の国と地域及び関係国際機関が参加しました。

国、国際機関、NGO、民間企業等が連携して自主的に水銀対策を進める「世界水銀パートナーシップ」において廃棄物管理分野の運営を担当し、技術情報やプロジェクト成果の共有を進めました。また、同分野内のパートナーを集い、水銀廃棄物の処理技術や各国の課題等に関する情報交換等を行い、水銀廃棄物対策技術の普及促進に取り組みました。

我が国は、2019年3月に2009年の船舶の安全かつ環境上適正な再資源化のための香港国際条約（以下「シップ・リサイクル条約」という。）への加入書を国際海事機関（IMO）に寄託し、締約国となりました。我が国は、このシップ・リサイクル条約の策定をリードしてきた国として、条約の早期発効に向けて、各国に対する働きかけを行っています。具体的には、表敬訪問や会談等の機会を捉えた主要解撤国に対する早期条約締結の呼びかけや、ODAを通じたシップ・リサイクル施設改善の支援を行っており、その結果、2019年11月にはインドの条約締結に至りました。引き続き、バングラデシュなど条約未締結の主要解撤国における条約締結に向けた課題解決への協力を進め、条約の早期発効に向けた取組を推進しています。

そのほか、港湾における循環資源の取扱いにおいては、循環資源の積替・保管施設等が活用されました。

近年、世界各国において自然災害が頻発化・激甚化しています。災害大国である我が国が蓄積してきた災害対応のノウハウや経験の供与は、アジア太平洋地域のような災害が頻発する地域においても有効です。そこで、環境省では、我が国の過去の災害による経験、知見を活かした国際支援の一環として、2018年に策定したアジア太平洋地域向けの災害廃棄物管理ガイドラインの周知活動や2018年に大地震が発生したインドネシア共和国に対して、災害廃棄物対策に関する政策立案への支援を実施してきました。さらに、環境省ではこうした国際的な支援の一環として、2023年3月にオンラインで開催された第9回廃棄物資源循環に関する国際会議（3RINCs）の災害廃棄物セッションにて、アジア太平洋地域における災害廃棄物対策の強化に向けたワークショップを開催しました。

2 循環産業の海外展開の推進

我が国の廃棄物分野の経験や技術を活かした、廃棄物発電ガイドラインの策定などアジア各国の廃棄物関連制度整備と、我が国循環産業の海外展開を戦略的にパッケージとして推進しています。我が国循環産業の戦略的国際展開・育成事業等では、海外展開を行う事業者の支援を2021年度に8件実施しました。2011年度から2020年度までの支援の結果、2022年3月時点で、事業化を開始し、既に収入を得ている件数が6件、事業化の目処が立っており、最終的な準備を進めている件数が1件、事業化に向けて、特別目的会社（SPC）・合弁企業設立準備、覚書（MOU）締結準備、入札プロセス開始等をしている件数が6件、事業化に向けて、引き続き調査をしている件数が16件となっています。また、我が国企業によるアジア等でのリサイクルビジネス展開支援については、2018年度から継続して実施している国立研究開発法人新エネルギー・産業技術総合開発機構（NEDO）による技術実証と併せて、相手国政府との政策対話を実施し、我が国企業の海外展開促進と相手国における適切な資源循環システム構築のためのリサイクルシステム・制度構築を支援しています。

各国別でも様々な取組を行っています。インドネシア、カタール、サウジアラビア、タイ、フィリピン、ベトナム、マレーシア、ミャンマー、モザンビーク等に対し、政策対話や合同ワークショップの開催、研修等を通じて、制度設計支援や、人材育成を行いました。

アジア地域等の途上国における公衆衛生の向上、水環境の保全に向けては、浄化槽等の我が国発の優れた分散型生活排水処理システムの国際展開を実施しています。2022年度は、第10回アジアにおける分散型汚水処理に関するワークショップを2022年11月にオンラインで開催し、分散型汚水処理システムの大きな課題の1つである生活雑排水処理にフォーカスし、生活雑排水を適正に処理することの重要性や有益性、処理施設普及拡大のための法制度上の対策や地方自治体の取り組み事例などを発表し議論を重ねることで今後の方向性や解決に向けての改善策に関して共通認識を得ました。これにより、浄化槽を始めとした分散汚水処理に関する情報発信と各国分散型汚水処理関係者との連携強化を図りました。

第8節　循環分野における基盤整備

1　循環分野における情報の整備

循環型社会の構築には、企業活動や国民のライフスタイルにおいて3Rの取組が浸透し、恒常的な活動や行動として定着していく必要があります。そのため、国や地方公共団体、民間企業等が密接に連携し、社会や国民に向けて3Rの意識醸成、行動喚起を促す継続的な情報発信等の活動が不可欠です（表3-8-1、表3-8-2）。

表3-8-1　3R全般に関する意識の変化

	2017年度	2018年度	2019年度	2020年度	2021年度	2022年度
ごみ問題への関心						
ごみ問題に（非常に・ある程度）関心がある	67.2%	63.3%	69.0%	64.1%	74.3%	65.0%
3Rの認知度						
3Rという言葉を（優先順位まで・言葉の意味まで）知っている	36.7%	34.4%	38.1%	36.9%	37.7%	33.6%
サーキュラーエコノミー（循環経済）の認知度						
サーキュラーエコノミー（循環経済）という言葉を知っていた、言葉を聞いたことがあった	―	―	―	22.0%	18.8%	20.2%
廃棄物の減量化や循環利用に対する意識						
ごみを少なくする配慮やリサイクルを（いつも・多少）心掛けている	57.6%	56.6%	66.0%	63.6%	71.3%	65.2%
ごみの問題は深刻だと思いながらも、多くのものを買い、多くのものを捨てている	12.8%	13.0%	11.7%	8.2%	7.7%	8.2%
グリーン購入に対する意識						
環境に優しい製品の購入を（いつも・できるだけ・たまに）心掛けている	76.6%	75.0%	77.5%	72.8%	74.7%	70.4%
環境に優しい製品の購入を全く心掛けていない	17.2%	18.8%	16.4%	19.9%	22.3%	21.4%

資料：環境省

表3-8-2　3Rに関する主要な具体的行動例の変化

	2017年度	2018年度	2019年度	2020年度	2021年度	2022年度
発生抑制（リデュース）						
レジ袋をもらわないようにしたり（買い物袋を持参する）、簡易包装を店に求めている	61.4%	62.2%	64.5%	72.7%	83.3%	73.8%
詰め替え製品をよく使う	67.7%	66.8%	67.0%	66.0%	79.1%	65.5%
使い捨て製品を買わない	18.8%	17.5%	16.4%	15.8%	15.7%	16.9%
無駄な製品をできるだけ買わないよう、レンタル・リースの製品を使うようにしている	10.9%	10.9%	13.8%	11.1%	9.6%	10.5%
簡易包装に取り組んでいたり、使い捨て食器類（割り箸等）を使用していない店を選ぶ	9.6%	8.1%	9.5%	7.8%	7.4%	10.0%
買い過ぎ、作り過ぎをせず、生ごみを少なくするなどの料理法（エコクッキング）の実践や消費期限切れ等の食品を出さないなど、食品を捨てないようにしている	31.8%	30.2%	32.3%	31.6%	44.8%	32.1%
マイ箸、マイボトルなどの繰り返し利用可能な食器類を携行している	―	―	22.6%	22.3%	25.0%	24.9%
ペットボトル等の使い捨て型飲料容器や、使い捨て食器類を使わないようにしている	13.7%	16.3%	14.6%	14.2%	16.5%	16.1%
再使用（リユース）						
不用品をインターネットオークション、フリマアプリなどインターネットを介して売っている	―	―	16.3%	17.9%	18.0%	15.9%
不用品を捨てるのではなく、中古品を扱う店やバザーやフリーマーケットなどを活用して手放している	―	―	20.0%	20.2%	24.8%	17.5%
ビールや牛乳の瓶など再使用可能な容器を使った製品を買う	8.1%	10.8%	9.2%	9.1%	8.2%	8.2%
再生利用（リサイクル）						
家庭で出たごみはきちんと種類ごとに分別して、定められた場所に出している	81.2%	79.7%	81.3%	79.2%	88.7%	78.7%
リサイクルしやすいように、資源ごみとして回収される瓶等は洗っている	62,2%	60.3%	64.8%	62.4%	76.1%	61.1%
トレイや牛乳パック等の店頭回収に協力している	41.6%	39.5%	37.1%	37.9%	43.4%	35.3%
携帯電話等の小型電子機器の店頭回収に協力している	18.6%	22.4%	18.9%	20.9%	23.2%	17.0%
再生原料で作られたリサイクル製品を積極的に購入している	10.3%	10.5%	9.7%	10.2%	13.8%	8.5%

資料：環境省（2017年度～2022年度）

「第四次循環基本計画」で循環型社会形成に向けた状況把握のための指標として設定された、物質フロー指標及び取組指標について、2020年度のデータを取りまとめました。また、各指標の増減要因についても検討を行いました。

国民に向けた直接的なアプローチとしては、「限りある資源を未来につなぐ。今、僕らにできること。」をキーメッセージとしたウェブサイト「Re-Style」を年間を通じて運用しています（図3-8-1）。同サイトでは、循環型社会のライフスタイルを「Re-Style」として提唱し、コアターゲットである若年層を中心に、資源の重要性や3Rの取組を多くの方々に知ってもらい、行動へ結び付けるため、ラジオや動画等と連携した新たなコンテンツを発信しました。また、「3R推進月間」（毎年10月）を中心に、多数の企業等と連携した3Rの認知向上・行動喚起を促進する消費者キャンペーン「選ぼう！3Rキャンペーン」を全国のスーパーやドラッグストア等で展開しました。また、「Re-Styleパートナー企業」との連携体制について、同サイトを通じて、相互に連携しながら恒常的に3R等の情報発信・行動喚起を促進しました。

図3-8-1　Re-Styleのロゴマーク

限りある資源を未来につなぐ。
今、僕らにできること。

資料：環境省

3R政策に関するウェブサイトにおいて、3Rに関する法制度やその動向をまとめた冊子「資源循環ハンドブック2022」を掲載したほか、取組事例や関係法令の紹介、各種調査報告書の提供を行うとともに、普及啓発用DVDの貸出等を実施しました。

国土交通省、地方公共団体、関係業界団体により構成される建設副産物リサイクル広報推進会議は、建設リサイクルの推進に有用な技術情報等の周知・伝達、技術開発の促進、一般社会に向けた建設リサイクル活動のPRや2020年9月に策定・公表された「建設リサイクル推進計画2020～質を重視するリサイクルへ～」等の周知等を目的として、2021年度は「2021建設リサイクル技術発表会・技術展示会」を開催しました。

2 循環分野における技術開発、最新技術の活用と対応

3Rの取組が温室効果ガスの排出削減につながる例としては、金属資源等を積極的にリサイクルした場合を挙げることができます。例えば、アルミ缶を製造するに当たっては、バージン原料を用いた場合に比べ、リサイクル原料を使った方が製造に要するエネルギーを大幅に節約できることが分かっています。同様に、鉄くずや銅くず、アルミニウムくず等をリサイクルすることによっても、バージン材料を使った場合に比べて温室効果ガスの排出削減が図られるという結果が、環境省の調査によって示されました。これらのことから、リサイクル原料の使用に加え、リデュースやリユースといった、3Rの取組を進めることによって、原材料等の使用が抑制され、結果として温室効果ガスの更なる排出削減に貢献することが期待できます。ただし、こうしたマテリアルリサイクルやリデュース・リユースによる温室効果ガス排出削減効果については、引き続き調査が必要であるともされており、これらの取組を一層進める一方で、継続的に調査を実施し、資源循環と社会の脱炭素化における取組について、より高度な統合を図っていくことが必要です。

リチウムイオン電池や太陽光パネル等の非鉄金属・レアメタル含有製品のリユース・リサイクル技術の実証を行う「脱炭素型金属リサイクルシステムの早期社会実装化に向けた実証事業」、再生可能エネルギー関連製品等の高度なリサイクルを行いながらリサイクルプロセスの省CO_2化を図る設備の導入支援を行う「脱炭素社会構築のための資源循環高度化設備導入促進事業」を2022年度に実施しました。そして、プラスチック資源循環促進法に基づき、バイオマスプラスチック・生分解性プラスチック等の代替素材への転換・社会実装及び複合素材プラスチック等のリサイクル困難素材のリサイクルプロセス構築を支援する「脱炭素社会を支えるプラスチック資源循環システム構築実証事業」、廃プラスチックの高度なリサイクルを促進する技術基盤構築及び海洋生分解性プラスチックの導入・普及を促進する技術基盤構築を行う「プラスチック有効利用高度化事業」、プラスチック資源循環促進法に基づき、ライフサイクル全体を通じてプラスチックの高度な資源循環に資する技術に係る設備投資等を支援する「廃プラスチックの資源循環高度化事業」を実施しました。

廃棄物エネルギーの有効活用によるマルチベネフィット達成促進事業、廃棄物処理施設を核とした地域循環共生圏構築促進事業については、第3章第3節を参照。

農山漁村のバイオマスを活用した産業創出を軸とした地域づくりに向けた取組について推進すると同時に、「森林・林業基本計画」等に基づき、森林の適切な整備・保全や木材利用の推進に取り組みました。

海洋環境等については、その負荷を低減させるため、循環型社会を支えるための水産廃棄物等処理施設の整備を推進しました。

港湾整備により発生した浚渫(しゅんせつ)土砂等を有効活用し、深掘り跡の埋戻し等を実施し、水質改善や生物多様性の確保など、良好な海域環境の保全・再生・創出を推進しています。

下水汚泥資源化施設の整備の支援等については、第3章第4節2を参照。

これまでに22の港湾を静脈物流の拠点となる「リサイクルポート」に指定し、広域的なリサイクル関連施設の臨海部への立地の推進等を行いました。さらに、首都圏の建設発生土を全国の港湾の用地造成等に用いる港湾建設資源の広域利用促進システムを推進しており、広島港において建設発生土の受入れを実施しました。

3 循環分野における人材育成、普及啓発等

我が国は、関係府省（財務省、文部科学省、厚生労働省、農林水産省、経済産業省、国土交通省、環境省、消費者庁）の連携の下、国民に対し3R推進に対する理解と協力を求めるため、毎年10月を「3R推進月間」と定めており、広く国民に向けて普及啓発活動を実施しました。

3R推進月間には、様々な表彰を行っています。3Rの推進に貢献している個人、グループ、学校及び特に貢献の認められる事業所等を表彰する「リデュース・リユース・リサイクル推進功労者等表彰」（主催：リデュース・リユース・リサイクル推進協議会）の開催を引き続き後援し、内閣総理大臣賞の授与を支援しました。経済産業省は、環境機器の開発・実用化による3Rの取組として1件の経済産業大臣賞を贈りました。国土交通省は、建設工事で顕著な実績を挙げている3Rの取組に対して、内閣総理大臣賞1件、国土交通大臣賞3件を贈りました。環境省は資源循環分野における3Rの取組として2件の環境大臣賞を贈りました。厚生労働省は、1992年度以降、内閣総理大臣賞1件、厚生労働大臣賞19件、3R推進協議会会長賞23件を贈りました。

循環型社会の形成の推進に資することを目的として、2006年度から循環型社会形成推進功労者表彰を実施しています。2022年度の受賞者数は、4団体、6企業の計10件を表彰しました。さらに、新たな資源循環ビジネスの創出を支援している「資源循環技術・システム表彰」（主催：一般社団法人産業環境管理協会、後援：経済産業省）においては、産業技術環境局長賞4件を表彰しました。これらに加えて、農林水産省は「食品産業もったいない大賞」において、農林水産大臣賞等6件を表彰し、農林水産業・食品関連産業における3R活動、地球温暖化・省エネルギー対策等の意識啓発に取り組みました。

各種表彰以外にも、2006年から毎年3R推進月間中に実施している3R推進全国大会において、3R推進ポスター展示、3Rの事例紹介を兼ねた企業見学会や関係機関の実施する3R関連情報等のPRを行いました。さらに同期間内には、「選ぼう！3Rキャンペーン」も実施し、都道府県や流通事業者・小売事業者の協力を得て、環境に配慮した商品の購入、マイバッグ持参など、3R行動の実践を呼び掛けました。

2022年10月に行われた3R促進ポスターコンクールには、全国の小・中学生から5,905点の応募があり、環境教育活動の促進にも貢献しました。

消費者のライフスタイルの変革やプラスチックのリデュースを促進する取組として、各国でレジ袋の有料化やバイオマスプラスチック等の代替素材への転換など、その実情に応じて様々な取組が行われています。我が国においても、2020年からレジ袋の有料化の取組を開始するとともに、使い捨てのプラスチック製品の使用の合理化や代替素材への転換などの取組を進めています。

個別分野の取組として、容器包装リサイクルに関しては、容器包装廃棄物排出抑制推進員（3R推進マイスター）の活動を支援しました。

優良事業者が社会的に評価され、不法投棄や不適正処理を行う事業者が淘(とう)汰される環境をつくるために、優良処理業者に優遇措置を講じる優良産廃処理業者認定制度を2011年4月から運用開始しています。優良認定業者数については、制度開始以降増加しており、2022年9月末時点で1,495者となっています。これまで、産業廃棄物の排出事業者と優良産廃処理業者の事業者間の連携・協働に向けた機会を創設するとともに、優良産廃処理業者の情報発信サイト「優良さんぱいナビ」の利便性向上のためのシステム改良を引き続き実施してきました。また、2020年2月に廃棄物の処理及び清掃に関する法律施行規則（昭和46年厚生省令第35号）の一部改正を公布、同年10月に完全施行し、産業廃棄物処理業界の更なる優良化を促進する環境の整備を行いました。2013年度に国等における温室効果ガス等の排出の削減に配慮した契約の推進に関する法律（環境配慮契約法）（平成19年法律第56号）に類型追加された「産業廃棄物の処理に係る契約」では、優良産廃処理業者が産廃処理委託契約で有利になる仕組みとなっており、2020年10月の廃棄物の処理及び清掃に関する法律施行規則の完全施行を踏まえ、裾切り方式の評価基準の変更を行いました。

環境省が策定している環境マネジメントシステム「エコアクション21」のガイドラインを通して、

環境マネジメントシステム導入を促進しました。また、バリューチェーンマネジメントの取組促進のために2020年8月に公表した「バリューチェーンにおける環境デュー・ディリジェンス入門～OECDガイダンスを参考に～」を題材に、環境デュー・ディリジェンスや情報開示の普及促進を図りました。

税制上の特例措置により、廃棄物処理施設の整備及び維持管理を推進しました。廃棄物処理業者による、特定廃棄物最終処分場における特定災害防止準備金の損金又は必要経費算入の特例、廃棄物処理施設に係る課税標準の特例及び廃棄物処理事業の用に供する軽油に係る課税免除の特例といった税制措置の活用促進を行いました。

海洋プラスチックごみの削減に向け、プラスチックとの賢い付き合い方を全国的に推進する「プラスチック・スマート」において、企業、地方公共団体、NGO等の幅広い主体から、不必要なワンウェイのプラスチックの排出抑制や代替品の開発・利用、分別回収の徹底など、海洋プラスチックごみの発生抑制に向けた取組を募集、登録数は3,000件を超えました。これら取組を特設サイトや様々な機会において積極的に発信しました。

第4章 水環境、土壌環境、地盤環境、海洋環境、大気環境の保全に関する取組

第1節 健全な水循環の維持・回復

1 流域における取組

(1) 流域マネジメントの推進等

水循環基本法（平成26年法律第16号）が2021年6月に改正され、水循環における地下水の適正な保全及び利用が明確に位置付けられたことや、2020年6月に「水循環基本計画」の改定を閣議決定した以降に進んだ水循環に関する取組があったことを踏まえ、2022年6月に「水循環基本計画」の一部変更を行いました。一部変更後の「水循環基本計画」に基づき「流域マネジメント」の更なる展開と質の向上を図るため、2022年度は、流域マネジメントの取組の鍵となる「人材育成」及び「資金調達」をテーマに取組事例を紹介した「流域マネジメントの事例集」を取りまとめて公表しました。また、流域マネジメントに取り組む、又は取り組む予定の地方公共団体等を対象に、知識や経験を有するアドバイザーの現地派遣やオンライン会議を通じて、勉強会の開催や流域水循環計画の策定・実施に必要となる技術的な助言・提言を行う「水循環アドバイザー制度」により、取組の支援を行いました。また、「地下水マネジメント」の更なる推進に向けて、地下水データベースを構築し、「地下水マネジメント推進プラットフォーム」を設置しました。

(2) 環境保全上健全な水循環の確保

水循環基本法の施行を受け、広く国民に向けた情報発信等を目的とした官民連携プロジェクト「ウォータープロジェクト」の取組として、水循環の維持又は回復に関する取組と情報発信を促進しました。

下水処理水の再利用の際の水質基準等マニュアルに基づき、適切な下水処理水等の有効利用を進めるとともに、雨水の貯留浸透や再利用を推進しました。また、汚濁の著しい河川等における水質浄化等を推進しました。

2 森林、農村等における取組

第2章第3節を参照。

3 水環境に親しむ基盤づくり

河口から水源地まで様々な姿を見せる河川とそれにつながるまちを活性化するため、地域の景観、歴史、文化、観光基盤等の資源や地域の創意に富んだ知恵を活かし、市町村、民間事業者と河川管理者が連携して、河川空間とまち空間が融合した良好な空間形成を目指す「かわまちづくり」を推進しました。

約660の市民団体等により全国の約5,200地点で実施された「第19回身近な水環境の全国一斉調査」の支援等、住民との協働による河川水質調査を新型コロナウイルス感染症感染予防対策を行った上で実

施しました。

第2節　水環境の保全

1　環境基準の設定、排水管理の実施等

(1) 環境基準の設定等

水質汚濁に係る環境基準のうち、健康項目については、カドミウム、鉛等の重金属類、トリクロロエチレン等の有機塩素系化合物、シマジン等の農薬等、公共用水域において27項目、地下水において28項目が設定されています。このうち六価クロムについては、食品安全委員会において六価クロムの耐容一日摂取量が評価されたことなどを踏まえ、環境基準値を0.05mg/ℓから0.02mg/ℓに強化しました（2022年4月施行）。また、要監視項目（公共用水域27項目、地下水25項目）等、環境基準以外の項目については、水質測定や知見の集積を行いました。2020年に要監視項目に位置付けたPFOS（ペルフルオロオクタンスルホン酸）及びPFOA（ペルフルオロオクタン酸）を含む4物質については、2022年12月に水質汚濁防止法（昭和45年法律第138号）の指定物質に追加し、事故に伴って流出する場合の措置を関係事業者に義務付ける（2023年2月施行）など、監視強化やばく露防止に向けた取組を行いました。

生活環境項目については、生物化学的酸素要求量（BOD）、化学的酸素要求量（COD）、全窒素、全りん、全亜鉛等の基準が定められており、利水目的等から水域ごとに環境基準の類型指定を行っています。このうち大腸菌群数については、より的確にふん便汚染を捉えるため、大腸菌数に見直しを行いました（2022年4月施行）。また、2016年3月に生活環境項目に追加された底層溶存酸素量については、国が類型指定を行うこととされている水域のうち、大阪湾及び伊勢湾について水域類型の指定を行いました（2022年12月施行）。

(2) 水環境の効率的・効果的な監視等の推進

水質汚濁防止法に基づき、国及び地方公共団体は環境基準に設定されている項目について、公共用水域及び地下水の水質の常時監視を行っています。また、要監視項目についても、都道府県等の地域の実情に応じ、公共用水域等において水質測定が行われています。

水質汚濁防止法が2013年に改正されたことを受けて、我が国は2014年度から全国の公共用水域及び地下水、それぞれ110地点において、放射性物質の常時監視を実施しています。モニタリング結果は、専門家による評価を経て公表しました。

2021年度の全国47都道府県の公共用水域、地下水の各110地点における放射性物質のモニタリングの結果では、水質及び底質における全β放射能及び検出されたγ線放出核種は、過去の測定値の傾向の範囲内でした。

また、2011年から福島県及び周辺地域の水環境における放射性物質のモニタリングを継続的に実施しています。公共用水域のうち河川、沿岸域の水質からは近年放射性セシウムは検出されておらず、湖沼の水質については2021年度は164地点のうち3地点のみの検出となっています。地下水中の放射性セシウムについては、2011年度に福島県において検出されたのみで、2012年度以降検出されていません。

ALPS（アルプス）処理水に係る海域モニタリングについては第1部第4章第4節を参照。

(3) 公共用水域の水質汚濁

ア　健康項目

水質汚濁に係る環境基準のうち、人の健康の保護に関する環境基準（健康項目）については、2021年度の公共用水域における環境基準達成率が99.1%（2020年度99.1%）となりました。

イ　生活環境項目

生活環境の保全に関する環境基準（生活環境項目）のうち、有機汚濁の代表的な水質指標であるBOD又はCODの環境基準の達成率は、2021年度は88.3%（2020年度88.8%）となっています。水域別では、河川93.1%（同93.5%）、湖沼53.6%（同49.7%）、海域78.6%（同80.7%）となり、湖沼では依然として達成率が低くなっています（図4-2-1）。

閉鎖性海域の海域別のCODの環境基準達成率は、2021年度は、東京湾は68.4%、伊勢湾は56.3%、大阪湾は66.7%、大阪湾を除く瀬戸内海は69.6%となっています（図4-2-2）。

全窒素及び全りんの環境基準の達成率は、2021年度は湖沼52.8%（同52.8%）、海域90.8%（同88.1%）となり、湖沼では依然として低い水準で推移しています。閉鎖性海域の海域別の全窒素及び全りんの環境基準達成率は、2021年度は東京湾は100%（6水域中6水域）、伊勢湾は71.4%（7水域中5水域）、大阪湾は100%（3水域中3水域）、大阪湾を除く瀬戸内海は93.0%（57水域中53水域）となっています。

2021年の赤潮の発生状況は、東京湾25件、伊勢湾27件、瀬戸内海70件、有明海44件となっています。また、これらの海域では貧酸素水塊や青潮の発生も見られました。

図4-2-1　公共用水域の環境基準（BOD又はCOD）達成率の推移

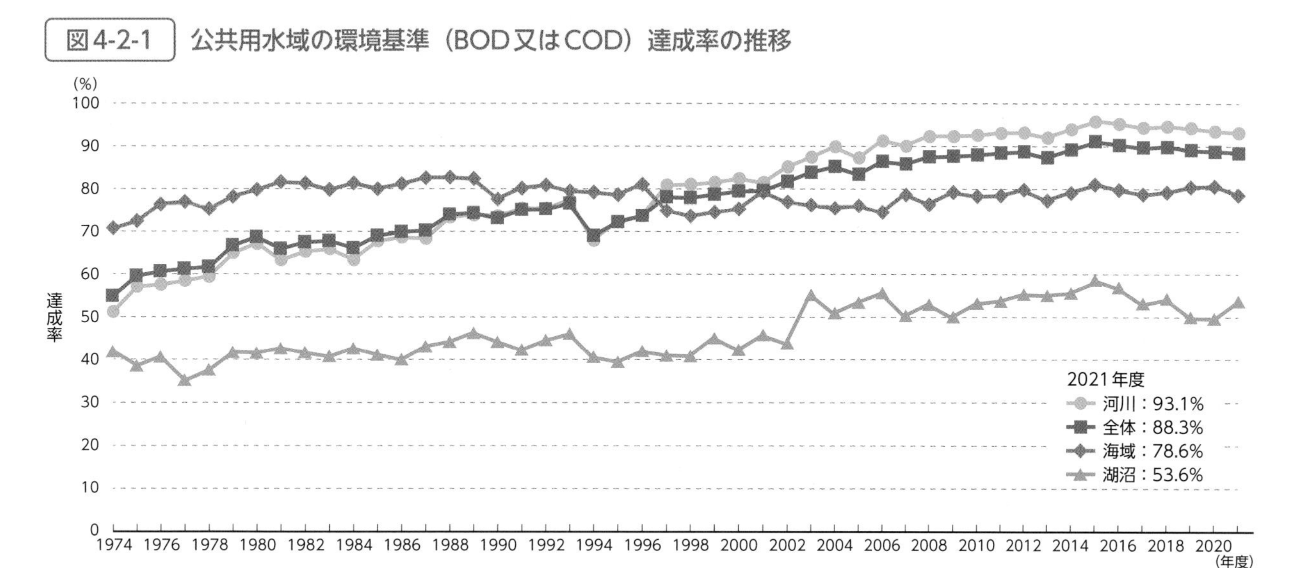

資料：環境省「令和3年度公共用水域水質測定結果」

図4-2-2　広域的な閉鎖性海域の環境基準（COD）達成率の推移

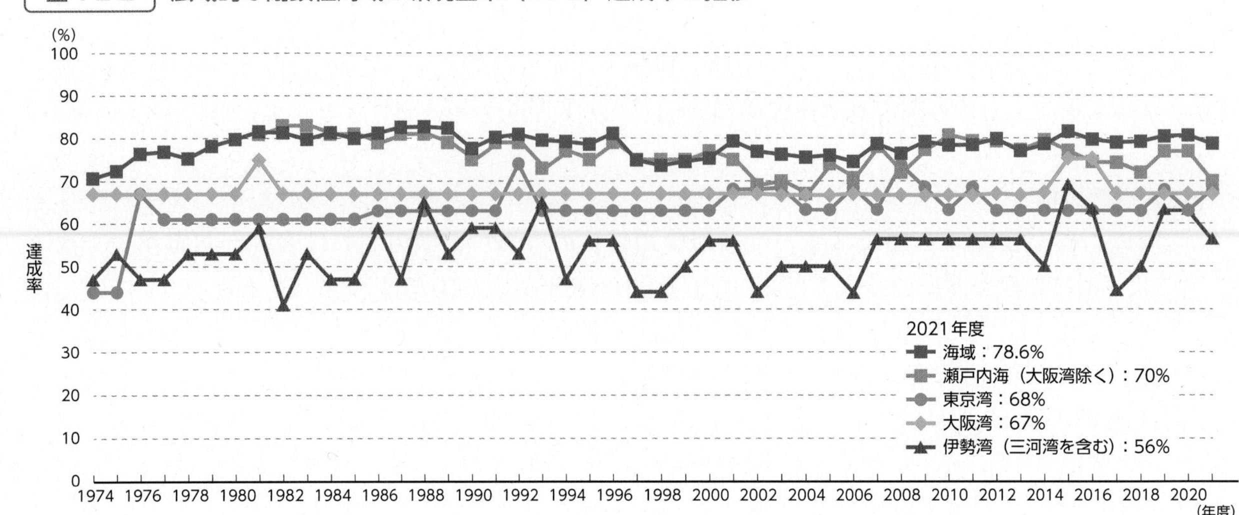

資料：環境省「令和3年度公共用水域水質測定結果」

(4) 地下水質の汚濁

2021年度の地下水質の概況調査の結果では、調査対象井戸（2,995本）の5.1％（153本）において環境基準を超過する項目が見られました。調査項目別に見ると、自然由来が原因と見られる砒素の環境基準超過率が2.4％と最も高くなっています。さらに、汚染源が主に事業場であるトリクロロエチレン等の揮発性有機化合物（VOC）についても、依然として新たな汚染が発見されています。また、汚染井戸の監視等を行う継続監視調査の結果では、4,045本の調査井戸のうち1,690本において環境基準を超過していました（図4-2-3、図4-2-4、図4-2-5）。

図4-2-3　2021年度地下水質測定結果

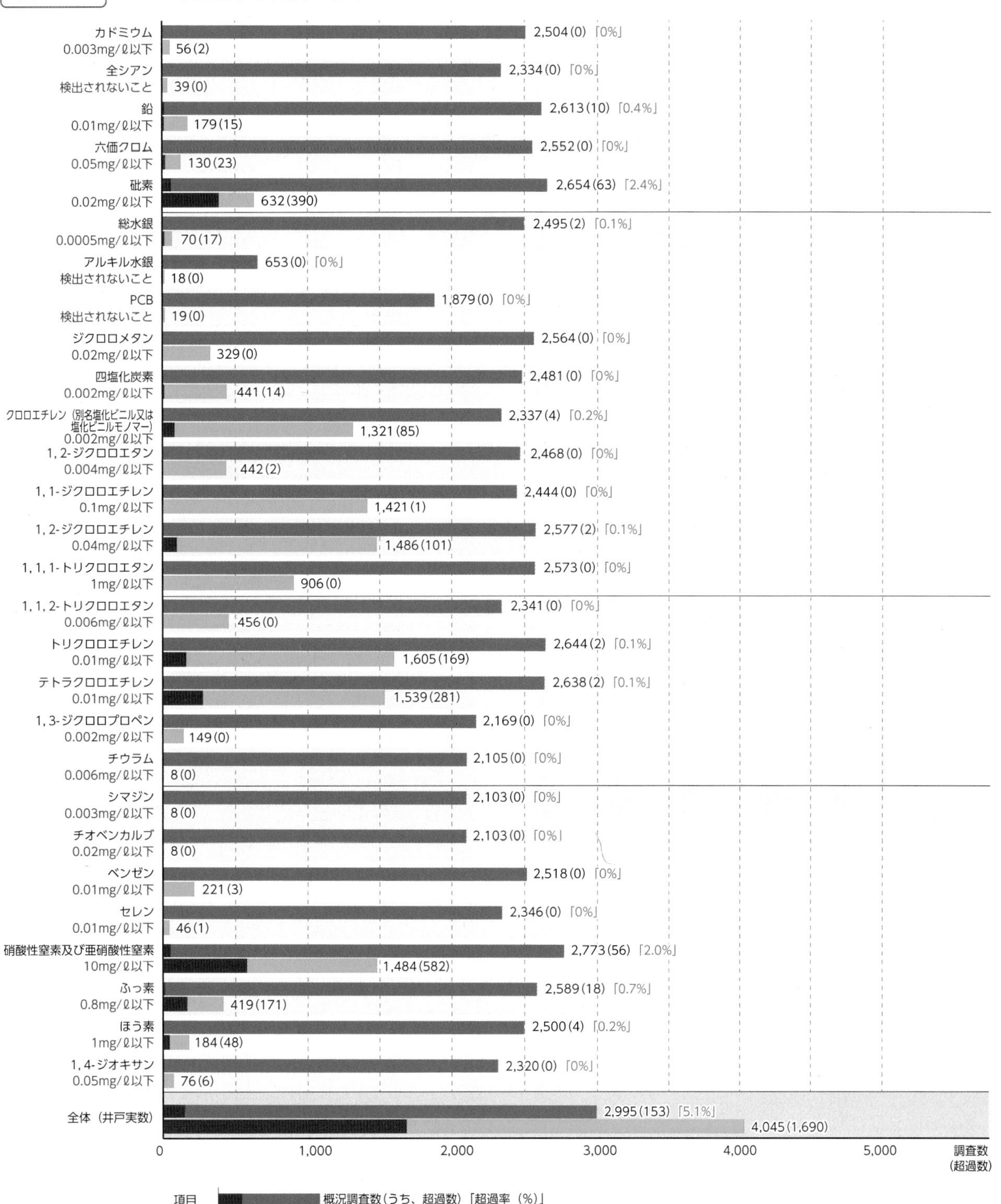

資料：環境省「令和3年度地下水質測定結果」

図4-2-4　地下水の水質汚濁に係る環境基準の超過率（概況調査）の推移

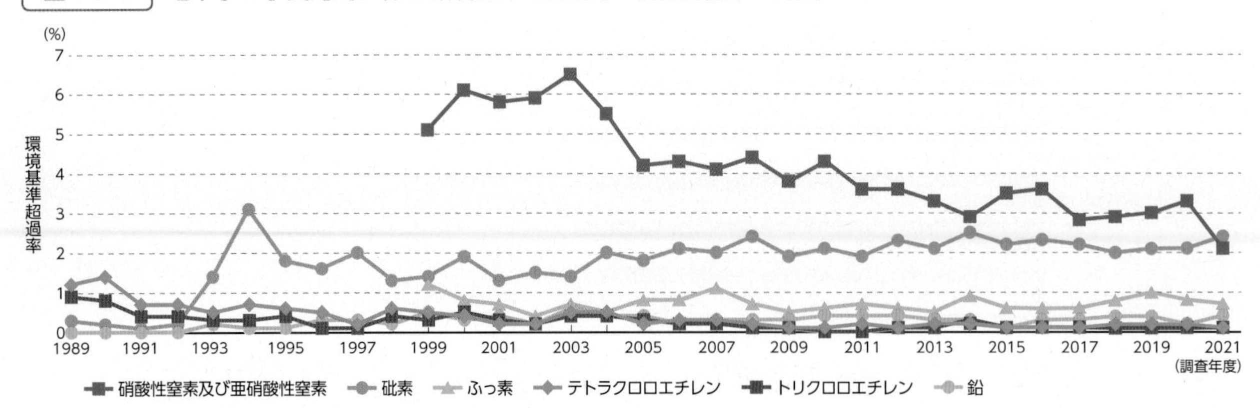

注1：超過数とは、測定当時の基準を超過した井戸の数であり、超過率とは、調査数に対する超過数の割合である。
　2：硝酸性窒素及び亜硝酸性窒素、ふっ素は、1999年に環境基準に追加された。
　3：このグラフは環境基準超過本数が比較的多かった項目のみ対象としている。
資料：環境省「令和3年度地下水質測定結果」

図4-2-5　地下水の水質汚濁に係る環境基準の超過本数（継続監視調査）の推移

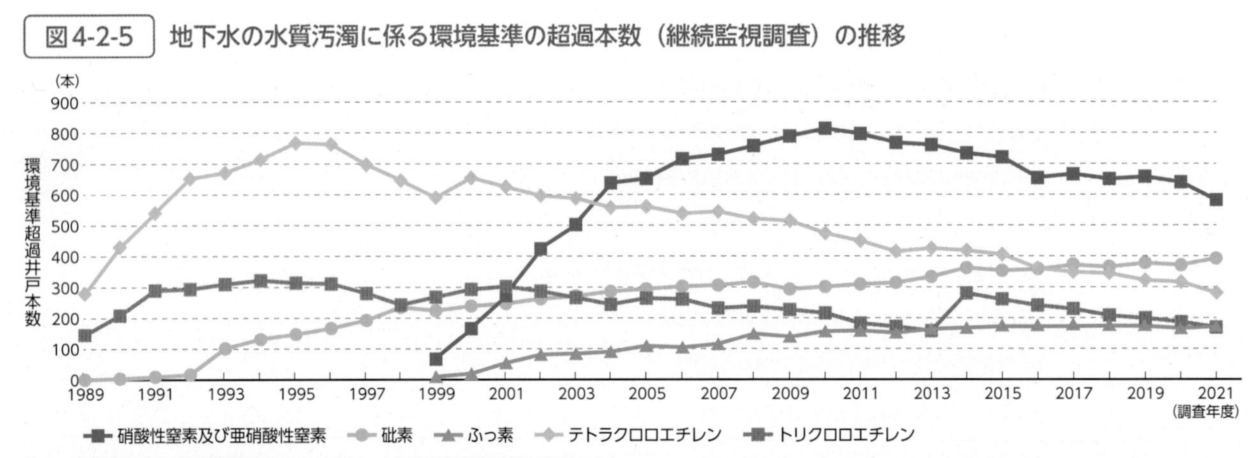

注1：硝酸性窒素及び亜硝酸性窒素、ふっ素は、1999年に環境基準に追加された。
　2：このグラフは環境基準超過井戸本数が比較的多かった項目のみ対象としている。
資料：環境省「令和3年度地下水質測定結果」

（5）排水規制の実施

公共用水域の水質保全を図るため、水質汚濁防止法により特定事業場から公共用水域に排出される水については、全国一律の排水基準が設定されていますが、環境基準の達成のため、都道府県条例においてより厳しい上乗せ基準の設定が可能であり、全ての都道府県において上乗せ排水基準が設定されています。

一般排水基準を直ちに達成することが困難であるとの理由により、暫定排水基準が適用されている項目・業種について見直しの検討を行い、カドミウムについては2021年12月1日以降、亜鉛については一部業種を除き2021年12月11日以降に、一般排水基準に移行することを決定しました。

2　湖沼

湖沼については、富栄養化対策として、水質汚濁防止法に基づき、窒素及びりんに係る排水規制を実施しており、水質汚濁防止法の規制のみでは水質保全が十分でない湖沼については、湖沼水質保全特別措置法（昭和59年法律第61号）に基づき、環境基準の確保の緊要な湖沼を指定するとともに、「湖沼水質保全計画」を策定し（図4-2-6）、下水道整備、河川浄化等の水質の保全に資する事業、各種汚濁源に対する規制等の措置等を推進しています。また、湖辺域の植生や水生生物の保全など湖沼の水環境の適正化に向けた取組を行いました。

琵琶湖を健全で恵み豊かな湖として保全及び再生を図ることなどを目的とする琵琶湖の保全及び再生

に関する法律（平成27年法律第75号）に基づき主務大臣が定めた琵琶湖の保全及び再生に関する基本方針及び滋賀県が策定した「琵琶湖保全再生施策に関する計画」等を踏まえ、関係機関と連携して琵琶湖保全再生施策の推進に関する各種取組が行われています。

図4-2-6　湖沼水質保全計画策定状況一覧（2022年度現在）

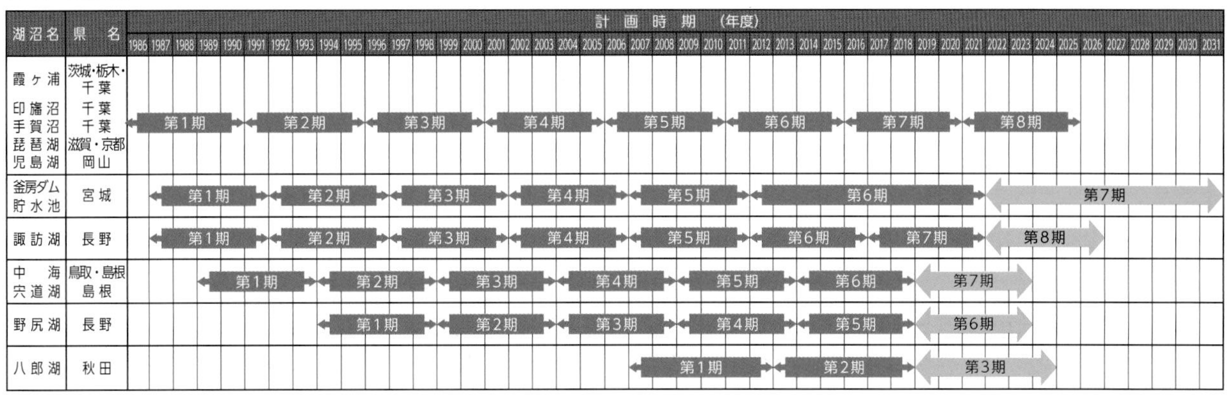

資料：環境省

3　閉鎖性海域

(1) 栄養塩類の適正管理

閉鎖性が高く富栄養化のおそれのある海域として、全国で88の閉鎖性海域を対象に、水質汚濁防止法に基づき、窒素及びりんに係る排水規制を実施しています。

下水道終末処理場においては、豊かな海の再生や生物の多様性の保全に向け、近傍海域の水質環境基準の達成・維持等を前提に、冬期に下水放流水に含まれる栄養塩類の濃度を上げることで不足する窒素やりんを供給する、栄養塩類の能動的運転管理を進めました。

(2) 水質総量削減

人口、産業等が集中した広域的な閉鎖性海域である東京湾、伊勢湾及び瀬戸内海を対象に、COD、窒素含有量及びりん含有量を対象項目として、当該海域に流入する総量の削減を図る水質総量削減を実施しています。具体的には、一定規模以上の工場・事業場から排出される汚濁負荷量について、都府県知事が定める総量規制基準の遵守指導による産業排水対策を行うとともに、地域の実情に応じ、下水道、浄化槽、農業集落排水施設、コミュニティ・プラント等の整備等による生活排水対策、合流式下水道の改善、その他の対策を引き続き推進しました。

図4-2-7　広域的な閉鎖性海域における環境基準達成率の推移（全窒素・全りん）

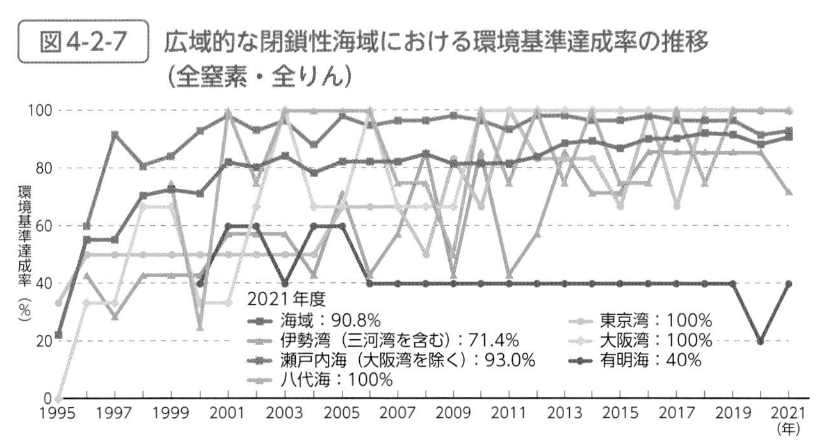

資料：環境省「令和3年度公共用水域水質測定結果」

これまでの取組の結果、陸域からの汚濁負荷量は着実に減少し、これらの閉鎖性海域の水質は改善傾向にありますが、COD、全窒素・全りんの環境基準達成率は海域ごとに異なり（図4-2-7）、赤潮や貧酸素水塊といった問題が依然として発生しています。また、「きれいで豊かな海」を目指す観点から、干潟・藻場の保全・再生等を通じた生物の多様性及び生産性の確保等の総合的な水環境改善対策の必要性が指摘されています。

このような状況及び課題等を踏まえ、2022年1月に第9次総量削減基本方針を策定しました。本基本方針に基づき、関係都府県において総量削減計画の策定及び総量規制基準の設定が実施されました。

(3) 瀬戸内海の環境保全

瀬戸内海環境保全特別措置法（昭和48年法律第110号）に基づき、瀬戸内海の有する多面的な価値及び機能が最大限に発揮された「豊かな海」を目指し、湾・灘ごとの水環境の変化状況等の分析、藻場・干潟分布状況調査、気候変動による影響把握及び適応策の検討、水環境等と水産資源等の関係に係る調査・検討を進めています。

同法に基づき、瀬戸内海における埋立て等については、海域環境、自然環境及び水産資源保全上の見地等から特別な配慮を求めています。同法施行以降、2022年11月1日までの間に埋立ての免許又は承認がなされた公有水面は、5,002件、13,694.7ha（うち2021年11月2日以降の1年間に3件、1.8ha）になります。

瀬戸内海環境保全特別措置法の一部を改正する法律（平成27年法律第78号）の附則では、栄養塩類の管理の在り方についての検討等を改正法施行後5年をめどに行うこととされており、2020年3月にこれまでの検討を踏まえて中央環境審議会答申が取りまとめられました。

その後、この答申に記載された方策の実施に向け、法令の改正に係る事項の見直しの方向性を示す中央環境審議会意見具申が2021年1月に取りまとめられ、2021年6月に瀬戸内海環境保全特別措置法の一部を改正する法律（令和3年法律第59号）が成立・公布、2022年4月に施行されました。

この改正により、基本理念に気候変動影響を踏まえることが追加されたほか、地域ごとのニーズに応じて一部の海域への栄養塩類供給を可能とする栄養塩類管理制度の創設、再生・創出された藻場・干潟に対し自然海浜保全地区の指定対象拡充、漂流ごみ等の発生抑制等に関する国・地方公共団体の責務規定が新たに盛り込まれました。

また、この改正を受け、同法に基づく「瀬戸内海環境保全基本計画」を2022年2月に閣議決定し、変更しました。

関係府県においては、法改正や基本計画変更を踏まえ、瀬戸内海の環境保全に関する府県計画の変更が進められたほか、2022年10月には、法改正後初めて、兵庫県において栄養塩類管理制度を活用した「栄養塩類管理計画」が策定されました。

(4) 有明海及び八代海等の環境の保全及び改善

有明海及び八代海等を再生するための特別措置に関する法律（平成14年法律第120号）に基づき設置された有明海・八代海等総合調査評価委員会が2017年3月に取りまとめた報告、及び2022年3月に取りまとめた中間取りまとめを踏まえ、有明海及び八代海等の再生に関する基本方針に基づく再生方策の実施を推進するとともに、赤潮・貧酸素水塊の発生や底質環境、魚類等の生態系回復に関する調査等を実施しました。

(5) 里海づくりの推進

里海づくりの手引書や全国の里海づくり活動の取組状況等について、ウェブサイト「里海ネット」で情報発信を行っています。また、藻場・干潟の保全・再生と地域資源の利活用の好循環を創出し、藻場・干潟が持つ多面的機能を最大限発揮することを目指す「令和の里海づくりモデル事業」を実施しています。

4 汚水処理施設の整備

汚水処理施設整備については、現在、2014年1月に国土交通省、農林水産省、環境省の3省で取りまとめた「持続的な汚水処理システム構築に向けた都道府県構想策定マニュアル」を参考に、都道府県において、早期に汚水処理施設の整備を概成することを目指し、また中長期的には汚水処理施設の改築・更新等の運営管理の観点で、汚水処理に係る総合的な整備計画である「都道府県構想」の見直しが進められています。2021年度末で汚水処理人口普及率は92.6%となりましたが、残り約930万人の未普及人口の解消に向け（図4-2-8）、「都道府県構想」に基づき、浄化槽、下水道、農業等集落排水施設、コミュニティ・プラント等の各種汚水処理施設の整備を推進しています。

浄化槽については、「循環型社会形成推進地域計画」等に基づく市町村の浄化槽整備事業に対する国庫助成により、整備を推進しました。特に、2019年度より単独処理浄化槽から合併処理浄化槽への転換に伴う宅内配管工事部分についても浄化槽整備と併せて助成対象範囲とするとともに、省エネ型浄化槽の導入と単独処理浄化槽の転換等を併せて促進する市町村の浄化槽整備事業に対しては、助成率を引き上げるなど、浄化槽整備事業に対する一層の支援を行っています。2021年度においては、全国約1,700の市町村のうち約1,300の市町村で浄化槽の整備が進められました。

図4-2-8　汚水処理人口普及率の推移

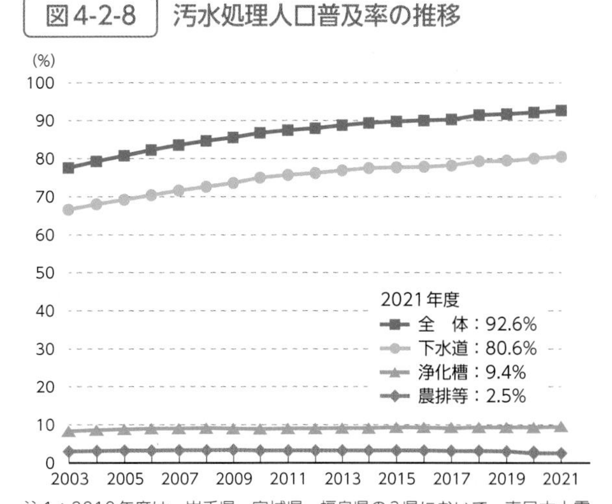

注1：2010年度は、岩手県、宮城県、福島県の3県において、東日本大震災の影響により調査不能な市町村があるため、3県を除いた集計データを用いている。
　2：2011年度は、岩手県、福島県の2県において、東日本大震災の影響により調査不能な市町村があるため、2県を除いた集計データを用いている。
　3：2012年度～2014年度は、福島県において、東日本大震災の影響により調査不能な市町村があるため、福島県を除いた集計データを用いている。
　4：2015年度～2020年度は、福島県において、東日本大震災の影響により調査不能な市町村があるため、当該市町村を除いた集計データを用いている。
資料：環境省、農林水産省、国土交通省資料により環境省作成

また、2020年4月に施行された浄化槽法の一部を改正する法律（令和元年法律第40号）において、緊急性の高い単独処理浄化槽の合併処理浄化槽への転換に関する措置、浄化槽処理促進区域の指定、公共浄化槽の設置に関する手続、浄化槽の使用の休止手続、浄化槽台帳の整備の義務付け、協議会の設置、浄化槽管理士に対する研修の機会の確保、環境大臣の責務に関する仕組みが新たに創設され、これらの改正浄化槽法に基づく取組が着実に進められています。

下水道整備については、「都道府県構想」に基づき、人口が集中している地区等の整備効果の高い区域において重点的に下水道整備を行うとともに、合流式下水道緊急改善事業等を活用し、重点的に合流式下水道の改善を推進しました。

下水道の未普及対策や改築対策として、「下水道クイックプロジェクト」を実施し、従来の技術基準にとらわれず地域の実状に応じた低コスト、早期かつ機動的な整備及び改築が可能な新たな手法の積極的導入を推進しており、施工が完了した地域では大幅なコスト縮減や工期短縮等の効果を実現しました。

農業集落排水事業については、農業集落におけるし尿、生活雑排水等を処理する農業集落排水施設の整備又は改築を行うとともに、既存施設について、広域化・共同化対策、維持管理の効率化や長寿命化・老朽化対策を適時・適切に進めるため、地方公共団体による機能診断等の取組を支援しました。

水質汚濁防止法では生活排水対策の計画的推進等が規定されており、同法に基づき都道府県知事が重点地域の指定を行っています。2022年3月末時点で、41都府県、209地域、333市町村が指定されており、生活排水対策推進計画による生活排水対策が推進されました。

5　地下水

水質汚濁防止法に基づいて、地下水の水質の常時監視、有害物質の地下浸透制限、事故時の措置、汚染された地下水の浄化等の措置が取られています（図4-2-9）。また、2011年6月に水質汚濁防止法が改正され、地下水汚染の未然防止を図るため、届出義務の対象となる施設の拡大、施設の構造等に関する基準の遵守義務、定期点検の義務等に関する規定が新たに設けられました。これらの制度の施行のた

め、構造等に関する基準及び定期点検についてのマニュアルや、対象施設からの有害物質を含む水の地下浸透の有無を確認できる検知技術についての事例集等を作成・周知しています。

環境基準項目の中で特に継続して超過率が高い状況にある硝酸性窒素及び亜硝酸性窒素による地下水汚染対策については、過剰施肥、不適正な家畜排せつ物管理及び生活排水処理等が主な汚染原因であると見られることから、地下水保全のための硝酸性窒素等地域総合対策の推進のため、「硝酸性窒素等地域総合対策ガイドライン」の周知を図るとともに、地域における窒素負荷低減の取組の技術的な支援等を行いました。

図4-2-9 水質汚濁防止法における地下水の規制等の概要

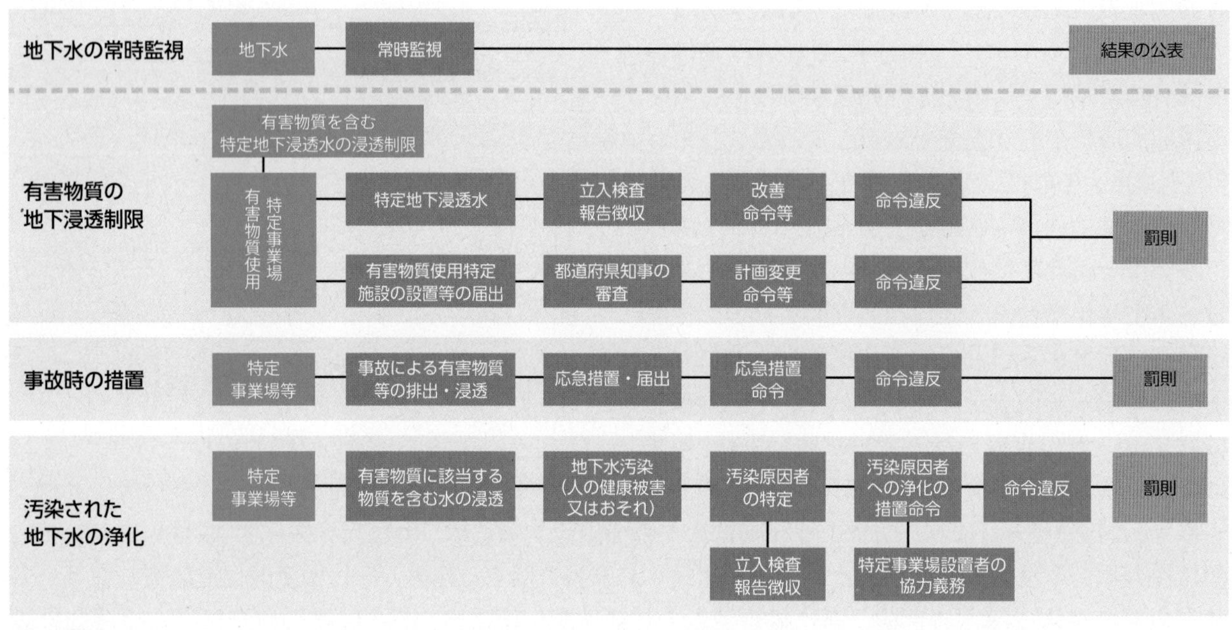

資料：環境省

第3節　アジアにおける水環境保全の推進

1　アジア水環境パートナーシップ（WEPA）

2022年4月に第17回WEPA年次会合をオンラインで開催、2023年2月に第18回WEPA年次会合をカンボジア（シェムリアップ）で開催し、各国の規制の遵守に関する課題の解決に向けて、情報共有及び意見交換を行いました。

2　アジア水環境改善モデル事業

我が国企業による海外での事業展開を通じ、アジア等の水環境の改善を図ることを目的に、2011年度からアジア水環境改善モデル事業を実施しています。2022年度は、過年度に実施可能性調査を実施した2件（ベトナム1件、ラオス1件）の現地実証試験やビジネスモデルの検討を実施したほか、新たに公募により選定された民間事業者が、ベトナムにおける「高濃度含油廃液の膜処理による減量化・再利用水の普及事業」、「染色産業における排水リサイクルによる節水」の実施可能性調査を実施しました。

第4節　土壌環境の保全

1　土壌環境の現状

土壌汚染については、土壌汚染対策法（平成14年法律第53号）に基づき、有害物質使用特定施設の使用の廃止時、一定規模以上の土地の形質変更の届出の際に、土壌汚染のおそれがあると都道府県知事等が認めるときに土壌汚染状況調査が行われています。また、土壌汚染対策法には基づかないものの、売却の際や環境管理等の一環として自主的な土壌汚染の調査が行われることもあり、土壌汚染対策法ではその結果を申請できる制度も存在します。

都道府県等が把握している調査結果では、2021年度に土壌の汚染に係る環境基準（以下「土壌環境基準」という。）又は土壌汚染対策法の土壌溶出量基準又は土壌含有量基準を超える汚染が判明した事例は994件となっており、同法や都道府県等の条例に基づき必要な対策が講じられています（図4-4-1）。なお、事例を有害物質の項目別で見ると、ふっ素、鉛、砒素等による汚染が多く見られます。

図4-4-1　年度別の土壌汚染判明事例件数

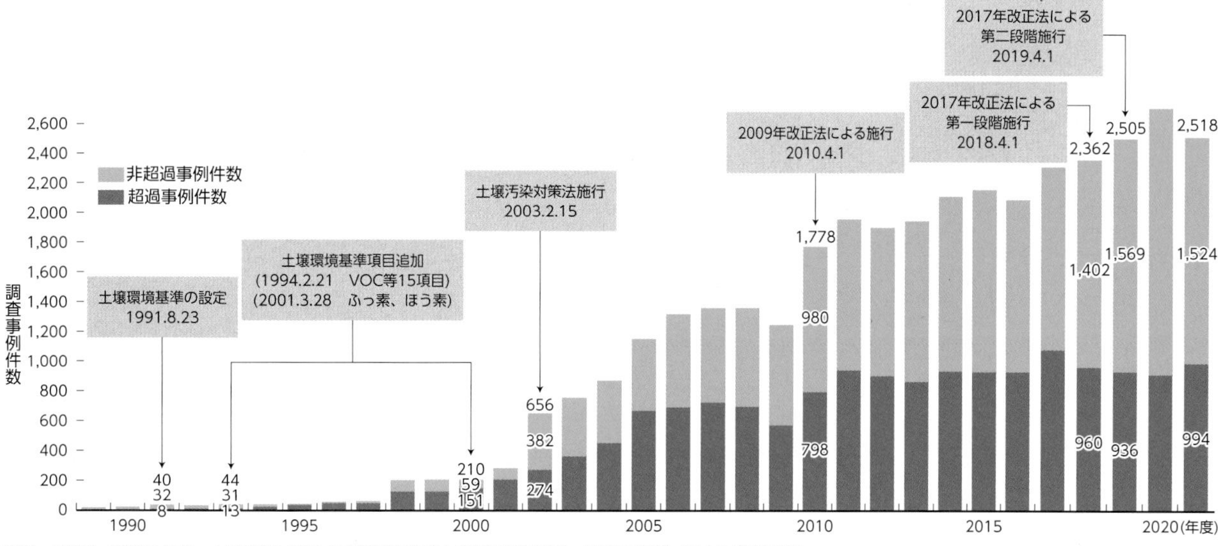

資料：環境省「令和３年度　土壌汚染対策法の施行状況及び土壌汚染状況調査・対策事例等に関する調査結果」

農用地の土壌の汚染防止等に関する法律（昭和45年法律第139号）に定める特定有害物質（カドミウム、銅及び砒素）による農用地の土壌汚染の実態を把握するため、汚染のおそれのある地域を対象に細密調査が実施されており、2021年度は5地域84.6haにおいて調査が実施されました。これまでに基準値以上の特定有害物質が検出された、又は検出されるおそれが著しい地域（以下「基準値以上検出等地域」という。）は、2021年度末時点で累計134地域7,592haとなっており、同法に基づく対策等が講じられています。

ダイオキシン類については第５章第１節４を参照。

2　環境基準等の見直し

土壌環境基準については、土壌環境機能のうち、地下水等の摂取に係る健康影響を防止する観点と、食料を生産する機能を保全する観点から設定されており、既往の知見や関連する諸基準等に即し、現在29項目について設定されています。

このうち、2022年4月に水質に係る環境基準が見直された六価クロムについて、土壌環境基準の見直しに向けて必要な知見の収集等を行うとともに、土壌汚染状況調査等の手法の確立等が課題となっている1,4-ジオキサンについて、調査手法等の検討を行いました。

3 市街地等の土壌汚染対策

土壌汚染対策法に基づき、2021年度には、有害物質使用特定施設が廃止された土地の調査530件、一定規模以上の土地の形質変更の届出の際に、土壌汚染のおそれがあると都道府県知事等が認め実施された調査672件、土壌汚染による健康被害が生ずるおそれがある土地の調査0件、自主調査211件、汚染土壌処理施設の廃止又は許可が取り消された際の調査2件の合計1,415件行われ、同法施行以降の調査件数は、2021年度までに12,384件となりました。調査の結果、土壌溶出量基準又は土壌含有量基準を超過しており、かつ土壌汚染の摂取経路があり、健康被害が生ずるおそれがあるため汚染の除去等の措置が必要な地域（以下「要措置区域」という。）として、2021年度末までに846件指定されています（846件のうち578件は解除）。また、土壌溶出量基準又は土壌含有量基準を超過したものの、土壌汚染の摂取経路がなく、汚染の除去等の措置が不要な地域（以下「形質変更時要届出区域」という。）として、2021年度末までに4,914件指定されています（4,914件のうち1,810件は解除）（図4-4-2）。

図4-4-2 土壌汚染対策法の施行状況

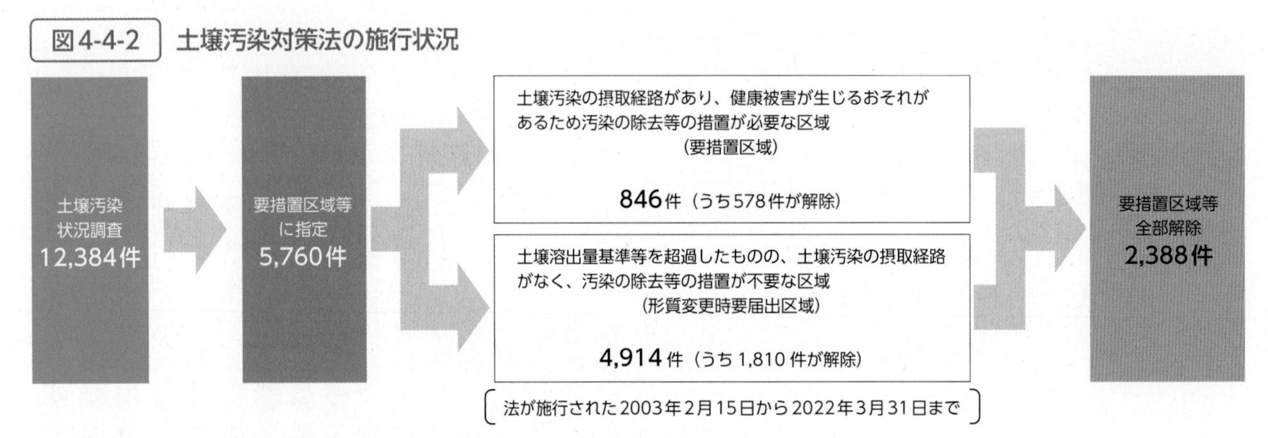

資料：環境省「令和3年度 土壌汚染対策法の施行状況及び土壌汚染調査・対策事例等に関する調査結果」

要措置区域においては、都道府県知事が汚染除去等計画の作成及び提出を指示することとされており、形質変更時要届出区域においては、土地の形質の変更を行う場合には、都道府県知事への届出が行われることとされています。また、汚染土壌を搬出する場合には、都道府県等へ届出が行われた上で、汚染土壌処理施設への搬出を管理票を用いて行うこととされており、これらにより、汚染された土地や土壌の適切な管理がなされるよう推進しました。

土壌汚染対策法に基づく土壌汚染の調査を適確に実施するため、調査を実施する機関は環境大臣又は都道府県知事の指定を受ける必要がありますが、2022年11月末時点で687件がこの指定を受けています。また、指定調査機関には、技術管理者の設置が義務付けられており、その資格取得のための土壌汚染調査技術管理者試験を2022年11月に実施しました。そのほか、低コスト・低負荷型の調査・対策技術の普及を促進するための実証試験等を行いました。

土壌汚染対策法は、土壌汚染に関する適切なリスク管理を推進するため、土壌汚染対策法の一部を改正する法律（平成29年法律第33号）により改正され、改正土壌汚染対策法が2019年4月に全面施行されました。改正土壌汚染対策法の着実な施行のため、2021年度は都道府県等に法制度等に関する解説資料を提供するなど、普及・啓発を行いました。

4　農用地の土壌汚染対策

農用地の土壌汚染対策は、農用地の土壌の汚染防止等に関する法律に基づいて実施されています。基準値以上検出等地域の累計面積（7,592ha）のうち、対策地域の指定がなされた地域の累計面積は2021年度末時点で6,609ha、対策事業等（県単独事業、転用を含む）が完了している地域の面積は7,156haであり、基準値以上検出等地域の面積の94.3%になります。

第5節　地盤環境の保全

地盤沈下は、地下水の過剰な採取により地下水位が低下し、粘性土層が収縮するために生じます。2021年度に地盤沈下観測のための水準測量が実施された20都道府県31地域の沈下の状況は、図4-5-1のとおりでした。

2021年度の地盤沈下の経年変化は図4-5-2に示すとおりであり、2021年度までに地盤沈下が認められている地域は39都道府県64地域となっています。かつて著しい地盤沈下を示した東京都区部、大阪府大阪市、愛知県名古屋市等では、地下水採取規制等の結果、長期的には地盤沈下は沈静化の傾向をたどっています。しかし、消融雪地下水採取地、水溶性天然ガス溶存地下水採取地など、一部地域では依然として地盤沈下が発生しています。

長年継続した地盤沈下により、建造物、治水施設、港湾施設、農地等に被害が生じた地域も多く、海抜ゼロメートル地域等では洪水、高潮、津波等による甚大な災害の危険性のある地域も少なくありません。

地盤沈下の防止のため、工業用水法（昭和31年法律第146号）及び建築物用地下水の採取の規制に関する法律（昭和37年法律第100号）に基づく地下水採取規制の適切な運用を図りました。

雨水浸透ますの設置など、地下水かん養の促進等による健全な水循環の確保に資する事業に対して補助を実施しました。

濃尾平野、筑後・佐賀平野及び関東平野北部の3地域については、地盤沈下防止の施策の円滑な実施を図るため、協議会において情報交換を行いました。

持続可能な地下水の保全と利用の方策として、「地下水保全」ガイドライン及び事例集の周知を図りました。また、全国から地盤沈下に関する測量情報を取りまとめた「全国の地盤沈下地域の概況」及び代表的な地下水位の状況や地下水採取規制に関する条例等の各種情報を整理した「全国地盤環境情報ディレクトリ」を公表しています。

地下水・地盤環境の保全に留意しつつ地中熱利用の普及を促進するため、「地中熱利用にあたってのガイドライン」の改訂版を作成し、周知を図りました。さらに、地中熱を分かりやすく説明した一般・子供向けのパンフレットや動画でも周知を図りました。

図4-5-1　全国の地盤沈下の状況（2021年度）

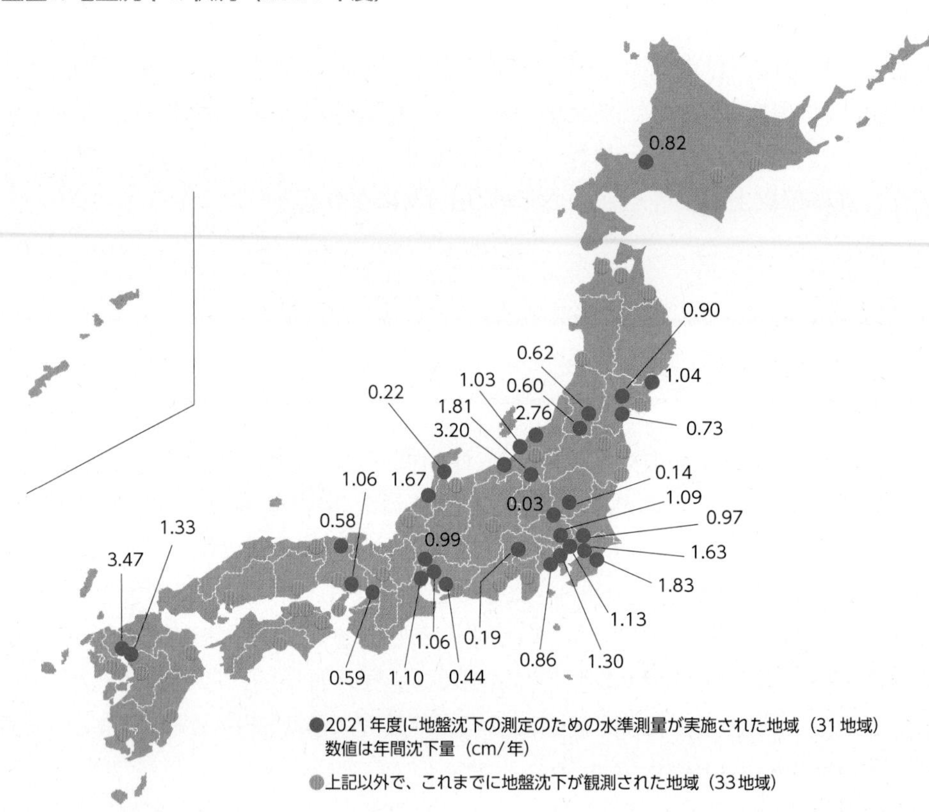

注：図中の数値は2021年度単年の沈下量であるが、毎年継続して水準測量を実施していない一部の地域は、前回の水準測量実施年度から2021年度までの沈下量を年度平均して算出した数値としている。
資料：環境省「令和3年度全国の地盤沈下地域の概況」

図4-5-2　代表的地域の地盤沈下の経年変化

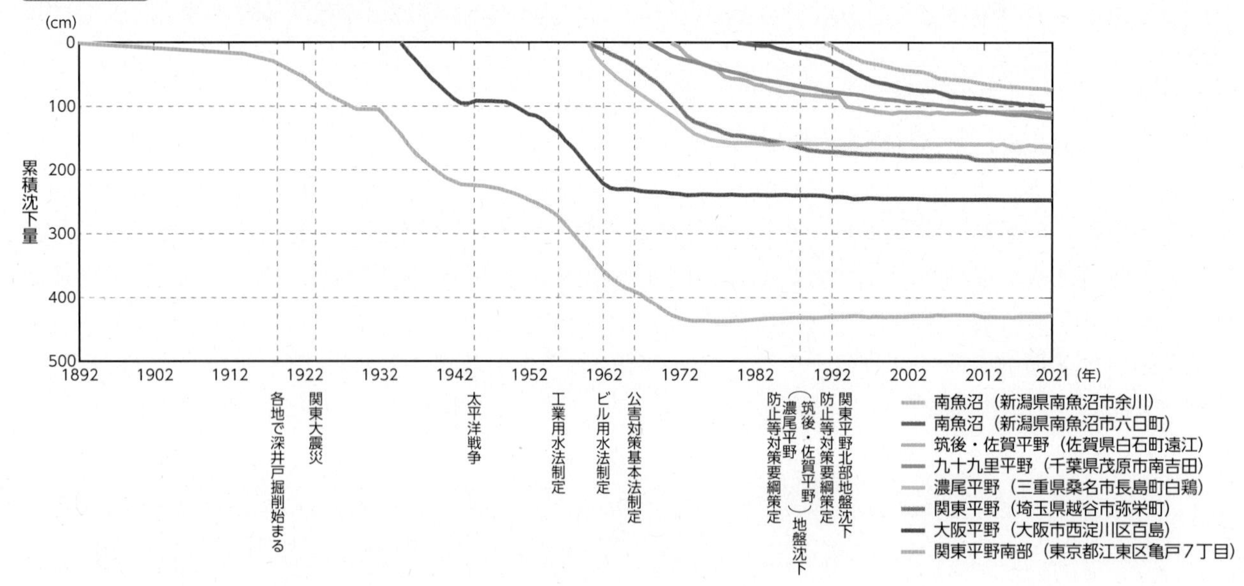

注：新潟県南魚沼市六日町は、2021年より水準測量が未実施のため、近隣の南魚沼市余川を追加した。
資料：環境省「令和3年度全国の地盤沈下地域の概況」

第6節　海洋環境の保全

1　海洋ごみ対策

海洋ごみ（漂流・漂着・海底ごみ）は、生態系を含めた海洋環境の悪化や海岸機能の低下、景観への悪影響、船舶航行の障害、漁業や観光への影響等、様々な問題を引き起こしています。海洋ごみは人為的なものから流木等自然由来のものまで様々ですが、回収・処理された海洋ごみにはプラスチックごみが多く含まれています。また、近年、マイクロプラスチック（一般的に5mm未満とされる微細なプラスチック）による海洋生態系への影響が懸念されており、世界的な課題となっています。これらの問題に対し、美しく豊かな自然を保護するための海岸における良好な景観及び環境並びに海洋環境の保全に係る海岸漂着物等の処理等の推進に関する法律（平成21年法律第82号）及び同法に基づく基本方針、海洋プラスチックごみ対策アクションプラン、その他関係法令等に基づき、以下の海洋ごみ対策を実施しています。

海洋ごみの回収・処理や発生抑制対策の推進のため、海岸漂着物等地域対策推進事業により地方公共団体への財政支援を行いました。また、通常回収が難しい漂流・海底ごみ対策として、漁業者等がボランティアで回収した海洋ごみを地方公共団体が処理する場合の費用を、都道府県当たり最大1,000万円まで定額補助する取組を進めています。また、2021年8月に発生した海底火山「福徳岡ノ場」の噴火に伴って大量に漂着した軽石の回収・処理についても本事業による支援を行っています。さらに、洪水、台風等により異常に堆積した海岸漂着ごみや流木等が海岸保全施設の機能を阻害することとなる場合には、その処理をするため、災害関連緊急大規模漂着流木等処理対策事業による支援も行っています。

漂流ごみについては、船舶航行の安全を確保し、海域環境の保全を図るため、東京湾、伊勢湾、瀬戸内海及び有明海・八代海等の閉鎖性海域において、海域に漂流する流木等のごみの回収等を行いました。また、2021年8月の大雨に伴い、有明海・八代海等で大量に漂流木等が発生し、船舶航行等に支障が及ぶおそれがあったため、海洋環境整備船が漁業者と連携して回収作業を実施しました。さらに海底火山の噴火に伴って発生した軽石の除去作業を行いました。

また、海洋プラスチックごみの削減に向け、プラスチックとの賢い付き合い方を全国的に推進する「プラスチック・スマート」において、企業、地方公共団体、NGO等の幅広い主体から、不必要なワンウェイのプラスチックの排出抑制や代替品の開発・利用、分別回収の徹底など、海洋プラスチックごみの発生抑制に向けた取組を募集、特設サイトや様々な機会において積極的に発信するほか、地方公共団体と民間企業が連携して実施する海洋ごみ対策の支援策である「ローカル・ブルー・オーシャン・ビジョン推進事業」を実施しており、各地域において特色ある海洋ごみの回収、発生抑制対策が進められています。

海洋ごみの量や種類などの実態把握調査については、2019年度までの調査結果を踏まえて、2020年度に調査方針を見直し、同年度に地方公共団体向けの漂着ごみ組成調査ガイドラインを作成しました。地方公共団体の協力の下、同ガイドラインに基づき漂着ごみの組成や存在量、これらの経年変化の把握を進めています。

マイクロプラスチックを含む海洋中のプラスチックごみや、プラスチックごみに残留している化学物質（添加剤）と環境中からプラスチックごみに吸着してきた化学物質が生物・生態系に及ぼす評価等については、まだ十分な科学的な知見が蓄積されていないことから、2020年6月「海洋プラスチックごみに関する既往研究と今後の重点課題（生物・生態系影響と実態）報告書」を公表し、「生物・生態系影響」や「実態」に関する調査研究等を進めています。科学的知見の蓄積と並行して発生・流出抑制対策を推進することも重要であり、2022年度には「マイクロプラスチック削減に向けたグッド・プラクティス集」を新たに公表し、日本企業が有する発生抑制・流出抑制・回収に資する先進的な技術・取組を、国内外に発信しています。

マイクロプラスチックのモニタリング手法の国際的な調和に向けては、実証事業や国内外の専門家を招いた会合を開催して議論を行い、2019年度に「漂流マイクロプラスチックのモニタリング手法調和ガイドライン」を公表しました。2020年度には途上国等も利用しやすいよう改訂しています。さらに海洋ごみに関する世界的モニタリングデータ共有システムの整備を国際的に提案し、世界的なデータ集約のあり方等について、国内外の専門家の助言を得ながら、データ共有システムの整備を進めています。

船舶起源の海洋プラスチックごみの削減に向けて、海事関係者を対象とする講習会等を通じ、プラスチックごみを含む船上廃棄物に関する規制等について周知活動を実施しました。

第4章

2 海洋汚染の防止等

海洋汚染等及び海上災害の防止に関する法律（昭和45年法律第136号。以下「海洋汚染等防止法」という。）では、ロンドン条約1996年議定書を国内担保するため、海洋投入処分及びCO_2の海底下廃棄に係る許可制度を導入し、その適切な運用を図っています。

船舶から排出されるバラスト水を適切に管理し、バラスト水を介した有害水生生物及び病原体の移動を防止することを目的として、2004年2月に国際海事機関（IMO）において採択された船舶バラスト水規制管理条約が2017年9月に発効し、同条約を国内担保する改正海洋汚染等防止法が同年同月に施行されました。同法に基づき、有害水バラスト処理設備の確認等を着実に実施しています。

中国、韓国、ロシアと我が国の4か国による北西太平洋地域海行動計画（NOWPAP）に基づき、当該海域の状況を把握するため、人工衛星を利用したリモートセンシング技術による海洋環境モニタリング手法に係る研究等の取組等を実施しています。

船舶によりばら積み輸送される有害液体物質等に関し、船舶汚染防止国際条約（MARPOL条約）附属書Ⅱ等に基づき、有害性の査定がなされていない液体物質（未査定液体物質）について海洋環境保全の見地から査定を行っています。

1990年の油による汚染に係る準備、対応及び協力に関する国際条約及び2000年の危険物質及び有害物質による汚染事件に係る準備、対応及び協力に関する議定書に基づき、「油等汚染事件への準備及び対応のための国家的な緊急時計画」を策定しており、環境保全の観点から油等汚染事件に的確に対応するため、緊急措置の手引書の備付けの義務付け並びに沿岸海域環境保全情報の整備、脆（ぜい）弱沿岸海域図の公表、関係地方公共団体等に対する油等に汚染された野生生物の救護及び事件発生時対応の在り方に対する研修・訓練を実施しました。

加えて、海洋汚染等防止法等にのっとり、船舶の事故等により排出された油等について、原因者のみでは十分な対応がとられていない又は時間的猶予がない場合等に、被害の局限化を図るため、油回収装置、航走拡散等により油等の防除を行っています。また、油等の流出への対処能力強化を推進するため、資機材の整備、現場職員の訓練及び研修を実施したほか、関係機関との合同訓練を実施するなど、連携強化を図り、迅速かつ的確な対処に努めています。2021年8月青森県八戸港沖で発生した貨物船座礁に伴う油流出事故の際には、北陸地方整備局所属の大型浚渫（しゅんせつ）兼油回収船「白山」が出動し、漂流油の回収や航走及び放水拡散を行いました。

3 生物多様性の確保等

第2章第4節を参照。

4 沿岸域の総合的管理

第2章第4節を参照。閉鎖性海域に係る取組は第4章第2節3を参照。

5 気候変動・海洋酸性化への対応

海水温上昇や海洋酸性化等の海洋環境や海洋生態系に対する影響を的確に把握するため、海洋における観測・監視を継続的に実施しました。

6 海洋の開発・利用と環境の保全との調和

CO_2の海底下廃棄に関しては、今後活発化することが予想されるCCS事業が環境と調和した上で適切に実施されるよう、2022年9月に「環境と調和したCCS事業のあり方に関する検討会」を設置し、これまでの海底下CCS事業の許可やモニタリングの経験、最新の国際的な動向等を踏まえ、環境保全の観点からCCS事業に係る技術的・制度的課題について検討、整理を行い、2022年12月に取りまとめを行いました。

7 海洋環境に関するモニタリング・調査研究の推進

陸域起源の汚染や廃棄物等の海洋投入処分による汚染を対象とした、日本周辺の海洋環境の経年的変化を捉え、総合的な評価を行うため、生体濃度調査及び生物群集調査、底質等の海洋環境モニタリング調査を実施しています。2022年度は、陸域起源の汚染を対象とした調査を有明海から西方の沖合海域で実施しました。今後も引き続き定期的な監視を行い、汚染の状況に大きな変化がないか把握していくこととします。

最近5か年（2018年～2022年）の日本周辺海域における海洋汚染（油、廃棄物等）の発生確認件数の推移は図4-6-1のとおりです。2022年は468件と2021年に比べ25件減少しました。これを汚染物質別に見ると、油による汚染が299件で前年に比べ33件減少、廃棄物による汚染が148件で前年に比べ9件増加、有害液体物質による汚染が8件で前年に比べ6件減少、その他（工場排水等）による汚染が13件で前年に比べ5件増加しました。

東京湾・伊勢湾・大阪湾における海域環境の観測システムを強化するため、各湾でモニタリングポスト（自動連続観測装置）により、水質の連続観測を行いました。

図4-6-1 海洋汚染の発生確認件数の推移

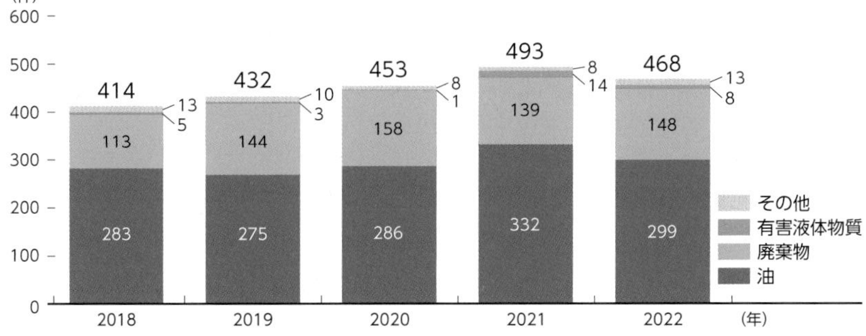

注：その他とは、工場排水等である。
資料：海上保安庁

8 監視取締りの現状

海上環境事犯の一掃を図るため、沿岸調査や情報収集の強化、巡視船艇・航空機の効果的な運用等により、日本周辺海域及び沿岸の監視取締りを行っています。また、潜在化している廃棄物・廃船の不法投棄事犯や船舶からの油不法排出事犯など、悪質な海上環境事犯の徹底的な取締りを実施しました。最近5か年の海上環境関係法令違反送致件数は図4-6-2のとおりで、2022年は618件を送致しています。

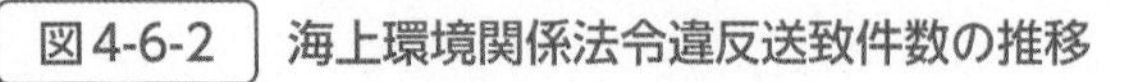
図4-6-2 海上環境関係法令違反送致件数の推移

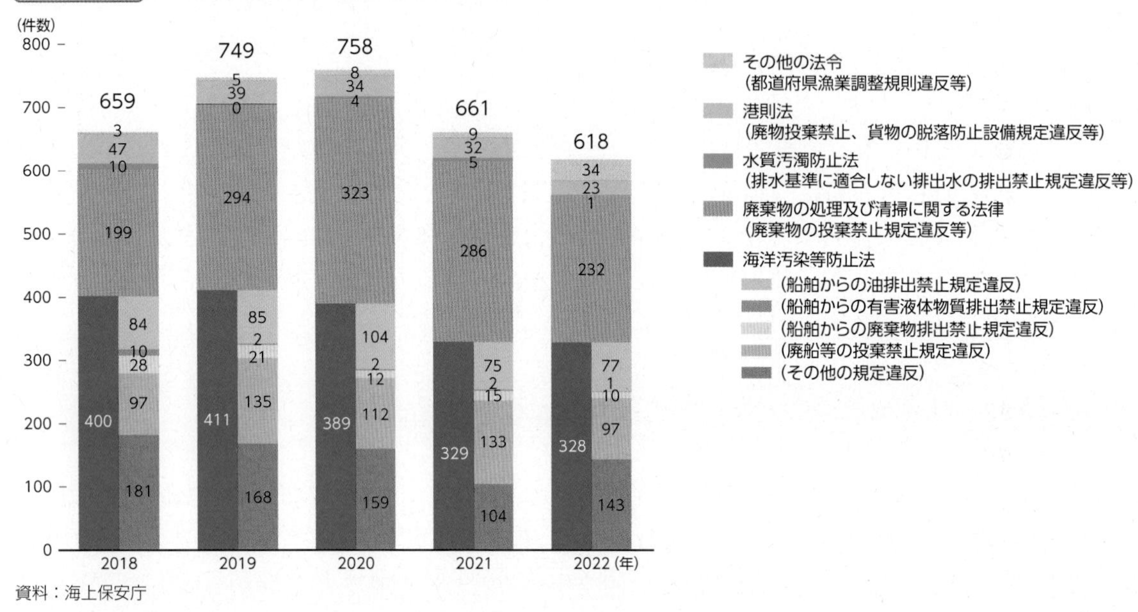

資料：海上保安庁

第7節 大気環境の保全

1 大気環境の現状

(1) 微小粒子状物質

ア 環境基準の達成状況

2021年度の微小粒子状物質（$PM_{2.5}$）の環境基準達成率は、一般環境大気測定局（以下「一般局」という。）が100%（有効測定局数858局）、自動車排出ガス測定局（以下「自排局」という。）が100%（有効測定局数240局）でした（表4-7-1、図4-7-1）。また、年平均値は、一般局8.3 $\mu g/m^3$、自排局8.8 $\mu g/m^3$でした。

表4-7-1　$PM_{2.5}$の環境基準達成状況の推移

年　度		2016	2017	2018	2019	2020	2021
有効測定局数	一般局	785	814	818	835	844	858
	自排局	223	224	232	238	237	240
環境基準達成局数							
一般局		696	732	765	824	830	858
		(88.7%)	(89.9%)	(93.5%)	(98.7%)	(98.3%)	(100%)
自排局		197	193	216	234	233	240
		(88.3%)	(86.2%)	(93.1%)	(98.3%)	(98.3%)	(100%)

資料：環境省「令和３年度大気汚染状況について（報道発表資料）」

図4-7-1　全国における$PM_{2.5}$の環境基準達成状況（2021年度）

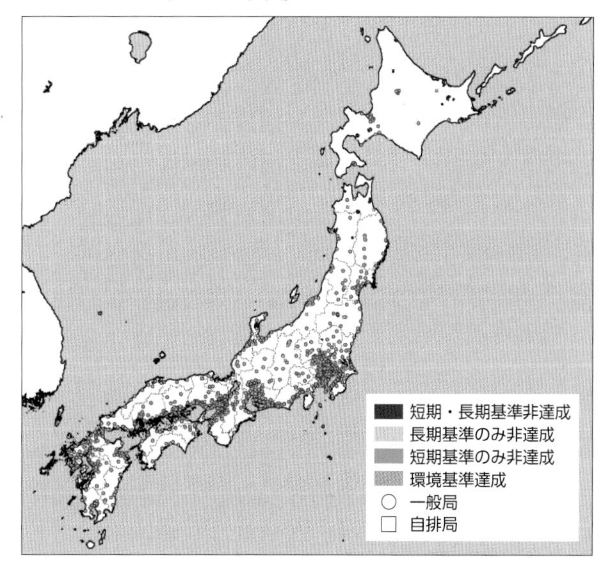

資料：環境省「令和３年度大気汚染状況について（報道発表資料）」

イ　$PM_{2.5}$注意喚起の実施状況

2013年２月に環境基準とは別に策定された「注意喚起のための暫定的な指針」に基づき、日平均値が70μg/m^{3}を超えると予想される場合に都道府県等が注意喚起を実施しています。2021年度の注意喚起実施件数は０件でした。

(2) 光化学オキシダント

ア　環境基準の達成状況

2021年度の光化学オキシダントの環境基準達成率は、一般局0.2%（測定局数1,148局）、自排局0%（測定局数32局）であり、依然として極めて低い水準となっています（図4-7-2）。一方、昼間の測定時間を濃度レベル別の割合で見ると、１時間値が0.06ppm以下の割合は95.3%（一般局）でした（図4-7-3）。

図4-7-2　昼間の１時間値の年間最高値の光化学オキシダント濃度レベル別の測定局数の推移（一般局）

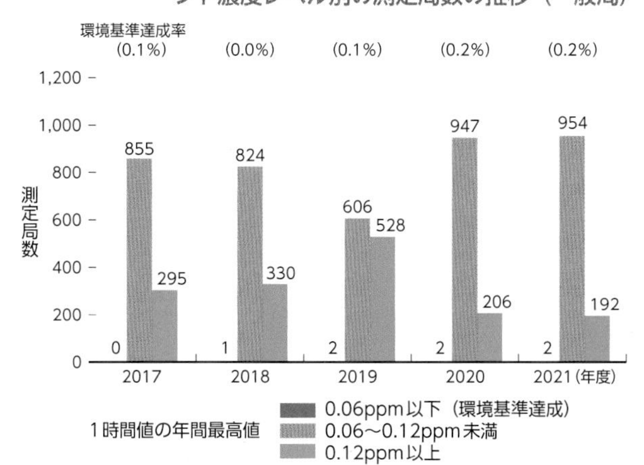

資料：環境省「令和３年度大気汚染状況について（報道発表資料）」

図4-7-3　昼間の測定時間の光化学オキシダント濃度レベル別割合の推移（一般局）

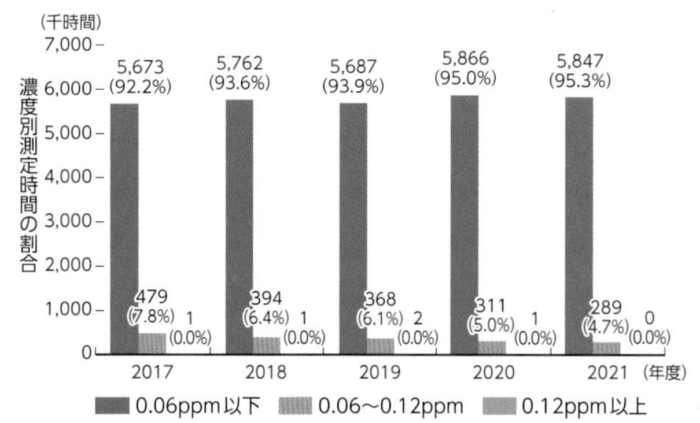

注：カッコ内は、昼間の全測定時間に対する濃度別測定時間の割合である。
資料：環境省「令和３年度大気汚染状況について（報道発表資料）」

光化学オキシダント濃度の長期的な改善傾向を評価するために、中央環境審議会大気・騒音振動部会微小粒子状物質等専門委員会が提言した新たな指標（８時間値の日最高値の年間99パーセンタイル値の3年平均値）によれば、2019～2021年度の結果はいずれの地域においても2016～2018年度に比べて低下していました（図4-7-4）。

図4-7-4　光化学オキシダント濃度の長期的な改善傾向を評価するための指標（8時間値の日最高値の年間99パーセンタイル値の3年平均値）を用いた域内最高値の経年変化

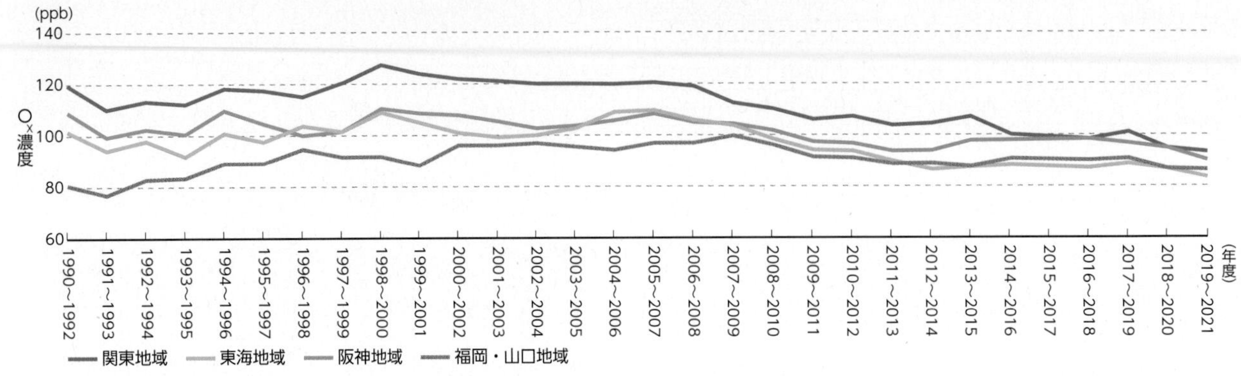

資料：環境省「令和3年度大気汚染状況について（報道発表資料）」

イ　光化学オキシダント注意報等の発令状況等

2022年の光化学オキシダント注意報等の発令延日数（都道府県を一つの単位として注意報等の発令日数を集計したもの）は41日（12都府県）であり、月別に見ると、7月が最も多く16日、次いで6月が13日でした。また、光化学大気汚染によると思われる被害届出人数（自覚症状による自主的な届出による）は0人でした（図4-7-5）。

図4-7-5　光化学オキシダント注意報等の発令延日数及び被害届出人数の推移

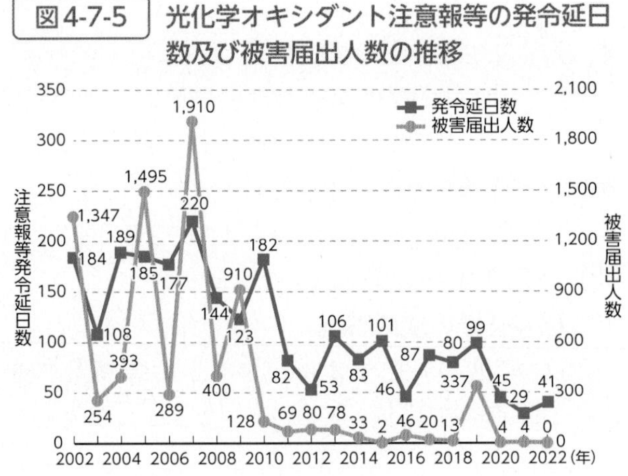

資料：環境省「令和4年光化学大気汚染関係資料」

ウ　非メタン炭化水素の測定結果

2021年度の非メタン炭化水素の午前6時～午前9時の3時間平均値の年平均値は、一般局0.11ppmC、自排局0.12ppmCであり、近年、一般局、自排局共に緩やかな低下傾向にあります。

(3) その他の大気汚染物質

2021年度の二酸化窒素（NO_2）の環境基準達成率は、一般局100％、自排局100％、浮遊粒子状物質（SPM）の環境基準達成率は、一般局100％、自排局100％、二酸化硫黄（SO_2）の環境基準達成率は、一般局99.8％、自排局は100％、一酸化炭素（CO）の環境基準達成率は、一般局、自排局共に100％でした。

(4) 有害大気汚染物質

環境基準が設定されている4物質に係る測定結果（2021年度）は表4-7-2のとおりで、4物質は全ての地点で環境基準を達成しています（ダイオキシン類に係る測定結果については、第5章第1節4（1）表5-1-1を参照）。

表4-7-2　環境基準が設定されている物質（4物質）

物質名	測定地点数	環境基準 超過地点数	全地点平均値 （年平均値）	環境基準 （年平均値）
ベンゼン	400［398］	0［0］	0.80［0.79］ $\mu g/m^3$	3 $\mu g/m^3$以下
トリクロロエチレン	354［351］	0［0］	1.1［1.3］ $\mu g/m^3$	130 $\mu g/m^3$以下
テトラクロロエチレン	354［349］	0［0］	0.090［0.086］ $\mu g/m^3$	200 $\mu g/m^3$以下
ジクロロメタン	361［354］	0［0］	1.5［1.3］ $\mu g/m^3$	150 $\mu g/m^3$以下

注1：年平均値は、月1回、年12回以上の測定値の平均値である。
　2：［　］内は2020年度実績である。
資料：環境省「令和3年度 大気汚染状況について（有害大気汚染物質モニタリング調査結果）」

指針値（環境中の有害大気汚染物質による健康リスクの低減を図るための指針となる数値）が設定されている物質のうち、ヒ素及びその化合物は5地点、1,2-ジクロロエタンは1地点、マンガン及びその化合物は2地点で指針値を超過しており、アクリロニトリル、アセトアルデヒド、塩化ビニルモノマー、塩化メチル、クロロホルム、水銀及びその化合物、ニッケル化合物、1,3-ブタジエンは全ての地点で指針値を達成しています。

（5）放射性物質

2021年度の大気における放射性物質の常時監視結果として、全国10地点における空間放射線量率の測定結果は、過去の調査結果と比べて特段の変化は見られませんでした。

（6）アスベスト（石綿）

石綿による大気汚染の現状を把握し、今後の対策の検討に当たっての基礎資料とするとともに、国民に対し情報提供していくため、建築物の解体工事等の作業現場周辺等で、大気中の石綿濃度の測定を実施しました（2021年度の対象地点は全国42地点）。2021年度の調査結果では、一部の解体現場等において1本/Lを超えるアスベスト繊維数濃度が確認されましたので、調査地点が所在する自治体に依頼し、事業者に対して指導を行うとともに、2022年度も引き続き大気中のアスベスト濃度調査を行いました。

（7）酸性雨・黄砂

ア　酸性雨

2022年度に取りまとめた2021年のモニタリング結果によると、我が国の降水は引き続き酸性化した状態（全平均値pH5.04）にあり、欧米等と比べて低いpHを示しましたが、中国の大気汚染物質排出量の減少とともにpHの上昇（酸の低下）の兆候が見られました。また、生態系への影響については、大気汚染等が原因と見られる森林の衰退は確認されず、モニタリングを実施しているほとんどの湖沼で、酸性化からの回復の兆候が見られました。

最近5か年度における降水中のpHの推移は図4-7-6のとおりです。

図4-7-6 降水中のpH分布図

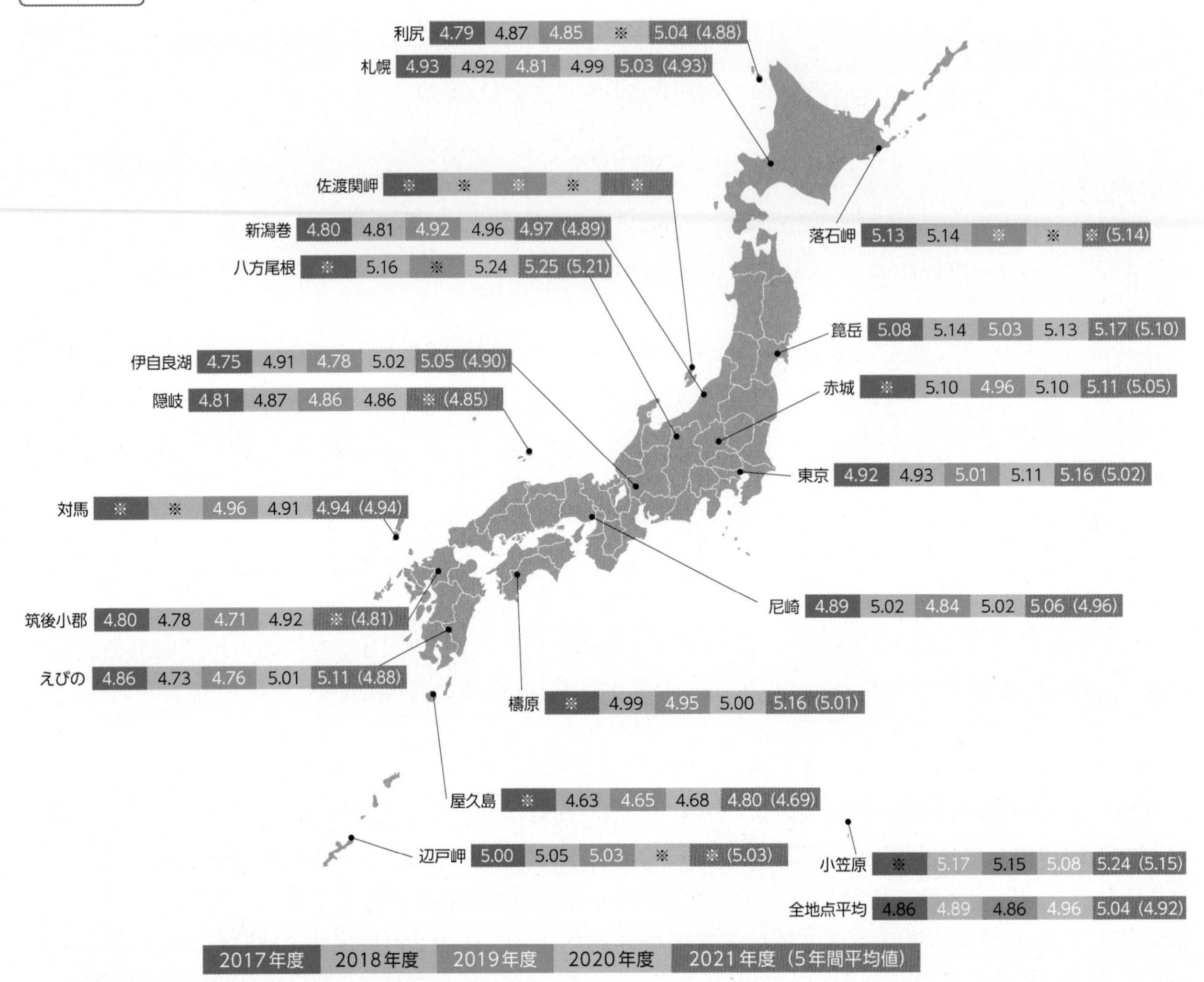

※：当該年平均値が有効判定基準に適合せず、棄却された。
注：平均値は降水量加重平均により求めた。
資料：環境省

イ　黄砂

我が国における黄砂の2022年の観測日数は、気象庁の公表によると8日でした。黄砂は過放牧や耕地の拡大等の人為的な要因も影響していると指摘されています。年により変動が大きく、長期的な傾向は明瞭ではありません。

2　窒素酸化物・光化学オキシダント・$PM_{2.5}$等に係る対策

大気汚染防止法（昭和43年法律第97号）に基づく固定発生源対策及び移動発生源対策を適切に実施するとともに、光化学オキシダント及び$PM_{2.5}$の生成の原因となり得る窒素酸化物（NO_X）、揮発性有機化合物（VOC）等の排出対策を進めています。また、大気保全施策の推進等に必要な基礎資料となる常時監視体制を整備しています。

特に、光化学オキシダントは環境基準の達成率が低く、国内における削減が急務となっています。また、光化学オキシダントの主成分であるオゾンは、それ自体が温室効果ガスであると同時に、植物の光合成を阻害し二酸化炭素吸収を減少するとして、気候変動への影響も懸念されています。このため、2022年1月に「気候変動対策・大気環境改善のための光化学オキシダント総合対策について〈光化学オキシダント対策ワーキングプラン〉」を策定し、環境基準の再評価に向けた検討を含め、気候変動対策・大気環境改善に資する総合的な対策について取組を進めています。

（1）ばい煙に係る固定発生源対策

大気汚染防止法に基づき、ばい煙（NO_X、硫黄酸化物（SO_X）、ばいじん等）を排出する施設（ばい煙発生施設）について排出基準を定めて規制等を行うとともに、施設単位の排出基準では良好な大気環境の確保が困難な地域においては、工場又は事業場の単位でNO_X及びSO_Xの総量規制を行っています。

（2）移動発生源対策

運輸・交通分野における環境保全対策については、自動車一台ごとの排出ガス規制の強化を着実に実施しました。また、自動車から排出される窒素酸化物及び粒子状物質の特定地域における総量の削減等に関する特別措置法（平成4年法律第70号。以下「自動車NO_X・PM法」という。）に基づき、自動車からのNO_X及び粒子状物質（PM）の排出量の削減に向けた施策を実施しました。

ア　自動車単体対策と燃料対策

自動車の排出ガス及び燃料については、大気汚染防止法に基づき逐次規制を強化してきています（図4-7-7、図4-7-8、図4-7-9）。「今後の自動車排出ガス低減対策のあり方について（第十四次答申）」（2020年8月中央環境審議会）を踏まえPN規制を導入するため、自動車排出ガスの量の許容限度の一部を改正する告示（令和3年環境省告示第52号）を2021年8月に公布しました。引き続き、同答申を踏まえ、ブレーキ粉塵等の非排気粒子の排出に対する対策等について審議を行っています。

公道を走行しない特殊自動車（以下「オフロード特殊自動車」という。）については、特定特殊自動車排出ガスの規制等に関する法律（平成17年法律第51号。以下「オフロード法」という。）に基づき、2006年10月から使用規制を開始し、逐次規制を強化しています。また、排出ガス基準に適合するオフロード特殊自動車等への買換えが円滑に進むよう、政府系金融機関による低利融資を講じました。

図4-7-7　ガソリン・LPG乗用車規制強化の推移

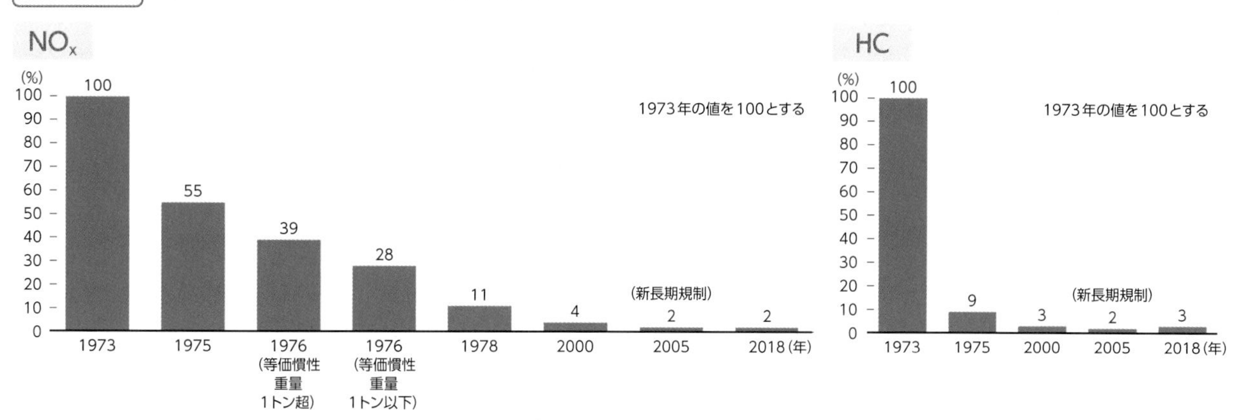

注1：等価慣性重量とは排出ガス試験時の車両重量のこと。
　2：1973年～2000年までは暖機状態のみにおいて測定した値に適用。
　3：2005年は冷機状態において測定した値に0.25を乗じた値と暖機状態において測定した値に0.75を乗じた値との和で算出される値に適用。
　4：2018年は冷機状態のみにおいて測定した値に適用。
資料：環境省

図4-7-8　ディーゼル重量車（車両総重量3.5トン超）規制強化の推移

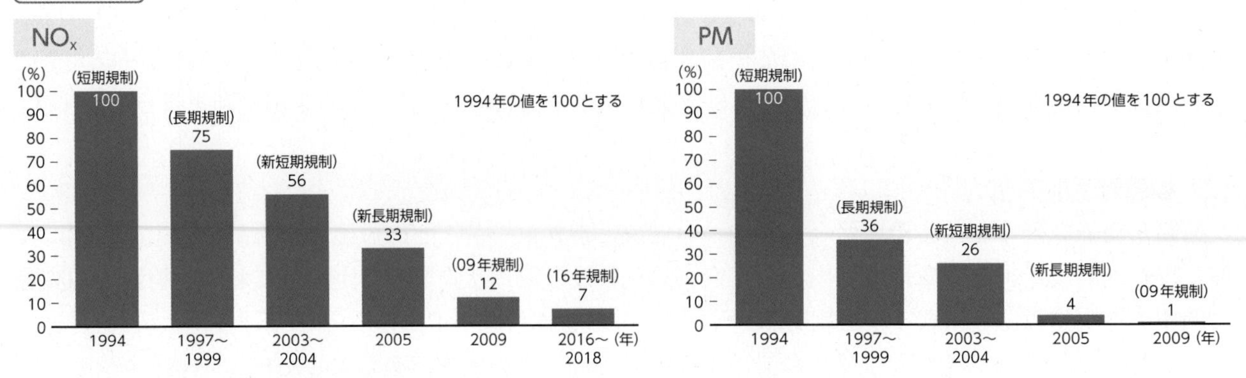

注1：2004年まで重量車の区分は車両総重量2.5トン超。
　2：NO_xに係る規制は1974年から実施。図4-7-8は濃度規制から現在の質量規制に変更した1994年を基準として記載。
資料：環境省

図4-7-9　軽油中の硫黄分規制強化の推移

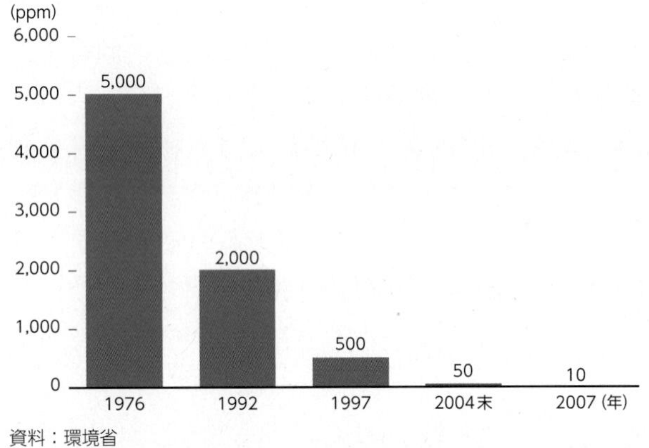

資料：環境省

イ　大都市地域における自動車排出ガス対策

自動車交通が集中する大都市地域の大気汚染状況に対応するため、自動車NO_X・PM法の総量削減基本方針に基づき、自動車からのNO_X及びPMの排出量の削減に向けた施策を計画的に進めています。同基本方針に規定される目標年度については、中央環境審議会の「今後の自動車排出ガス総合対策の在り方について（答申）」（2022年3月）を踏まえて、2020年度から2026年度に改め、新たな目標年度までに対策地域の全常時監視測定局において、安定的かつ継続的な環境基準の達成を目指していくこととなりました。

ウ　電動車の普及促進

2050年までに、新車販売に占める電動車の割合を100%にするとの目標に基づき、電動車の普及のための各種施策に取り組みました（2021年における新車販売に占める電動車の割合は、約40.3%）。

電動車の普及を促す施策として、車両導入に対する各種補助、自動車税・軽自動車税の軽減措置及び自動車重量税の免除・軽減措置等の税制上の特例措置並びに政府系金融機関による低利融資を講じました。

エ　交通流対策

（ア）交通流の分散・円滑化施策

道路交通情報通信システム（VICS）の情報提供エリアの更なる拡大を図るとともに、ETC2.0や高度化光ビーコン等を活用し、道路交通情報の内容・精度の改善・充実に努めたほか、信号機の改良、公共車両優先システム（PTPS）の整備、観光地周辺の渋滞対策、総合的な駐車対策等により、環境改善を図りました。また、環境ロードプライシング施策を試行し、住宅地域の沿道環境の改善を図りました。

(イ) 交通量の抑制・低減施策

交通に関わる多様な主体で構成される協議会による「都市・地域総合交通戦略」の策定及びそれに基づく公共交通機関の利用促進等への取組を支援しました。また、交通需要マネジメント施策の推進により、地域における自動車交通需要の調整を図りました。

オ 船舶・航空機・建設機械の排出ガス対策

船舶からの排出ガスについては、IMOの基準を踏まえ、海洋汚染等防止法により、NO_X、燃料油中硫黄分濃度(SO_X、PM)について規制されています。

航空機からの排出ガスについては、国際民間航空機関(ICAO)の排出物基準を踏まえ、航空法(昭和27年法律第231号)により、炭化水素(HC)、CO、NO_X、不揮発性粒子状物質(nvPM)等について規制されています。

建設機械からの排出ガスについては、オフロード法に基づき2006年10月から順次使用規制を開始し、2011年及び2014年に規制を順次強化するとともに、「建設業に係る特定特殊自動車排出ガスの排出の抑制を図るための指針」に基づきNO_X、PMなど大気汚染物質の排出抑制に取り組みました。

オフロード法の対象外機種(可搬型発動発電機や小型の建設機械等)についても、「排出ガス対策型建設機械の普及促進に関する規程」等により、排出ガス対策型建設機械の普及を図りました。さらに、融資制度により、これらの建設機械を取得しようとする中小企業等を支援しました。

カ 普及啓発施策等

警察庁、経済産業省、国土交通省及び環境省で構成するエコドライブ普及連絡会の枠組みを活用し、CO_2削減につながる環境負荷の軽減に配慮した自動車利用の取組「エコドライブ」を推進し、環境にやさしく、安全運転にもつながることを呼び掛けました。

(3) VOC対策

VOCは光化学オキシダント及び$PM_{2.5}$の生成原因の一つであるため、その排出削減により、大気汚染の改善が期待されます。

VOCの排出抑制対策は、法規制と自主的取組のベストミックスにより実施しており、2021年度の総排出量は2000年度に対し60%削減されました。

VOCの一種である燃料蒸発ガスを回収する機能を有する給油機(Stage2)の普及促進のため、当該給油機を導入している給油所を大気環境配慮型SS(e→AS(イーアス))として認定する制度を2018年2月に創設し、2023年3月末までに540件の給油所を認定しました。

(4) 監視・観測、調査研究

ア 大気汚染物質の監視体制

大気汚染の状況を全国的な視野で把握するとともに、大気保全施策の推進等に必要な基礎資料を得るため、国設大気環境測定所(9か所)、国設自動車交通環境測定所(9か所)、大気汚染防止法に基づき都道府県等が設置する一般局及び自排局において、大気の汚染状況の常時監視を実施しています。測定データ(速報値)、都道府県等が発令した光化学オキシダント注意報等や$PM_{2.5}$注意喚起の情報について、環境省では「大気汚染物質広域監視システム(そらまめくん)」によりリアルタイムに収集し、インターネット及び携帯電話用サイトで情報提供しています。また、気象庁では光化学スモッグに関連する気象状態を都道府県等に通報し、光化学スモッグの発生しやすい気象状態が予想される場合にはスモッグ気象情報や全般スモッグ気象情報を発表して国民へ周知しています。

国及び都道府県等では季節ごとの$PM_{2.5}$成分の測定を行っています。また、国において、全国10か所で$PM_{2.5}$成分の連続測定、全国4か所で$PM_{2.5}$の原因物質であるVOCの連続測定を行っています。これらの測定データを基に、国内の発生源寄与割合や大陸からの越境汚染による影響等、$PM_{2.5}$による汚染の原因解明や効果的な対策の実施に向けた検討を進めています。

イ　酸性雨・黄砂の監視体制

国内における越境大気汚染及び酸性雨による影響の早期把握、大気汚染原因物質の長距離輸送や長期トレンドの把握、将来影響の予測を目的として、「越境大気汚染・酸性雨長期モニタリング計画」に基づき、国内の湿性・乾性沈着モニタリング、湖沼等を対象とした陸水モニタリング、土壌・植生モニタリング等を離島など遠隔地域を中心に実施しています。

国立研究開発法人国立環境研究所と協力して、高度な黄砂観測装置（ライダー装置）によるモニタリングネットワークを整備し、「環境省黄砂飛来情報（ライダー黄砂観測データ提供ページ）」において観測データをリアルタイムで提供しています。

ウ　放射性物質の監視体制

関係機関が実施している放射性物質モニタリングを含めて、全国308地点で空間放射線量率の測定を行うなど、放射性物質による大気の汚染の状況を監視しており、2021年度の大気における放射性物質の常時監視結果を専門家による評価を経て公表しています。

東京電力福島第一原子力発電所事故により環境中に放出された放射性物質のモニタリングについては、政府が定めた「総合モニタリング計画」（2011年8月モニタリング調整会議決定、2023年3月改定）に基づき、関係府省、地方公共団体、原子力事業者等が連携して実施しています。また、放射線モニタリング情報のポータルサイトにおいて、モニタリングの結果を一元的に情報提供しています。

航空機モニタリングによる2022年10月時点の東京電力福島第一原子力発電所から80km圏内の地表面から1mの高さの空間線量率は、引き続き減少傾向にあります。

3　アジアにおける大気汚染対策

アジア地域における大気環境の改善に向け、様々な二国間・多国間協力を通じて、政策・技術に関する情報共有、モデル的な技術の導入、共同研究等を進めています。

（1）二国間協力

第6章第4節1（2）イを参照。

（2）日中韓三カ国環境大臣会合（TEMM）の下の協力

第6章第4節1（2）ア（イ）を参照。

（3）多国間協力

ア　アジアEST地域フォーラム

2021年10月に第14回アジアEST（環境的に持続可能な交通）地域フォーラムを愛知県（オンライン参加あり）で開催し、アジアの脱炭素化に向けた動きを加速化するために、SDGsやパリ協定などの国際潮流に沿った2030年までのESTの目標を掲げた「愛知宣言2030」を採択しました。

イ　東アジア酸性雨モニタリングネットワーク（EANET）

東アジア地域において、酸性雨の現状やその影響を解明するとともに、酸性雨問題に関する地域の協力体制を確立することを目的として、我が国のイニシアティブにより、東アジア酸性雨モニタリングネットワーク（EANET）が稼働しており、現在、東アジア地域の13か国が参加しています。EANETでは、2020年の政府間会合で酸性雨に限らずより広い大気環境問題を扱うことができるよう活動スコープを拡大し、2021年の政府間会合では、具体的に対象物質と取り組める活動について定め、加えてプロジェクトごとに予算を執行する新たな仕組みの導入やそのガイドラインについて合意しました。このことにより2022年より従来の活動に加え、より柔軟かつ迅速に課題に対応可能なプロジェクト活動が実施されています。

ウ　アジア太平洋クリーン・エア・パートナーシップ（APCAP）

アジア太平洋地域の大気環境改善に向けた活動を促進するために必要なプラットフォームとして、2014年度からアジア太平洋クリーン・エア・パートナーシップ（APCAP）を立ち上げました。アジア太平洋地域において、科学に基づく解決策をまとめた報告書（地域評価報告書）による具体的な対策支援を進めたほか、大気環境に関する国際フォーラムを開催するなど、アジア太平洋地域の大気環境の改善及び気候変動対策の促進に向けた活動を実施しました。

エ　アジア・コベネフィット・パートナーシップ

2010年の創設以来、アジアの途上国における環境改善と温室効果ガス排出削減に同時に資するコベネフィット・アプローチの普及啓発活動に参画してきました。アジア開発銀行等の国際機関との連携強化やウェブサイトの充実等に取り組みました。

4　多様な有害物質による健康影響の防止

（1）アスベスト（石綿）対策

大気汚染防止法では、全ての建築物及びその他の工作物の解体等工事について、吹付け石綿や石綿を含有する断熱材、保温材、耐火被覆材、仕上塗材及び成形板等の使用の有無を事前調査で確認し、当該建材が使用されている場合には作業基準を遵守することなどを求めており、地方公共団体と連携して、石綿の大気環境への飛散防止対策に取り組んできました。

2020年6月に大気汚染防止法の一部を改正する法律（令和2年法律第39号）等が公布され、一部の規定を除き2021年4月から施行され、全ての石綿含有建材が規制対象となるなど、解体等工事に伴うアスベストの飛散防止対策が強化されました。改正後の大気汚染防止法の円滑な運用がなされるように対応を徹底します。

（2）水銀大気排出対策

水銀に関する水俣条約の的確かつ円滑な施行を確保するため、改正大気汚染防止法が2018年4月に施行されました。同法に基づく水銀大気排出対策の着実な実施を図るため、水銀排出施設の届出情報及び水銀濃度の測定結果の把握や、要排出抑制施設における自主的取組のフォローアップ、水銀大気排出インベントリーの作成等を行いました。また、排出ガス中の水銀測定法（平成28年環境省告示第94号）について、2022年9月、ガス状と粒子状の水銀を一括で試料採取する方法を追加する改正を行いました。

（3）有害大気汚染物質対策等

有害大気汚染物質による大気汚染の状況を把握するため、大気汚染防止法に基づき、地方公共団体と連携して有害大気汚染物質モニタリング調査を実施しました。特に酸化エチレンについては、2022年10月に「事業者による酸化エチレンの自主管理促進のための指針」を策定し、事業者の自主的取組を更に促進することとしました。

有害大気汚染物質から選定された優先取組物質のうち、環境目標値が設定されていない物質については、迅速な値の設定を目指すこととされており、科学的知見の充実のため、有害性情報等の収集を行いました。

5 地域の生活環境保全に関する取組

(1) 騒音・振動対策

騒音に係る環境基準は、地域の類型及び時間の区分ごとに設定されており、類型指定は、2021年度末時点で47都道府県の766市、415町、38村、23特別区において行われています。また、環境基準達成状況の評価は、「個別の住居等が影響を受ける騒音レベルによることを基本」とされ、一般地域（地点）と道路に面する地域（住居等）別に行うこととされています。

図4-7-10 騒音・振動・悪臭に係る苦情件数の推移

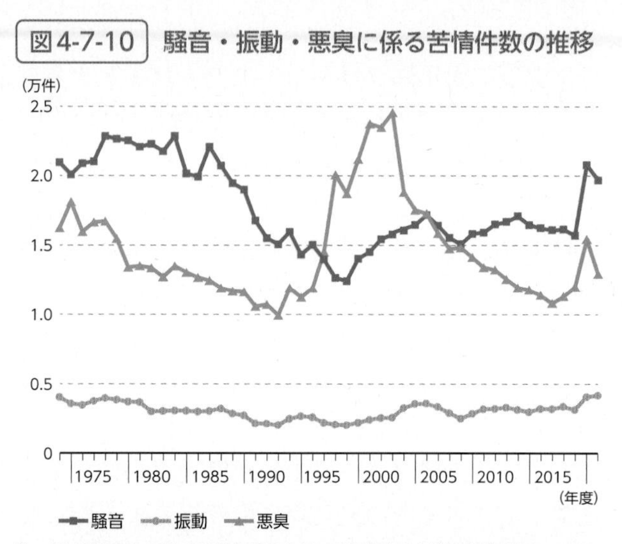

注：2018年度までは、2003年度から2018年度までの悪臭苦情件数について、苦情発生年度に苦情処理が完結しなかったものについては、翌年度も苦情件数に含めて集計を行っていたが、2019年度以降の集計においては当該年度発生分のみ集計。

資料：環境省「騒音規制法施行状況調査」、「振動規制法施行状況調査」、「悪臭防止法施行状況調査」より作成

2021年度の一般地域における騒音の環境基準の達成状況は、全測定地点で89.5%、地域の騒音状況を代表する地点で89.6%、騒音に係る問題を生じやすい地点等で89.3%となっています。

騒音苦情の件数は2021年度には前年度より1,104件減少し、19,700件でした（図4-7-10）。発生源別に見ると、建設作業騒音に係る苦情の割合が37.9%を占め、次いで工場・事業場騒音に係る苦情の割合が27.8%を占めています。

振動の苦情件数は、2021年度は4,207件で、前年度に比べて146件増加しました。発生源別に見ると、建設作業振動に対する苦情件数が69.0%を占め、次いで工場・事業場振動に係るものが16.6%を占めています。

ア 自動車交通騒音・振動対策

自動車単体の構造の改善による騒音の低減等の発生源対策、道路構造対策、交通流対策、沿道対策等の諸施策を総合的に推進しました（表4-7-3）。また、「今後の自動車単体騒音低減対策のあり方について（第四次答申）」（2022年6月中央環境審議会）において、四輪車騒音の国際基準であるUN Regulation No51 03Seriesに規定されたフェーズ3の規制値と調和した次期加速走行騒音許容限度目標値を答申しました。この答申を踏まえ、自動車騒音の大きさの許容限度の一部を改正する告示（令和4年環境省告示第77号）を2022年9月に公布しました。引き続き四輪車及び二輪車走行騒音規制の見直し等について審議を行っています。

道路に面する地域における騒音の環境基準の達成状況については、2021年度において、全国約936万5,500戸の住居等を対象に行った評価では、昼間・夜間のいずれか又は両方で環境基準を超過したのは約51万100戸（5.4%）でした（図4-7-11）。このうち、幹線交通を担う道路に近接する空間にある約400万7,000戸のうち昼間・夜間のいずれか又は両方で環境基準を超過した住居等は約35万2,400戸（8.8%）でした。

要請限度制度の運用状況については、自動車騒音に関して、2021年度に地方公共団体が苦情を受け測定を実施した42地点のうち要請限度値を超過したのは6地点でした。また同様に、道路交通振動に関して、測定を実施した87地点のうち要請限度値を超過したのは3地点でした。なお、要請限度制度とは、自動車からの騒音や振動が環境省令で定める限度を超えていることにより道路の周辺の生活環境が著しく損なわれると認められる場合に、市町村長が都道府県公安委員会に対して道路交通法（昭和

35年法律第105号）の規定による措置を要請することができる制度です。

表4-7-3　道路交通騒音対策の状況

対策の分類	個別対策	概要及び実績等
発生源対策	自動車騒音単体対策	自動車構造の改善により自動車単体から発生する騒音の大きさそのものを減らす。 ・2012年4月の中央環境審議会答申に基づき、二輪車の加速走行騒音試験法について国際基準（UN R41-04）と調和を図った。 ・2015年7月の中央環境審議会答申に基づき、四輪車の加速走行騒音試験法について国際基準（UN R51-03）と調和を図った。また、二輪車及び四輪車の使用過程車に対し、新車時と同等の近接排気騒音値を求める相対値規制に移行。さらに、四輪車のタイヤに騒音規制（UN R117-02）を導入した。
交通流対策	交通規制等	信号機の改良等を行うとともに、効果的な交通規制、交通指導取締りを実施することなどにより、道路交通騒音の低減を図る。 ・大型貨物車等の通行禁止 環状7号線以内及び環状8号線の一部（土曜日22時から日曜日7時） ・大型貨物車等の中央寄り車線規制 環状7号線の一部区間（終日）、国道43号の一部区間（22時から6時） ・信号機の改良 11万6,974基（2021年度末現在における集中制御、感応制御、系統制御の合計） ・最高速度規制 国道43号の一部区間（40km/h）、国道23号の一部区間（40km/h）
	バイパス等の整備	環状道路、バイパス等の整備により、大型車の都市内通過の抑制及び交通流の分散を図る。
	物流拠点の整備等	物流施設等の適正配置による大型車の都市内通過の抑制及び共同輸配送等の物流の合理化により交通量の抑制を図る。 ・流通業務団地の整備状況／札幌1、花巻1、郡山2、宇都宮1、東京5、新潟1、富山1、名古屋1、岐阜1、大阪2、神戸3、米子1、岡山1、広島1、福岡1、鳥栖1、熊本1、鹿児島1（2017年度末） （数字は都市計画決定されている流通業務団地計画地区数） ・一般トラックターミナルの整備状況／3,354バース（2017年度末）
道路構造対策	低騒音舗装の設置	空げきの多い舗装を敷設し、道路交通騒音の低減を図る。 ・環境改善効果／平均的に約3デシベル
	遮音壁の設置	遮音効果が高い。 沿道との流出入が制限される自動車専用道路等において有効な対策。 ・環境改善効果／約10デシベル（平面構造で高さ3mの遮音壁の背面、地上1.2mの高さでの効果（計算値））
	環境施設帯の設置	沿道と車道の間に10又は20mの緩衝空間を確保し道路交通騒音の低減を図る。 ・「道路環境保全のための道路用地の取得及び管理に関する基準」（昭和49年建設省都市局長・道路局長通達） 環境改善効果（幅員10m程度）／5～10デシベル
沿道対策	沿道地区計画の策定	道路交通騒音により生ずる障害の防止と適正かつ合理的な土地利用の推進を図るため都市計画に沿道地区計画を定め、幹線道路の沿道にふさわしい市街地整備を図る。 ・幹線道路の沿道の整備に関する法律（沿道法　昭和55年法律第34号） 沿道整備道路指定要件／夜間騒音65デシベル超（L_{Aeq}）又は昼間騒音70デシベル超（L_{Aeq}） 日交通量1万台超ほか 沿道整備道路指定状況／11路線132.9kmが都道府県知事により指定されている。 国道4号、国道23号、国道43号、国道254号、環状7、8号線等 沿道地区計画策定状況／50地区108.3kmで沿道地区計画が策定されている。 （実績は、2021年4月時点）
障害防止対策	住宅防音工事の助成の実施	道路交通騒音の著しい地区において、緊急措置としての住宅等の防音工事助成により障害の軽減を図る。また、各種支援措置を行う。 ・道路管理者による住宅防音工事助成 ・高速自動車国道等の周辺の住宅防音工事助成 ・市町村の土地買入れに対する国の無利子貸付 ・道路管理者による緩衝建築物の一部費用負担
推進体制の整備	道路交通公害対策推進のための体制づくり	道路交通騒音問題の解決のために、関係機関との密接な連携を図る。 ・環境省／関係省庁との連携を密にした道路公害対策の推進 ・地方公共団体／国の地方部局（一部）、地方公共団体の環境部局、道路部局、都市部局、都道府県警察等を構成員とする協議会等による対策の推進（全都道府県が設置）

資料：警察庁、国土交通省、環境省

図4-7-11　2021年度道路に面する地域における騒音の環境基準の達成状況

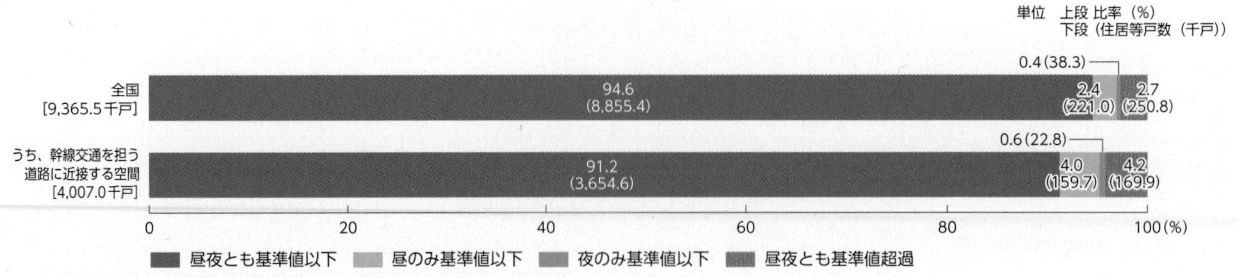

注：比率は端数処理の関係で合計が合わない場合がある。
資料：環境省「令和３年度自動車交通騒音の状況について（報道発表資料）」

イ　鉄道騒音・振動、航空機騒音対策

新幹線鉄道騒音に係る環境基準の達成状況は、2021年度において、485地点の測定地点のうち269地点（55.5%）で環境基準を達成しました（図4-7-12）。なお、新幹線鉄道の軌道中心から25m以内に住居がない地域数の割合は、2021年度において18.9%であり、近年ほとんど変わりがありません（図4-7-13）。また、整備新幹線開業時における障害防止対策及び新幹線鉄道振動に係る指針値は、おおむね達成されています。

新幹線鉄道騒音対策としては、従来の音源対策である75デシベル対策に加え、新幹線鉄道沿線の地方公共団体に対し、新幹線鉄道騒音による著しい騒音が及ぶ地域については、沿線の土地利用計画の決定又は変更に際し、新たな市街化を極力抑制するとともに、具体的な土地利用において騒音により機能を害されるおそれの少ない公共施設等を配置するなど、騒音防止可能な措置を講じるよう指導しているところです。また、新幹線鉄道騒音の測定・評価に関する標準的な方法を示した「新幹線鉄道騒音測定・評価マニュアル」に基づく測定・評価等を行い、現状の把握に努めています。

航空機騒音については、測定・評価に関する標準的な方法を示した「航空機騒音測定・評価マニュアル」に基づく測定・評価等を行い、現状の把握に努めています。

公共用飛行場周辺における航空機騒音対策としては、耐空証明（旧騒音基準適合証明）制度による騒音基準に適合しない航空機の運航を禁止するとともに、緊急時等を除き、成田国際空港では夜間の航空機の発着を禁止し、大阪国際空港等では発着数の制限を行っています。

航空機騒音対策を実施してもなお航空機騒音の影響が及ぶ地域については、公共用飛行場周辺における航空機騒音による障害の防止等に関する法律（昭和42年法律第110号）等に基づき空港周辺対策を行っています。同法に基づく対策を実施する特定飛行場は、東京国際空港、大阪国際空港、福岡空港など14空港であり、これらの空港周辺において、学校、病院、住宅等の防音工事及び共同利用施設整備の助成、移転補償、緩衝緑地帯の整備等を行っています（表4-7-4）。また、大阪国際空港及び福岡空港については、周辺地域が市街化されているため、同法により計画的周辺整備が必要である周辺整備空港に指定されており、大阪国際空港周辺の事業は関西国際空港及び大阪国際空港の一体的かつ効率的な設置及び管理に関する法律（平成23年法律第54号）等に基づき新関西国際空港株式会社より空港運営権者に選定された関西エアポート株式会社が、福岡空港周辺の事業は国及び関係地方公共団体の共同出資で設立された独立行政法人空港周辺整備機構が関係府県知事の策定した空港周辺整備計画に基づき、上記施策に加えて、再開発整備事業等を実施しています。

自衛隊等の使用する飛行場等に係る周辺対策としては、防衛施設周辺の生活環境の整備等に関する法律（昭和49年法律第101号）等に基づき、学校、病院、住宅等の防音工事の助成、移転補償、緑地帯等の整備、テレビ受信料の助成等の各種施策を行っています（表4-7-5）。

航空機騒音に係る環境基準の達成状況は、2021年度において、539地点の測定地点のうち、474地点（87.9%）で達成しました（図4-7-14）。

図4-7-12　新幹線鉄道騒音に係る環境基準における音源対策の達成状況

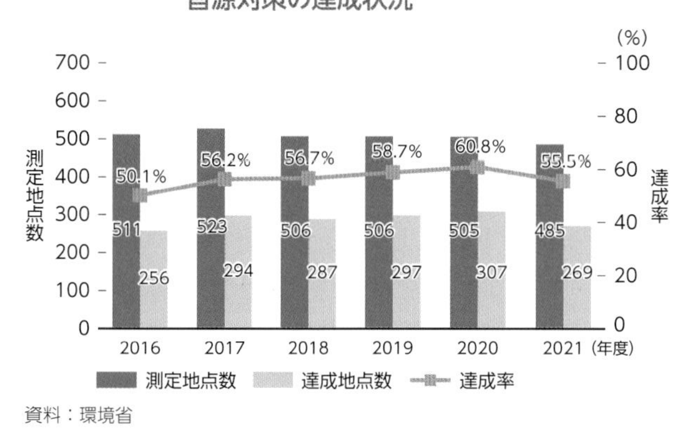

資料：環境省

図4-7-14　航空機騒音に係る環境基準の達成状況

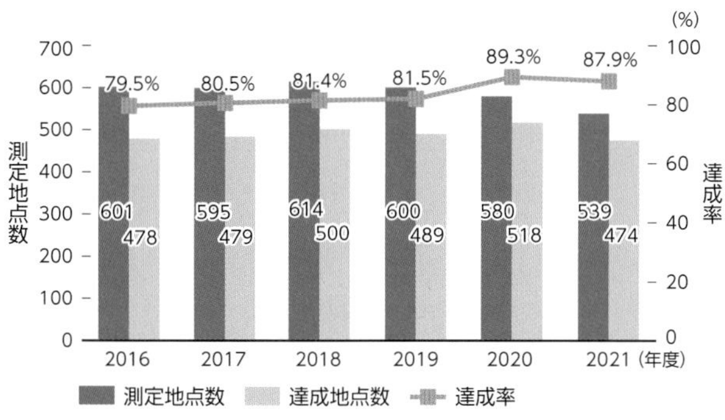

資料：環境省

図4-7-13　新幹線鉄道沿線における住居の状況

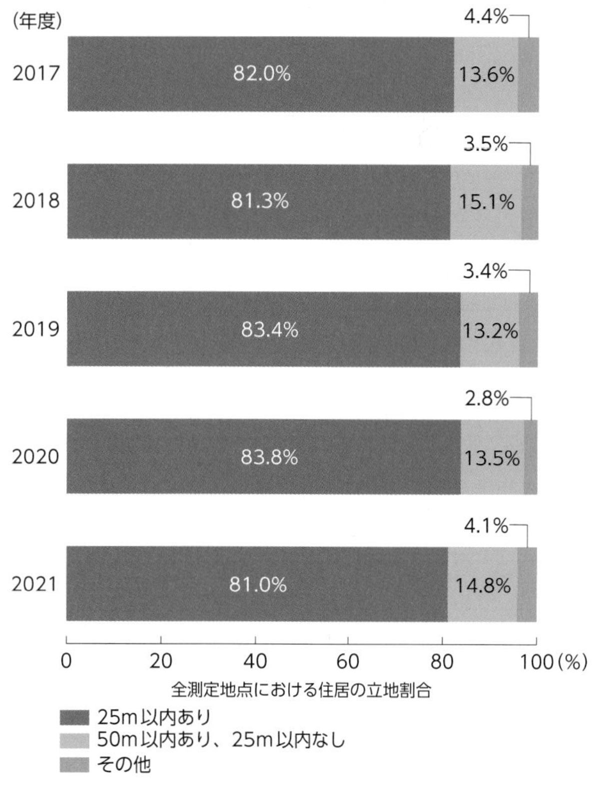

資料：環境省

表4-7-4　空港周辺対策事業一覧表

(国費予算額、単位：百万円)

区　分	2020年度	2021年度	2022年度
教育施設等防音工事	235	218	367
住宅防音工事	255	235	210
移転補償等	628	413	635
緩衝緑地帯整備	75	63	39
空港周辺整備機構 (補助金、交付金)	0	0	0
周辺環境基盤施設	0	0	0
計	1,193	929	1,251

資料：国土交通省

表4-7-5　防衛施設周辺騒音対策関係事業一覧表

(国費予算額、単位：億円)

事項＼区分	2020年度	2021年度	2022年度
騒音防止事業			
(学校・病院等の防音)	103.7	101.9	83.9
(住宅防音)	628.7	625.0	615.4
(防音関連維持費)	16.3	15.7	15.4
民生安定助成事業			
(学習等供用施設等の防音助成)	21.3	10.5	3.7
(放送受信障害)	19.0	18.4	17.8
(空調機器稼働費)	0.1	0.0	0.1
移転措置事業	50.1	50.1	50.6
緑地整備事業	9.9	8.5	8.8
計	849.1	829.9	795.7

注1：表中の数値には、航空機騒音対策以外の騒音対策分も含む。
2：百万円単位を四捨五入してあるので、合計とは端数において一致しない場合がある。
資料：防衛省

ウ　工場・事業場及び建設作業の騒音・振動対策

騒音規制法（昭和43年法律第98号）及び振動規制法（昭和51年法律第64号）では、騒音・振動を防止することにより生活環境を保全すべき地域内における法で定める工場・事業場及び建設作業の騒音・振動を規制しています。

振動規制法に基づく特定施設であるコンプレッサーについて、「一定の限度を超える大きさの振動を発生しないものとして環境大臣が指定する圧縮機を定める告示」及び「低振動型圧縮機の指定に関する規程」を2022年5月に公布し、同年12月に施行されました。

エ　低周波音その他の対策

低周波音問題への対応に資するため、地方公共団体職員を対象として、低周波音問題に対応するための知識・技術の習得を目的とした低周波音の測定評価方法に係る講習を行っています。また、風力発電施設については、近年設置数が増加していること、騒音等による苦情が発生していることなどから、その実態の把握と知見の充実が求められており、風力発電施設からの騒音等の評価手法等についての検討及び新たな知見の集積を行い、2017年5月に公表した「風力発電施設から発生する騒音に関する指針」と「風力発電施設から発生する騒音等測定マニュアル」の周知徹底に努めています。また、省エネ型温水器等から発生する騒音等について、人への影響等に関する調査を実施し、2020年3月に公表した「地方公共団体担当者のための省エネ型温水器等から発生する騒音対応に関するガイドブック」の周知徹底に努めています。

2021年度には全国の地方公共団体で、人の耳には聞き取りにくい低周波の音がガラス窓や戸、障子等を振動させる、気分のイライラ、頭痛、めまいを引き起こすといった苦情が347件受け付けられました。

近年、営業騒音、拡声機騒音、生活騒音等のいわゆる近隣騒音は、騒音に係る苦情全体の約16.4%を占めています。近隣騒音対策は、各人のマナーやモラルに期待するところが大きいことから、近隣騒音に関するパンフレットを作成して普及啓発活動を行っています。また、各地方公共団体においても取組が進められており、2021年度末時点で、深夜営業騒音は40の都道府県及び98の市町村で、拡声機騒音は42の都道府県及び128の市町村で条例を制定しています。

(2) 悪臭対策

悪臭苦情の件数は2004年度から減少傾向にありましたが、2018年度より再度増加に転じ、2021年度の悪臭苦情件数は12,950件と、前年度に比べ2,488件減少しました。

ア　悪臭防止法による措置

悪臭防止法（昭和46年法律第91号）に基づき、工場・事業場から排出される悪臭の規制等を実施しています。2022年度には、嗅覚測定法における現告示法の見直し、嗅覚パネルの選定に関する見直しの検討等を行いました。また、臭気指数等の測定を行う臭気測定業務従事者についての国家資格を認定する臭気判定士試験を毎年1回実施しています。

イ　快適な感覚環境の創出

快適な感覚環境の創出に向けて、五感を活かした地域の取組等について文献、事例調査を行い、よいかおりや心地よい音などの快適な感覚環境の創出と健康増進効果に関する知見収集を行う等の取組を進めています。

(3) ヒートアイランド対策

ヒートアイランド現象が大都市を中心に生じており、30℃を超える時間数が増加しています（図4-7-15）。近年は、猛暑による熱中症救急搬送人員も増加傾向にあり、暑熱環境の改善について社会的な要請が高まっています。

人工排熱の低減、地表面被覆の改善、都市形態の改善、ライフスタイルの改善、人の健康への影響等を軽減する適応策の推進を柱とするヒートアイランド対策の推進を図りました。

ヒートアイランド現象に対する適応策についての調査・検討を実施するとともに、暑さ指数（WBGT：湿球黒球温度）等の熱中症予防情報の

図4-7-15　都市の30℃以上時間数の推移

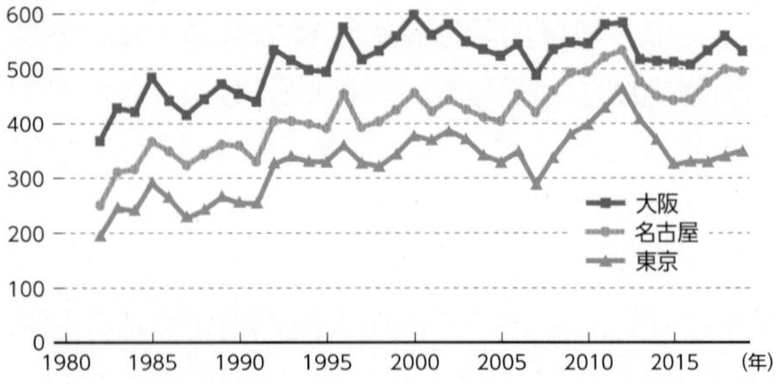

注1：5年移動平均（前後2年を含む5年間の平均）を平均期間の真ん中の年に表示。
　2：大阪で1993年、東京で2014年にそれぞれ観測地が移転している。
資料：気象庁観測データより環境省作成

提供を実施しました。

(4) 光害対策等

不適切な屋外照明等の使用から生じる光は、人間の諸活動や動植物の生息・生育に悪影響を及ぼすとともに、過度な明るさはエネルギーの浪費であり、地球温暖化の原因にもなります。

このため、良好な光環境の形成に向けて、2020年度に近年のLED照明の普及など照明技術を取り巻く環境の変化も踏まえて改定した光害対策ガイドライン等を活用し、普及啓発を図りました。また、星空観察を通じて光害に気づき、環境保全の重要性を認識してもらうことを目的として、夏と冬の2回、肉眼観察とデジタルカメラによる夜空の明るさ調査を呼び掛けました。

第5章　包括的な化学物質対策に関する取組

第1節　化学物質のリスク評価の推進及びライフサイクル全体のリスクの削減

1　化学物質の環境中の残留実態の現状

現代の社会においては、様々な産業活動や日常生活に多種多様な化学物質が利用され、私たちの生活に利便を提供しています。また、物の焼却等に伴い非意図的に発生する化学物質もあります。化学物質の中には、適切な管理が行われない場合に環境汚染を引き起こし、人の健康や生活環境に有害な影響を及ぼすものがあります。

化学物質の一般環境中の残留実態については、毎年、化学物質環境実態調査を行い、「化学物質と環境」として公表しています。2022年度においては、[1] 初期環境調査、[2] 詳細環境調査、[3] モニタリング調査の三つの体系で実施しました。これらの調査結果は、化学物質の審査及び製造等の規制に関する法律（昭和48年法律第117号。以下「化学物質審査規制法」という。）のリスク評価及び規制対象物質の追加の検討や特定化学物質の環境への排出量の把握等及び管理の改善の促進に関する法律（平成11年法律第86号。以下「化学物質排出把握管理促進法」という。）の指定化学物質の指定の検討、環境リスク評価の実施のための基礎資料など、各種の化学物質関連施策に活用されています。

（1）初期環境調査

初期環境調査は、化学物質排出把握管理促進法の指定化学物質の指定の検討やその他化学物質による環境リスクに係る施策の基礎資料とすることを目的としています。2021年度は、調査対象物質の特性に応じて、水質、底質又は大気について調査を実施し、対象とした11物質（群）のうち、7物質（群）が検出されました。また、2022年度は、13物質（群）について調査を実施しました。

（2）詳細環境調査

詳細環境調査は、化学物質審査規制法の優先評価化学物質のリスク評価を行うための基礎資料とすることを目的としています。2021年度は、調査対象物質の特性に応じて、水質、底質、大気又は生物について調査を実施し、対象とした6物質（群）のうち、4物質（群）が検出されました。また、2022年度は、6物質（群）について調査を実施しました。

（3）モニタリング調査

モニタリング調査は、難分解性、高蓄積性等の性質を持つポリ塩化ビフェニル（PCB）、ジクロロジフェニルトリクロロエタン（DDT）等の化学物質の残留実態を経年的に把握するための調査であり、残留性有機汚染物質に関するストックホルム条約（以下「POPs条約」という。）の対象物質及びその候補となる可能性のある物質並びに化学物質審査規制法の特定化学物質等を対象に、物質の特性に応じて、水質、底質、生物又は大気について調査を実施しています。

2021年度は、11物質（群）について調査を実施しました。数年間の結果が蓄積された物質を対象に統計学的手法を用いて解析したところ、全ての媒体で濃度レベルが総じて横ばい又は漸減傾向を示していました。また、2022年度は、11物質（群）について調査を実施しました。

2　化学物質の環境リスク評価

環境施策上のニーズや前述の化学物質環境実態調査の結果等を踏まえ、化学物質の環境経由ばく露に関する人の健康や生態系に有害な影響を及ぼすおそれ（環境リスク）についての評価を行っています。その取組の一つとして、2022年度に環境リスク初期評価の第21次取りまとめを行い、8物質について健康リスク及び生態リスクの初期評価を、4物質について生態リスクの初期評価を実施しました。その結果、生態リスク初期評価の1物質が、相対的にリスクが高い可能性がある「詳細な評価を行う候補」と判定されました。

化学物質審査規制法では、包括的な化学物質の管理を行うため、法制定以前に製造・輸入が行われていた既存化学物質を含む一般化学物質等を対象に、スクリーニング評価を行い、リスクがないとは言えない化学物質を絞り込んで優先評価化学物質に指定した上で、それらについて段階的に情報収集し、国がリスク評価を行っています。2023年4月時点で、優先評価化学物質218物質が指定されています（図5-1-1）。優先評価化学物質については段階的に詳細なリスク評価を進めており、2022年度までに85物質についてリスク評価（一次）評価Ⅱ及び評価Ⅲに着手し、44物質について評価Ⅱ等の評価結果等を審議しました。この審議において、「α－（ノニルフェニル）－ω－ヒドロキシポリ（オキシエチレン）（別名ポリ（オキシエチレン）＝ノニルフェニルエーテル）（NPE)」は、化学物質審査規制法に基づく第二種特定化学物質に指定することが適当との方向性が示されました。

ナノ材料については、環境・省エネルギー等の幅広い分野で便益をもたらすことが期待されている一方で、人の健康や生態系への影響が十分に解明されていないことから、国内外におけるナノ材料への取組に関する知見の集積を行うとともに、生態影響と環境中挙動を把握するための方法論を検討しました。

図5-1-1　化学物質の審査及び製造等の規制に関する法律のポイント

○リスクの高い化学物質による環境汚染の防止を目的
○化学物質に関するリスク評価とリスク管理の２本柱

1. リスク評価
・新規化学物質の製造・輸入に際し、①環境中での難分解性、②生物への蓄積性、③人や動植物への毒性の届出を事業者に義務付け、国が審査
・難分解性・高蓄積性・長期毒性のある物質は第一種特定化学物質に指定
・難分解性・高蓄積性物質・毒性不明の既存化学物質は監視化学物質に指定
・その他の一般化学物質等（上記に該当しない既存化学物質及び審査済みの新規化学物質）については、製造・輸入量や毒性情報等を基にスクリーニング評価を行い、リスクがないとは言えない物質は優先評価化学物質に指定

区分	措置
監視化学物質 (38物質)	・製造・輸入の実績の届出 ・有害性調査の指示等を行い、長期毒性が認められれば第一種特定化学物質に指定
優先評価化学物質 (218物質)	・製造・輸入の実績の届出 ・リスク評価を行い、リスクが認められれば、第二種特定化学物質に指定

2. リスク管理
・リスク評価等の結果、指定された特定化学物質について、性状に応じた製造・輸入・使用に関する規制により管理

区分	規制
第一種特定化学物質 (PCB等34物質)	・原則、製造・輸入、使用の事実上の禁止 ・限定的に使用を認める用途について、取扱いに係る技術基準の遵守
第二種特定化学物質 (トリクロロエチレン等23物質)	・製造・輸入の予定及び実績の届出 ・（必要に応じ）製造・輸入量の制限 ・取扱いに係る技術指針の遵守

注：各物質の数は2023年4月1日時点。
資料：厚生労働省、経済産業省、環境省

3　化学物質の環境リスクの管理

（1）化学物質の審査及び製造等の規制に関する法律に基づく取組

新たに製造・輸入される新規化学物質について、化学物質審査規制法に基づき、2022年度は、372件（うち低生産量新規化学物質は158件）の届出を事前審査しました。

2022年6月に開催されたPOPs条約第10回締約国会議の議論を踏まえ、新たに条約上の廃絶対象と

することが決定されたもののうち、ペルフルオロヘキサンスルホン酸（PFHxS）又はその塩を化学物質審査規制法における第一種特定化学物質に指定し、それらを含有する輸入禁止製品を指定等することについて審議されました。

（2）特定化学物質の環境への排出量の把握等及び管理の改善の促進に関する法律に基づく取組

化学物質排出把握管理促進法の対象物質の見直しを行った化学物質排出把握管理促進法施行令（平成12年政令第138号）が2021年10月に公布、2023年4月に施行されました。化学物質排出移動量届出（PRTR）制度については、事業者が把握した2021年度の排出量等が都道府県経由で国へ届出されました。届出された個別事業所のデータ、その集計結果及び国が行った届出対象外の排出源（届出対象外の事業者、家庭、自動車等）からの排出量の推計結果を、2023年3月に公表しました（図5-1-2、図5-1-3、図5-1-4）。また、個別事業所ごとのPRTRデータは、地図上で視覚的に分かりやすく表示し、ウェブサイトで公開しています。

なお、2023年4月に施行された改正施行令に基づく対象物質のPRTR制度は、把握が2023年度から、届出は2024年度から適用になります。

図5-1-2　化学物質の排出量の把握等の措置（PRTR）の実施の手順

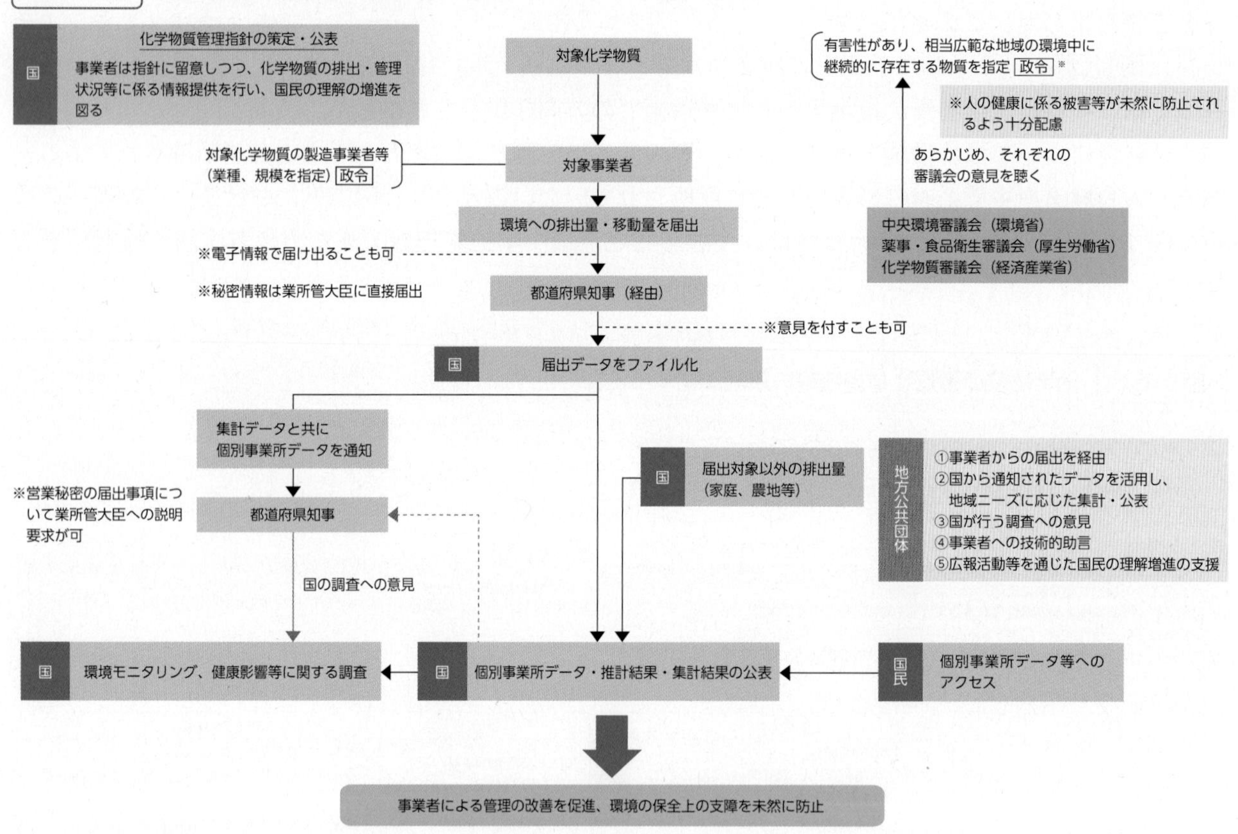

資料：経済産業省、環境省

図5-1-3　届出排出量・届出外排出量の構成（2021年度分）

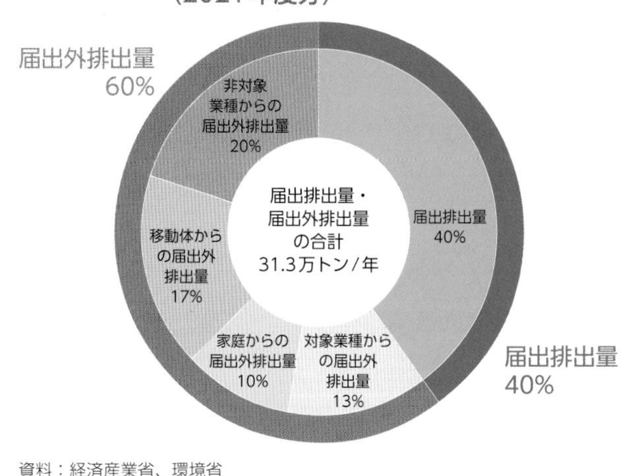

資料：経済産業省、環境省

図5-1-4　届出排出量・届出外排出量上位10物質とその排出量（2021年度分）

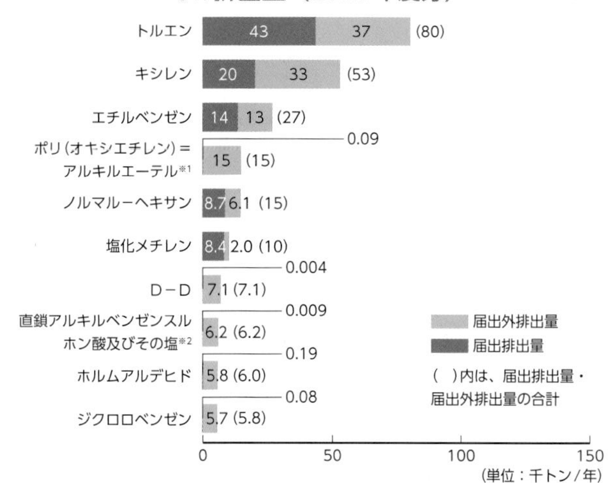

※1：アルキル基の炭素数が12から15までのもの及びその混合物に限る。
※2：アルキル基の炭素数が10から14までのもの及びその混合物に限る。
注：百トンの位の値で四捨五入しているため合計値にずれがある場合があります。
資料：経済産業省、環境省

4　ダイオキシン類問題への取組

（1）ダイオキシン類による汚染実態と人の摂取量

2021年度のダイオキシン類に係る環境調査結果は表5-1-1のとおりです。

2021年度に人が一日に食事及び環境中から平均的に摂取したダイオキシン類の量は、体重1kg当たり約0.45pg-TEQと推定されました（図5-1-5）。

食品からのダイオキシン類の一日摂取量は、平均0.44pg-TEQ／kg bw／日です。この数値は耐容一日摂取量の4pg-TEQ／kg bw／日を下回っています（図5-1-6）。

表5-1-1　2021年度ダイオキシン類に係る環境調査結果（モニタリングデータ）（概要）

環境媒体	地点数	環境基準超過地点数	平均値※1	濃度範囲※1
大気※2	584地点	0地点（0%）	0.015pg-TEQ/m^3	0.0022～0.25pg-TEQ/m^3
公共用水域水質	1,382地点	27地点（2.0%）	0.18pg-TEQ/ℓ	0.012～3.1pg-TEQ/ℓ
公共用水域底質	1,147地点	4地点（0.3%）	5.9pg-TEQ/g	0.058～430pg-TEQ/g
地下水質※3	467地点	0地点（0%）	0.053pg-TEQ/ℓ	0.00028～0.67pg-TEQ/ℓ
土壌※4	760地点	0地点（0%）	3.4pg-TEQ/g	0.000060～200pg-TEQ/g

※1：平均値は各地点の年間平均値の平均値であり、濃度範囲は年間平均値の最小値及び最大値である。
※2：大気については、全調査地点（663地点）のうち、年間平均値を環境基準により評価することとしている地点についての結果であり、環境省の定点調査結果及び大気汚染防止法政令市が独自に実施した調査結果を含む。
※3：地下水については、環境の一般的状況を調査（概況調査）した結果であり、汚染の継続監視等の経年的なモニタリングとして定期的に実施される調査等の結果は含まない。
※4：土壌については、環境の一般的状況を調査（一般環境把握調査及び発生源周辺状況把握調査）した結果であり、汚染範囲を確定するための調査等の結果は含まない。
資料：環境省「令和3年度ダイオキシン類に係る環境調査結果」（2023年3月）

図5-1-5　日本におけるダイオキシン類の一人一日摂取量（2021年度）

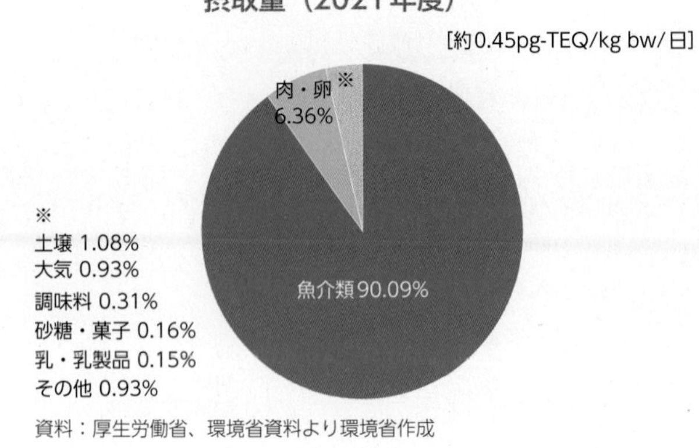

資料：厚生労働省、環境省資料より環境省作成

図5-1-6　食品からのダイオキシン類の一日摂取量の経年変化

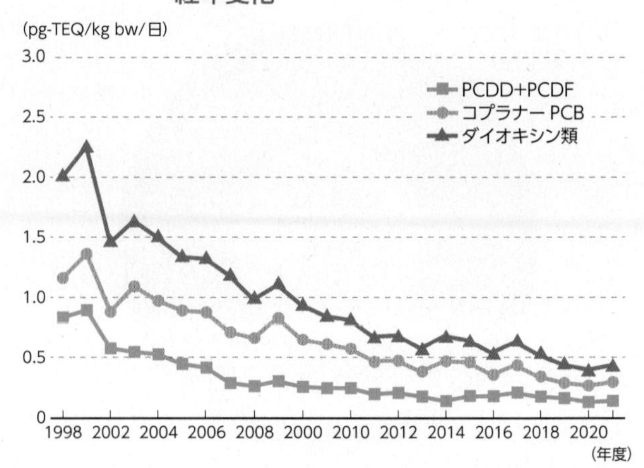

資料：厚生労働省「食品からのダイオキシン類一日摂取量調査」

第5章

(2) ダイオキシン類対策

ダイオキシン類対策は、「ダイオキシン対策推進基本指針（以下「基本指針」という。）」及びダイオキシン類対策特別措置法（平成11年法律第105号。以下「ダイオキシン法」という。）の二つの枠組みにより進められています。

1999年3月に策定された基本指針では、排出インベントリ（目録）の作成、測定分析体制の整備、廃棄物処理・リサイクル対策の推進等を定めています。

ダイオキシン法では、施策の基本とすべき基準（耐容一日摂取量及び環境基準）の設定、排出ガス及び排出水に関する規制、廃棄物焼却炉に係るばいじん等の処理に関する規制、汚染状況の調査、土壌汚染に係る措置、国の削減計画の策定等が定められています。

基本指針及びダイオキシン法に基づき国の削減計画で定めたダイオキシン類の排出量の削減目標が達成されたことを受け、2012年に国の削減計画を変更し、新たな目標として、当面の間、改善した環境を悪化させないことを原則に、可能な限り排出量を削減する努力を継続することとしました。2021年における削減目標の設定対象に係る排出総量は、96g-TEQ/年（図5-1-7）で、削減目標量176g-TEQ/年を下回っています。

ダイオキシン法に定める排出基準の超過件数は、2021年度は大気基準適用施設で36件、水質基準適用事業場で0件、合計36件（2020年度35件）でした。また、2021年度において、同法に基づく命令が発令された件数は、大気関係13件、水質関係0件で、法に基づく命令以外の指導が行われた件数は、大気関係835件、水質関係39件でした。

ダイオキシン類による土壌汚染対策については、環境基準を超過し、汚染の除去等を行う必要があるものとして、2020年度末までに6地域がダイオキシン類土壌汚染対策地域に指定され、対策計画に基づく事業が完了しています。また、ダイオキシン類に係る土壌汚染対策を推進するための各種調査・検討を実施しており、2021年度末に「ダイオキシン類に係る土壌調査測定マニュアル」等を改定し、公表しました。

図5-1-7　ダイオキシン類の排出総量の推移

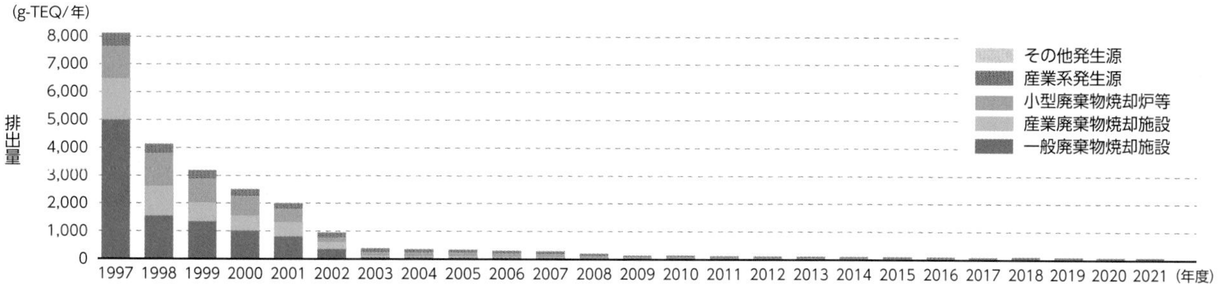

(g-TEQ/年)

その他発生源
産業系発生源
小型廃棄物焼却炉等
産業廃棄物焼却施設
一般廃棄物焼却施設

対1997年削減割合

(単位：%)

1998年	1999年	2000年	2001年	2002年	2003年	2004年	2005年	2006年	2007年	2008年	2009年
46.0~54.6	58.3~64.7	67.2~70.6	73.9~76.7	87.5~88.5	94.9~95.5	95.3~95.8	95.5~96.0	95.9~96.5	96.1~96.5	97.2~97.4	98.0~98.1

2010年	2011年	2012年	2013年	2014年	2015年	2016年	2017年	2018年	2019年	2020年	2021年
98.0~98.1	98.2~98.3	98.3~98.4	98.3~98.4	98.4~98.5	98.5~98.6	98.5~98.6	98.6~98.7	98.5~98.6	98.7~98.8	98.8	98.8

注：1997年から2007年の排出量は毒性等価係数としてWHO-TEF（1998）を、2008年以後の排出量は可能な範囲でWHO-TEF（2006）を用いた値で表示した。
資料：環境省「ダイオキシン類の排出量の目録（排出インベントリー）」（2023年3月）より作成

5　農薬のリスク対策

農薬は、農薬取締法（昭和23年法律第82号）に基づき、定められた方法で使用した際の人の健康や環境への安全性が確認され、農林水産大臣の登録を受けなければ製造、販売等ができません。登録の可否を判断する要件のうち、作物残留、土壌残留、生活環境動植物の被害防止及び水質汚濁に係る基準（農薬登録基準）を環境大臣が定めています。このうち、生活環境動植物の被害防止に係る基準は、農薬取締法の一部を改正する法律（平成30年法律第53号。以下「改正農薬取締法」という。）に基づき、農薬の影響評価対象となる動植物が、水産動植物から陸域を含む生活環境動植物に拡大されたことを受けて設けられた基準であり、2020年4月には水草及び鳥類を、同年10月には野生ハナバチ類を、従来の魚類や甲殻類等に加えて評価対象としました。

生活環境動植物の被害防止及び水質汚濁に係る農薬登録基準は、個別農薬ごとに基準値を設定しており、2022年度はそれぞれ4農薬と10農薬に設定しました。

また、改正農薬取締法に基づき、全ての既登録農薬について、最新の科学的知見に基づき定期的に安全性等の再評価を行う制度が導入され、2021年度より、国内使用量が多い農薬から再評価を開始しました。

第2節　化学物質に関する未解明の問題への対応

1　子どもの健康と環境に関する全国調査（エコチル調査）の推進

2010年度から全国で、約10万組の親子を対象とした大規模かつ長期の出生コホート調査「子どもの健康と環境に関する全国調査（エコチル調査）」を実施しています。エコチル調査では、臍（さい）帯血、血液、尿、母乳、乳歯等の生体試料を採取保存・分析するとともに、質問票等によるフォローアップを行い、子供の健康に影響を与える環境要因を明らかにすることとしています。また、全国調査約10万人の中から抽出された5,000人程度の子供を対象として医師による診察や身体測定、居住空間の化学物質の採取等の詳細調査を実施しています。2022年度は、13歳以降の調査を2024年度から開始するに当たっての基本計画を取りまとめました。

この調査の実施体制としては、国立研究開発法人国立環境研究所がコアセンターとして研究計画の立案や生体試料の化学分析等を、国立研究開発法人国立成育医療研究センターがメディカルサポートセンターとして医学的な支援等を、全国15地域のユニットセンターが参加者のフォローアップを担っており、環境省はこの調査研究の結果を政策に反映していくこととしています（図5-2-1）。

図5-2-1　子どもの健康と環境に関する全国調査（エコチル調査）の概要

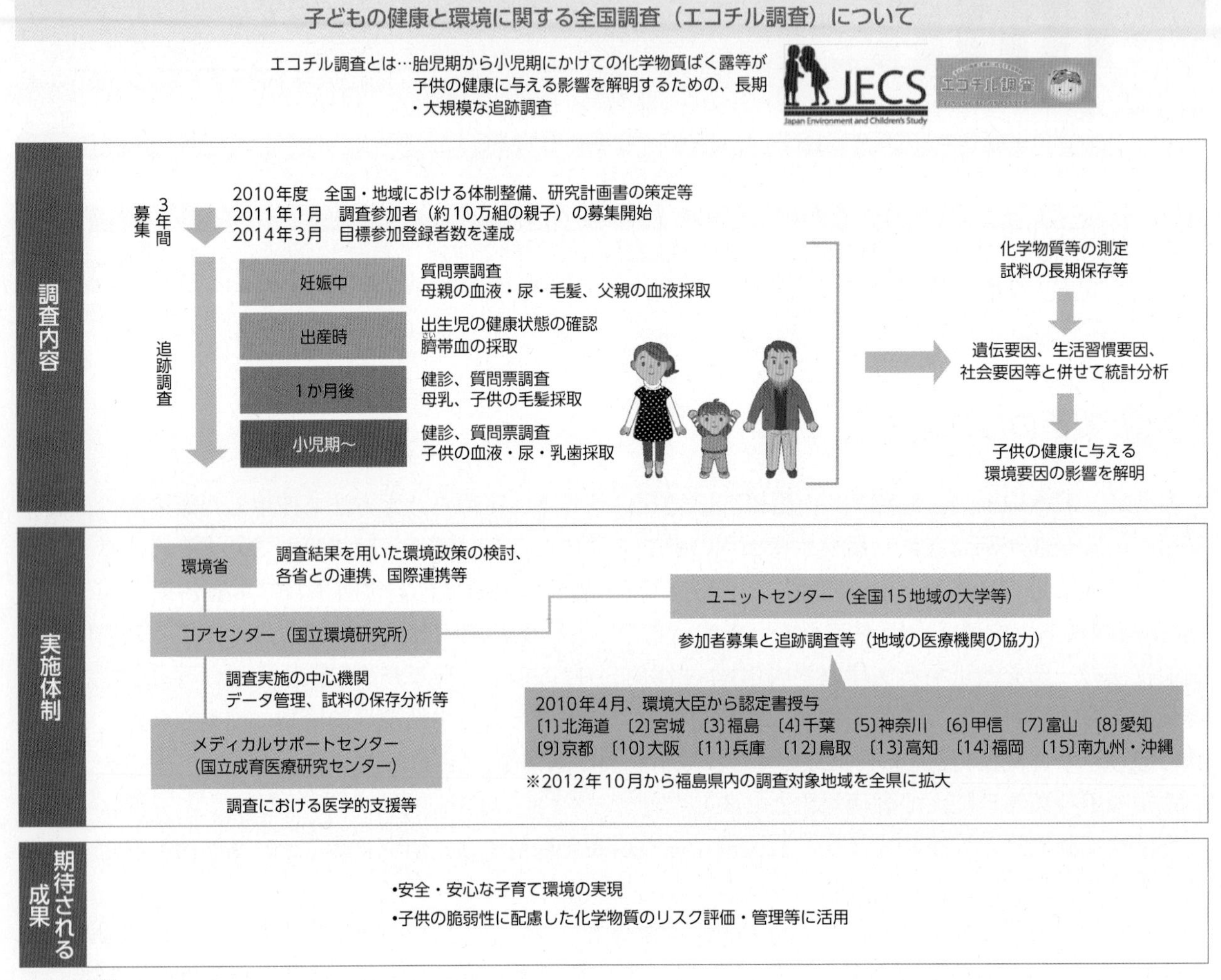

資料：環境省

2　化学物質の内分泌かく乱作用問題に係る取組

化学物質の内分泌かく乱作用問題については、その有害性など未解明な点が多く、関係府省が連携して、環境中濃度の実態把握、試験方法の開発、生態系影響やヒト健康影響等に関する科学的知見を集積するための調査研究を、経済協力開発機構（OECD）における活動を通じた多国間協力や二国間協力など国際的に協調して実施しています。

環境省では、2016年に取りまとめた「化学物質の内分泌かく乱作用に関する今後の対応—EXTEND2016—」に基づき、これまでに得られた知見や開発された試験法を活用し、評価手法の確立と評価の実施のための取組を進めてきました。

2022年度は、一部の化学物質について試験管内試験及び生物試験をするとともに、EXTEND2016の成果をとりまとめました。2022年10月には、これまでの成果を基に、次期プログラムとして「化学物質の内分泌かく乱作用に関する今後の対応－EXTEND2022－」を策定しました。

第3節　化学物質に関するリスクコミュニケーションの推進

化学物質やその環境リスクに対する国民の不安に適切に対応するため、これらの正確な情報を市民・産業・行政等の全ての者が共有しつつ相互に意思疎通を図るリスクコミュニケーションを推進しています。

化学物質のリスクに関する情報の整備のため、「PRTRデータを読み解くための市民ガイドブック」を作成し、「かんたん化学物質ガイド」等と共に配布しました。さらに、化学物質の名前等を基に、信頼できるデータベースに直接リンクできるシステム「化学物質情報検索支援サイト（ケミココ）」を公開しています。独立行政法人製品評価技術基盤機構のウェブサイト上では、既存化学物質等の安全性の点検結果等の情報を掲載した化審法データベース（J-CHECK）や、化学物質の有害性や規制等に関する情報を総合的に検索できるシステム「化学物質総合情報提供システム（NITE-CHRIP）」等の情報の提供を行っています。

地域ごとの対策の検討や実践を支援する化学物質アドバイザーの派遣を行っており、2022年度にはPRTR制度についての講演会講師等として延べ9件の派遣を行うとともに、より多くの方にアドバイザーの活動を知ってもらい、活用してもらうため、環境省ウェブサイト上で情報更新等を行うなど、広報活動に取り組みました。

市民、労働者、事業者、行政、学識経験者等の様々な主体による意見交換を行い合意形成を目指す場として、「化学物質と環境に関する政策対話」を開催しています。2022年度は、2月に政策対話を実施し、カーボンニュートラルに向けた社会の中での化学物質管理をテーマに参加メンバーで意見交換を行いました。

第4節　化学物質に関する国際協力・国際協調の推進

1　国際的な化学物質管理のための戦略的アプローチ（SAICM）

2002年の持続可能な開発に関する世界首脳会議（WSSD）で定められた実施計画において、「2020年までに化学物質の製造と使用による人の健康と環境への著しい悪影響の最小化を目指す（WSSD2020年目標）」こととされたことを受け、2006年2月、第1回国際化学物質管理会議（ICCM1）において、国際的な化学物質管理のための戦略的アプローチ（SAICM）が採択されました。これを受け、2012年9月には、WSSD2020年目標の達成に向けた今後の戦略を示すものとして、「SAICM国内実施計画」を策定し、包括的な化学物質管理を推進してきました。2022年8～9月及び2023年2～3月には、第4回会期間プロセス会合（IP4）が開催され、2023年9月に開催予定の第5回国際化学物質管理会議（ICCM5）における次期枠組み策定に向けた議論が進められています。また、この議論の中では、化学物質・廃棄物の適正管理におけるセクター間連携の強化が求められており、我が国とタイが共同議長を務める「環境と保健に関するアジア太平洋地域フォーラム」のテーマ別ワーキンググループにおいては、セクター間連携による取組を推進しています。

2　国連の活動

PCB、DDTなど残留性有機汚染物質（POPs）31物質（群）の製造・使用の禁止・制限、排出の削減、廃棄物の適正処理等を規定しているPOPs条約及び有害な化学物質の貿易に際して人の健康及び環境を保護するための当事国間の共同の責任と協同の努力を促進する「国際貿易の対象となる特定の有害な化学物質及び駆除剤についての事前のかつ情報に基づく同意の手続に関するロッテルダム条約（PIC条約）」の締約国会合の第二部が2022年6月にスイス・ジュネーブで合同開催されました。同会合では、POPs条約の対象物質として新たに、ペルフルオロヘキサンスルホン酸（PFHxS）とその塩及びPFHxS 関連物質を廃絶の対象として追加することなどが決議され、2023年11月に発効予定となりました。なお、POPs条約においては、補助機関である残留性有機汚染物質検討委員会（POPRC）の2020年から2024年までの委員が我が国から選出されています。また、東アジアPOPsモニタリングプロジェクトを通じて、東アジア地域の国々と連携して環境モニタリングを実施するとともに、2022年2月にオンラインで第14回東アジアPOPsモニタリングワークショップを開催し、同地域におけるモニタリング能力の強化に向けた取組を進めています。

化学物質の分類と表示の国際的調和を図ることを目的とした「化学品の分類及び表示に関する世界調和システム（GHS）」については、関係省庁が作業を分担しながら、化学物質の有害性に関する分類事業を行うとともに、ウェブサイトを通じて分類結果の情報発信を進めました。

また、2022年2～3月に開催された国連環境総会再開セッションにおける決議を踏まえ、「化学物質・廃棄物の適正管理及び汚染の防止に関する政府間科学・政策パネル」の設置に向け、2022年10月及び2023年1～2月に第1回公開作業部会が開催され、本パネルの対象とする分野・範囲等について議論されました。

第5章

3 水銀に関する水俣条約

水銀による地球規模での環境汚染から人の健康と環境を保護するため、2013年10月に我が国で開催された外交会議において、水銀に関する水俣条約（以下「水俣条約」という。）が採択されました。水俣条約は2017年8月に発効し、同日、水銀による環境の汚染の防止に関する法律（平成27年法律第42号）が施行されました。

2022年度は、同法の施行から5年が経過したことを踏まえ、施行状況の点検に着手しました。また、2022年8月に同条約の発効から5年を経過したことなどを踏まえ、9月に環境研究総合推進費SII-6セミナー「水銀に関する水俣条約の有効性を考える～条約発効5周年を機に～」を共催しました。さらに、沖縄県辺戸（へど）岬及び秋田県男鹿（おが）半島において、水銀の大気中濃度等のモニタリング調査を実施しました。

我が国は過去の経験と教訓を活かし、途上国による水俣条約の適切な履行を支援する国際協力と水俣発の情報発信・交流の二つの柱からなる「MOYAI（モヤイ）イニシアティブ」を推進しています。途上国への水銀対策支援については、ネパールに対して条約の批准を支援するための研修を実施したほか、アジア太平洋水銀モニタリングネットワーク（APMMN）と協力して、途上国の技術者向けのモニタリング能力向上支援研修を行いました。さらに、我が国の優れた水銀対策技術の国際展開を推進すべく、インドネシア等で調査を実施しました。

4 OECDの活動

我が国は、OECDの化学品・バイオ技術委員会において、環境保健安全プログラムを通じて、化学物質の安全性試験の技術的基準であるテストガイドラインの作成及び改廃など、化学物質の適正な管理に関する種々の活動に貢献しています。これに関する作業として、新規化学物質の試験データの信頼性確保及び各国間のデータ相互受入れのため、優良試験所基準（GLP）に関する国内体制の維持・更新、生態影響評価試験法等に関する我が国としての評価作業、化学物質の安全性を総合的に評価するための手法等の検討、内外の化学物質の安全性に係る情報の収集、分析等を行っています。また、環境省と国立環境研究所で開発している定量的構造活性相関（QSAR）プログラムである生態毒性予測システム（KATE）が、OECD QSAR Toolboxに接続されるなど連携を深めています。内分泌かく乱作用については、生態影響評価のための試験法の開発に主導的に参加するなど、OECDの取組に貢献しています。また、2006年に設置された「工業ナノ材料作業部会」では、工業ナノ材料に係る安全性評価手法の開発支援推進のためのヒト健康と環境影響に関する国際協力が進められており、我が国もその取組に貢献しました。

5 諸外国の化学物質規制の動向を踏まえた取組

欧州連合（EU）では、化学物質の登録、評価、認可及び制限に関する規則（REACH）や化学品の分類、表示及び包装に関する規則（CLP規則）等の化学物質管理制度に基づく化学物質管理が実施されており、我が国との関係が特に深いアジア地域においても、関係法令の施行による化学物質対策の強化が進められています。このため、我が国でも化学物質を製造・輸出又は利用する様々な事業者の対応が求められています。こうした我が国の経済活動にも影響を及ぼす海外の化学物質対策の動きへの対応を強化するため、化学産業や化学物質のユーザー企業、関係省庁等で構成する「化学物質国際対応ネットワーク」を通じて、ウェブサイト等による情報発信やセミナーの開催による海外の化学物質対策に関する情報の収集・共有を行いました。

日中韓三か国による化学物質管理に関する情報交換及び連携・協力を進め、2022年11月に「第16回日中韓化学物質管理政策対話」がオンラインで開催されました。日中韓の政府関係者による政府事務レベル会合では、化学物質管理政策の最新動向と今後の方向性、化学物質管理に関する国際動向への対応、各国の最新の課題に関する対応の状況等について情報・意見交換を行いました。また、同政策対話の一環で開催された専門家会合では、リスク評価における技術的手法について情報交換を行うとともに、生態毒性試験の実施手法の調和に向けた共同研究として各国で実施した藻類生長阻害試験の結果が報告され、今後共同研究に係る報告書を作成することなどについて合意しました。さらに、近年成長著しい東南アジアの化学物質管理に貢献するため、アジア地域において化学物質対策能力の向上を促進し、適正な化学物質対策の実現を図るためのワークショップ等を開催しています。2022年11月には、PRTR制度を始めとする、化学物質管理政策についてオンラインで意見交換及び情報交換を行い、両国における化学物質管理の向上に向け、引き続き連携していくことを確認しました。

第5節 国内における毒ガス弾等に係る対策

2002年9月以降、神奈川県寒川町及び平塚市内の道路建設現場等において、作業従事者が毒ガス入りの不審びんにより被災する事案が発生しました。また、2003年3月には、茨城県神栖市の住民から、ふらつき、手足の震え等の訴えがあり、飲用井戸を検査した結果、旧軍の化学剤の原料に使用された歴史的経緯があるジフェニルアルシン酸（有機ヒ素化合物）が検出されました。こうした問題が相次いで発生したことを受けて、同年6月に閣議了解、さらに12月には閣議決定を行い、政府が一体となって、以下の取組を進めています。

1 個別地域の事案

神栖市の事案については、ジフェニルアルシン酸による地下水汚染と健康影響が発生したことを受け、2003年6月の閣議了解に基づき、これにばく露したと認められる住民に対して、医療費等の給付や健康管理調査、小児精神発達調査（2011年6月開始）、調査研究等の緊急措置事業を実施し、その症候や病態の解明を図ってきました。また、地下水モニタリングを実施するとともに、2004年度には地下水汚染源の掘削・除去を行い、2009年から2011年度にかけては高濃度汚染地下水対策を実施しました。地下水モニタリングについては、現在も継続的に実施しており、汚染状況を監視しています。さらに、平塚市の事案においても、地下水から有機ヒ素化合物が検出されたことから、地下水モニタリングを継続して汚染状況を監視しています。

そのほか、平塚市・寒川町、千葉県習志野市におけるＡ事案（毒ガス弾等の存在に関する確実性が高く、かつ地域も特定されている事案）区域においては、毒ガス弾等による被害を未然に防止するため、土地改変時における所要の環境調査等を実施しています。

2　毒ガス情報センター

2003年12月から毒ガス弾等に関する情報を一元的に扱う情報センターで情報を受け付けるとともに、ウェブサイトやパンフレット等を通じて被害の未然防止について周知を図っています。

第6章 各種施策の基盤となる施策及び国際的取組に係る施策

第1節 政府の総合的な取組

1 環境基本計画

「第五次環境基本計画」（2018年4月閣議決定）では、目指すべき持続可能な社会の姿として、循環共生型の社会（「環境・生命文明社会」）の実現を掲げています。今後の環境政策の展開に当たっては、経済・社会的課題への対応を見据えた環境分野を横断する6つの重点戦略（経済、国土、地域、暮らし、技術、国際）を設定し、それに位置付けられた施策を推進するとともに、環境リスク管理等の環境保全の取組は、重点戦略を支える環境政策として揺るぎなく着実に推進しています。

2022年度において中央環境審議会は、重点戦略、重点戦略を支える政策等について、個別施策の進捗状況を点検し、その結果を踏まえ本計画の第2回点検分野に係る総合的な進捗状況に関する報告を取りまとめました。

また、第五次環境基本計画は策定後5年程度が経過した時点を目途に見直しを行うこととされています。2022年度は、計画内容の見直しに向けた論点整理の場として、基本的事項に関する検討会及び将来にわたって質の高い生活をもたらす「新たな成長」に関する検討会を開催しました。これらの検討会における検討結果を踏まえ、2023年度は中央環境審議会で議論が行われます。

2 環境保全経費

政府の予算のうち環境保全に関係する予算について、環境保全に係る施策が政府全体として効率的、効果的に展開されるよう、環境省において見積り方針の調整を図り、環境保全経費として取りまとめています。2023年度予算における環境保全経費の総額は、1兆6,399億円となりました。

3 予防的な取組方法の考え方に基づく環境施策の推進

地球温暖化による環境への影響、化学物質による健康や生態系への影響等、環境問題の多くには科学的な不確実性があります。しかし、一度問題が発生すれば、それに伴う被害や対策コストが非常に大きくなる可能性や、長期間にわたる極めて深刻な、あるいは不可逆的な影響をもたらす可能性があります。このため、このような環境影響が懸念される問題については、科学的に不確実であることを理由に対策を遅らせず、知見の充実に努めながら、予防的な対策を講じるという「予防的な取組方法」の考え方に基づいて対策を講じていくべきです。この予防的取組は、「第五次環境基本計画」においても「環境政策における原則等」として位置付けられており、様々な環境政策における基本的な考え方として取り入れられています。関係府省は、「第五次環境基本計画」に基づき、予防的な取組方法の考え方に関する各種施策を実施しました。

4　SDGsに関する取組の推進

「第五次環境基本計画」で提唱されたSDGsを地域で実践するためのビジョンである「地域循環共生圏」の創造を進めていくため、環境省では、「環境で地域を元気にする地域循環共生圏づくりプラットフォーム事業」等により各地域での地域循環共生圏のビジョンづくりを進めるとともに、全国各地でつくられた地域循環共生圏のビジョンを実現するため、2019年に運用を開始したポータルサイト「環境省ローカルSDGs－地域循環共生圏づくりプラットフォーム－」を活用し取組を進めています。

詳細については、第1部第3章第1節を参照。

また、SDGsの環境的側面における各主体の取組を促進するため、環境省では2016年から「ステークホルダーズ・ミーティング」を開催しています。これは、先行してSDGsに取り組む企業、自治体、市民団体、研究者や関係府省が一堂に会し、互いの事例の共有や意見交換、さらには広く国民への広報を行う公開の場です。先駆的な事例を認め合うことで、他の主体の行動を促していくことを目的としています。

企業・団体等によるSDGs達成に向けた活動が拡大している中、企業・団体等の優れた取組を政府全体として表彰することにより、こうした潮流を更に後押ししていくことを目的として、2017年に「ジャパンSDGsアワード」が創設されました。2023年3月に第6回目の表彰が行われ、「SDGs推進本部長（内閣総理大臣）賞」に特定非営利活動法人ACEが選ばれました。

また、「デジタル田園都市国家構想総合戦略」（2022年12月閣議決定）において、地方創生に取り組むに当たって、SDGsの理念に沿った経済・社会・環境の三側面を統合した取組を進めることで、政策の全体最適化や地域の社会課題解決の加速化を図ることが重要であるとしています。国、地方公共団体等において、様々な取組に経済、社会及び環境の統合的向上等の要素を最大限反映することが重要です。したがって、持続可能なまちづくりや地域活性化に向けて取組を推進するに当たっても、SDGsの理念に沿って進めることにより、政策の全体最適化や地域課題解決の加速化という相乗効果が期待でき、地方創生の取組の一層の充実・深化につなげることができます。このため、SDGsを原動力とした地方創生の推進や地域循環共生圏の創造の後押しを行います。

さらに、内閣府では2018年度から2022年度にかけて、地方公共団体（都道府県及び市区町村）によるSDGsの達成に向けた取組を公募し、優れた取組を提案する都市をSDGs未来都市として計154都市選定し、その中でも特に先導的な取組を自治体SDGsモデル事業として計50事業選定しました。これらの取組を引き続き支援するとともに、成功事例の普及展開を図り、2024年度までに、SDGs未来都市を累計210都市選定することを目指します。また、2022年度には、地方公共団体が広域で連携し、SDGsの理念に沿って地域のデジタル化や脱炭素化等を行う地域活性化に向けた取組を「広域連携SDGsモデル事業」として選定し、4団体を支援しました。加えて、SDGsの推進に当たっては、多様なステークホルダーとの連携が不可欠であることから、官民連携の促進を目的として「地方創生SDGs官民連携プラットフォーム」を主催し、マッチングイベントや分科会開催等による支援を実施しています。さらに、金融面においても地方公共団体と地域金融機関等が連携して、地域課題の解決やSDGsの達成に取り組む地域事業者を支援し、地域における資金の還流と再投資を生み出す「地方創生SDGs金融」を通じた、自律的好循環の形成を目指しています。また、SDGsの取組を積極的に進める事業者等を「見える化」するために、2020年10月には「地方公共団体のための地方創生SDGs登録・認証等制度ガイドライン」を公表するとともに、2021年11月には、SDGsの達成に取り組む地域事業者等に対する優れた支援を連携して行う地方公共団体と地域金融機関等を表彰する「地方創生SDGs金融表彰」を創設しました。

このような取組を通じて、「デジタル田園都市国家構想総合戦略」において設定されている、SDGsの達成に向けた取組を行っている都道府県及び市区町村の割合を、2024年度に60％とする目標達成のため、引き続き地方創生SDGsの普及促進活動を進めていきます（表6-1-1）。

表6-1-1　SDGs未来都市一覧

2018年度選定（全29都市）※都道府県・市区町村コード順

都道府県	選定都市	都道府県	選定都市
北海道	★北海道	静岡県	静岡市
	札幌市		浜松市
	ニセコ町※	愛知県	豊田市
	下川町※	三重県	志摩市
宮城県	東松島市	大阪府	堺市
秋田県	仙北市	奈良県	十津川村
山形県	飯豊町	岡山県	岡山市
茨城県	つくば市		真庭市※
神奈川県	★神奈川県※	広島県	★広島県
	横浜市※	山口県	宇部市
	鎌倉市※	徳島県	上勝町
富山県	富山市※	福岡県	北九州市※
石川県	珠洲市	長崎県	壱岐市※
	白山市	熊本県	小国町※
長野県	★長野県		

2019年度選定（全31都市）※都道府県・市区町村コード順

都道府県	選定都市	都道府県	選定都市
岩手県	陸前高田市	滋賀県	★滋賀県
福島県	郡山市※	京都府	舞鶴市※
栃木県	宇都宮市	奈良県	生駒市
群馬県	みなかみ町		三郷町
埼玉県	さいたま市		広陵町
東京都	日野市	和歌山県	和歌山市
神奈川県	川崎市	鳥取県	智頭町
	小田原市※		日南町
新潟県	見附市※	岡山県	西粟倉村※
富山県	★富山県	福岡県	大牟田市
	南砺市※		福津市
石川県	小松市	熊本県	熊本市※
福井県	鯖江市※	鹿児島県	大崎町※
愛知県	★愛知県		徳之島町
	名古屋市	沖縄県	恩納村※
	豊橋市		

2020年度選定（全33都市）※都道府県・市区町村コード順

都道府県	選定都市	都道府県	選定都市
岩手県	岩手町	滋賀県	湖南市
宮城県	仙台市	京都府	亀岡市※
	石巻市※	大阪府	★大阪府・大阪市※
山形県	鶴岡市		豊中市
埼玉県	春日部市		富田林市※
東京都	豊島区※	兵庫県	明石市
神奈川県	相模原市	岡山県	倉敷市※
石川県	金沢市※	広島県	東広島市
	加賀市	香川県	三豊市
	能美市	愛媛県	松山市※
長野県	大町市	高知県	土佐町
岐阜県	★岐阜県	福岡県	宗像市
静岡県	富士市	長崎県	対馬市
	掛川市	熊本県	水俣市
愛知県	岡崎市	鹿児島県	鹿児島市
三重県	★三重県	沖縄県	石垣市※
	いなべ市※		

2021年度選定（全31都市）※都道府県・市区町村コード順

都道府県	選定都市	都道府県	選定都市
北海道	上士幌町※	岐阜県	高山市
岩手県	一関市		美濃加茂市※
山形県	米沢市	静岡県	富士宮市
福島県	福島市	愛知県	小牧市
茨城県	境町		知立市
群馬県	★群馬県	京都府	京都市※
埼玉県	★埼玉県		京丹後市
千葉県	市原市※	大阪府	能勢町
東京都	墨田区※	兵庫県	姫路市
	江戸川区		西脇市
神奈川県	松田町	鳥取県	鳥取市
新潟県	妙高市※	愛媛県	西条市※
福井県	★福井県	熊本県	菊池市
長野県	長野市		山都町※
	伊那市	沖縄県	★沖縄県※
岐阜県	岐阜市※		

2022年度選定（全30都市）※都道府県・市区町村コード順

都道府県	選定都市	都道府県	選定都市
宮城県	大崎市※	静岡県	御殿場市
秋田県	大仙市	愛知県	安城市
山形県	長井市	大阪府	阪南市※
埼玉県	戸田市	兵庫県	加西市
	入間市		多可町
千葉県	松戸市※	和歌山県	田辺市※
東京都	板橋区	鳥取県	★鳥取県※
	足立区※	徳島県	徳島市
新潟県	★新潟県		美波町
	新潟市※	愛媛県	新居浜市
	佐渡市	福岡県	直方市
石川県	輪島市	熊本県	八代市※
長野県	上田市		上天草市※
	根羽村		南阿蘇村
岐阜県	恵那市※	鹿児島県	薩摩川内市

累計	
SDGs未来都市 (155自治体)	154都市
自治体SDGsモデル事業	50都市

※：「自治体SDGsモデル事業」選定自治体
★：SDGs未来都市のうち都道府県
資料：内閣府

第2節　グリーンな経済システムの構築

1　企業戦略における環境ビジネスの拡大・環境配慮の主流化

(1) 環境配慮型製品の普及等

ア　グリーン購入

国等による環境物品等の調達の推進等に関する法律（グリーン購入法）（平成12年法律第100号）に基づく基本方針に即して、国及び独立行政法人等の各機関は、環境物品等の調達の推進を図るための方針の策定・公表を行い、これに基づいて環境物品等の調達を推進しました。

新たな特定調達品目として「個室ブース」、「ディスプレイスタンド」及び「低放射フィルム」を追加しました。また、コピー機等3品目及びタイルカーペットにおいてカーボンフットプリントの算定・開示を基準に盛り込むとともに、複数の品目においてカーボン・オフセットされた製品を配慮事項に設定しました。

グリーン購入の取組の更なる促進のため、最新の基本方針について、国の地方支分部局、地方公共団体、事業者等を対象とした全国説明会及びオンライン説明会を開催しました。

そのほか、地方公共団体等でのグリーン購入を推進するため、実務支援等による普及・啓発活動を行いました。

国際的なグリーン購入の取組を推進するため、グリーン購入に関する世界各国の制度・基準についての情報を収集するとともに、国内外のグリーン公共調達又は環境ラベルの専門家を招聘（へい）し、オンラインセミナーを開催しました。

イ　環境配慮契約

国等における温室効果ガス等の排出の削減に配慮した契約の推進に関する法律（環境配慮契約法）（平成19年法律第56号）に基づく基本方針に従い、国及び独立行政法人等の各機関は、温室効果ガス等の排出の削減に配慮した契約（以下「環境配慮契約」という。）を推進しました。

電気の供給を受ける契約及び建築に係る契約について基本方針の見直しを行うとともに、環境配慮契約の取組を更に促進するため、最新の基本方針について、国の地方支分部局、地方公共団体、事業者等を対象とした全国説明会及びオンライン説明会を開催しました。

地方公共団体等での環境配慮契約の推進のため、実務支援等による普及・啓発活動を行いました。

ウ　環境ラベリング

消費者が環境負荷の少ない製品を選択する際に適切な情報を入手できるように、環境ラベル等環境表示の情報の整理を進めました。我が国で唯一のタイプⅠ環境ラベル（ISO14024準拠）であるエコマーク制度では、ライフサイクルを考慮した指標に基づく商品類型を継続して整備しており、2023年3月31日時点でエコマーク対象商品類型数は74、認定商品数は5万389となっています。

事業者の自己宣言による環境主張であるタイプⅡ環境ラベルや民間団体が行う環境ラベル等については、各ラベリング制度の情報を整理・分類して提供する「環境ラベル等データベース」を引き続き運用しました。

なお、製品の環境負荷を定量的に表示する環境ラベルとしてはSuMPO環境ラベルプログラムがあり、複数影響領域を表すタイプⅢ環境ラベル（ISO14025準拠）のエコリーフと、地球温暖化の単一影響領域を表すカーボンフットプリント（CFP、ISO/TS14067準拠）の2通りの宣言方法があります。

(2) 事業活動への環境配慮の組込みの推進

ア　環境マネジメントシステム

ISO14001を参考に環境省が策定した、中堅・中小事業者向け環境マネジメントシステム「エコアクション21」を通じて、環境マネジメントシステムの認知向上と普及・促進を行いました。2023年3月時点でエコアクション21の認証登録件数は7,455件となりました。

イ　環境報告

環境情報の提供の促進等による特定事業者等の環境に配慮した事業活動の促進に関する法律（平成16年法律第77号。以下「環境配慮促進法」という。）では、環境報告書の普及促進と信頼性向上のための制度的枠組みの整備や一定の公的法人に対する環境報告書の作成・公表の義務付け等について規定しています。環境報告書の作成・公表及び利活用の促進を図るため、環境配慮促進法に基づく特定事業者の環境報告書を一覧できるウェブサイトとして「もっと知りたい環境報告書」を運用しました。また、バリューチェーンマネジメントの取組促進のために2020年8月に公表した「バリューチェーンにおける環境デュー・ディリジェンス入門～OECDガイダンスを参考に～」を題材に、環境デュー・ディリジェンスや情報開示の普及促進を図りました。

ウ　公害防止管理者制度

各種公害規制を遵守し、公害防止に万全を期すため、特定工場における公害防止組織の整備に関する法律（昭和46年法律第107号）によって、一定の条件を有する特定工場には、公害防止組織の整備として、公害防止に関する業務を統括する公害防止統括者及び公害防止に関する技術的な事項を管理する国家資格を有する公害防止管理者等を選任し、都道府県知事等への届出が義務付けられています。

公害防止管理者等の資格取得方法は、国家試験の合格又は資格認定講習の修了の2種類があり、国家試験は1971年度から、資格認定講習は一定の技術資格を有する者又は公害防止に関する実務経験と一定の学歴を有する者を対象として、1972年度から実施されています。

エ　その他環境に配慮した事業活動の促進

環境保全に資する製品やサービスを提供する環境ビジネスの振興は、環境と経済の好循環が実現する持続可能な社会を目指す上で、極めて重要な役割を果たすものであると同時に、経済の活性化、国際競争力の強化や雇用の確保を図る上でも大きな役割を果たすものです。

我が国の環境ビジネスの市場・雇用規模については、2021年の市場規模は約108.1兆円、雇用規模は約279.7万人となり、2000年との比較では市場規模は約1.7倍、雇用規模は約1.4倍に成長しました。環境ビジネスの市場規模は、2009年に世界的な金融危機で一時的に落ち込んだものの、それ以降は市場規模、雇用規模共に着実に増加しています。

2　金融を通じたグリーンな経済システムの構築

民間資金を環境分野へ誘引する観点からは、金融機能を活用して、環境負荷低減のための事業への投融資を促進するほか、企業活動に環境配慮を組み込もうとする経済主体を金融面で評価・支援することが重要です。そのため、以下に掲げる取組を行いました。

(1) 金融市場を通じた環境配慮の織り込み

我が国におけるESG金融（環境（Environment）・社会（Social）・企業統治（Governance）といった非財務情報を考慮する金融）の主流化のため、金融・投資分野の各業界トップと国が連携し、ESG金融に関する意識と取組を高めていくための議論を行い、行動する場として「ESG金融ハイレベル・パネル」を開催し、GX（グリーン・トランスフォーメーション）に向けた動きを踏まえつつ、生物多様性・自然資本や循環経済との一体的な推進に向けた金融面からの取組について議論を行いました。さらに、ESG金融に関する幅広い関係者を表彰する我が国初の大臣賞である「ESGファイナンス・アワード」を引き続き開催し、積極的にESG金融に取り組む金融機関、諸団体やサステナブル経営に取り組む企業を多数の応募者の中から選定し、2023年2月に開催された表彰式において発表しました。また、世界のESG投資が拡大する中、気候変動対策に積極的に取り組む企業に対して、円滑なESG資金の供給を促すため、我が国は気候変動関連情報を開示する枠組みであるTCFD（気候関連財務情報開示タスクフォース）提言に基づく情報開示を推進しているところです。具体的には、環境省では、2022年度にTCFD開示に係るセミナー形式の研修プログラムを実施し、地域金融機関69社が参加しました。さらに、金融機関3社に対して、ポートフォリオのカーボン分析パイロットプログラム支援を行いました。また、TCFDにおいて導入が推奨されているICP（Internal carbon pricing）については、事業会社4社をICPを用いた投資決定モデル事業として支援を行い、その結果を踏まえロールモデルとして紹介し、他事業者への普及に向け「インターナルカーボンプライシング活用ガイドライン（2023年3月）」を更新しました。さらに最新動向について調査した結果を「TCFDを活用した経営戦略立案のススメ（2023年3月）」へ反映させて我が国の事業者へ周知しました。経済産業省においても、2019年に世界の産業界や金融界のトップが一堂に会する、世界初の「TCFDサミット」を開催し、2022年10月にはその第4回を開催しました。また、経済産業省が2018年12月に策定した「気候関連財務情報開示に関するガイダンス（TCFDガイダンス）」について、民間主導で設立されたTCFDコンソーシアムがその改訂作業を引き継ぎ、2020年7月「TCFDガイダンス2.0」、2022年10月には改訂版として「TCFDガイダンス3.0」として公表しました。こうした取組等を通じて、2023年2月時点で、我が国のTCFD賛同機関数は約1,210となり、世界最多となっています。

(2) 環境金融の普及に向けた基礎的な取組

金融機関が自主的に策定した「持続可能な社会の形成に向けた金融行動原則（21世紀金融行動原則）」（約300機関が署名）について、引き続き支援を行いました。経済産業省は2021年5月に金融庁、経済産業省、環境省が共同で策定した「クライメート・トランジション・ファイナンスに関する基本指針」に基づき、鉄鋼、化学、電力、ガス、石油、紙・パルプ、セメント分野における技術ロードマップを取りまとめ、公表したほか、2023年3月に自動車分野を追加し、技術ロードマップを拡充しました。また、国内におけるトランジション・ファイナンスの促進に資するため、トランジション・ファイナンスの調達に要する費用に対する補助や情報発信も行っています。

(3) 環境関連事業への投融資の促進

民間資金が十分に供給されていない再生可能エネルギー事業等の脱炭素化プロジェクトに対する「地域脱炭素投資促進ファンド」からの出資による支援、脱炭素機器をリースで導入した場合のリース事業者に対するリース料の助成事業、地域脱炭素に資するESG融資に対する利子補給事業など、再生可能エネルギー事業創出や省エネ設備導入に向けた支援を引き続き実施したほか、地域資源を活用した金融機関の取組に対する支援の結果を踏まえて「ESG地域金融実践ガイド2.2」を公表しました。

国内におけるグリーンボンド等の促進に資するため、グリーンボンド等の調達に要する費用に対する補助や情報発信、モデル事業を実施しました。また、グリーンファイナンスポータルにて、国内におけるグリーンファイナンスの実施状況等、ESG金融に関する情報の一元的な発信を行いました。加えて、国際的な原則の改定及び国内外の政策、市場動向を踏まえ、グリーンボンドガイドライン、グリーンローン及びサステナビリティ・リンク・ローンガイドラインの改訂、サステナビリティ・リンク・ボンドガイドラインの新規策定を行いました。

日本政策金融公庫においては、大気汚染対策や水質汚濁対策、廃棄物の処理・排出抑制・有効利用、温室効果ガス排出削減、省エネ等の環境対策に係る融資施策を引き続き実施しました。

(4) 政府関係機関等の助成

政府関係機関等による環境保全事業の助成については、表6-2-1のとおりでした。

表6-2-1　政府関係機関等による環境保全事業の助成

日本政策金融公庫	産業公害防止施設等に対する特別貸付 家畜排せつ物処理施設の整備等に要する資金の融通
独立行政法人中小企業基盤整備機構の融資制度	騒音、ばい煙等の公害問題等により操業に支障を来している中小企業者が、集団で適地に移転する工場の集団化事業等に対する都道府県を通じた融資
独立行政法人石油天然ガス・金属鉱物資源機構による融資	金属鉱業等鉱害対策特別措置法に基づく使用済特定施設に係る鉱害防止事業に必要な資金、鉱害防止事業基金への拠出金及び公害防止事業費事業者負担法（昭和45年法律第133号）による事業者負担金に対する融資

資料：財務省、農林水産省、経済産業省、環境省

3　グリーンな経済システムの基盤となる税制

(1) 税制上の措置等

2022年度税制改正において、[1] カーボンニュートラル実現に向けたポリシーミックスの検討、[2] 地球温暖化対策のための税の着実な実施、[3] 公共の危害防止のために設置された施設又は設備（廃棄物処理施設、汚水又は廃液処理施設）に係る課税標準の特例措置の延長（固定資産税）、[4] 再生可能エネルギー発電設備に係る課税標準の特例措置の延長（固定資産税）、[5] 認定長期優良住宅に係る特例措置の延長（登録免許税、固定資産税、不動産取得税）、[6] 認定低炭素住宅の所有権の保存登記等の税率の軽減の延長（登録免許税）、[7] 既存住宅の省エネ改修に係る軽減措置の拡充・延長（所得税、固定資産税）、[8] 住宅ローン減税等の住宅取得促進策に係る所要の措置を講じました。

(2) 税制のグリーン化

環境関連税制等のグリーン化については、2050年カーボンニュートラルのための重要な施策です。

我が国では、税制による地球温暖化対策を強化するとともに、エネルギー起源CO_2排出抑制のため

の諸施策を実施していく観点から、2012年10月に「地球温暖化対策のための石油石炭税の税率の特例」が導入されました。具体的には、我が国の温室効果ガス排出量の8割以上を占めるエネルギー起源CO_2の排出削減を図るため、全化石燃料に対してCO_2排出量に応じた税率（289円／トンCO_2）を石油石炭税に上乗せするものです。急激な負担増を避けるため、税率は3年半かけて段階的に引き上げることとされ、2016年4月に最終段階への引上げが完了しました。この課税による税収は、エネルギー起源CO_2の排出削減を図るため、省エネルギー対策、再生可能エネルギー普及、化石燃料のクリーン化・効率化などに充当されています。

車体課税については、自動車重量税におけるエコカー減税や、自動車税及び軽自動車税におけるグリーン化特例（軽課）及び環境性能割といった環境性能に優れた車に対する軽減措置が設けられています。

第3節　技術開発、調査研究、監視・観測等の充実等

1　環境分野におけるイノベーションの推進

（1）環境研究・技術開発の実施体制の整備

ア　環境研究総合推進費及び地球環境保全等試験研究費

環境省では、環境研究総合推進費において、環境政策への貢献をより一層強化するため、環境省が必要とする研究テーマ（行政ニーズ）を明確化し、その中に地方公共団体がニーズを有する研究開発テーマも組み入れました。また、気候変動に関する研究のうち、各府省が関係研究機関において中長期的視点から計画的かつ着実に実施すべき研究を、地球環境保全等試験研究費により効果的に推進しました。

イ　環境省関連試験研究機関における研究の推進

（ア）国立水俣病総合研究センター

国立水俣病総合研究センターでは、水俣病発生の地にある国の直轄研究機関としての使命を達成するため、水俣病や環境行政を取り巻く社会的状況の変化を踏まえ、2020年4月に今後5年間の実施計画「中期計画2020」を策定しました。「中期計画2020」における調査・研究分野とそれに付随する業務に関する重点項目は、[1] メチル水銀曝露の健康影響評価と治療への展開、[2] メチル水銀の環境動態、[3] 地域の福祉向上への貢献、[4] 国際貢献とし、中期計画3年目の研究及び業務を推進しました。

特に、地元医療機関との共同による脳磁計（MEG）・磁気共鳴画像診断装置（MRI）を活用したヒト健康影響評価及び治療に関する研究、メチル水銀中毒の予防及び治療に関する基礎研究を推進するとともに、国内外諸機関と連携し、環境中の水銀モニタリング及び水俣病発生地域の地域創生に関する調査・研究を進めました。

水銀に関する水俣条約（以下「水俣条約」という。）締結を踏まえ、水銀分析技術の簡易・効率化を進め、分析精度向上に有効となる標準物質の作成と配布、熊本県水俣市において「メチル水銀中毒の未然防止を目指して」をテーマに研究会議「NIMD FORUM」を主催するなどの国際貢献及び地域貢献を進めました。

これらの施策や研究内容について、国立水俣病総合研究センターウェブサイト上で具体的かつ分かりやすい情報発信を実施しました。

（イ）国立研究開発法人国立環境研究所

国立研究開発法人国立環境研究所では、環境大臣が定めた中長期目標（2021年度～2025年度）に

基づく第5期中長期計画が2021年度から開始されました。中長期計画に基づき、環境研究の中核的研究機関として、[1] 重点的に取り組むべき課題への統合的な研究、[2] 環境研究の各分野における科学的知見の創出等、[3] 国の計画に基づき中長期目標期間を超えて実施する事業（衛星観測及び子どもの健康と環境に関する全国調査に関する事業）及び [4] 国内外機関との連携及び政策貢献を含む社会実装を推進しました。

特に、[1] では、統合的・分野横断的アプローチで取り組む戦略的研究プログラムを設定し、「気候変動・大気質」、「物質フロー革新」、「包括環境リスク」、「自然共生」、「脱炭素・持続社会」、「持続可能地域共創」、「災害環境」及び「気候変動適応」の８つの課題解決型プログラムを推進しています。

また、環境の保全に関する国内外の情報を収集、整理し、環境情報メディア「環境展望台」によってインターネット等を通じて広く提供しました。さらに、気候変動適応法（平成30年法律第50号）に基づき地方公共団体等への技術的援助等の業務を推進しました。

ウ　各研究開発主体による研究の振興等

文部科学省では、科学研究費助成事業等の研究助成を行い、大学等における地球環境問題に関連する幅広い学術研究・基礎研究の推進や研究施設・設備の整備・充実への支援を図るとともに、関連分野の研究者の育成を行いました。あわせて、大学共同利用機関法人人間文化研究機構総合地球環境学研究所における「Future Earth」等の国際共同研究を通じた人文学・社会科学を含む分野横断的な課題解決型の研究の振興により、SDGsの進展に貢献しました。

地方公共団体の環境関係試験研究機関は、監視測定、分析、調査、基礎データの収集等を広範に実施するほか、地域固有の環境問題等についての研究活動を推進しました。これらの地方環境関係試験研究機関との緊密な連携を確保するため、環境省では、地方公共団体環境試験研究機関等所長会議を開催するとともに、全国環境研協議会と共催で環境保全・公害防止研究発表会を開催し、研究者間の情報交換の促進を図りました。

（2）環境研究・技術開発の推進

環境省では、地球温暖化対策に関しては、新たな地球温暖化対策技術の実用化・導入普及を進めるため、「CO_2排出削減対策強化誘導型技術開発・実証事業」において地下街や駅等の屋外開放部を持つ空間における人流・気流センサを用いた省エネにつながる空調制御手法の開発や、電力消費量が大きい上水道施設対策に必要な高効率・低コストの管水路用水力発電技術の開発など、全体で45件の技術開発・実証事業を実施しました。また、ライフスタイルに関連の深い多種多様な電気機器（照明、パワコン、サーバー等）に組み込まれている各種デバイスを、高品質GaN（窒化ガリウム）半導体素子を用いることで高効率化し、徹底したエネルギー消費量の削減を実現するための技術開発及び実証を2014年度より実施中です。2019年度までに、GaNインバータの基本設計を完了し、GaNインバータをEV車両に搭載した超省エネ電気自動車（AGV）を開発し、世界で初めて駆動に成功しました。AGVは東京モーターショー2019にて初公開し、多数メディアにも掲載されました。そのほかに、二酸化炭素回収・有効利用・貯留（CCUS）技術の導入に向けて、廃棄物焼却施設等の排ガス中の二酸化炭素から化成品を製造する技術の開発・実証、CO_2の分離・回収から輸送・貯留までの一貫した技術確立の検討等を進めました。

文部科学省では、2050年カーボンニュートラルを支える超省エネ・高性能なパワーエレクトロニクス機器の創出に向けて、窒化ガリウム（GaN）等の次世代パワー半導体を用いたパワエレ機器等の研究開発を推進しました。あわせて、省エネ・高性能な半導体集積回路の創生に向けた新たな切り口による研究開発と将来の半導体産業を牽引する人材育成を推進するため、アカデミアにおける中核的な拠点形成を推進しました。また、先端的低炭素化技術開発（ALCA）において、2030年の社会実装を目指し、低炭素社会の実現に貢献する革新的な技術シーズ及び実用化技術の研究開発を推進するとともに、リチウムイオン蓄電池に代わる革新的な次世代蓄電池等の世界に先駆けた革新的低炭素化技術の研究開発を推進しました。さらに、未来社会創造事業「地球規模課題である低炭素社会の実現」領域において、2050年の社会実装を目指し、抜本的な温室効果ガス削減に向けた従来技術の延長線上にない革新的技術の研究開発を推進しました。加えて、未来社会創造事業大規模プロジェクト型においては、省エネ・低炭素化社会が進む未来水素社会の実現に向けて、高効率・低コスト・小型長寿命な革新的水素液化技術の開発を、また、Society 5.0の実現に向けて、センサ用独立電源として活用可能な革新的熱電変換技術の開発を推進しました。さらに、理化学研究所においては、植物科学、ケミカルバイオロジー、触媒化学、バイオマス工学の異分野融合により、持続的な成長及び地球規模の課題に貢献する「課題解決型」の研究開発を推進するとともに、強相関物理、超分子機能化学、量子情報エレクトロニクスの3分野の糾合により、超高効率なエネルギーの収集・変換や、超低エネルギー消費のエレクトロニクスの実現に資する研究開発を推進しました。また、気候変動予測研究について、気候変動予測先端研究プログラムにおいて、スーパーコンピュータ「地球シミュレータ」を活用して、全ての気候変動対策の基盤となる気候モデルの開発等を通じ、気候変動メカニズムを解明するとともに、ニーズを踏まえて気候変動予測情報の創出に向けた研究開発を推進しました。また、気候変動予測情報や地球観測データなどの地球環境ビッグデータを蓄積・統合解析する「データ統合・解析システム（DIAS）」を活用し、地球規模課題の解決に産学官で活用できる地球環境情報プラットフォームの構築を進めました。加えて、大学の力を結集した、地域の脱炭素化加速のための基盤研究開発において、人文学・社会科学から自然科学までの幅広い知見を活用し、大学等と地域が連携して地域のカーボンニュートラルを推進するためのツール等に係る分野横断的な研究開発等を推進しました。あわせて、「カーボンニュートラル達成に貢献する大学等コアリション」を通じて、各大学等による情報共有やプロジェクト創出を促進しました。

経済産業省では、省エネルギー、再生可能エネルギー、原子力、クリーンコールテクノロジー、分離回収したCO_2を地中へ貯留するCCSに関わる技術開発を実施しました。

大型車の脱炭素化等に資する革新的技術を早期に実現するため、産学官連携のもと、電動化技術や内燃機関の高効率化といった次世代大型車関連の技術開発及び実用化の促進を図るための調査研究を行いました。

ア　中長期的なあるべき社会像を先導する環境分野におけるイノベーションのための統合的視点からの政策研究の推進

環境政策の経済・社会への影響・効果や両者の関係を分析・評価する手法及び環境・経済・社会が調和した持続可能な社会の進展状況を把握・評価するための手法等を確立することにより、経済・社会の課題解決にも貢献する環境政策に関する基礎的な分析・理論等の知見を得て、それらの成果を政策の企画立案等に活用することを目的とした環境経済の政策研究を実施しています。2021年度から「第Ⅴ期環境経済の政策研究」として、原則3年の研究期間を設け、2件の研究を進めています。

イ　統合的な研究開発の推進

「第6期科学技術・イノベーション基本計画」では、我が国が目指す社会として、Society 5.0を具体化し、「国民の安全と安心を確保する持続可能で強靭な社会」、「一人ひとりの多様な幸せ（well-being）が実現できる社会」の実現を掲げています。その実現に向けて、本計画では、経済・社会が大きく変化し、国内、そして地球規模の様々な課題が顕在化する中で、2030年を見据えて、[1] デジタルを前提とした社会構造改革（我が国の社会を再設計し、地球規模課題の解決を世界に先駆けて達成し、国家の安全・安心を確保することで、国民一人ひとりが多様な幸せを得られるようにする）、[2] 研究力の抜本的強化（多様性や卓越性を持った「知」を創出し続ける、世界最高水準の研究力を取り戻す）、[3] 新たな社会を支える人材育成（日本全体をSociety 5.0へと転換するため、多様な幸せを追求し、課題に立ち向かう人材を育成する）の3つを大目標として定め、科学技術・イノベーション政策を推進することとしています。

2022年6月に閣議決定した「統合イノベーション戦略2022」においても、重点的に取り組むべき事項の一つとして「地球規模課題の克服に向けた社会変革と非連続なイノベーションの推進」を掲げ、「第6期科学技術・イノベーション基本計画」における目標である、「我が国の温室効果ガス排出量を2050年までに実質ゼロとし、世界のカーボンニュートラルを牽引するとともに、循環経済への移行を進めることで、気候変動をはじめとする環境問題の克服に貢献し、SDGsを踏まえた持続可能性を確保される。」ことを踏まえ、関係府省庁、産官学が連携して研究開発から社会実装まで一貫した取組の具体化を図り推進していくこととしました。

内閣府では、2018年度から開始した戦略的イノベーション創造プログラム（SIP）第2期の課題の一つとして「IoE社会のエネルギーシステム」を採択し、様々なエネルギーがネットワークに接続され、情報交換することにより相互のエネルギーの需給管理が可能となるIoE社会の実現のための研究開発を進めてきました。具体的には、再生可能エネルギーが主力電源となる社会のエネルギーシステムのグランドデザインを検討し、その出口として、再生可能エネルギーの導入可能性に係る地域特性に応じた社会実装可能な地域エネルギーシステムデザインのためのガイドラインを策定するとともに、再生可能エネルギーを含む多様な入力電源に対して最適制御を可能とするユニバーサルスマートパワーモジュールや高効率・大電力で安全なワイヤレス電力伝送システム等の社会実装に向けて研究開発を進めてきました。

環境省では、「第五次環境基本計画」に基づき、今後5年間で取り組むべき環境研究・技術開発の重点課題やその効果的な推進方策を提示するものとして、環境研究・環境技術開発の推進戦略を策定することとしています。

総務省では、国立研究開発法人情報通信研究機構等を通じ、電波や光を利用した地球環境のリモートセンシング技術や、環境負荷を増やさず飛躍的に情報通信ネットワーク設備の大容量化を可能にするフォトニックネットワーク技術等の研究開発を実施しています。

農林水産省では、農林水産分野における気候変動の影響評価、地球温暖化の進行に適応した生産安定技術の開発等について推進しました。さらに、これらの研究開発等に必要な生物遺伝資源の収集・保存や特性評価等を推進しました。また、東京電力福島第一原子力発電所事故の影響を受けた被災地において、ICTやロボットを活用した農林水産分野の先端技術の開発を行うとともに、状況変化等に起因して新たに現場が直面している課題の解消に資する現地実証や社会実装に向けた取組を推進するため、農業用水利施設管理省力化ロボットの開発や土壌肥沃度のばらつき改善技術の開発等を行いました。さらに、森林・林業の再生を図るため、放射性物質対策に資する森林施業等の検証を行うとともに、木材製品等に係る放射性物質の調査・分析及び木材製品等の安全を確保するための効果的な検査等の安全証明体制の構築を支援しました。

経済産業省では、生産プロセスの低コスト化や省エネ化の実現を目指し、植物機能や微生物機能を活用して工業原料や高機能タンパク質等の高付加価値物質を生産する高度モノづくり技術の開発を実施したほか、バイオものづくりの製造基盤技術の確立に向けた実証事業に着手しました。

国土交通省では、地球温暖化対策にも配慮しつつ、地域の実情に見合った最適なヒートアイランド対策の実施に向けて、様々な対策の複合的な効果を評価できるシミュレーション技術の運用や、地球温暖化対策に資するCO_2の吸収量算定手法の開発等を実施しました。低炭素・循環型社会の構築に向け、下水道革新的技術実証事業（B-DASHプロジェクト）等による下水汚泥の有効利用技術等の実証と普及を推進しました。

(3) 環境研究・技術開発の効果的な推進方策

ア　各主体の連携による研究技術開発の推進

2022年12月、「第13回気候中立社会実現のための戦略研究ネットワーク（LCS-RNet：Leveraging a Climate-neutral Society - Strategic Research Network）年次会合」を開催しました。年次会合では、「気候変動に関する政府間パネル（IPCC）第6次評価報告書を踏まえた、一層の行動強化に向けた新たな科学の挑戦」をテーマに、IPCC第6次評価報告書に関与した研究者計8名を登壇者に迎え、科学的知見を行動に結び付け、トランジションとイノベーションをどのように系統的に進めるかを議論しました。

世界適応ネットワーク（GAN）及びその地域ネットワークの一つであるアジア太平洋適応ネットワーク（APAN）を他の国際機関等との連携により支援しました。アジア太平洋地球変動研究ネットワーク（APN）を支援し、気候変動、生物多様性など各分野横断型研究に関する国際共同研究及び能力強化プロジェクトが実施され、アジア太平洋地域内の途上国を中心とする研究者及び政策決定者の能力向上に大きく貢献しました。

エネルギー・環境分野のイノベーションにより気候変動問題の解決を図るため、世界の学界・産業界・政府関係者間の議論と協力を促進する国際的なプラットフォーム「Innovation for Cool Earth Forum（ICEF）」の第9回年次総会を2022年10月にハイブリッド形式で開催しました。

CO_2大幅削減に向けた非連続なイノベーション創出を目的とした、G20の研究機関のリーダーによる「Research and Development 20 for Clean Energy Technologies（RD20）」の第4回会合をハイブリッド形式により2022年10月に開催しました。

イ　環境技術普及のための取組の推進

先進的な環境技術の普及を図る環境技術実証事業では、気候変動対策技術領域、資源循環技術領域など計6領域を対象とし、対象技術の環境保全効果等を実証し、結果の公表等を実施しました。

ウ　成果の分かりやすい発信と市民参画

環境研究総合推進費及び地球環境保全等試験研究費に係る研究成果については、学術論文、研究成果発表会・シンポジウム等を通じて公開し、関係行政機関、研究機関、民間企業、民間団体等へ成果の普及を図りました。また、環境研究総合推進費ウェブサイトにおいて、研究成果やその評価結果等を公開しました。

CO_2排出削減対策強化誘導型技術開発・実証事業についても、環境省ウェブサイトにおいて成果及びその評価結果等を公開しているほか、2021年にはアワード型の技術開発実証の取組を行い、脱炭素社会構築に貢献するイノベーションの卓越したアイデアと、その迅速かつ着実な社会実装が期待できる確かな実績・実現力を有する者を表彰し、そのアイデアに基づく技術開発・実証事業を実施しました。

エ　研究開発における評価の充実

環境省では、環境研究総合推進費において2018年度に終了した課題を対象に追跡評価を行いました。

2　官民における監視・観測等の効果的な実施

（1）地球環境に関する監視・観測

監視・観測については、国連環境計画（UNEP）における地球環境モニタリングシステム（GEMS）、世界気象機関（WMO）における全球大気監視計画（GAW計画）、全球気候観測システム（GCOS）、全球海洋観測システム（GOOS）等の国際的な計画に参加して実施しました。さらに、「全球地球観測システム（GEOSS）」を推進するための国際的な枠組みである地球観測に関する政府間会合（GEO）においては、執行委員会のメンバー国を務めるとともに、文部科学省は、GEO事務局と共に2022年9月に第15回アジア・オセアニアGEOシンポジウムを主催するなど、114の国等と、144の機関（2022年12月時点）が参加するGEOの活動を主導しています。また、気象庁は、GCOSの地上観測網の推進のため、世界各国からの地上気候観測データの入電状況や品質を監視するGCOS地上観測網監視センター（GSNMC）業務や、アジア地域の気候観測データの改善を図るためのWMO関連の業務を、各国気象機関と連携して推進しました。

気象庁は、WMOの地区気候センター（RCC）を運営し、アジア太平洋地域の気象機関に対し基礎資料となる気候情報やウェブベースの気候解析ツールを引き続き提供しました。さらに、域内各国の気候情報の高度化に向けた取組と人材育成に協力しました。

温室効果ガス等の観測・監視に関し、WMO温室効果ガス世界資料センターとして全世界の温室効果ガスのデータ収集・管理・提供業務を、WMO品質保証科学センターとしてアジア・南西太平洋地域における観測データの品質向上に関する業務を、さらにWMO全球大気監視較正センターとしてメタン等の観測基準（準器）の維持を図る業務を引き続き実施しました。超長基線電波干渉法（VLBI）や全球測位衛星システム（GNSS）を用いた国際観測に参画するとともに、験潮等と組み合わせて、地球規模の地殻変動等の観測・研究を推進しました。

東アジア地域における残留性有機汚染物質（POPs）の汚染実態把握のため、これら地域の国々と連携して大気中のPOPsについて環境モニタリングを実施しました。また、水俣条約の有効性の評価にも資する水銀モニタリングに関し、UNEP等と連携してアジア太平洋地域の国を中心に技術研修を開催し、地域ネットワークの強化に取り組みました。

大気における気候変動の観測について、気象庁はWMOの枠組みで地上及び高層の気象観測や地上放射観測を継続的に実施するとともに、GCOSの地上及び高層や地上放射の気候観測ネットワークの運用に貢献しています。

さらに、世界の地上気候観測データの円滑な国際交換を推進するため、WMOの計画に沿って各国の気象局と連携し、地上気候観測データの入電数向上、品質改善等のための業務を実施しています。

温室効果ガスなど大気環境の観測については、国立研究開発法人国立環境研究所及び気象庁が、温室効果ガスの測定を行いました。国立研究開発法人国立環境研究所では、波照間島、落石岬、富士山等における温室効果ガス等の高精度モニタリングのほか、アジア太平洋を含むグローバルなスケールで民間航空機・民間船舶を利用し大気中及び海洋表層における温室効果ガス等の測定を行うとともに、陸域生態系における炭素収支の推定を行いました。これら観測に対応する国際的な標準ガス等精度管理活動にも参加しました。また、気候変動による影響把握の一環として、サンゴや高山植生のモニタリングを行いました。気象庁では、GAW計画の一環として、温室効果ガス、クロロフルオロカーボン（CFC）等オゾン層破壊物質、オゾン層、有害紫外線及び大気混濁度等の定常観測を東京都南鳥島等で行っているほか、航空機による北西太平洋上空の温室効果ガスの定期観測を行っています。さらに、日本周辺海域及び北西太平洋海域における洋上大気・海水中のCO_2等の定期観測を実施しています。これらの観測データについては、定期的に公表しています。また、黄砂及び有害紫外線に関する情報を発表しています。

海洋における観測については、海洋地球研究船「みらい」や観測機器等を用いて、海洋の熱循環、物質循環、生態系等を解明するための研究、観測技術開発を推進しました。また、国際協力の下、自動昇降型観測フロート約4,000個による全球高度海洋監視システムを構築する「アルゴ（Argo）計画」にハード・ソフトの両面で貢献し、計画を推進しました。南極地域観測については、「南極地域観測第X期6か年計画」に基づき、海洋、気象、電離層等の定常的な観測のほか、地球環境変動の解明を目的とする各種研究観測等を実施しました。また、持続可能な社会の実現に向けて、北極の急激な環境変化が我が国に与える影響を評価し、社会実装を目指すとともに、北極における国際的なルール形成のための法政策的な対応の基礎となる科学的知見を国内外のステークホルダーに提供するため、北極域研究加速プロジェクト（ArCS II）を推進しました。

GPS装置を備えた検潮所において、精密型水位計により、地球温暖化に伴う海面水位上昇の監視を行い、海面水位監視情報の提供業務を継続しました。また、国内の影響・リスク評価研究や地球温暖化対策の基礎資料として、温暖化に伴う気候の変化に関する予測情報を「日本の気候変動2020―大気と陸・海洋に関する観測・予測評価報告書―」によって提供しており、情報の高度化のため、大気の運動等を更に精緻(ち)化させた詳細な気候の変化の予測計算を実施しています。

衛星による地球環境観測については、全球降水観測（GPM）計画主衛星搭載の我が国の二周波降水レーダ（DPR）や水循環変動観測衛星「しずく（GCOM-W）」搭載の高性能マイクロ波放射計2

(AMSR2)、気候変動観測衛星「しきさい（GCOM-C）」搭載の多波長光学放射計（SGLI）から取得された観測データを提供し、気候変動や水循環の解明等の研究に貢献しました。また、DPRの後継ミッションについて、NASAが計画している国際協力ミッション（AOSミッション）との相乗りを見据え、検討に着手しました。さらに、環境省、国立研究開発法人国立環境研究所及び国立研究開発法人宇宙航空研究開発機構の共同プロジェクトである温室効果ガス観測技術衛星1号機（GOSAT）の観測データの解析を進め、主たる温室効果ガスの全球の濃度分布、月別・地域別の吸収・排出量の推定結果等の一般提供を行いました。パリ協定に基づき世界各国が温室効果ガス排出量を報告する際に衛星観測データを利活用できるよう、GOSATの観測データ及び統計データ等から算出した排出量データを用いて推計した人為起源温室効果ガス濃度について比較・評価を行いました。さらに、観測精度を飛躍的に向上させた後継機である2号機（GOSAT-2）を2018年10月に打ち上げ、GOSATに引き続き全球の温室効果ガス濃度を観測するほか、新たに設けた人為起源のCO_2を特定するための機能により、各国のパリ協定に基づく排出量報告の透明性向上への貢献を目指します。なお、水循環変動観測衛星GCOM-W後継センサとの相乗りを見据えて調査・検討を行ってきた3号機に当たる温室効果ガス・水循環観測技術衛星（GOSAT-GW）は2024年度打ち上げを目指して開発を進めています。また、「今後の環境省におけるスペースデブリ問題に関する取組について（中間取りまとめ）」を2020年10月に公表し、GOSATシリーズについては、主にデブリ化のリスク低減のため、設計寿命を超え利用可能な状態であっても、適切なタイミングで廃棄処分に移る方向性を示し、それらのスペースデブリ化防止対策の検討に着手しました。

我が国における地球温暖化に係る観測を、統合的・効率的に実施するため、地球観測連携拠点（温暖化分野）の活動を引き続き推進しました。また、観測データ、気候変動予測、気候変動影響評価等の気候変動リスク関連情報等を体系的に整理し、分かりやすい形で提供することを目的とし、2016年に構築された気候変動適応情報プラットフォーム（A-PLAT）において、気候変動の予測等の情報を充実させました。

2020年8月に、文部科学省の地球観測推進部会において取りまとめられた、「今後10年の我が国の地球観測の実施方針のフォローアップ報告書」等を踏まえ、地球温暖化の原因物質や直接的な影響を的確に把握する包括的な観測態勢を整備するため、地球環境保全等試験研究費において、2021年度は「民間航空機による温室効果ガスの3次元長期観測とデータ提供システムの構築」等の研究を継続しています。

（2）技術の精度向上等

地方公共団体及び民間の環境測定分析機関における環境測定分析の精度の向上及び信頼性の確保を図るため、環境汚染物質を調査試料として、「環境測定分析統一精度管理調査」を実施しました。

3 技術開発などに際しての環境配慮等

新しい技術の開発や利用に伴う環境への影響のおそれが予見される場合や、科学的知見の充実に伴って、環境に対する新たなリスクが明らかになった場合には、予防的取組の観点から必要な配慮がなされるよう適切な施策を実施する必要があります。「第五次環境基本計画」に基づき、上記の観点を踏まえつつ、各種の研究開発を実施しました。

第4節　国際的取組に係る施策

1　地球環境保全等に関する国際協力の推進

(1) 質の高い環境インフラの普及

ア　環境インフラの海外展開

「インフラシステム海外展開戦略2025」の重点戦略の柱の一つである「脱炭素社会に向けたトランジションの加速」の実現に向けて、相手国のニーズも踏まえ、実質的な排出削減につながる「脱炭素移行政策誘導型インフラ輸出支援」を推進しています。2021年6月には、二国間クレジット制度（JCM）を通じた環境インフラの海外展開を一層強力に促進するため、「脱炭素インフライニシアティブ」を策定しました（資金の多様化による加速化を通じて、官民連携で事業規模最大1兆円程度）。2021年10月に閣議決定した「地球温暖化対策計画」においては、JCMにより、2030年度までに官民連携でGHG排出削減量累計1億トン程度という目標が示されました。また、これまで我が国がパリ協定第6条の交渉を主導してきたことを踏まえ、2021年10月末から開催されたCOP26での合意を受けて、環境省は「COP26後の6条実施方針」を発表し、[1] JCMパートナー国の拡大と、国際機関と連携した案件形成・実施の強化、[2] 民間資金を中心としたJCMの拡大、[3] 市場メカニズムの世界的拡大への貢献を通じて、世界の脱炭素化に貢献していくこととしました。さらに、環境インフラの海外展開を積極的に取り組む民間企業等の活動を後押しする枠組みとして、2020年9月に環境インフラ海外展開プラットフォーム（JPRSI）を立ち上げました。本プラットフォームには現在480の団体（設立当初は277団体）が会員として参加しています。JPRSIでは、セミナー・メールマガジン等を通じた現地情報へのアクセス支援、日本企業が有する環境技術等の会員情報の海外発信、タスクフォース・相談窓口の運営等を通じた個別案件形成・受注獲得支援を行いました。

また、2021年度から、再エネ水素の国際的なサプライチェーン構築を促進するため、再エネが豊富な第三国と協力し、再エネ由来水素の製造、島嶼（しょ）国等への輸送・利活用の実証事業を開始しました。

アジアを始めとした途上国等における脱炭素移行を後押しするために、国立環境研究所等が開発した、GHG排出量の予測や対策、影響を評価するための統合評価モデル「アジア太平洋統合評価モデル（AIM）」を活用して、ベトナムやインドネシア、タイにおける長期戦略策定の支援を行い、これらの国々のカーボンニュートラル目標の設定に貢献しました。

イ　技術協力

独立行政法人国際協力機構（JICA）を通じた研修員の受入れ（オンライン）、専門家の派遣、技術協力プロジェクトなど、我が国の技術・知識・経験を活かし、開発途上国の人材育成や、課題解決能力の向上を図りました。

例えば、課題別研修「パリ協定下の『国が決定する貢献』前進に向けた能力強化」等、地球環境保全に資するオンライン講義等の協力を行いました。

(2) 地域/国際機関との連携・協力

地球環境問題に対処するため、[1] 国際機関の活動への支援、[2] 条約・議定書の国際交渉への積極的参加、[3] 諸外国との協力、[4] 開発途上地域への支援を積極的に行っています。

ア　多数国間の枠組みによる連携

(ア) 国連や国際機関を通じた取組

○　SDGs等における取組

2015年9月の国連サミットにおいて「持続可能な開発のための2030アジェンダ」が採択され、

2030年を達成期限とする持続可能な開発目標（SDGs）が定められました。SDGsは、エネルギー、持続可能な消費と生産、気候変動、生物多様性等の多くの環境関連の目標を含む、17の目標と169のターゲットで構成され、毎年開催される「国連持続可能な開発に関するハイレベル政治フォーラム（HLPF）」において、SDGsの達成状況についてフォローアップとレビューが行われます。

2022年7月には3年ぶりに対面でHLPFが開催されました。また、環境省は、「ウェル・ビーイング（福利）のために行動するパートナーシップ：『SATOYAMAイニシアティブ』とより良い社会づくりのために」を国際機関等と共催でオンライン開催しました。大岡敏孝環境副大臣（当時）は、これまで地域のウェル・ビーイングの向上にも貢献してきたSATOYAMAイニシアティブについて、生物多様性に関する新たな世界目標採択後の展開の方向性について発信しました。

また、同月にはパリ協定の目標達成とSDGsの様々な目標の同時達成につながる相乗効果のある行動を加速化すべく、国連経済社会局と国連気候変動枠組条約事務局が共催する「第3回パリ協定とSDGsのシナジー強化に関する国際会議」を、環境省がホストし、国連大学にて開催し、議論しました。

○　UNEPにおける活動

我が国は、UNEPの環境基金に対して継続的に資金を拠出するとともに、我が国の環境分野での多くの経験と豊富な知見を活かし、多大な貢献を行っています。

大阪に事務所を置くUNEP国際環境技術センター（UNEP/IETC）に対しても、継続的に財政的な支援を実施するとともに、UNEP/IETC及び国内外の様々なステークホルダーと連携するために設置されたコラボレーティングセンターが実施する開発途上国等への環境上適正な技術の移転に関する支援、環境保全技術に関する情報の収集・整備・発信、廃棄物管理に関するグローバル・パートナーシップ等への協力を行いました。さらに、関係府市等と協力して、同センターの円滑な業務の遂行を支援しました。また、UNEP/IETCは、2019年度から民間企業の協力も得て、持続可能な社会を目指す新たな取組である「UNEPサステナビリティアクション」の展開を開始しており、環境省としても支援しています。

2022年10月には、UNEP-IETC設立30周年を記念したイベントが開催され、持続可能な廃棄物管理を推進し、試行錯誤を重ね、さらに規模を拡大させていく方策に関して多角的な議論を行いました。

UNEPが、気候変動適応の知見共有を図るために2009年に構築したGAN及びアジア太平洋地域の活動を担うAPANへの拠出金等により、脆(ぜい)弱性削減に向けたパートナーシップの強化、能力強化活動を支援しました。

○　経済協力開発機構（OECD）における取組

経済成長・開発・貿易等国際経済全般について協議することを目的として設立されたOECDは環境政策においても先進国主導のルールメーキングを主導しています。2019年6月に我が国が議長国を務めた「G20持続可能な成長のためのエネルギー転換と地球環境に関する関係閣僚会合」にもOECD事務局が参加し、会合の成功に貢献するなど、環境外交における我が国の国際的なプレゼンスにも貢献しています。我が国は、2010年より環境政策委員会のビューローを、2012年1月より同委員会の副議長を務めるなど、OECD環境政策委員会及び関連作業部会の活動に積極的に貢献しています。2022年3月にパリで開催されたOECD環境大臣会合には、気候変動をテーマとする全体セッションに山口壯環境大臣（当時）がオンラインで参加し、国内での取組や国際的な貢献について発信しました。現地では正田寛地球環境審議官（当時）が参加し、プラスチックをテーマとする全体セッション等に参加し、会合の成果として閣僚宣言が採択されました。

○　国際再生可能エネルギー機関（IRENA）における取組

我が国は、国際再生可能エネルギー機関（IRENA）の設立当初より2018年まで理事国に選出、2019年のアジア太平洋地域の理事国を務め、2020年は代替国に就任しました。具体的には、IRENA

に対して分担金を拠出するとともに、特に島嶼国における人材育成及び再生可能エネルギー普及の観点から、2023年2月～3月には、IRENA及びGCFとの共催により、オンラインで国際ワークショップを実施しました。

（イ）アジア太平洋地域における取組

○　日中韓三カ国環境大臣会合（TEMM）

2022年12月にオンラインで開催された第23回日中韓三カ国環境大臣会合（TEMM23）では、これまでの共同行動計画（2021-2025年）に基づく三か国の環境協力の進展について評価するとともに、各国の環境政策の進展、地球規模及び地域の環境課題について意見交換を行いました。

○　日ASEAN環境協力イニシアティブ

2017年11月に提唱した「日ASEAN環境協力イニシアティブ」に基づき、ASEAN地域でのSDGs促進のため、廃棄物・リサイクル、持続可能な都市、排水処理、気候変動における環境インフラへの支援や、海洋汚染、化学物質、生物多様性の分野における協力が進んでいます。また、本イニシアティブに基づき2021年10月の日ASEAN首脳サミットで提唱された「日ASEAN気候変動アクション・アジェンダ2.0」では、従来の「日ASEAN気候変動アクション・アジェンダ」を、透明性・緩和・適応の3本の柱は維持した上で、特にASEAN地域の脱炭素社会への移行に向けた取組を大幅に拡充するとともに、既存の取組についてもその強度を強化しています。2022年11月に開催された日ASEAN首脳会合においては、日ASEAN友好協力50周年に向け、脱炭素社会の実現のため、ASEAN諸国との協力を強化していくことを表明しました。

特に、一つ目の柱である「透明性」としては、我が国がリーダーシップをとって設立した透明性パートナーシップ（PaSTI）に基づき、ベトナム、タイ、フィリピン等のASEAN国における企業等の排出量の透明性向上のための能力開発等を実施しました。また、これらの事例を活用し、ASEAN地域全体のガイドライン案を国連気候変動枠組条約第27回締約国会議（COP27）の場で公表するなど、我が国のGHG排出量算定報告公表制度の経験を活かした協力を実施しました。

（ウ）アジア太平洋地域における分野別の協力

自然と共生しつつ経済発展を図り、低炭素社会、循環型社会の構築を目指すクリーンアジア・イニシアティブの理念の下、2008年から様々な環境協力を戦略的に展開してきました。2016年以降は特に、SDGsの実現にも注力し、アジア地域を中心に低炭素技術移転及び技術政策分野における人材育成に係る取組等を推進しています。

気候変動については第1章第1節7、資源循環・3Rについては第3章第7節1、汚水処理については第3章第7節2、水分野については第4章第3節、大気については第4章第7節3（3）を参照。

イ　二国間の枠組みによる連携

（ア）先進国との連携

○　米国

2022年9月、西村明宏環境大臣とマイケル・リーガン米国環境保護庁長官は、日米環境政策対話を行い、日米共通の重要課題である気候変動と脱炭素、海洋ごみと循環経済、化学物質管理、環境教育と若者の分野における日米の協力強化や連携について、意見交換を行いました。本対話の成果として「日米環境政策対話共同声明」を発表しました。

○　EU

2021年5月、菅義偉内閣総理大臣（当時）とシャルル・ミシェル欧州理事会議長及びウァズラ・フォン・デア・ライエン欧州委員長はテレビ会議形式で会談を行い、「日EUグリーン・アライアンス」

の立ち上げを発表しました。これは、グリーン成長と2050年温室効果ガス排出実質ゼロを達成するため、気候中立で、生物多様性に配慮した、かつ、資源循環型の経済の実現を目指すものであり、日EUで、[1] エネルギー移行、[2] 環境保護、[3] 民間部門支援、[4] 研究開発、[5] 持続可能な金融、[6] 第三国における協力、[7] 公平な気候変動対策の分野での協力を定めております。

○ カナダ

2022年11月、COP27の機会を捉え、西村明宏環境大臣とカナダのスティーブン・ギルボー環境・気候変動大臣は、気候・環境に関する日加環境政策対話の立ち上げについて署名を行うとともに、政策対話を実施しました。

(イ) 開発途上国との連携

○ 中国

2019年11月に開催された日中環境ハイレベル円卓対話等において、中国生態環境部と環境政策及び大気汚染、海洋プラスチックごみ、気候変動対応、生物多様性等における環境協力を推進し、両省間で環境に関する協力覚書を署名することに合意しました。引き続き、協力覚書の検討を進めるとともに、中国が掲げる2030年までのピークアウト及び2060年までの炭素中立目標の引き上げに関して働きかけを行うなど、率直な議論を交わしました。

海洋プラスチックごみについては、2022年11月に第14回日中高級事務レベル海洋協議において、第4回日中海洋ごみ協力専門家対話プラットフォーム会合及び日中海洋ごみワークショップを2023年に開催し、日中が実施している海洋プラスチックごみや資源循環に係る取組や科学的知見の整備に関する意見交換を行うことで合意しました。

○ インドネシア

2019年6月に署名された海洋担当調整大臣との共同声明に基づき、海洋プラスチックごみについては、モニタリングの技術協力として、研修を行いました。

2022年8月には、環境林業省との間で環境協力に関する新たな協力覚書を締結し、また、海洋投資調整府との間で、日インドネシア包括環境協力パッケージに合意・署名し、インドネシアが重視する優先課題に関して、脱炭素移行、生物多様性保全、循環経済の同時推進を目指した包括的な協力を進め、官民投資の促進を図っていきます。

○ インド

2018年10月にインド環境・森林・気候変動省と署名した環境分野における包括的な協力覚書に基づき、2021年9月に「第1回日本・インド環境政策対話」を開催しました。本政策対話では気候変動分野の二国間協力等について議論するとともに、JCMに関する政府間協議の実施等、今後両省の協力を一層推進していくことに合意しました。2023年1月に日・インド環境ウィークを開催し、気候変動や廃棄物管理、大気汚染対策などに関するセミナーや両国企業による展示・ビジネスマッチ等、複数のイベントを一体的に開催し、官民における二国間環境協力を推進しました。

○ モンゴル

2018年12月に更新されたモンゴル自然環境・観光省との環境協力に関する協力覚書に基づき、「第14回日本・モンゴル環境政策対話」を2021年12月にオンラインで開催し、大気汚染対策、GOSATシリーズ、JCM、生物多様性等について、意見交換を行いました。2022年5月バトウルジー・バトエルデネモンゴル国自然環境観光大臣来訪時に協力の進捗に係るハイレベルでの意見交換を行い、環境協力覚書の更新を行いました。

○　フィリピン

2022年3月にはフィリピン環境天然資源省と共催で「日本・フィリピン環境ウィーク」をオンラインで開催し、両省の気候変動分野を含む環境分野の協力に関する環境政策対話と合わせて、2015年より開催している廃棄物分野に関する環境対話（第6回）を実施しました。また環境セミナー、展示会・ビジネスマッチング等を一体的に実施し、政策支援から案件形成までの包括的な協力を推進しました。

○　シンガポール

2017年6月に更新されたシンガポール環境水資源省との間の「環境協力に関する協力覚書」に基づき、2020年12月に「第6回日本・シンガポール環境政策対話」をオンラインで開催し、大気汚染、廃棄物管理、気候変動対策について意見交換を行い、今後も二国間及びASEAN地域における環境協力を強化していくことに合意しました。

○　タイ

2018年5月にタイ王国天然資源環境省と署名した「環境協力に関する協力覚書」に基づき、「第2回日本・タイ環境政策対話」を2022年5月にオンラインで開催し、気候変動、大気環境、海洋プラスチックごみ・廃棄物管理、水質管理の分野において日タイの二国間環境協力を一層推進することに合意しました。

○　ベトナム

2020年8月に更新されたベトナム天然資源環境省との間の「環境協力に関する協力覚書」に基づき、2023年2月、ハノイにて「第8回日本・ベトナム環境政策対話」を開催するとともに、同覚書を更新しました。また同月には、ベトナムの2050年までのカーボンニュートラル目標の実現のため、2021年11月に両大臣により署名された「2050年までのカーボンニュートラルに向けた気候変動に関する共同協力計画」に基づく第2回合同作業部会を開催し、本共同協力計画に基づく気候変動分野などの協力を議論しました。また、海洋プラスチックごみについては、モニタリングの技術協力として、当地における海洋プラスチックごみ調査手法の取りまとめに向けた助言、研修を行いました。

○　UAE

2022年11月に、エジプトで開催されたCOP27会期中に、環境大臣とアラブ首長国連邦気候変動・環境大臣との間で「日本国環境省とアラブ首長国連邦気候変動・環境省との間の環境協力に関する協力覚書」に署名をしました。

○　ブラジル

2022年7月に、環境省とブラジル連邦共和国環境省との間で、気候変動対策を中心とする二国間環境協力を進めるため、「日本国環境省及びブラジル連邦共和国環境省との宣言書」に署名をしました。

○　ウズベキスタン

2022年10月にJCMに関する協力覚書に署名しました。2022年12月に環境省とウズベキスタン共和国国家生態系・環境保護委員会との間で環境保護分野における協力覚書に署名しました。

ウ　海外広報の推進

海外に向けた情報発信の充実を図るため、報道発表の英語概要、環境白書・循環型社会白書・生物多様性白書の英語抄訳版等、海外広報資料の作成・配布や環境省ウェブサイト・SNS等を通じた海外広報を行いました。

エ　開発途上地域の環境の保全

我が国は政府開発援助（ODA）による開発協力を積極的に行っています。環境問題については、2015年2月に閣議決定した「開発協力大綱」において地球規模課題への取組を通じた持続可能で強靭な国際社会の構築を重点課題の一つとして位置付けるとともに、開発に伴う環境への影響に配慮することが明記されています。また、特に小島嶼（しょ）開発途上国については、気候変動による海面上昇等、地球規模の環境問題への対応を課題として取り上げ、ニーズに即した支援を行うこととしています。

（ア）無償資金協力

居住環境改善（都市の廃棄物処理、上水道整備、地下水開発、洪水対策等）、地球温暖化対策関連（森林保全、クリーン・エネルギー導入）等の各分野において、無償資金協力を実施しています。

草の根・人間の安全保障無償資金協力についても貧困対策に関連した環境分野の案件を実施しています。

（イ）有償資金協力

下水道整備、大気汚染対策、地球温暖化対策等の各分野において、有償資金協力（円借款・海外投融資）を実施しています。

（ウ）国際機関を通じた協力

我が国は、UNEPの環境基金、UNEP/IETC技術協力信託基金等に対し拠出を行っています。また、我が国が主要拠出国及び出資国となっているUNDP、世界銀行、アジア開発銀行、東アジア・ASEAN経済研究センター（ERIA）等の国際機関も環境分野の取組を強化しており、これら各種国際機関を通じた協力も重要になってきています。

（3）多国間資金や民間資金の積極的活用

地球環境ファシリティ（GEF）は、開発途上国等が地球環境問題に取り組み、環境条約の実施を行うために、無償資金等を提供する多国間基金です。2022年7月から2026年6月まで4年間のGEF活動期間に係る第8次増資交渉が計5回にわたる会合を経て妥結し、2022年6月に開催されたGEF評議会で承認されました。今回の増資規模は53.3億ドルであり、このうち我が国から6.38億ドルの拠出を表明しました。我が国はGEFトップドナーの一つとしてこの交渉会合を通じて、プログラムの優先事項の特定及び政策方針等の作成に貢献しました。上述の2022年6月のGEF評議会では、増資交渉承認に加え、事業案の採択、環境改善効果の向上に向けた取組、基金のガバナンス等が議論されました。また、我が国は意思決定機関である評議会の場を通じ、GEFの活動・運営に係る決定に積極的に参画しています。

開発途上国の温室効果ガス削減と気候変動の影響への適応を支援する緑の気候基金（GCF）については、初期拠出の15億ドルに続いて、2019年10月の第1次増資ハイレベル・プレッジング会合において、我が国から最大15億ドルの拠出表明を行い、これまでに我が国を含む32か国及び2地方政府が総額約100億ドルの拠出を表明しました。また、2022年12月までに128か国における209件の支援案件がGCF理事会で承認されました。我が国は基金への最大級のドナーとして資金面での貢献に加え、GCF理事国として、支援案件の選定を含む基金の運営に積極的に貢献しています。また、我が国は、途上国の要請に基づき技術移転に関する能力開発やニーズの評価を支援する「気候技術センター・ネットワーク（CTCN）」に対して2021年度に約46万ドルを拠出し、積極的に貢献しました。

（4）国際的な各主体間のネットワークの充実・強化

ア　地方公共団体間の連携

脱炭素社会形成に関するノウハウや経験を有する日本の地方公共団体等の協力の下、アジア等各国の都市との間で、都市間連携を活用し、脱炭素社会実現に向けて基盤制度の策定支援や、優れた脱炭素技術の普及支援を実施しました。2022年度は、北海道札幌市、富山県富山市、神奈川県川崎市、神奈川県横浜市、東京都、埼玉県さいたま市、広島県、滋賀県、大阪府大阪市、大阪府堺市、福岡県福岡市、福岡県北九州市、愛媛県、沖縄県浦添市による22件の取組を支援しました。2023年3月に、脱炭素都市国際フォーラム2023を日米で共催し、都市の先進事例の共有等を行いました。

イ　市民レベルでの連携

独立行政法人環境再生保全機構が運営する地球環境基金では、プラットフォーム助成制度に基づいて、国内の環境NGO・NPOが国内又は開発途上地域において他のNGO・NPO等との横断的な協働・連携の下で実施する環境保全活動に対する支援を行いました。

(5) 国際的な枠組みにおける主導的役割

2022年5月、ドイツ・ベルリンで開催されたG7気候・エネルギー・環境大臣会合では、気候変動、生物多様性の損失及び汚染という3つの危機に統合的に対応する必要性を確認しました。パリ協定の実施強化へのコミットを再確認し、気温上昇を1.5℃に抑えるため、この10年間に緊急かつ野心的で包括的な行動を取ることを確認しました。また、強力で野心的かつ効果的なポスト2020生物多様性枠組を提唱し、その実施に向けて直ちに行動を起こすことを確認し、資源効率性・循環経済に関する「ベルリン・ロードマップ」、海洋の取組に関する「オーシャン・ディール」を採択しました。

2022年6月のG7エルマウ・サミットでは、パリ協定及びその実施の強化への揺るぎないコミットメントを再確認しました。また、2030年までの高度に脱炭素化された道路部門、2035年までに完全に、又は大宗が脱炭素化された電力部門、国内の排出削減対策が講じられていない石炭火力発電のフェーズアウトを加速させるという目標に向けた具体的かつ適時の取組を重点的に行うこと、排出削減対策が講じられていない国際的な化石燃料エネルギー部門への新規の公的直接支援の2022年末までの終了にコミットすることを確認しました。また、国内及び世界で2030年までに少なくとも陸地の30%及び海洋の30%を保全又は保護することにコミットし、プラスチック汚染対策については、「大阪ブルー・オーシャン・ビジョン」を基礎として、プラスチック汚染に関する法的拘束力のある国際文書（条約）に関する政府間交渉にコミットしました。

新興国を含むG20では、2022年11月にインドネシア・バリで開催されたG20バリ・サミット首脳宣言において、今世紀半ば頃までに世界全体でネット・ゼロ又はカーボン・ニュートラルを達成するとのコミットメントを改めて確認しました。また、2024年末までに作業を完了するとの野心を持ってプラスチック汚染に関する法的拘束力のある国際文書（条約）の策定に取り組むことにコミットしました。

なお、宇宙空間のごみ（スペースデブリ）が、新たな国際的な課題となっており、国際社会が協力してスペースデブリ対策に取り組む必要があることから、我が国では、JAXAにおいて、2019年4月から世界に先駆けて大型デブリ除去プロジェクトとして、民間企業と連携して軌道上でのキー技術実証や、デブリ除去技術実証に向けた開発を目指して必要な開発を進めています。

また、2019年のG20エネルギー・環境大臣会合で採択された「G20海洋プラスチックごみ対策実施枠組」に基づき、上述の2022年のG20環境大臣会合にあわせて、インドネシアのイニシアティブの下、日本が支援し、「第4次G20海洋プラスチックごみ対策報告書」を取りまとめました。

また、2018年11月のASEAN＋3サミットにて提唱された「ASEAN＋3海洋プラスチックごみ協力アクション・イニシアティブ」に基づき、2019年に設立された海洋プラスチックごみ地域ナレッジ・センター（RKC-MPD）において、民間企業の優良事例を紹介するプラットフォームを立ち上げました。

パリ協定6条（市場メカニズム）の実施により、脱炭素市場や民間投資が活性化され、世界全体の温室効果ガスが更に削減されるとともに、経済成長にも寄与することが期待されている一方、パリ協定6

条を実施するための体制整備や知見の共有等が課題とされています。国際的な連携の下、6条ルールの理解促進や研修の実施等、各国の能力構築を支援するため、我が国は、2022年11月、COP27において、60を超える国・機関の参加表明を得て「パリ協定6条実施パートナーシップ」を立ち上げました。今後も我が国が主導して、パートナーシップ参加国、国際機関等と連携しつつ、パリ協定6条に沿った市場メカニズムを世界的に拡大し、世界の温室効果ガスの更なる削減に貢献していきます。

第5節　地域づくり・人づくりの推進

1　国民の参加による国土管理の推進

(1) 多様な主体による国土の管理と継承の考え方に基づく取組

ア　多様な主体による森林整備の促進

国、地方公共団体、森林所有者等の役割を明確化しつつ、地域が主導的役割を発揮でき、現場で使いやすく実効性の高い森林計画制度の定着を図りました。所有者の自助努力等では適正な整備が見込めない森林について、針広混交林化や公的な関与による整備を促進しました。多様な主体による森林づくり活動の促進に向け、企業・NPO等と連携した普及啓発活動等を実施しました。

イ　環境保全型農業の推進

第2章第6節1（1）を参照。

(2) 国土管理の理念を浸透させるための意識啓発と参画の促進

国土から得られる豊かな恵みを将来の世代へと受け継いでいくための多様な主体による国土の国民的経営の実践に向けた普及や検討に取り組んでいます。また、持続可能な開発のための教育（ESD）の理念に基づいた環境教育等の教育を通じて、国民が国土管理について自発的に考え、実践する社会を構築するための意識啓発や参画を促進しました。

ア　森林づくり等への参画の促進

森林づくり活動のフィールドや技術等の提供等を通じて多様な主体による「国民参加の森林づくり」を促進するとともに、身近な自然環境である里山林等を活用した森林体験活動等の機会提供、地域の森林資源の循環利用を通じた森林の適切な整備・保全につながる「木づかい運動」等を推進しました。

イ　公園緑地等における意識啓発

公園、緑地等のオープンスペースは、良好な景観や環境、にぎわいの創出など、潤いのある豊かな都市をつくる上で欠かせないものです。また、災害時の避難地としての役割も担っています。都市内の農地も、近年、住民が身近に自然に親しめる空間として評価が高まっています。

このように、様々な役割を担っている都市の緑空間を、民間の知恵や活力をできる限り活かしながら保全・活用していくため、2017年5月に都市緑地法等の一部を改正する法律（平成29年法律第26号）が公布され、必要な施策を総合的に講じました。

2　持続可能な地域づくりのための地域資源の活用と地域間の交流等の促進

(1) 地域資源の活用と環境負荷の少ない社会資本の整備・維持管理

ア　地域資源の保全・活用と地域間の交流等の促進

東日本大震災や東京電力福島第一原子力発電所事故を契機として、地域主導のローカルなネットワーク構築が危機管理・地域活性化の両面から有効との見方が拡大しています。また、中長期的な地球温暖化対策や、気候変動による影響等への適応策、資源ひっ迫への対処を適切に実施するためには、地域特性に応じた脱炭素化や地域循環共生圏の構築、生物多様性の確保への取組等を通じ、持続可能な地域づくりを進めることが不可欠です。

2022年度においては、地域における再エネの最大限の導入を促進するため、地方公共団体による脱炭素社会を見据えた計画の策定や合意形成に関する戦略策定等を補助する「地域脱炭素実現に向けた再エネの最大限導入のための計画づくり支援事業」や地域防災計画に災害時の避難施設等として位置付けられた公共施設、又は業務継続計画により災害など発生時に業務を維持するべき公共施設に、平時の温室効果ガス排出削減に加え、災害時にもエネルギー供給等の機能発揮を可能とする再生可能エネルギー設備等の導入を補助する「地域レジリエンス・脱炭素化を同時実現する公共施設への自立・分散型エネルギー設備等導入推進事業」等を実施しました。さらに、地域における脱炭素化プロジェクトに民間資金を呼び込むため、地域低炭素投資促進ファンドからの出資による支援や、グリーンボンド発行・投資の促進等を行いました。

「第五次環境基本計画」において目指すべき持続可能な社会の姿として掲げられた循環共生型の社会である「環境・生命文明社会」を実現するためには、ライフスタイルのイノベーションを創出し、パートナーシップを強化していくことが重要です。このため、国民一人一人が自らのライフスタイルを見直す契機とすることを目的として、企業、団体、個人等の幅広い主体による「環境と社会によい暮らし」を支える地道で優れた取組を募集し、表彰するとともに、その取組を広く国民に対して情報発信する「グッドライフアワード」を、2013年度から実施しています。2022年度は、応募があった229の取組の中から、最優秀賞1、優秀賞3、各部門賞7、計11の取組を環境大臣賞として表彰しました。

特別な助成を行う防災・省エネまちづくり緊急促進事業により、省エネルギー性能の向上に資する質の高い施設建築物を整備する市街地再開発事業等に対し支援を行いました。

イ　地域資源の保全・活用の促進のための基盤整備

地域循環共生圏づくりに取り組む34の活動団体を選定し、地域の総合的な取組となる構想策定及びその構想を踏まえた事業計画の策定、地域の核となるステークホルダーの組織化等の環境整備を実施しました。また、2019年度より運用を開始している「地域循環共生圏づくりプラットフォーム」では、各実証地域の取組から得られた知見を取りまとめ、地域の実情に応じた支援の在り方や効果を測る指標等の検討を実践的に行ったほか、オンラインにて「地域循環共生圏フォーラム2022」(主催：環境省)を開催し、民間企業や団体、地方公共団体関係者を中心に、380名以上が参加しました。このフォーラムでは脱炭素分野や資源循環など、様々なテーマの分科会を開き、地域循環共生圏づくりに取り組んでいる民間企業等や地域の双方向の活発な議論が行われ、「学び」や「出会い・交流」の場となりました。

持続可能な地域づくりのためには、SDGsの達成を目指して、業種や分野を超えた人々の連携・協働が必要とされます。パートナーシップによるプラットフォームを形成し、環境・経済・社会課題の同時解決を目指すためには、多様なビジョンを持ち、主体的に地域課題解決に取り組む人材が期待されることから、地域の次世代リーダーを育成することを目的として、「地域循環共生圏創造を担うローカルSDGsリーダー研修」を全国7か所を対象地として開催しました。

資源循環分野については、第3章第3節を参照。

ウ　森林資源の活用と人材育成

中大規模建築物等の木造化、住宅や公共建築物等への地域材の利活用、木質バイオマス資源の活用等による環境負荷の少ないまちづくりを推進しました。

人材育成に関しては、地域の森林・林業を牽引する森林総合監理士（フォレスター）、持続的な経営プランを立て、循環型林業を目指し実践する森林経営プランナー、施業集約化に向けた合意形成を図る森林施業プランナー、間伐や路網作設等を適切に行える現場技能者を育成しました。

エ　災害に強い森林づくりの推進

東日本大震災で被災した海岸防災林の復旧・再生や豪雨や地震等により被災した荒廃山地の復旧・予防対策、流木による被害を防止・軽減するための効果的な治山対策など、災害に強い森林づくりの推進により、地域の自然環境等を活用した生活環境の保全や社会資本の維持に貢献しました。

オ　景観保全

景観の保全に関しては、自然公園法（昭和32年法律第161号）によって優れた自然の風景地を保護しているほか、景観法（平成16年法律第110号）に基づき、2022年3月末時点で646団体において景観計画が定められています。また、文化財保護法（昭和25年法律第214号）に基づき、2023年3月末時点で重要文化的景観として72地域が選定されています（第2章第3節2（1）の表2-3-1を参照）。

第6章

カ　歴史的環境の保全・活用

2022年度中に史跡名勝天然記念物の新指定16件、登録記念物の新登録5件、重要文化的景観の新選定1件をそれぞれ行うとともに、2022年度は3都市の歴史的風致維持向上計画を新規認定し、文化財の保護と一体となった歴史的風致の維持及び向上のための取組を行いました。

（2）地方環境事務所における取組

地域における脱炭素の取組を推進するため地域脱炭素創生室を新設し、取組を支援しました。また、地域の行政・専門家・住民等と協働しながら、資源循環政策の推進、気候変動適応等の環境対策、東日本大震災からの被災地の復興・再生、国立公園保護管理等の自然環境の保全整備、希少種保護や外来種防除等の野生生物の保護管理について、地域の実情に応じた環境保全施策を展開しました。

3　環境教育・環境学習等の推進と各主体をつなぐネットワークの構築・強化

（1）あらゆる年齢階層に対するあらゆる場・機会を通じた環境教育・環境学習等の推進

環境省では、環境教育等による環境保全の取組の促進に関する法律（平成15年法律第130号。以下「環境教育等促進法」という。）に基づき、環境教育のための人材認定等事業の登録制度（環境教育等促進法第11条第1項）、環境教育等支援団体の指定制度（同法第10条の2第1項）、体験の機会の場の認定制度（同法第20条）の運用等を通じ、環境教育等の指導者等の育成や体験学習の場の確保等に努めました。

また、環境教育等促進法に基づき、発達段階に応じ、学校、家庭、職場、地域等において自発的な環境教育等の取組が促進されるよう、文部科学省との連携による教職員、地方公共団体職員、企業や団体職員向けの研修を行ったほか、学校や民間団体等が実施する環境教育や環境活動に役立つ情報を、環境学習ステーションにて提供しました。

加えて、「体験の機会の場」研究機構との間で環境教育等促進法に基づく協定（同法第21条の4第1項）を締結し、同協定を踏まえ、同機構と連携して若年層を対象とした動画プレゼンテーションコンクール「Green Blue Education Forumコンクール2022」を実施するなど、体験の機会の場の認定促進に向けた取組を進めました。

各地方公共団体において設置された地域環境保全基金により、環境アドバイザーの派遣、地域の住民団体等の環境保全実践活動への支援、セミナーや自然観察会等のイベントの開催、ポスター等の啓発資料の作成等が行われました。

文部科学省は、関係省庁と連携してエコスクールパイロットモデル事業を1997年度から2016年度まで実施し、1,663校認定してきました。2017年度からは「エコスクール・プラス」に改称し、エコスクールとして整備する学校を249校認定しました。

ESDについては、「持続可能な開発のための教育：SDGs実現に向けて（ESD for 2030）」という2020年から2030年までの新たな国際的実施枠組みが2019年11月に第40回ユネスコ総会で採択され、同年12月には第74回国連総会で承認されました。「ESD for 2030」の理念を踏まえ、関係省庁が連携し、2021年5月、「第2期ESD国内実施計画」を策定し、同日に「ESD推進の手引」も更新しました。また、学習指導要領では、小・中・高等学校の各段階において、児童生徒が「持続可能な社会の創り手」となることが期待されることを明記しており、引き続き、ESDの提唱国として、持続可能な社会の創り手を育成するESDを推進していきます。

文部科学省では、ユネスコスクール（ユネスコ憲章に示されたユネスコの理想を実現するため、平和や国際的な連携を実践する学校であり、ユネスコが認定する学校）をESDの推進拠点として位置付けています。ユネスコスクール全国大会の開催等を通じて、ESDの実践例の共有や議論等を行いESDの活動の振興を図るほか、補助金事業を通じて、持続可能な社会の創り手育成の推進につながる教員養成、カリキュラム作成及び評価手法の開発支援に取り組んでいます。

(2) 各主体をつなぐ組織・ネットワークの構築・強化

ESD活動に取り組む様々な主体が参画・連携する地域活動の拠点を形成し、地域が必要とする取組支援や情報・経験を共有できるよう、文部科学省や関係団体と連携して、ESD活動支援センター及び地方ESD活動支援センター（全国8か所）を活用したESDに関する情報収集・発信、地域間の連携・ネットワークの構築に努めるとともに、ネットワークの拡大を受けて、テーマ別の学び合いプロジェクトを展開しました。このほか、国連大学が実施する世界各地でのESDの地域拠点（RCE）の認定、アジア太平洋地域における高等教育機関のネットワーク（ProsPER.Net）構築等の事業を支援しました。

(3) 市民、事業者、民間団体等による環境保全活動の支援

環境カウンセラー登録制度の活用により、事業者、市民、民間団体等による環境保全活動等を促進しました。

独立行政法人環境再生保全機構が運営する地球環境基金では、国内外の民間団体が行う環境保全活動に対する助成やセミナー開催等により、それぞれの活動を振興するための事業を行いました。このうち、2022年度の助成については、289件の助成要望に対し、175件、総額約5.8億円の助成決定が行われました。

環境省、独立行政法人環境再生保全機構、国連大学サステイナビリティ高等研究所の共催により、環境活動を行う全国の高校生に対し、相互交流や実践発表の機会を提供する「全国ユース環境活動発表大会（全国大会）」を2023年2月に開催し、優秀校に対して環境大臣賞等を授与しました。

持続可能な地域づくりのための中間支援機能を発揮する拠点として「環境パートナーシップオフィス（EPO）」を全国8か所に展開しています。各地方環境事務所と各地元のNGO・NPOが協働で運営、環境情報の受発信といった静的なセンター機能だけではなく、地域の環境課題解決への伴走等といった動的な役割を担いました。EPOの結節点として、各EPOの成果の取りまとめや相互参照、ブロックを超えた横展開等、全国EPOネットワーク事業を「地球環境パートナーシッププラザ（GEOC）」が行いました。また、GEOCは環境省・国連大学との協働事業として時機に見合った国際情報の発信やシンポジウムの開催等を行いました。

環境教育等促進法に基づく体験の機会の場等の各種認定の状況等を環境省ウェブサイトにおいて発信

しました。

事業者、市民、民間団体等のあらゆる主体のパートナーシップによる取組を支援するための情報をGEOC及びEPOを拠点としてウェブサイトやメールマガジンを通じて、収集、発信しました。

また、団体が実施する環境保全活動を支援するデータベース「環境らしんばん」により、イベント情報等の広報のための発信支援を行いました。

マルチステークホルダーによる生物多様性主流化のための連携・行動変容への取組は、第2章第2節1（1）を参照。

（4）環境研修の推進

環境調査研修所では、全国の地方公共団体、関係行政機関から、例年2,000名程度の研修への参加を得て、環境行政に関わる人材育成を行ってきました。

2022年度においては、2020年度、2021年度に引き続き、新型コロナウイルス感染症の感染拡大防止のため、従来どおりの研修について、実施を見合わせました。

従来は、研修の双方向性の確保、研修生間の交流の重視等の観点から、合宿制により集合研修を実施してきましたが、現時点ではその形式での研修実施が困難な状況であることから、研修の一部カリキュラムについて、動画教材配信等、ウェブ経由での研修代替措置を実施しました。

例えば、分析研修代替措置では、今年度新たな試みとして、オンラインを利用した講義や結果報告等を導入し、地方試験研究機関等が研修所から送付した共通試料を利用して行う「水質分析研修代替措置」(3コース）を実施しました。また、段階的集合研修再開の一環として、職員研修の一部を、オンラインも併用するなどして集合形式で実施しました。

第6節　環境情報の整備と提供・広報の充実

1　EBPM推進のための環境情報の整備

環境に関するデータの利活用を推進するため、基礎的データを収集・整理した「環境統計集」を最新のデータに更新し、環境省ウェブサイトで公開しています。

2　利用者ニーズに応じた情報の提供

行政データ連携の推進、行政保有データの100%オープン化を効率的・効果的に進め、環境情報に関するオープンデータの取組の強化を図るため、環境省が保有するデータの全体像を把握し、相互連携・オープン化するデータの優先付けを行った上で、必要な情報システム・体制を確保し、データの標準化や品質向上を組織全体で図るなどのデータマネジメントを推進することを目的とした「環境省データマネジメントポリシー」を、2021年3月に策定しました。それに基づいて、環境データ公開の一元的ポータルサイトとして「環境データショーケース」を2022年3月に開設し、環境データのオープン化のための「場」を整備しました。

「環境白書・循環型社会白書・生物多様性白書（以下「白書」という。)」の内容を広く普及するため、全国3か所で「白書を読む会」をオンラインで開催しました。

視覚的に分かりやすいよう地理情報システム（GIS）を用いた「環境GIS」による環境の状況等の情報や環境研究・環境技術など環境に関する情報の整備を図り、「環境展望台」において提供しました。

港湾など海域における環境情報を、より多様な主体間で広く共有するため、海域環境データベースの運用を行いました。また、沿岸海域環境保全情報の整備・提供を行うとともに、関係府省・機関が収集した、衛星情報を含め広範な海洋情報を集約・共有する「海洋状況表示システム（海しる）」について、掲載情報の充実、機能の拡充を行いました。

自然環境保全基礎調査やモニタリングサイト1000等の成果に関する情報を「生物多様性情報システム（J-IBIS）」において、Web-GISによる提供情報も含めて整備・拡充するとともに、全国の国立公園等のライブ画像を配信する「インターネット自然研究所」においては、全国各地の様々な自然情報を安定的に継続して提供できるよう、ライブカメラの更新などの取組を進めました。また、「いきものログ」を通じて、全国の生物多様性データの収集と提供を広く行いました。

国際サンゴ礁研究・モニタリングセンターにおいて、サンゴ礁の保全に必要な情報の収集・公開等を行いました。

第7節　環境影響評価

1　環境影響評価の総合的な取組の展開

2021年6月に閣議決定した「規制改革実施計画」において、効果的・効率的なアセスメント等の風力発電に係る適正な制度的対応の在り方について、2022年度に結論を得ることとされ、環境省及び経済産業省は、2021年度から具体的な検討を開始し、現行制度の課題を整理した上で、新制度の大きな枠組みについて取りまとめました。また、洋上風力発電については、2022年度に関係省庁とともに検討を行い、新たな環境影響評価制度の方向性を取りまとめました。

さらに、情報アクセスの利便性を向上させて、国民と事業者の情報交流の拡充及び事業者における環境影響の予測・評価技術の向上を図るため、環境影響評価法（平成9年法律第81号）に基づき事業者が縦覧・公表する環境影響評価図書について、法定の縦覧・公表期間を過ぎた場合においても図書の閲覧ができるよう、事業者の任意の協力を得て、環境省ホームページにおいて環境影響評価図書を掲載する取組を進めました。

2　質が高く効率的な環境影響評価制度の実施

（1）環境影響評価法の対象事業に係る環境影響審査の実施

環境影響評価法は、道路、ダム、鉄道、飛行場、発電所、埋立て・干拓、土地区画整理事業等の開発事業のうち、規模が大きく、環境影響の程度が著しいものとなるおそれがある事業について環境影響評価の手続の実施を義務付けています。環境影響評価法に基づき、2023年3月末までに計849件の事業について手続が実施されました。このうち、2022年度においては、新たに63件の手続が開始され、また、6件の評価書手続が完了し、環境配慮の確保が図られました（表6-7-1）。

表6-7-1　環境影響評価法に基づき実施された環境影響評価の施行状況

（2023年3月31日時点）

	道路	河川	鉄道	飛行場	発電所					処分場	埋立て、干拓	面整備	合計
						火力	風力	太陽光	その他				
手続実施	96	11	19	15	659	79	544	15	21	7	20	22	849
手続中	13	1	2	4	421	6	400	11	4	1	3	2	447
手続完了	72	9	15	10	183	60	104	3	16	6	15	15	325
手続中止	11	1	2	1	56	13	41	1	1	0	2	5	78
環境大臣意見・助言	84	10	17	15	678	85	556	13	24	1	4	17	826
配慮書	13	0	2	4	438	26	398	8	6	1	0	2	460
方法書	0	0	0	0	0	0	0	0	0	0	0	0	0
準備書・評価書	71	10	15	10	240	59	158	5	18	0	4	15	365
報告書	0	0	0	1	0	0	0	0	0	0	0	0	1

資料：環境省

造成地やゴルフ場跡地等の既に開発済み土地で行われる事業に対して、「太陽電池発電所に係る環境影響評価の合理化に関するガイドライン」（2021年6月環境省・経済産業省）の考え方を参考に、メリハリある環境影響評価項目選定が可能である旨の環境大臣意見を述べました。一方で、環境影響への懸念が指摘されている太陽光発電事業については、土地の安定性及び水環境への影響を極力回避又は低減すること等を求めた環境大臣意見を述べました。

近年、特に審査件数の多い陸上の風力発電所については、奥地の山間地に計画される傾向が強まってきています。風力発電による環境影響の度合いは事業規模よりも立地に依拠する特徴があり、立地選定において適正な配慮がなされていないと判断される事業に対しては、事業計画の見直し等の厳しい環境大臣意見を述べました。洋上風力発電については、「海洋再生可能エネルギー発電設備の整備に係る海域の利用の促進に関する法律（平成30年法律第89号）」に基づく事業者選定に先行して、一つの海域で複数の事業者がアセス手続を実施する状況が見られ、これまで国内における導入実績が少なく、運転開始後の環境影響に係る知見が十分に得られていないことから、最新の知見、専門家の助言等を踏まえ、適切に調査、予測及び評価を実施することなどを求める環境大臣意見を述べました。

また、川辺川の流水型ダムは、環境影響評価法の対象ではありませんが、熊本県知事からの要望なども踏まえた特別な取組として、国土交通省と環境省が連携し、法に基づくものと同等の環境影響評価を実施することとしており、環境影響評価法の計画段階環境配慮書に相当する環境配慮レポートについて、水環境及び生態系への影響等の観点から、環境大臣意見を述べました。

（2）環境影響評価に係る情報基盤の整備

質の高い環境影響評価を効率的に進めるために、環境影響評価に活用できる地域の環境基礎情報を収録した「環境アセスメントデータベース“EADAS（イーダス）”」において、情報の拡充や更新を行い公開しました。

第8節　環境保健対策

1　放射線に係る住民の健康管理・健康不安対策

（1）福島県における健康管理

国は、福島県の住民の方々の中長期的な健康管理を可能とするため、福島県が2011年度に創設した福島県民健康管理基金に交付金を拠出するなどして福島県を財政的、技術的に支援しており、福島県は、同基金を活用し、2011年6月から県民健康調査等を実施しています。具体的には、[1] 福島県の全県民を対象とした個々人の行動記録と線量率マップから外部被ばく線量を推計する基本調査、[2]「甲状腺検査」、「健康診査」、「こころの健康度・生活習慣に関する調査」、「妊産婦に関する調査」の詳細調査を実施しています。また、ホールボディ・カウンタによる内部被ばく線量の検査や、市町村に補助金を交付し、個人線量計による測定等も実施しています。

「甲状腺検査」について、2016年3月に福島県「県民健康調査」検討委員会が取りまとめた「県民健康調査における中間取りまとめ」では、甲状腺検査の先行検査（検査1回目）で発見された甲状腺がんについては、放射線による影響とは考えにくいと評価されています。さらに、2019年7月、同検討委員会において、「現時点において、本格検査（検査2回目）に発見された甲状腺がんと放射線被ばくの間の関連は認められない。」と評価されています。

また、「妊産婦に関する調査」については、2022年5月、福島県「県民健康調査」検討委員会において、県民健康調査「妊産婦に関する調査」結果まとめ（平成23年度～令和2年度）として報告され、妊娠結果（早産の割合、先天奇形・先天異常の発生率）に関しては、「平成23年度から令和2年度調査の結果では、各年度とも政府統計や一般的に報告されているデータとの差はほとんどない。また、先天奇形・先天異常の発生率を地域別に見ても同様に差はない。」とされています。

(2) 国による健康管理・健康不安対策

環境省では、2015年2月に公表した「東京電力福島第一原子力発電所事故に伴う住民の健康管理のあり方に関する専門家会議の中間取りまとめを踏まえた環境省における当面の施策の方向性」に基づき、[1] 事故初期における被ばく線量の把握・評価の推進、[2] 福島県及び福島近隣県における疾病罹患動向の把握、[3] 福島県の県民健康調査「甲状腺検査」の充実、[4] リスクコミュニケーション事業の継続・充実に取り組んでいます。

[1] 事故初期における被ばく線量の把握・評価の推進

大気拡散シミュレーションや住民の行動データ、ホールボディ・カウンタ等による実測値等、被ばく線量に影響する様々なデータを活用し、事故後の住民の被ばく線量をより精緻（ち）に評価する研究事業を実施しています。

[2] 福島県及び福島近隣県における疾病罹患動向の把握

福島県及び福島近隣県における、がん及びがん以外の疾患の罹患動向を把握するために、人口動態統計やがん登録等の統計情報を活用し、地域ごとに、循環器疾患を含む各疾病の罹患率及び死亡率の変化等を分析する研究事業を実施しています。

[3] 福島県の県民健康調査「甲状腺検査」の充実

福島県は、県民健康調査「甲状腺検査」の結果、引き続き医療が必要になった方に対して、治療にかかる経済的負担を支援するとともに、診療情報を活用させていただくことで「甲状腺検査」の充実を図る「甲状腺検査サポート事業」に取り組んでおり、国は、この取組を支援しています。このほか、国として甲状腺検査の結果、詳細な検査（二次検査）が必要になった方へのこころのケアの充実や、また県内検査者の育成や県外検査実施機関の拡充に向け、医療機関への研修会等を開催しています。

[4] リスクコミュニケーション事業の継続・充実

環境省では、2014年度から福島県いわき市に「放射線リスクコミュニケーション相談員支援センター」を開設し、避難指示が出された12市町村を中心に、住民を支える放射線相談員や自治体職員等の活動を科学的・技術的な面から組織的かつ継続的な支援を実施していくため、研修会や車座集会の開催等を行っています。

そのほか、希望する住民には、個人線量計を配布して外部被ばく線量を測定してもらい、またホールボディ・カウンタによって内部被ばく線量を測定することにより、住民に自らの被ばく線量を把握してもらうとともに、専門家から測定結果や放射線の健康影響に関する説明を行うことにより、不安軽減へつなげています。

一方、福島県外では、住民からの相談に対応する保健医療福祉関係者、自治体職員等の人材育成のための研修や、地域のニーズを踏まえた住民セミナーの開催等のリスクコミュニケーション事業に取り組んでいます。

2 健康被害の補償・救済及び予防

(1) 被害者の補償・救済

ア 大気汚染の影響による呼吸器系疾患

(ア) 既被認定者に対する補償給付等

我が国では、昭和30年代以降の高度経済成長により、工業化が進んだ都市を中心に大気汚染の激化が進み、四日市ぜんそくを始めとして、大気汚染の影響による呼吸器系疾患の健康被害が全国で発生しました。これらの健康被害者に対して迅速に補償等を行うため、1973年、公害健康被害の補償等に関する法律（昭和48年法律第111号。以下「公害健康被害補償法」という。）に基づく公害健康被害補償制度が開始されました。

公害健康被害補償法のうち、自動車重量税の収入見込額の一部相当額を独立行政法人環境再生保全機構に交付する旨を定めた法附則（法附則第9条）については、2018年度以降も当分の間、自動車重量税の収入見込額の一部に相当する金額を独立行政法人環境再生保全機構に交付することができるよう措置する、公害健康被害の補償等に関する法律の一部を改正する法律（平成30年法律第11号）が2018年3月に公布されました。

2022年度は、同制度に基づき、被認定者に対し、[1] 認定更新、[2] 補償給付（療養の給付及び療養費、障害補償費、遺族補償費、遺族補償一時金、療養手当、葬祭料）、[3] 公害保健福祉事業（リハビリテーションに関する事業、転地療養に関する事業、家庭における療養に必要な用具の支給に関する事業、家庭における療養の指導に関する事業、インフルエンザ予防接種費用助成事業）等を実施しました。2022年12月末時点の被認定者数は28,364人です。なお、1988年3月をもって第一種地域の指定が解除されたため、旧第一種地域では新たな患者の認定は行われていません（表6-8-1）。

表6-8-1　公害健康被害補償法の被認定者数等

（2022年12月末時点）

区分		地域			実施主体	指定年月日	現存被認定者数
旧第一種地域　非特異的疾患	慢性気管支炎 気管支ぜん息 ぜん息性気管支炎 及び肺気しゅ 並びに これらの続発症	千葉市	南部臨海	地域	千葉市	1974.11.30	190
		東京都	千代田区	全域	千代田区	1974.11.30	104
		〃	中央区	〃	中央区	1975.12.19	164
		〃	港区	〃	港区	1974.11.30	286
		〃	新宿区	〃	新宿区	〃	738
		〃	文京区	〃	文京区	〃	346
		〃	台東区	〃	台東区	1975.12.19	275
		〃	品川区	〃	品川区	1974.11.30	563
		〃	大田区	〃	大田区	〃	1,222
		〃	目黒区	〃	目黒区	1975.12.19	386
		〃	渋谷区	〃	渋谷区	1974.11.30	359
		〃	豊島区	〃	豊島区	1975.12.19	419
		〃	北区	〃	北区	〃	667
		〃	板橋区	〃	板橋区	〃	1,262
		〃	墨田区	〃	墨田区	〃	418
		〃	江東区	〃	江東区	1974.11.30	930
		〃	荒川区	〃	荒川区	1975.12.19	482
		〃	足立区	〃	足立区	〃	1,163
		〃	葛飾区	〃	葛飾区	〃	820
		〃	江戸川区	〃	江戸川区	〃	1,147
		東京都計					11,751
		横浜市	鶴見臨海地域		横浜市	1972.2.1	335
		川崎市	川崎区・幸区		川崎市	1969.12.27 1972.2.1 1974.11.30	1,126
		富士市	中部地域		富士市	1972.2.1 1977.1.13	328
		名古屋市	中南部地域		名古屋市	1973.2.1 1975.12.19 1978.6.2	1,602
		東海市	北部・中部地域		愛知県	1973.2.1	266
		四日市市	臨海地域・楠町全域		四日市市	1969.12.27 1974.11.30	300
		大阪市	全域		大阪市	1969.12.27 1974.11.30 1975.12.19	4,850
		豊中市	南部地域		豊中市	1973.2.1	135
		吹田市	南部地域		吹田市	1974.11.30	146
		守口市	全域		守口市	1977.1.13	863
		東大阪市	中西部地域		東大阪市	1978.6.2	927
		八尾市	中西部地域		八尾市	〃	509
		堺市	西部地域		堺市	1973.8.1 1977.1.13	1,022
		神戸市	臨海地域		神戸市	〃	509
		尼崎市	東部・南部地域		尼崎市	1970.12.1 1974.11.30	1,425
		倉敷市	水島地域		倉敷市	1975.12.19	844
		玉野市	南部臨海地域		岡山県	〃	18
		備前市	片上湾周辺地域		〃	〃	19
		北九州市	洞海湾沿岸地域		北九州市	1973.2.1	703
		大牟田市	中部地域		大牟田市	1973.8.1	496
		計					28,364
第二種地域　特異的疾患	水俣病	阿賀野川	下流地域		新潟県	1969.12.27	39
	〃	〃	〃		新潟市	〃	63
	〃	水俣湾	沿岸地域		鹿児島県	〃	58
	〃	〃	〃		熊本県	〃	194
	イタイイタイ病	神通川	下流地域		富山県	〃	2
	慢性砒（ひ）素中毒症	島根県	笹ヶ谷地区		島根県	1974.7.4	0
	〃	宮崎県	土呂久地区		宮崎県	1973.2.1	41
		計					397
合計							28,761

注：旧指定地域の表示は、いずれも指定当時の行政区画等による。
資料：環境省

（イ）公害健康被害予防事業の実施

独立行政法人環境再生保全機構により、以下の公害健康被害予防事業が実施されました。

[1] 大気汚染による健康影響に関する総合的研究、局地的大気汚染対策に関する調査等を実施しました。また、ぜん息等の予防・回復等のためのパンフレットの作成、講演会の実施及びぜん息の専門医による電話相談事業を行いました。さらに、地方公共団体の公害健康被害予防事業従事者に対する研修を行いました。

[2] 地方公共団体に対して助成金を交付し、旧第一種地域等を対象として、ぜん息等に関する健康相談、幼児を対象とする健康診査、ぜん息患者等を対象とした機能訓練等を推進しました

イ　水保病

（ア）水保病被害の救済

○　水保病の認定

水俣病は、熊本県水俣湾周辺において1956年5月に、新潟県阿賀野川流域において1965年5月に公式に確認されたものであり、四肢末端の感覚障害、運動失調、求心性視野狭窄、中枢性聴力障害を主要症候とする神経系疾患です。それぞれチッソ株式会社、昭和電工株式会社の工場から排出されたメチル水銀化合物が魚介類に蓄積し、それを経口摂取することによって起こった神経系疾患であることが1968年に政府の統一見解として発表されました。

水俣病の認定は、公害健康被害補償法に基づき行われており、2022年11月末までの被認定者数は、3,000人（熊本県1,791人、鹿児島県493人、新潟県716人）で、このうち生存者は、357人（熊本県195人、鹿児島県59人、新潟県103人）となっています。

○　1995年の政治解決

公害健康被害補償法及び1992年から開始した水俣病総合対策医療事業（一定の症状が認められる者に療養手帳を交付し、医療費の自己負担分等を支給する事業）による対応が行われたものの、水俣病をめぐる紛争と混乱が続いていたため、1995年9月当時の与党三党により、最終的かつ全面的な解決に向けた解決策が取りまとめられました。

これを踏まえ、原因企業から一時金を支給するとともに、水俣病総合対策医療事業において、医療手帳（療養手帳を名称変更）を交付しました。また、医療手帳の対象とならない方であっても、一定の神経症状を有する方に対して保健手帳を交付し、医療費の自己負担分等の支給を行っています。

これにより、関西訴訟を除いた国家賠償請求訴訟については、原告が訴えを取り下げました。一方、関西訴訟については、2004年10月に最高裁判所判決が出され、国及び熊本県には、水俣病の発生拡大を防止しなかった責任があるとして、賠償を命じた大阪高等裁判所判決が是認されました（表6-8-2）。

表6-8-2　水俣病関連年表

年月	事項
1956年（昭和31年）5月	水俣病公式確認
1959年（昭和34年）3月	水質二法施行
1965年（昭和40年）5月	新潟水俣病公式確認
1967年（昭和42年）6月	新潟水俣病第一次訴訟提訴（46年9月原告勝訴判決（確定））
1968年（昭和43年）9月	厚生省及び科学技術庁　水俣病の原因はチッソ及び昭和電工の排水中のメチル水銀化合物であるとの政府統一見解を発表
1969年（昭和44年）6月	熊本水俣病第一次訴訟提訴（48年3月原告勝訴判決（確定））
1969年（昭和44年）12月	「公害に係る健康被害の救済に関する特別措置法（救済法）」施行
1973年（昭和48年）7月	チッソと患者団体との間で補償協定締結（昭和電工と患者団体の間は同年6月）
1974年（昭和49年）9月	「公害健康被害の補償等に関する法律」施行
1977年（昭和52年）7月	環境庁「後天性水俣病の判断条件について（52年判断条件）」を通知
1979年（昭和54年）2月	「水俣病の認定業務の促進に関する臨時措置法」施行
1991年（平成3年）11月	中央公害対策審議会「今後の水俣病対策のあり方について」を答申
1995年（平成7年）9月	与党三党「水俣病問題の解決について」（最終解決策）決定
1995年（平成7年）12月	「水俣病対策について」閣議了解
1996年（平成8年）5月	係争中であった計10件の訴訟が取り下げ（関西訴訟のみ継続）
2004年（平成16年）10月	水俣病関西訴訟最高裁判所判決（国・熊本県の敗訴が確定）
2005年（平成17年）4月	環境省「今後の水俣病対策について」発表
2006年（平成18年）5月	水俣病公式確認50年
2009年（平成21年）7月	「水俣病被害者の救済及び水俣病問題の解決に関する特別措置法」公布
2010年（平成22年）4月	「水俣病被害者の救済及び水俣病問題の解決に関する特別措置法の救済措置の方針」閣議決定
2012年（平成24年）7月	「水俣病被害者の救済及び水俣病問題の解決に関する特別措置法の救済措置の方針」に基づく特措法の申請受付が終了
2013年（平成25年）4月	水俣病の認定をめぐる行政訴訟の最高裁判所判決（1件は熊本県敗訴、1件は熊本県勝訴の高等裁判所判決を破棄差し戻し）
2013年（平成25年）10月	水俣条約の採択・署名のための外交会議が熊本市及び水俣市で開催
2014年（平成26年）3月	環境省「公害健康被害の補償等に関する法律に基づく水俣病の認定における総合的検討について」を通知（具体化通知）
2014年（平成26年）7月	臨時水俣病認定審査会において具体化通知に基づく審査を実施
2014年（平成26年）8月	特措法の判定結果を公表
2015年（平成27年）5月	新潟水俣病公式確認50年
2017年（平成29年）8月	水銀に関する水俣条約発効

資料：環境省

○　関西訴訟最高裁判所判決を受けた各施策の推進

政府は、2006年に水俣病公式確認から50年という節目を迎えるに当たり、1995年の政治解決や関西訴訟最高裁判所判決も踏まえ、2005年4月に「今後の水俣病対策について」を発表し、これに基づき以下の施策を行っています。

[1] 水俣病総合対策医療事業について、高齢化の進展等を踏まえた拡充を図り、また、保健手帳については、交付申請の受付を2005年10月に再開（2010年7月受付終了）。

[2] 2006年9月に発足した水俣病発生地域環境福祉推進室等を活用して、胎児性患者を始めとする水俣病被害者に対する社会活動支援、地域の再生・振興等の地域づくりの対策への取組。

○　水俣病被害者救済特措法

2004年の関西訴訟最高裁判所判決後、公害健康被害補償法の認定申請の増加及び新たな国賠訴訟が6件提起されました。

このような事態を受け、自民党、公明党、民主党の三党の合意により、2009年7月に水俣病被害者の救済及び水俣病問題の解決に関する特別措置法（平成21年法律第81号。以下「水俣病被害者救済特措法」という。）が成立し、公布・施行されました。その後、2010年4月に水俣病被害者救済特措法の救済措置の方針（以下「救済措置の方針」という。）を閣議決定しました。この救済措置の方針に基づき、一定の要件を満たす方に対して関係事業者から一時金を支給するとともに、水俣病総合対策医療事業により、水俣病被害者手帳を交付し、医療費の自己負担分や療養手当等の支給を行っています。また、これに該当しなかった方であっても、一定の感覚障害を有すると認められる方に対して、水俣病被害者手帳を交付し、医療費の自己負担分等の支給を行っています。

水俣病被害者救済特措法に基づく救済措置には6万4,836人が申請し、判定結果は3県合計で、一時金等対象該当者は3万2,249人、療養費対象該当者は6,071人となりました（2018年1月判定終了）。また、裁判で争っている団体の一部とは和解協議を行い、2010年3月には熊本地方裁判所から提示された所見を原告及び被告双方が受け入れ、和解の基本的合意が成立しました。これと同様に新潟地方裁判所、大阪地方裁判所、東京地方裁判所でも和解の基本的合意が成立し、これを踏まえて、和解に向けた手続が進められ、2011年3月に各裁判所において、和解が成立しました。

なお、認定患者の方々への補償責任を確実に果たしつつ、水俣病被害者救済特措法や和解に基づく一時金の支払いを行うため、2010年7月に同法に基づいて、チッソ株式会社を特定事業者に指定し、同年12月にはチッソ株式会社の事業再編計画を認可しました。

（イ）水俣病対策をめぐる現状

公害健康被害補償法に基づく水俣病の認定に関する2013年4月の最高裁判所判決を受けて発出した、総合的検討の在り方を具体化する通知に沿って、現在、関係県・市の認定審査会において審査がなされています。

こうした健康被害の補償や救済に加えて、高齢化が進む胎児性患者とその家族の方など、皆さんが安心して住み慣れた地域で暮らしていけるよう、生活の支援や相談体制の強化等の医療・福祉の充実や、慰霊の行事や環境学習等を通じて地域のきずなを修復する再生・融和（もやい直し）、環境に配慮したまちづくりを進めながら地域の活性化を図る地域振興にも取り組んでいます。

（ウ）普及啓発及び国際貢献

毎年、公害問題の原点、日本の環境行政の原点ともなった水俣病の教訓を伝えるため、教職員や学生等を対象にセミナーを開催するとともに、開発途上国を中心とした国々の行政担当者を招いて研修を行っています。

2022年度においては、新型コロナウイルス感染症の感染拡大防止のため、セミナー及び研修について、実施を見合わせました。

ウ　イタイイタイ病

富山県神通川流域におけるイタイイタイ病は、1955年10月に原因不明の奇病として学会に報告され、1968年5月、厚生省（当時）が、「イタイイタイ病はカドミウムの慢性中毒によりまず腎臓障害を生じ、次いで骨軟化症を来し、これに妊娠、授乳、内分泌の変調、老化及び栄養としてのカルシウム等の不足等が誘引となって生じたもので、慢性中毒の原因物質としてのカドミウムは、三井金属鉱業株式会社神岡鉱業所の排水以外は見当たらない」とする見解を発表しました。イタイイタイ病の認定は、公害健康被害補償法に基づき行われており、2022年12月末時点の公害健康被害補償法の現存被認定者数は2人（認定された者の総数は201人）です。また、富山県は将来イタイイタイ病に発展する可能性を否定できない者を要観察者として経過を観察することとしていますが、2022年12月末時点で要観察者は0人となっています。

エ　慢性砒（ひ）素中毒症

宮崎県土呂久地区及び島根県笹ヶ谷地区における慢性砒（ひ）素中毒症については、2022年12月末時点の公害健康被害補償法の現存被認定者数は、土呂久地区で41人（認定された者の総数211人）、笹ヶ谷地区で0人（認定された者の総数21人）となっています。

オ　石綿健康被害

石綿を原因とする中皮腫及び肺がんは、[1] ばく露から30～40年と長い期間を経て発症することや、石綿そのものが当時広範かつ大量に使用されていたことから、どこでばく露したかの特定が困難なこと、[2] 予後が悪く、多くの方が発症後1～2年で亡くなること、[3] 現在発症している方が石綿にばく露したと想定される30～40年前には、重篤な疾患を発症するかもしれないことが一般に知られておらず、自らには非がないにもかかわらず、何の補償も受けられないままに亡くなる方がいることなどの特殊性に鑑み、健康被害を受けた方及びその遺族に対し、医療費等を支給するための措置を講ずることにより、健康被害の迅速な救済を図る、石綿による健康被害の救済に関する法律（平成18年法律第4号）が2006年2月に成立・公布されました。救済給付に係る申請等については、2021年度末時点で2万2,888件を受け付け、うち1万6,981件が認定、3,594件が不認定、2,313件が取下げ又は審議中とされています。

また、2016年12月に取りまとめられた中央環境審議会環境保健部会石綿健康被害救済小委員会の報告書を踏まえ、石綿健康被害救済制度の運用に必要な調査や更なる制度周知等の措置を講じています。

（2）被害等の予防

ア　環境保健施策基礎調査等

（ア）大気汚染による呼吸器症状に係る調査研究

地域人口集団の健康状態と環境汚染との関係を定期的・継続的に観察し、必要に応じて所要の措置を講ずるため、全国34地域で3歳児、全国35地域で6歳児を対象とした環境保健サーベイランス調査を1996年から継続して実施しています。これまでの調査結果では、大気汚染物質濃度とぜん息の有症率が常に有意な正の関連性を示すような状況にはなく、大気汚染によると思われるぜん息有症率の増加を示す地域は見られませんでした。今後も調査を継続し、大気汚染とぜん息の関連性について、注意深く観察していきます。

そのほか、独立行政法人環境再生保全機構においても、大気汚染の影響による健康被害の予防に関する調査研究を行いました。

（イ）環境要因による健康影響に関する調査研究

花粉症対策には、発生源対策、花粉飛散量予測・観測、発症の原因究明、予防及び治療の総合的な推進が不可欠なことから、関係省庁が協力して対策に取り組んでいます。環境省では、スギの雄花調査及びスギ・ヒノキの花粉飛散量等の情報提供に係る調査を実施しました。

また、他にも、花粉や紫外線、黄砂、電磁界等についても、マニュアル等を用いて、その他の環境要因による健康影響について普及啓発に努めました。

イ　重金属等の健康影響に関する総合研究

メチル水銀が人の健康に与える影響に関する調査の手法を開発するに当たり、必要となる課題を推進することを目的とした研究及びその推進に当たり有用な基礎的知見を得ることを目的とした研究を行い、最新の知見の収集に取り組みました。

イタイイタイ病の発症の仕組み及びカドミウムの健康影響については、なお未解明な事項もあるため、基礎医学的な研究や富山県神通川流域の住民を対象とした健康調査等を実施し、その究明に努めました。

ウ　石綿ばく露者の健康管理に関する調査等

石綿関連所見や疾患の読影体制整備及びばく露の程度に応じた石綿ばく露者の健康管理の在り方について検討を行うため、協力の得られた自治体において、既存検診を活用した石綿関連所見・疾患の読影精度管理や有所見者を対象とした追加的な画像検査を実施し、疾患の早期発見の可能性を検証しました。また、石綿関連疾患に係る医学的所見の解析調査及び諸外国の制度に関する調査等を行いました。

第9節　公害紛争処理等及び環境犯罪対策

1　公害紛争処理等

(1) 公害紛争処理

公害紛争については、公害等調整委員会及び都道府県に置かれている都道府県公害審査会等が公害紛争処理法（昭和45年法律第108号）の定めるところにより処理することとされています。公害紛争処理手続には、あっせん、調停、仲裁及び裁定の4つがあります。

公害等調整委員会は、裁定を専属的に行うほか、重大事件（水俣病やイタイイタイ病のような事件）、広域処理事件（航空機騒音や新幹線騒音）等について、あっせん、調停及び仲裁を行い、都道府県公害審査会等は、それ以外の紛争について、あっせん、調停及び仲裁を行っています。

ア　公害等調整委員会に係属した事件

2022年中に公害等調整委員会が受け付けた公害紛争事件は25件で、これに前年から繰り越された51件を加えた計76件（責任裁定事件35件、原因裁定事件38件、調停事件3件）が2022年中に係属しました。その内訳は、表6-9-1のとおりです。このうち2022年中に終結した事件は26件で、残り50件が2023年に繰り越されました。

表6-9-1　2022年中に公害等調整委員会に係属した公害紛争事件

		事件名	件数
責任裁定事件	1	豊見城市における建築工事に伴う地盤沈下等による財産被害等責任裁定申請事件	1
	2	熊本市における飲食店からの悪臭等による健康被害等責任裁定申請事件	2
	3	渋谷区における宿泊施設からの騒音・低周波音による健康被害等責任裁定申請事件	1
	4	新宿区における排気ダクト等からの低周波音による健康被害等責任裁定申請事件	1
	5	奈良県安堵町における牛舎からの排せつ物流出に伴う悪臭被害責任裁定申請事件	1
	6	稲敷市における土砂埋立てに伴う土壌汚染による財産被害等責任裁定申請事件	2
	7	小平市における工場からの大気汚染による財産被害責任裁定申請事件	4
	8	江東区における音響機器からの騒音・振動等による生活環境被害責任裁定申請事件	1
	9	神戸市における鉄道からの振動・騒音による財産被害等責任裁定申請事件	1
	10	南島原市における工場からの騒音等による生活環境被害責任裁定申請事件	1
	11	浜松市における写真スタジオからの騒音による健康被害等責任裁定申請事件	1
	12	燕市における工場からの振動・騒音・悪臭による財産被害等責任裁定申請事件	1
	13	東海市における工場からの粉じん・悪臭等による財産被害・健康被害責任裁定申請事件	1
	14	熊本市における駐車場からの騒音・振動による健康被害責任裁定申請事件	1
	15	札幌市における室外機からの騒音・低周波音による健康被害責任裁定申請事件	1
	16	宮城県亘理町における町道からの騒音による財産被害・健康被害責任裁定申請事件	1
	17	市川市における銭湯からの大気汚染・悪臭による健康被害等責任裁定申請事件	1
	18	品川区におけるアパート設備からの騒音・悪臭による健康被害責任裁定申請事件	1
	19	小平市における歯科医院からの騒音・低周波音による健康被害責任裁定申請事件	1
	20	大田区における飲食店からの騒音・悪臭による健康被害等責任裁定申請事件	1
	21	神奈川県大磯町におけるマンション上階からの騒音・振動による健康被害責任裁定申請事件	1
	22	さいたま市におけるキュービクル等からの騒音・低周波音による健康被害等責任裁定申請事件	1
	23	自動車排出ガスによる大気汚染被害責任裁定申請事件	1
	24	西宮市における高速道路等からの騒音・振動・低周波音・大気汚染による健康被害等責任裁定申請事件	1
	25	柏市における家屋からの騒音による健康被害等責任裁定申請事件	1
	26	恵那市における鉄工所からの騒音による生活環境被害責任裁定申請事件	1
	27	江東区における工場からの化学物質排出に伴う大気汚染による財産被害責任裁定申請事件	1
	28	松戸市における工場からの騒音による生活環境被害責任裁定申請事件	1
	29	神戸市における認定こども園からの騒音による健康被害責任裁定申請事件	1
	30	熊本市における飲食店からの悪臭・騒音・振動による健康被害等責任裁定申請事件	1
原因裁定事件	1	豊見城市における建築工事に伴う地盤沈下等による財産被害等原因裁定申請事件	1
	2	奈良県安堵町における牛舎からの排せつ物流出に伴う悪臭被害原因裁定申請事件	1
	3	宗像市における配水管工事に伴う地盤沈下による財産被害原因裁定申請事件	1
	4	桶川市における工場からの大気汚染による財産被害原因裁定申請事件	1
	5	茨城県城里町における地盤沈下による財産被害原因裁定嘱託事件	1
	6	草津市における室外機等からの騒音・低周波音による健康被害原因裁定申請事件	2
	7	南島原市における工場からの騒音等による生活環境被害原因裁定申請事件	1
	8	浜松市における写真スタジオからの騒音による健康被害等原因裁定申請事件	1
	9	福岡市における工場等からの騒音による健康被害原因裁定申請事件	1
	10	熊本市における駐車場からの騒音・振動による健康被害原因裁定申請事件	1
	11	横浜市における解体工事等に伴う振動等による財産被害原因裁定申請事件	1
	12	丹波篠山市における養鶏場等からの悪臭等被害原因裁定申請事件	2
	13	札幌市における室外機からの騒音・低周波音による健康被害原因裁定申請事件	1
	14	京都市における大気汚染による財産被害原因裁定嘱託事件	1
	15	神戸市における再生砕石埋立てによる土壌汚染・水質汚濁被害原因裁定申請事件	1
	16	川越市における室内機等からの騒音による健康被害原因裁定嘱託事件	1
	17	鉾田市における給湯機等からの低周波音による健康被害・振動被害原因裁定申請事件	1
	18	市川市における銭湯からの大気汚染・悪臭による健康被害等原因裁定申請事件	1
	19	品川区におけるアパート設備からの騒音・悪臭による健康被害原因裁定申請事件	1
	20	名古屋市における鉄くず等搬入・搬出作業に伴う騒音被害原因裁定申請事件	1
	21	大阪市における樋交換工事に伴う粉じんによる財産被害原因裁定嘱託事件	2
	22	京都市における空調機器の稼働に伴う低周波音・振動による健康被害原因裁定申請事件	1
	23	札幌市における室外機等からの振動・低周波音による健康被害原因裁定申請事件	1
	24	周南市における工場からの騒音による健康被害原因裁定申請事件	1
	25	宝塚市における宅地造成工事に伴う振動による財産被害原因裁定嘱託事件	1
	26	足立区における菓子製造機械等からの振動・低周波音による生活環境被害原因裁定申請事件	1
	27	港区における高層マンション上階からの騒音・振動による健康被害原因裁定申請事件	1
	28	越谷市におけるガソリンスタンド建設に伴う地盤沈下による財産被害原因裁定申請事件	1
	29	周南市における工場からの騒音による健康被害原因裁定申請事件	1
	30	江東区における工場からの化学物質排出に伴う大気汚染による財産被害原因裁定申請事件	1
	31	周南市における工場からの騒音による健康被害原因裁定申請事件	1
	32	足立区における工場からの騒音・低周波音による健康被害原因裁定申請事件	1
	33	神奈川県葉山町におけるヒートポンプ設備からの低周波音による健康被害原因裁定申請事件	1
	34	周南市における工場からの騒音による健康被害原因裁定申請事件	1
	35	武蔵野市におけるエネファーム等からの騒音・低周波音・振動による健康被害原因裁定申請事件	1
調停事件	1	東久留米市における入浴施設からの騒音による生活環境被害調停申請事件	1
	2	不知火海沿岸における水俣病に係る損害賠償調停申請事件	1
	3	横浜市における東海道新幹線騒音被害防止等調停申請事件	1

資料：公害等調整委員会

終結した主な事件としては、「茨城県城里町における地盤沈下による財産被害原因裁定嘱託事件」があります。この事件は、茨城県の住民3名（原告）が所有する建物の柱、壁、基礎等の損傷と、建築業者及び建築会社（被告）が行った土地造成工事及び擁壁工事との因果関係の存否について、裁判所から原因裁定を嘱託されたものです。公害等調整委員会は、本嘱託受付後、直ちに裁定委員会を設け、1回の審問期日を開催するとともに、必要な専門委員1人を選任したほか、委託調査、事務局及び専門委員による現地調査等を実施するなど、手続を進めた結果、2022年11月、原告らの所有する建物の損傷と、被告らが行った土地造成工事及び擁壁工事との間に因果関係を認めるとの裁定を行い、本事件は終結しました。

イ　都道府県公害審査会等に係属した事件

2022年中に都道府県の公害審査会等が受け付けた公害紛争事件は29件で、これに前年から繰り越された41件を加えた計70件（調停事件69件、義務履行勧告事件1件）が2022年中に係属しました。このうち2022年中に終結した事件は29件で、残り41件が2023年に繰り越されました。

ウ　公害紛争処理に関する連絡協議

公害紛争処理制度の利用の促進を図るため、都道府県・市区町村、裁判所及び弁護士会に向けて制度周知のための広報を行いました。また、公害紛争処理連絡協議会、公害紛争処理関係ブロック会議等を開催し、都道府県公害審査会等との相互の情報交換、連絡協議に努めました。

(2) 公害苦情処理

ア　公害苦情処理制度

公害紛争処理法においては、地方公共団体は、関係行政機関と協力して公害に関する苦情の適切な処理に努めるものと規定され、公害等調整委員会は、地方公共団体の長に対し、公害に関する苦情の処理状況について報告を求めるとともに、地方公共団体が行う公害苦情の適切な処理のための指導及び情報の提供を行っています。

イ　公害苦情の受付状況

2021年度に全国の地方公共団体の公害苦情相談窓口で受け付けた苦情件数は7万3,739件で、前年度に比べ7,818件減少しました（対前年度比9.6%減）。

このうち、典型7公害の苦情件数は5万1,395件で、前年度に比べ大気汚染が2,715件、騒音が1,014件減少するなど、全体でも4,728件減少しました（対前年度比8.4%減）。

また、典型7公害以外の苦情件数は2万2,344件で、前年度に比べ廃棄物投棄が2,111件減少するなど、全体でも3,090件減少しました（対前年度比12.1%減）。

ウ　公害苦情の処理状況

2021年度の典型7公害の直接処理件数（苦情が解消したと認められる状況に至るまで地方公共団体において措置を講じた件数）4万6,577件のうち、3万872件（66.3%）が、苦情を受け付けた地方公共団体により、1週間以内に処理されました。

エ　公害苦情処理に関する指導等

地方公共団体が行う公害苦情の処理に関する指導等を行うため、公害苦情の処理に当たる地方公共団体の担当者を対象とした公害苦情相談員等ブロック会議等を実施しました。

2 環境犯罪対策

(1) 環境事犯の取締り

環境事犯について、特に産業廃棄物の不法投棄事犯、暴力団が関与する悪質な事犯等に重点を置いた取締りを推進しました。2022年中に検挙した環境事犯の検挙事件数は6,111事件（2021年中は6,627事件）で、過去5年間における環境事犯の法令別検挙事件数の推移は、表6-9-2のとおりです。

表6-9-2 環境事犯の法令別検挙事件数の推移（2018年～2022年）

（単位：事件）

区分＼年次	2018年	2019年	2020年	2021年	2022年
総数	6,308	6,189	6,649	6,627	6,111
廃棄物処理法	5,493	5,375	5,759	5,772	5,275
水質汚濁防止法	2	3	1	0	0
その他※1	813	811	889	855	836

注：その他は、種の保存法、鳥獣保護管理法、自然公園法等である。
資料：警察庁

(2) 廃棄物事犯の取締り

2022年中に廃棄物の処理及び清掃に関する法律（昭和45年法律第137号。以下「廃棄物処理法」という。）違反で検挙された5,275事件（2021年中は5,772事件）の態様別検挙件数は、表6-9-3のとおりです。このうち不法投棄事犯が52.8%（2021年中は52.4%）、また、産業廃棄物事犯が12.9%（2021年中は13.2%）を占めています。

表6-9-3 廃棄物処理法違反の態様別検挙事件数（2022年）

（単位：事件）

	不法投棄	委託違反(注1)	無許可処分業(注2)	その他	計
総数	2,784	8	12	2,471	5,275
産業廃棄物	228	8	4	438	678
一般廃棄物	2,556	0	8	2,033	4,597

注1：委託基準違反を含み、許可業者間における再委託違反は含まない。
　2：廃棄物の無許可収集運搬業及び同処分業を示す。
資料：警察庁

(3) 水質汚濁事犯の取締り

2022年中の水質汚濁防止法（昭和45年法律第138号）違反に係る水質汚濁事犯の検挙事件数は0事件（2021年中は0事件）でした。

(4) 検察庁における環境関係法令違反事件の受理・処理状況

2022年中における主な罪名別環境関係法令違反事件の通常受理・処理人員は、表6-9-4のとおりで、受理人員は、廃棄物処理法違反の6,844人が最も多く、表全体の約90%を占めています。次いで、動物の愛護及び管理に関する法律違反（287人）となっています。処理人員は、起訴が3,956人、不起訴が3,580人であり、起訴率は約52.5%です。起訴人員のうち公判請求は210人、略式命令請求は3,746人です。

表6-9-4 罪名別環境関係法令違反事件通常受理・処理人員（2022年）

罪名	受理	処理			起訴率(%)
		起訴	不起訴	計	
廃棄物の処理及び清掃に関する法律違反	6,844	3,736	3,024	6,760	55.3
鳥獣の保護及び管理並びに狩猟の適正化に関する法律違反	201	76	132	208	36.5
海洋汚染等及び海上災害の防止に関する法律違反	271	72	213	285	25.3
動物の愛護及び管理に関する法律違反	287	72	209	281	25.6
水質汚濁防止法違反	2	0	2	2	0.0
合計	7,605	3,956	3,580	7,536	52.5

注1：2023年3月時点集計値。
　2：起訴率は、起訴人員／（起訴人員＋不起訴人員）×100による。
資料：法務省

令和５年度

環境の保全に関する施策
循環型社会の形成に関する施策
生物の多様性の保全及び持続可能な利用に関する施策

2023／24

この文書の記載事項については、数量、金額等は概数によるものがあるほか、国会において審議中の内容もあることから、今後変更される場合もあることに注意して下さい。

第1章　地球環境の保全

第1節　地球温暖化対策

1　研究の推進、監視・観測体制の強化による科学的知見の充実

気候変動問題の解決には、最新の科学的知見に基づいて対策を実施することが必要不可欠です。気候変動に関する政府間パネル（IPCC）の各種報告書が提供する科学的知見は、世界全体の気候変動対策に大きく貢献しています。この活動を拠出金等により支援するとともに、国内の科学者の研究活動や、関連する会合への参加を支援することにより、我が国の科学的知見をIPCCが策定する各種報告書に反映させ、国内の議論に活用していきます。また、イベントの実施や啓発資料の作成を通じて、気候変動に関する科学的知見についての国内の理解を深めていきます。IPCCは、第6次評価サイクルにおいて、2018年10月に「1.5℃の地球温暖化：気候変動の脅威への世界的な対応の強化、持続可能な開発及び貧困撲滅への努力の文脈における、工業化以前の水準から1.5℃の地球温暖化による影響及び関連する地球全体での温室効果ガス（GHG）排出経路に関するIPCC 特別報告書（1.5℃特別報告書）」、2019年8月に「気候変動と土地：気候変動、砂漠化、土地の劣化、持続可能な土地管理、食料安全保障及び陸域生態系における温室効果ガスフラックスに関するIPCC特別報告書（土地関係特別報告書）」、同年9月に「変化する気候下での海洋・雪氷圏に関するIPCC特別報告書（海洋・雪氷圏特別報告書）」が公表されました。さらに、2019年5月のIPCC第49回総会は日本の京都府京都市で開催され、パリ協定の実施に不可欠な「IPCC温室効果ガス排出・吸収量算定ガイドライン（2006）の2019年改良（2019年方法論報告書）」を公表し、衛星データの有用性が示されました。その後2021年から2023年にかけては、第6次評価報告書が公表されました。第7次評価サイクルにおいても、我が国の研究を始め、最新の科学的知見が各種報告書に適切に反映されるよう執筆者を支援し、IPCCの活動に引き続き貢献していきます。

温室効果ガス観測技術衛星1号機（GOSAT）や2018年10月に打ち上げた2号機（GOSAT-2）による継続的な全球の温室効果ガス濃度の観測を行います。また、パリ協定に基づき世界各国が温室効果ガス排出量を報告する際に衛星観測データを利活用できるよう、GOSATシリーズの観測データからの推計結果と、インベントリからの推定結果の比較・評価を行い、信頼性向上を図るとともに、各国を技術的に支援していきます。3号機に当たる温室効果ガス・水循環観測技術衛星（GOSAT-GW）は2024年度打ち上げを目指して開発し、継続的な観測体制の維持を図ります。また、環境省はGOSATの事業主体として、GOSATがスペースデブリとして滞留することがないように引き続き検討を行い、必要な措置を行います。急速に温暖化が進む北極域の環境変動等に関する観測研究を行うための国際研究プラットフォームとして、砕氷機能を有し、北極海海氷域の観測が可能な北極域研究船の建造を着実に進めます。さらに、環境研究総合推進費等を用いた他の衛星や航空機・船舶・地上観測等による監視・観測、予測、影響評価、調査研究の推進等により気候変動に係る科学的知見を充実させます。

2　脱炭素社会の実現に向けた政府全体での取組の推進

2020年10月26日、第203回国会において、菅義偉内閣総理大臣（当時）は2050年までにカーボ

ンニュートラル、すなわち脱炭素社会の実現を目指すことを宣言しました。また、2021年4月の第45回地球温暖化対策推進本部において、2050年目標と整合的で野心的な目標として、2030年度に温室効果ガスを2013年度から46%削減することを目指し、さらに、50%の高みに向けて挑戦を続けていくことを宣言しました。また、第204回国会で成立した地球温暖化対策の推進に関する法律の一部を改正する法律（令和3年法律第54号）では、2050年カーボンニュートラルを基本理念として法定化しました。さらに、同年6月に開催された「国・地方脱炭素実現会議」では、国民・生活者目線での2050年脱炭素社会実現に向けた「地域脱炭素ロードマップ」を取りまとめました。同年10月には、「地球温暖化対策計画」、「パリ協定に基づく成長戦略としての長期戦略」を閣議決定し、「日本のNDC（国が貢献する決定）」を国連に通報しました。そして、グリーントランスフォーメーション（GX）実現への10年ロードマップを示していくという岸田文雄内閣総理大臣指示を踏まえ、2022年12月に開催された「GX実行会議」において、脱炭素分野で新たな需要・市場を創出し、日本の産業競争力を再び強化することを通じて、経済成長を実現していくための「GX実現に向けた基本方針～今後10年を見据えたロードマップ～」を決定しました。その後、同基本方針について、パブリックコメント等を経て、2023年2月に閣議決定を行いました。経済と環境の好循環を生み出し、2030年度の野心的な目標に向けて力強く成長していくため、徹底した省エネルギーや再生可能エネルギーの最大限の導入、公共部門や地域の脱炭素化など、あらゆる分野で、でき得る限りの取組を進めていきます。

また、「革新的環境イノベーション戦略」（2020年1月統合イノベーション戦略推進会議決定）及び「2050年カーボンニュートラルに伴うグリーン成長戦略」（2021年6月関係府省庁策定）に基づき、カーボンニュートラルの実現に向けて革新的技術の確立と社会実装を目指していきます。

3　エネルギー起源CO_2の排出削減対策

産業・民生・運輸・エネルギー転換の各部門においてCO_2排出量を抑制するため、「低炭素社会実行計画」の着実な実施と評価・検証による産業界における自主的取組の推進や、パリ協定と整合した目標設定（SBT：Science Based Targets）等の企業における中長期的な削減計画の策定支援、省エネルギー性能の高い技術・設備・機器の開発・実証・導入促進、殺菌力が強い深紫外線を発するLEDの高度化・他技術との組合せによる衛生環境向上・省CO_2に資する技術の開発・実証、トップランナー制度等による家電・自動車等のエネルギー消費効率の向上、家庭・ビル・工場のエネルギーマネジメントシステム（HEMS／BEMS／FEMS）の活用や省エネルギー診断等による徹底的なエネルギー管理の実施、ZEH（ゼッチ）（ネット・ゼロ・エネルギー・ハウス）・ZEB（ゼブ）（ネット・ゼロ・エネルギー・ビル）の普及や既存の住宅・建築物の改修による省エネルギー化、動力源を抜本的に見直した革新的建設機械（電動、水素、バイオマス等）の導入拡大に向けた普及・促進、2022年10月末に立ち上げた「脱炭素につながる新しい豊かな暮らしを創る国民運動」及び官民連携協議会による脱炭素社会の実現に向けた国民の行動変容の後押し、次世代自動車の普及・燃費改善、道路の整備に伴って、環状道路等幹線道路ネットワークの強化、ビッグデータを活用した渋滞対策の推進等や高度道路交通システム（ITS）の推進、信号機の改良、信号灯器のLED化の推進等による交通安全施設の整備等の道路交通流対策、公共交通機関の利用促進、グリーンスローモビリティ（時速20km未満で公道を走ることができる電動車を活用した小さな移動サービス）の推進、ダブル連結トラック等のトラック輸送の高効率化に資する車両等の導入、燃料電池鉄道車両の開発の推進、鉄道車両へのバイオディーゼル燃料の導入及び鉄道資産を活用した再生可能エネルギー発電設備など鉄道脱炭素に資する施設等の整備の促進等による脱炭素化の促進並びに省エネ車両や回生電力の有効活用に資する設備の導入等による鉄軌道の省エネルギー化の促進、荷主等と連携し新たな技術・手法を組み合わせた「連携型省エネ船」の開発・普及や、荷主等に省エネ船の選択を促す燃費性能に応じた評価の設定等による、内航海運における更なる省エネの追求、脱炭素化に配慮した港湾機能の高度化や水素等の受入環境の整備等を図るカーボンニュートラルポート（CNP）の形成の推進、航空脱炭素化推進基本方針に基づく航空会社や空港管理者による脱炭素化推進計画の作成の支援及び進捗のフォローアップ、国産SAFの製造・供給、SAFのサプライチェーンの構築及びCORSIA適格燃料の登録・認証取得等によるSAFの導入促進、管制の高度化等による運航の改善の推進、機材・装備品等への環境新技術の導入促進、空港施設・空港車両等からの二酸化炭素排出を削減する取組の推進、空港の再エネ拠点化の推進、モーダルシフト、共同輸配送、貨客混載等の取組支援による環境負荷の小さい効率的な物流体系の構築促進、物流施設への再エネ設備等の一体的導入の支援による流通業務の脱炭素化の促進、再生可能エネルギーの最大限の導入、火力発電の高効率化や安全性が確認された原子力発電の活用等による電力分野の低炭素化等の対策・施策を実施します。また、国際海運については、国際海事機関（IMO）で地球温暖化対策が進められているところ、引き続きその取組を主導します。国際航空については、国際民間航空機関（ICAO）におけるCO_2削減義務に係る枠組みを含む具体的対策の検討を引き続き主導します。

4　エネルギー起源CO_2以外の温室効果ガスの排出削減対策

非エネルギー起源CO_2、メタン、一酸化二窒素、代替フロン等の排出削減については、J-クレジット制度等を活用した水稲栽培における中干し期間の延長を含む農地等の適切な管理、廃棄物処理やノンフロン製品の普及等の個別施策を推進します。フロン類については、モントリオール議定書キガリ改正の着実な履行及び、フロン類の使用の合理化及び管理の適正化に関する法律（平成13年法律第64号。以下「フロン排出抑制法」という。）の適正な執行といった上流から下流までのライフサイクルにわたる包括的な対策により、排出抑制を推進します。

5　森林等の吸収源対策、バイオマス等の活用

森林等の吸収源対策として、造林や間伐等の森林の整備・保全、木材及び木質バイオマスの利用、農地等の適切な管理、都市緑化等を推進します。また、これらの対策を推進するため、森林・林業の担い手の育成や林道や資源情報等の生産基盤の整備など、総合的な取組を実施します。

また、農地等の吸収源対策として、農地土壌への堆肥や緑肥などの有機物の継続的な施用やバイオ炭の施用等の取組を推進します。

藻場・干潟等の海洋生態系が蓄積する炭素（ブルーカーボン）を活用した新たな吸収源対策の検討を行うとともに、それらの生態系の維持・拡大に向けた取組を推進します。

6　国際的な地球温暖化対策への貢献

パリ協定の実施指針に基づき、国際的な地球温暖化対策を着実に進めます。相手国との協働に基づき、我が国の強みである技術力を活かして、市場の創出・人材育成・制度構築・ファイナンスの促進等の更なる環境整備を通じて、環境性能の高い技術・製品等のビジネス主導の国際展開を促進し、世界の排出削減に最大限貢献します。途上国と協働してイノベーションを創出する「Co-innovation（コ・イノベーション）」や、途上国支援を着実に実施していきます。また、土地利用変化による温室効果ガスの排出量は、世界の総排出量の約2割を占め、その排出を削減することが地球温暖化対策を進める上で重要な課題となっていることから、特に途上国における森林減少・劣化に由来する排出の削減等（REDD＋）を積極的に推進し、森林分野における排出の削減及び吸収の確保に貢献します。適応分野においても各国の適応活動の促進のため、アジア太平洋気候変動適応情報プラットフォーム（AP-PLAT）において科学的情報・知見の基盤整備や支援ツールの整備、能力強化・人材育成等を実施し、その活動を広報していきます。

7 横断的施策

地域脱炭素ロードマップに基づき、引き続き脱炭素先行地域の選定を進めるとともに、選定された地域において脱炭素に向かう地域特性等に応じた先行的な取組を実施していきます。また、脱炭素の基盤となる重点対策を全国で実施していきます。2023年度には、地域脱炭素移行・再エネ推進交付金を拡充するとともに、特定地域脱炭素移行加速化交付金を創設し、地域の脱炭素と経済活性化の加速化に向け、自営線を用いたマイクログリッド事業を支援していきます。

第208回国会に提出した地球温暖化対策の推進に関する法律の一部を改正する法律案に基づき2022年10月に設立された株式会社脱炭素化支援機構は、脱炭素に資する多様な事業への呼び水となる投融資（リスクマネー供給）を行い、脱炭素に必要な資金の流れを太く、速くし、経済社会の発展や地方創生、知見の集積や人材育成など、新たな価値の創造に貢献します。

海洋再生可能エネルギー発電設備の整備に係る海域の利用の促進に関する法律（平成30年法律第89号）に基づき、促進区域の指定等に向けて取り組み、海洋に関する施策との調和を図りつつ、海洋再生可能エネルギー発電設備の整備に係る海域の利用を促進します。

地球温暖化対策の推進に関する法律（平成10年法律第117号。以下「地球温暖化対策推進法」という。）に定める温室効果ガス排出量の算定・報告・公表制度、排出削減等指針について、2022年4月の同法の一部改正法の施行等を踏まえ、省エネ法・温対法・フロン法電子報告システム（EEGS）活用による集計結果の公表の迅速化や、排出削減等指針の参考情報の拡充・普及啓発等を通じて、一層の充実を図っていきます。

持続可能な脱炭素社会の構築や適応方策を推進するための学校や社会における環境教育、脱炭素社会に向けたライフスタイルの転換、国・地域、企業、家庭等での「見える化」の推進を図っていきます。

我が国でのより一層の取組の推進を促す観点から、公的機関の率先的取組、カーボン・オフセットや財・サービスの高付加価値化等に活用できるクレジットを認証するJ－クレジット制度の推進、カーボンフットプリントや環境ラベルの活用、環境金融の活用、民間資金を脱炭素・低炭素投資に活用する方策の検討、エネルギー消費情報等のオープン化、グリーンなデジタル技術の実証・活用等の促進を図っていきます。

脱炭素社会構築を支えていくため、排出量・吸収量の算定手法の改善、サプライチェーン全体での排出量削減取組の推進、削減貢献量や排出削減量の算定手法に関する検討、省エネルギー・省CO_2効果の高い家電やOA機器等の普及を促進するための支援策の実施、地球温暖化対策技術の開発の推進、調査研究の推進、国、地方公共団体、NGO・NPO、研究者・技術者・専門家等の人材育成・活用、評価・見直しシステムの体制整備、道路の交通流対策等を図っていきます。

さらに、「第五次環境基本計画」（2018年4月閣議決定）において掲げられた地域循環共生圏の考え方の具現化に向けた重要な第一歩として、再生可能エネルギーと動く蓄電池としてのEV（電気自動車）等を組み合わせながら、各地域に敷設した自営線で地産エネルギーを直接供給することなどにより、地域の再生可能エネルギー自給率を最大化させるとともに、防災性も兼ね備えた地域づくりを目指します。この取組を通じて、地域が主体となり、地産エネルギーを最大限活用する事例を数多く創出していくことで、脱炭素社会への移行を実現させていきます。

8 公的機関における取組

（1）政府実行計画

政府は、2021年10月に閣議決定した「政府がその事務及び事業に関し温室効果ガスの排出の削減等のため実行すべき措置について定める計画（政府実行計画）」に基づき、2013年度を基準として、政府全体の温室効果ガス排出量を2030年度までに50％削減することを目標とし、太陽光発電の導入、新築建築物のZEB（ゼブ）化、電動車の導入、LED照明の導入、再生可能エネルギー電力の調達等の取組を率先実行していきます。

(2) 地方公共団体実行計画

地球温暖化対策推進法に基づき、全ての地方公共団体は、自らの事務・事業に伴い発生する温室効果ガスの排出削減等に関する計画である地方公共団体実行計画（事務事業編）の策定が義務付けられています。また、都道府県、指定都市、中核市及び施行時特例市（以下この項において「都道府県等」という。）は、地域における再生可能エネルギーの導入拡大、省エネルギーの推進等を盛り込んだ地方公共団体実行計画（区域施策編）の策定が義務付けられており、都道府県等以外の市町村においても同計画の策定に努めることとされています。さらに、「地域脱炭素化促進事業制度」が創設され、市町村が地域の合意形成を図りつつ、環境に適正に配慮し地域に貢献する、再生可能エネルギー事業の促進区域を地方公共団体実行計画において定めることが、努力義務とされています。

環境省は、地方公共団体の取組を促進するため、地方公共団体実行計画の策定・実施に資するマニュアルを改定するほか、地方公共団体職員向けの研修や、温室効果ガス排出量の現況推計に活用可能なツールの整備等を行います。また、地域における再生可能エネルギーの最大限の導入を促進するため、「地域脱炭素化促進事業制度」の円滑な実施に向けて必要な助言等を行い、地方公共団体における再生可能エネルギーの導入計画の策定や、促進区域の設定等に向けたゾーニング等の取組支援を行います。

第2節　気候変動の影響への適応の推進

1　気候変動の影響等に関する科学的知見の集積

気候変動の影響に対処するため、温室効果ガスの排出の抑制等を行う緩和だけではなく、既に現れている影響や中長期的に避けられない影響を回避・軽減する適応を進めることが求められています。適応を適切に実施していくためには、科学的な知見に基づいて取組を進めていくことが重要となります。

2018年に施行された気候変動適応法（平成30年法律第50号）において、環境大臣は、気候変動及び多様な分野における気候変動影響の観測、監視、予測及び評価に関する最新の科学的知見を踏まえ、おおむね5年ごとに、中央環境審議会の意見を聴いて、気候変動影響の総合的な評価についての報告書を作成し、これを公表することとされています。2020年12月に、気候変動影響の総合的な報告書として「気候変動影響評価報告書」を公表しました。同報告書でまとめられた課題を踏まえ、次期報告書の作成に向けた検討を進めます。さらに、2016年に構築された気候変動適応情報プラットフォーム（A-PLAT）において、気候変動及びその影響に関する科学的知見、地方公共団体の適応に関する計画や具体的な取組事例、民間事業者の適応ビジネス等の情報の収集・発信を行います。さらに、2020年より開始された環境研究総合推進費による「気候変動影響予測・適応評価の総合的研究」を2023年度も継続して実施します。

2　国における適応の取組の推進

2018年12月に施行された気候変動適応法及び2021年10月に改定した「気候変動適応計画」に基づき、あらゆる関連施策に適応の観点を組み込み各分野で適応の取組を推進します。また、「気候変動適応計画」に記載されている各施策の進捗管理を行うとともに、気候変動適応の進展の状況を把握、評価する手法を開発します。また、これらの取組を進めるに当たって、環境大臣が議長である「気候変動適応推進会議」の枠組みを活用することなどにより関係府省庁が連携していきます。

気候変動に脆(ぜい)弱な開発途上国の多種多様な技術協力ニーズに応えるため、河川・沿岸防災、健康、水資源、食料安全保障、気候難民、造礁サンゴ再生等による自然を基盤とした解決策（NbS）など様々な適応課題に対し、二国間での技術協力による気候資金へのアクセス支援を強化します。また、適応策実施に民間資金を動員するための仕組みづくりなど、より具体的な気候変動適応国際協力を推進します。さらに、アジア太平洋地域の途上国が科学的知見に基づき気候変動適応に関する計画を策定し、実施できるよう、国立研究開発法人国立環境研究所と連携し、2019年6月に軽井沢で開催したG20関係閣僚会合において立ち上げを宣言した、国際的な適応に関する情報基盤であるAP-PLATの取組を強化します。

気候変動への適応策として重要な熱中症対策については、「熱中症対策行動計画」（2021年3月策定、2022年4月改定）に基づき、関係府省庁が一丸となって更なる熱中症対策を推進します。熱中症警戒アラートの発表により、国民に対して暑さへの気づきを促すとともに、時季に応じた適切な普及啓発を実施することで国民、事業所等による適切な熱中症予防行動の定着を目指します。あわせて、地域モデル事業を引き続き実施し、地域の特性や関係者の連携を活かした具体的な地方自治体の取組を支援するとともに、全国的に取組を展開していきます。さらに、改正気候変動適応法の施行に向け、現行より一段上の熱中症特別警戒情報の発表、暑熱避難施設（クーリングシェルター）の指定・開放や、熱中症対策を普及・推進していく地域団体の活用など、新制度に関する具体的な運用等について検討を進めます。

3　地域等における適応の取組の推進

地方公共団体における科学的知見に基づく適応策の立案・実施を支援するため、A-PLATの知見充実や、国立研究開発法人国立環境研究所による地方公共団体及び地域気候変動適応センターへの技術的支援等を行います。また、全国7ブロック（北海道、東北、関東、中部、近畿、中国四国、九州・沖縄）で「気候変動適応広域協議会」を開催し、気候変動適応に関する施策や取組についての情報交換・共有や、地域における気候変動影響に関する科学的知見の整理等を行います。また、「気候変動適応広域協議会」に立ち上げた地域の気候変動適応課題に関する分科会で策定したアクションプランについて、関係者の連携による適応策の実施や地域気候変動適応計画への組込みを後押ししていきます。

また、セミナー等の機会を通じて事業者の適応の取組を促進していきます。さらに、事業者の適応ビジネスを促進するため、事業者の有する気候変動適応に関連する技術・製品・サービス等の優良事例を発掘し、A-PLATやAP-PLATも活用しつつ国内外に積極的に情報提供を行います。

国民の適応に関する理解を深めるため、広報活動や啓発活動を行います。また、住民参加型の「国民参加による気候変動情報収集・分析」事業により、国民の関心と理解を深めます。

第3節　オゾン層保護対策等

ノンフロン・低GWP製品の普及促進や機器の廃棄時等におけるフロン類の回収がより適切に行われるよう、フロン排出抑制法の確実な施行を始め、上流から下流までのライフサイクルにわたる包括的な対策により、排出抑制を推進します。

また、特定物質等の規制、観測・監視の情報の公表については、特定物質等の規制等によるオゾン層の保護に関する法律（昭和63年法律第53号）に基づき、生産規制及び貿易規制を行うとともに、オゾン層等の観測成果及び監視状況を毎年公表します。さらに、途上国における取組の支援については、フロン類のライフサイクル全般にわたる排出抑制対策を国際的に展開するための枠組みであるフルオロカーボン・イニシアティブ等を通じ、アジア等の途上国に対して、フロン類を使用した製品・機器からの転換やフロン類の回収・破壊等についての技術協力や政策等の知見・経験の提供により取組を支援します。

第2章 生物多様性の保全及び持続可能な利用に関する取組

第1節 昆明・モントリオール生物多様性枠組及び生物多様性国家戦略2023-2030の実施

2022年12月にカナダ・モントリオールで開催された生物多様性条約第15回締約国会議（COP15。以下、締約国会議を「COP」という。なお、本章におけるCOPは、生物多様性条約締約国会議を指す。）第二部において採択された愛知目標に続く新たな世界目標「昆明・モントリオール生物多様性枠組」の速やかな実施に向け策定された生物多様性国家戦略2023-2030に沿って、生物多様性の保全及び持続可能な利用に関する取組を推進します。

第2節 生物多様性の主流化に向けた取組の強化

1 多様な主体の参画

国、地方公共団体、事業者、国民及び民間の団体など国内のあらゆる主体の参画と連携を促進し、生物多様性の保全とその持続可能な利用の確保に取り組むため、多様な主体で構成される「2030生物多様性枠組実現日本会議（J-GBF）」を通じた各主体間の連携や地域における多様な主体の連携による生物の多様性の保全のための活動の促進等に関する法律（平成22年法律第72号）に基づく地域連携保全活動に対する各種支援を行います。

2 生物多様性に配慮した企業活動の推進

生物多様性に係る事業活動に関する情報や考え方等を取りまとめたあらゆる業種・事業者向けの「生物多様性民間参画ガイドライン」の普及を図るとともに、生物多様性に対する貢献・負荷・依存度の把握・評価・情報開示に関する情報提供を行う、ビジネス機会創出に向けたマッチングの場を設けるなど、バリューチェーン全体での活動において事業者を支援し、事業者の生物多様性分野への参画を促します。また、自然関連財務情報開示タスクフォース（TNFD）やScience Based Targets for Nature（SBTs for Nature）等の国際的イニシアティブへの対応等、生物多様性を主流化するための方策について検討を進めます。

3 自然とのふれあいの推進

「みどりの月間」等における自然とのふれあい関連行事の全国的な実施や各種情報の提供、自然公園指導員及びパークボランティアの人材の活用、由緒ある沿革と都市の貴重な自然環境を有する国民公園等の庭園としての質や施設の利便性を高めるための整備運営、都市公園等の身近な場所における環境教育・自然体験活動等に取り組みます。

ポストコロナにおけるインバウンド再開を見据え、引き続き国立公園満喫プロジェクトを実施し、美しい自然の中での感動体験を柱とした滞在型・高付加価値観光や、サステナブルツーリズム、アドベンチャーツーリズムの推進を図ります。これまで、8つの国立公園を中心に進めてきた各種受入環境整備（利用拠点の滞在環境の上質化や多言語解説の充実、ビジターセンター等の再整備や機能充実、質の高いツアー・プログラムの充実やガイド等の人材育成支援、利用者負担による公園管理の仕組みの導入等）について、公園の特性や体制に応じて、34国立公園全体で推進するとともに、国定公園等にも展開します。また、国内外の誘客に向けたプロモーションを実施します。国立公園満喫プロジェクトの新たな展開として、官民連携による宿舎事業を中心とした利用拠点の魅力向上に取り組むこととし、具体地区における取組推進を目指し、検討会で策定する実施方針を踏まえて、サウンディング調査等を実施します。加えて、山岳地域における山小屋等の高付加価値化に取り組みます。改正自然公園法（昭和32年法律第161号）により新たに創設された自然体験活動促進計画・利用拠点整備改善計画制度も活用し、国立公園の本来の目的である「保護」と「利用」が地域において好循環を生み出し地域の活性化につながるよう、関係省庁や地方公共団体、観光関係者を始めとする企業、団体など、幅広い関係者との協働の下、取組を進めていきます。また、貴重な自然資源である温泉の保護、適正利用及び温泉地の活性化を図ります。

第3節　生物多様性保全と持続可能な利用の観点から見た国土の保全管理

1　30by30目標の達成に向けた取組

30by30目標は、COP15第二部で採択された「昆明・モントリオール生物多様性枠組」に位置付けられ、新たな国際目標となりました。国内においては引き続き、2022年4月に公表した30by30ロードマップに基づき、本目標の達成に向けた取組を推進します。

（1）保護地域の拡張と管理の質の向上

我が国では、現在、陸地の約20.5%、海洋の約13.3%が国立公園等の保護地域に指定されていますが、今後、30by30目標を達成するため、国立公園等の拡張により現状からの上乗せを目指しています。国立・国定公園については、2021年から2022年にかけて、2010年に実施した「国立・国定公園総点検事業」のフォローアップを行い、生態系や利用に関する最新のデータ等に基づき指定・拡張の候補地について再評価した上で、全国で14か所、国立・国定公園の新規指定・大規模拡張候補地としての資質を有する地域を選定しました。これらの候補地については、2022年度以降、基礎情報の収集整理を継続するとともに、自然環境や社会条件等の詳細調査及び関係機関との具体的な調整を開始し、2030年までに順次指定・拡張することを目指します。また、2030年までに国立・国定公園の再検討や点検作業を強化し、必要に応じて周辺エリアの国立・国定公園への編入や地種区分の格上げを進めていきます。海域については、特に景観・利用の観点からも重要で生物多様性の保全にも寄与する沿岸域において、国立公園の海域公園地区の面積を2030年までに倍増させることを目指します。さらに、国立公園等について、広範な関係者と連携しつつ、国立公園満喫プロジェクト等により対象となる自然の保護と利用の好循環を形成するとともに、自然再生、希少種保全、外来種対策、鳥獣保護管理を始めとした保護管理施策や管理体制の充実を図ります。

（2）保護地域以外で生物多様性保全に資する地域（OECM）の設定・管理

30by30目標は、主にOECMにより達成を目指すこととしています。このため、まずは、民間の取組等によって生物多様性の保全が図られている区域（企業緑地、里地里山、都市の緑地、藻場・干潟等）について、国によって「自然共生サイト」として認定する仕組みを2023年度から開始し、2023年中に100箇所以上を認定することを目指します。認定された区域は、既存の保護地域との重複を除いてOECM国際データベースに登録することで、30by30目標の達成に貢献します。また、団体との連携協定によるOECM設定の検討を進めます。

さらに、国の制度等に基づき管理されている森林、河川、港湾、都市の緑地、沖合の海域等についても、関係省庁が連携し、OECMに該当する可能性のある地域を検討します。

2 生態系ネットワークの形成

生物の生息・生育空間のまとまりとして核となる地域（コアエリア）及びその緩衝地域（バッファーゾーン）を適切に配置・保全するとともに、これらを生態的な回廊（コリドー）で有機的につなぐことにより、生態系ネットワーク（エコロジカルネットワーク）の形成に努めます。生態系ネットワークの形成に当たっては、流域圏など地形的なまとまりにも着目し、様々なスケールで森里川海を連続した空間として積極的に保全・再生を図るための取組を関係機関が横断的に連携して総合的に進めます。また、OECMに関する取組を進めることで、保護地域を核としたネットワーク化を図り、生物多様性の保全を推進します。

3 重要地域の保全

各重要地域について、保全対象に応じて十分な規模、範囲、適切な配置、規制内容、管理水準、相互の連携等を考慮しながら、関係機関が連携・協力して、その保全に向けた総合的な取組を進めます。

(1) 自然環境保全地域等

原生自然環境保全地域、自然環境保全地域、沖合海底自然環境保全地域、都道府県自然環境保全地域については、引き続き行為規制や現状把握等を行うとともに、新たな地域指定を含む生物多様性の保全上必要な対策を検討・実施します。沖合海底自然環境保全地域に関しては、第2章第4節も参照。

(2) 自然公園

自然公園（国立公園、国定公園）については、公園計画等の見直しを進めつつ、規制計画に基づく行為規制や事業計画に基づく保護及び利用のための施設整備、生態系維持回復事業の実施、質の高い自然体験活動の促進等を行います。また、国立公園を世界水準の「ナショナルパーク」としてブランド化し、保護すべきところは保護しつつ、利用の促進を図ることにより、地域の活性化を目指す取組を推進します。その他、再生可能エネルギーの利用の促進や省エネルギー化による施設の脱炭素化の取組を推進します。

(3) 鳥獣保護区

狩猟を禁止するほか、特別保護地区（鳥獣保護区内で鳥獣保護又はその生息地保護を図るため特に必要と認める区域）においては、一定の開発行為の規制を行います。

(4) 生息地等保護区

生息地等保護区の指定、生息環境の把握及び維持管理、施設整備、普及啓発を行い、必要に応じ、立入り制限地区を設け、種の保存を図ります。

(5) 天然記念物

文化財保護法（昭和25年法律第214号）に基づき、動物、植物及び地質鉱物で我が国にとって学術上価値の高いもののうち重要なものを天然記念物に指定するなど、適切な保存と整備・活用を推進します。

(6) 国有林野における保護林及び緑の回廊

原生的な天然林を有する森林や希少な野生生物の生育・生息の場となる森林である「保護林」や、これらを中心としたネットワークを形成することによって野生生物の移動経路となる「緑の回廊」において、モニタリング調査等を行い森林生態系の状況を把握し順応的な保護・管理を推進します。

(7) 保安林

「全国森林計画」に基づき、保安林の配備を計画的に推進するとともに、その適切な管理・保全に取り組みます。

(8) 特別緑地保全地区・近郊緑地特別保全地区等

多様な主体による良好な緑地管理がなされるよう、管理協定制度等の適正な緑地管理を推進するための制度の活用を図ります。

(9) ラムサール条約湿地

湿地の保全と賢明な利用（ワイズユース）及びそのための普及啓発を図るとともに、条約湿地の質をより向上させていく観点から、これまでに登録された湿地について最新状況を把握し、ラムサール情報票（RIS）の更新を行います。

(10) 世界自然遺産

登録された5地域（「屋久島」、「白神山地」、「知床」、「小笠原諸島」、「奄美大島、徳之島、沖縄島北部及び西表島」）において、専門家の助言を踏まえつつ、地域関係者との合意形成を図りながら、関係省庁や自治体と連携し、世界自然遺産地域の適切な保全管理を推進します。

(11) 生物圏保存地域（ユネスコエコパーク）

国立公園等の管理を通して、登録された各生物圏保存地域（ユネスコエコパーク）の適切な保全管理を推進するとともに、地元協議会への参画を通じて、持続可能な地域づくりを支援します。また、新規登録を目指す自治体に対する情報提供、助言等を行います。

(12) ジオパーク

国立公園と重複するジオパークにおいて、地方公共団体等のジオパークを推進する機関と連携して、地形・地質の多様性等の保全、自然体験・環境教育のプログラムづくり等を推進します。

(13) 世界農業遺産・日本農業遺産

世界農業遺産及び日本農業遺産に認定された地域の農林水産業システムの維持・保全等に係る活動を推進するとともに、本制度や認定地域に対する国民の認知度を向上させるための情報発信に取り組みます。

4 自然再生

河川、湿原、干潟、藻場、里山、里地、森林など、生物多様性の保全上重要な役割を果たす自然環境について、自然再生推進法（平成14年法律第148号）の枠組みを活用し、多様な主体が参加し、科学的知見に基づき、長期的な視点で進められる自然再生事業を推進します。また、地域循環共生圏の考え方や防災・減災等の自然環境の持つ機能等に着目し、地域づくりや気候変動への適応等にも資する自然環境の再生等を推進します。

5　里地里山の保全活用

里地里山等に広がる二次的自然環境の保全と持続的利用を将来にわたって進めていくため、人の生活・生産活動と地域の生物多様性を一体的かつ総合的に捉え、民間保全活動とも連携しつつ、持続的な管理を行う取組を推進します。

文化財保護法に基づき、文化的景観のうち、地方公共団体が保存の措置を講じ、特に重要であるものを重要文化的景観として選定するとともに、地方公共団体が行う重要文化的景観の保存・活用事業に対し支援を実施します。

森林等に賦存する木質バイオマス資源の持続的な活用を支援し、地域の低炭素化と里山等の保全・再生を図ります。

6　都市の生物多様性の確保

（1）都市公園の整備

都市における生物多様性を確保し、また、自然とのふれあいを確保する観点から、都市公園の整備等を計画的に推進します。

（2）地方公共団体における生物多様性に配慮した都市づくりの支援

都市と生物多様性に関する国際自治体会議等に関する動向及び決議「準国家政府、都市及びその他地方公共団体の行動計画」の内容等を踏まえつつ、都市のインフラ整備等に生物多様性への配慮を組み込むことなど、地方公共団体における生物多様性に配慮した都市づくりの取組を促進するため、「生物多様性に配慮した緑の基本計画策定の手引き」の普及を図るほか、「都市の生物多様性指標」に基づき、都市における生物多様性保全の取組の進捗状況を地方公共団体が把握・評価し、将来の施策立案等に活用されるよう普及を図ります。

7　生態系を活用した防災・減災（Eco-DRR）及び気候変動適応策（EbA）の推進

かつての氾濫原や湿地等の再生による流域全体での遊水機能等の強化による、自然生態系を基盤とした気候変動への適応や防災・減災を進めるため、2023年3月に公表した「生態系保全・再生ポテンシャルマップ」の作成・活用方法を示した手引きと全国規模のベースマップを基に、自治体等に対する計画策定や取組への技術的な支援を進めます。また、自然の有する多機能性という特質を活かすことで、気候変動や生物多様性、社会経済の発展、防災・減災や食糧問題など複数の社会課題の同時解決を目指す考えである、自然を活用した解決策（NbS）は、Eco-DRRやEbAを包括的に含む傘となる大きな概念であり、自然保護の範囲や意義を拡張していくものです。2023年以降は、NbSにより自然がもたらす様々な効果を調査し、NbSの取組を現場実装するための手引きを策定します。

第4節　海洋における生物多様性の保全

我が国がこれまでに抽出した生物多様性の観点から重要度の高い海域を踏まえ、沖合の海底の自然環境の保全を図るため、沖合海底自然環境保全地域の管理等を推進します。また、漁業等の従来の活動に加えて今後想定される海底資源の開発、波力や潮力等の自然エネルギーの活用等の人間活動と海洋における生物多様性の保全との両立を図ります。

サンゴ礁の保全については、「サンゴ礁生態系保全行動計画2022-2030」に基づき、様々なステークホルダーとの協働による地域主導のサンゴ礁保全の推進を図ります。

第5節　野生生物の適切な保護管理と外来種対策の強化等

1　絶滅のおそれのある種の保存

絶滅のおそれのある野生生物の情報を的確に把握し、第5次レッドリストの公表に向けたレッドリストの見直し作業を行います。第5次レッドリストは2024年度以降の公表を目指しています。人為の影響により存続に支障を来す事情のある種については、絶滅のおそれのある野生動植物の種の保存に関する法律（平成4年法律第75号）に基づく国内希少野生動植物種として指定し、捕獲や譲渡等を規制するほか、特に個体の繁殖の促進や生息地の整備・保全等が必要と認められる種について、保護増殖事業や生息地等保護区の指定等を行います。また、2017年の同法改正により、特定第二種国内希少野生動植物種制度や認定希少種保全動植物園等制度の創設、国際希少野生動植物種の流通管理の強化等が行われ、2018年6月から施行されたことを踏まえ、これらの制度を着実に運用していきます。

2　野生鳥獣の保護管理

近年、我が国においては、一部の野生鳥獣の個体数の増加や分布拡大により、農林水産業、生態系、生活環境への被害が深刻化しています。特に、ニホンジカ、イノシシについては、農林水産省と共に「抜本的な鳥獣捕獲強化対策」を2013年に策定し、個体数を2023年度までに2011年度と比較して半減させる目標を掲げています。このため、捕獲の強化を継続するとともに、鳥獣保護管理の担い手の育成、ICT等の新たな捕獲技術の開発、広域的な捕獲の強化、生息環境管理、被害防除等の取組を進めます。あわせて、ジビエ利用を考慮した狩猟者の育成等の取組を進め、更なるジビエ利用拡大を図ります。また、鳥類の鉛汚染の実態把握及び影響評価を進めます。

野生鳥獣に高病原性鳥インフルエンザ等の感染症が発生した場合や、油汚染事故による被害が発生した場合に備えて、野鳥におけるサーベイランス（調査）や関連情報の収集、人材育成等を行います。また、豚熱のまん延防止のため、野生イノシシの捕獲強化、サーベイランス及びそれらに伴う防疫措置の徹底等を行います。さらに、我が国における野生鳥獣に関する感染症の実態把握や生物多様性保全の観点からのリスク評価等を踏まえ、感染症対策の観点からの鳥獣の保護及び管理を推進します。

3　外来種対策

外来種対策については、特定外来生物による生態系等に係る被害の防止に関する法律（平成16年法律第78号）に基づき、特定外来生物の輸入・飼養等の規制、奄美大島・沖縄島やんばる地域のマングース防除事業等の生物多様性保全上重要な地域を中心とした防除事業やヒアリ等の侵入初期の侵略的外来種の防除事業の実施、飼養・栽培されている動植物の適正な管理の徹底等の対策を進めます。また、2022年5月に成立した特定外来生物による生態系等に係る被害の防止に関する法律の一部を改正する法律（令和4年法律第42号）を踏まえ、ヒアリ対策の強化、アカミミガメやアメリカザリガニの対策、地方公共団体が取り組む特定外来生物の防除等の支援等を進めていきます。

4 遺伝子組換え生物対策

遺伝子組換え生物については、環境中で使用する場合の生物多様性への影響について事前に的確な評価を行うとともに、生物多様性への影響の監視を進めます。

5 動物の愛護及び適正な管理

動物の愛護及び管理に関する法律（昭和48年法律第105号）、愛玩動物看護師法（令和元年法律第50号）、愛がん動物用飼料の安全性の確保に関する法律（平成20年法律第83号）及び「動物の愛護及び管理に関する施策を総合的に推進するための基本的な指針」の趣旨にのっとった取組の推進により、動物の虐待防止や適正な飼養等の動物愛護に係る施策及び動物による人への危害や迷惑の防止等の動物の適正な管理に係る施策を総合的に進め、人と動物の共生する社会の実現を目指します。

第6節 持続可能な利用

1 持続可能な農林水産業

農林水産関連施策において、農林水産省では、食料・農林水産業の生産力向上と持続性の両立をイノベーションで実現させる新たな政策方針として、2021年5月に「みどりの食料システム戦略」を策定し、温室効果ガス削減や生物多様性の保全等の環境負荷低減にも寄与する持続可能な食料システムの構築を強力に推進することとしています。また、環境と調和のとれた食料システムの確立のための環境負荷低減事業活動の促進等に関する法律（みどりの食料システム法）（令和4年法律第37号）に基づく環境負荷低減の取組等を後押しする認定制度により、化学肥料・化学農薬の低減や有機農業の拡大などに取り組む生産者や地域ぐるみの活動、環境負荷低減につながる技術開発等を促進します。

また、サプライチェーン全体で生物多様性をより重視した視点を農林水産施策に取り入れ、持続可能な食料・農林水産業を推進するとともに、農林水産業の生産現場であり、それを担う人々の暮らしの場でもある農山漁村の活性化を図ります。具体的には農地・水資源の保全・維持、生物多様性保全に効果の高い営農活動の導入や持続可能な森林経営等を積極的に進めるとともに、生態系に配慮した再生可能エネルギー等の利用を促進します。

持続可能な農業生産を支える取組の推進を図るため、化学肥料、化学合成農薬の使用を原則5割以上低減する取組と合わせて行う地球温暖化防止や生物多様性保全等に効果の高い営農活動に取り組む農業者の組織する団体等を支援する環境保全型農業直接支払を実施します。

環境保全等の持続可能性を確保するための取組である農業生産工程管理（GAP）の普及・推進や、有機農業の推進に関する法律（平成18年法律第112号）に基づく有機農業の推進に関する基本的な方針の下で、有機農業指導員の育成及び新たに有機農業に取り組む農業者の技術習得等による人材育成、有機農産物の安定供給体制の構築、国産有機農産物の流通、加工、小売等の事業者と連携した需要喚起の取組を支援します。

食料・農林水産業の持続可能な生産・消費を後押しするため、消費者庁、農林水産省、環境省の3省庁連携の下、2020年6月に立ち上げた官民協働のプラットフォームである「あふの環(わ)2030プロジェクト～食と農林水産業のサステナビリティを考える～」において、参加メンバーが一斉に情報発信を実施するサステナウィークや全国各地のサステナブルな取組動画を募集・表彰するサステナアワード等を実施します。

2 エコツーリズムの推進

エコツーリズム推進法（平成19年法律第105号）に基づき、全体構想の認定・周知・策定支援、ガイド等の人材の育成、情報の収集、広報活動等を実施するなど、地域が主体的に行うエコツーリズムの活動を支援します。

第7節 国際的取組

1 生物多様性に関する世界目標の実施のための途上国支援

2022年12月に開催されたCOP15第二部において西村明宏環境大臣から開始を表明した総額1,700万ドル規模（約18億円）の「生物多様性日本基金」第2期により、「昆明・モントリオール生物多様性枠組」実施に向けた途上国支援を進めます。具体的には、我が国が推進しているSATOYAMAイニシアティブの経験も踏まえた生物多様性国家戦略の策定・改定等の支援や、生物多様性保全と地域資源の持続可能な利用を進めるSATOYAMAイニシアティブの現場でのプロジェクトである「SATOYAMAイニシアティブ推進プログラム」フェーズ4の実施を行います。

2 生物多様性及び生態系サービスに関する科学と政策のインターフェースの強化

生物多様性や生態系サービスに関して科学と政策の結び付きを国際的に強化するため、「生物多様性及び生態系サービスに関する政府間科学－政策プラットフォーム（IPBES）」の活動を支援します。特に、2019年2月に業務を開始した「侵略的外来種に関するテーマ別評価」の技術支援機関の活動を支援するほか、評価報告書等に我が国の知見を効果的に反映させるため、国内専門家及び関係省庁による国内連絡会を開催します。また、IPBESの成果を踏まえて研究や対策等の取組が促進されるよう、2019年に公表された生物多様性と生態系サービスに関する地球規模評価報告書や2023年に公表予定の侵略的外来種に関するテーマ別評価報告書を含むIPBESの成果を国内に発信します。

3 二次的自然環境における生物多様性の保全と持続可能な利用・管理の促進

COP15を機に、二次的自然環境における我が国の取組事例の国際展開を含め、これまで44か国・地域で展開してきたSATOYAMAイニシアティブを一層推進するなど、「昆明・モントリオール生物多様性枠組」の実施に向けた取組を強化していきます。

4 アジア保護地域パートナーシップの推進

アジアにおける保護地域の管理水準の向上に向けて、保護地域の関係者がワークショップ等を通じて情報共有を図る枠組みである「アジア保護地域パートナーシップ」での活動を推進します。

5　森林の保全と持続可能な経営の推進

世界における持続可能な森林経営に向けた取組を推進するため、国連森林フォーラム（UNFF）、モントリオール・プロセス等の国際対話への積極的な参画、国際熱帯木材機関（ITTO）、国連食糧農業機関（FAO）等の国際機関を通じた協力、国際協力機構（JICA）、緑の気候基金（GCF）等を通じた技術・資金協力等により、多国間、地域間、二国間の多様な枠組みを活用した取組の推進に努めます。

6　砂漠化対策の推進

砂漠化対処条約（UNCCD）に関する国際的動向を踏まえつつ、同条約への科学技術面からの貢献を念頭に砂漠化対処のための調査等を進め、二国間協力等の国際協力の推進に努めます。

7　南極地域の環境の保護

南極地域の環境保護を図るため、環境保護に関する南極条約議定書及びその国内担保法である南極地域の環境の保護に関する法律（平成9年法律第61号）の適正な施行を推進します。また、毎年開催される南極条約協議国会議に参加し、南極における環境の保護の方策に関する議論に貢献します。

8　サンゴ礁の保全

国際サンゴ礁イニシアティブ（ICRI）の枠組みの中で策定した「地球規模サンゴ礁モニタリングネットワーク（GCRMN）東アジア地域解析実施計画書」に基づき、サンゴ礁生態系のモニタリングデータの地球規模の解析やモニタリングデータの収集・管理方法に関する検討を各国と協力して進めます。

9　生物多様性関連諸条約の実施

ワシントン条約に基づく絶滅のおそれのある野生生物種の保護、ラムサール条約に基づく国際的に重要な湿地の保全及び適正な利用、二国間渡り鳥等保護条約や協定を通じた渡り鳥等の保全、カルタヘナ議定書に基づく遺伝子組換え生物等の使用等の規制を通じた生物多様性影響の防止、名古屋議定書に基づく遺伝資源への適正なアクセスと利益配分の推進等の国際的取組を推進します。

第8節　生物多様性の保全及び持続可能な利用に向けた基盤整備

1　自然環境データの整備・提供・利活用の推進

生物多様性に関する科学的知見の充実を図るため、今後の実施方針・調査計画等をまとめたマスタープラン（2022年度策定）に基づき自然環境保全基礎調査（緑の国勢調査）を実施するとともに、モニタリングサイト1000等の調査を継続しデータの解析を実施します。また過年度の調査で得られた成果を総合的に解析することで、各主体間の連携によるデータの収集・提供・利活用の促進等に係る情報基盤の整備を推進します。さらに、日本生物多様性情報イニシアチブ（データ提供拠点）である国立研究開発法人国立環境研究所、独立行政法人国立科学博物館及び大学共同利用機関法人情報・システム研究機構国立遺伝学研究所と連携しながら、生物多様性情報を地球規模生物多様性情報機構（GBIF）に提供します。

2 放射線による野生動植物への影響の把握

東京電力福島第一原子力発電所事故に起因する放射線による自然生態系への影響を把握するため、野生動植物の試料採取及び放射能濃度の測定等による調査を実施します。また、調査研究報告会の開催等を通じて情報を集約し、関係機関及び各分野の専門家等との情報共有を図ります。

3 生物多様性及び生態系サービスの総合評価

最新の科学的知見等を踏まえて取りまとめられた「生物多様性及び生態系サービスの総合評価2021(JBO3)」に関して、政策決定を支える客観的情報とするとともに、国民に分かりやすく伝えていきます。さらに、生物多様性及び生態系サービスの価値が行政や企業の意思決定及び行動に反映されるよう、その評価手法の検討を進めます。

第3章　循環型社会の形成

第1節　持続可能な社会づくりとの統合的取組

持続可能な開発目標（SDGs）やG7富山物質循環フレームワークに基づき、化学物質や廃棄物について、ライフサイクルを通じて適正に管理することで大気、水、土壌等の保全や環境の再生に努めるとともに、環境保全を前提とした循環型社会の形成を推進すべく、資源効率性・3R（リデュース、リユース、リサイクル）と気候変動、有害物質、自然環境保全等の課題に関する政策を包括的に統合し、促進します。

リサイクルに加えて2R（リデュース、リユース）を促進することで資源効率性の向上と脱炭素化の同時達成を図ることや、地域特性等に応じて廃棄物処理施設を自立・分散型の地域のエネルギーセンターや災害時の防災拠点として位置付けることにより、資源循環と脱炭素化や国土の強靱化との同時達成を図ることなど、環境・経済・社会課題の統合的解決に向けて、循環型社会形成を推進します。

環境的側面・経済的側面・社会的側面を統合的に向上させるため、国民、国、地方公共団体、NPO・NGO、事業者等が連携を更に進めるとともに、各主体の取組をフォローアップし、推進します。

第2節　多種多様な地域循環共生圏形成による地域活性化

循環、脱炭素、自然共生の統合的アプローチに基づき、地域の循環資源を中心に、再生可能資源、ストック資源の活用、森里川海が生み出す自然的なつながり、資金循環や人口交流等による経済的なつながりを深めていく「地域循環共生圏」を実現します。

具体的には、各地域における既存のシステムや産業・技術、ひいては人的資源・社会関係資本を駆使しながら地域における資源利用効率の最大化を図るべく、各地域における資源循環領域の課題・機会の掘起し、事業化に向けた実現可能性調査の支援、優れた事例の全国的周知等を行い、例えば、排出事業者の廃棄物処理に関する責任や市町村の一般廃棄物処理に関する統括的責任が果たされることを前提に、リユース、リサイクル、廃棄物処理、農林水産業など多様な事業者の連携により循環資源、再生可能資源を地域でエネルギー活用を含めて循環利用し、これらを地域産業として確立させることで、地域コミュニティの再生、雇用の創出、地域経済の活性化等につなげます。

市町村等による一般廃棄物の適正処理・3Rの推進に向けた取組を支援するため、市町村の処理責任や一般廃棄物処理計画の適正な策定及び運用等について引き続き周知徹底を図ります。

上記の推進に当たって、地域の特性や循環資源の性質に応じて、狭い地域で循環させることが適切なものはなるべく狭い地域で循環させ、広域で循環させることが適切なものについては循環の環を広域化させること、地域の森里川海を保全し適度に手を加え維持管理することで生み出される再生可能資源を継続的に地域で活用していくことを考慮します。

「バイオマス活用推進基本計画」（2022年9月閣議決定）において、持続的に発展する経済社会や循環型社会の構築に向け、「みどりの食料システム戦略」に示された生産力の向上と持続性の両立を推進し、地域資源の最大限の活用を図ることとしています。また、地域の実情を踏まえた上で、使用したバイオマスを回収して再利用したり、副産物を活用したりするなど、限られた資源を有効かつ徹底的に使う多段階利用を推進します。

第3節　ライフサイクル全体での徹底的な資源循環

サービサイジング、シェアリング、リユース、リマニュファクチャリングなど2R型ビジネスモデルの普及が循環型社会にもたらす影響（天然資源投入量、廃棄物発生量、CO_2排出量等の削減や資源生産性の向上等）について、可能な限り定量的な評価を進めつつ、そうしたビジネスモデルの確立・普及を促進します。

また、動静脈連携によるライフサイクル全体での資源循環を促進するため、プラスチックや金属、持続可能な航空燃料（SAF）等の資源循環に資する設備導入・実証事業への支援やデジタル技術を活用した情報基盤整備の検討等を行います。

資源の有効な利用の促進に関する法律（資源有効利用促進法）（平成3年法律第48号）については、これまでに行ってきた家庭から排出される使用済パソコンや小形二次電池の回収体制の整備、家電・パソコンに含有される物質に関する情報共有の義務化の措置等を踏まえ、循環型社会の形成に向けた取組を推進するために、最近の資源有効利用に係る取組状況等を踏まえつつ、3Rの更なる促進に努めます。

容器包装に係る分別収集及び再商品化の促進等に関する法律（容器包装リサイクル法）（平成7年法律第112号）については、2016年5月の中央環境審議会及び産業構造審議会からの意見具申や2019年5月に策定した「プラスチック資源循環戦略」（2019年5月31日消費者庁・外務省・財務省・文部科学省・厚生労働省・農林水産省・経済産業省・国土交通省・環境省策定）を踏まえ、環境負荷低減と社会全体のコスト低減等を図り、循環型社会の形成や資源の効率的な利用を推進するために、各種課題の解決や容器包装のライフサイクル全体を視野に入れた3Rの更なる推進に取り組みます。

食品循環資源の再生利用等の促進に関する法律（平成12年法律第116号。以下「食品リサイクル法」という。）については、2019年7月に策定された新たな基本方針に基づき、事業系食品ロス削減に係る目標及び再生利用等実施率等の目標の達成に向けて、食品ロスを含めた食品廃棄物等の発生抑制と食品循環資源の再生利用等の促進に取り組みます。さらに、食品廃棄物等の不適正処理対策を徹底します。

使用済小型電子機器等の再資源化の促進に関する法律（小型家電リサイクル法）（平成24年法律第57号）については、2020年8月に取りまとめられた「小型家電リサイクル制度の施行状況の評価・検討に関する報告書」を踏まえ、使用済小型家電の回収量拡大に向けて取り組み、有用金属等の再資源化を促進します。また、2020年東京オリンピック競技大会・東京パラリンピック競技大会のメダルを使用済小型家電由来の金属から製作する「都市鉱山からつくる！みんなのメダルプロジェクト」を通じて得られた機運や使用済小型家電の回収環境等をレガシーとする「アフターメダルプロジェクト」を通じて、引き続き小型家電リサイクルの普及啓発を行い、循環型社会の構築や3R意識の醸成に活用していきます。

特定家庭用機器再商品化法（家電リサイクル法）（平成10年法律第97号）については、法施行後三度目の制度見直しにおいて2022年6月に取りまとめられた「家電リサイクル制度の施行状況の評価・検討に関する報告書」を踏まえつつ、適切な施策を講じていきます。

使用済自動車の再資源化等に関する法律（自動車リサイクル法）（平成14年法律第87号）は、2021年7月に産業構造審議会・中央環境審議会の合同会議において示された制度の評価・検討の結果を踏まえつつ、適切な施策を講じていきます。

建設工事に係る資材の再資源化等に関する法律（建設リサイクル法）（平成12年法律第104号）については、前回の見直し時の中央環境審議会及び社会資本整備審議会からの意見具申に基づき、確実に法を施行していきます。

1 プラスチック

海洋プラスチックごみ問題、気候変動問題、諸外国の廃棄物輸入規制強化等への対応等の幅広い課題に対応するため、「プラスチック資源循環戦略」で掲げた野心的なマイルストーンの達成を目指し、2022年4月1日に施行されたプラスチックに係る資源循環の促進等に関する法律（令和3年法律第60号）に基づく施策や、予算、制度的対応を進めていきます。また、「バイオプラスチック導入ロードマップ」（2021年1月策定）に基づき、バイオプラスチックの実用性向上と化石燃料由来プラスチックとの代替促進を進めていきます。「サーキュラー・エコノミーに係るサステナブル・ファイナンス促進のための開示・対話ガイダンス」（2021年1月経済産業省、環境省策定）に基づき、企業価値の向上と国際競争力の強化につながるよう、共通基盤を整備していきます。

2 バイオマス（食品、木など）

「第四次循環型社会形成推進基本計画」（以下、循環型社会形成推進基本計画を「循環基本計画」という。）及び新たな食品リサイクル法基本方針に示された、食品ロス削減目標の達成のため、食品ロスの削減の推進に関する法律（令和元年法律第19号）に基づく基本方針も踏まえ、食品ロス削減の取組を推進します。

食品製造業、食品卸売業、食品小売業、外食産業、家庭の各主体の取組を促進するとともに、地方公共団体が各主体間の連携を調整し、地域全体で取組を促進します。

食品廃棄物等の不適正処理対策の徹底と食品リサイクルの取組を同時に促進します。

3 ベースメタルやレアメタル等の金属

小型家電リサイクルの普及による影響と効果を分析した上で、小型家電の収集・運搬の効率化や、地域特性に応じた最適な回収方法の選択を促すことによって、回収量の更なる増大につなげます。

廃棄物の処理及び清掃に関する法律（昭和45年法律第137号。以下「廃棄物処理法」という。）及びその政省令の改正等を通じて、いわゆる雑品スクラップに含まれる有害使用済機器の適正な処理やリサイクルを推進します。

使用済製品のより広域でのリサイクルを行うため、広域的な実施によって、廃棄物の減量化や適正処理の確保に資するとして環境大臣の認定を受けた者については、地方公共団体ごとに要求される廃棄物処理業の許可を不要とする制度（広域認定制度）の適切な運用を図り、情報処理機器や各種電池等の製造事業者等が行う高度な再生処理によって、有用金属の分別回収を推進します。

4 土石・建設材料

建設廃棄物や建設発生土等の建設副産物の減量のため、脱炭素化や強靱化も考慮した既存住宅の改修による長寿命化など、良質な社会ストックを形成し、社会需要の変化に応じて機能を変えながら長期活用を進めます。また、人口減少等により、空き家等の放置された建築物について廃棄物対策を推進します。

5 温暖化対策等により新たに普及した製品や素材

太陽光発電設備等の脱炭素製品の3Rを推進し、これら脱炭素製品の普及を促進します。

第4節　適正処理の更なる推進と環境再生

1　適正処理の更なる推進

一般廃棄物の適正処理については、当該処理業が専ら自由競争に委ねられるべき性格のものではなく、継続性と安定性の確保が考慮されるべきとの最高裁判所判決（2014年1月）や、市町村が処理委託した一般廃棄物に関する不適正処理事案の状況を踏まえ、2014年10月に通知を発出しており、市町村の統括的責任の所在、市町村が策定する一般廃棄物処理計画を踏まえた廃棄物処理法の適正な運用について、引き続き周知徹底を図ります。また、一般廃棄物処理に関するコスト分析方法、有料化の進め方、標準的な分別収集区分等を示す「一般廃棄物会計基準」、「一般廃棄物処理有料化の手引き」、「市町村における循環型社会づくりに向けた一般廃棄物処理システムの指針」の三つのガイドラインについて、更なる普及促進に努めます。

感染症等に対応する強靱で持続可能な廃棄物処理体制の構築に向けた普及啓発に努めます。また、IoT及びAIの活用による適正処理工程の監視の高度化及び省力化等の技術情報の収集等を進めます。

一般廃棄物処理施設整備に当たっては、人口減少等の社会状況の変化を考慮した上で、IT等を活用した高度化、広域化・集約化、長寿命化等のストックマネジメントによる効率的な廃棄物処理を推進するとともに、地域のエネルギーセンターや防災拠点としての役割を担うなど、関係者と連携し、地域の活性化等にも貢献する一般廃棄物処理の中核をなす処理施設の整備を促進します。

一般廃棄物の最終処分場に関しては、ごみのリサイクルや減量化を推進した上でなお残る廃棄物を適切に処分するため、最終処分場の設置又は改造、既埋立物の減容化等による一般廃棄物の最終処分場の整備を図ります。このため、循環型社会形成推進交付金等による、市町村への一般廃棄物処理施設の整備等の支援を継続するとともに、必要に応じて、交付対象事業の見直し等を検討します。

最終処分場の延命化・確保のためにも3Rの取組を進展させることにより、最終処分量の一層の削減を進めます。

廃棄物処理法及びその政省令の改正等を踏まえて、廃棄物の不適正処理への対応強化を進めます。

不法投棄の撲滅に向けて、早期発見による未然防止及び早期対応による拡大防止を進めます。

盛土による災害防止の取組として、電子マニフェストの利用促進、建設現場パトロールの強化等、廃棄物混じり盛土の発生防止に向けた対応策を関係省庁連携の上、進めていきます。

優良産廃処理業者の育成、優良認定制度の活用や電子マニフェストの普及拡大、排出事業者の意識改革等により、優良な事業者が適切に評価される競争環境の整備に取り組み、循環分野における環境産業全体の健全化及び振興を図ります。

各種手続等の廃棄物に関する情報の電子化の検討を進めるとともに、廃棄物分野において電子化された、電子マニフェストを含む各種情報の活用の検討を進めます。

石綿（アスベスト）、水銀廃棄物、残留性有機汚染物質（POPs）を含む廃棄物、埋設農薬等については、製造、使用、廃棄の各段階を通じた化学物質対策全体の視点も踏まえつつ、水質汚濁・大気汚染・土壌汚染等の防止対策と連携するとともに、当該物質やそれらを含む廃棄物に関する情報を関係者間で共有し、適正に回収・処理を進めます。

高濃度ポリ塩化ビフェニル（PCB）廃棄物について、2018年度に北九州事業地域の変圧器・コンデンサー等の計画的処理完了期限を迎えました。引き続き、ポリ塩化ビフェニル廃棄物の適正な処理の推進に関する特別措置法（PCB特別措置法）（平成13年法律第65号）及び閣議決定した「ポリ塩化ビフェニル廃棄物処理基本計画」に基づき、処理が一日も早く進むよう、関係者が一丸となって取組を推進します。

家電製品、小型家電製品、自動車等のリサイクルにおける、プラスチックの資源循環を通じたリサイクル原料への有害物質の混入について、有害物質規制の強化等の国際的動向も踏まえ、上流側の化学物質対策等と連携し、ライフサイクル全体を通じたリスクを削減します。

2 廃棄物等からの環境再生

マイクロプラスチックを含む海洋ごみや散乱ごみに関して、国際的な連携の推進と共に、実態把握や発生抑制を進めます。

生活環境保全上の支障等がある廃棄物の不法投棄等について支障の除去等を進めます。

放置艇の沈船化による海域汚染を防止するため、係留・保管能力の向上と規制措置を両輪とした放置艇対策を推進します。

3 東日本大震災からの環境再生

東日本大震災からの被災地の復興・再生については、2021年3月に、「『第2期復興・創生期間』以降における東日本大震災からの復興の基本方針」（以下「『第2期復興・創生期間』以降の復興基本方針」という。）を閣議決定し、2021年度以降の復興の取組方針が示されたところです。引き続き、安心して生活できる環境を取り戻す環境再生の取組を着実に進めます。環境再生の取組に加えて、環境の視点から地域の強みを創造・再発見する未来志向の取組も推進します。

（1）除染等の措置等

平成二十三年三月十一日に発生した東北地方太平洋沖地震に伴う原子力発電所の事故により放出された放射性物質による環境の汚染への対処に関する特別措置法（平成23年法律第110号。以下「放射性物質汚染対処特措法」という。）に基づき、必要な土壌等の除染等の措置及び除去土壌等の保管等を適切に実施します。また、2018年3月に策定した仮置場等の原状回復に係るガイドラインに沿って、除去土壌等の搬出が完了した仮置場の原状回復を進めます。さらに、福島県外の除去土壌の処分方法について、除去土壌の埋立処分の実証事業の結果や有識者による「除去土壌の処分に関する検討チーム」での議論を踏まえ、検討を進めていきます。

（2）中間貯蔵施設の整備等

福島県内の除染に伴い発生した土壌や廃棄物等を福島県外で最終処分するまでの間、安全かつ集中的に管理・保管する施設として中間貯蔵施設を整備しています。中間貯蔵施設事業は、「令和5年度の中間貯蔵施設事業の方針」（2023年3月公表）及び「『第2期復興・創生期間』以降の復興基本方針」に基づき取組を実施していきます。特定復興再生拠点区域等で発生した除去土壌等の搬入や、中間貯蔵施設内の各施設の安全な稼働等、安全を第一に、地域の理解を得ながら、事業を実施していきます。

中間貯蔵開始後30年以内の福島県外での最終処分に向けては、「中間貯蔵除去土壌等の減容・再生利用技術開発戦略」及び「工程表」（2016年4月策定、2019年3月見直し）に沿って、除去土壌等の減容・再生利用に関する技術開発実証事業や国民理解の醸成に向けた取組等を着実に進めていきます。

（3）放射性物質に汚染された廃棄物の処理

福島県内の汚染廃棄物対策地域では、「対策地域内廃棄物処理計画」（2013年12月一部改定）等に基づき着実に処理を進めていきます。指定廃棄物の処理については、放射性物質汚染対処特措法に基づく基本方針において、当該指定廃棄物が発生した都道府県内において行うこととされており、引き続き各都県ごとに早期の処理に向け取り組んでいきます。

（4）帰還困難区域の復興・再生に向けた取組

帰還困難区域については、2017年5月に改正された福島復興再生特別措置法（平成24年法律第25

号）に基づき、各町村の特定復興再生拠点区域復興再生計画に沿って、特定復興再生拠点区域における除染・家屋等の解体を進めております。また、特定復興再生拠点区域の整備事業から生じる廃棄物等の埋立処分については、クリーンセンターふたばへの搬入を開始し、安心・安全の確保に万全を期して事業を進めます。特定復興再生拠点区域外については、2021年8月に決定した「特定復興再生拠点区域外への帰還・居住に向けた避難指示解除に関する考え方」（原子力災害対策本部・復興推進会議）に基づき、2020年代をかけて、帰還意向のある住民が帰還できるよう、避難指示解除の取組を進めます。

(5) 復興の新たなステージに向けた未来志向の取組

地域のニーズに応え、環境再生の取組のみならず、脱炭素、資源循環、自然共生といった環境の視点から地域の強みを創造・再発見する「福島再生・未来志向プロジェクト」を推進しています。

本プロジェクトでは2020年8月に福島県と締結した「福島の復興に向けた未来志向の環境施策推進に関する連携協力協定」を踏まえ、福島県や関係自治体と連携しつつ脱炭素・風評対策・風化対策の三つの視点から施策を進めていきます。

(6) 放射性物質による環境汚染対策についての検討

放射性物質による環境の汚染の防止のための関係法律の整備に関する法律（平成25年法律第60号）において放射性物質に係る適用除外規定の削除が行われなかった廃棄物処理法、土壌汚染対策法（平成14年法律第53号）その他の法律の取扱いについて、放射性物質汚染対処特措法の施行状況の点検結果を踏まえて検討します。

第5節　万全な災害廃棄物処理体制の構築

平時から災害時における生活ごみ、避難所ごみやし尿に加え、災害廃棄物の処理を適正かつ円滑・迅速に実施するため、国、地方公共団体、研究・専門機関、民間事業者等の連携を促進するなど、引き続き、地方公共団体レベル、地域レベル、全国レベルで重層的に廃棄物処理システムの強靱化を進めるとともに、関係機関等における連携強化等を進めます。

1　地方公共団体レベルでの災害廃棄物対策の加速化

地方公共団体における災害廃棄物処理計画の策定を推進するとともに、これまでの災害対応における検証結果を踏まえ、災害廃棄物対策の実効性の向上に向けた処理計画の点検・見直しに関して技術的支援等を行います。また、地方公共団体における災害廃棄物分野の人材育成による支援人材の拡充を図るとともに、大規模災害発生時においても、生活環境の保全と衛生が保たれるよう、地方公共団体の災害対応拠点となり得る廃棄物処理施設の整備を支援します。

2　地域レベルでの災害廃棄物広域連携体制の構築

全国8つの地域ブロック協議会を継続的に運営し、これまでの災害対応における効果的なブロック内連携の実績を踏まえ、都道府県域を越えた実効性のある広域連携体制を構築し、災害時の円滑な廃棄物処理体制を構築するため、災害廃棄物対策行動計画の見直しを行います。また、災害時に円滑に体制を構築するため、地域ブロック単位の共同訓練等を開催するとともに、自治体による災害対策が強化されるよう、情報共有や人材交流の場の設置、啓発セミナー等を実施します。

3　全国レベルでの災害廃棄物広域連携体制の構築

全国各地で発生した非常災害における災害廃棄物処理に関する実績を継続的に蓄積・検証し、南海トラフ地震、首都直下地震等の大規模災害に備えた災害廃棄物処理システムの更なる強靱化を推進します。蓄積・検証した教訓を活用し、災害廃棄物処理支援ネットワーク（D.Waste-Net）メンバーや関係機関との連携を強化して、より効果的な災害廃棄物処理体制の構築を図ります。加えて、「災害廃棄物処理支援員制度」を継続的に運用するとともに、支援員の発災時の支援活動の強化を図ります。また、地域ブロックをまたぐ連携方策の検討を進め、大規模災害に備えた支援体制の構築を図ります。

港湾においては、災害廃棄物の広域処理を円滑かつ適正に実施できるよう、港湾を活用した海上輸送に関する手順や留意事項等を整理したマニュアル（案）を取りまとめます。

第6節　適正な国際資源循環体制の構築と循環産業の海外展開の推進

1　適正な国際資源循環体制の構築

不法輸出入対策について、関係省庁、関係国・関係国際機関との連携を一層進め、取締りの実効性を確保します。

2021年1月に効力が生じたバーゼル条約改正附属書及び特定有害廃棄物等の輸出入等の規制に関する法律に基づく特定有害廃棄物等の範囲等を定める省令の一部を改正する省令（令和2年環境省令第24号）に基づき、プラスチックの廃棄物の輸出入を適正に管理し、輸入国における環境汚染の防止に努めます。

2009年の船舶の安全かつ環境上適正な再生利用のための香港国際条約（シップ・リサイクル条約）に基づき、2018年6月に成立・公布された船舶の再資源化解体の適正な実施に関する法律（平成30年法律第61号）の円滑な施行に向けて船舶の適切な解体に向けた取組を進めます。

2021年5月のG7気候・環境大臣会合において合意された「循環経済及び資源効率の原則」の策定や、同年7月のG20環境大臣会合で合意された、各国における循環経済の取組事例や指標に関するポータルサイトの設立等の取組を通じて、循環経済の世界的な移行に貢献します。

「G20海洋プラスチックごみ対策実施枠組」等を通じ、「大阪ブルー・オーシャン・ビジョン」の実現に向けて、G20全体での持続可能な成長のためのエネルギー転換や海洋ごみ対策の推進に貢献します。

経済協力開発機構（OECD）や国連環境計画（UNEP）国際資源パネル（IRP）、UNEP国際環境技術センター（IETC）、短寿命気候汚染物質削減のための気候と大気浄化のコアリション（CCAC）、バーゼル条約等の活動等に積極的に貢献します。

我が国とつながりの深いアジア太平洋諸国において循環型社会が構築されるよう、アジア太平洋3R・循環経済推進フォーラム等を通じて、3R及び循環経済推進に関する情報共有や合意形成を推進するとともに、アジア太平洋3R白書等を通じた基礎情報の整備に努めるほか、日中韓三カ国環境大臣会合（TEMM）や北西太平洋地域海行動計画（NOWPAP）等を通じて関係国間での海洋ごみ対策に関する取組を進めます。

2017年4月に我が国が設立した「アフリカのきれいな街プラットフォーム（ACCP）」の活動として、2022年7月に第3回全体会合で採択された「チュニス行動指針」に基づき、廃棄物管理に関する知見の共有・情報整備や廃棄物管理制度・技術に関する研修等の活動を進めていきます。

相手国との協力覚書の締結や環境政策対話、両国が合同で開催する委員会・ワークショップ等、独立行政法人国際協力機構（JICA）等による専門家の派遣、研修員受入れ等を通じ、地方公共団体等とも連携しながら、相手国における循環型社会構築や3R推進、適正処分等を通じて、循環経済への移行促進や環境改善や衛生状態の向上につなげます。

2　循環産業の海外展開の推進

「インフラシステム海外展開戦略2025」等に基づき、途上国・新興国のニーズを踏まえた上で、廃棄物処理・リサイクル分野における我が国の質の高い環境インフラの国際展開支援を、地方公共団体等とも連携しながら行います。具体的には、二国間政策対話・地域フォーラムを活用したトップセールス、技術と制度のパッケージでの支援、実現可能性調査や個別プロジェクト形成のフォローアップを行います。また、研修の実施、専門家等の派遣、相手国の自治体・政府との政策対話・ワークショップの開催等を進めます。

海外の循環産業の発展に貢献するため、産業廃棄物処理業における技能実習制度の活用など、人材育成の方策についての検討を進めます。

我が国の災害廃棄物対策に係るノウハウを提供するとともに、関係機関と連携した被災国支援スキームの構築等に取り組みます。

第7節　循環分野における基盤整備

1　循環分野における情報の整備

「循環基本計画」の指標の更なる改善に向けた取組とともに、その裏付けとなるデータの改善・整備を並行して推進します。「第四次循環基本計画」において「今後の検討課題等」とされた事項等について、指標に関する検討会にて、引き続き検討します。また、各主体が循環型社会形成に向けた取組を自ら評価し、向上していくために、取組の成果を評価する手法や分かりやすく示す指標について検討します。

2　循環分野における技術開発、最新技術の活用と対応

デジタル技術・ICT・AI・リモートコントロール技術・ビッグデータの活用など高度な技術や新たなサービスの開発・導入や、災害廃棄物処理の円滑化・高効率化を推進するため、ITや最新技術を活用して、被災家屋の被害の推計手法の高度化を図ります。また、収集運搬と中間処理の効率化を実現し、更なるCO_2排出削減を図るため、ICTを活用したごみ収集車が自動運転により作業員を追尾する実証を行います。

地域循環共生圏形成に資する廃棄物処理システムの構築に関する研究・技術開発、ライフサイクル全体での徹底的な資源循環に関する研究・技術開発、社会構造の変化に対応した持続可能な廃棄物の適正処理の確保に関する研究・技術開発等の実施により、環境政策の推進にとって不可欠な科学的知見の集積及び技術開発を推進します。

3　循環分野における人材育成、普及啓発等

地域において資源循環を担う幅広い分野の総合的な人材の育成や主体間の連携を促進します。

国民に向けたアプローチとしては、「限りある資源を未来につなぐ。今、僕らにできること。」をキー

メッセージとしたウェブサイト「Re-Style」からの情報発信、3R行動を促進する消費者キャンペーン「選ぼう！3Rキャンペーン」等を通じて、意識醸成や行動喚起を促進します。

環境省及び3R活動推進フォーラムは、2023年度に「第17回3R推進全国大会」を共催し、同イベントを通じて、3Rによる循環型社会づくりを推進するため、地方公共団体との連携体制を推進します。

産業廃棄物処理業における人材育成の方策について、業界団体等によるより実効的な研修や講習の実施など、職員の能力・知識の向上を一層推進するための取組について必要な検討を進めます。

海洋プラスチックごみの削減に向けプラスチックとの賢い付き合い方を全国的に推進する「プラスチック・スマート」の展開を通して、海洋プラスチックごみ汚染の実態の正しい理解を促しつつ、国民的気運を醸成し、幅広い関係主体の連携協同を促進します。

第4章 水環境、土壌環境、地盤環境、海洋環境、大気環境の保全に関する取組

第1節 健全な水循環の維持・回復

健全な水循環の維持又は回復に当たっては、河川の流入先の沿岸域も含め流域全体を総合的に捉え、それぞれの地域に応じて、各主体がより一層の連携を図りつつ、次のような流域に共通する取組を進めるとともに、地域の特性に応じた課題を取り込みつつ、取組を展開していきます。

1 流域における取組

流域全体を総合的に捉え、効率的かつ持続的な水利用等を今後とも推進していくため、水の再利用等による効率的利用、水利用の合理化、雨水の利用等を進めるとともに、必要に応じて、未活用水の有効活用、環境用水の導入、ダムの弾力的管理を図り、水質や水生生物等の保全等の観点から、流量変動も考慮しつつ、流量確保のための様々な施策を行います。

流域全体を通じて、貯留浸透・涵（かん）養能力の維持・向上を図り、湧水の保全・復活に取り組むほか、降雨時等も含め、地下水を含む流域全体の水循環や栄養塩類等の物質循環の把握を進め、地域の特性を踏まえた適切な管理方策の検討を行います。その際、地下水については、共有資源としての性格にも留意し、地下水流域の観点に立って検討を行います。さらに、流水は、土砂の移動にも役割を果たしていることから、流域の源頭部から海岸までの総合的な土砂管理の観点から、関係機関と連携し、土砂移動の調査研究や下流への土砂還元対策に取り組みます。

より一層の生物多様性の確保を図るため、水辺地を含む流域の生態系を視野に入れた水辺地の保全・再生に取り組み、多様な水生生物の種や個体群等の保全を図ります。

良好な水循環・水環境の創出を図るため、官民連携や地域づくり等にも資する総合的な水環境管理を目指した施策を推進します。

気温の上昇や短時間強雨の頻度の増加等の気候変動により、水温上昇、水質や生態系の変化等の水環境への影響が予想されることから、これらの観測・監視や影響評価等の調査研究により知見を蓄積し、適応策について検討を行います。

地震等災害時等においても、国民生活上最低限求められる水循環を確保できるよう、災害に強くエネルギー効率の高い適切な規模の水処理システムや水利用システムの構築や災害時の水環境管理の方策の確立など様々な施策を推進します。

これらの施策を推進していくためにも、水環境に精通した人材育成が欠かせないことから、国立研究開発法人国立環境研究所の政策支援機能や地方の研究機関、大学等との連携・調整機能の強化を図ります。また、水域の物質循環機構、生物多様性や生息・再生産機構の解明、モニタリングデータの解析・評価など良好な水環境の形成に資する調査研究や科学技術の進歩を活かした技術開発を推進します。

2 森林、農村等における取組

森林は水源涵（かん）養機能、生物多様性保全機能など水環境の保全に資する多様な公益的機能を有しており、それらの機能の維持、向上のため、保安林等の法制度の活用や治山施設の整備等により、森林の保

全を推進します。また、流域全体を通じて森林所有者等による森林の適正な整備を推進するとともに、水源涵（かん）養機能等の発揮を図るための適正な整備を必要とする森林については、公的主体による整備を推進します。さらに、渓畔林など水辺森林の保全・管理に際して水環境の保全により一層配慮するとともに、ボランティア活動など流域の住民や事業者が参加した森林の保全・整備の取組を推進します。なお、森林整備に当たっては、地域の自然的・社会的条件を踏まえて、長伐期化や複層林化など、多様で健全な森林づくりを通じて森林の多面的機能の発揮に努めます。

農村・都市郊外部においては、川の流れの保全や回復、流域の貯留浸透・涵（かん）養能力の保全・向上、面源からの負荷削減のため、里地里山の保全、緑地の保全、緑化、適正な施肥の実施、家畜排せつ物の適正な管理を推進します。水源涵（かん）養機能等の農業の多面的機能は、農業の持続的な営みを通じて発揮されることから、水田や畑地の保全を推進し、荒廃農地の発生を防止します。また、地域住民を含め多様な主体の参画を得て、水田や水路、ため池など農地周りの水環境の保全活動を進めるとともに、環境との調和に配慮しつつ基盤整備を推進します。

第4章

3 水環境に親しむ基盤づくり

都市部においては、水循環の変化による問題が現れやすく、河川流量の減少、親水性の低下、ヒートアイランド現象等が依然として問題となっており、貯留浸透・涵（かん）養機能の回復など、可能な限り自然の水循環の恩恵を増加させる方向で関連施策の展開を図る必要があることから、地下水涵（かん）養機能の増進や都市における貴重な貯留・涵（かん）養能力を持つ空間である緑地の保全と緑化を推進するとともに、都市内の水路等の創出・保全を図ります。

地下水涵（かん）養に資する雨水貯留浸透施設の整備、流出抑制型下水道の整備、透水性舗装の促進等を進めます。さらに、雨水や下水再生水の利用を進めるとともに、貯水池の弾力的な運用や下水の高度処理水等の河川還元等による流量の確保等の取組を進めます。河川整備に際しては、多自然川づくりを基本として自然に配慮することなどにより水辺の自然環境を改善し、生物の良好な生息・生育・繁殖環境の保全・創出に努めます。このほか、親水性の向上、ヒートアイランド対策等への活用が有効な地域では、都市内河川、下水の高度処理水等の利用や地中熱、下水熱の利用を環境影響に配慮しつつ進めます。

第2節 水環境の保全

1 環境基準の設定、排水管理の実施等

水質汚濁に係る環境基準については、水環境中での存在状況や有害性情報等の知見の収集・集積を引き続き行い、必要な見直し等を実施します。また、国が類型指定を行った水域について随時必要な見直しを行うとともに、2016年3月に生活環境項目環境基準に設定された底層溶存酸素量については、新たな水域類型の指定を実施します。

水質汚濁防止法（昭和45年法律第138号）に基づき、国及び地方公共団体は、公共用水域及び地下水の水質について、放射性物質を含め、引き続き常時監視を行います。また、要監視項目についても、地域の実情に応じて水質測定を行います。特に、2020年に要監視項目に位置付けられたPFOS（ペルフルオロオクタンスルホン酸）及びPFOA（ペルフルオロオクタン酸）については、2023年1月に専門家会議を新たに設置し、PFOS等に関する水環境の目標値等の検討や総合戦略の検討を進め、国民の安全・安心のための取組を進めていきます。

工場・事業場については適切な排水規制を行うとともに、水質汚濁に係る環境基準の見直し等の状況に応じ必要な対策等の検討を進めます。また、各業種の排水実態等を適切に把握しつつ、特に経過措置

として一部の業種に対して期限付きで設定されている暫定排水基準については、随時必要な見直しを行います。

2 湖沼

湖沼については、湖沼水質保全特別措置法（昭和59年法律第61号）に基づく「湖沼水質保全計画」が策定されている11の指定湖沼について、同計画に基づき、各種規制措置のほか、下水道及び浄化槽の整備、その他の事業を総合的に推進します。

浄化の機能及び生物多様性の保全及び回復の観点から、湖辺域の植生や水生生物の保全など、湖辺環境の保全を図ります。

琵琶湖の保全及び再生に関する法律（平成27年法律第75号）に基づき主務大臣が定めた「琵琶湖の保全及び再生に関する基本方針」及び滋賀県が策定した「琵琶湖保全再生施策に関する計画」等を踏まえ、関係機関と連携して各種施策を推進します。

3 閉鎖性海域

閉鎖性海域については、流域からの負荷削減の取組が進んでいるものの、底質環境の悪化や内部生産の影響により貧酸素水塊が発生するなど依然として問題が生じています。このため、引き続き必要な負荷削減に取り組むとともに、浄化機能及び生物多様性の確保の観点から、自然海岸、干潟、藻場等について、適切な保全を図り、干潟・海浜、藻場等の再生、覆砂等による底質環境の改善、貧酸素水塊が発生する原因の一つである深堀跡について埋戻し等の対策、失われた生態系の機能を補完する環境配慮型構造物等の導入など健全な生態系の保全・再生・創出に向けた取組を推進します。その際、「里海」づくりの考え方を取り入れつつ、流域全体を視野に入れて、官民で連携した総合的施策を推進します。また、漂流ごみや流出油の円滑な回収・処理に努めます。

瀬戸内海については、瀬戸内海の有する多面的な価値及び機能が最大限に発揮された「きれいで豊かな海」を目指し、藻場・干潟分布状況調査や藻場干潟による炭素固定量調査等を行います。また、2021年6月に公布された瀬戸内海環境保全特別措置法の一部を改正する法律（令和3年法律第59号）を踏まえ、湾・灘ごと、さらには湾・灘内の特定の海域ごと、また、季節ごとの実情に応じたきめ細やかな管理を行う栄養塩類管理制度の適切な運用を進め、関係府県の取組を支援していきます。有明海及び八代海等については、再生に係る評価及び基本方針に基づく再生のための施策を推進します。

4 汚水処理施設の整備

水質環境基準等の達成、維持を図るため、工場・事業場排水、生活排水、市街地・農地等の非特定汚染源からの排水等の発生形態に応じ、水質汚濁防止法等に基づく排水規制、水質総量削減、農薬取締法（昭和23年法律第82号）に基づく農薬の規制、下水道、農業集落排水施設及び浄化槽等の生活排水処理施設の整備等の汚濁負荷対策を推進します。

関係機関が連携して水環境の保全を進めるとの考えの下、生活排水処理を進めるに当たっては、人口減少など社会構造の変化等を踏まえつつ、地域の実情に応じて、より効率的な汚水処理施設の整備や既存施設の計画的な更新や再構築を進めるとともに、河川水を取水、利用した後の排水については、地域の特性に応じて見直しを含めた取排水系統の検討を行います。

2019年6月に成立・公布された浄化槽法の一部を改正する法律（令和元年法律第40号）による改正後の浄化槽法において、緊急性の高い単独処理浄化槽の合併処理浄化槽への転換に関する措置、浄化槽処理促進区域の指定、公共浄化槽の設置に関する手続き、浄化槽の使用の休止手続き、浄化槽台帳の整備の義務付け、協議会の設置、浄化槽管理士に対する研修の機会の確保、環境大臣の責務に関する仕組みが新たに創設されており、これらの取組を進めることで単独処理浄化槽の合併処理浄化槽への転換を進めるとともに浄化槽の管理の向上を推進します。

5 地下水

地下水の水質については、水質汚濁防止法に基づく有害物質の地下浸透規制や、有害物質を貯蔵する施設の構造等に関する基準の遵守及び定期点検等により、地下水汚染の未然防止の取組を進めます。また、硝酸性窒素及び亜硝酸性窒素による地下水汚染対策について、地域における取組支援の事例等を地方公共団体に提供したり、「硝酸性窒素等地域総合対策ガイドライン」の周知を図るなど、負荷低減対策の促進方策に関する検討を進めます。

第3節 アジアにおける水環境保全の推進

アジアにおける水環境の改善を図るため、「インフラシステム海外展開戦略2025（令和4年6月追補版）」の下で、アジア諸国の行政官のネットワークにおいて、水環境管理に携わる関係者間の協力体制を構築し、情報収集・普及や人材育成・能力構築等を通じた水環境ガバナンスを強化します。また、我が国の民間企業が持つ排水処理技術の実現可能性調査や現地実証試験等のモデル事業を通じたアジア、大洋州諸国への水処理技術等の海外展開を支援します。

第4節 土壌環境の保全

1 市街地等の土壌汚染対策

土壌汚染に関する適切なリスク管理を推進し、人の健康への影響を防止するため、2017年5月に公布された土壌汚染対策法の一部を改正する法律（平成29年法律第33号）による改正後の土壌汚染対策法（平成14年法律第53号）に基づき、土壌汚染の適切な調査や対策を推進します。また、ダイオキシン類による土壌汚染については、ダイオキシン類対策特別措置法（平成11年法律第105号）に基づき、早急かつ的確な対策が実施されるよう必要な支援に努めます。

2 農用地の土壌汚染対策

農用地の土壌の汚染防止等に関する法律（昭和45年法律第139号）に基づき、特定有害物質による農用地の土壌汚染を防止又は除去するための対策事業を進めます。

第5節 地盤環境の保全

地下水位の低下により発生する地盤沈下等の障害を防ぐため、地下水採取の規制を継続して行うとともに、関係省庁との連携を一層強化し、健全な水循環の確保に向けた取組を推進します。また、地下水・地盤環境の保全に留意しつつ地中熱利用の普及を促進するため、「地中熱利用にあたってのガイドライン」の周知を図ります。

第6節　海洋環境の保全

1　海洋ごみ対策

プラスチック汚染対策に係る国際合意の交渉等、国際的な動向も踏まえつつ、美しく豊かな自然を保護するための海岸における良好な景観及び環境並びに海洋環境の保全に係る海岸漂着物等の処理等の推進に関する法律（平成21年法律第82号）及び同法に基づく基本方針、海洋プラスチックごみ対策アクションプラン（2019年5月）、その他関係法令等に基づき、マイクロプラスチックを含む海洋ごみの分布状況や生態系への影響等に関する調査研究、地方公共団体等が行う海洋ごみの回収処理・発生抑制対策への財政支援、使い捨てプラスチック容器包装等のリデュース、使用後の分別意識向上、リサイクル、不法投棄防止を含めた適正な処分の確保等について、普及啓発を含めて総合的に推進します。また、海洋中のマイクロプラスチックの供給源の一つと考えられる河川水中のマイクロプラスチックについても実態を把握するための調査に取り組みます。

海洋環境整備船を活用した漂流ごみ回収の取組を実施します。また、外国由来の海洋ごみへの対応も含めた国際連携として、マイクロプラスチックの世界的なデータ集約に向けたデータ共有システムの整備、関係国の施策等に関する情報交換、調査研究等に関する協力を進めます。

船舶起源の海洋プラスチックごみの削減に向けて、実態の把握や指導・啓発活動に取り組むとともに、国際海事機関（IMO）等における議論に積極的に参画していきます。

2　海洋汚染の防止等

ロンドン条約1996年議定書を国内担保する海洋汚染等及び海上災害の防止に関する法律（昭和45年法律第136号）に基づき、廃棄物の海洋投入処分及びCO_2の海底下廃棄等に係る許可制度の適切な運用等を着実に実施するとともに、船舶バラスト水規制管理条約及び船舶汚染防止国際条約（MARPOL条約）等に基づくバラスト水処理装置等の審査や未査定液体物質の査定、1990年の油による汚染に係る準備、対応及び協力に関する国際条約（OPRC条約）等に基づく排出油等の防除体制の整備等を適切に実施します。また、船舶事故等で発生する流出油による海洋汚染の拡散防止等を図るため、関係機関と連携し、大型浚渫（しゅんせつ）兼油回収船を活用するなど、流出油の回収を実施します。さらに、我が国周辺海域における海洋環境データ及び科学的知見の集積、北西太平洋地域海行動計画（NOWPAP）等への参画等を通じた国際的な連携・協力体制の構築等を推進します。

3　生物多様性の確保等

海洋保護区の設定及びサンゴ礁生態系の保全に関しては、第2章第4節を参照。
サンゴ礁生態系の保全の国際的取組については、第2章第7節8を参照。

4　沿岸域の総合的管理

森里川海のつながりや自然災害への対応、流域全体の水循環等を意識した沿岸域の総合的管理を推進するため、総合的な土砂管理、防護・環境・利用が調和した海岸空間の保全、生態系を活用した防災・減災を推進します。閉鎖性海域に関して、環境負荷の適正管理や保全・再生に向けた施策を実施するとともに、「きれいで豊かな海」の確保に向け、水質・海水温・生物生息場の変化等と水産資源等の関係性に関する調査研究を行うほか、各地の里海づくりに向けた取り組みが持続可能なものとなることを目指すため、藻場・干潟の保全・再生と地域資源の利活用の好循環を創出するモデル事業等を実施します。

5 気候変動・海洋酸性化への対応

海水温上昇や海洋酸性化等の海洋環境変動の実態とそれらによる海洋生態系に対する影響を的確に把握するため、海洋における監視・観測の継続的な実施とともに、観測データの充実・精緻化や効率的な観測等のための取組を行います。また、気候変動及びその影響の予測・評価に関する取組を進めるとともに、干潟・藻場・サンゴ礁の保全・再生の推進など、海洋における適応策に関する各種取組を実施します。

6 海洋の開発・利用と環境の保全との調和

環境保全の観点からCCS事業に係る技術的・制度的課題について検討・整理を行った「環境と調和したCCS事業のあり方に関する検討会とりまとめ（令和4年12月公表）」を踏まえ、CCS事業関連法制の整備の検討やモニタリングの技術開発等を進めていきます。

生物多様性保全と持続的経済活動を調和した海洋生態系の保全利用計画の実現のため、ビッグデータを活用した分析技術を開発し、それらを基に温暖化・沿岸開発・漁業・海運に関係した海の生物多様性と生態系サービスの劣化リスク評価等を実施します。

7 海洋環境に関するモニタリング・調査研究の推進

陸域起源の汚染や廃棄物等の海洋投入処分による汚染を対象とした、海洋環境や海洋生態系の状況を的確に把握するため、我が国領海及び排他的経済水域における海洋環境モニタリング（監視・観測）を継続的に実施します。

第7節 大気環境の保全

1 窒素酸化物・光化学オキシダント・$PM_{2.5}$等に係る対策

大気汚染防止法（昭和43年法律第97号）に基づく固定発生源対策及び移動発生源対策等を引き続き適切に実施するとともに、光化学オキシダント及び$PM_{2.5}$の生成の原因となり得る窒素酸化物（NO_X）、揮発性有機化合物（VOC）について、排出実態や科学的知見、排出抑制技術（対策効果の定量的予測・評価を可能とするシミュレーションの高度化を含む。）の開発・普及の状況等を踏まえて、経済的及び技術的考慮を払いつつ、対策を進めます。また、光化学オキシダントについては、2022年1月に策定した「気候変動対策・大気環境改善のための光化学オキシダント総合対策について〈光化学オキシダント対策ワーキングプラン〉」に基づき、環境基準の再評価に向けた検討を含め、気候変動対策・大気環境改善に資する総合的な対策について検討を進めます。$PM_{2.5}$については、集積した知見を踏まえ、高濃度地域に着目しつつ、より効果的な排出抑制策の検討を進めます。

(1) ばい煙に係る固定発生源対策

大気汚染防止法に基づく排出規制の状況、科学的知見や排出抑制技術の開発・普及の状況等を踏まえて、経済的及び技術的考慮を払いつつ、追加的な排出抑制策の可能性を検討します。

(2) 移動発生源対策

自動車排出ガス規制（オフロード特殊自動車も含む。）及び自動車から排出される窒素酸化物及び粒子状物質の特定地域における総量の削減等に関する特別措置法（平成4年法律第70号）に基づく新たな総量削減基本方針（2022年11月閣議決定）にのっとり、環境性能に優れた低公害車の普及等の総合的な対策を引き続き促進します。また、大気環境保全の観点から、自動車排出ガス低減技術の進展を見据えつつ、国内の大気環境、走行実態及び国際基準への調和等を考慮した許容限度の見直しに資する検討を進めます。低公害車の普及について、商用車（トラック・タクシー等）の電動化（電気自動車(BEV)・プラグインハイブリッド車（PHEV)・燃料電池車（FCV))を集中的に支援するとともに、再生可能エネルギーによる電力を用いた乗用車の電動化、一定の燃費性能を満たすハイブリッド車(HV) のトラック・バスの導入も引き続き支援します。

道路交通情報通信システム（VICS）やETC2.0、高度化光ビーコン等を活用した道路交通情報の内容・精度の改善・充実、信号機の改良、公共車両優先システム（PTPS）の整備等の高度道路交通システム（ITS）の推進、観光地周辺の渋滞対策、総合的な駐車対策の効果的実施等の交通流の円滑化対策を推進します。

これらの対策に加え、エコドライブの普及啓発を実施するとともに、公共交通機関への利用転換による低公害化・低炭素化を促進します。

(3) VOC対策

VOCの排出量の実態把握を進めることなどにより排出抑制対策の検討を行うとともに、法規制と自主的取組のベストミックスによる排出抑制対策を引き続き進めます。

大気環境配慮型SS（e→AS（イーアス））認定制度を通じて、VOCの一種である燃料蒸発ガスを回収する機能を有する給油機（Stage2）の利用促進・普及促進を図ります。

(4) 監視・観測、調査研究

大気汚染の状況を全国的な視野で把握するとともに、大気保全施策の推進等に必要な基礎資料を得るため、大気汚染防止法に基づき、都道府県等で常時監視を行っています。引き続き、リアルタイムに収集した測定データ（速報値)、都道府県等が発令した光化学オキシダント注意報等や$PM_{2.5}$注意喚起の情報を「大気汚染物質広域監視システム（そらまめくん)」により、国民に分かりやすく情報提供を行います。その他、酸性雨や黄砂、越境大気汚染の長期的な影響を把握することを目的としたモニタリングや放射性物質モニタリングを引き続き実施します。また、$PM_{2.5}$と光化学オキシダントは発生源や原因物質において共通するものが多いことに鑑み、両者の総合的対策に向け科学的知見の充実を図ります。

2 アジアにおける大気汚染対策

アジア地域における$PM_{2.5}$、光化学オキシダント等の大気汚染の改善に向け、政策対話やコベネフィット（大気汚染対策及び気候変動対策の共通便益)・アプローチを活用しながら、様々な二国間・多国間協力を通じて大気汚染対策を推進します。

(1) 二国間協力

モンゴルとのコベネフィット事業や韓国との$PM_{2.5}$に関する会合等を通じて、我が国の政策や研究等を共有するとともに、我が国の技術の海外展開等を図り、相手国及びアジア地域の大気環境改善や気候変動対策に貢献します。

(2) 日中韓三カ国環境大臣会合（TEMM）の下の協力

日中韓三か国間の大気汚染に関する政策対話、日中韓及びモンゴル間の黄砂に関する共同研究等において、最新情報の共有や意見交換を実施することで、政策に関する知見の蓄積や対策技術の向上を図ります。

(3) 多国間協力

アジア地域における大気環境改善を目指し、東アジア酸性雨モニタリングネットワーク（EANET）、アジア太平洋クリーン・エア・パートナーシップ（APCAP）等の枠組みを通じた活動を引き続き推進します。

3 多様な有害物質による健康影響の防止

(1) アスベスト（石綿）対策

引き続き、大気中の石綿濃度の調査を実施するとともに、石綿を使用している建築物の解体等工事における発注者の届出や施工者の作業基準の遵守等の徹底を図ることや、改正法の周知を徹底するなど、石綿の飛散防止を進めます。

(2) 水銀大気排出対策

水銀に関する水俣条約を踏まえて改正された大気汚染防止法に基づく水銀大気排出対策の着実な実施を図るため、引き続き、地方公共団体や関係団体等の協力を得て、水銀排出施設及び要排出抑制施設における水銀濃度測定結果の把握や、水銀大気排出インベントリーの作成等を行います。また、2023年4月に、水銀に係る改正大気汚染防止法施行後５年が経過すること、水銀に関する水俣条約が締結されてから７年近く経過し、脱炭素化を含め様々な社会情勢の変化が生じていることから、水銀に関する情報を収集・整理し、必要に応じて新たな措置を検討するなど、いわゆる５年後見直しの議論を進め、水銀大気排出対策を推進します。

(3) 有害大気汚染物質対策等

引き続き、地方公共団体と連携して有害大気汚染物質の排出削減を図るとともに、有害大気汚染物質等の大気環境モニタリング調査を実施します。特に、有害大気汚染物質について、環境目標値の設定・再評価や健康被害の未然防止に効果的な対策の在り方について検討するとともに、とりわけ、酸化エチレンについては事業者による排出抑制対策を推進します。また、残留性有機汚染物質（POPs）等の化学物質に関しても、知見の収集に努めます。

4 地域の生活環境保全に関する取組

(1) 騒音・振動対策

ア　自動車交通騒音・振動対策

車両の低騒音化、道路構造対策、交通流対策や、住宅の防音工事等のばく露側対策に加え、沿道に新たな住居等が立地される前に騒音状況を情報提供するなどにより、騒音問題の未然防止を図ります。また、自動車騒音低減技術の進展を見据えつつ、自動車交通騒音への影響や、国内の走行実態及び国際基準への調和等を考慮した許容限度の見直しに資する検討を進めます。

イ　鉄道騒音・振動、航空機騒音対策

鉄道騒音・振動、航空機騒音の状況把握や予測・評価手法の検討を進めるとともに、車両の低騒音化等の発生源対策や住宅の防音工事等のばく露側対策に加え、騒音状況の情報提供等により騒音問題の未然防止を図ります。さらに、土地利用対策について、関係省庁や沿線自治体と連携しながら推進していきます。

ウ　工場・事業場及び建設作業の騒音・振動対策

最新の知見の収集・分析等を行い、騒音・振動の評価方法等についての検討を行います。また、従来の規制的手法による対策に加え、最新の技術動向等を踏まえ、情報的手法及び自主的取組手法を活用した発生源側の取組を促進します。

エ　低周波音その他の対策

従来の環境基準や規制を必ずしも適用できない新しい騒音問題について対策を検討するために必要な科学的知見を集積します。風力発電施設や家庭用機器等から発生する騒音・低周波音については、その発生・伝搬状況や周辺住民の健康影響との因果関係、わずらわしさを感じさせやすいと言われている純音性成分など、未解明な部分について引き続き調査研究を進めます。

(2) 悪臭対策

最新の知見を踏まえた分析手法の見直しを検討するとともに、排出規制、技術支援及び普及啓発を進めます。

(3) ヒートアイランド対策

近年の暑熱環境や今後の見通しを踏まえ、人工排熱の低減、地表面被覆の改善、都市形態の改善、ライフスタイルの改善、人の健康への影響等を軽減する適応策の推進を柱とするヒートアイランド対策を推進します。また、暑さ指数（WBGT）等の熱中症予防情報の提供を実施します。

(4) 光害（ひかりがい）対策等

光害（ひかりがい）対策ガイドライン等を活用し、良好な光環境の形成に向け、普及啓発を図ります。また、星空観察の推進を図り、より一層大気環境保全に関心を深められるよう取組を推進します。

(5) 効果的な公害防止の取組の促進

2010年1月の中央環境審議会答申「今後の効果的な公害防止の取組促進方策の在り方について」を踏まえ、事業者や地方公共団体が公害防止を促進するための方策等を引き続き検討・実施します。

第5章　包括的な化学物質対策に関する取組

第1節　化学物質のリスク評価の推進及びライフサイクル全体のリスクの削減

化学物質関連施策を講じる上で必要となる各種環境調査・モニタリング等について、各施策の課題、分析法等の調査技術の向上を踏まえ、適宜、調査手法への反映や集積した調査結果の体系的整理等を図りながら、引き続き着実に実施します。

化学物質の審査及び製造等の規制に関する法律（化学物質審査規制法）（昭和48年法律第117号）に基づき化学物質のリスク評価を行い、著しいリスクがあるものを第二種特定化学物質に指定します。その結果に基づき、所要の措置を講じるなど同法に基づく措置を適切に行います。

リスク評価をより効率的に進めるため、化学物質の有害性評価について、定量的構造活性相関（QSAR）等の活用について検討し、より幅広く有害性を評価することができるよう取り組みます。また、化学物質の製造から廃棄までのライフサイクル全体のリスク評価手法、海域におけるリスク評価手法等の新たな手法の検討を行います。

農薬については、改正農薬取締法（昭和23年法律第82号）に基づき、生活環境動植物の被害防止及び水質汚濁に係る農薬登録基準の設定等を適切に実施します。また、既登録農薬の再評価について、円滑に評価を行うための事前相談に対応しつつ、国内使用量が多い農薬から順次評価を進めます。さらに、長期ばく露の影響に係るリスク評価手法の確立や、農林水産省と連携した天敵農薬の生物学的特性も踏まえた評価の導入に向けた検討を行い、農薬登録制度における生態影響評価の拡充を進めます。

環境中に存在する医薬品等については、環境中の生物に及ぼす影響に着目した情報収集を行い、生態毒性試験、環境調査及び環境リスク評価を進めます。

物の燃焼や化学物質の環境中での分解等に伴い非意図的に生成される物質、環境への排出経路や人へのばく露経路が明らかでない物質等については、人の健康や環境への影響が懸念される物質群の絞り込みを行い、文献情報、モニタリング結果等を用いた初期的なリスク評価を実施します。

リスク評価の結果に基づき、ライフサイクルの各段階でのリスク管理方法について整合を確保し、必要に応じてそれらの見直しを検討します。特に、リサイクル及び廃棄段階において、「循環型社会形成推進基本計画」を踏まえ、資源循環と化学物質管理の両立、拡大生産者責任の徹底、製品製造段階からの環境配慮設計及び廃棄物データシート（WDS）の普及等による適切な情報伝達の更なる推進を図ります。

特定化学物質の環境への排出量の把握等及び管理の改善の促進に関する法律（平成11年法律第86号。以下「化学物質排出把握管理促進法」という。）に基づく化学物質排出移動量届出制度（PRTR制度）及び安全データシート制度（SDS制度）の適切な運用により、化学物質の排出に係る事業者の自主的管理の改善及び環境保全上の支障の未然防止を図ります。特に、最新の科学的知見や国内外の動向を踏まえて2023年4月に改正施行された化学物質排出把握管理促進法施行令（平成12年政令第138号）及び同法施行規則（平成13年内閣府・財務省・文部科学省・厚生労働省・農林水産省・経済産業省・国土交通省・環境省令第1号）に基づき、2024年4月から開始する新規対象物質の届出について、適切かつ正確なデータが得られるよう、届出事業者等への周知等を引き続き図ります。また、PRTR制度により得られる排出・移動量のデータを、正確性や信頼性を確保しながら引き続き公表することなどにより、リスク評価等への活用を進めます。さらに、SDS制度により特定の化学物質の性状及び取扱いに関する情報の提供を行います。

大気汚染防止法（昭和43年法律第97号）に基づく排出規制及び有害大気汚染物質対策並びに水質汚濁防止法（昭和45年法律第138号）に基づく排水規制及び地下水汚染対策等を引き続き適切に実施し、排出削減を図るとともに、新たな情報の収集に努め、必要に応じて更なる対策について検討します。特に、酸化エチレン等の有害大気汚染物質について、環境目標値の設定・再評価や健康被害の未然防止に効果的な対策について検討・推進するとともに、残留性有機汚染物質（POPs）等の化学物質に関しても、知見の収集に努めます。非意図的に生成されるダイオキシン類については、ダイオキシン類対策特別措置法（平成11年法律第105号）に基づく対策を引き続き適切に推進します。事故等に関し、有害物質等の排出・流出等により環境汚染等が生じないよう、有害物質等に関する情報共有や、排出・流出時の監視・拡散防止等を的確に行うための各種施策を推進します。

汚染された土壌及び廃棄物等の負の遺産については、土壌汚染対策法（平成14年法律第53号）、ポリ塩化ビフェニル廃棄物の適正な処理の推進に関する特別措置法（平成13年法律第65号）等により適正な処理等の対応を進めます。

事業者による有害化学物質の使用・排出抑制やより安全な代替物質への転換等のグリーン・サステイナブルケミストリーと呼ばれる取組を促進するため、代替製品・技術に係る研究開発の推進等の取組を講じます。

第2節　化学物質に関する未解明の問題への対応

科学的に不確実であることをもって対策を遅らせる理由とはせず、科学的知見の充足に努めながら予防的取組方法の考え方に立って、以下を始めとする未解明の問題について対策を講じていきます。

化学物質ばく露等が子供の健康に与える影響を解明するために、2010年度から開始した「子どもの健康と環境に関する全国調査（エコチル調査）」は、2024年度から13歳以降の調査を開始します。エコチル調査は、全国で約10万組の親子を対象とした大規模かつ長期の出生コホート調査であり、調査の実施に当たっては、関係機関や学術団体との連携を強化していきます。また、同規模の疫学調査がデンマーク、ノルウェー等でも実施されており、これら諸外国の調査や国際機関との連携も強化していきます。

得られた成果については、シンポジウム等の広報活動や対話の実践等を通じて社会へ還元するとともに、化学物質の適正な管理等に関する施策に活用することにより、安全・安心な子育て環境の構築に役立てていきます。

化学物質の内分泌かく乱作用については、新たに策定した「化学物質の内分泌かく乱作用に関する今後の対応－EXTEND2022－」の下で評価手法の確立と評価の実施を加速化し、その結果を踏まえリスク管理に係る所要の措置を講じます。また、経済協力開発機構（OECD）等の取組に参加しつつ、新たな評価手法等の開発検討を進め、併せて国民への情報提供を実施します。

複数の化学物質が同時に人や環境に作用する場合の複合影響や、化学物質が個体群、生態系又は生物多様性に与える影響について、国際的な動向を参照しつつ、科学的知見の集積、機構の解明、評価方法の検討・開発等に取り組みます。その成果を踏まえ、可能なものについてリスク評価を順次進めます。

急速に実用化が進み環境リスクが懸念されるナノ材料について、OECD等の取組に積極的に参加しつつ、その環境リスクに関する知見の集積を図るとともに、環境中挙動の把握やリスク評価手法に関する情報収集を進めることで、状況の早期把握に努めます。

第3節　化学物質に関するリスクコミュニケーションの推進

国民、事業者、行政等の関係者が化学物質のリスクと便益に係る正確な情報を共有しつつ意思疎通を図ります。具体的には、「化学物質と環境に関する政策対話」等を通じたパートナーシップ、自治体や事業者と周辺住民の間で、化学物質に対する適切な情報の提供を行うことを支援する役割を持つ「化学物質アドバイザー」の活用、あらゆる主体への人材育成及び環境教育、化学物質と環境リスクに関する理解力の向上に向けた各主体の取組及び主体間連携等を推進します。

第4節　化学物質に関する国際協力・国際協調の推進

化学物質のライフサイクル全体を通じた環境リスクの最小化を目指すための国際戦略であるSAICM（サイカム）終了後の2020年以降の枠組みに関する国際的な議論を積極的にリードし、次期枠組みの採択に向け貢献します。さらに、次期枠組みの採択後には、次期枠組みに基づいた国内実施計画の策定を目指します。

水銀に関する水俣条約に関して、国内では水銀による環境の汚染の防止に関する法律（平成27年法律第42号）に基づく措置を講じるとともに、条約の決議や法施行状況等を踏まえた見直しを行います。また、途上国支援等を通じて条約の実施に貢献します。

POPs関係では、国内実施計画に沿って総合的な対策を推進するほか、残留性有機汚染物質に関するストックホルム条約（POPs条約）の有効性評価に資するモニタリング結果等必要な情報を確実に収集します。また、国内の優れた技術・経験の伝承と積上げを図りつつ、国際的な技術支援等に貢献します。

OECD等の国際的な枠組みの下、試験・評価手法の開発・国際調和、データの共有等を進めます。子供の健康への化学物質の影響の解明に係る国際協力を推進します。

アジア地域においては、化学物質による環境汚染や健康被害の防止を図るため、モニタリングネットワークや日中韓化学物質管理政策対話等の様々な枠組みにより、我が国の経験と技術を踏まえた積極的な情報発信、国際共同作業、技術支援等を行い、化学物質の適正管理の推進、そのための制度・手法の調和及び協力体制の構築を進めます。

第5節　国内における毒ガス弾等に係る対策

茨城県神栖市の事案については、ジフェニルアルシン酸（有機ヒ素化合物）にばく露された方の症候及び病態の解明を図り、その健康不安の解消等に資することを目的とし、緊急措置事業及び健康影響についての調査研究を実施するとともに、地下水モニタリングを実施することで、ジフェニルアルシン酸による健康影響の発生を未然に防止します。神奈川県平塚市の事案についても、地下水モニタリングを実施するとともに、汚染土壌処理等を実施します。

旧軍毒ガス弾等による被害の未然防止を図るため、引き続き土地改変時における所要の環境調査等を実施します。

環境省に設置した毒ガス情報センターにおいては、関係省庁及び地方公共団体の協力を得ながら、継続的に情報収集を行い、集約した情報や一般的な留意事項をパンフレットやウェブサイト等を通じて周知を図ります。

第6章 各種施策の基盤となる施策及び国際的取組に係る施策

第1節 政府の総合的な取組

1 環境基本計画

第五次環境基本計画の見直しが2023年5月に諮問されたことを受け、中央環境審議会において審議が行われているところです。この審議においては、これまでの計画の進捗状況の点検結果等を踏まえつつ、今日の国内外における環境・経済・社会の変化等に適切に対処すべく、必要に応じて計画の変更を行うこととしています。

2 環境保全経費

政府の予算のうち環境保全に関係する予算について、環境省において見積り方針の調整を図り、環境保全経費として取りまとめます。

第2節 グリーンな経済システムの構築

1 企業戦略における環境ビジネスの拡大・環境配慮の主流化

グリーンな経済システムを構築していくためには、企業戦略における環境配慮の主流化を後押ししていくことが必要です。具体的には、環境経営を促進するため、幅広い事業者へ「エコアクション21」を始めとする環境マネジメントシステムの普及促進を引き続き行うとともに、環境報告ガイドラインや環境報告のための解説書、「バリューチェーンにおける環境デュー・ディリジェンス入門～OECDガイダンスを参考に～」等の普及を通じ、企業の環境取組、環境報告を促していきます。

グリーン購入・環境配慮契約の推進について、国等による環境物品等の調達の推進等に関する法律（グリーン購入法）（平成12年法律第100号）及び国等における温室効果ガス等の排出の削減に配慮した契約の推進に関する法律（環境配慮契約法）（平成19年法律第56号）に基づく基本方針について適宜見直しを行い、国及び独立行政法人等の各機関が、これらの基本方針に基づきグリーン購入・環境配慮契約に取り組むことで、グリーン製品・サービスに対する需要の拡大を促進していきます。

2 金融を通じたグリーンな経済システムの構築

環境・経済・社会が共に発展し、持続可能な経済成長を遂げるためには、長期的な視点に立ってESG金融（環境（Environment）・社会（Social）・企業統治（Governance）といった非財務情報を考慮する金融）を促進していくことが重要です。このため、環境情報と企業価値に関する関連性に対する投資家の理解の向上や、金融機関が本業を通して環境等に配慮する旨をうたう「持続可能な社会の形成に向けた金融行動原則」に対する支援等に取り組みます。

また、産業と金融の建設的な対話を促進するため、気候関連財務情報開示タスクフォース（TCFD）に賛同する企業等により設立された「TCFDコンソーシアム」の活動の支援やシナリオ分析等を含めたTCFD報告書に基づく開示支援等を通じて、企業や金融機関の積極的な情報開示や投資家等による開示情報の適切な利活用を推進していくとともに、産業界と金融界のトップを集めた国際的な会合「TCFDサミット」の継続的な開催を通じて我が国の取組を世界に発信していきます。

金融・投資分野の各業界トップと国が連携し、ESG金融に関する意識と取組を高めていくための議論を行い、行動する場として「ESG金融ハイレベル・パネル」を定期的に開催するとともに、ESG金融に関する幅広い関係者を表彰する我が国初の大臣賞である「ESGファイナンス・アワード」を引き続き開催します。

さらに、脱炭素社会の実現に向け、長期的な戦略にのっとった温室効果ガス排出削減の取組に対して資金供給する「トランジション・ファイナンス」の普及促進に向けて、引き続き検討を行います。

環境事業への投融資を促進するため、民間資金が十分に供給されていない脱炭素化プロジェクトに対する「株式会社脱炭素化支援機構」からの出資、脱炭素機器のリース料の補助によるESGリースの促進、地域の脱炭素化に資する融資に対する利子補給などにより、再生可能エネルギー事業創出や省エネ設備導入に向けた取組を支援します。加えて、グリーンボンド等の調達に要する費用に対する補助及び発行促進に向けたプッシュ型の支援の実施や、国内におけるグリーンファイナンスの実施状況等のESG金融に関する情報の一元的な発信（グリーンファイナンスポータル）等により資金調達・投資の促進、地域金融機関のESG金融への取組支援等を引き続き実施していきます。

以上により、金融を通じて環境への配慮に適切なインセンティブを与え、金融のグリーン化を進めていきます。

3　グリーンな経済システムの基盤となる税制

2023年度税制改正において、[1] 地球温暖化対策のための税の着実な実施、[2] 車体課税のグリーン化、[3] 株式会社脱炭素化支援機構の法人事業税の資本割に係る課税標準特例の創設（法人事業税）、[4] 低公害自動車に燃料を充てんするための設備に係る課税標準の特例措置の延長（固定資産税）、[5] 試験研究を行った場合の法人税額等の特別控除の延長（所得税、法人税、法人住民税）、[6] 福島国際研究教育機構に係る税制上の所要の措置（所得税、法人税、消費税、印紙税、登録免許税、相続税、個人住民税、法人住民税、事業税、地方消費税、不動産所得税、固定資産税、都市計画税、事業所税）を講じています。

エネルギー課税、車体課税といった環境関連税制等による環境効果等について、諸外国の状況を含め、総合的・体系的に調査・分析を行い、引き続き税制全体のグリーン化を推進していきます。地球温暖化対策のための石油石炭税の税率の特例については、その税収を活用して、エネルギー起源CO_2排出削減の諸施策を着実に実施していきます。

第3節　技術開発、調査研究、監視・観測等の充実等

1　環境分野におけるイノベーションの推進

（1）環境研究・技術開発の実施体制の整備

環境研究総合推進費を核とする環境政策に貢献する研究開発の実施、環境研究の中核機関としての国立研究開発法人国立環境研究所の研究開発成果の最大化に向けた機能強化、地域の環境研究拠点の役割

強化、環境分野の研究・技術開発や政策立案に貢献する基盤的な情報の整備、地方公共団体の環境研究機関との連携強化、環境調査研修所での研修の充実等を通じた人材育成等により基盤整備に取り組みます。

国立水俣病総合研究センターでは、国の直轄研究機関としての使命を達成するため、2020年4月に策定した今後5か年の計画となる「中期計画2020」に基づき、本計画に掲げる4つの重点項目を基本として、引き続き研究及び業務を積極的に推進します。特に、地元医療機関との共同による脳磁計(MEG)・磁気共鳴画像診断装置（MRI）を活用したヒト健康影響評価及び治療に関する研究、メチル水銀中毒の予防及び治療に関する基礎研究、国内外諸機関との共同による環境中の水銀移行に関する研究並びに水俣病発生地域の地域創生に関する調査・研究等を進めます。

水俣条約発効を踏まえ、水銀分析技術の簡易・効率化を図り、開発途上国に対する技術移転を促進します。水俣病情報センターについては、歴史的資料等保有機関として適切な情報収集及び情報提供を実施します。

国立研究開発法人国立環境研究所では、環境大臣が定めた中長期目標（2021年度～2025年度）を達成するための第5期中長期計画に基づき、「環境研究・環境技術開発の推進戦略について」で提示されている重点的に取り組むべき課題に対応する8つの分野を設置するとともに、戦略的研究プログラムを実施するなど、環境研究の中核的機関として、従来の個別分野を越えて、国内外の研究機関とも連携し、統合的に環境研究を推進します。また、環境研究の各分野における科学的知見の創出、衛星観測及び子どもの健康と環境に関する全国調査に関する事業、国内外機関との連携・協働及び政策貢献を含む研究成果の社会実装を組織的に推進します。さらに、環境情報の収集・整理及び提供と一体的に研究成果の普及に取り組み、情報発信を強化します。加えて、気候変動への適応に関し、我が国の情報基盤の中核としての役割を担うとともに、地方公共団体等を支援し、適応策の推進に貢献します。

地方公共団体の環境関係試験研究機関は、監視測定、分析、調査、基礎データの収集等を広範に実施するほか、地域固有の環境問題等についての研究活動も活発に推進しています。これらの地方環境関係試験研究機関における試験研究の充実強化を図るため、環境省では地方公共団体環境試験研究機関等所長会議を開催するとともに、全国環境研協議会等と共催で環境保全・公害防止研究発表会を開催し、研究者間の情報交換の促進、国と地方環境関係試験研究機関との緊密な連携の確保を図ります。

（2）環境研究・技術開発の推進

環境省では、「環境研究・環境技術開発の推進戦略」（2019年5月環境大臣決定）に基づき、地域循環共生圏とSociety5.0の一体的実現に向けた研究・技術開発を推進します。

特に以下のような研究・技術開発に重点的に取り組み、その成果を社会に適用していきます。

ア　中長期的なあるべき社会像を先導する環境分野におけるイノベーションのための統合的視点からの政策研究の推進

中長期の社会像はどうあるべきかを不断に追求するため、環境と経済・社会の観点を踏まえた、統合的政策研究を推進します。

そのような社会の達成のために、国内外において新たな取組が求められている環境問題の諸課題について、新型コロナウイルス感染症の経済影響を踏まえた環境と経済の相互関係に関する研究、環境の価値の経済的な評価手法、規制や規制緩和、経済的手法の導入等による政策の経済学的な評価手法等を推進し、政策の企画・立案・推進を行うための基盤を提供します。

イ　統合的な研究開発の推進

複数の課題に同時に取り組むWin-Win型の技術開発や、逆にトレードオフを解決するための技術開発など、複数の領域にまたがる課題及び全領域に共通する課題も、コスト縮減や研究開発成果の爆発的な社会への普及の観点から、重点を置いて推進します。また、情報通信技術（ICT)、先端材料技術、モニタリング技術など、分野横断的に必要とされる要素技術については、技術自体を発展させるとともに、個別の研究開発への活用を積極的に促進します。

(3) 環境研究・技術開発の効果的な推進方策

研究開発を確実かつ効果的に実施するため、以下の方策に沿った取組を実施します。

ア　各主体の連携による研究技術開発の推進

技術パッケージや経済社会システムの全体最適化を図っていくため、複数の研究技術開発領域にまたがるような研究開発を進めていくだけでなく、一領域の個別の研究開発についても、常に他の研究開発の動向を把握し、その研究開発がどのように社会に反映されるかを意識する必要があります。

このため、研究開発の各主体については、産学官、府省間、国と地方等の更なる連携等を推進し、また、アジア太平洋等との連携・国際的な枠組みづくりにも取り組みます。その際、国や地方公共団体は、関係研究機関を含め、自ら研究開発を行うだけでなく、研究機関の連携支援や、環境技術開発に取り組む民間企業や大学等の研究機関にインセンティブを与えるような研究開発支援を充実させます。

第6章

イ　環境技術普及のための取組の推進

研究開発の成果である優れた環境技術を社会に一層普及させていくために、新たな規制や規制緩和、経済的手法、自主的取組手法、特区の活用等、あらゆる政策手法を組み合わせ、環境負荷による社会的コスト（外部不経済）の内部化や、予防的見地から資源制約・環境制約等の将来的なリスクへの対応を促すことにより、環境技術に対する需要を喚起します。また、技術評価を導入するなど、技術のシーズを拾い上げ、個別の技術の普及を支援するような取組を実施していきます。さらに、諸外国と協調して、環境技術に関連する国際標準化や国際的なルール形成を推進します。

環境省や経済産業省では、二酸化炭素回収・貯留（CCS）技術の導入に向けて、火力発電所等の排ガスから商用規模でのCO_2分離回収、海底下での安定的な貯留、我が国に適したCCSの円滑な導入手法の検討等を行います。

地域共創・セクター横断型カーボンニュートラル技術開発・実証事業により、将来的な地球温暖化対策強化につながり、各分野におけるCO_2削減効果が相対的に大きいものの、民間の自主的な取組だけでは十分に進まない技術の開発・実証を強力に推進し、その普及を図ります。

環境スタートアップの研究開発・事業化を支援し、持続可能な社会の実現に向けて支援します。環境技術実証事業では、先進的な環境技術の普及に向け、技術の実証やその結果の公表等を引き続き実施します。

ウ　成果の分かりやすい発信と市民参画

研究開発の成果が分かりやすくオープンに提供されることは、政策決定に関わる関係者にとって、環境問題の解決に資する政策形成の基礎となります。そのためには、「なぜその研究が必要だったのか」、「その成果がどうだったのか」に遡って分かりやすい情報発信を実施していきます。また、研究成果について、ウェブサイト、シンポジウム、広報誌、見学会等を積極的に活用しつつ、広く国民に発信し、成果の理解促進のため市民参画を更に強化します。

環境研究総合推進費や地球環境保全等試験研究費等により実施された研究成果について、引き続き広く行政機関、研究機関、民間企業、民間団体等に紹介し、その普及を図ります。

エ　研究開発における評価の充実

研究開発における評価においては、PDCAサイクルを確立し、政策、施策等の達成目標、実施体制等を明確に設定した上で、その推進を図るとともに、進捗状況や研究成果がどれだけ政策・施策に反映されたかについて、適時、適切にフォローアップを行い、実績を踏まえた政策等の見直しや資源配分、さらには新たな政策等の企画立案を行っていきます。

2 官民における監視・観測等の効果的な実施

監視・観測等については、個別法等に基づき、着実な実施を図ります。また、広域的・全球的な監視・観測等については、国際的な連携を図りながら実施します。このため、監視・観測等に係る科学技術の高度化に努めるとともに、実施体制の整備を行います。また、民間における調査・測定等の適正実施、信頼性向上のため、情報提供の充実や技術士（環境部門等）等の資格制度の活用等を進めます。

3 技術開発などに際しての環境配慮等

新しい技術の開発や利用に伴う環境への影響のおそれが予見される場合には、環境に及ぼす影響について技術開発の段階から十分検討し、未然防止の観点から必要な配慮がなされるよう適切な施策を実施します。また、科学的知見の充実に伴って、環境に対する新たなリスクが明らかになった場合には、予防的取組の観点から必要な配慮がなされるよう適切な施策を実施します。

第6章

第4節 国際的取組に係る施策

1 地球環境保全等に関する国際協力の推進

（1）質の高い環境インフラの普及

2021年6月に改訂された「インフラシステム海外展開戦略2025」に基づき、質の高い環境インフラの海外展開を進め、途上国の環境改善及び気候変動対策の促進とともに、我が国の経済成長にも貢献していきます。環境インフラ海外展開プラットフォーム（JPRSI）を活用し、官民連携で環境インフラのトータルソリューションを海外に提供するとともに、「脱炭素インフライニシアティブ」の下、二国間クレジット制度（JCM）を通じて環境インフラの海外展開を一層強力に促進していきます。

再エネ水素の国際的なサプライチェーン構築を促進するため、再エネが豊富な第三国と協力し、再エネ由来水素の製造、島嶼（しょ）国等への輸送・利活用の実証事業を実施していきます。

海外での案件においても適切な環境配慮がなされるよう、我が国の環境影響評価に関する知見を活かした諸外国への協力支援を推進することによって、環境問題が改善に向かうよう努めます。

（2）地域／国際機関との連携・協力

相手国・組織に応じた戦略的な連携や協力を行います。具体的には、アジア諸国やG7を中心とした各国と、政策対話等を通じた連携・協力を深化させます。日ASEAN友好協力50周年に向け、ASEAN地域でのSDGs達成のため、「日ASEAN環境協力イニシアティブ」の下、環境分野での協力プロジェクトを促進します。特に、海洋プラスチックごみについては、ASEAN＋3の枠組みで「ASEAN＋3海洋プラスチックごみ協力アクション・イニシアティブ」に基づき、ASEAN各国及び中国、韓国との連携・協力を図り、東アジア・アセアン経済研究センター（ERIA）内に設立された「海洋プラスチックごみナレッジ・センター」等も活用しながら、海洋プラスチックごみ問題に対処していきます。また、気候変動分野においては、「日ASEAN気候変動アクション・アジェンダ2.0」に基づき、ASEAN諸国の脱炭素社会実現のため、協力を強化します。さらに、日中韓、ASEAN、東アジア首脳会議（EAS）等の地域間枠組みに基づく環境大臣会合に積極的に貢献するとともに、国連環境計画（UNEP）、経済協力開発機構（OECD）、気候変動に関する国際連合枠組条約（UNFCCC）、国際再生可能エネルギー機関（IRENA）、アジア開発銀行（ADB）、東アジア・アセアン経済研究センター（ERIA）、国際連合経済社会局（UNDESA）等の国際機関等との連携を進めます。

2023年G7議長国として引き続き議論を主導するとともに、2024年のイタリア議長国下で開催されるG7での議論に貢献していきます。G20においても、2023年インド議長国と連携し、引き続き議論に貢献していきます。

（3）多国間資金や民間資金の積極的活用

多国間資金については、特に、緑の気候基金（GCF）及び世界銀行、地球環境ファシリティ（GEF）、国連工業開発機関（UNIDO）に対する貢献を行うほか、ADBに設立された二国間クレジット制度（JCM）日本基金を活用して優れた脱炭素・低炭素技術の普及支援を行います。また、民間資金の動員を拡大するため、環境インフラやプロジェクトの投資に係るリスク緩和に向けた取組を支援します。

（4）国際的な各主体間のネットワークの充実・強化

ア　地方公共団体間の連携

大気の分野では、地方公共団体レベルでの行動を強化するため、我が国の地方公共団体が国際的に行う地方公共団体間の連携の取組を支援し、地方公共団体間の相互学習を通じた能力開発を促します。また、我が国の地方公共団体が有する経験・ノウハウを活用し、海外都市における脱炭素社会の構築に向けた制度構築支援や、二国間クレジット制度（JCM）設備補助事業につながる取組を支援します。

イ　市民レベルでの連携

持続可能な社会を形成していくためには、国や企業だけではなくNGO・NPOを含む市民社会とのパートナーシップの構築が重要です。このため、市民社会が有する情報・知見を共有し発信するような取組や環境保全活動に対する支援を引き続き実施します。

（5）国際的な枠組みにおける主導的役割

地球環境保全に係る国際的な枠組みにおいて主導的な役割を担います。具体的には、SDGsを中核とする持続可能な開発のための2030アジェンダに関する我が国の取組を国際的にも発信するに当たり、国際経済社会局（UNDESA）やアジア太平洋経済社会委員会（ESCAP）等に協力し、関連する国際会議等におけるSDGsのフォローアップ・レビューに貢献していきます。さらに、自由貿易と環境保全を相互支持的に達成させるため、経済連携協定等において環境への配慮が適切にされるよう努めるとともに、これらの協定締結国との間で我が国が強みを有する環境技術等の促進を図っていきます。加えて、パリ協定の実施指針等の策定に向けた交渉に積極的に参加します。このほか、水銀に関する水俣条約では実施・遵守委員会委員として条約の実施と遵守を推進するとともに水銀対策先進国として国際機関とも連携しつつ、我が国が持つ技術や知見を活用し、途上国を始めとする各国の条約実施に貢献します。化学物質のライフサイクル全体を通じた環境リスクの最小化を目指すための国際戦略であるSAICM（サイカム）については、SAICM（サイカム）終了後の2020年以降の枠組みに関する国際的な議論を積極的にリードし、次期枠組みの採択に向け貢献します。2022年の国連環境総会再開セッションの決議を踏まえて開始された、「化学物質・廃棄物の適正管理及び汚染の防止に関する政府間科学・政策パネル」の設置に向けた交渉にも積極的に参加します。海洋プラスチックごみ問題については、我が国は2050年までに海洋プラスチックごみによる追加的な汚染をゼロにまで削減することを目指す「大阪ブルー・オーシャン・ビジョン」の提唱国として、プラスチック汚染に関する法的拘束力のある国際文書（条約）の策定に向けた政府間交渉委員会（INC）における国際交渉に引き続き積極的に参加し、世界的な対策の推進に貢献します。

第5節　地域づくり・人づくりの推進

1　国民の参加による国土管理の推進

(1) 多様な主体による国土の管理と継承の考え方に基づく取組

「国土形成計画」、その他の国土計画に関する法律に基づく計画を踏まえ、環境負荷を減らすのみならず、生物多様性等も保全されるような持続可能な国土管理に向けた施策を進めていきます。例えば、森林、農地、都市の緑地・水辺、河川、海等を有機的につなぐ生態系ネットワークの形成、森林の適切な整備・保全、集約型都市構造の実現、環境的に持続可能な交通システムの構築、生活排水処理施設や廃棄物処理施設を始めとする環境保全のためのインフラの維持・管理、気候変動への適応等に取り組みます。

特に、管理の担い手不足が懸念される農山漁村においては、持続的な農林水産業等の確立に向け、農地・森林・漁場の適切な整備・保全を図りつつ、経営規模の拡大や効率的な生産・加工・流通体制の整備、活用可能な地域資源を他分野と組み合わせることなどにより新しい事業や付加価値を創出する「農山漁村発イノベーション」、人材育成等の必要な環境整備、有機農業を含む環境保全型農業の取組等を進めるとともに、森林、農地等における土地所有者等、NPO、事業者、コミュニティなど多様な主体に対して、環境負荷を減らすのみならず、生物多様性等も保全されるような国土管理への参画を促します。

第6章

ア　多様な主体による森林整備の促進

国、地方公共団体、森林所有者等の役割を明確化しつつ、地域が主導的役割を発揮でき、現場で使いやすく実効性の高い森林計画制度の定着を図ります。所有者の自助努力等では適正な整備が見込めない森林について、針広混交林化や公的な関与による整備を促進します。多様な主体による森林づくり活動の促進に向け、企業・NPO等と連携した普及啓発活動等に取り組みます。

イ　環境保全型農業の推進

第2章6節1を参照。

(2) 国土管理の理念を浸透させるための意識啓発と参画の促進

国民全体が国土管理について自発的に考え、実践する社会を構築するため、持続可能な開発のための教育（ESD）の理念に基づいた環境教育等の教育を促進し、国民、事業者、NPO、民間団体等における持続可能な社会づくりに向けた教育と実践の機会を充実させます。

地域住民（団塊の世代や若者を含む。）、NPO、企業など多様な主体による国土管理への参画促進のため、市町村管理構想・地域管理構想の全国展開による、「国土の国民的経営」の考え方の普及、地域活動の体験機会の提供のみならず、多様な主体間の情報共有のための環境整備、各主体の活動を支援する中間組織の育成環境の整備等を行います。

ア　森林づくり等への参画の促進

多様な主体による植樹など森林づくり活動の促進に向けて、企業・NPO等のネットワーク化、全国植樹祭等の開催を通じた普及啓発活動、森林づくり活動のフィールドや技術等の提供等を通じて多様な主体による「国民参加の森林づくり」を促進するとともに、身近な自然環境である里山林等を活用した森林体験活動等の機会提供、地域の森林資源の循環利用を通じた森林の適切な整備・保全につながる「木づかい運動」等を推進します。

イ　公園緑地等における意識啓発

公園緑地等において緑地の保全及び緑化に関する普及啓発の取組を展開します。

2　持続可能な地域づくりのための地域資源の活用と地域間の交流等の促進

持続可能な社会を構築するためには、各地域が持続可能になる必要があります。そのため、各地域がその特性を活かした強みを発揮し、その強みを活かして地域同士が支えあう自立・分散型の社会を形成していく「地域循環共生圏」の構築を推進します。

(1) 地域資源の活用と環境負荷の少ない社会資本の整備・維持管理

地方公共団体、事業者や地域住民が連携・協働して、地域の特性を的確に把握し、それを踏まえながら、地域に存在する資源を持続的に保全、活用する取組を促進します。また、こうした取組を通じ、地域のグリーン・イノベーションを加速化し、環境の保全管理による新たな産業の創出や都市の再生、地域の活性化も進めます。

ア　地域資源の保全・活用と地域間の交流等の促進

社会活動の基盤であるエネルギーの確保については、東日本大震災を経て自立・分散型エネルギーシステムの有効性が認識されたことを踏まえ、モデル事業の実施等を通じて、地域に賦存する再生可能エネルギーの活用、資源の循環利用を進めます。

都市基盤や交通ネットワーク、住宅を含む社会資本のストックについては、長期にわたって活用できるよう、高い環境性能等を備えた良質なストックの形成及び適切な維持・更新を推進します。緑地の保全及び緑化の推進について、市町村が定める「緑の基本計画」等に基づく地域の各主体の取組を引き続き支援していきます。

農山漁村に存在する土地、水、バイオマス等の資源を活用した再生可能エネルギー発電を促進し、地域の所得向上等に結びつけていくことが必要であり、食料供給や国土保全等の農山漁村が有する重要な機能の発揮に支障を来すことのないよう、農林地等の利用調整を適切に行うとともに、再生可能エネルギーの導入と併せて地域の農林漁業の健全な発展に資する取組を推進するほか、持続可能な森林経営やそれを担う技術者等の育成、木質バイオマス等の森林資源の多様な利活用、農業者や地域住民が共同で農地・農業用水等の資源の保全管理を行う取組を支援します。

農産物等の地産地消やエコツーリズムなど、地域の文化、自然とふれあい、保全・活用する機会を増やすための取組を進めるとともに、都市と農山漁村など、地域間での交流や広域的なネットワークづくりも促進していきます。

イ　地域資源の保全・活用の促進のための基盤整備

地域循環共生圏の構築を促進するため、地方公共団体や民間企業、金融機関等の多様な主体が幅広く参画する「地域循環共生圏づくりプラットフォーム」を通して、パートナーシップによる地域の構想・計画の策定等を支援します。情報提供、制度整備、人材育成等の基盤整備にも取り組んでいきます。情報提供に関しては、多様な受け手のニーズに応じた技術情報、先進事例情報、地域情報等を分析・提供し、他省庁とも連携し、取組の展開を図ります。

制度整備に関しては、地域の計画策定促進のための基盤整備により、地域内の各主体に期待される役割の明確化、主体間の連携強化を推進するとともに、持続可能な地域づくりへの取組に伴って発生する制度的な課題の解決を図ります。また、地域の環境事業への投融資を促進するため、株式会社脱炭素化支援機構からの出資による民間資金が十分に供給されていない脱炭素化プロジェクトへの支援や、グリーンボンド等による資金調達・投資の促進等を引き続き行っていきます。

人材育成に関しては、学校や社会におけるESDの理念に基づいた環境教育等の教育を通じて、持続可能な地域づくりに対する地域社会の意識の向上を図ります。また、NPO等の組織基盤の強化を図るとともに、地域づくりの政策立案の場への地域の専門家の登用、NPO等の参画促進、地域の大学等研究機関との連携強化等により、実行力ある担い手の確保を促進します。

ウ　森林資源の活用と人材育成

中大規模建築物等の木造化、住宅や公共建築物等への地域材の利活用、木質バイオマス資源の活用等による環境負荷の少ないまちづくりを推進します。また、地域の森林・林業を牽引する森林総合監理士（フォレスター）、持続的な経営プランを立て、循環型林業を目指し実践する森林経営プランナー、施業集約化に向けた合意形成を図る森林施業プランナー、効率的な作業システムを運用できる現場技能者を育成します。

エ　災害に強い森林づくりの推進

豪雨や地震等により被災した荒廃山地の復旧対策・予防対策、流木による被害を防止・軽減するための効果的な治山・砂防対策、海岸防災林の整備・保全など、災害に強い森林づくりの推進により、地域の自然環境等を活用した生活環境の保全や社会資本の維持に貢献します。

オ　景観保全

景観に関する規制誘導策等の各種制度の連携・活用や、各種の施設整備の機会等の活用により、各地域の特性に応じ、自然環境との調和に配慮した良好な景観の保全や、個性豊かな景観形成を推進します。また、文化財保護法（昭和25年法律第214号）に基づき、文化的景観の保護を推進します。

カ　歴史的環境の保全・活用

歴史的風土保存区域及び歴史的風土特別保存地区、史跡名勝天然記念物、重要文化的景観、風致地区、歴史的風致維持向上計画等の各種制度を活用し、歴史的なまちなみや自然環境と一体をなしている歴史的環境の保全・活用を図ります。

（2）地方環境事務所における取組

地域の行政・専門家・住民等と協働しながら、脱炭素の取組支援、資源循環政策の推進、気候変動適応等の環境対策、東日本大震災からの被災地の復興・再生、国立公園保護管理等の自然環境の保全整備、希少種保護や外来種防除等の野生生物の保護管理について、機動的できめ細かな対応を行い、地域の実情に応じた環境保全施策の展開に努めます。

3　環境教育・環境学習等の推進と各主体をつなぐネットワークの構築・強化

（1）あらゆる年齢階層に対するあらゆる場・機会を通じた環境教育・環境学習等の推進

持続可能な社会づくりの担い手育成は、脱炭素社会、循環経済、分散・自然共生型社会への移行の取組を進める上で重要であるのみならず、社会全体でより良い環境、より良い未来を創っていこうとする資質・能力等を高める上でも重要です。このため、環境教育等による環境保全の取組の促進に関する法律（環境教育促進法）（平成15年法律第130号）や「我が国における『持続可能な開発のための教育（ESD）』に関する実施計画（第2期ESD国内実施計画）」（2021年5月決定）等を踏まえ、学校教育においては、学習指導要領等に基づき、持続可能な社会の創り手として必要な資質・能力等を育成するため、環境教育等の取組を推進します。また、環境教育に関する内容は、理科、社会科、家庭科、総合的な学習の時間等、多様な教科等に関連があり、学校全体として、児童生徒の発達の段階に応じて教科等横断的な実践が可能となるよう、関係省庁が連携して、教員等に対する研修や資料の提供等に取り組みます。また、ESD活動支援センターを起点としたESD推進ネットワークを活用し、家庭、地域など学校以外での教育を担う民間団体の取組を促進します。

(2) 各主体をつなぐ組織・ネットワークの構築・強化

地域における協働取組の推進やその担い手を育成するためには、市民、政府、企業、NPO等のそれぞれのセクターが各自の役割を意識した連携が重要です。このため、全国8か所にある環境パートナーシップオフィス（EPO）等を活用して、地域における多様な主体による協働取組を推進します。

このほか、国連大学が実施する世界各地でのESDの地域拠点（RCE）の認定、アジア太平洋地域における高等教育機関のネットワーク（ProsPER.Net）構築、また、2023年秋に設置される国連大学大学院学位プログラム「パリ協定専攻」におけるカリキュラムの開発・実施への支援を通して、引き続き、ESDの提唱国として、持続可能な社会の創り手を育成するESDを推進していきます。

(3) 環境研修の推進

近年中止していた合宿制による集合研修を一部再開するとともに、オンライン配信による研修、集合研修とオンライン配信を組み合わせた研修といった形を柔軟に組み合わせ、各研修の実施を検討していきます。

分析実習を伴う研修についても、集合研修を一部再開するとともに、オンラインによるライブ実習等も組み入れた研修の実施を模索していきます。

第6節　環境情報の整備と提供・広報の充実

1　EBPM推進のための環境情報の整備

環境行政における証拠に基づく政策立案（EBPM）を着実に推進するため、国際機関、国、地方公共団体、事業者等が保有する環境・経済・社会に関する統計データ等を幅広く収集・整備するとともに、環境行政の政策立案に重要な統計情報を着実に整備します。

地理情報システム（GIS）を用いた「環境GIS」による環境の状況等の情報や環境研究・環境技術など環境に関する情報の整備を図り、「環境展望台」において提供します。

2　利用者ニーズに応じた情報の提供

国、地方公共団体、事業者等が保有する官民データの相互の利活用を促進するため、環境情報のオープンデータ化を推進します。そのため、2020年度に策定した「環境省データマネジメントポリシー」に基づき、環境省が保有するデータの全体像を把握し、相互連携・オープン化するデータの優先付けを行った上で、必要な情報システム・体制を確保し、データの標準化や品質向上を組織全体で図るなどの、データマネジメントの取組をさらに進めます。また、2021年度に開設した「環境データショーケース」を活用し、環境省が保有するデータを一元的に公開するよう取り組みます。

それらの取組を通じて、国民一人一人、そして社会全体の行動変容に向けて、あらゆる主体の取組や持続可能なライフスタイルへの転換等を促進するため、情報の信頼性や正確性を確保しつつ、IT等を活用し、いつでも、どこでも、分かりやすい形で環境情報を入手できるよう、利用者のニーズに応じて適時に利用できる情報の提供を進めます。

第7節　環境影響評価

1　環境影響評価の総合的な取組の展開

事業に係る環境配慮が適正に確保されるよう、地方公共団体の環境影響評価条例と連携し環境影響評価法（平成9年法律第81号）を適正に施行するとともに、事業者の自主的な取組を推進し、環境影響評価制度の適正な運用に努めます。また、環境影響評価の実効性を確保するため、報告書手続等を活用し、環境大臣意見を述べた事業等について適切なフォローアップを行います。環境影響評価法の対象外の事業についても情報収集に努め、適正な環境配慮を確保するための必要な措置について検討します。陸上風力発電について、2022年度に取りまとめた新制度の大きな枠組みを基礎としつつ、2023年度は制度の詳細設計のための議論を速やかに行います。また、洋上風力発電については、2022年度に取りまとめた方向性に基づき検討すべきとされた論点を踏まえ、2023年度は具体的な制度について速やかに検討を進めます。

2　質が高く効率的な環境影響評価制度の実施

環境影響評価法に基づき、規模が大きく環境影響の程度が著しいものとなるおそれがある事業について適切な審査の実施を通じた環境保全上の配慮の徹底を図ります。

環境影響評価の信頼性の確保や質の向上に資することを目的として、引き続き、調査・予測等に係る技術手法の情報収集・普及や必要な人材育成に引き続き取り組むとともに、国・地方公共団体等の環境影響評価事例や制度等の情報収集・提供を行います。また、「環境アセスメントデータベース“EADAS（イーダス）”」を通じた地域の環境情報の提供等に取り組みます。

既設の風力発電所や太陽光発電所における環境影響の実態を把握しつつ、風力発電や太陽光発電事業等に係る環境影響評価手続の合理化・迅速化の取組を継続します。

第8節　環境保健対策

1　放射線に係る住民の健康管理・健康不安対策

2015年2月に公表した「東京電力福島第一原子力発電所事故に伴う住民の健康管理のあり方に関する専門家会議の中間取りまとめを踏まえた環境省における当面の施策の方向性」に基づき、引き続き、[1] 事故初期における被ばく線量の把握・評価の推進、[2] 福島県及び福島近隣県における疾病罹患動向の把握、[3] 福島県の県民健康調査「甲状腺検査」の充実、[4] リスクコミュニケーション事業の継続・充実に関する施策を実施し、放射線に係る住民の健康管理・健康不安対策に取り組みます。

2　健康被害の補償・救済及び予防

（1）被害者の補償・救済

ア　公害健康被害の補償

公害健康被害の補償等に関する法律（昭和48年法律第111号。以下「公害健康被害補償法」という。）に基づき、汚染者負担の原則を踏まえつつ、認定患者に対する補償給付や公害保健福祉事業を安定的に行い、その迅速かつ公正な救済を図ります。

イ　水俣病対策の推進

水俣病対策については、水俣病被害者の救済及び水俣病問題の解決に関する特別措置法（平成21年法律第81号）等に基づく救済措置のみで終わるものではなく、引き続き、その解決に向けて、公害健康被害補償法に基づく認定患者の方の補償に万全を期すとともに、高齢化が進む胎児性患者等やその家族の方等関係の方々が地域社会の中で安心して暮らしていけるよう、水俣病発生地域における医療・福祉対策の充実を図りつつ、水俣病問題解決のために地域のきずなを修復する再生・融和（もやい直し）や、環境保全を通じた地域の振興等の取組を加速させていきます。

ウ　石綿健康被害の救済

石綿による健康被害の救済に関する法律（石綿健康被害救済法）（平成18年法律第4号）に基づき、被害者及びその遺族の迅速な救済を図ります。また、2016年12月に取りまとめられた中央環境審議会環境保健部会石綿健康被害救済小委員会の報告書を踏まえ、石綿健康被害救済制度の運用に必要な調査や更なる制度周知等の措置を講じます。

(2) 被害等の予防

大気汚染による健康被害の未然防止を図るため、環境保健サーベイランス調査を実施します。また、独立行政法人環境再生保全機構に設けられた基金により、調査研究等の公害健康被害予防事業を実施します。

さらに、環境を経由した健康影響を防止・軽減するため、熱中症、花粉症、黄砂、電磁界及び紫外線等について予防方法等の情報提供及び普及啓発を実施します。

第9節　公害紛争処理等及び環境犯罪対策

1　公害紛争処理等

(1) 公害紛争処理

近年の公害紛争の多様化・増加に鑑み、公害に係る紛争の一層の迅速かつ適正な解決に努めるため、公害紛争処理法（昭和45年法律第108号）に基づき、あっせん、調停、仲裁及び裁定を適切に実施します。

(2) 公害苦情処理

住民の生活環境を保全し、将来の公害紛争を未然に防止するため、公害紛争処理法に基づく地方公共団体の公害苦情処理が適切に運営されるよう、適切な処理のための指導や情報提供を行います。

2　環境犯罪対策

産業廃棄物の不法投棄を始めとする環境事犯に対する適切な取締りに努めるとともに、社会情勢の変化に応じて法令の見直しを図るほか、環境事犯を事前に抑止するための施策を推進します。

資料

2022/23

参考文献（第1部）

「第1部　総合的な施策等に関する報告」を読み進める上で参考となる文献等の一覧を以下のとおり掲載します。

■第１章

・外務省ウェブサイト「パリ協定」
＜https://www.mofa.go.jp/mofaj/ila/et/page24_000810.html＞

・環境省ウェブサイト「第五次環境基本計画（2018年４月閣議決定）」
＜http://www.env.go.jp/policy/kihon_keikaku/plan/plan_5/attach/ca_app.pdf＞

・気象庁ウェブサイト「世界の異常気象」
＜https://www.data.jma.go.jp/gmd/cpd/monitor/extreme_world/＞

・気象庁ウェブサイト「日本の異常気象」
＜https://www.data.jma.go.jp/gmd/cpd/longfcst/extreme_japan/index.html＞

・気象庁気象研究所ウェブサイト「地球温暖化が近年の日本の豪雨に与えた影響を評価しました」
＜https://www.mri-jma.go.jp/Topics/R02/021020/press_021020.html＞

・文部科学省ウェブサイト「令和４年６月下旬から７月初めの記録的な高温に地球温暖化が与えた影響に関する研究に取り組んでいます」
＜https://www.mext.go.jp/b_menu/houdou/mext_01104.html＞

・UNEP「Emissions Gap Report 2022」
＜https://www.unep.org/resources/emissions-gap-report-2022＞

・環境省ウェブサイト「日本のNDC（国が決定する貢献）（令和３年10月地球温暖化対策推進本部決定）」
＜https://www.env.go.jp/earth/ndc/mat07.pdf＞

・環境省ウェブサイト「温室効果ガス排出・吸収量等の算定と報告～温室効果ガスインベントリ等関連情報～」
＜https://www.env.go.jp/earth/ondanka/ghg-mrv/index.html＞

・環境省ウェブサイト「気候変動適応計画（令和３年10月閣議決定）」
＜http://www.env.go.jp/earth/tekiou/1tekioukeikakuR3.pdf＞

・環境省ウェブサイト「気候変動影響評価報告書総説（2020年12月公表）」
＜https://www.env.go.jp/press/108790.html＞

・環境省ウェブサイト「気候変動に関する政府間パネル（IPCC）第６次評価報告書（AR6）サイクル」
＜http://www.env.go.jp/earth/ipcc/6th/index.html＞

・防衛省・自衛隊ウェブサイト「防衛省気候変動タスクフォース」
＜https://www.mod.go.jp/j/policy/agenda/meeting/kikouhendou/index.html＞

・内閣官房ウェブサイト「国家安全保障戦略について」
＜https://www.cas.go.jp/jp/siryou/221216anzenhoshou.html＞

・環境省ウェブサイト「G7札幌　気候・エネルギー・環境大臣会合」
＜https://www.env.go.jp/earth/g7/2023_sapporo_emm/index.html＞

・環境省ウェブサイト「国連気候変動枠組条約第27回締約国会議（COP27）」
＜https://www.env.go.jp/earth/cop27cmp16cma311061118.html＞

・環境省ウェブサイト「科学と政策の統合（IPBES）」
＜https://www.biodic.go.jp/biodiversity/about/ipbes/index.html＞

・環境省ウェブサイト「生物多様性及び生態系サービスの総合評価2021（JBO3：Japan Biodiversity Outlook 3）」
＜https://www.biodic.go.jp/biodiversity/activity/policy/jbo3/generaloutline/index.html＞

- 環境省ウェブサイト「地球規模生物多様性概況第５版（GBO5）」
＜https://www.biodic.go.jp/biodiversity/about/aichi_targets/index_05.html＞
- 環境省ウェブサイト「昆明・モントリオール生物多様性枠組」
＜https://www.biodic.go.jp/biodiversity/about/treaty/gbf/kmgbf.html＞
- 環境省ウェブサイト「SATOYAMAイニシアティブ」
＜http://www.env.go.jp/nature/satoyama/initiative.html＞

■第２章

- 環境省ウェブサイト「2050年カーボンニュートラルの実現に向けて」
＜https://www.env.go.jp/earth/2050carbon_neutral.html＞
- 経済産業省ウェブサイト「脱炭素成長型経済構造への円滑な移行の推進に関する法律案（令和５年２月閣議決定）」
＜https://www.meti.go.jp/press/2022/02/20230210004/20230210004.html＞
- 経済産業省ウェブサイト「GX実現に向けた基本方針（令和５年２月閣議決定）」
＜https://www.meti.go.jp/press/2022/02/20230210002/20230210002.html＞
- 環境省ウェブサイト「地球温暖化対策計画（令和３年10月閣議決定）」
＜http://www.env.go.jp/earth/ondanka/keikaku/211022.html＞
- 環境省ウェブサイト「パリ協定に基づく成長戦略としての長期戦略（令和３年10月閣議決定）」
＜https://www.env.go.jp/earth/ondanka/keikaku/chokisenryaku.html＞
- 国・地方脱炭素実現会議「地域脱炭素ロードマップ（令和３年６月決定）」
＜https://www.cas.go.jp/jp/seisaku/datsutanso/pdf/20210609_chiiki_roadmap.pdf＞
- 環境省ウェブサイト「脱炭素地域づくり支援サイト」
＜https://policies.env.go.jp/policy/roadmap/＞
- 環境省ウェブサイト「地方公共団体実行計画策定・実施支援サイト」
＜https://www.env.go.jp/policy/local_keikaku/index.html＞
- 環境省ウェブサイト「株式会社脱炭素化支援機構」
＜https://www.env.go.jp/policy/roadmapcontents/post_167.html＞
- 環境省ウェブサイト「脱炭素アドバイザー資格制度」
＜https://www.env.go.jp/page_00362.html＞
- 環境省ウェブサイト「グリーンファイナンスポータル」
＜https://greenfinanceportal.env.go.jp/bond/guideline/guideline.html＞
- 環境省ウェブサイト「二国間クレジット制度（JCM）」
＜https://www.env.go.jp/earth/jcm/index.html＞
- 環境省ウェブサイト「第四次循環型社会形成推進基本計画（平成30年６月閣議決定）」
＜https://www.env.go.jp/content/900532575.pdf＞
- 環境省ウェブサイト「第四次循環型社会形成推進基本計画の第２回点検及び循環経済工程表の策定」
＜https://www.env.go.jp/press/press_00518.html＞
- 経済産業省ウェブサイト「循環経済ビジョン2020」
＜https://www.meti.go.jp/press/2020/05/20200522004/20200522004.html＞
- 経済産業省ウェブサイト「成長志向型の資源自律経済戦略」
＜https://www.meti.go.jp/press/2022/03/20230331010/20230331010.html＞
- 環境省ウェブサイト「生物多様性国家戦略」
＜https://www.biodic.go.jp/biodiversity/about/initiatives/index.html＞
- 環境省ウェブサイト「30by30」
＜https://policies.env.go.jp/nature/biodiversity/30by30alliance/index.html＞

- 環境省ウェブサイト「特定外来生物による生態系等に係る被害の防止に関する法律（平成16年法律第78号）」
＜https://www.env.go.jp/nature/intro/1law/index.html＞
- 環境省ウェブサイト「特定外来生物による生態系等に係る被害の防止に関する法律の一部を改正する法律（令和4年法律第42号）について」
＜https://www.env.go.jp/nature/gairai_law_r4_42.html＞
- 環境省ウェブサイト「要緊急対処特定外来生物ヒアリに関する情報」
＜https://www.env.go.jp/nature/intro/2outline/attention/hiari.html＞
- 環境省ウェブサイト「2023年6月1日よりアカミミガメ・アメリカザリガニの規制が始まります！」
＜https://www.env.go.jp/nature/intro/2outline/regulation/jokentsuki.html＞
- 環境省ウェブサイト「生態系を活用した防災・減災（Eco-DRR）」
＜https://www.env.go.jp/nature/biodic/eco-drr.html＞
- 環境影響評価支援ネットワーク
＜http://assess.env.go.jp/＞

■第3章
- 環境省ウェブサイト「地域循環共生圏」
＜https://www.env.go.jp/seisaku/list/kyoseiken/index.html＞
- 環境省ウェブサイト「環境省ローカルSDGs-地域循環共生圏づくりプラットフォーム」
＜http://chiikijunkan.env.go.jp/＞
- 環境省ウェブサイト「グッドライフアワード」
＜http://www.env.go.jp/policy/kihon_keikaku/goodlifeaward/index.html＞
- 環境省ウェブサイト「ESG地域金融実践ガイド2.2」
＜https://www.env.go.jp/content/000123150.pdf＞
- 環境省ウェブサイト「食とくらしの「グリーンライフ・ポイント」推進事業」
＜https://ondankataisaku.env.go.jp/coolchoice/greenlifepoint/＞
- 環境省ウェブサイト「脱炭素につながる新しい豊かな暮らしを創る国民運動」
＜https://ondankataisaku.env.go.jp/cn_lifestyle/＞
- 環境省ウェブサイト「みんなでおうち快適化チャレンジ」
＜https://ondankataisaku.env.go.jp/coolchoice/kaiteki/＞
- 環境省ウェブサイト「再エネ スタート」
＜https://ondankataisaku.env.go.jp/re-start/＞
- 環境省ウェブサイト「ゼロカーボン・ドライブ」
＜https://www.env.go.jp/air/zero_carbon_drive/＞
- 環境省ウェブサイト「サステナブルファッション」
＜https://www.env.go.jp/policy/sustainable_fashion/＞
- 消費者庁ウェブサイト「サステナブルファッションの推進に向けた関係省庁連携会議」
＜https://www.caa.go.jp/policies/policy/consumer_education/meeting_materials/review_meeting_005/＞
- 環境省ウェブサイト「熱中症対策行動計画（令和4年4月改定）」
＜https://www.env.go.jp/press/110903/mat04.pdf＞
- 環境省ウェブサイト「エコチル調査」
＜https://www.env.go.jp/chemi/ceh/＞

■第4章

・環境省ウェブサイト「東日本大震災からの環境再生ポータルサイト」
＜https://kankyosaisei.env.go.jp/jigyo/＞

・環境省ウェブサイト「福島、その先の環境へ。」
＜https://kankyosaisei.env.go.jp/next/＞

・環境省ウェブサイト「福島再生・未来志向プロジェクト」
＜https://fukushima-mirai.env.go.jp/＞

・環境省ウェブサイト「環境再生プラザ」
＜http://josen.env.go.jp/plaza/＞

・資源エネルギー庁ウェブサイト「ALPS処理水の処分」
＜https://www.meti.go.jp/earthquake/nuclear/hairo_osensui/alps.html＞

・環境省ウェブサイト「ALPS処理水に係る海域モニタリング情報」
＜https://shorisui-monitoring.env.go.jp/＞

・環境省ウェブサイト「ALPS処理水に係る海域環境モニタリング」
＜http://www.env.go.jp/water/shorisui.html＞

・環境省ウェブサイト「ぐぐるプロジェクト公式ホームページ」
＜https://www.env.go.jp/chemi/rhm/portal/communicate/＞

・復興庁ウェブサイト「原子力災害による風評被害を含む影響への対策タスクフォース」
＜https://www.reconstruction.go.jp/topics/main-cat1/sub-cat1-4/20131121192410.html＞

アメリカザリガニに関する情報発信について

外来種であるアメリカザリガニは、生態系に甚大な影響を及ぼしており、希少なゲンゴロウがその生息地からいなくなってしまうことも起きています。一方で、アメリカザリガニは広く飼育されているため、飼育規制がかかると飼育個体が野外に大量に放されたり捨てたりされてしまうなどの懸念があり、特定外来生物への指定は見送られてきました。こうした状況を踏まえ、改正外来生物法により、一部の規制がかからない形で特定外来生物（条件付特定外来生物）を指定することが可能となり、アメリカザリガニはアカミミガメとともに、2023年6月より条件付特定外来生物に指定されます。本指定により、アメリカザリガニの野外への放出等が禁止される一方、一般家庭では手続きなく、引き続き飼育等することができます。今後も、地域における防除を推進するとともに、アメリカザリガニに関する情報の積極的な発信を続けていきます。水辺の生態系の保全のためにも、いま飼っている個体は野外に放したり捨てたりせず、最後まで飼い続けるようご協力をお願いいたします。

アメリカザリガニの影響を受ける生きものたち
※地域の農業に影響が出ることもあります。
トンボ類
ヒツジグサ
オニバス
ヒシ
タヌキモ類
ミナミメダカ
シナイモツゴ
カエル類
おたまじゃくし
サンショウウオ類
水生カメムシ類（タガメ）
ゲンゴロウ類
カタシャジクモ
ホザキノフサモ
ゼニタナゴ
マツモ
ヒメフラスコモ
ヤゴ（トンボの幼虫）
ミズカマキリ
タガイ
ドジョウ
魚の卵
それ パックン パックン パックンなー！
希少種なんて 関係ねえ！ 虫も魚も 食いまくる！
はい チョッキン チョッキン チョッキンなー！
池の水草 全部 切る！
※離島（島全体）から都市部の水辺まで、アメリカザリガニ未侵入の水域はまだ残されており、侵入地でも駆除活動をしている場合もあります。
アメリカザリガニを野外に放さないでください。
制作：環境省　イラスト：ウラケン・ボルボックス

アメリカザリガニとのつきあい方

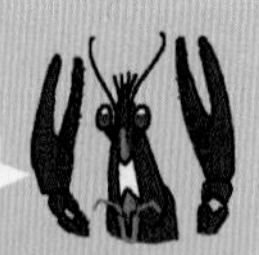

① 一度飼ったら放さないで！

捕まえるのは
OK

一度飼ったら
放さない！

愛情を持って
死ぬまで
責任を持つ

ペットとして
飼うのも
OK

② 死ぬまで飼う覚悟がないなら最初から飼わない！

Q1．飼育するときは？

A．フタ付きの水そうで
死ぬまで責任を持って飼う

絶対逃がしちゃダメ！

フタがゆるいと開けちゃうぞ！

複数一緒に飼うと殖えたりケンカしたりするぞ！

Q2．どうしても飼い続けられなくなったら？

A．受け入れてくれる
引き取り先をさがす

A．どうしても引き取り先がない
場合は、冷凍庫で1週間程度
凍らせるなどして致死

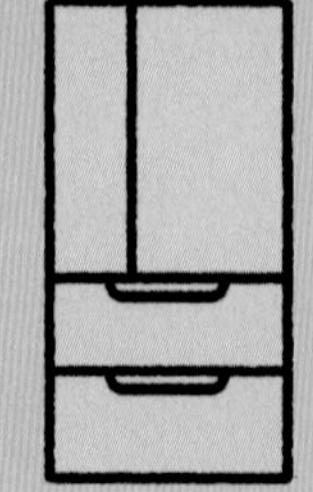

最後の手段な！

※ザリガニと食材が触れない
ようにする、消毒を行うなど、
食中毒等に十分ご注意ください。

Q3．死んでしまったら？

A．自治体のゴミの
ルールに従って
可燃ゴミ等で捨てる

これがイヤなら
そもそも
飼っちゃダメだぞ！

制作：環境省　イラスト：ウラケン・ボルボックス

アメリカザリガニ防除大作戦

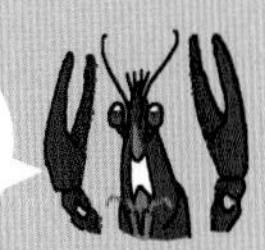

① 駆除にはトラップが効果的！

トラップ例

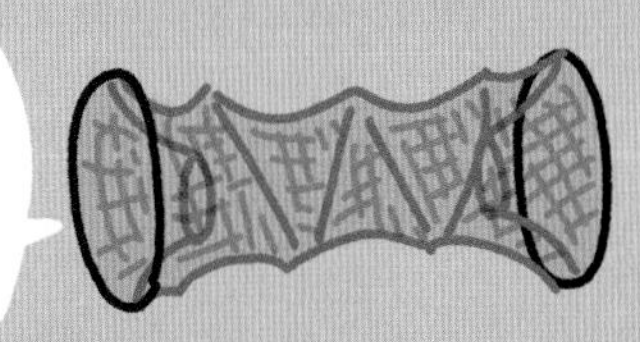

■アナゴカゴ（大型・成体向き）　■しばづけ（小型・幼体向き）

※トラップ（アナゴカゴやしばづけ等）を使う際は、各都道府県の漁業調整規則で規制されている場合があるので、使用できるかどうか都道府県にお問い合わせください。

トラップ設置のコツ・注意ポイント

効率的な捕獲方法

時期…活動期の春から秋、特に卵を持ったメスが多い６月～９月の捕獲が重要。

設置場所…河川やため池などの、植物が水に浸った場所や転石があるような場所など。

ワナに用いるエサ…ドッグフード、コイの養殖餌、釣り用練り餌、煮干しなど。

在来種へのケア

② ただ池の水を抜くだけではあまり効果がない！

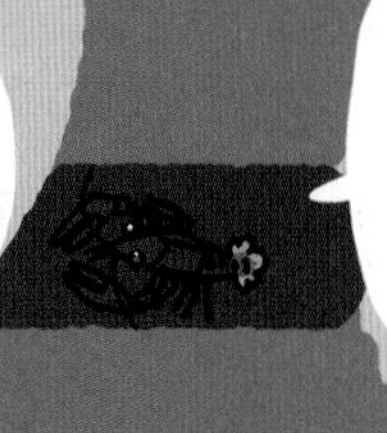

制作：環境省　イラスト：ウラケン・ボルボックス

アメリカザリガニ防除大作戦

③ 防除が成功すると本来の生態系が戻ってくる

大きな池の成功事例（宮城県）

大きな池であっても捕獲作戦を3年間続け、アメリカザリガニをしっかりと低密度化することによって、たくさんの貝類、水生昆虫、アカガエル類、魚類などの在来種が戻ってきた。

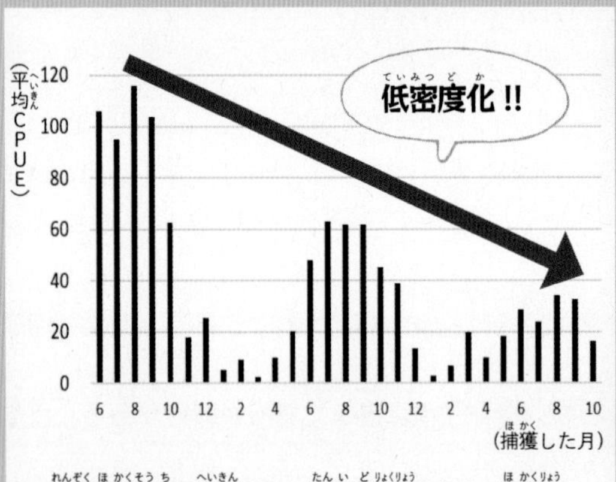

連続捕獲装置の平均 CPUE（単位努力量あたりの捕獲量）

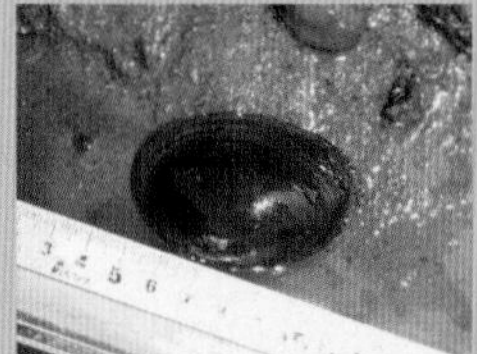
タガイ（二枚貝）

ゼニタナゴ（魚類）

コオシアキトンボ（水生昆虫）

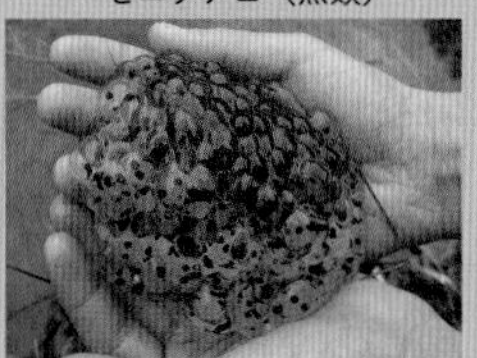
アカガエル（両生類）

（資料提供：高橋清孝氏（NPO 法人シナイモツゴ郷の会））

小さな池の成功事例（大阪府）

小さな池であれば、捕獲作戦を2年間続けることで、アメリカザリガニの生息をほぼゼロにすることも可能。結果、ヒシやエビモなど在来の水草がたくさん戻ってきた。

大阪府八尾市でアメリカザリガニの駆除に取り組んでいるため池

（写真提供：大阪経済法科大学 ECO ～る ∞ KEIHO）

④ みんなで協力しながら継続しないと効果がない

制作：環境省　イラスト：ウラケン・ボルボックス

生物多様性民間参画ガイドラインのご紹介

GUIDELINES FOR PRIVATE SECTOR ENGAGEMENT IN BIODIVERSITY

第3版

ネイチャーポジティブ経営に向けて、必読の1冊！

PDFデータはこちらから

- ✓ 生物多様性をめぐる国内外の動きを紹介
- ✓ 事業者が取り組むべきステップを解説

生物多様性の保全への取組が世界的に大きな動きを見せている今、ビジネスチャンス・ビジネスリスクの把握にぜひご一読ください！

ガイドライン（第3版）の構成

○序論
ガイドラインの目的、対象、構成等

○第1編　事業活動と生物多様性
2030年に向けた新たな国際的な枠組に関する情報を可能な限り網羅

○第2編　生物多様性の配慮に向けたプロセス
事業者が生物多様性の配慮を行う場合の基本プロセス及び業種や事業活動ごとに参考となる取組を整理

○第3編　影響評価、戦略・目標設定と情報開示
今後、対応が必要となる定量的な影響評価、目標設定や情報公開について、国際動向を踏まえた最新の枠組を紹介
企業の現在の活動レベルに応じた改善をおこなえるように、目標設定および情報開示については、現状認識とレベルアップを狙いとし、5段階の活動レベルを提示

○第4編　Q&A集
2030年に向けた新たな国際的な枠組に関する情報を可能な限り網羅

○参考資料編
国内外の最新の情報、国際的枠組、影響評価、目標設定、情報開示、生物多様性に関する団体やイニシアチブ、評価方法、指標、データ、参考企業事例などを紹介

第2編　基本プロセス

1 関係性評価・体制構築 → 2 目標・計画策定 → 3 計画実施 → 4 検証と報告・見直し

横断的活動
（内部への能力構築、情報開示や外部ステークホルダー等とのコミュニケーション）

第3編　目標設定、情報開示の5段階レベル

	段階的アプローチ
1	生物多様性に関して無実施
2	事業活動のうち、一部分について、実施
3	環境マネジメントシステムなどに基づき継続的に実施
4	将来的に必要となる国際的枠組（SBTs for Nature、TNFD)に向けて一部の活動を実施
5	国際的枠組に対応し、活動を継続的に実施

日本の国立公園

日本の国立公園は、日本を代表する自然の風景地として、自然公園法に基づき環境大臣の指定を受け、管理されています。国立公園は、全国で34か所が指定されており、58か所ある国定公園、300か所を超える都道府県立自然公園とともに、日本の自然公園のネットワークをつくり、その中心となっています。国立公園の面積は合計約220万haで、日本の国土面積の約5.8%を占めています。国立公園は開発の波から自然を守り、自然とのふれあいの場として誰もが利用できるところで、年間約4億人が訪れています。

1. 利尻礼文サロベツ国立公園

指定：昭和49年9月20日　面積：2万4,512ha

日本最北端に位置する国立公園で、海からそそり立つような利尻山や高山植物が咲き乱れる礼文島、湿原植物が豊かなサロベツ原野や稚咲内（わかさかない）の砂丘林など変化に富んだ景観が楽しめます。

2. 知床国立公園

指定：昭和39年6月1日　面積：3万8,954ha

原始性の高い自然を有する国立公園で、オジロワシやシマフクロウ、ヒグマが生息しています。森に囲まれた知床五湖から眺める知床連山の眺めは絶景で、海域は冬に流氷で閉ざされます。世界自然遺産に登録されています。

3. 阿寒摩周国立公園

指定：昭和9年12月4日　面積：9万1,413ha

雌阿寒岳をはじめ複数の火山があります。深い森に囲まれ、マリモが生育する阿寒湖、世界有数の透明度を誇る摩周湖、周囲に強酸性の温泉群のある屈斜路湖などの湖沼の景観が美しい国立公園です。

4. 釧路湿原国立公園

指定：昭和62年7月31日　面積：2万8,788ha

釧路湿原は日本最大の湿原です。周辺の展望台からは、広大な湿原とともに、蛇行する釧路川を見ることができます。タンチョウの繁殖地で、湿原の東側には塘路湖、シラルトロ湖などの湖沼があります。

5. 大雪山国立公園

指定：昭和9年12月4日　面積：22万6,764ha

北海道の屋根と言われる山岳地帯を含む日本一大きな国立公園です。北海道最高峰の旭岳、十勝岳などの火山群や、石狩岳の雄大な山並みと高山植物が特徴で、ナキウサギの生息地でもあります。

6. 支笏洞爺国立公園

指定：昭和24年5月16日　面積：9万9,473ha

支笏湖、洞爺湖の二大湖に、羊蹄山や有珠山、昭和新山や樽前山のような新しい火山があり、活発な火山活動で形成された個性的な山岳景観を見ることができます。支笏湖は北限の不凍湖としても有名です。

7. 十和田八幡平国立公園

指定：昭和11年2月1日　面積：8万5,534ha

雄大な十和田湖や奥入瀬、八幡平一帯に広がるアオモリトドマツの森林や湿原等、水と緑の豊かな景観を有する国立公園です。古くからの湯治場も点在し、登山と温泉が楽しめます。

8. 三陸復興国立公園

指定：昭和30年5月2日　面積：2万8,539ha

青森県の八戸から宮城県の牡鹿半島までの延長約250kmの海岸から成る国立公園です。我が国最大級の海食崖にリアス海岸が連続した豪壮かつ優美な自然景観が楽しめます。これまで以上に地域振興に力を入れ、東日本大震災からの復興に貢献します。

9. 磐梯朝日国立公園

指定：昭和25年9月5日　面積：18万6,375ha

山岳信仰の地として名高い出羽三山、奥深い朝日・飯豊連峰の山々、磐梯山と猪苗代湖をはじめとする大小多数の湖沼がある山と森と湖に恵まれた国立公園です。カモシカやツキノワグマなどが生息しています。

10. 日光国立公園

指定：昭和9年12月4日　面積：11万4,908ha

日光東照宮の歴史的建築物、山上の避暑地中禅寺湖畔や戦場ヶ原に代表される奥日光、鬼怒川、塩原の渓谷や那須岳山麓の高原など、多様な表情を併せ持つ国立公園です。

11. 尾瀬国立公園

指定：平成19年8月30日　面積：3万7,222ha

ミズバショウなどの湿原植物が豊かな尾瀬ヶ原や田代山山頂に代表される湿原景観、燧ヶ岳や会津駒ヶ岳に代表されるオオシラビソやブナ、ダケカンバといった森林景観が見られます。平成19年に日光国立公園尾瀬地域とその周辺地域を併せ、新たな国立公園として指定されました。

12. 上信越高原国立公園

指定：昭和24年9月7日　面積：14万8,194ha

群馬、長野、新潟県にまたがる山と高原の公園です。谷川岳など2,000ｍ級の険しい山々や、浅間山、草津白根山などの火山が多く、また一方で、志賀高原、菅平高原など広々とした高原が所々に見られます。

13. 秩父多摩甲斐国立公園

指定：昭和25年7月10日　面積：12万6,259ha

雲取山、御岳山など古い地層の山が多く、コメツガやシラビソの自然林が見られます。荒川、千曲川、多摩川の源流域には自然豊かな森林と渓谷があり、絶好の野外レクリエーションの場となっています。御岳山、三峰山は古くからの山岳信仰の地でもあります。

14. 小笠原国立公園

指定：昭和47年10月16日　面積：6,629ha

東京の南方、1,000km〜1,200kmに浮かぶ小笠原諸島のうち、父島、母島などの大小30余りの島々から成る国立公園です。海洋に囲まれているため、オガサワラオオコウモリ、ムニンノボタンなど、固有の動植物が多いことが特徴です。

15. 富士箱根伊豆国立公園

指定：昭和11年2月1日　面積：12万1,755ha

日本の最高峰である富士山とその裾野の富士五湖や青木ヶ原樹海の雄大な景観が特徴で、神山、駒ヶ岳の火山と仙石原、芦ノ湖がつくる箱庭のような景観や伊豆半島の山々と海岸から成る景観も優れています。また、伊豆七島は各島特有の自然と景観に恵まれています。

16. 中部山岳国立公園

指定：昭和9年12月4日　面積：17万4,323ha

北アルプスの白馬岳、立山、槍ヶ岳、穂高岳、乗鞍岳など、日本を代表する3,000ｍ級の山々が南北に連なる国立公園です。黒部川や梓川などの河川がつくる渓谷や渓流が美しく、弥陀ヶ原、五色ヶ原など所々にお花畑があり、高山植物が咲き乱れます。ライチョウの重要な生息地でもあります。

17. 妙高戸隠連山国立公園

指定：平成27年3月27日　面積：3万9,772ha

妙高山などの火山と戸隠山などの非火山が連なり、多様な山々が密集した公園です。堰止(せきとめ)湖である野尻湖はナウマンゾウの化石発掘でも有名です。天岩戸伝説の戸隠神社など文化的にも興味深い地域です。

18. 白山国立公園

指定：昭和37年11月12日　面積：4万9,900ha

白山は、昔から信仰の山として登山が行なわれ、富士山、立山と並んで日本三霊山の一つに数えられます。高山植物の宝庫として、植物研究の歴史も古く、白山にちなんだ名前を持つ植物が多くあります。

19. 南アルプス国立公園

指定：昭和39年6月1日　面積：3万5,752ha

山梨、長野、静岡の3県にまたがり、北岳を筆頭に3,000m級の山々が連なる国立公園です。北岳や仙丈ヶ岳には、高山植物のお花畑が見られ、ここにしかない貴重な植物が生育しています。

20. 伊勢志摩国立公園

指定：昭和21年11月20日　面積：5万5,544ha

鳥羽湾から的矢湾、英虞(あご)湾、五ヶ所湾、贄(にえ)湾と続く複雑な海岸線と周辺の島々がつくる景観が優美な国立公園です。伊勢神宮は日本の信仰、歴史、文化の上で重要な地であり、神宮の奥山の神宮林には、シイ類とスギ、アカマツが混在する自然林が広がっています。

21. 吉野熊野国立公園

指定：昭和11年2月1日　面積：6万1,977ha

原生的な自然が残る大峰や大台ヶ原等の山岳域、そこから深い渓谷を刻み蛇行して流れ下る北山川や熊野川、海岸線が変化に富む熊野灘や枯木灘等、紀伊半島の山・川・海のつながりを感じられる国立公園です。吉野・熊野等の文化的景観、熱帯性の色鮮やかな海中景観も見所です。

22. 山陰海岸国立公園

指定：昭和38年7月15日　面積：8,783ha

奥丹後半島の網野海岸から鳥取砂丘まで、延長約75kmの国立公園で、海水などの浸蝕でつくられた洞門、洞窟が美しい景観を形成しています。鳥取砂丘は起伏量が100mにも達していることが特徴で、絶えず砂が移動する厳しい環境に適応した砂丘独特の動植物が見られます。

23. 瀬戸内海国立公園

指定：昭和9年3月16日　面積：6万7,308ha

瀬戸内海の島々は、小さなものまで数えると約3,000にもなると言われ、鷲羽(わしゅう)山から眺める備讃諸島など、静かな海と密集する島々から成る景観が特徴です。渋川海岸や慶野松原など砂浜と松が織りなす景観、段々畑など人の生活と自然が一体となった景観も美しい国立公園です。

24. 大山隠岐国立公園

指定：昭和11年2月1日　面積：3万5,097ha

中国山地最高峰の大山から蒜山までの山岳地帯と隠岐諸島、島根半島海岸部、三瓶山（さんべさん）一帯から成る国立公園です。山頂部東側が大きく崩れて荒々しい岩壁となっている大山と、海水などの浸蝕によってできた断崖が連なる隠岐島の景観が代表的です。

25. 足摺宇和海国立公園

指定：昭和47年11月10日　面積：1万1,345ha

四国の西南端、愛媛県から高知県に位置する国立公園です。南部の足摺岬はスケールの大きな断崖が連なり、北部の宇和海は細かく出入りする海岸線と島々がつくる景観が特徴で、竜串ではサンゴや熱帯魚など色彩豊かな海中景観も楽しめます。

26. 西海国立公園

指定：昭和30年3月16日　面積：2万4,646ha

佐世保の九十九島から平戸島、五島列島を含む国立公園です。大小400に及ぶ島々が特徴で、多数の小島が密集する九十九島や若松瀬戸の景観が代表的です。また、島々には断崖地形が多く、福江島には珍しい火山地形があります。

27. 雲仙天草国立公園

指定：昭和9年3月16日　面積：2万8,279ha

島原半島の中央にある雲仙岳周辺と、天草諸島から成る国立公園です。雲仙地域は平成2年に噴火した普賢岳や雲仙温泉地を中心とする避暑地の一つで、天草地域は有明海や八代海に浮かぶ大小120の島々が美しい所です。

28. 阿蘇くじゅう国立公園

指定：昭和9年12月4日　面積：7万3,017ha

周囲約100ｋｍに及ぶ世界最大級のカルデラや火山活動でできた多数の山々を持つ国立公園です。阿蘇地域は今も噴煙を上げる中岳などの阿蘇五岳と草原がつくる雄大な景観が特徴で、くじゅう地域は久住連山、由布岳などの景観が優れています。

29. 霧島錦江湾国立公園

指定：昭和9年3月16日　面積：3万6,605ha

霧島地域には韓国岳（からくにだけ）をはじめ、20を超える火山があり、山麓はシイ、カシ、アカマツなどの自然林が広がっています。また、錦江湾地域は活火山である桜島の景観が代表的です。

30. 屋久島国立公園

指定：平成24年3月16日　面積：2万4,566ha

平成5年12月に世界自然遺産に登録され、海岸から九州最高峰の宮之浦岳（1,936m）までの植生の垂直分布や樹齢1,000年を越える屋久杉を含む原生的な天然林で知られています。

31. 奄美群島国立公園

指定：平成29年3月7日　面積：4万2,196ha

奄美群島国立公園は、特徴の異なる8つの島々で構成されており、世界的にも数少なく国内では最大規模の亜熱帯照葉樹林、アマミノクロウサギなどの固有又は希少な動植物、琉球石灰岩の海食崖や世界的北限に位置するサンゴ礁、マングローブや干潟など多様な自然環境を有しています。

32. やんばる国立公園

指定：平成28年9月15日　面積：1万7,352ha

沖縄島最高峰である与那覇岳を有する沖縄島北部に位置する国立公園です。亜熱帯照葉樹林が広がり、琉球列島の形成過程を反映して形成された島々の地史を背景に、ヤンバルクイナなど多種多様な固有動植物や希少動植物が生息・生育しています。

33. 慶良間諸島国立公園

指定：平成26年3月5日　面積：3,520ha

沖縄県那覇市の西約40kmに位置し、大小30ほどの島々と多くの岩礁からなります。「ケラマブルー」と呼ばれる透明度の高い海、遠浅の白い砂浜、多様なサンゴなど豊かな生態系が見られます。ザトウクジラが繁殖する海でもあり、海域7kmを公園区域とした初めての例です。

34. 西表石垣国立公園

指定：昭和47年5月15日　面積：4万658ha

日本列島西南端の西表島と石垣島、その間に挟まれた海域から成る国立公園です。西表島は80%が亜熱帯林に覆われ、イリオモテヤマネコなど希少な野生動物も多く生息しています。また、石西礁湖には広大なサンゴ礁が広がっています。

国立公園カレンダー

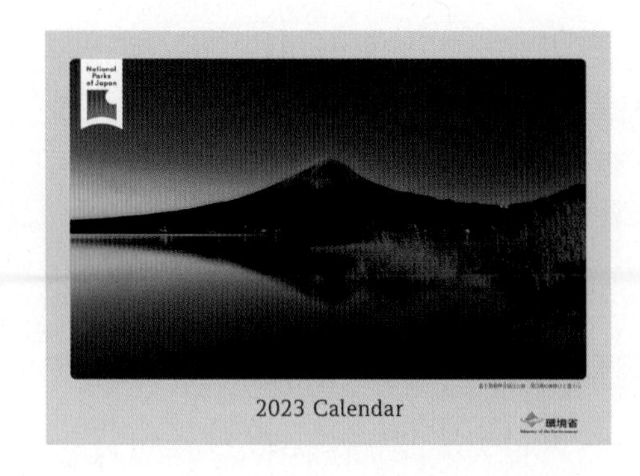

国内外の方に日本の国立公園の四季に応じて変化する美しい自然を知っていただくとともに、実際に国立公園を訪れるきっかけになればという思いから、毎年「国立公園カレンダー」を作成しています。

国立公園に、行ってみよう！サイト

全国 34 箇所。日本の国立公園は多様な自然風景に加えて、地域独自の生活・文化・歴史が感じられる物語を持っています。行ってみよう！と思えるような物語やコンテンツを多数紹介しておりますので、国立公園巡りの際には是非ご活用ください。

国立公園めぐりスタンプラリー

皆さんに国立公園を楽しんで巡っていただくツールとして、様々な見どころや各地のビジターセンターを訪れるとスタンプがもらえる、デジタルスタンプラリーを展開中です。

国立公園公式 SNS（Facebook、Instagram）

国立公園の雄大な自然景観や動植物、文化、人々の暮らし、食、行事等の様子を写真と共に紹介し、全世界に国立公園の魅力を発信する公式 Facebook 及び公式 Instagram アカウントを、日本語版、英語版のそれぞれで運営しています。

国立公園 カレンダー	国立公園に、 行ってみよう！ サイト	国立公園めぐり スタンプラリー	国立公園公式 Facebook	国立公園公式 Instagram

日本の世界自然遺産

　将来の世代に引き継ぐべき人類共通のかけがえのない財産として世界遺産条約に基づく世界遺産一覧表に記載された資産が「世界遺産」です。世界遺産には、文化遺産、自然遺産、複合遺産があり、自然遺産として記載されるためには、世界遺産の評価基準のうち、(vii)自然美、(viii)地形・地質、(ix)生態系、(x)生物多様性のいずれかを満たす必要があります。
　日本では「知床」、「白神山地」、「小笠原諸島」、「屋久島」「奄美大島、徳之島、沖縄島北部及び西表島」が自然遺産として記載されています。

1. 知床

登録：平成17年7月　適合基準：(ix) (x)　面積：7万1,103ha

流氷の形成に伴う豊富な栄養のため、生産性の極めて高い生態系が存在します。海と陸の生態系の相互関係の優れた見本であるとともに、絶滅のおそれのある海鳥、渡り鳥、トドや鯨類など多くの海の動物にとって重要な地域です。

2. 白神山地

登録：平成5年12月　適合基準：(ix)　面積：1万6,971ha

かつて北日本の山地や丘陵に広く分布していた冷温帯性のブナ林が、原生的な状態を保って広く分布する最後の地域です。様々な群落型、更新のステージを示しており、進行中の生態学的なプロセスの顕著な見本です。

3. 小笠原諸島

登録：平成23年6月　推薦基準：(ix)　面積：7,940ha

島が成立してから一度も大陸と陸続きになっていない隔離された海洋島であり、隔離された環境における特有の生物進化の様子が顕著に見られます。陸産貝類や維管束植物を中心に固有種の多い特異な島嶼(しょ)生態系を有しています。

4. 屋久島

登録：平成5年12月　適合基準：(vii) (ix)　面積：1万747ha

樹齢千年を越えるスギの巨木をはじめ、亜種を含めて約1,900種もの植物が生育するなど豊かな生物相を有します。また、海岸部から亜高山帯に及ぶ植生の典型的な垂直分布が見られます。

5. 奄美大島、徳之島、沖縄島北部及び西表島

登録：令和3年7月　適合基準：(x)　面積：4万2,698ha

島々が分離・結合を繰り返す過程で多くの進化系統に種分化が生じ、この地域だけに残された遺存固有種が分布しています。遺存固有種を含む多くの国際的な希少種の生息・生育地として、世界的な生物多様性保全の上で重要な地域となっています。

日本の国立・国定公園と世界自然遺産

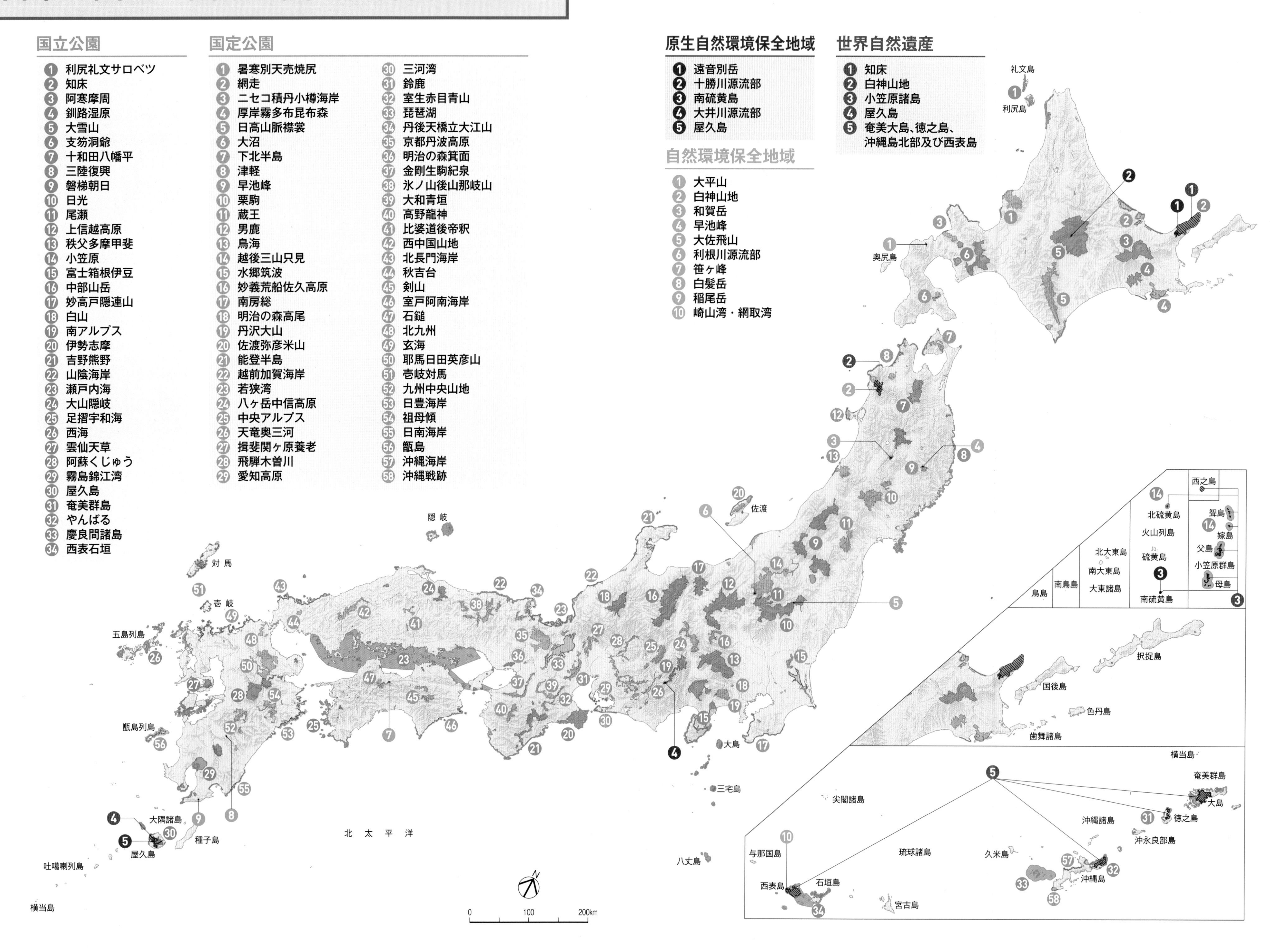

日本で問題となっている外来種

海外から日本に持ち込まれた外来種により、生態系や農林水産業等への深刻な被害が発生しています。これらの被害を防止するため、我が国は外来生物法に基づいて「特定外来生物」を指定し、輸入、飼育・栽培、運搬、野外への放出、譲渡等を規制しています。さらに、特定外来生物のうち既に野外に定着している種については、防除等の必要な対策を推進しています。

海外から日本に持ち込まれた外来種は 2,000 種類以上いると言われており、そのうち 157 種類（令和 5 年 6 月時点）が特定外来生物に指定されています。特定外来生物のうち、アカミミガメとアメリカザリガニについては、「輸入 / 放出 / 販売又は頒布を目的とした飼養等 / 販売・購入又は頒布を目的とした譲渡し等に限り規制」される通称「条件付特定外来生物」として指定されています。

一方で、特定外来生物に指定されていない外来種であっても生態系等への被害を発生させる可能性があります。新たな外来種問題を発生させないため、外来種被害予防三原則（**「入れない」**、**「捨てない」**、**「拡げない」**）の徹底が必要です。

ここでは、生態系等への被害を発生させる可能性のある外来種の一部を紹介します。

特定外来生物

フイリマングース

生態系への影響 / 農林水産業への影響

原産地 南西アジア

日本に持ち込まれたわけ
沖縄本島や奄美大島でネズミやハブの駆除の目的で放たれた。

日本での分布 沖縄島、奄美大島

影響 絶滅危惧種を含む在来種を捕食し、大きな影響を及ぼす。養鶏や農作物への被害もある。

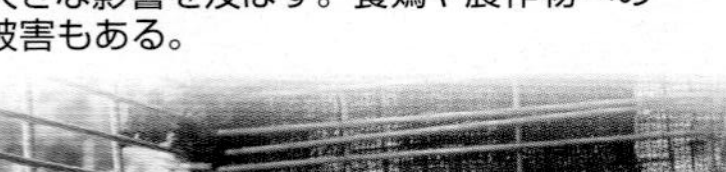

特定外来生物

アライグマ

生態系への影響 / 農林水産業への影響

原産地 北アメリカ

日本に持ち込まれたわけ
ペットとして輸入。捨てられたり、逃げたものが定着した。

日本での分布 全国各地で分布拡大中

影響 希少種を含む在来種の捕食。スイカやトウモロコシなど農作物の食害。お寺などの歴史的建造物に爪痕をつけたり、天井に穴を開けたりもする。

特定外来生物

クリハラリス
（タイワンリス）

生態系への影響

原産地 アジア全域（中国からマレー半島）
※タイワンリスは台湾固有亜種

日本に持ち込まれたわけ
動物園等で飼育されていた個体が逃げ出したり、放たれたりした。

日本での分布 東京都伊豆大島、神奈川県、長崎県壱岐、熊本県、大分県など。

影響 樹皮を剥いだり、果樹や電線をかじったりする。ニホンリスと餌やすみかをめぐって競合するおそれ。

特定外来生物

カミツキガメ

人の生命・身体への影響 / 生態系への影響

原産地 北アメリカから南アメリカ

日本に持ち込まれたわけ
ペットとして輸入されたものが捨てられるなどして定着した。

日本での分布 千葉県印旛沼など。その他の地域でもたびたび発見されている。

影響 在来の魚類や両生類などさまざまな生きものを捕食する。かみつくことなどにより人に大けがをさせるおそれがある。

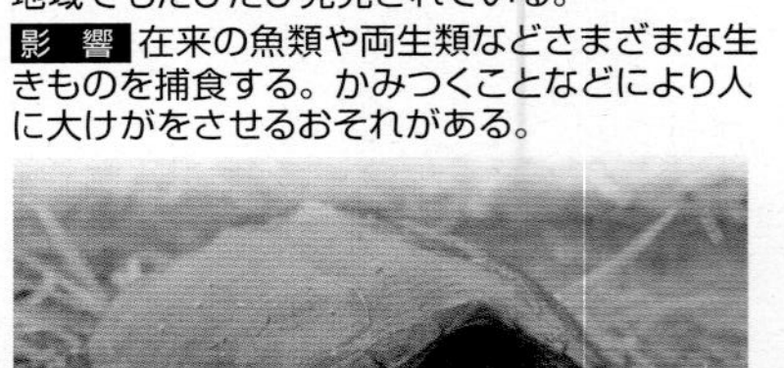

特定外来生物

グリーンアノール

生態系への影響

原産地 アメリカ合衆国南東部

日本に持ち込まれたわけ
グアムからの貨物に紛れて持ち込まれたか、ペットが捨てられて定着した。

日本での分布 小笠原の父島、母島、兄島と沖縄島など

影響 昆虫類の捕食による影響。小笠原の固有種オガサワラシジミは絶滅寸前。

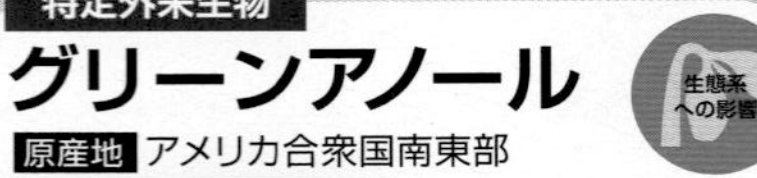

© JWRC

特定外来生物

オオヒキガエル

生態系への影響

原産地 アメリカ合衆国南端から中央アメリカ全域、南アメリカ北部

日本に持ち込まれたわけ
害虫駆除のために導入されたのが最初。

日本での分布 小笠原諸島、大東諸島、八重山諸島。西表島でも確認記録がある。

影響 希少種を含むさまざまな動物を捕食。西表島では、上位捕食者であるイリオモテヤマネコ等に毒による影響が及ぶおそれ。

© JWRC

特定外来生物

オオクチバス・ブルーギル

生態系への影響 / 農林水産業への影響

原産地 北アメリカ

日本に持ち込まれたわけ
養殖魚として導入。釣り魚としても人気があり、意図的に各地に放流され、拡大した。

日本での分布 全国

影響 捕食や、在来の魚との餌などをめぐる競合による影響。漁業にも影響を与える。

© JWRC

© JWRC

特定外来生物

クビアカツヤカミキリ

生態系への影響

原産地 東アジア

日本に持ち込まれたわけ
貨物などに紛れて持ち込まれた。

日本での分布 関東・東海・近畿圏で分布の拡大がみられている。

影響 サクラやモモ、ウメなど特にバラ科の樹木の内部を食い荒らす。街路樹や果樹園で被害が発生している。

特定外来生物

ヒアリ

生態系への影響 / 人の生命・身体への影響

原産地 南アメリカ

日本に持ち込まれたわけ
貨物などに紛れて持ち込まれた。

日本での分布 平成29年6月に国内で初確認されたが、定着は確認されていない。

影響 海外では、毒針による人体への被害、食害等による農業被害、捕食や競合による生態系被害など、さまざまな影響を与えることが報告されている。

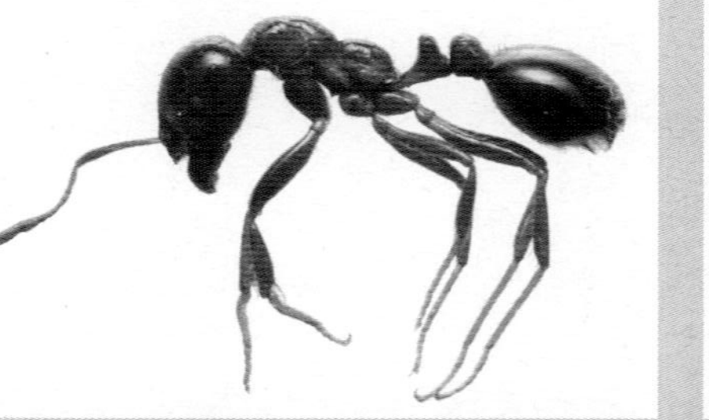

特定外来生物

アルゼンチンアリ

生態系への影響

原産地 南アメリカ

日本に持ち込まれたわけ
物資などに付着して持ち込まれ、定着したと考えられる。

日本での分布 東京都、愛知県、岐阜県、京都府、大阪府、兵庫県、広島県、山口県など。

影響 競合により在来のアリの生息数を減少させる。人家に入り込んで食品にたかるなども。

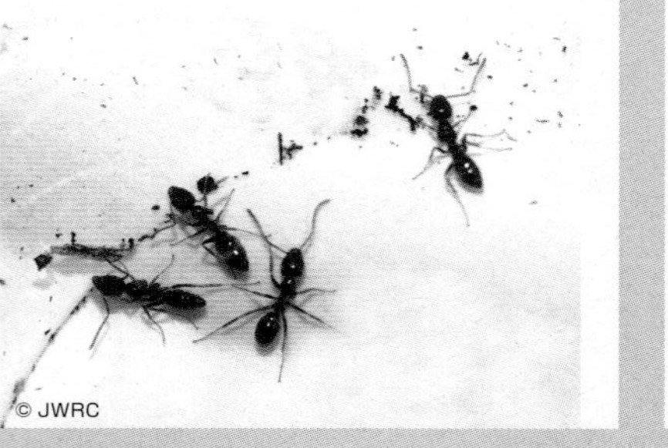

© JWRC

特定外来生物

セイヨウオオマルハナバチ

生態系への影響

原産地 ヨーロッパ

日本に持ち込まれたわけ
トマト等の農作物の授粉用に広く利用され、野外に定着した。

日本での分布 北海道

影響 在来のマルハナバチがすみかや餌をめぐる競合で減少する。植物の繁殖にも影響を及ぼすおそれ。

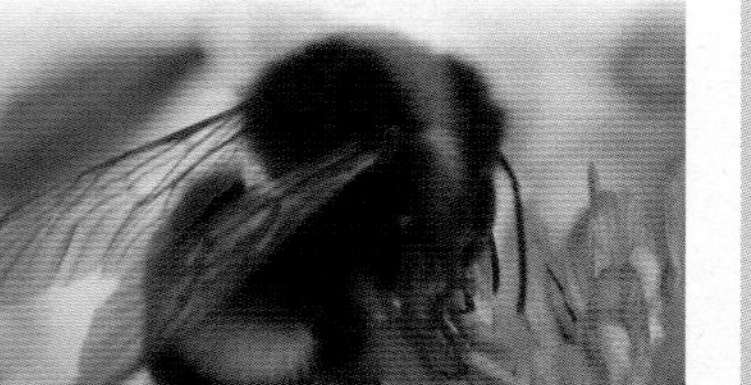

特定外来生物

セアカゴケグモ

人の生命・身体への影響

原産地 オーストラリア

日本に持ち込まれたわけ
貨物などに紛れて持ち込まれた。

日本での分布 西日本を中心に、全国各地に分布を拡大している。

影響 メスは毒を持つため、咬まれると激しい痛みやけいれんなどが起こることがある。

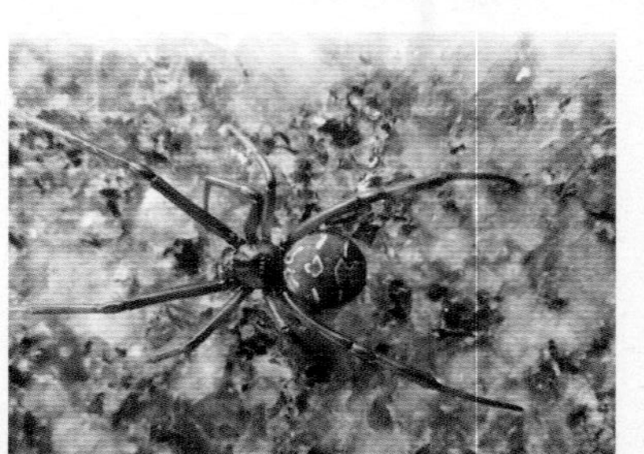

特定外来生物

オオキンケイギク

生態系への影響

原産地 北アメリカ

日本に持ち込まれたわけ
緑化の材料として利用され、野生化した。

日本での分布 全国

影響 河川敷などで在来植物の生育に影響を与える。

特定外来生物

オオハンゴンソウ

生態系への影響

原産地 北アメリカ

日本に持ち込まれたわけ
観賞用に持ち込まれ、野生化した。

日本での分布 全国

影響 湿原などで貴重な在来植物と競合し、駆逐するおそれがある。

条件付特定外来生物

アカミミガメ

生態系への影響

原産地 アメリカ南西部

日本に持ち込まれたわけ
ペットとして輸入されたものが捨てられるなどして定着した。

日本での分布 全国

影響 日本で最もよく見られるカメ。競合により在来のカメ類や水生植物、魚類、両生類、甲殻類等に影響を与えるおそれ。

条件付特定外来生物

アメリカザリガニ

生態系への影響

原産地 北アメリカ南東部

日本に持ち込まれたわけ
食用のウシガエルの餌として持ち込まれた。

日本での分布 全国

影響 水草の切断や捕食による水生植物帯の破壊や、水生動物の捕食により、在来生態系に影響を及ぼす。希少種の地域絶滅例も。

表紙等の紹介

表紙

第25回　全国小中学校
児童・生徒環境絵画コンクール
中学生の部
環境大臣賞

宮城県多賀城市
多賀城中学校
2年生（当時）
松田（まつだ）　絢佳（あやか）

受賞者のコメント

私達一人一人が環境を大切にして取り組みをすることで、生き物や美しい自然を守っていくことができるということを伝えられるように描きました。

裏表紙

第25回　全国小中学校
児童・生徒環境絵画コンクール
小学生の部
環境大臣賞

東京都文京区
汐見小学校
5年生（当時）
小見山（こみやま）　葉凪（はな）

受賞者のコメント

環境のことを調べる中でサンゴやクラゲの問題を知り、海の生物が安全に暮らせる海を見たいと思い描きました。

注：受賞者名は敬称略

環境白書／循環型社会白書／生物多様性白書（令和5年版）

令和5年6月16日　初版発行　　定価は表紙に表示してあります。

編　集　環境省
大臣官房総合政策課
環境再生・資源循環局総務課循環型社会推進室
自然環境局自然環境計画課生物多様性戦略推進室
〒100-8975
東京都千代田区霞が関1-2-2
TEL 03（3581）3351（代）
（総合政策課：内線6206）
（循環型社会推進室：内線6808）
（生物多様性戦略推進室：内線6664）

発　行　日経印刷株式会社
〒102-0072
東京都千代田区飯田橋2-15-5
TEL 03（6758）1011

発　売　全国官報販売協同組合
〒100-0013
東京都千代田区霞が関1-4-1
TEL 03（5512）7400

落丁・乱丁本はお取り替えします。

ISBN978-4-86579-367-3

政府刊行物販売所一覧

政府刊行物のお求めは、下記の政府刊行物サービス・ステーション（官報販売所）
または、政府刊行物センターをご利用ください。

（令和5年3月1日現在）

◎政府刊行物サービス・ステーション（官報販売所）

	〈名　称〉	〈電話番号〉	〈FAX番号〉
札　幌	北海道官報販売所	011-231-0975	271-0904
	（北海道官書普及）		
青　森	青森県官報販売所	017-723-2431	723-2438
	（成田本店）		
盛　岡	岩手県官報販売所	019-622-2984	622-2990
仙　台	宮城県官報販売所	022-261-8320	261-8321
	（仙台政府刊行物センター内）		
秋　田	秋田県官報販売所	018-862-2129	862-2178
	（石川書店）		
山　形	山形県官報販売所	023-622-2150	622-6736
	（八文字屋）		
福　島	福島県官報販売所	024-522-0161	522-4139
	（西沢書店）		
水　戸	茨城県官報販売所	029-291-5676	302-3885
宇都宮	栃木県官報販売所	028-651-0050	651-0051
	（亀田書店）		
前　橋	群馬県官報販売所	027-235-8111	235-9119
	（煥乎堂）		
さいたま	埼玉県官報販売所	048-822-5321	822-5328
	（須原屋）		
千　葉	千葉県官報販売所	043-222-7635	222-6045
横　浜	神奈川県官報販売所	045-681-2661	664-6736
	（横浜日経社）		
東　京	東京都官報販売所	03-3292-3701	3292-1604
	（東京官書普及）		
新　潟	新潟県官報販売所	025-271-2188	271-1990
	（北越書館）		
富　山	富山県官報販売所	076-492-1192	492-1195
	（Booksなかだ掛尾本店）		
金　沢	石川県官報販売所	076-234-8111	234-8131
	（うつのみや）		
福　井	福井県官報販売所	0776-27-4678	27-3133
	（勝木書店）		
甲　府	山梨県官報販売所	055-268-2213	268-2214
	（柳正堂書店）		
長　野	長野県官報販売所	026-233-3187	233-3186
	（長野西沢書店）		
岐　阜	岐阜県官報販売所	058-262-9897	262-9895
	（郁文堂書店）		
静　岡	静岡県官報販売所	054-253-2661	255-6311
名古屋	愛知県第一官報販売所	052-961-9011	961-9022
豊　橋	・豊川堂内	0532-54-6688	54-6691
名古屋駅前	愛知県第二官報販売所	052-561-3578	571-7450
	（共同新聞販売）		
津	三重県官報販売所	059-226-0200	253-4478
	（別所書店）		
大　津	滋賀県官報販売所	077-524-2683	525-3789
	（澤五車堂）		
京　都	京都府官報販売所	075-746-2211	746-2288
	（大垣書店）		
大　阪	大阪府官報販売所	06-6443-2171	6443-2175
	（かんぽう）		
神　戸	兵庫県官報販売所	078-341-0637	382-1275
奈　良	奈良県官報販売所	0742-20-8001	20-8002
	（啓林堂書店）		
和歌山	和歌山県官報販売所	073-431-1331	431-7938
	（宮井平安堂内）		
鳥　取	鳥取県官報販売所	0857-51-1950	53-4395
	（鳥取今井書店）		
松　江	島根県官報販売所	0852-24-2230	27-8191
	（今井書店）		
岡　山	岡山県官報販売所	086-222-2646	225-7704
	（有文堂）		
広　島	広島県官報販売所	082-962-3590	511-1590
山　口	山口県官報販売所	083-922-5611	922-5658
	（文栄堂）		
徳　島	徳島県官報販売所	088-654-2135	623-3744
	（小山助学館）		
高　松	香川県官報販売所	087-851-6055	851-6059
松　山	愛媛県官報販売所	089-941-7879	941-3969
高　知	高知県官報販売所	088-872-5866	872-6813
福　岡	福岡県官報販売所	092-721-4846	751-0385
	・福岡県庁内	092-641-7838	641-7838
	・福岡市役所内	092-722-4861	722-4861
佐　賀	佐賀県官報販売所	0952-23-3722	23-3733
長　崎	長崎県官報販売所	095-822-1413	822-1749
熊　本	熊本県官報販売所	096-354-5963	352-5665
	大分県官報販売所	097-532-4308	536-3416
大　分	（大分図書）	097-553-1220	551-0711
宮　崎	宮崎県官報販売所	0985-24-0386	22-9056
	（田中書店）		
鹿児島	鹿児島県官報販売所	099-285-0015	285-0017
那　覇	沖縄県官報販売所	098-867-1726	869-4831
	（リウボウ）		

◎政府刊行物センター（全国官報販売協同組合）

	〈電話番号〉	〈FAX番号〉
霞が関	03-3504-3885	3504-3889
仙　台	022-261-8320	261-8321

各販売所の所在地は、コチラから→ https://www.gov-book.or.jp/portal/shop/